7天精通AutoCAD

李林 编著

中国铁道出版社
CHINA RAILWAY PUBLISHING HOUSE

内 容 简 介

本书是通过研究学习方法来组织编写的一本 AutoCAD 实用图书，系统地将全书的学习内容具体分为 7 天来进行，是一本初学者必备的学习技能书。

按学习方法来进行分类，符合人们的思维习惯。第 1 天认识软件和软件的获取方法；第 2 天学习 AutoCAD 的基础绘图功能，如简单绘图功能；第 3 天学习修改图形的方法，包括编辑功能和图层的使用；第 4 天学习图形说明元素的添加，包括文字、标注等；第 5 天着重效率的提升，包括图块、参照和辅助绘图工具；第 6 天学习三维图形的绘制；第 7 天学习图形打印与共享。最后的实战篇是对前面内容的大总结，利用多个行业领域的案例来综合学习各种绘图功能与技巧。

附赠光盘包含实例源文件、视频，附送的软件和图块等各种资料。

本书适合作为 AutoCAD 绘图初学者理想的参考书，也可作为大中专院校和培训机构学习 AutoCAD 的专业教材。

图书在版编目（CIP）数据

7 天精通 AutoCAD / 李林编著. — 北京：中国铁道出版社，2013.7

ISBN 978-7-113-16227-6

Ⅰ. ①7… Ⅱ. ①李… Ⅲ. ①AutoCAD 软件 Ⅳ. ①TP391.72

中国版本图书馆 CIP 数据核字(2013)第 055444 号

书　　名：7 天精通 AutoCAD
作　　者：李　林　编著

责任编辑：刘　伟　　　**读者热线电话**：010-63560056
特邀编辑：赵树刚　　　**封面设计**：多宝格
责任印制：赵星辰

出版发行：中国铁道出版社（北京市西城区右安门西街 8 号　　邮政编码：100054）
印　　刷：中国铁道出版社印刷厂
版　　次：2013 年 7 月第 1 版　　2013 年 7 月第 1 次印刷
开　　本：787mm×1092mm　1/16　**印张**：28.25　**字数**：663 千
书　　号：ISBN 978-7-113-16227-6
定　　价：59.80 元（附赠光盘）

前　言

1.1　你需要AutoCAD吗

学习任何一种知识或技术时，大家都会问“有没有更好的方法”、“短期学习是否会产生立竿见影的效果”等。其实，学习是没有捷径的，只有学习方法的对错之分。采用的学习方法巧妙，学习起来就会事半功倍。学习需要动力、坚持和自我思考。有些人看见大家都学习，唯恐自己落后，也拿起书本硬着头皮看几页，三分钟热度，其结果可想而知。人们常说：Never too old to learn（活到老学到老）！

1.1.1　我是AutoCAD新入门者

无论你是主动想学习AutoCAD，还是刚入学需要掌握AutoCAD课程，本书都是你的最佳选择。作为我国应用最广泛的一款基础设计软件，在国内大部分工科高校都开设有这门课程，但是对于初学者来说（有些读者甚至已有课本），为什么还需要买这本书呢？

- 新的学习方法：第一次根据初学者的特点，使用了符合人类思维的形式来组织设计学习方法和内容，无论是软件的下载、安装还是知识的讲解，都是根据读者的掌握程度逐步递增，符合人们的思维方式和学习习惯。
- 浅显易懂：较之教材的枯燥理论，本书提供了完全案例化的教学方式，并增加大量注释，直观易懂，能更快上手。

1.1.2　我是教育者

AutoCAD是美国Autodesk公司开发的一款绘图软件，经过多年的发展，现逐渐变成辅助绘图的一种事实上的标准。我们为作为教育者的你提供了以下两项内容。

- PPT教学：提供了PPT，方便你直接调用给学生讲解，节省你的工作时间。
- 案例：精选的案例包括但不限于机械、建筑、室内等行业，不仅仅适合机械专业的学生，还适合建筑专业、室内和园林等专业的师生使用。

1.1.3　我是从事该职业的从业者

从事该职业，肯定知晓各种行业标准、绘图的常用方法，但新的知识和效率工具可以最大限度地解放你的思维，推动企业发展。

- 最新国家标准：书中使用最新的国家对行业的标准，让你设计产品时紧跟时代发展，且能顺应行业变化。

- 团队无缝对接：无论是新增加的“布局”功能，还是“参数化”设计功能，都能让你体验与UG、SolidWorks等软件同样的效率，而且能进行多种图形文件转换，迅速和其他软件、团队人员实现无缝对接。
- 经典案例再现：精选行业案例板块，让你体验新版本软件的便捷。

1.2　本书学习思路

下面通过学习要点来说明本书的学习思路，从而有针对性地学习和掌握要点。

第一　制定目标、克服盲目

对于AutoCAD来讲，应用群体按层次大致可分为初级用户、中级用户、高级用户、行业专家4种。每个层次的读者对知识的接受能力是有限的，所以要制定好学习目标，不能盲目。同时，期望不能过高，否则会带来一定的负面影响。古语讲得好：“冰冻三尺非一日之寒”、“欲速则不达”。

第二　循序渐进、不断积累

在学习过程中，一般要遵循从易到难、从基础到高端、从练习到应用的原则。应对所学知识进行总结，并积极探索与思考，这样方可学到真正的知识。

例如，应先掌握AutoCAD的入门知识和基础操作，之后再学习制图、标注、行业标准等。

1.2.1　巧用AutoCAD帮助文件为你领航护驾

所谓AutoCAD帮助文件，是指用于指导用户正确操作AutoCAD文档或解答疑惑的文件。它包含了AutoCAD操作的各个模块，如安装说明、新技能视频、命令使用方法等。其中的内容不仅介绍了理论知识，还都给出了相关的动画示例。因此，当在操作过程中遇到疑问时，可以打开帮助文件进行查询。

绝大多数的应用软件都自带有帮助文件，但是很多人不会利用，从而失去了它应有的价值。因此建议在学习AutoCAD绘图时，不要忘记你身边的这位老师——帮助文件。

除了自带帮助文件外，还可以通过Internet访问网络帮助文件，它通常被称为在线帮助。其所包含的内容比系统自带的帮助文件更加丰富。只要用心去查阅，总能找到如你所愿的解答。

1.2.2　AutoCAD设计TOP 10实战应用技巧

全书包括200个案例技巧，每一个案例的选择均以实际应用为导向、以理论知识为基础、以小技巧点为补充，全面具体地阐述了AutoCAD软件的精华。虽然本书的写作版本为AutoCAD 2013，但由于里面的很多功能在以前版本中也很完善且光盘中有低版本案例文件保存，所以也适合低版本AutoCAD软件使用。

需要说明的是，本书的全部技巧都是使用AutoCAD 2013在Windows 7操作系统中实现的，所以有些技巧的操作界面可能与AutoCAD其他版本和Windows XP/8操作系统的界面有些差别。

下面列举了一些常见的AutoCAD应用问题，不知你是否可以作出解答。同时，你也可以在本书中找到答案。

TOP 01 你知道软件安装过程中的注册激活吗？	第1小时 软件下载与安装
TOP 02 你知道如何与UG、Solidworks进行文件交换吗？	第2小时 文件保存
TOP 03 你知道如何精准定位快速提高绘图效率吗？	第3小时 选择与精确定位
TOP 04 你会利用多线绘制封闭墙体吗？	第5小时 复杂对象编辑
TOP 05 你会快速绘制楼梯吗？	第6小时 阵列编辑
TOP 06 你会设定图层规则吗？	第8小时 图层设置
TOP 07 你会快速设定圆、直线和多边形的关系吗？	第11小时 参数化设计
TOP 08 你会绘制具有真实感的椅子吗？	第16小时 提高真实效果
TOP 09 你会利用布局、比例快速打印图形吗？	第17小时 打印图形
TOP 10 你会综合利用命令绘制图形吗？	第20小时 建筑装饰图的绘制

1.3 编者简介与反馈

本书由微视资讯主编，以下编者参与了编写工作。

李璐璐：南京市Autodesk公司授权培训部，擅长解决关于软件的各种使用反馈，负责第1～2天的编写。

李林：北京工业大学工程学院研究生，擅长绘图和流程的控制，负责第3～4天的编写。

刘莹莹：北京市Autodesk授权培训中心考试命题人，擅长新知识、效率工具的拓展与优化，负责第5～6天的编写。

肖远：中国北车集团机械工程师，擅长产品设计，负责第7天的编写。

在闲暇之余，你可以随手翻查此书，能快速让你掌握不明白的问题；在上网的时候，你可以多查看些相关的资料，为你补充知识、拓宽视野；在工作的时候，你可以尽情使用AutoCAD绘制各种图形，成就你劳有所获的愉悦感。日积月累，你便会跻身于AutoCAD制图高手的行列之中。

由于时间仓促，编者水平有限，书中难免出现不足之处。如果在学习本书时有问题想和我们探讨，请联系我们。

邮箱：6v1206@gmail.com

编 者

2013年4月

目　录

第1天　认识AutoCAD

第2天　绘制二维图形

第3天 编辑二维图形

第4天 添加图形注释

第5天 提高绘图效率

第6天 二维图形到三维实体的转换

第7天 图形打印与共享

总结：实战部分（见光盘文件）

第1天

认识AutoCAD

无论你是刚刚接触 AutoCAD 的新手，还是以前有过一定基础还需要重新掌握 AutoCAD 的用户，都需要熟练掌握 AutoCAD 的基本绘图功能；而想熟练掌握 AutoCAD，就必须认清该软件的操作界面和一些常见的绘图技巧。

在第1天，我们安排了3个主题。

要学习AutoCAD，首先要了解和认识AutoCAD。第1天来学习什么是AutoCAD及如何使用AutoCAD的常用功能。

❶ **第1小时**

认识AutoCAD界面

1.1　获取AutoCAD软件

1.2　AutoCAD的安装

1.3　查看AutoCAD操作界面

1.4　离线帮助系统

1.5　快速学习AutoCAD的十大技巧

❷ **第2小时**

了解常用操作

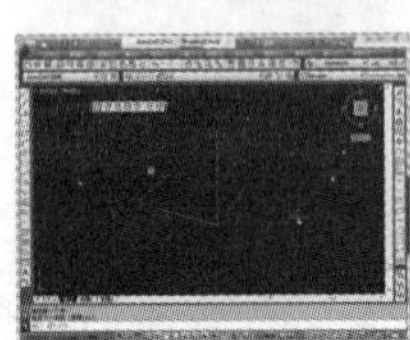

2.1　基本输入操作

2.2　常见的文件操作

2.3　设置绘图范围

2.4　配置绘图系统

2.5　视口与视图操作

❸ **第3小时**

选择与精确定位

3.1　选择对象

3.2　精确定位工具

 第 1 小时 认识AutoCAD界面

学习一个软件首先需要了解该软件的安装与常用界面，本小时来认识AutoCAD软件的界面功能。

1.1 获取AutoCAD软件

如何获取该软件是大多数初学者非常头疼的问题。这里告诉大家如何获取该软件，以帮助大家在学习的过程中迅速掌握该软件。

提示 如果已经获取了该软件，可以跳过该步骤。

1.1.1 免费获取AutoCAD 2013软件

很多用户有动力也有时间学习该软件，但面对软件高昂的价格很多人就望而兴叹，转而学习国内的CAXA、中望CAD等类似软件。虽然这类软件有很多更适合国人的设置，但比之AutoCAD软件，无论是世界内的团队共享还是设计的完备性等，还是有一定的差距，主要体现在软件的兼容性、保存格式与其他软件之间的授权上。

其实，还有非常方便的且完全免费的AutoCAD可以使用，这就是AutoCAD的官方试用版，用户直接从其网站下载即可安装试用。

案例1-1：获取AutoCAD 2013软件

Step01 打开浏览器（如Internet Explorer），在Google搜索引擎中（http://www.google.com）输入“AutoCAD 中文版”，系统自动显示有关该搜索关键词的所有链接，单击第一个链接，如图1-1所示。

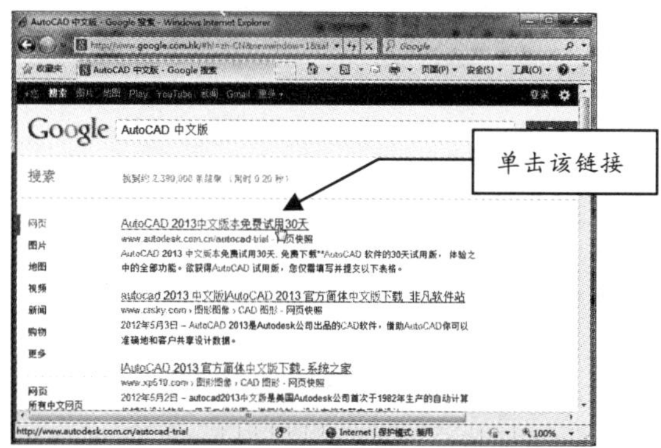

图 1-1

Step02 浏览器自动跳转到AutoCAD 2013中文版试用版本页面，输入详细信息(包括常用的姓、名、公司等)，如图1-2所示。

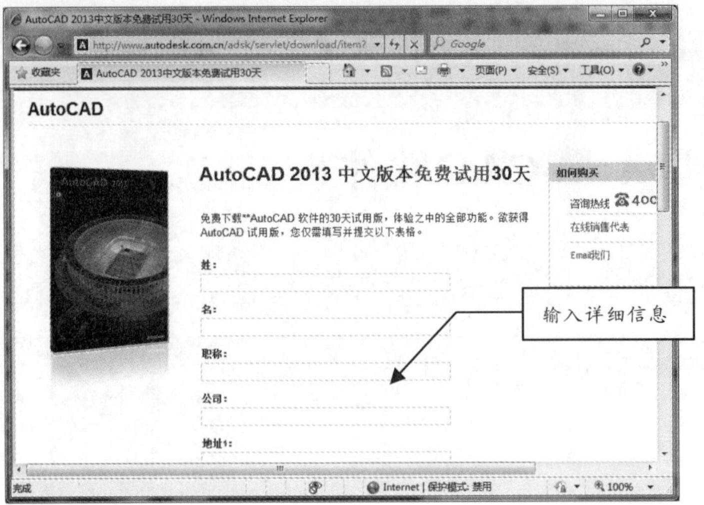

图 1-2

Step03 选择相应的选项，并指定要下载的软件版本（如32-bit），然后单击“现在下载”按钮，如图1-3所示。

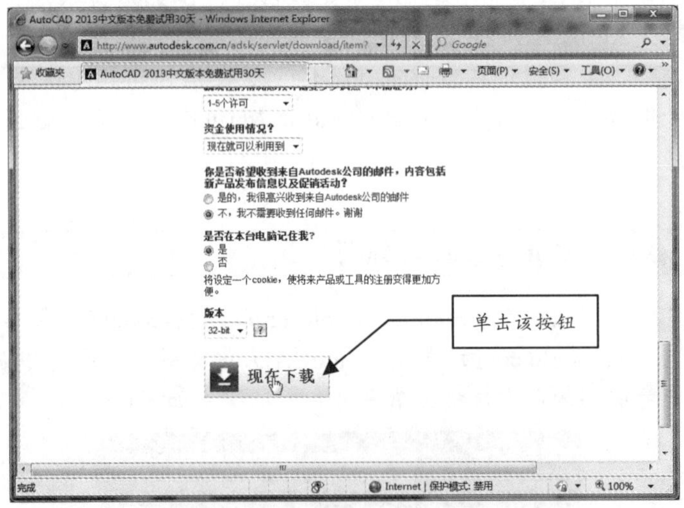

图 1-3

小贴示 用户计算机系统一般为Windows 32bit，如果有使用Windows 64bit的用户，请选择相应的版本。

Step04 系统转到下载说明页，并提示使用相应的下载管理器，根据需要下载即可，如图1-4所示。

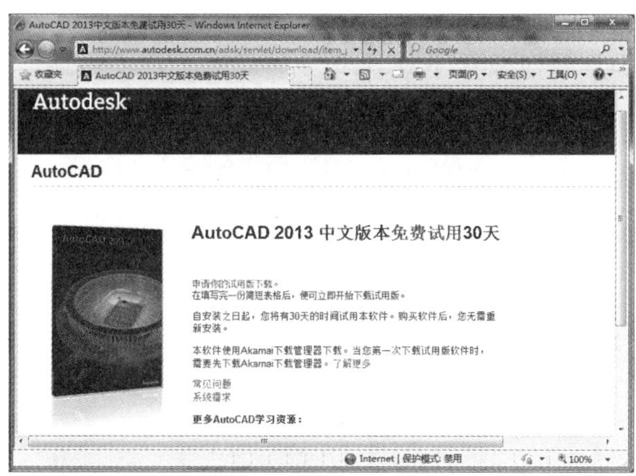

图 1-4

小贴示 不知道怎么下载的用户可以查看本书附带的光盘说明进行操作。想下载英文版的用户可以直接访问AutoCAD 英文官方试用网站，下载方法类似。

1.1.2 拨打电话或联系经销商

Autodesk公司开通了400-080-9010电话，用户可以根据该电话指引进行购买。也可以在主页上查找经销商进行购买，步骤如下。

案例1-2：购买AutoCAD 2013软件的方法

Step01 打开Autodesk官方网站（http://www.autodesk.com.cn），在“购买指南”选项卡下选择“查找经销商”选项，如图1-5所示。

图 1-5

Step02 在打开的页面中输入地点和位置范围，用户还可以根据行业、专业化、服务和其他经验缩小查找范围，或者选择“产品”下拉列表中的条目（如AutoCAD），然后单击“搜索”链接进行搜索，如图1-6所示。

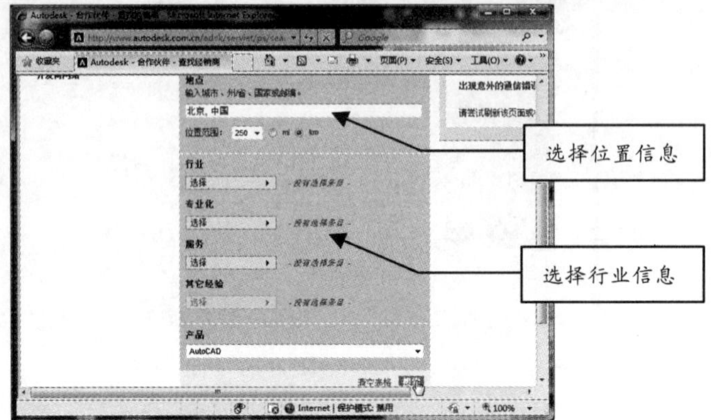

图 1-6

技巧 还可以直接单击“联系经销商”链接进入相应的地区选择最近的授权经销商，如图1-7所示。

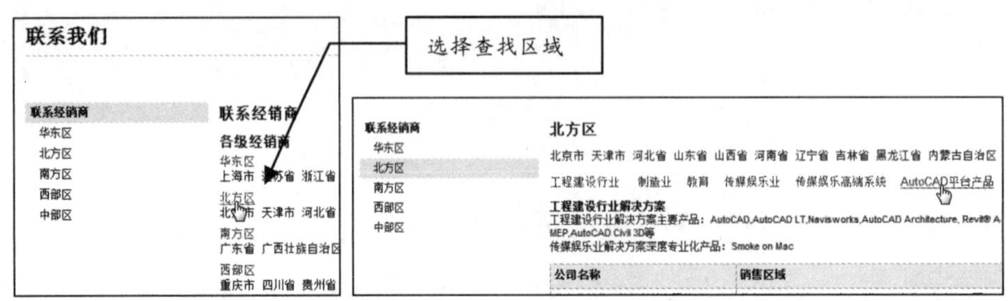

图 1-7

Step03 用户选择就近的公司购买即可，购买后会有工程师上门进行现场指导安装，并享受各种服务待遇，如图1-8所示。

图 1-8

提示 除了拨打授权服务商电话外，用户还可以在网络商店（如亚马逊）购买。

1.2 AutoCAD的安装

当用户购买软件后，可以直接由工程师帮助进行安装，但如果用户需要重新安装系统或者想自行安装时，可以根据以下步骤进行操作。

1.2.1 详解AutoCAD 2013的安装步骤

案例1-3：安装AutoCAD 2013软件

Step01 将安装光盘放到光驱中，系统自动运行并弹出安装界面，选择“安装说明”中的语言为“中文（简体）”选项，如图1-9所示。

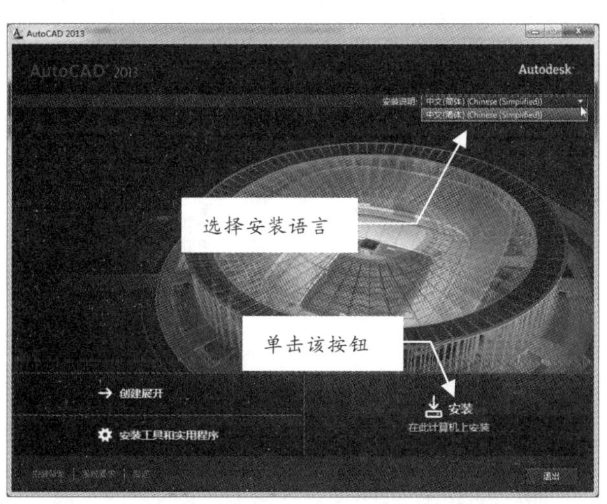

图 1-9

Step02 单击“安装”按钮，系统进入“安装→配置安装”界面，选中或取消相应的服务，然后选择组件的安装路径，如图1-10所示。

提示 单击“浏览”按钮打开“AutoCAD 2013安装”对话框，可以自定义安装路径，如图1-11所示。

Step03 单击“确定”按钮，系统进入到“安装→安装进度”界面，系统会自行判断是否安装相应的组件，如图1-12所示。

Step04 组件安装完成后，进入主程序的"安装→配置安装"界面中，选中相应的复选框进行安装，同样可以更改安装路径，如图1-13所示。

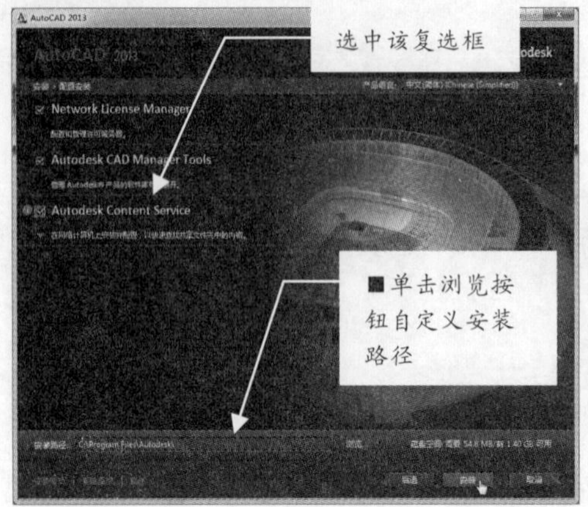

图 1-10

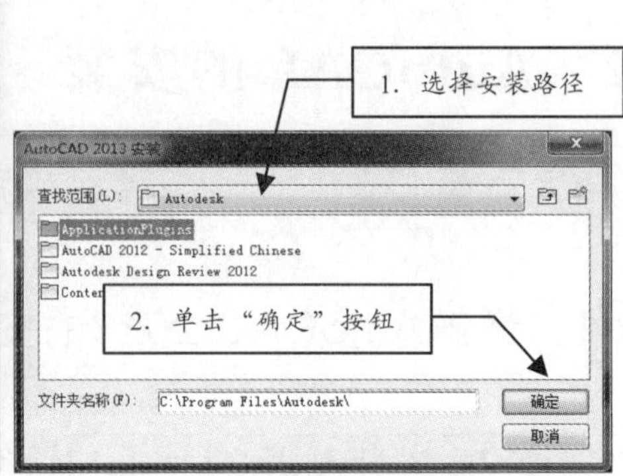

图 1-11

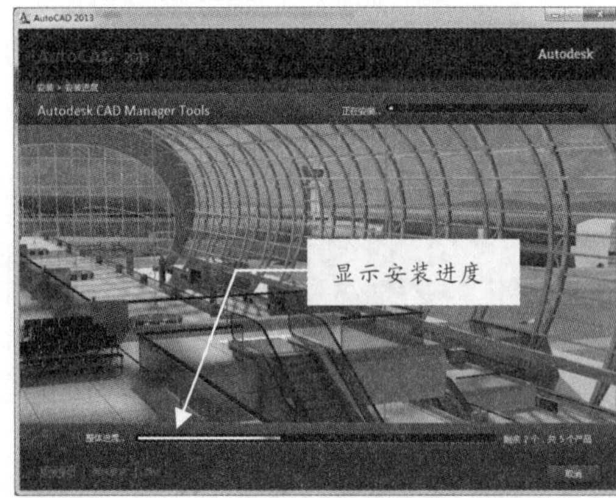

图 1-12

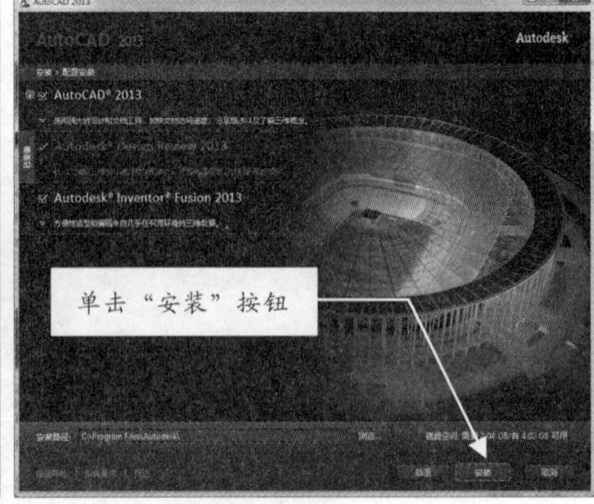

图 1-13

Step05 单击"安装"按钮，进入"安装→许可协议"界面，选择"我接受"单选按钮，如图1-14所示。

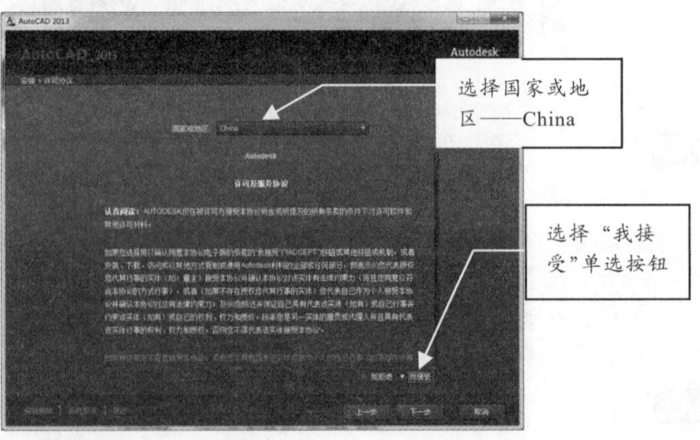

图 1-14

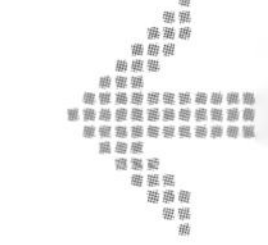

Step06 单击“下一步”按钮，进入到“安装→产品信息”界面，设置相应的“产品语言”、“许可类型”和“产品信息”选项，如图1-15所示。

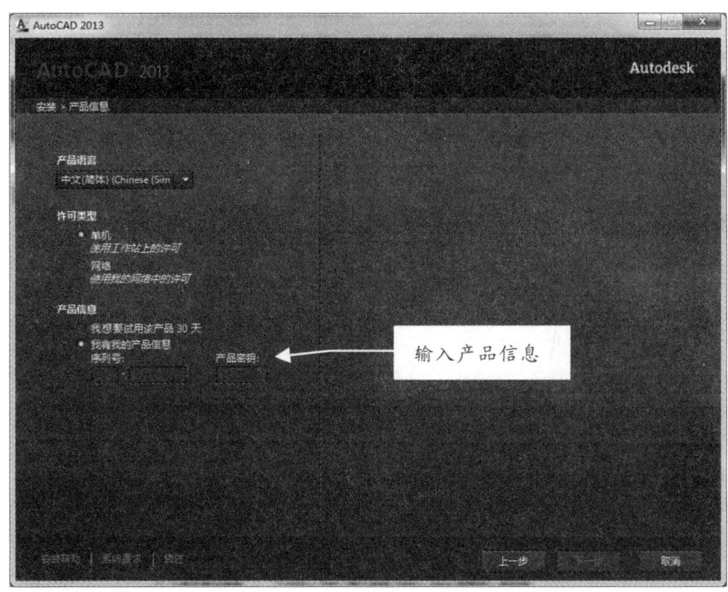

图 1-15

Step07 单击“下一步”按钮，进入到“安装→安装进度”界面，显示当前的安装整体进度，如图1-16所示。

Step08 安装完成后显示当前成功安装的相应程序，如图1-17所示。

图 1-16

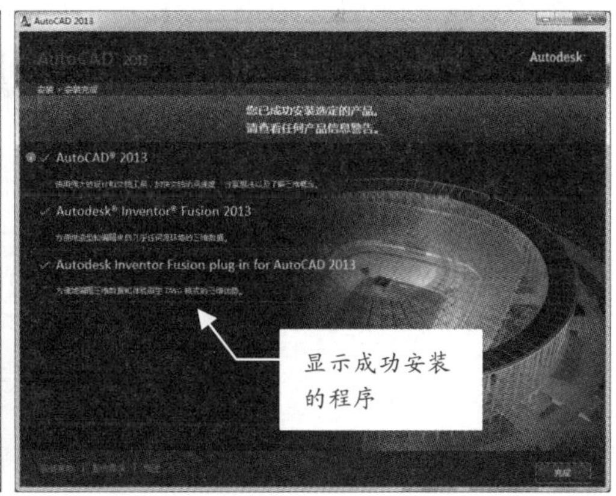

图 1-17

Step09 单击“完成”按钮，弹出“安装程序”提示框，单击“是”按钮，重新启动系统后即可启动相应的服务，如图1-18所示。

> **提示** 重新启动后，AutoCAD会自动启动。如果当前用户计算机中存在以前版本的AutoCAD软件，会弹出“移植自定义设置”对话框，如图1-19所示。

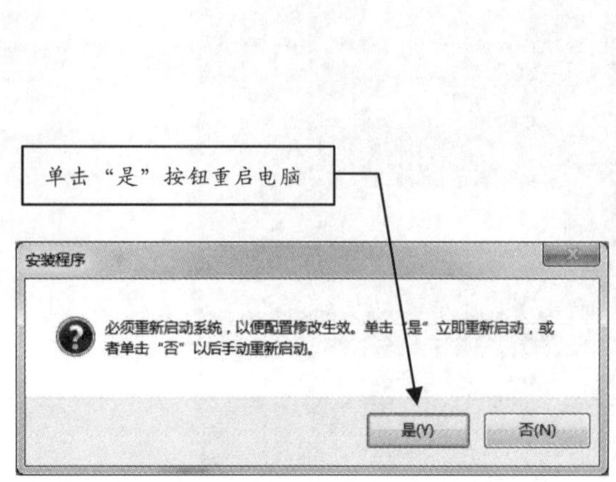

图 1-18

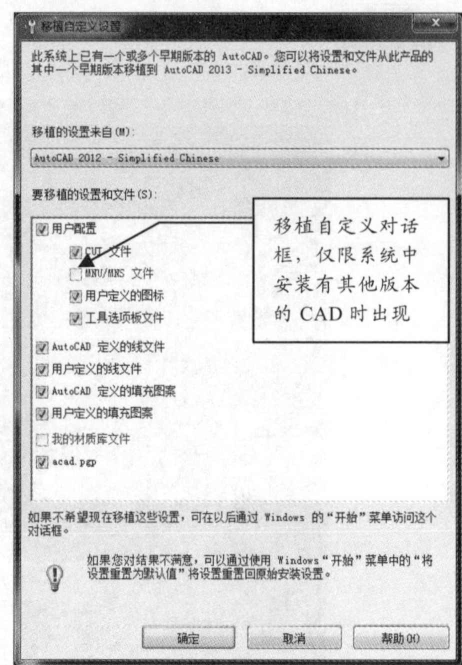

图 1-19

1.2.2 启动与退出

案例1-4：启动AutoCAD 2013软件

视频文件 视频演示/CH01/启动AutoCAD.avi

启动AutoCAD 2013的步骤如下：

Step01 单击Windows 7系统的“开始”按钮，然后依次选择“所有程序”（或“程序”）→“Autodesk”→“AutoCAD 2013- 简体中文（Simplified Chinese）”→“AutoCAD 2013-简体中文（Simplified Chinese）启动acad.exe”选项，如图1-20所示。

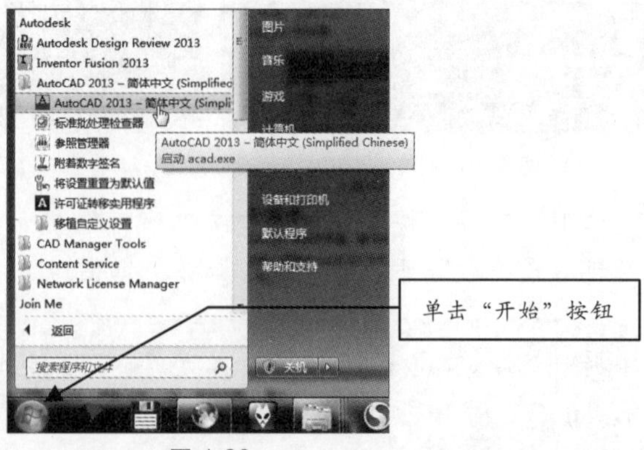

图 1-20

小贴示

除了以“开始”菜单启动方式外，直接双击桌面快捷方式图标启动更为方便。

Step02 显示系统开始首次运行时的初始化界面，并验证用户的许可信息，如图1-21所示。

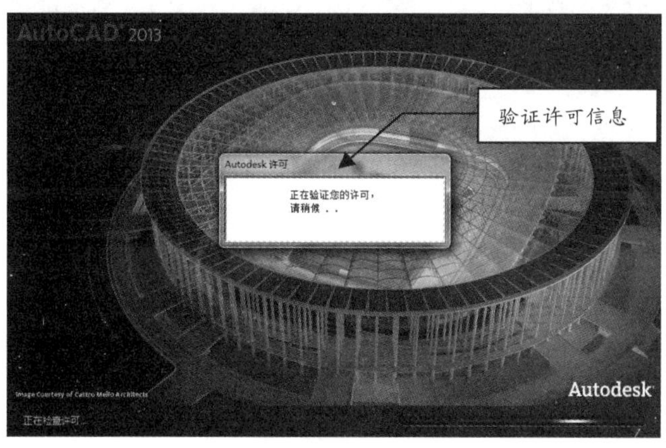

图 1-21

Step03 进入“Autodesk隐私声明”界面，单击“我同意”按钮，如图1-22所示。

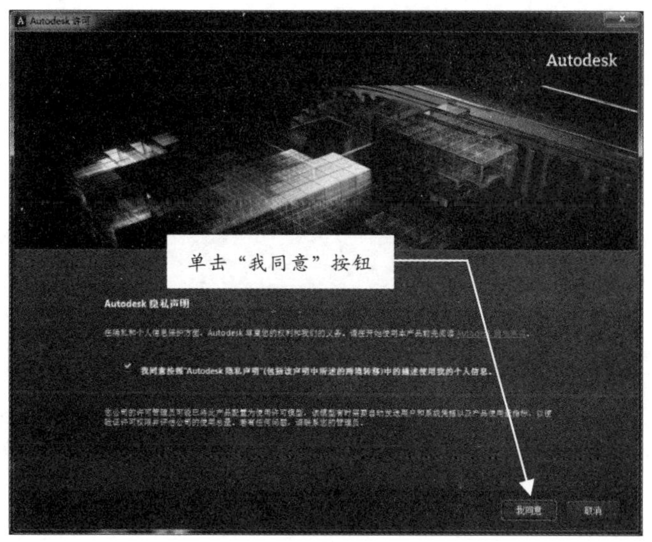

图 1-22

Step04 系统显示激活信息，可以直接单击“试用”按钮进行30天试用，如图1-23所示。

Step05 显示“欢迎”窗口和主界面，如图1-24所示。

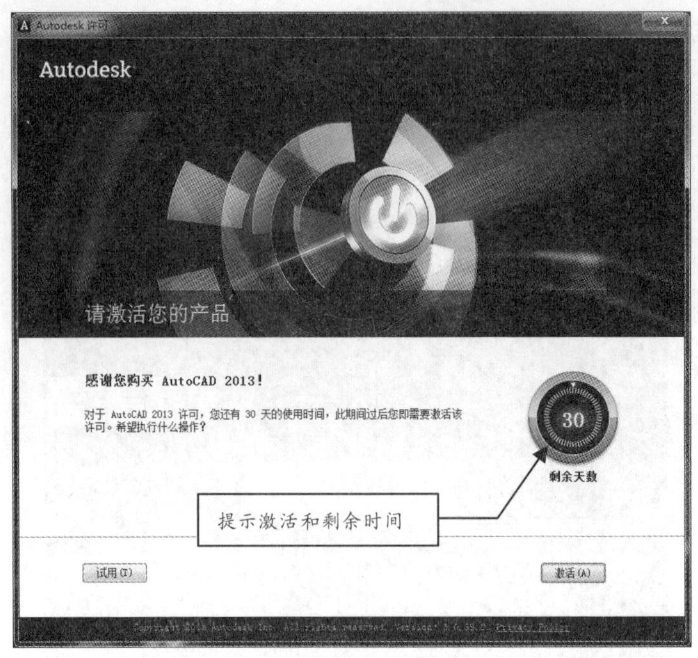

图 1-23

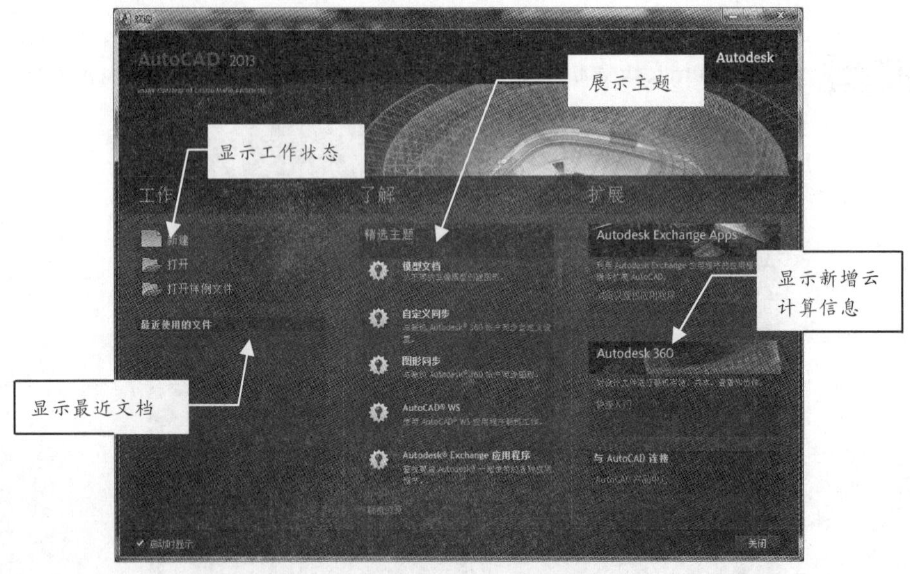

图 1-24

当用户完成图形的绘制或者不需要AutoCAD软件运行时，可以按照以下步骤退出。

案例1–5：退出AutoCAD 2013软件

Step01 单击软件界面右上角的关闭按钮，如图1-25所示。

Step02 如果文件不需要保存，则软件直接退出，否则会出现保存文件提示框，单击“是”按钮即可保存文件，如图1-26所示。

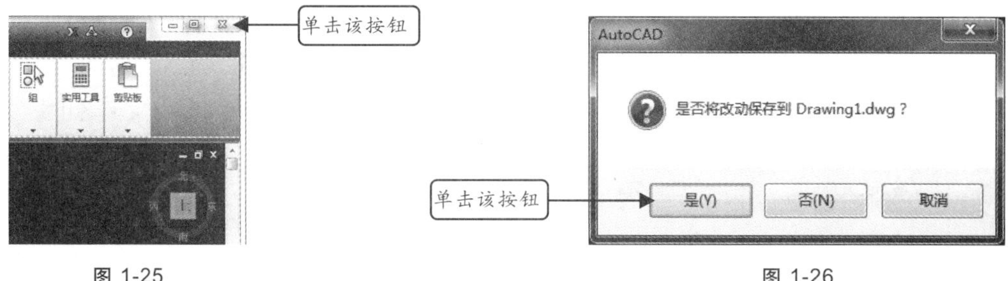

图 1-25　　　　图 1-26

小贴示 除了以上退出方法外，还可以在命令行中输入QUIT或者EXIT命令，也可以单击“菜单浏览器”中的“退出AutoCAD 2013”按钮，或者直接按<Ctrl+Q>组合键。

1.3　查看AutoCAD操作界面

AutoCAD 2013是Autodesk公司最新推出的软件包，其优化的界面和功能使设计者更容易上手。图1-27所示为AutoCAD 2013的工作界面。

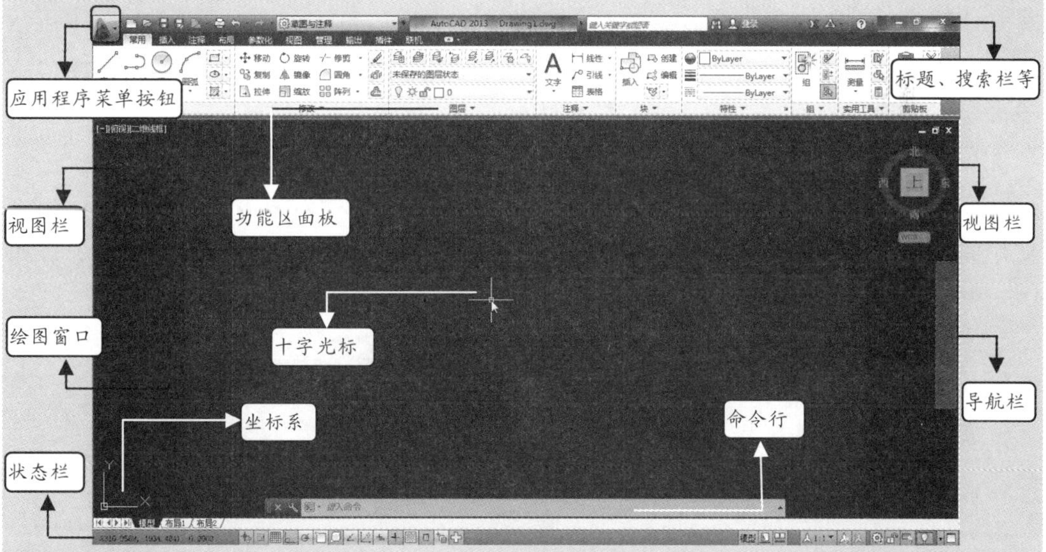

图 1-27

AutoCAD 2013主界面由应用“程序菜单”按钮、标题栏、功能区面板、绘图窗口、十字光标、命令行、状态栏等组成。在默认设置下，启动AutoCAD 2013后还会显示出工具选项板。

1. 应用程序菜单和快速启动工具栏

新的AutoCAD 2013操作界面包含一个位于左上角的“应用程序菜单”按钮，如图1-28所示。

“快速访问工具栏”位于“应用程序菜单”按钮的右侧，其中包含一些最常用的命令，如新建、打开、保存等，单击右侧的下三角按钮可以显示更多命令，如图1-29所示。

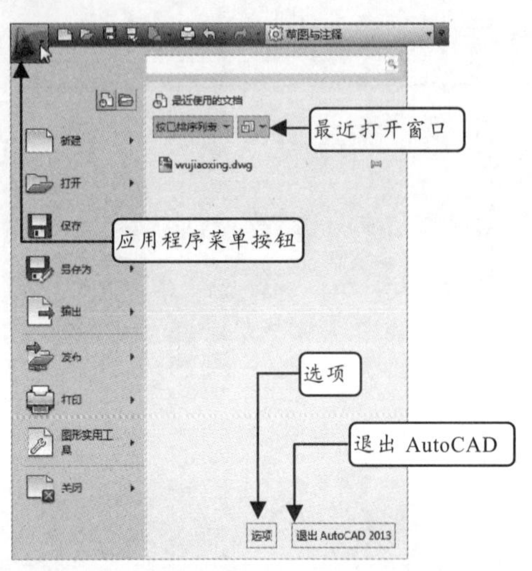

图 1-28

图 1-29

要将更多命令显示在“快速访问工具栏”中，可以单击▾图标，在弹出的快捷菜单栏中选择相应的命令（如打印预览、特性、图纸集管理器、渲染等）。选择“更多命令”选项可以自定义命令到“快速访问工具栏”。

2. 标题栏

标题栏用于显示AutoCAD 2013的程序图标及当前所操作图形文件的名称。如果使用的是系统默认的图形文件名称，其名称为DrawingN.dwg（N=1、2、3…），如图1-30所示。

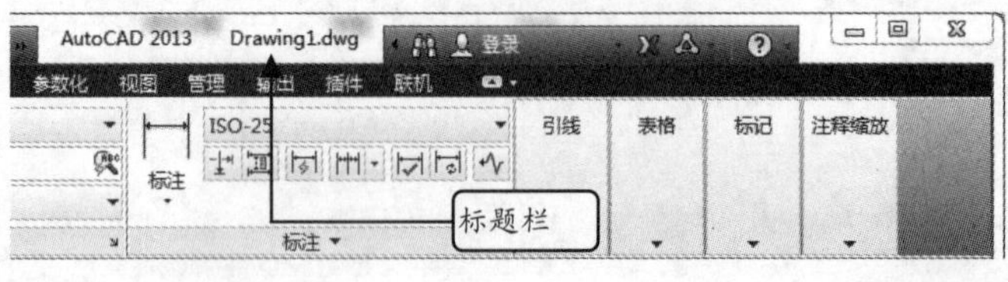

图 1-30

与一般的Windows应用程序类似，利用位于标题栏右面的 − □ × 按钮，可以分别实现AutoCAD 2013窗口的最小化、还原（或最大化）及关闭等操作。

3. 功能区面板和右键菜单

AutoCAD 2013在除“经典”工作空间以外的其他工作状态下取消了下拉菜单，

而以面板方式将大部分的菜单集中显示，提高了用户查找命令的速度。图1-31所示为功能区正常、功能区最小情况时的面板显示状态。

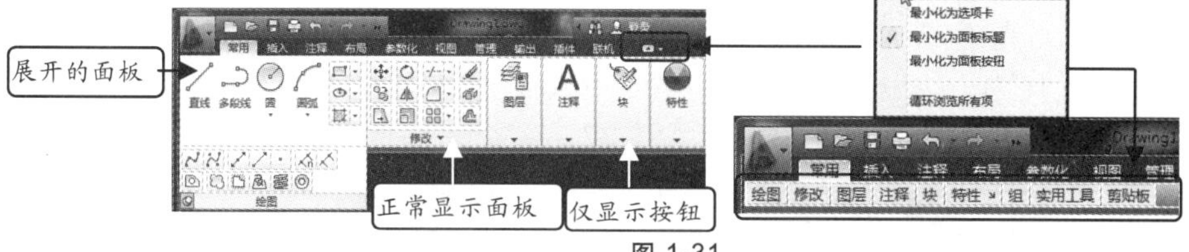

图 1-31

除了常用的面板外，AutoCAD 2013还可以使用右键菜单方式快速启动相应的命令，图1-32所示为在绘图窗口中右击时弹出的快捷菜单。

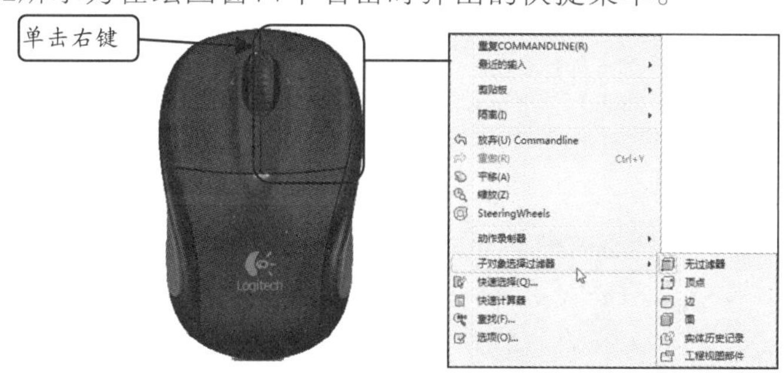

图 1-32

4. 绘图窗口

绘图窗口类似于手工绘图时的图纸，是用户在AutoCAD 2013中进行绘图的区域。用户可以根据需要关闭某些工具栏（如命令行），以加大绘图的区域，如图1-33所示。

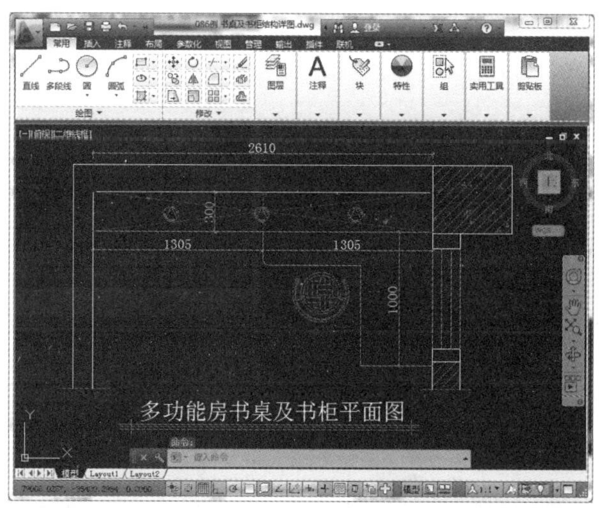

图 1-33

技巧 系统默认背景颜色为浅灰色，用户可以通过“选项”对话框来更改它的背景颜色（图1-33为使用传统颜色背景的显示）。

5. 十字光标和坐标系

移动鼠标，当光标位于界面的不同位置时其形状亦不相同，以反映不同的操作，如图1-34所示。当光标位于AutoCAD绘图窗口内且没有任何操作时，显示为十字形状“+”（故通常称为十字光标），十字线的交点就是光标的当前位置。AutoCAD的光标用于绘图和选择对象等操作。

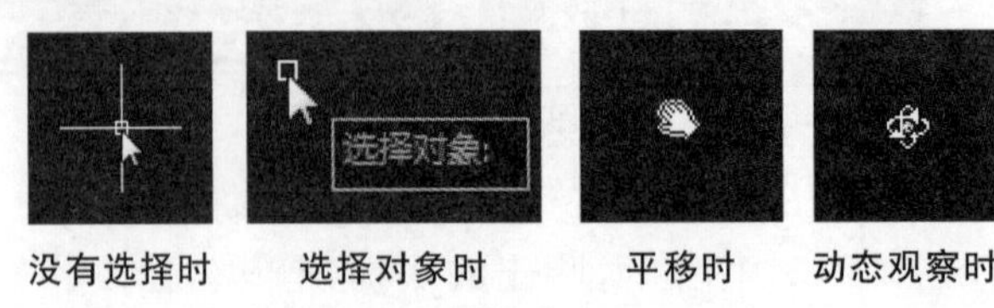

图 1-34

在绘图窗口左下角有一个图标，它表示当前使用的坐标系形式及坐标方向等，故称其为坐标系图标。

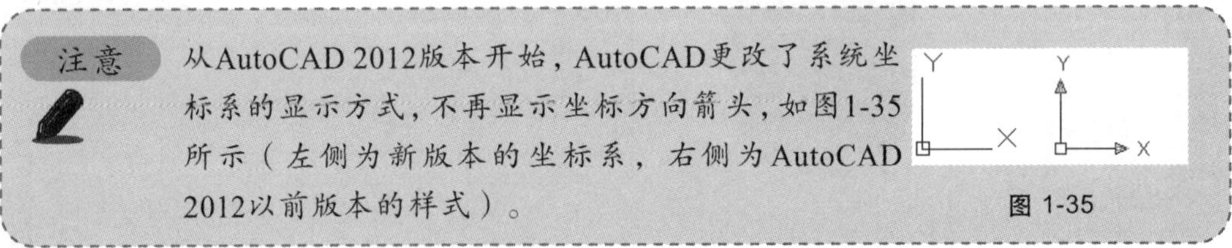

注意 从AutoCAD 2012版本开始，AutoCAD更改了系统坐标系的显示方式，不再显示坐标方向箭头，如图1-35所示（左侧为新版本的坐标系，右侧为AutoCAD 2012以前版本的样式）。

图 1-35

6. 命令行和状态栏

命令行是AutoCAD显示用户输入的命令和提示信息的地方。在AutoCAD 2013中，系统将命令行设置为浮动工具栏形式，方便用户自由移动。且在输入命令后随着命令的执行只显示当前命令，其他命令自动消隐，极大地扩大了用户的绘图范围，如图1-36所示。

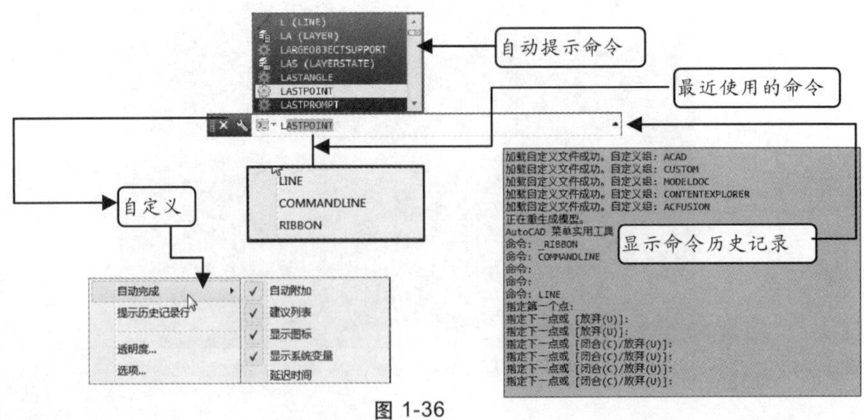

图 1-36

当提示“键入命令：”时，可通过键盘输入新的AutoCAD命令（在执行命令过程中，单击菜单项或工具栏按钮可中断当前命令的执行，以执行对应的新命令）。

状态栏用于反映当前的绘图状态，如当前光标的坐标，绘图时是否打开了正交、栅格捕捉、栅格显示等功能及当前的绘图空间等，如图1-37所示。

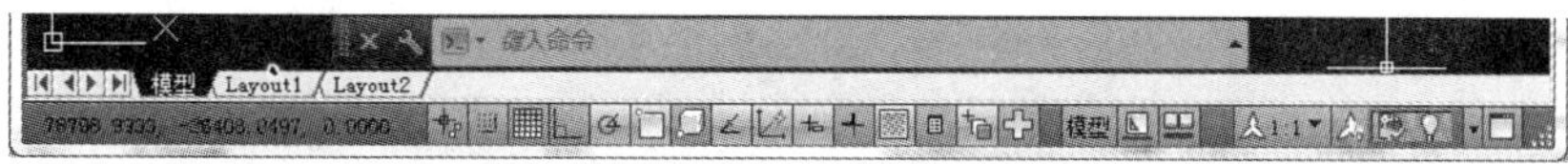

图 1-37

状态栏主要分为三大部分：左侧为实时图形坐标区域，动态显示当前坐标值；中间为切换按钮，包括一些常用的功能，如对象捕捉、栅格和动态输入等；右侧为模型和布局按钮及一些新的工具。

状态栏工具图标的含义如表1-1所示。

表1-1　状态栏说明

图标	说明	图标	说明	图标	说明	图标	说明
	捕捉模式		正交模式		对象捕捉		允许/禁止动态USC
	栅格显示		极轴追踪		对象捕捉追踪		快速查看图形
	动态输入		快捷特性		布局1		注释自动更新
	显示/隐藏线宽		模型		快速查看布局		全屏显示
	平移		SteeringWheel		注释比例		注释可见性
	缩放		ShowMotion		切换工作空间		工具栏/窗口位置锁定

1.4　离线帮助系统

AutoCAD 2013为了有效减少安装盘的容量占用和提高在线服务范围，将AutoCAD的帮助系统做成在线帮助的方式，虽然对其云空间有很大的帮助，但限于国内的网络环境和部分单位的保密需求，在线帮助系统并不那么好用，这里来讲解如何安装和使用离线帮助系统。

1.4.1　安装离线帮助系统

下面来说明如何安装离线帮助系统。

案例1-6：安装AutoCAD离线帮助系统

Step01　单击AutoCAD标题栏中的“帮助”按钮，打开“AutoCAD 2013帮助”窗口，如图1-38所示。

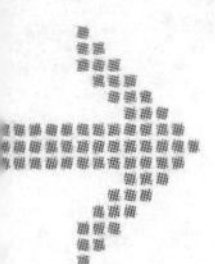

图 1-38

Step02 单击窗口中的离线帮助选项，调用浏览器到Autodesk网站显示当前的帮助语言，如图1-39所示。

> 小贴示 也可以复制http://usa.autodesk.com/adsk/servlet/item?siteID=123112&id= 187326 &linkID=10809853链接进行下载。

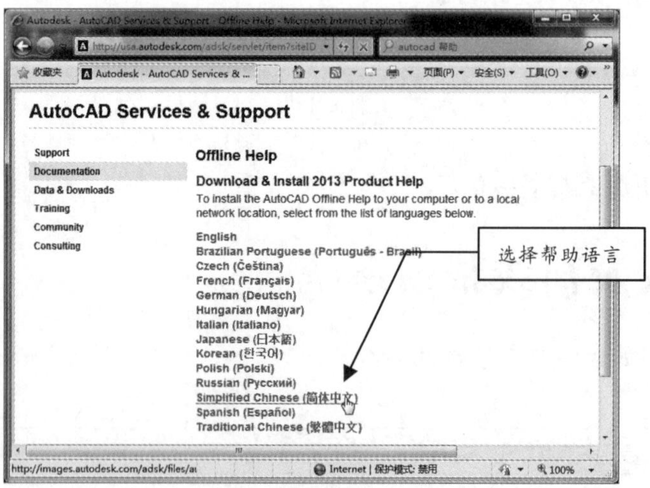

图 1-39

Step03 下载完成后，双击下载程序进行自动解压并安装，如图1-40所示。

Step04 在安装界面中单击“安装”按钮，如图1-41所示。

Step05 在“安装→许可协议”界面中选中“我接受”单选按钮，如图1-42所示。

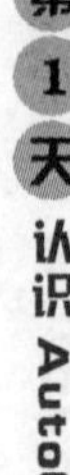

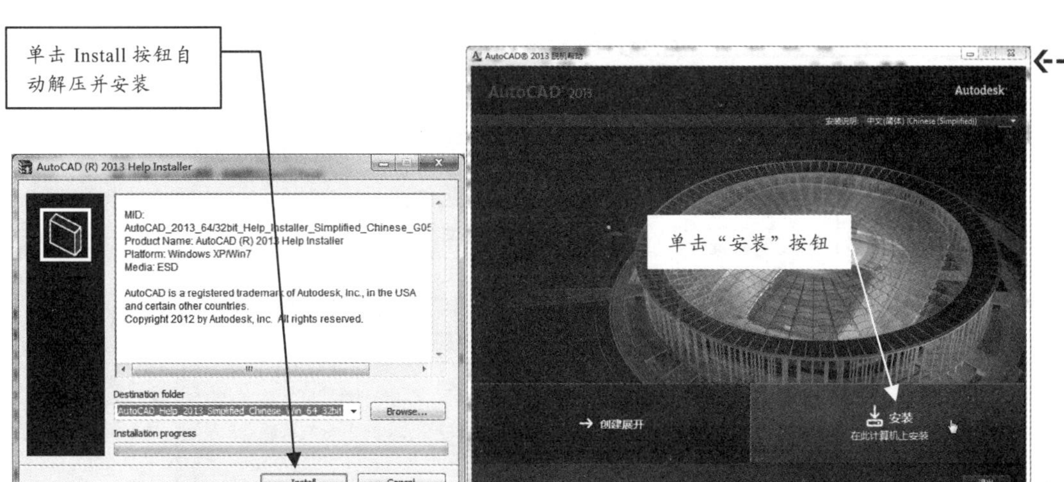

图 1-40　　图 1-41

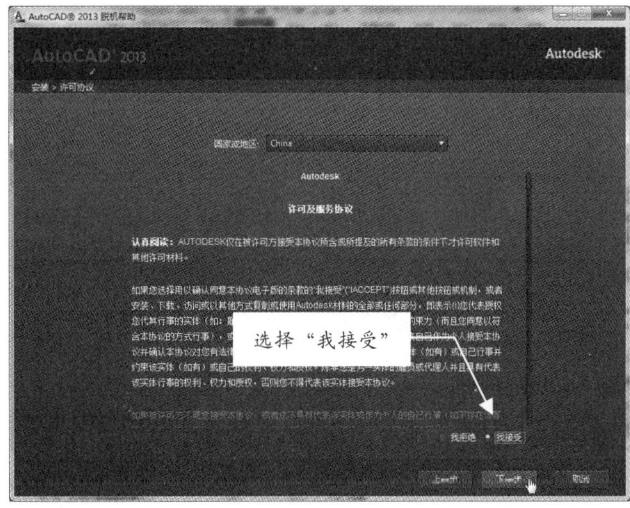

图 1-42

安装完成后，单击标题栏中的“帮助”按钮仍然弹出在线信息，而不是已经安装的本地帮助文件，怎么解决呢？步骤如下：

Step01 在命令行中输入OP命令，在弹出的“选项”对话框中选择“文件”选项卡，然后单击“帮助和其他文件名”前面的加号展开下级文件，然后选中“帮助位置”下面的路径，单击“浏览”按钮，如图1-43所示。

Step02 在弹出的“选择文件”对话框中查找安装的文件位置，选中index文件，单击“打开”按钮，如图1-44所示。

Step03 返回“选项”对话框，然后单击“确定”按钮，如图1-45所示。

Step04 再次调用帮助菜单时，系统将按照设定从本地调用离线帮助文件，用户即可方便地查看，如图1-46所示。

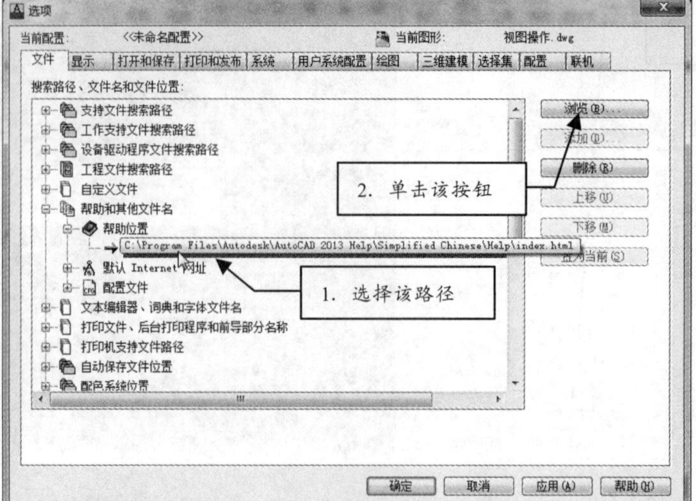

图 1-43

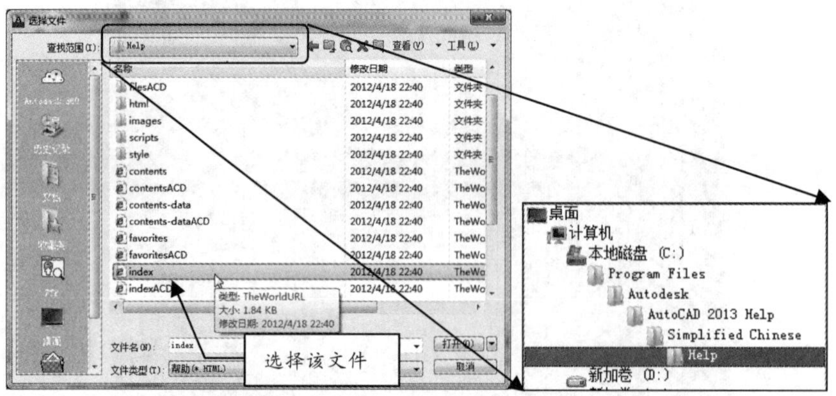

图 1-44

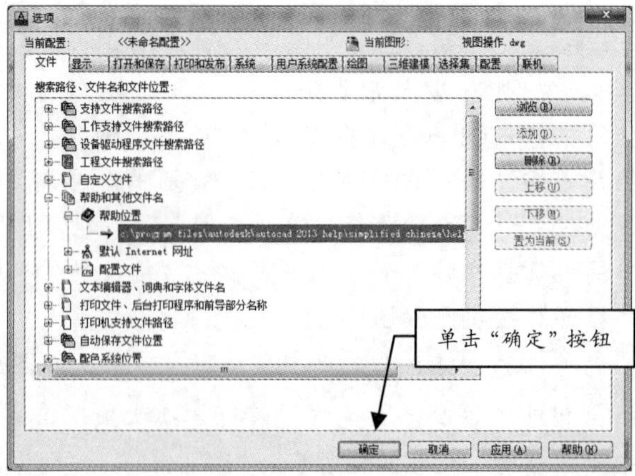

图 1-45

图 1-46

> 小贴示 直接调用离线帮助的更快捷方法是将下载的AutoCAD 帮助文件直接安装到当前AutoCAD的帮助文件夹中。

1.4.2 使用AutoCAD帮助系统

在AutoCAD进程的任意时刻，用户都可以使用帮助功能，步骤如下：

Step01 选择“帮助”→“帮助”命令（或者单击“标准栏”中的 图标，或在命令行中输入Help），或者直接按<F1>键来激活帮助系统。

Step02 “Help（帮助）”窗口左部的选项卡向用户提供了查找信息的不同方法，用户可以在窗口右部看见所选主题的信息，如图1-47所示。

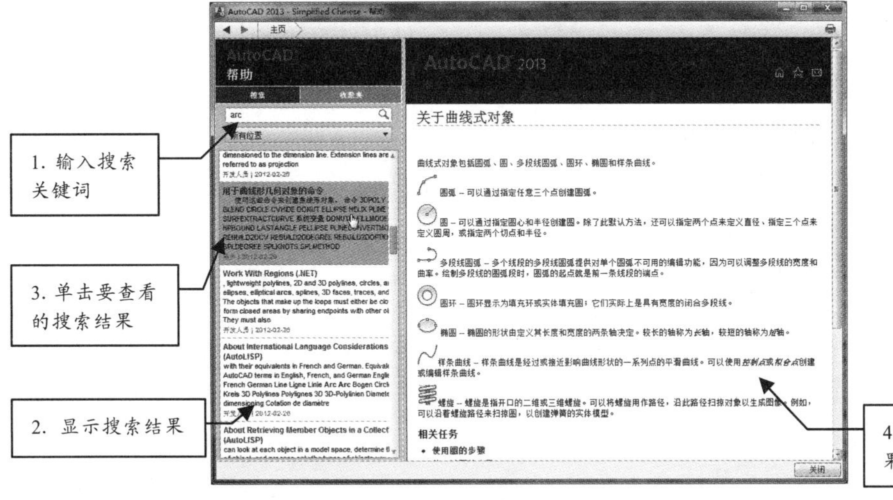

图 1-47

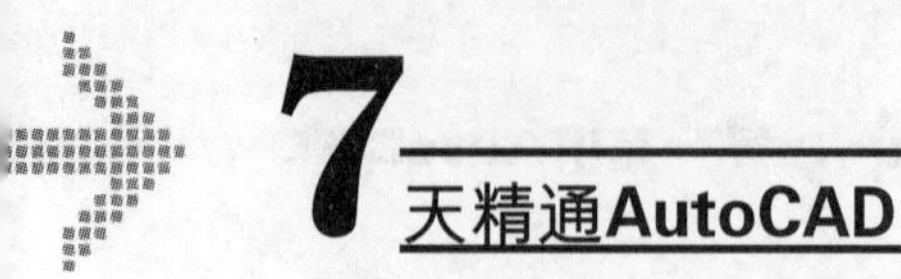

1.5 快速学习AutoCAD的十大技巧

学习AutoCAD离不开辅助资料，理想的辅助资料能让我们的学习事半功倍，如何在众多的学习资料中找到适合自己的也是至关重要的。

1. 养成科学的绘图习惯

使用AutoCAD绘图时，很多人特别是新手习惯使用菜单或者面板（笔者也有这个习惯），虽然AutoCAD 2013已经将很多常用的命令放置到面板中，但如果能熟练地使用命令则会将效率提高1~5倍。习惯决定绘图速度。

常见的习惯为“左手键盘，右手鼠标”，即将左手放在键盘旁边，方便输入各种命令的快捷应用，如直线直接输入L即可；而右手握住鼠标则是为了方便选择图形区域中的各个部分。这样合理的搭配会使操作变得非常简单、高效，当然绘图速度更是不在话下。

2. 熟记命令

AutoCAD 2013 的绘图命令有上百种，但最常用的命令却仅有60个，如果能熟练掌握这60个命令，就能解决很大一部分难题。

另外，在AutoCAD中有非常多的方式可以实现同一操作（目前，完成一个命令最少有一种方式，最多有五种之多）。在AutoCAD中可以走捷径，但想走捷径，必须熟练掌握各种命令的功能和特点。

如使用LINE、XLINE、RAY、PLINE、MLINE命令都可以生成直线段，但LINE命令使用的频率最高。即使使用LINE命令，仍旧可以直接输入一个字母L即可达到目的。而使用其他命令配合，就会达到事半功倍的效果。

3. 先绘制再修改

作为绘图的重大改进，计算机绘图方便的修改性能让人们从手工绘图的擦写中获得解放。而好的图纸一定是修改出来的，因为前期设计时可能会考虑欠缺。

从图形构成来看图形只有直线与曲线这两种，而曲线又由大量的圆组成。很多时候，可以先画圆或直线并确定位置，然后进行一系列操作（如OFFSET、TRIM、FILLET等）来逐步修改图形。采用这样的绘图步骤，可以加快绘图速度。

4. 活用WCS和UCS坐标系统

AutoCAD 2013改进了坐标系统，使其更方便用户使用。系统默认为每个图形均提供了绝对的坐标系，即世界坐标系（WCS）。

通常情况下，AutoCAD绘图时WCS不可更改，但现在改进的查看功能可以让用户从任意角度、方向来观察和旋转。另外，用户绘制施工图时可以根据需要自定义坐标系，也称为用户坐标系（UCS）。对需要经常转换坐标来定位的图形，熟练使用WCS和UCS也能提高绘图速度。

5. 合理利用图层功能

图层功能就像手工绘图时的图纸覆盖，而AutoCAD可以很好地解决多层绘制技术，也为整体修改、显示等提供了非常方便的显示功能。应用层技术可以很方便地把图上的实体分门别类。一层图（或一个层集合）里可以含有与图的某一特征方面相关的实体，这样就可以对所有实体的可见性、颜色和线型进行全面的控制。

正确利用和把握层的性质及功能将加快绘图速度，如修改图形时不显示多余图元的图层、冻结作为参考图形的图层等。

6. 有共性参数时多利用图块

绘制图形时，常常会遇到很多具有共同特点的图形，如室内绘图时的椅子、床、办公桌等。这时就可以将这些图形制作成图块进行保存，而且合理利用这些图块的话可以在各个图形中调用，甚至在全公司、集团都能通用。这样既避免了重复劳动，还能保证数据的准确性。

7. 创建工具选项板模块

如果说图块能大大提高绘图速度、节省磁盘空间的话，那么工具选项板组则可以定制属于自己的绘图界面。一个选项板组可以包括多个选项板模块，如图1-48所示。

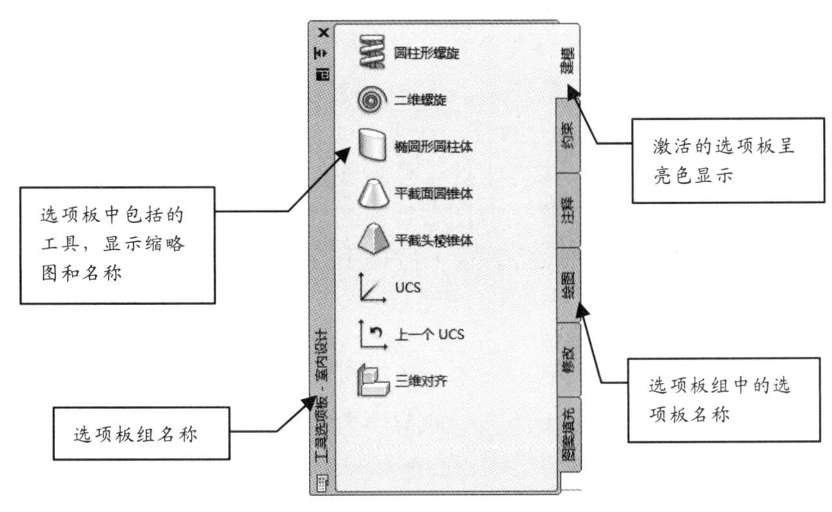

图 1-48

这样，实际上是建立了用户自己的“零件”库，在绘制其他图形时可以直接调用。经常用到的图形可以一次完成而不必重复制作，从而大大加快了绘图速度。

8. 创建个人或公司模板

在绘图前需要对字的大小、字的横纵比、箭头大小、绘图范围等进行设置，特别是一些公司需要同样的设置时。但如果每张图都自行设置的话，会消耗大量时间。而模板图是绘制一幅新图形时用来给这个新图形建立一个作图环境的样本，其中包括图层、字体、标注样式、线形、线条粗细、图框、图表规格、打印样式等，凡是公用的参数、图形等都可以放在样板图中。因此，采用模块后效率大幅提高，也便于各个使用该样本图的图形共享。

9．化繁为简定义别名

把复杂的命令进行简写，如LINE命令在COMMAND输入时可以简化为L，因为在AutoCAD中有一个加密文件ACAD.PGP定义了Line命令的简写。

具体做法为：先找到ACAD.PGP文件，然后用文本编辑该文件，就可以添加、删除或更改命令别名。记住左侧是简写命令的文字，用户可以根据需要进行修改；右侧是默认的命令，不能随意修改。这样设置之后，一定能提高施工图绘制速度。

10．合理利用图书和网络资源

由于AutoCAD的使用范围不断扩大，导致国内出版社争相推出AutoCAD图书。虽然不乏优良之作，但鱼龙混杂的局面给读者的选购带来了极大的麻烦。不好的图书一般具有以下几个特点，请用户选购时注意。

（1）知识点堆砌，实例少。这类图书容易给读者造成知识点多、超值的印象，但实际上因为AutoCAD软件的知识点繁多，导致这类书仅仅是将各个知识点进行简单堆砌，说明不透彻，也缺乏实例的磨炼。

（2）理论与实践的脱节。有些作者只懂理论，实践很少；而有些作者是专业绘图出身，但对理论了解不深入，导致部分出版社组稿时理论和实践的脱节，东拼西凑一些内容，看上去挺全面，但是仔细学起来会发现没有什么真正的内容。

（3）升级图书。由于AutoCAD的版本升级较快，加上图书出版的滞后性，导致一些单纯追求经济利益而不顾读者需求的工作室或作者，不是想到将以前图书中出现的问题进行完善和修订，而是将以前图书换换名称或者版本号就重复上市，造成了换汤不换药的图书出现，这对读者是极不负责任的行为。

网络发展到现在，已经成为无国界的知识宝库，合理地利用它能节省大量的时间和精力。

国内有很多专门的AutoCAD论坛和个人网站，上网方便读者可以去找些论坛看看他们的技术文章及其他用户提出的问题和解决方法等，有些论坛虽很零碎不成体系，但有时也会解决自己很久都想不明白的问题或给自己带来很大的启发。

学习时要不懂就问，不要担心自己的问题是不是简单、幼稚，要知道每个人在学习上都是从幼稚走向成熟的，敢于面对自己的问题才能真正地解决问题。有时候和高手简单的一席对话，或看一看人家做出来的好作品，其意义并不亚于自己埋头钻研一个月。多看看别人的作品，一方面可以增长见识，另一方面也可以认识到自己的弱点和差距，从而激发向上的动力。

这里介绍几个专业的AutoCAD网站和论坛。

- Autodesk公司：www.autodesk.com（推荐使用英文版的新手去看）。
- Autodesk公司中文网站：www.autodesk.com.cn。
- ICAX论坛：www.icax.cn。

下面，就跟我们一起体验AutoCAD 2013带来的全新绘图功能吧！

第 2 小时 了解常用操作

认识了软件界面后，本小时来讲解使用AutoCAD软件的常用操作。

2.1 基本输入操作

在学习命令和进行相关设置前，首先需要了解命令的调用方式。

2.1.1 命令的调用方法

AutoCAD的常见操作有多种，可根据需要进行调用，系统对命令做出响应，并提示执行状态，或给出执行命令需要进一步选择的选项。

案例2-1：命令的调用方法

视频文件 **视频演示**/CH02/**调用方法**.avi

1. 面板单击方式

在AutoCAD中，“草图与注释”工作空间作为默认的工作空间受到了越来越多人的欢迎。单击选项卡中的相应面板中的对应按钮即可启动命令，操作步骤如下：

Step01 在面板上单击相应的命令按钮（如圆按钮），如图2-1所示。

提示 面板输入方式标准说法：单击“常用”功能区中“绘图”面板上“圆”按钮。

Step02 在命令行中输入命令，如L（直线），绘制图形，结果如图2-2所示。

单击按钮启动命令

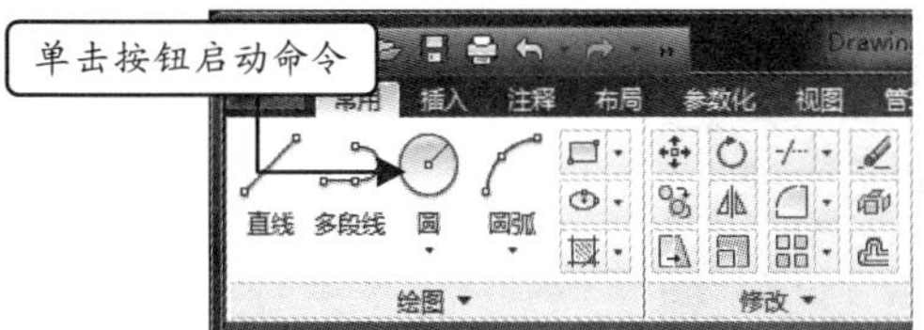

图 2-1

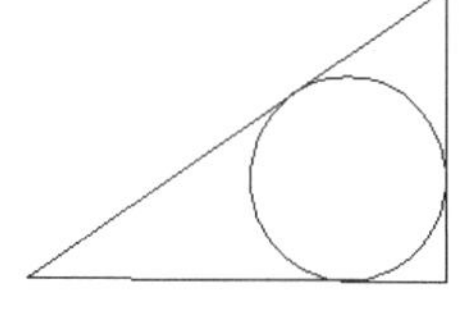

图 2-2

技巧 当用户需要的命令不在面板主窗口时，还可单击面板名称上的下三角按钮展开面板来选择（如单击圆环）。选择相应的绘制工具时，可以选择绘制工具的详细绘制方法（如通过两点绘制圆），如图2-3所示。

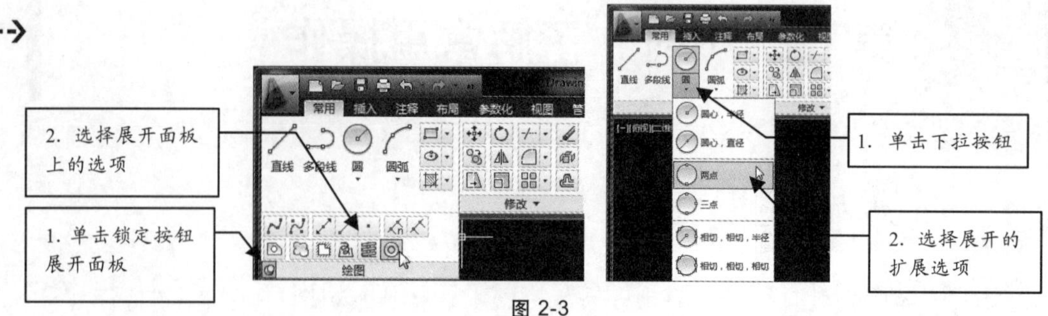

图 2-3

2. 命令行输入方式

在命令行中输入命令全称或简称即可调用相应的命令，如绘制直线时输入Line或L即可，操作步骤如下：

Step01 在命令行中输入命令（如L），如图2-4所示。

> **提示** 命令行输入方式标准说法：在命令行中输入LINE（或L）命令。

在输入命令后，系统会自动显示当前命令的操作过程，并在命令行中显示提示信息，当命令含有多个可以执行的操作时，放置到“[放弃（U）]”中的命令可以单击选中，如图2-5所示。

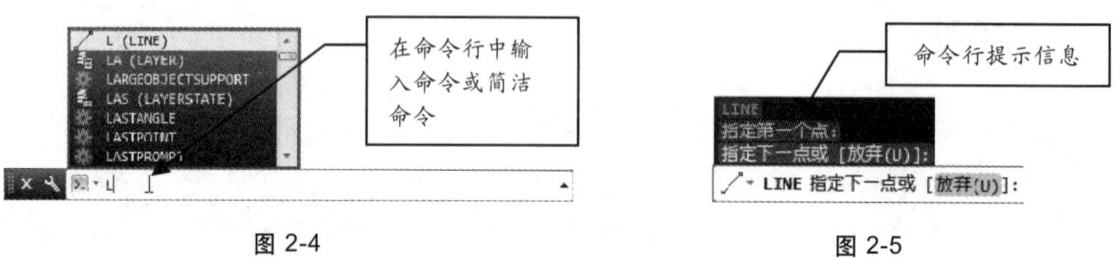

图 2-4　　图 2-5

Step02 在绘图窗口中单击相应的点来绘制图形，如图2-6所示。

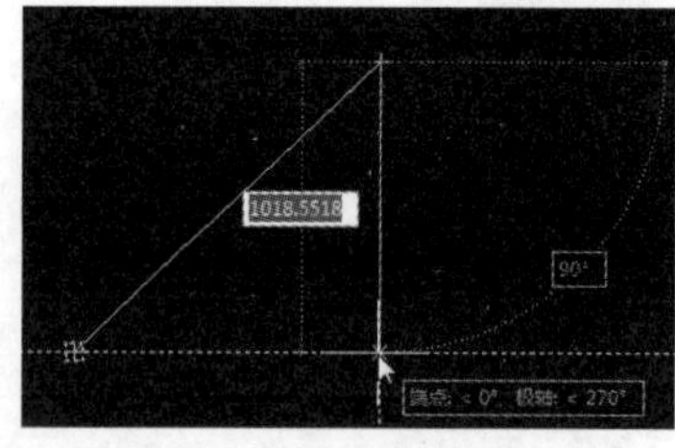

图 2-6

AutoCAD还提供了常用命令的简写形式，在命令行输入这些简写命令后即可启动相应的常规命令。

> **注意** 有些命令只有一种输入方式，如重画（REDRAW）命令就只能通过命令行输入。

3．菜单栏选择方式

通过菜单栏来选择相应的菜单调用命令的步骤如下：

Step01 选择“绘图”→“多边形”命令，如图2-7所示。

> **提示** 菜单栏选择方式标准说法：选择“绘图”→“多边形”命令。

Step02 在绘图窗口中指定两点绘制多边形，如图2-8所示。

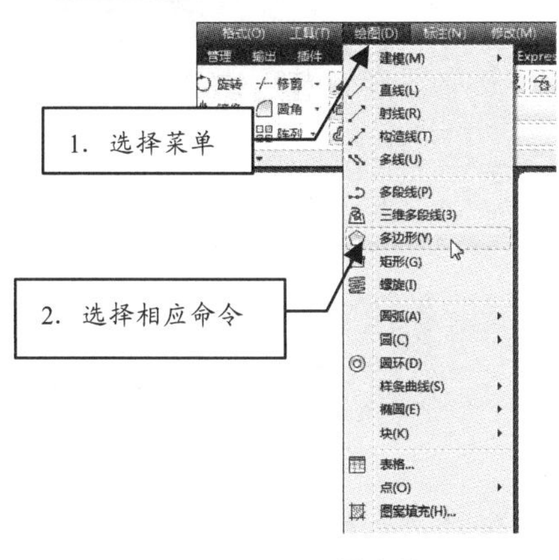

图 2-7

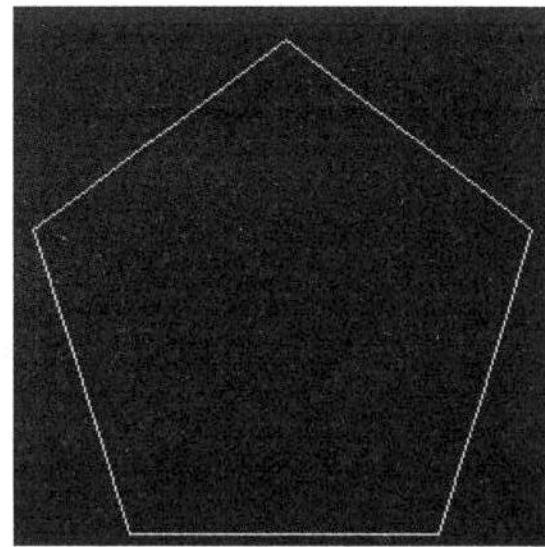

图 2-8

4．工具栏单击方式

从AutoCAD 2011以草图与注释布局工作空间为默认空间以来，工具栏单击方式启动命令的方式就不再像以前那么受欢迎了。如果用户使用AutoCAD经典工作空间，则仍旧可以使用工具栏方式进行单击选中，操作步骤如下：

Step01 单击“绘图”工具栏中的“多边形”按钮，如图2-9所示。

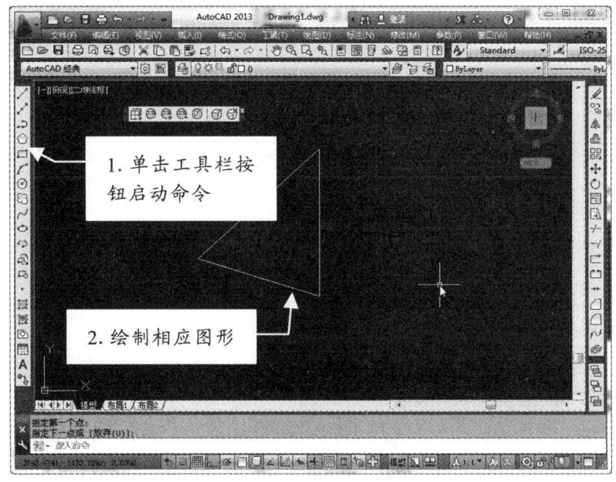

图 2-9

提示　工具栏单击方式标准说法：单击“绘图”工具栏上的“多边形”按钮。

Step02 在绘图窗口中输入侧面数、指定中心点，然后选择内接于圆或外切于圆后，再指定半径即可绘制多边形，如图2-10所示。

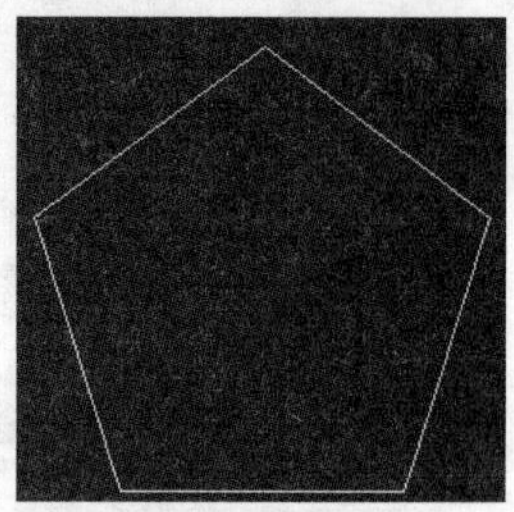

图 2-10

2.1.2　命令的重复、撤销、重做

在绘制或编辑图形时，常常会遇到重复执行某一个命令或者撤销当前命令及对撤销的操作进行重做等操作。

案例2–2：命令的重复、撤销、重做	
素材文件	Sample/CH01/01.dwg
视频文件	视频演示/CH02/命令的重复、撤销、重做.avi

1. 重复命令

当用户执行完一个命令后，需要重复执行当前命令时，直接按<Enter>键即可，操作步骤如下：

Step01 使用LINE命令绘制三角形图案，如图2-11所示。

Step02 按<Enter>键，系统继续执行LINE命令，如图2-12所示。

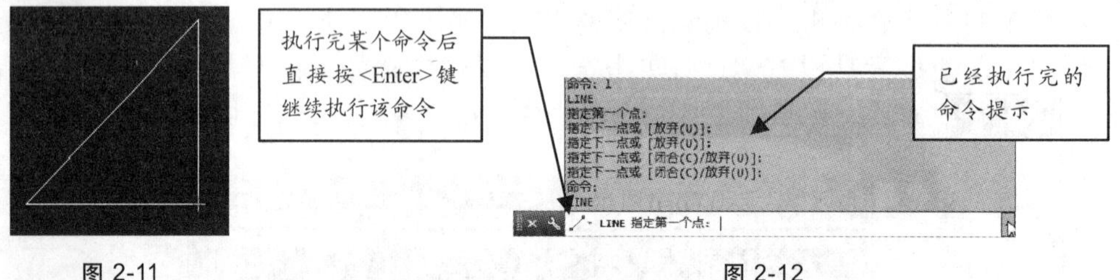

图 2-11　　图 2-12

Step03 绘制另外一个三角形图案，如图2-13所示。

2. 撤销命令

如果当前执行错误后，用户可以撤销当前命令的执行或者撤销命令中某一个步骤的执行。

下面继续上一个案例。

绘制三角形图案完成后，发现后面绘制的图形不符合标准，如图2-14所示，这时就可以单击“快速启动工具栏”上的（撤销，undo）按钮，结果如图2-15所示。

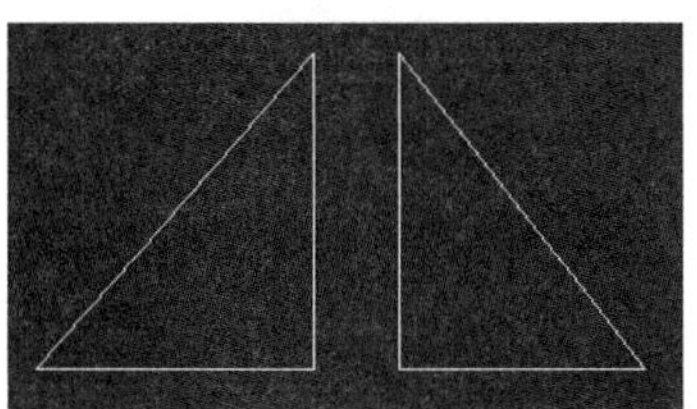

图 2-13

图 2-14

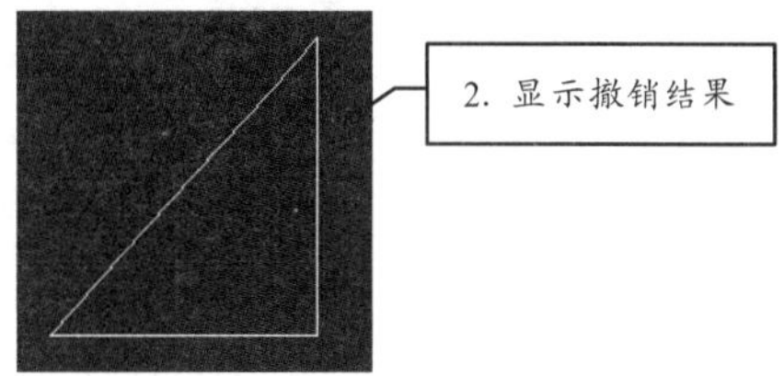

图 2-15

> **提示** 执行完一个操作命令时，撤销即为撤销该命令的多步操作，如果是在命令的执行过程中，则只撤销当前执行的上一步操作。

2.2 常见的文件操作

除了命令操作外，AutoCAD的文件操作和其他软件也基本相同，下面简要说明。

2.2.1 新建与保存文件

在绘图时，需要有相应的文件才能操作，用到了新建或者打开文件命令。

1. 新建文件

使用AutoCAD 2013绘图时，首先需要选择一张样板图作为创建基础，然后在此样板图上创建新图形文件。系统自动新建一个图形文件，并命名为Drawing1.dwg。

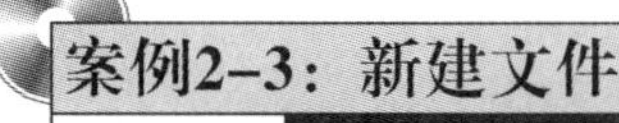

案例2-3：新建文件

素材文件	Sample/CH02/02.dwg	视频文件	视频演示/CH02/文件操作.avi

Step01 单击“快速访问工具栏”的□（QNEW，新建）按钮，弹出“选择样板”对话框，如图2-16所示。

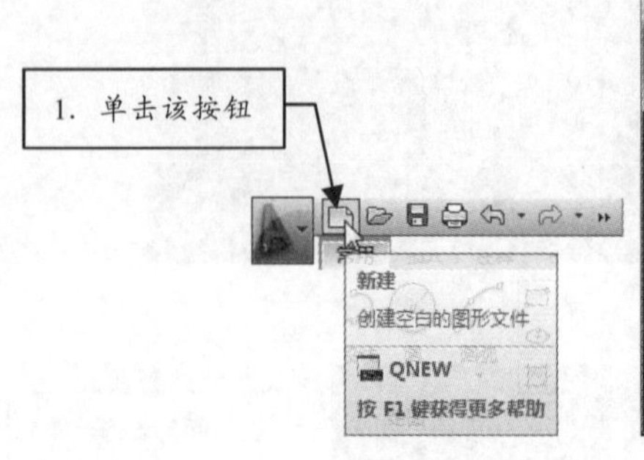

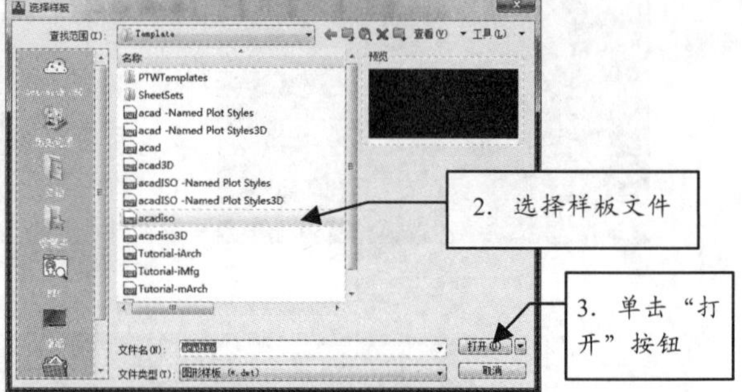

图 2-16

> 小贴示 新建文件还有其他几种方法。
>
> - 工具栏：执行“快速访问工具栏”→“新建”命令。
> - 命令行：输入NEW（N）。
> - 快捷方式：按<Ctrl+N>组合键。

Step02 单击“打开”按钮，即可创建以acadiso.dwt为样板，名称为Drawing2.dwg的空白文件，如图2-17所示。

选项精解

“选择样板”对话框中的各部分功能如图2-18所示。

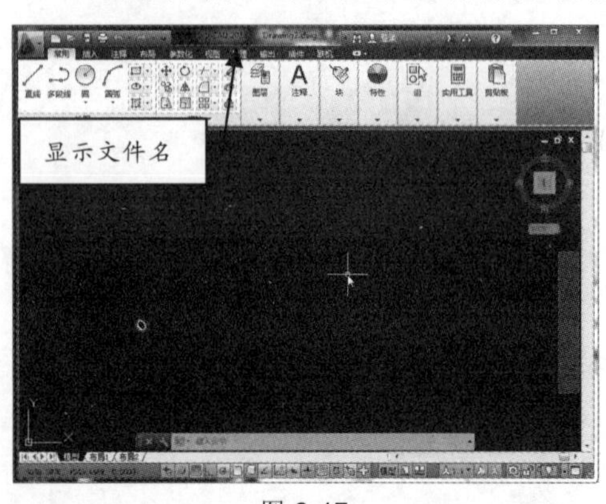

图 2-17

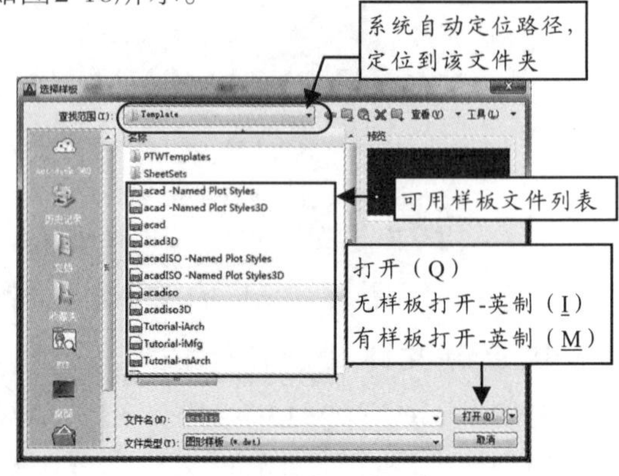

图 2-18

“文件类型”默认选择为“图形样板”。

当系统变量STARTUP为1时，新建文件时弹出如图2-19所示的“创建新图形”对话框。系统提供了从草图开始创建、使用样板创建和使用向导创建3种方式创建新图形。

创建新图形向导提供如图2-20所示的“高级设置”和“快速设置”两种创建方式，用户可以对单位的格式和精度、角度的格式和精度、零角度和方向、正角度的方向和绘图区域进行设置。

图 2-19

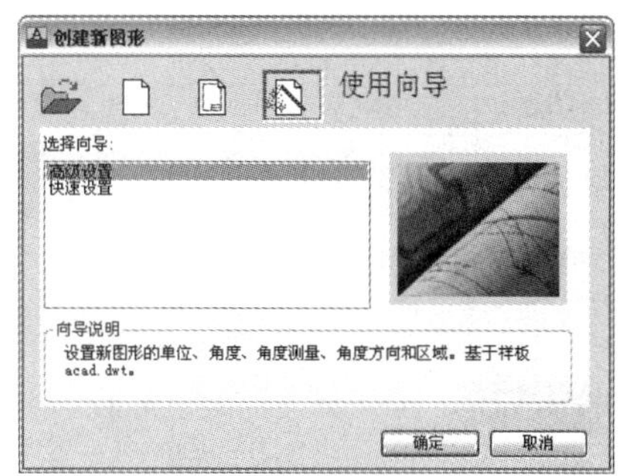

图 2-20

2. 保存文件

文件创建完成后，就需要保存结果，方式如下：

Step01 单击“快速启动工具栏”上的“保存”按钮，如图2-21所示弹出“图形另存为”对话框。

Step02 利用该对话框，用户可以确定图形文件的存放位置、文件名及存放类型等并保存，如图2-22所示。

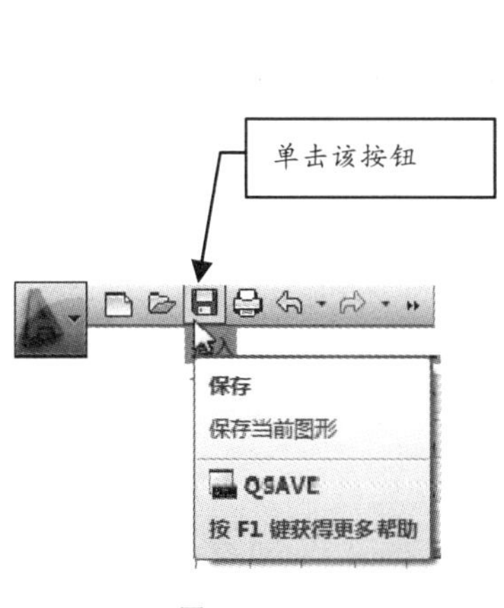

图 2-21

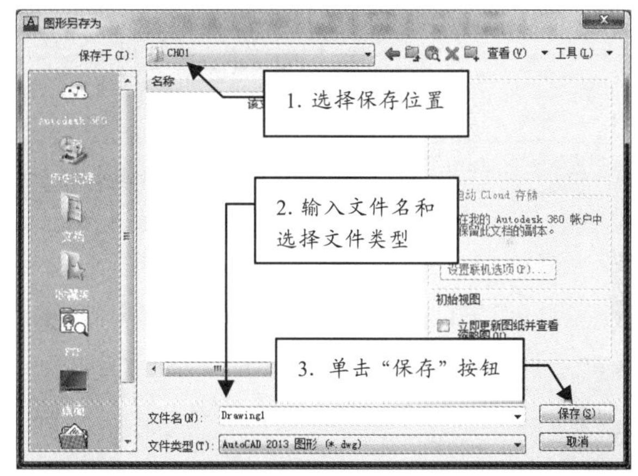

图 2-22

> **小贴示** 保存命令还有其他几种方法。
> - 命令行：输入SAVE。
> - 菜单：选择“文件”→“保存”命令。
> - 工具栏：单击“标准”中的“🖫（保存）”按钮。
> - 快捷键：按<Ctrl + S>组合键。

另外，用户除了可以将图形以“AutoCAD 2013 Drawing”类型保存外，还可以通过文件类型下拉列表在其他类型之间选择（如“AutoCAD 2010/LT2010图形”），另外还可以选择*.dwf 格式来进行图形交换。AutoCAD 2010～2012用AutoCAD 2010文件格式。

案例2-4：保存文件应用

素材文件 Sample/CH02/04.dwg

Step01 单击“常用”功能区“绘图”面板上的“圆”和“多边形”按钮，即可在绘图窗口中创建圆和多边形，如图2-23所示。

Step02 当图形绘制完成后，为了留下完成的结果，就需要对该图形文件命名存盘。单击（保存）按钮，弹出“图形另存为”对话框，如图2-24所示。

Step03 在“文件名”文本框中输入名称，然后单击 保存(S) 按钮，如图2-25所示。

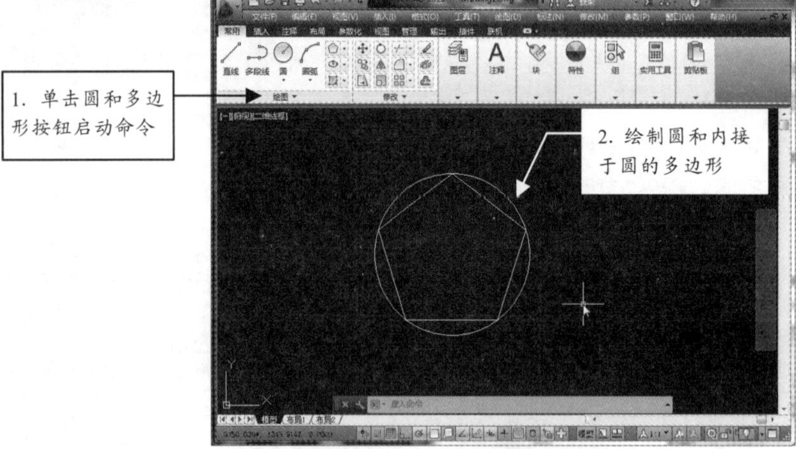

图 2-23

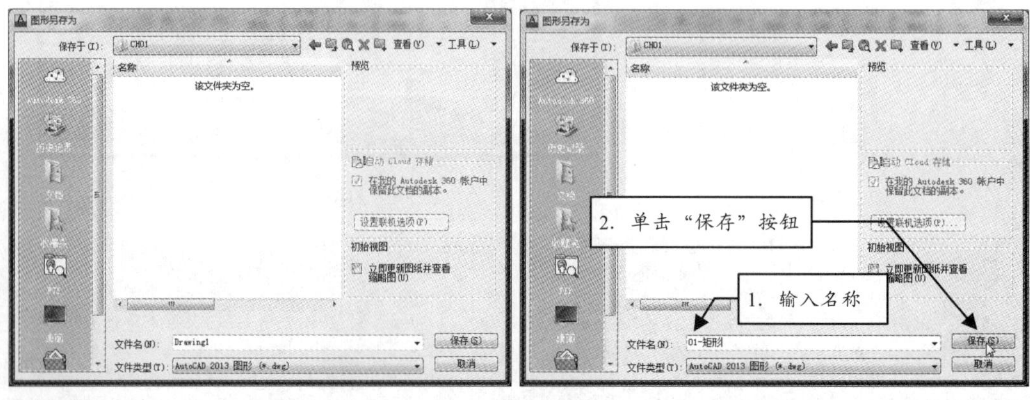

图 2-24　　图 2-25

提示　保存完成后，当前软件中的标题栏将显示保存的名称，如图2-26所示。

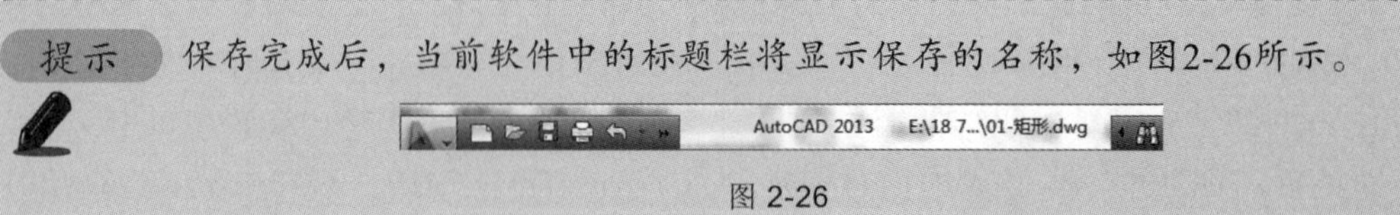

图 2-26

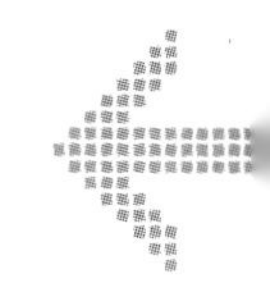

2.2.2 打开与另存为文件

保存完图形文件后，可以选择该文件进行打开操作。

1. 打开图形文件

打开图形文件时，首先需要用户当前电脑中存在AutoCAD 能识别的图形文件，如*.dwg文件。

案例2-5：打开文件应用

素材文件 Sample/CH02/05.dwg **视频文件** **视频演示**/CH02/ **打开与另存为**.avi

Step01 启动AutoCAD软件，然后单击“快速启动工具栏”上的“打开”按钮，弹出“选择文件”对话框，如图2-27所示。

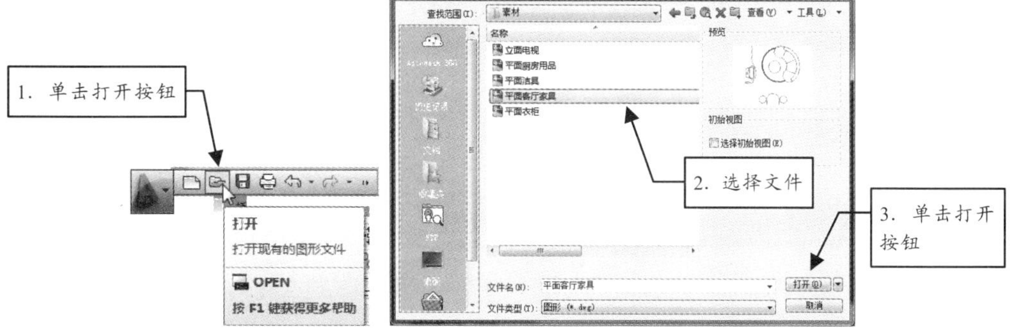

图 2-27

小贴示 打开图形文件还有以下4种方式。

- 命令：OPEN。
- 菜单：“文件”→“打开”命令。
- 工具栏：“标准”→“(打开)”按钮。
- 快捷菜单：<Ctrl + O>组合键。

2tep02 单击“打开”按钮，即可在当前窗口中显示打开的图形文件，如图2-28所示。

在AutoCAD 2013中，用户可以选择“打开”、“以只读方式打开”等多种方式，区别如下。

打　开　方　式	说　　明	备　　　注
打开	全部打开文档	所有的打开均能正常编辑
局部打开（见图2-29）	选择要加载的视图和图层	只打开加载的视图和图层
以只读方式打开	无法编辑打开的图形	
以只读方式局部打开	无法编辑打开的局部图形	

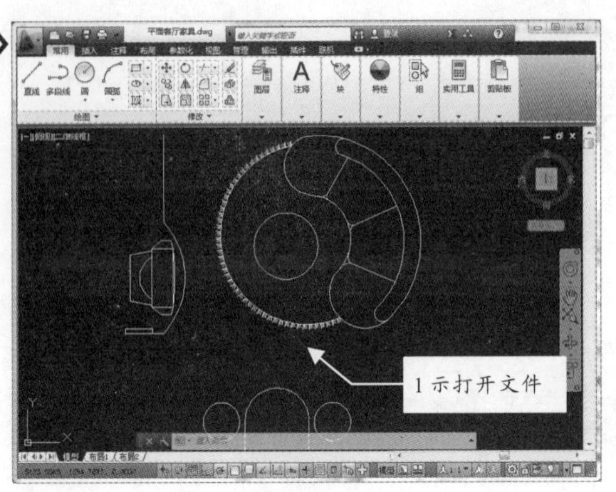

图 2-28

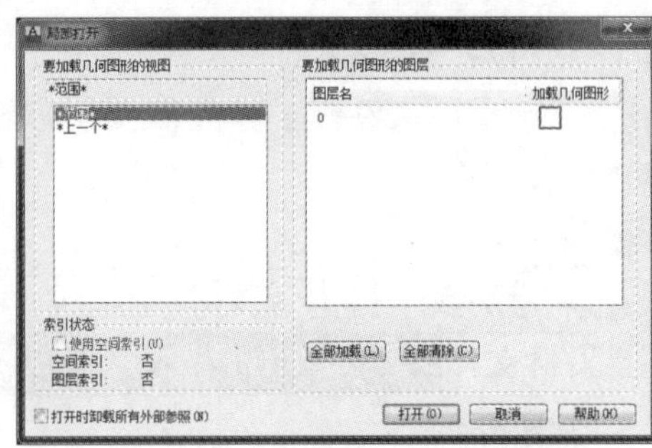

图 2-29

2．另存为图形文件

打开图形编辑后，用户可以直接保存（以源文件名保存，且覆盖源文件）或另存该文件（保存编辑文件的副本）。

案例2–6：另存为文件应用

素材文件 Sample/CH02/06.dwg　视频文件 视频演示/CH02/ 打开与另存为.avi

Step01 编辑图形完成后，执行该命令，弹出"图形另存为"对话框，如图2-30所示。

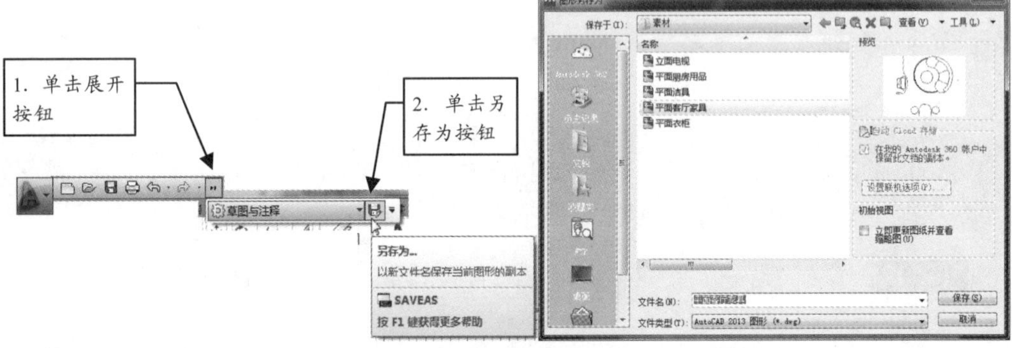

图 2-30

小贴士 另存为图形文件有以下3种方式。

- 命令：SAVE AS。
- 菜单："文件"→"另存为"命令。
- 快捷键：<Ctrl + Shift + S>组合键。

Step02 选择保存位置并输入文件名，然后单击“保存”按钮，如图2-31所示。

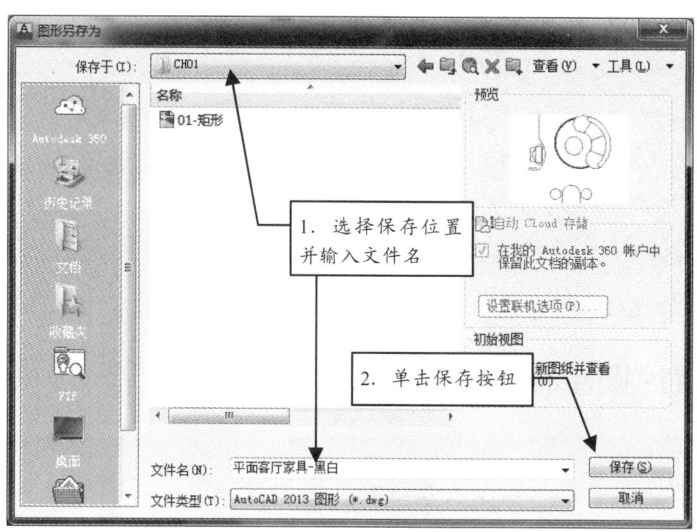

图 2-31

辨析 保存和另存为的区别：

当前文件为第一次命名存盘时，保存和另存为命令结果相同；当前文件非第一次存盘时，使用保存命令将直接以已经存在的文件名和文件位置进行增量保存，使用另存为命令则可以自行定义保存的位置和文件名进行存盘。

2.3 设置绘图范围

手工绘图时，常常在一定的绘图区域中进行绘图，如A0、A4等图形。而在AutoCAD中，由于理论上绘图区域无限大，用户可以在任意位置绘图，但为了出图的需要，常常设定绘图范围。

2.3.1 设置绘图边界

绘图边界根据所选单位不同也有所不同，公制单位默认的图形边界（栅格界限）为429毫米×297毫米，英制单位默认的图形边界（栅格界限）为12英寸×9英寸。

用户也可以自定义图形的边界。选择“格式”→“图形界限”命令，根据提示在绘图窗口中分别指定左下角点，如图2-32所示。

再指定右上角点，左下角与右上角之间形成的矩形区域就是绘图的区域，为了便于观察可以打开栅格显示来观察，如图2-33所示。

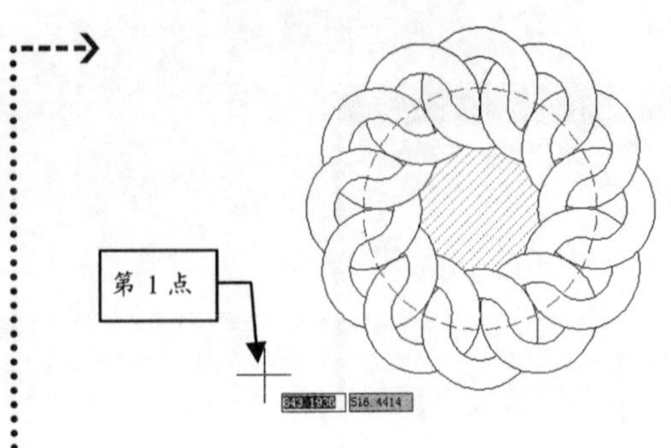

图 2-32

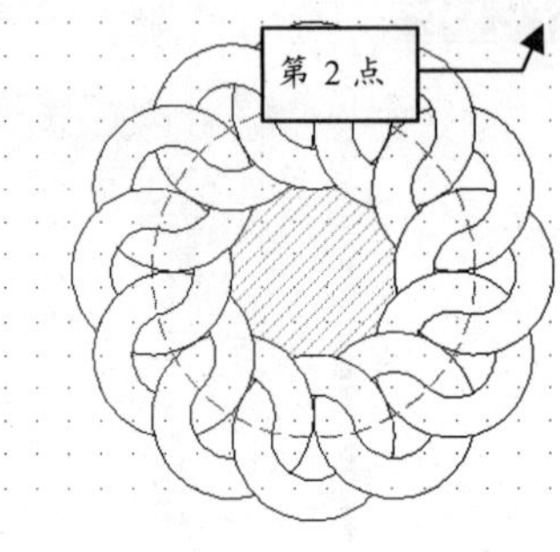

图 2-33

2.3.2 设置绘图单位

绘图单位包括长度单位、角度单位、光源单位等。设置单位的精确度在绘图过程中很关键，特别是在绘制精密度要求较高的图形时一定要设置精确度。

案例2–7：设置合适的绘图单位应用

Step01 选择“格式”→“单位”命令，弹出“图形单位”对话框，如图2-34所示。

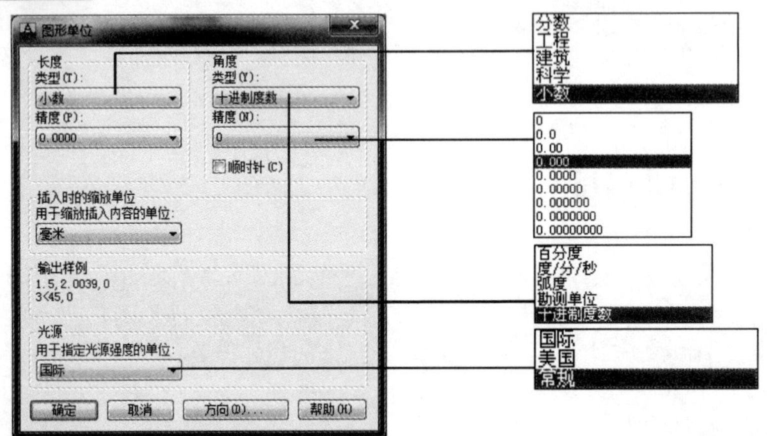

图 2-34

Step02 在该对话框中用户可以设置单位的类型和精度，精度越高标注的尺寸就越准确，如图2-35所示。

Step03 在“图形单位”对话框中单击“方向”按钮，弹出“方向控制”对话框，在该对话框中可以设置基准角度或自定义角度，如图2-36所示。

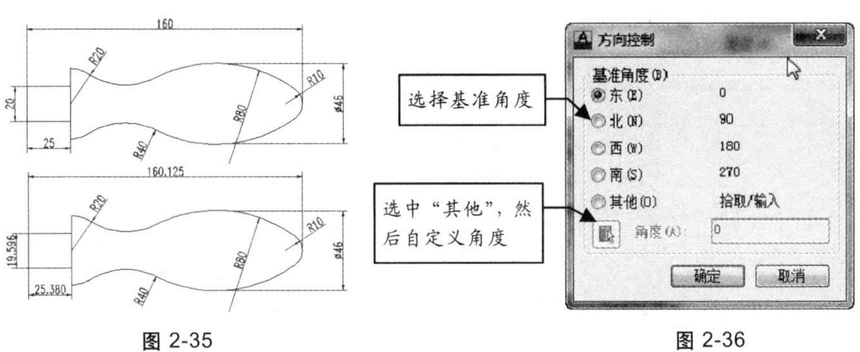

图 2-35　　　　图 2-36

2.3.3 设置绘图比例

设置绘图比例关键在于根据图纸单位来指定合适的绘图比例，它与所绘制图形的精确度有很大的关系。

案例2-8：设置绘图比例应用

Step01 单击状态栏上的1:1（注释比例）按钮，选择"自定义"选项，弹出"编辑图形比例"对话框，单击"添加"按钮，如图2-37所示。

Step02 在"添加比例"对话框中输入比例名称，设置图形单位后单击"确定"按钮，如图2-38所示。

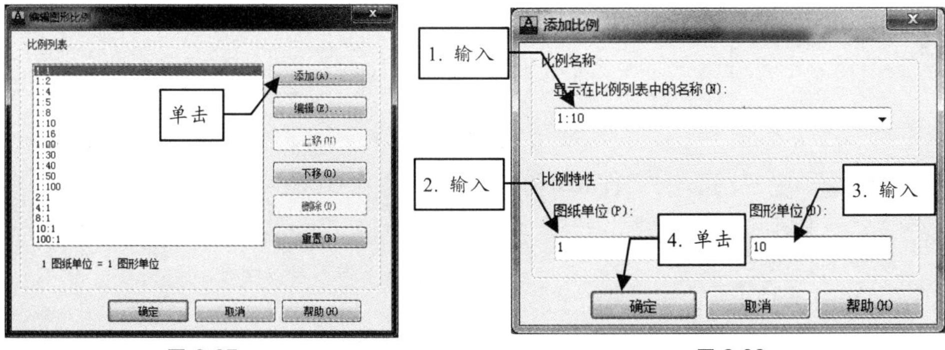

图 2-37　　　　图 2-38

Step03 在"编辑图形比例"对话框中单击"下移"按钮进行移动，如图2-39所示。

Step04 完成后在"编辑图形比例"对话框中单击"确定"按钮完成添加，如图2-40所示。

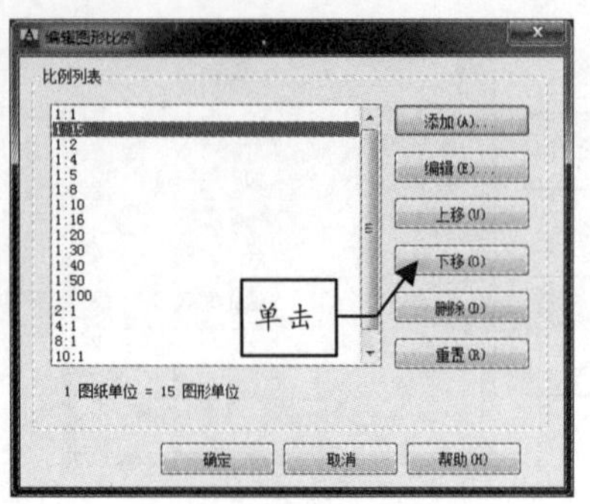

图 2-39

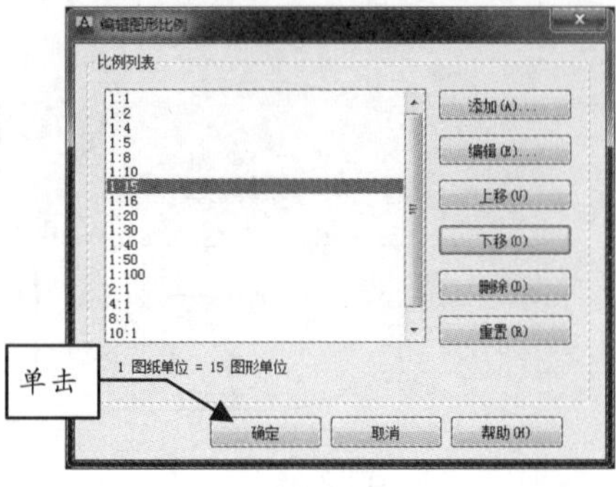

图 2-40

2.4 配置绘图系统

除了自定义绘图范围和单位外，还可以配置绘图文件。在命令行中输入OP命令后，弹出“选项”对话框，如图2-41所示。

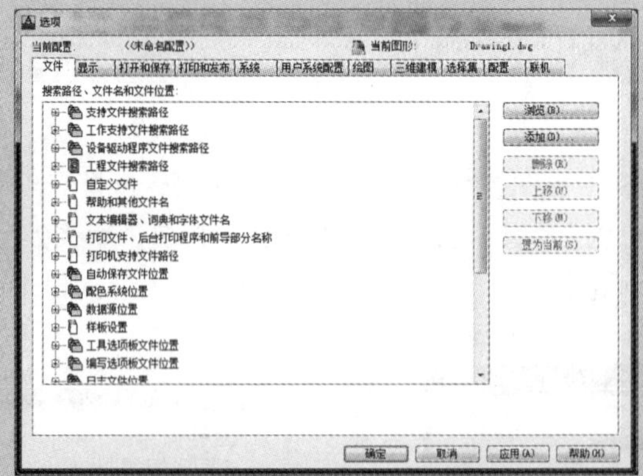

图 2-41

在该对话框中包括了“文件”、“显示”等多个选项卡，每个选项卡下面又包含了多种子选项供用户设置。下面说明几种常用的选项卡。

2.4.1 显示配置

“显示”选项卡用于设置当前的绘图颜色，并配置绘图界面上的各种元素、精度和性能等，设置方法如下。

案例2-9：设置显示配置参数应用

启动软件。

（1）双击桌面上的AutoCAD快捷方式图标，启动AutoCAD。

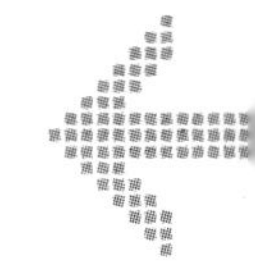

（2）在命令行中输入OP，打开选项对话框，如图2-42所示。

Step02 打开选项对话框。

（1）单击“显示”选项卡，如图2-43所示。

（2）单击“颜色”按钮。

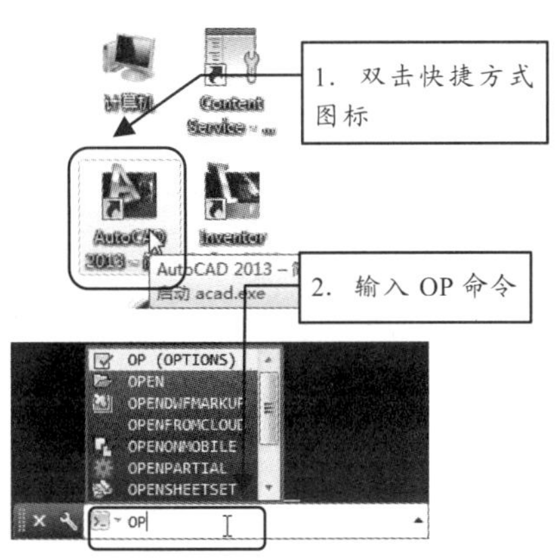

图 2-42

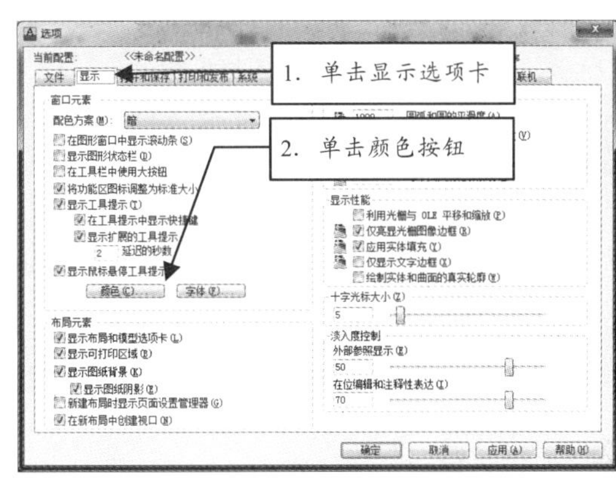

图 2-43

Step03 设置颜色。

（1）选择“上下文”选项区中的“二维模型空间”选项。

（2）选择“界面元素”选项区中的“统一背景”选项。

（3）选择“颜色”列表中的“白”选项，如图2-44所示。

Step04 设置完成。

（1）设置完成后，单击“应用并关闭”按钮。

（2）单击“选项”对话框中的“确定”按钮，如图2-45所示。

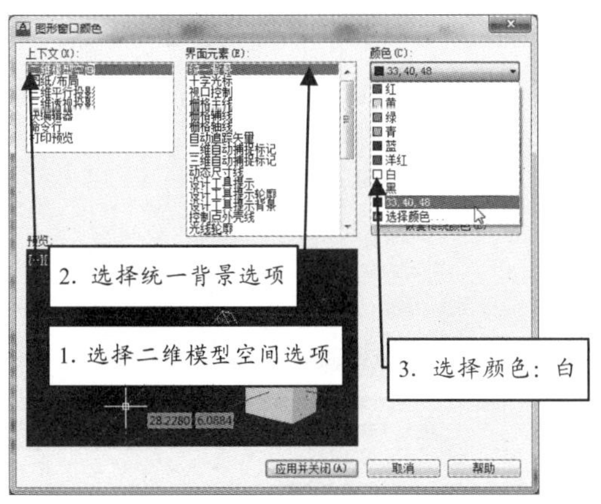

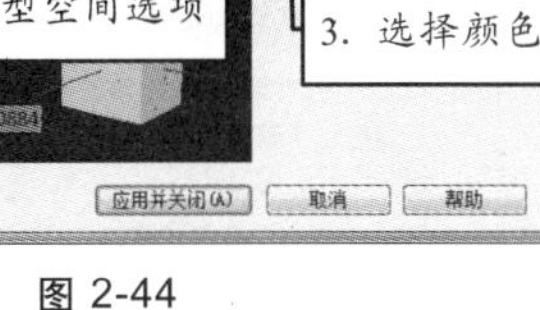

图 2-44

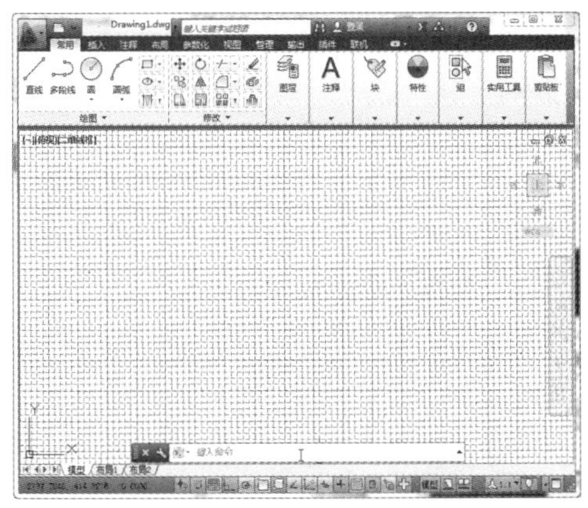
图 2-45

2.4.2 打开与保存配置

“打开与保存”选项卡用于设置当前的文件保存选项、安全措施和外部参照等，设置方法如下：

案例2-10：打开与保存配置应用

Step01 启动软件。

（1）双击桌面上的AutoCAD快捷方式图标，启动AutoCAD。

（2）在命令行中输入OP命令，打开选项对话框，如图2-46所示。

Step02 打开选项对话框。

（1）单击“打开和保存”选项卡。

（2）单击“另存为”下拉按钮，如图2-47所示。

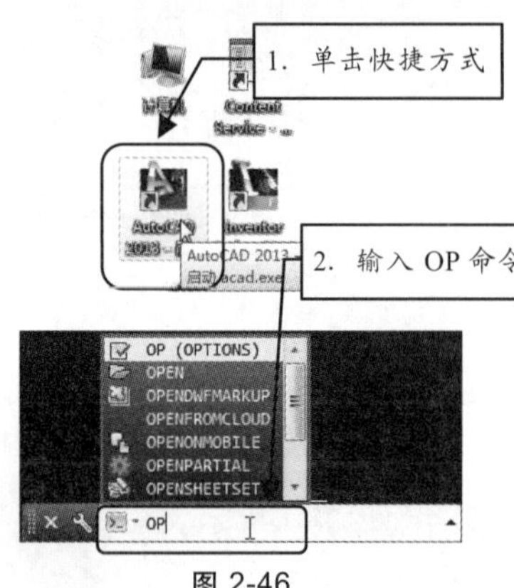

图 2-46

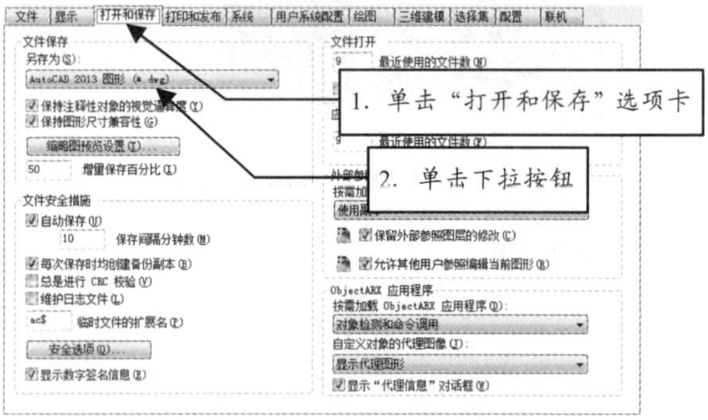

1. 单击“打开和保存”选项卡
2. 单击下拉按钮

图 4-47

Step03 设置文件保存选项。

（1）选择“另存为”列表中的“AutoCAD 2010/ LT2010图形”选项。

（2）将“增量保存百分比”文本框设置为“30”，如图2-48所示。

Step04 设置文件安全措施。

（1）将“自动保存”时间改为“30”，即每30分钟自动保存一次。

（2）可以修改临时文件的扩展名，如图2-49所示。

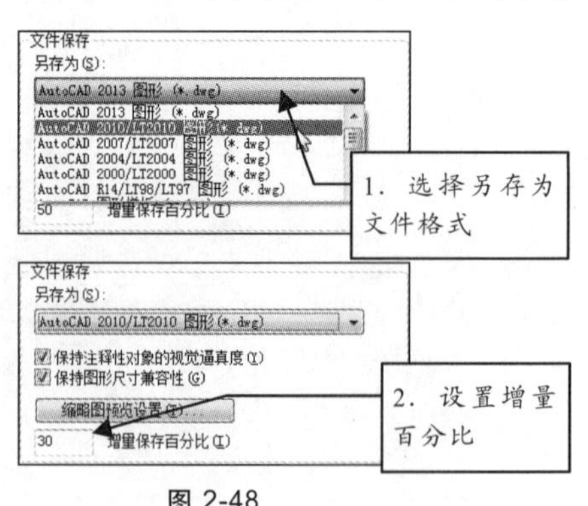

图 2-48

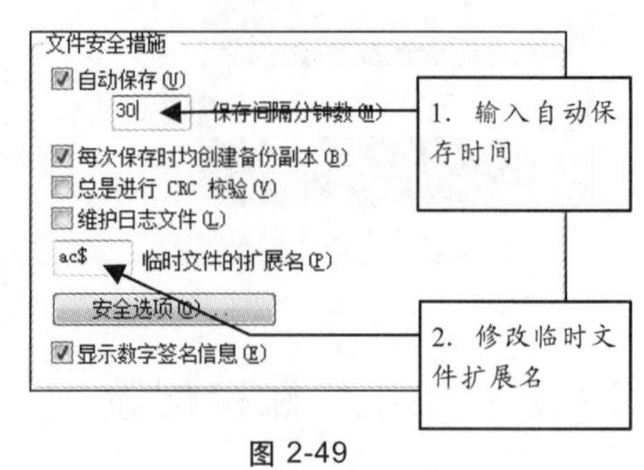

图 2-49

2.4.3 绘图配置

“绘图”选项卡用于设置绘图时的自动捕捉标记、自动追踪是否显示矢量坐标和靶框大小等选项。设置捕捉颜色和靶框大小的方法如下：

Step01 打开选项对话框。启动软件并进入到“绘图”选项卡，如图2-50所示。

Step02 设置捕捉颜色和靶框大小。单击“颜色”按钮，选择颜色为“洋红”，如图2-51所示。

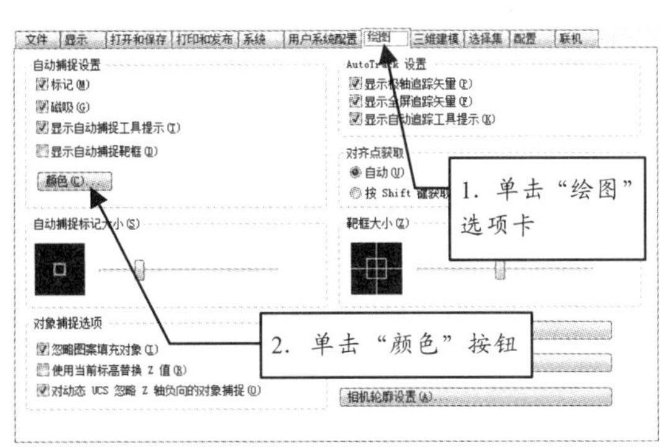

图 2-50

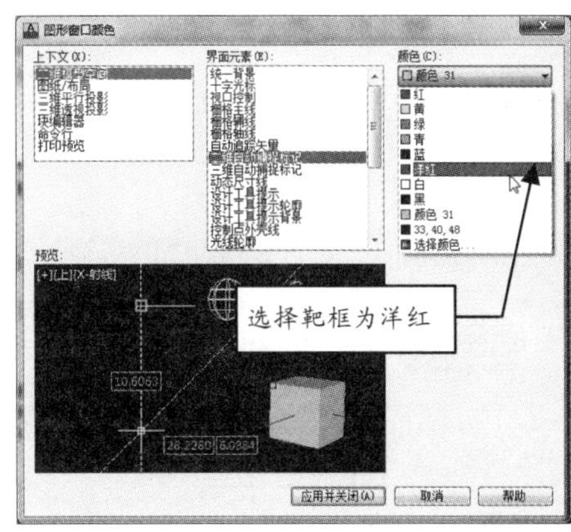

图 2-51

Step03 设置捕捉标记和靶框大小选项。

（1）拖动自动捕捉标记滑动条向右放大标记。

（2）同样拖动靶框大小选项区中的滑动条放大或缩小靶框，如图2-52所示。

Step04 设置完成后的结果。

（1）使用任意编辑工具。

（2）捕捉到圆心时的靶框和标记，如图2-53所示。

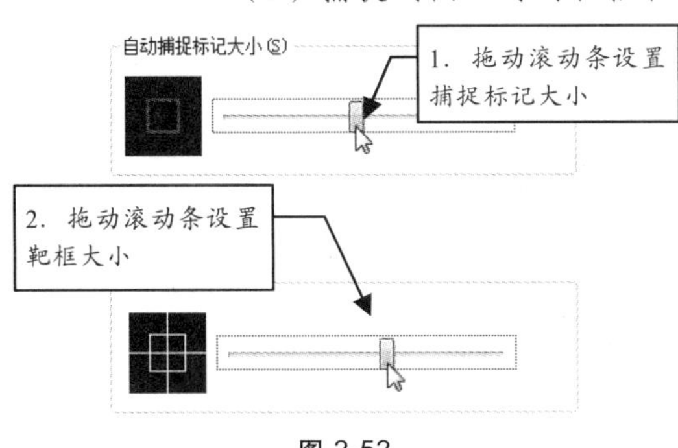

图 2-52

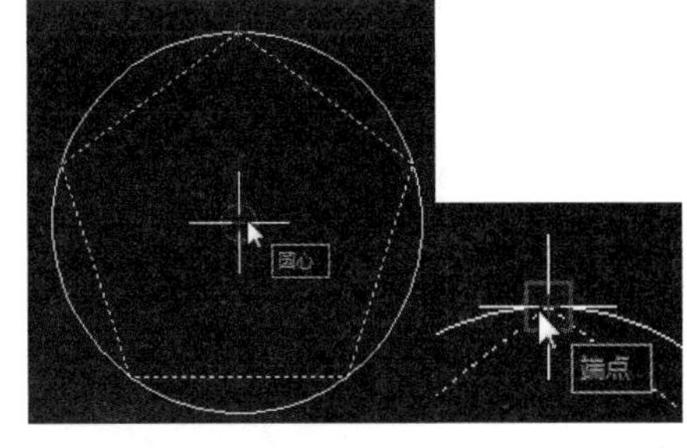

图 2-53

2.5 视口与视图操作

在绘图或编辑时，常常需要选择相应的对象，这一节来学习如何选择对象。

2.5.1 视口的操作（缩放与合并）

视口是用于显示用户模型的不同视图的区域，可以将绘图区域拆分成一个或多个相邻的矩形视图，称为模型空间视口。

1. 新建视口

可以直接将当前视口分为2～4个视口，也可以通过新建或管理视口来对图形进行管理。视口会随图形一起被保存，步骤如下：

案例2-12：新建视口应用

Step01 单击“视图→模型视口→（命名）”按钮，或选择“视图→视口→新建视口”命令，弹出“视口”对话框，如图2-54所示。

Step02 在“新名称”文本框中输入新视口的名称，如N-1，然后选择“标准视口”为“三个：右”，如图2-55所示。

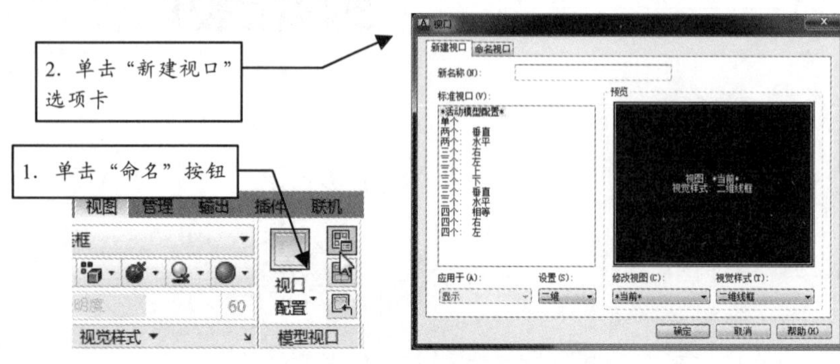

图 2-54

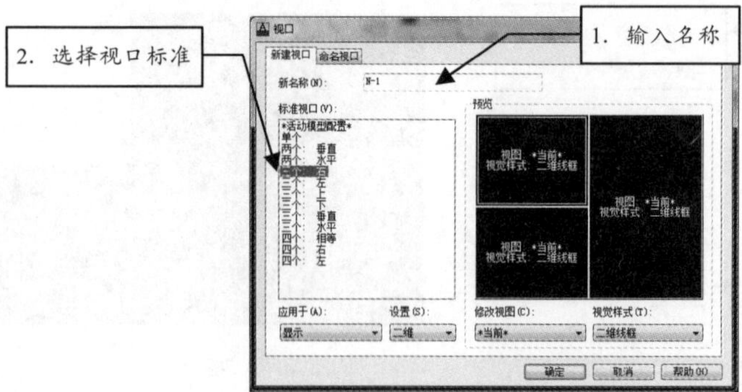

图 2-55

选项精解

- 标准视口：两个视口可以分为上下排列，也可以分为左右排列；三个视口可以分为上下排列、左右排列、水平排列、垂直排列；四个视口可以分为相等排列、左侧排列、右侧排列。
- 应用于：可以设置当前视口是应用于当前还是显示视图。
- 设置：设置新视口是二维还是三维显示。
- 视觉样式：可以选择多种样式，如隐藏、概念、真实和着色等。

2. 合并视口

当有多个视口显示较乱时，也可以将创建的视口合并，方法如下：

Step01 单击“视图→模型视图→合并视口”按钮，系统提示选择主视口，如图2-56所示。

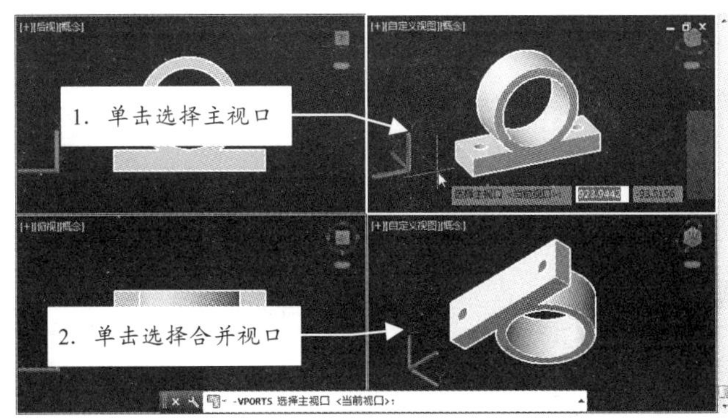

图 2-56

Step02 系统继续提示选择要合并的视口，选择完成后自动将主视口进行合并，结果如图2-57所示。

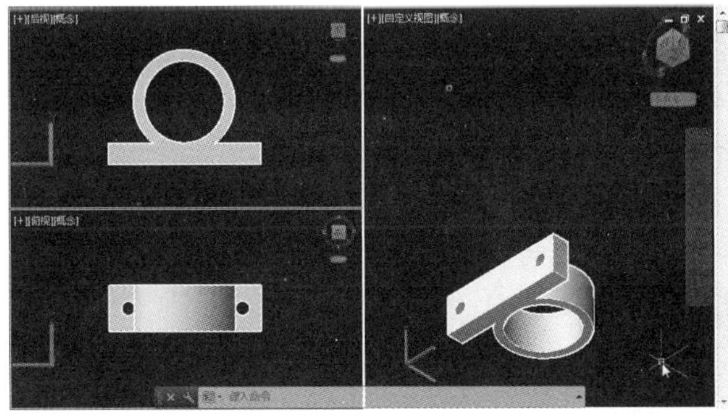

图 2-57

> 小贴示 待合并的视口，必须是相邻的视口。

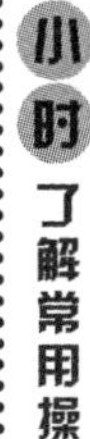

2.5.2 视图操作

除了能对图形进行视口操作外，用户还可以对图形进行视图操作，如缩放视图大小、平移图形位置、实时缩放图形等，简要说明如下：

案例2-13：视图操作应用

素材文件 Sample/CH02/15.dwg

Step01 启动AutoCAD，打开图形文件，如图2-58所示。

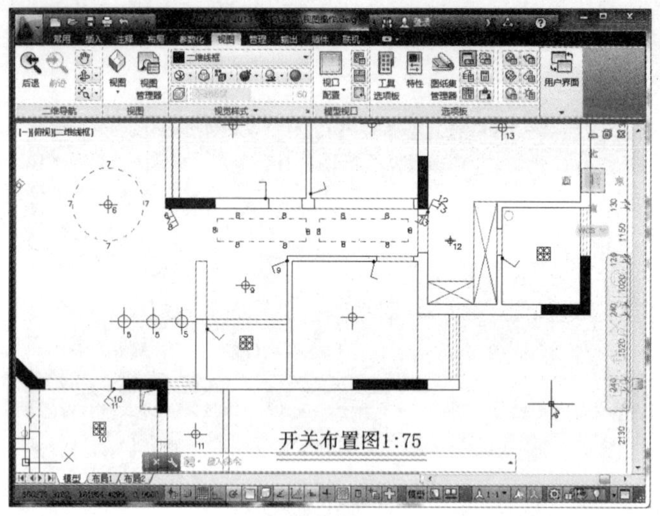

图 2-58

Step02 该图形只显示图形的局部，如果我们想看全貌，怎么能快速让其缩放呢？选择“视图→二维导航→范围”命令，如图2-59所示。

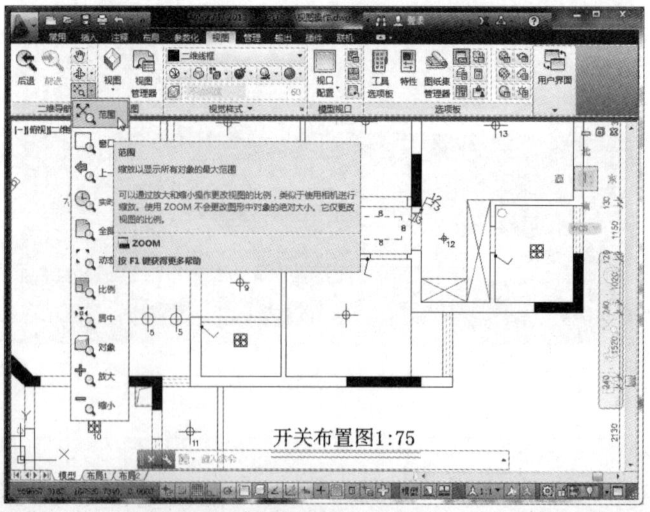

图 2-59

Step03 继续使用“窗口”方式显示选中的局部窗口，如图2-60所示。

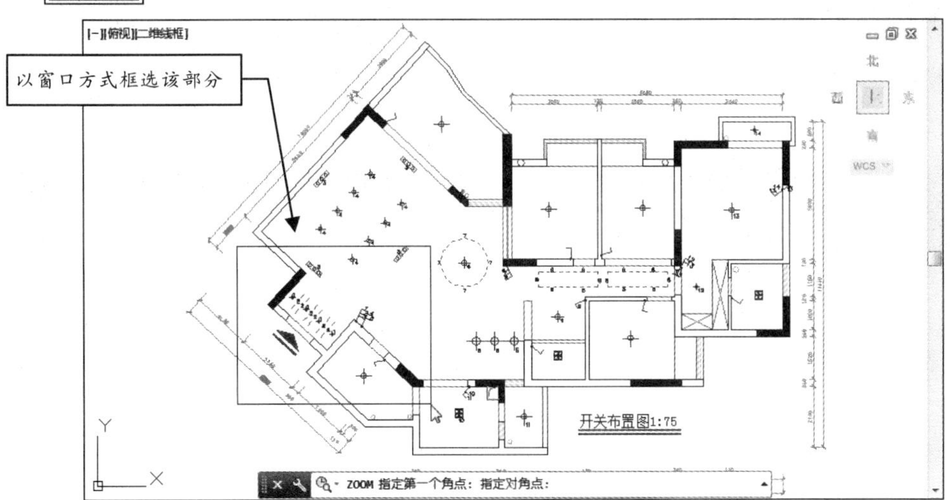

图 2-60

Step04 系统将自动放大该部分到整个窗口，显示结果如图2-61所示。

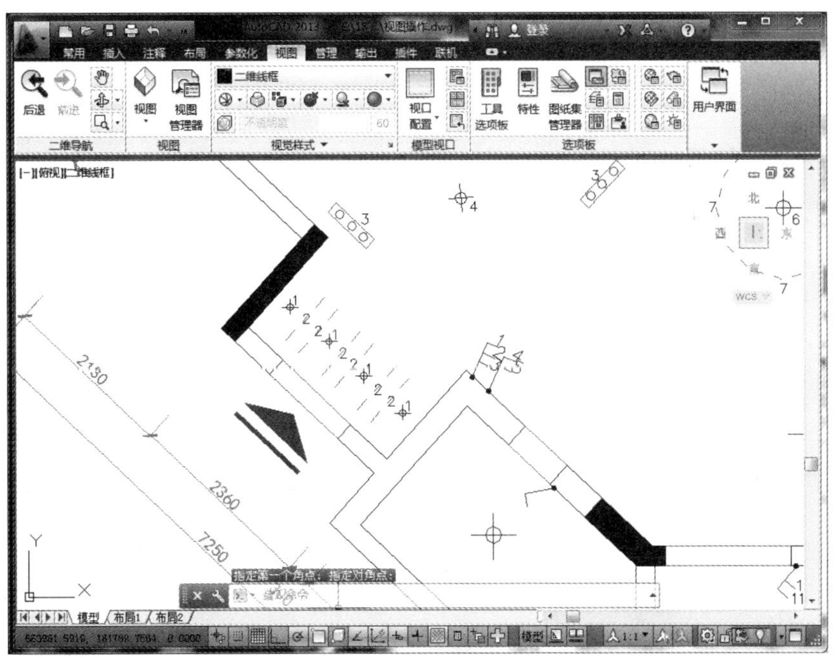

图 2-61

第 3 小时　选择与精确定位

无论是绘制还是编辑对象，选择都是其中重要的一环，选择的不合适可能会直接影响绘制和编辑的结果。而精确定位则是AutoCAD公司为了提高工作效率而进行的一项改进，模糊定位可以绘制草图，而精确定位则可以直接将最后的效果呈现出来，让用户及时发现绘图的不合理部分。

3.1　选择对象

在绘图或编辑时，常常需要选择相应的对象，这一节来学习如何选择对象。

3.1.1　构造选择集

在AutoCAD中，有多种选择方式，如单一方式选择对象、同时选择多个对象，可以通过锁定图层来防止指定图层上的对象被选中和修改，还可以使用对象特性或对象类型来将对象包含在选择集中或排除对象及自定义控制选择对象的几个方面（例如是先输入命令还是先选择对象、拾取框光标的大小及选定对象的显示方式）等。

另外还可以使用对象编组来保存编组的对象集，所有被选择的对象将组成一个选择集。选择集可以包含单个对象，也可以包含更复杂的编组。选择对象时，AutoCAD以蓝色小方块（又称为夹点）来显示选中的对象，如图3-1所示。

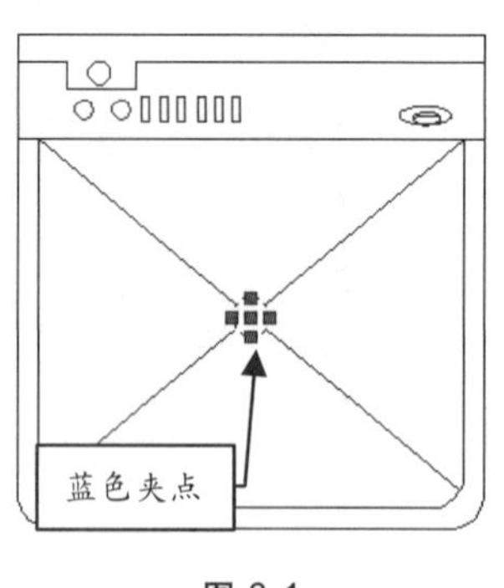

图 3-1

3.1.2　选择对象的多种模式

在AutoCAD 2013中，增强的对象选择功能提供了可视的动态反馈功能，帮助用户选定对象。当移动光标到对象上时，对象会高亮显示，从而有助于选择正确的对象，方法如下。

案例3-1：命令的调用方法

Step01　在当前窗口命令行中输入SELECT命令，弹出提示，如图3-2所示。

Step02　在命令行中输入相应的选择模式代号（如CP，圈交），指定多点创建一个不规则的图形，如图3-3所示。

Step03　按<Enter>键，系统将选中的对象以蓝色夹点和虚线显示，如图3-4所示。

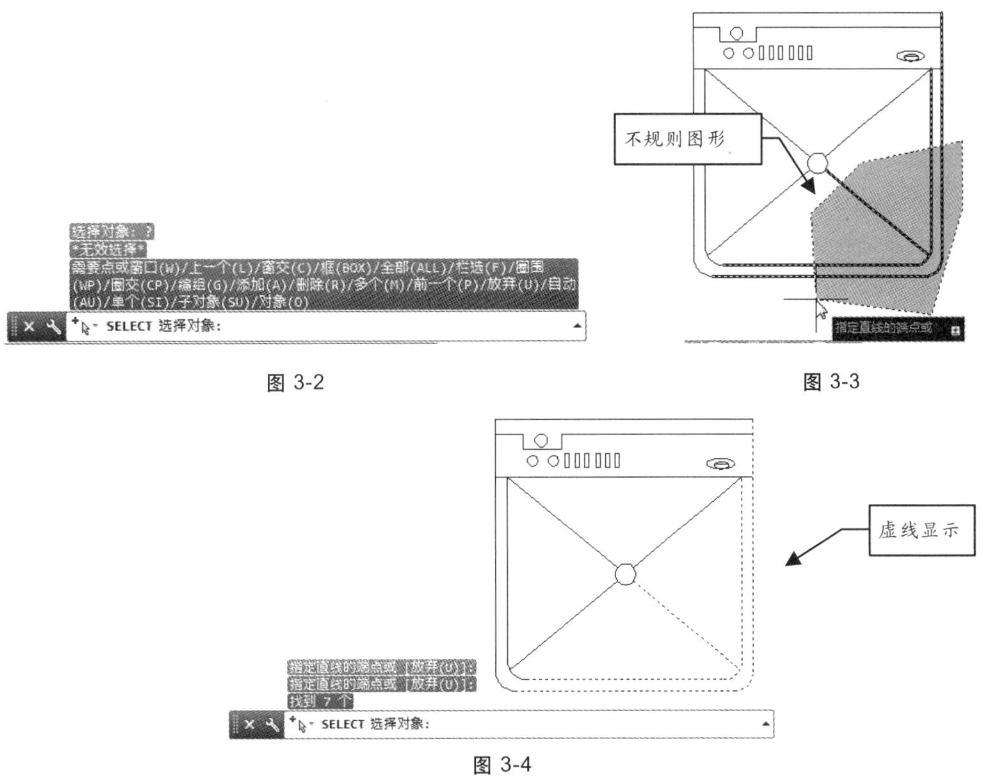

图 3-2

图 3-3

图 3-4

选项精解

用户根据提示输入相应的字母，即可指定选择对象的模式，主要功能如下：

- 窗口：通过单击或窗口选取对象。使用窗口选择时，只有完全包括在选取窗口内的对象才能被选中，如图3-5所示。

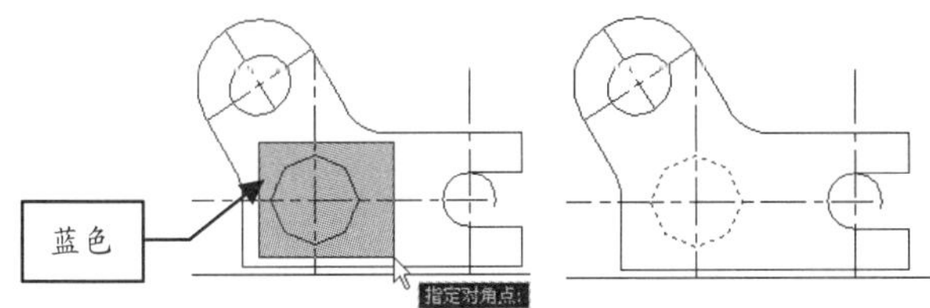

图 3-5

- 窗交：又称为交叉选取窗口（窗口颜色为绿色），使用选取窗口选择对象时，与窗口相交或完全位于选取窗口内的对象均被选中，如图3-6所示。

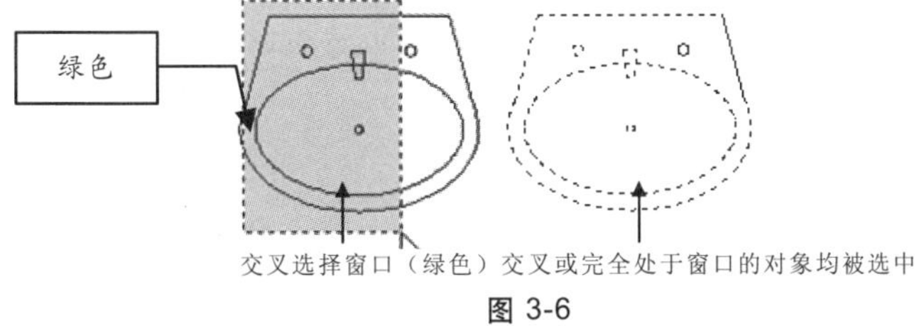

图 3-6

- 框：从左到右选取窗口的两角点，则窗口为紫色普通选取窗口；从右到左选取窗口的两角点，则窗口为绿色交叉选取窗口，如图3-7所示。

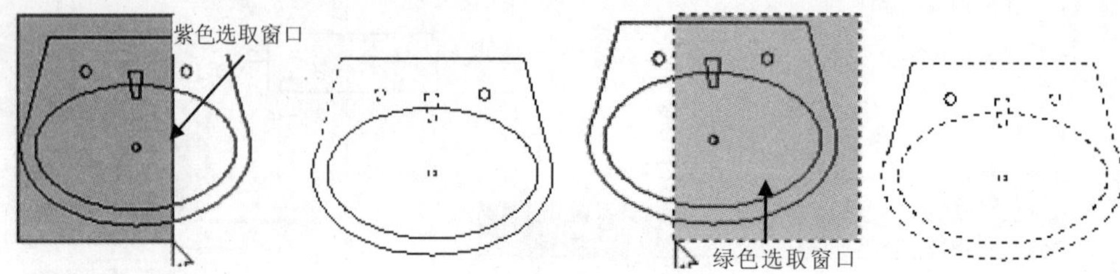

图 3-7

- 全部：选取图形中没有位于锁定、关闭或冻结层上的所有对象。
- 栏选：通过绘制一条开放的多点栅栏（多段直线），所有与栅栏线相接触的对象均会被选中，如图3-8所示。

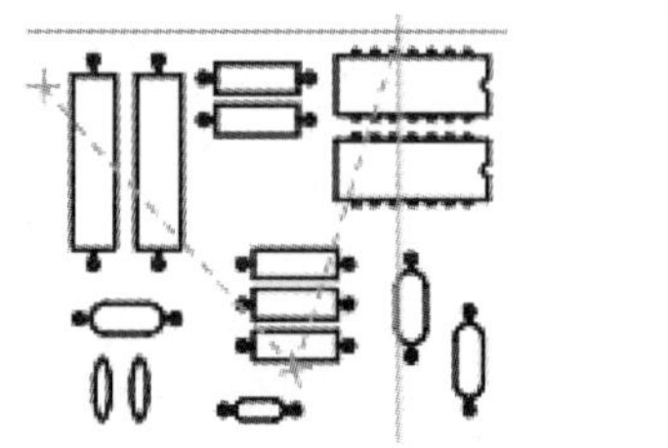

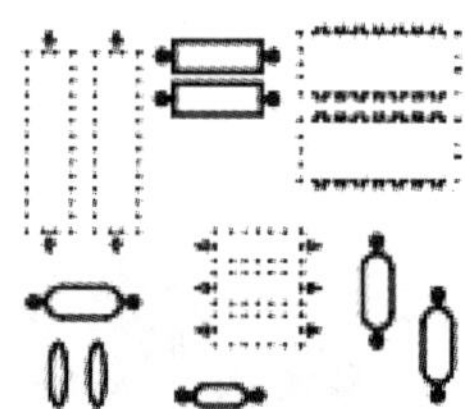

图 3-8

- 圈围：通过绘制一个不规则的紫色封闭多边形，使用窗口多边形选择完全封闭在选择区域中的对象，如图3-9所示。

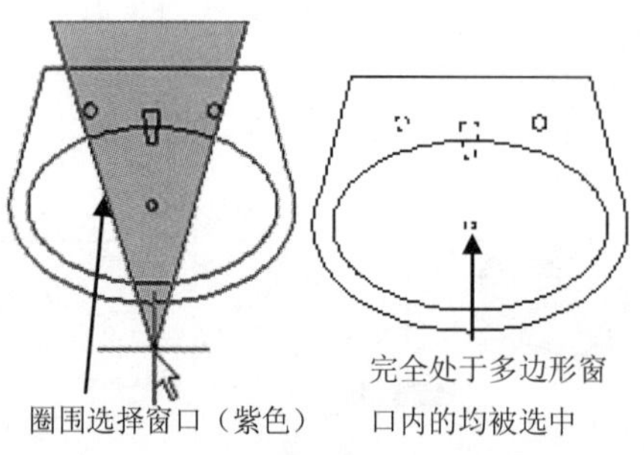

图 3-9

3.1.3 快速选择或过滤对象

除了前面说明的选择方式外,用户还可以使用快速选择或者过滤器来过滤选择的对象。

1. 快速选择

使用“特性”选项板中的“快速选择”(QSELECT)或“对象选择过滤器”(FILTER)对话框，可以根据特性（如颜色）和对象类型过滤选择集。例如，只选择图形中所

有红色的圆而不选择任何其他对象，或者选择除红色圆以外的所有其他对象。

案例3-2：快速选择对象

素材文件 Sample/CH03/02.dwg **视频文件** 视频演示/CH03/快速选择对象.avi

Step01 打开图形文件，然后在命令行中输入QSELECT命令，弹出“快速选择”对话框，如图3-10所示。

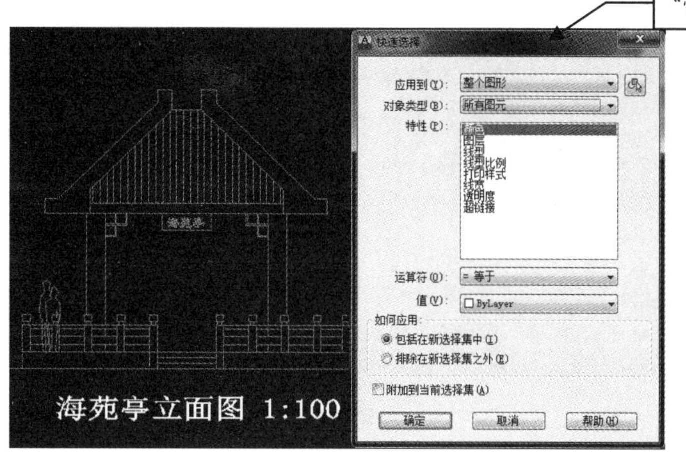

图 3-10

Step02 在“对象类型”下拉列表中选择“多行文字”选项，单击“确定”按钮可以看到选中的图形对象，如图3-11所示。

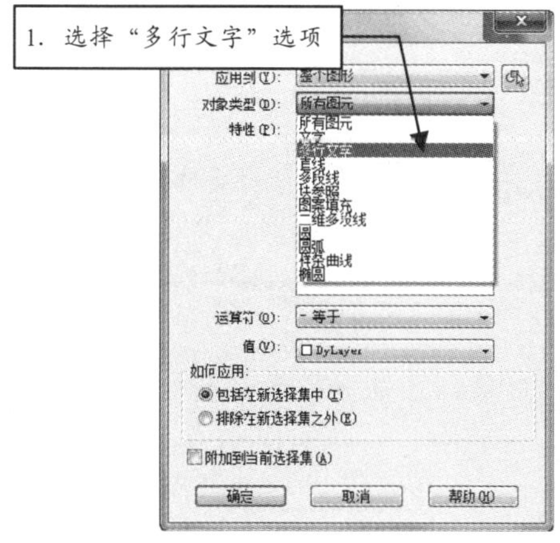

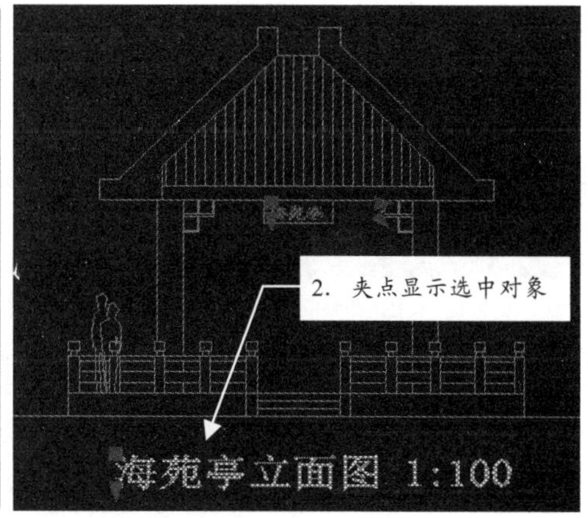

图 3-11

选项精解

- 应用到：选择应用范围或重新选择。
- 对象类型：选择应用类型。
- 特性：设置过滤特性和参数值。

- 如何应用：设置应用的方式。
- 附加到当前选择集：设置是否附加到当前的选择集中。

2．过滤对象

用户还可以设置选择条件，将选择的多个对象进行过滤。

Step01 打开图形文件，然后输入FILTER命令，弹出“对象选择过滤器”对话框，单击“添加选定对象”按钮，如图3-12所示，切换到绘图界面添加对象，如图3-13所示。

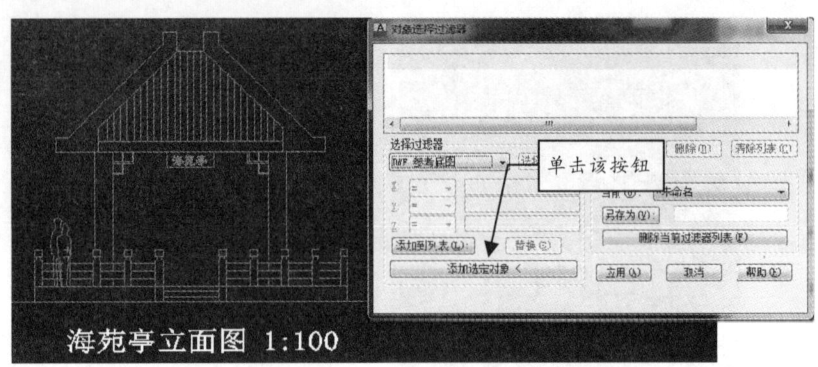

图 3-12

Step02 然后在“选择过滤器”列表框中选择相应的过滤方式，如图3-14所示。

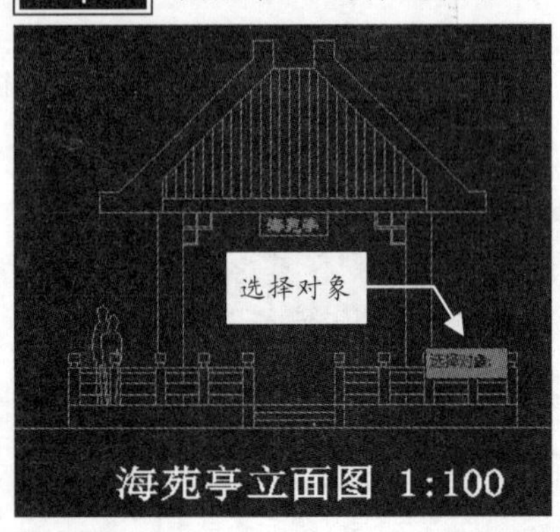

图 3-13

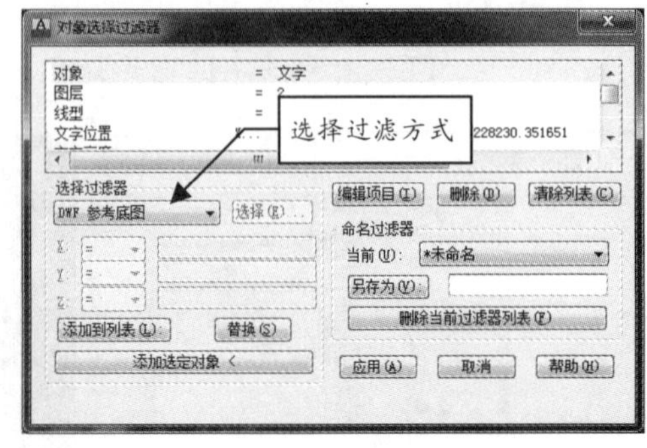

图 3-14

Step03 单击“应用”按钮切换到绘图区选择对象，系统会提示选择的对象（当前为未选中），如图3-15所示。

图 3-15

选项精解

各选项含义如下：

- 选择过滤器：设置选择的过滤器参数。
- 命名过滤器：设置命名过滤器产生值。

3.2 精确定位工具

前面讲解了选择对象的各种方式，下面来讲解如何进行精确定位。

3.2.1 正交模式

在绘图时，为了绘制水平、竖直的图形对象，有时候会使用正交模式来进行绘制。选择正交模式后，当前绘图只能显示水平或竖直方面的线条。

当创建或移动对象时，可以使用“正交”模式将光标限制在相对于用户坐标系（UCS）的水平或垂直方向上。在三维视图中，“正交”模式额外限制光标只能上下移动。在这种情况下，工具提示会为该角度显示 +Z 或 -Z。在绘图和编辑过程中，可以随时打开或关闭“正交”模式。输入坐标或指定对象捕捉时将忽略“正交”。

案例3-3：利用正交模式绘图

素材文件	Sample/CH03/正交.dwg	视频文件	视频演示/CH03/利用正交模式绘图.avi

Step01 单击新建图形文件，并选择“直线”命令，如图3-16所示。

Step02 向上拖动鼠标，可以看到出现一根竖直直线，如图3-17所示。

图 3-16　　图 3-17

> **技巧** 在绘制图形时，按住<Shift>键再移动鼠标同样能绘制水平、竖直等正交直线。

Step03 用鼠标捕捉起始点，可以看到并不是像通常那样形成闭合三角形，而仍旧是一个向左侧的水平线，如图3-18所示。

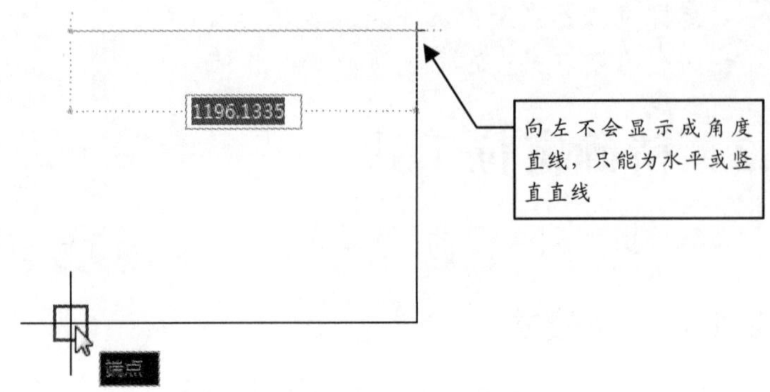

图 3-18

Step04 如果想让三角形闭合，只能使用命令操作方式，在命令行中输入直线闭合命令c，如图3-19所示。

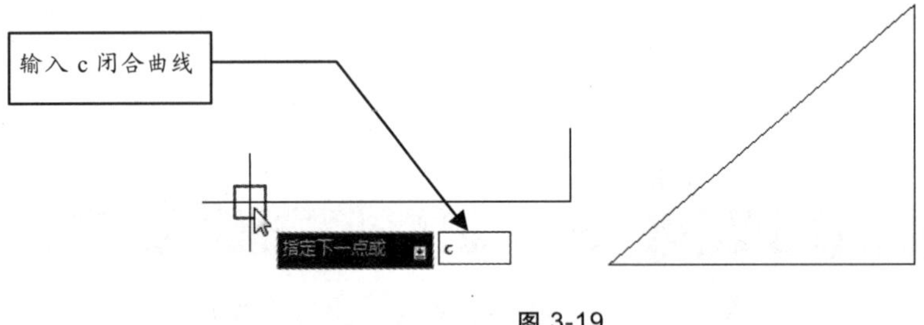

图 3-19

3.2.2 捕捉模式和栅格模式

捕捉模式是用来显示捕捉间距和类型的一种方式，但启动捕捉模式后，将能按设定的间距和类型进行捕捉，启用和设置捕捉/栅格模式的方法如下：

案例3–4：设置捕捉方法

素材文件 Sample/CH03/**捕捉**.dwg

Step01 右击状态栏上“捕捉设置”按钮，在弹出的快捷菜单上选择“设置”选项，如图3-20所示。

Step02 弹出“草图设置”对话框，选中“捕捉与栅格”选项卡，如图3-21所示。

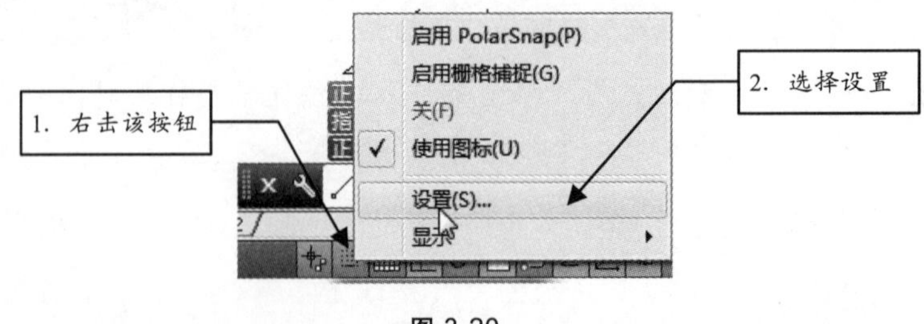

图 3-20

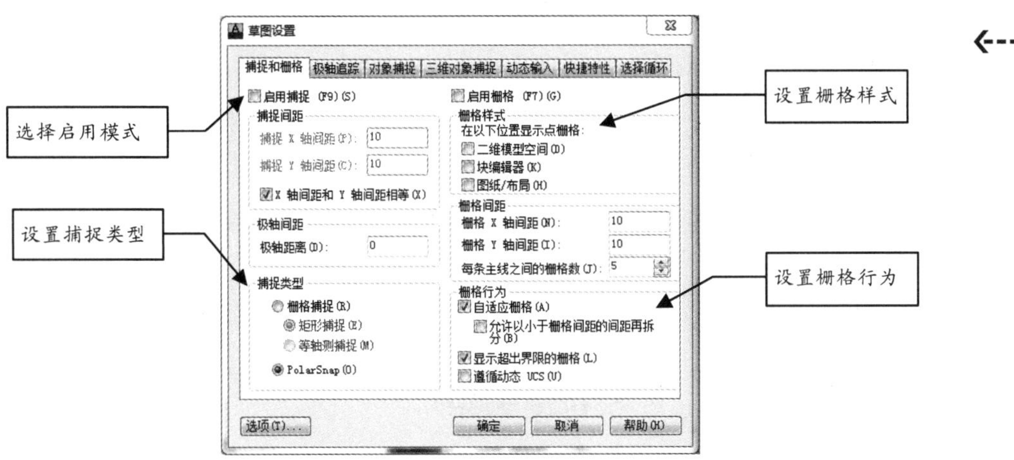

图 3-21

Step03 选中“启用捕捉”复选框，然后用户可以设置捕捉间距、极轴间距和捕捉类型等方式，如图3-22所示。

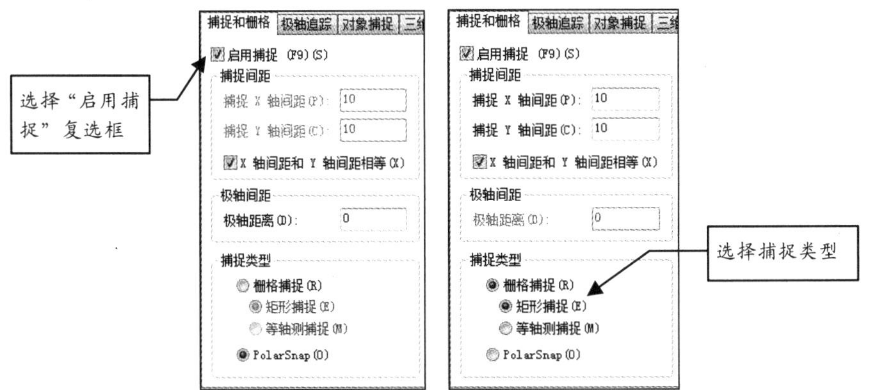

图 3-22

Step04 如果想启用栅格，这时就需要选中“启用栅格”复选框，并设置相应的模式，如图3-23所示。

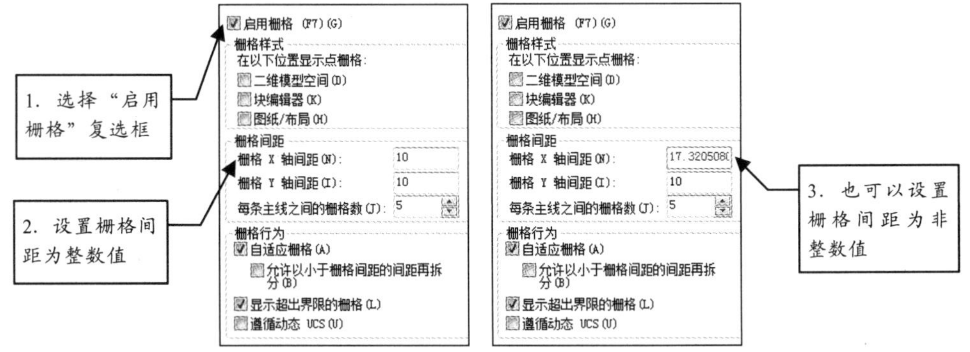

图 3-23

第2小时 了解常用操作

Step05 设置完成后，切换到绘图窗口，可以看到捕捉到的点均为整数，而不是前面捕捉的任意点位置，如图3-24所示。

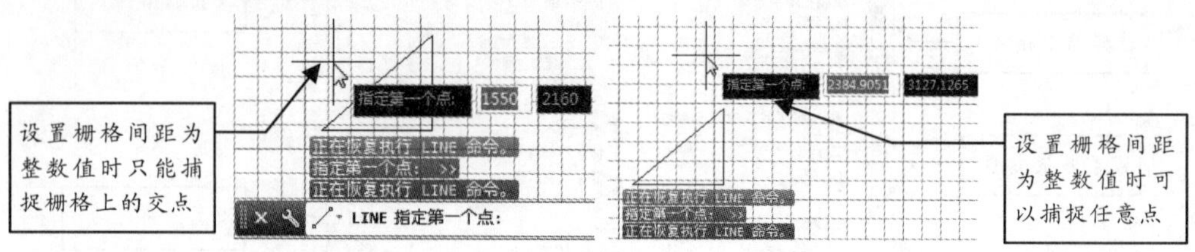

图 3-24

3.2.3 对象捕捉设置和对象追踪

前面说明了捕捉与栅格的启用方式，这里说明如何进行对象捕捉及对象捕捉模式的设定异同，操作步骤如下：

案例3-5：利用捕捉模式绘图

Step01 右击状态栏上的“捕捉”按钮，在弹出的快捷菜单中选择“设置”选项，如图3-25所示。

Step02 在弹出的“对象捕捉”窗口中选中“启动对象捕捉”复选框，如图3-26所示。

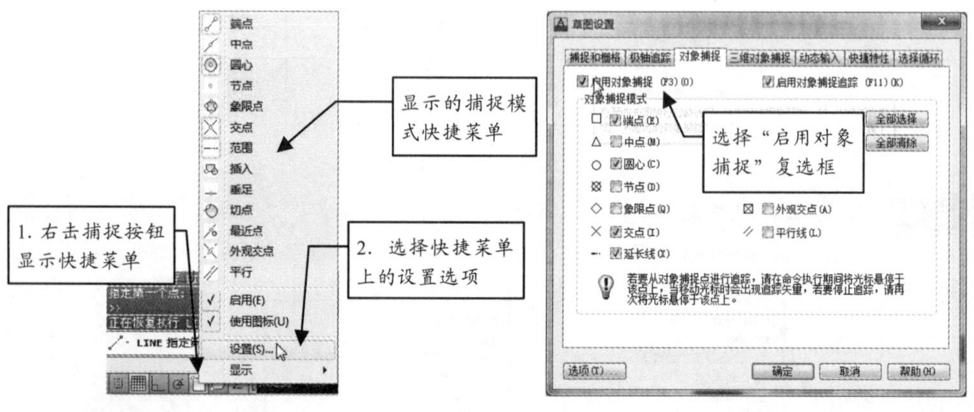

图 3-25　　　　图 3-26

Step03 选中或取消当前捕捉模式，如“中点”、“延长线”，如图3-27所示。

Step04 返回到绘图界面中，将鼠标放置到三角形斜边中心附近，显示捕捉模式，如图3-28所示。

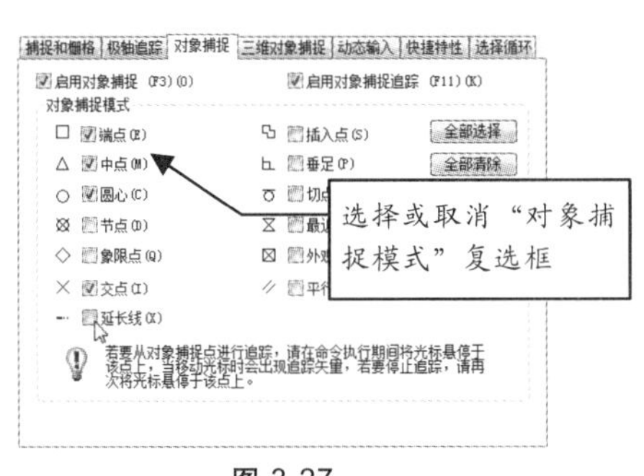

图 3-27

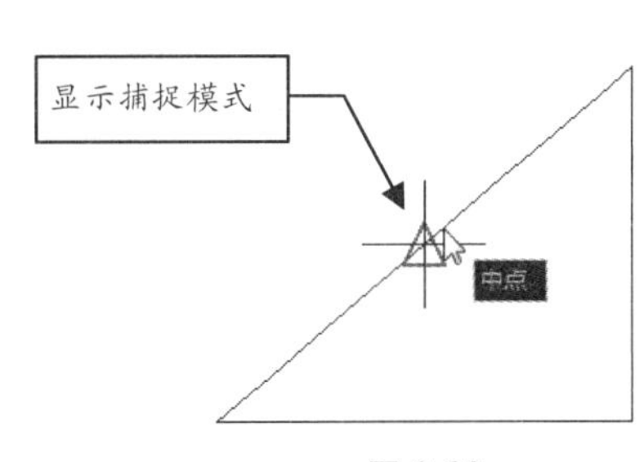

图 3-28

对象追踪的全称为对象捕捉追踪，用来控制绘制图形的各种自动追踪功能，特别是捕捉一些不在特殊位置上的图形点或对象。使用对象捕捉追踪功能，在命令中指定点时，光标可以沿基于其他对象捕捉点的对齐路径进行追踪。要使用对象捕捉追踪功能，必须打开一个或多个对象捕捉，如图3-29所示。

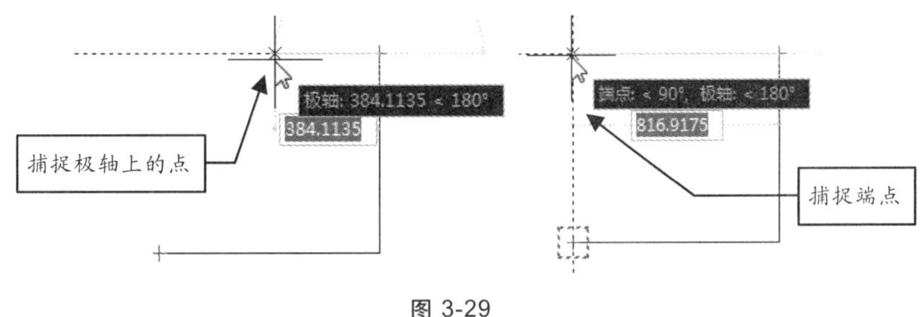

图 3-29

3.2.4 极轴追踪

极轴追踪主要为在绘制一些特殊的图形而不容易寻找对象的点时进行的一种追踪方式。极轴追踪设置如下：

案例3-6：利用极轴模式绘图

素材文件 Sample/CH03/**极轴**.dwg **视频文件** **视频演示**/CH03/**利用极轴模式绘图**.avi

Step01 打开图形文件，捕捉和中心点成45角的直线与外侧圆的交点，如图3-30所示。

> 提示 有端点提示，但这并不属于需要的点，怎么设置呢？继续往下看。

Step02 右击状态栏上的“极轴追踪”按钮，在弹出的快捷菜单中选择“设置”选项，如图3-31所示。

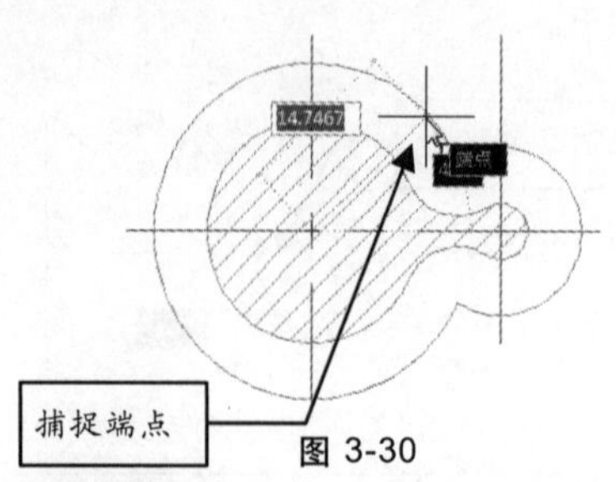

图 3-30

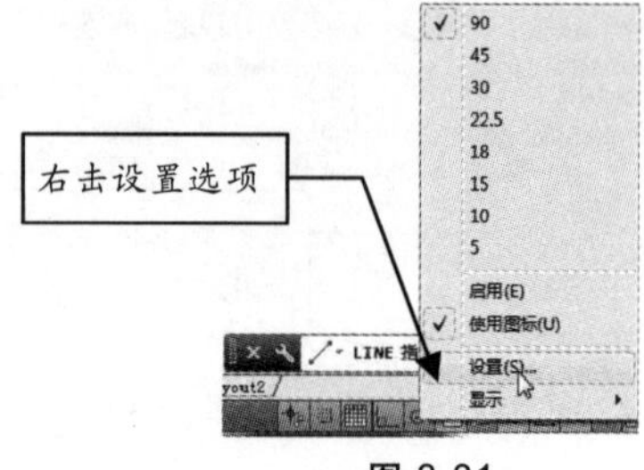

图 3-31

Step03 在“极轴追踪”选项卡中选中“启用极轴追踪”复选框，然后在“增量角”下拉列表中选择“45”，如图3-32所示。

Step04 单击“确定”按钮，进行追踪，可以看到出现一条以选择起始点为起点的虚线（设置的45°线），如图3-33所示。

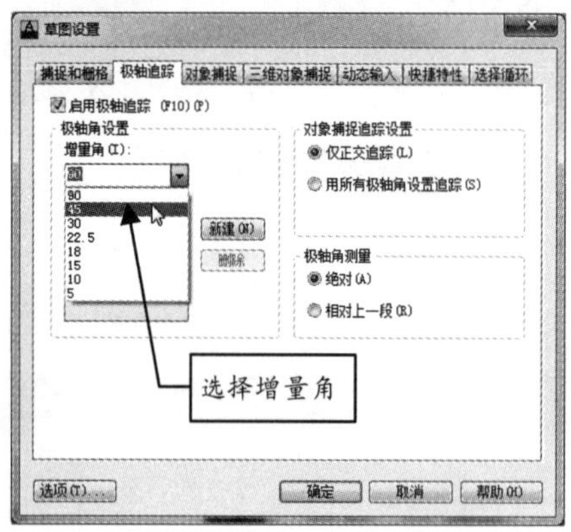

图 3-32

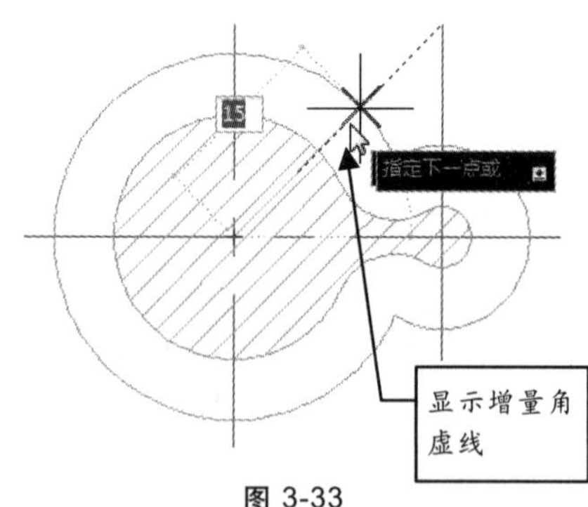

图 3-33

第2天

绘制二维图形

掌握了软件的安装、了解了软件的常用操作及一些对象的选择方法，是不是想立刻上手绘制精美的零件图、设计自己新购买的房子？

别急，虽然认识了AutoCAD软件的常用操作，但仍旧需要一步步地学起，第2天就来学习如何在AutoCAD中绘制图形吧。

在第 2 天，我们安排了 3 个主题。

如果说第 1 天使你对 AutoCAD 有了初步的认识，那么第 2 天则是让你对 AutoCAD 进行简要的了解。

❶ **第4小时**

绘制简单的二维图形

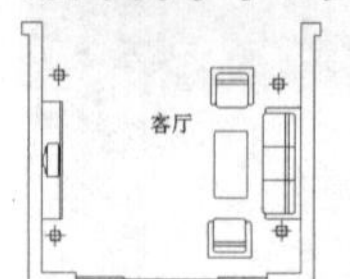

4.1 点线类二维图形
4.2 多边形图形
4.3 圆类图形

❷ **第5小时**

绘制复杂的二维图形

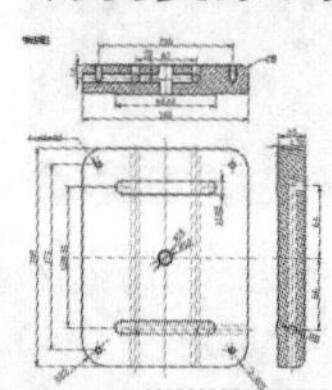

5.1 多段线图形
5.2 多线图形
5.3 面域的创建
5.4 图案填充

❸ **第6小时**

编辑二维图形

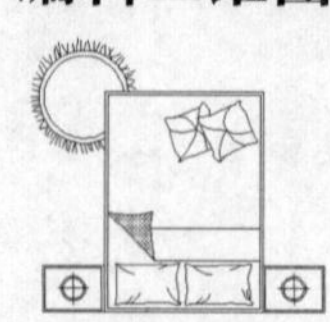

6.1 复制类命令
6.2 改变位置类命令
6.3 改变几何特征类命令

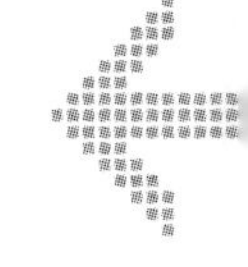

第 4 小时 绘制简单的二维图形

学习AutoCAD绘图，首先需要了解简单的二维图形的绘制方法，所谓简单图形，就是通过直线、点、圆等不需要多次编辑即可一次绘制成功的图形的统称。

4.1 点线类二维图形

点线类图形是AutoCAD中最基本图形元素。

4.1.1 点类图形绘制

使用Point命令绘制点。点可以作为捕捉对象的节点。可以指定点的全部三维坐标。如果省略Z坐标值，则默认为当前标高，如图4-1所示。

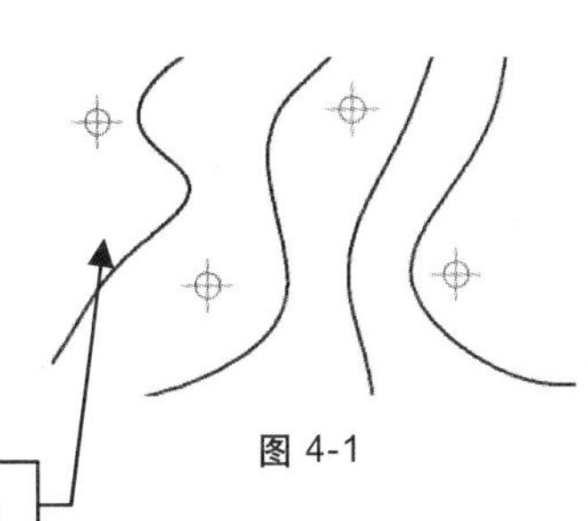

图 4-1

案例4-1：绘制客厅灯具定位点

素材文件 Sample/CH04/01.dwg **视频文件** **视频演示**/CH04/**绘制点**.avi

绘制点的方法如下：

Step01 打开图形，按要求在合适的位置绘制相应的点并进行定位，从而在相应的位置点放置相应的家具，如图4-2所示。

Step02 单击“绘图”面板上的“多点”按钮，如图4-3所示。

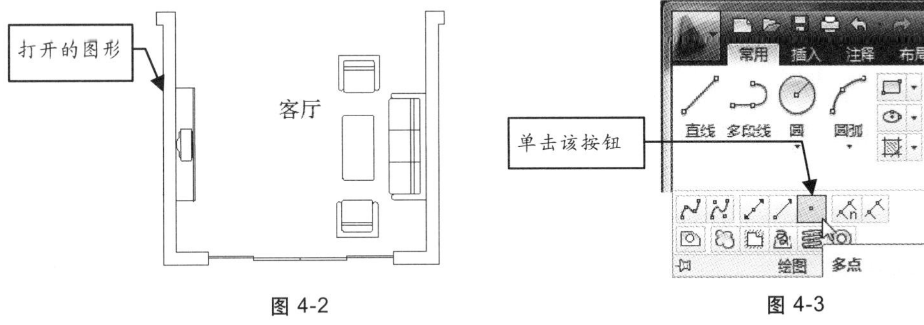

图 4-2　　图 4-3

小贴示 也可以使用其他方法调用该命令。

- 命令行：POINT。
- 菜单：“绘图”→“点”→“多个”命令。
- 工具栏：“绘图”→“点”按钮。

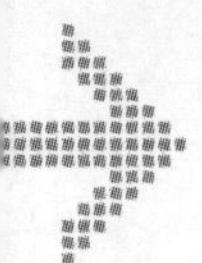

Step03 在合适的位置单击鼠标进行绘制，绘制完成后，按<ESC>键退出该命令，如图4-4所示。

小贴示 为什么不用<Enter>键退出？

大家都知道各种命令直接按<Enter>键即可退出，为什么点不是？因为按<Enter>键是继续绘制的意思，这时只能按<Esc>键才能退出。

Step04 无法看到点的时输入ddptype命令，弹出“点样式”对话框，选择合适的点样式，如4-5所示。

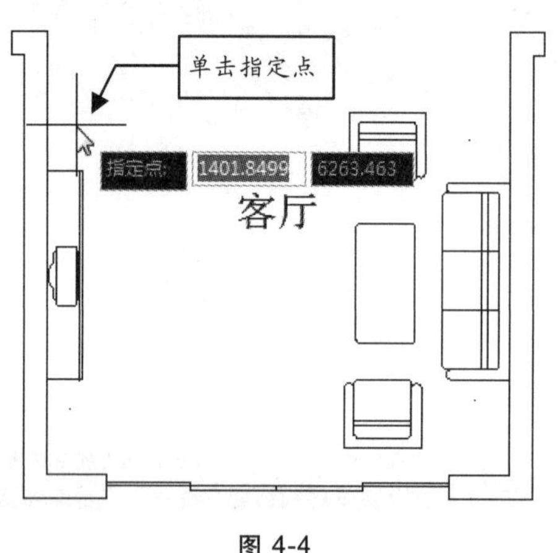

图 4-4

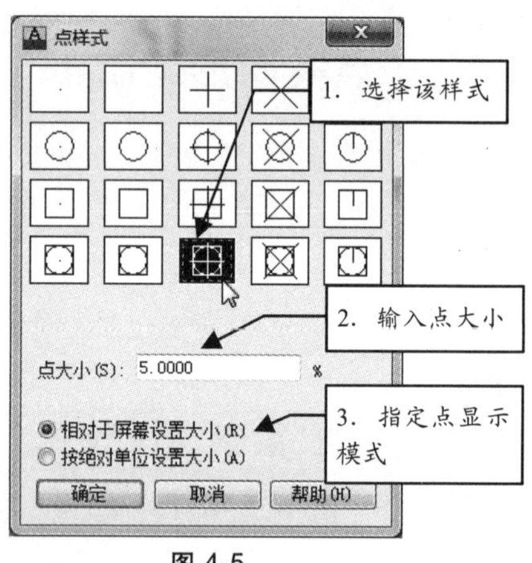

图 4-5

选项精解

- 点大小：用来设定相对于屏幕的大小或绝对单位的大小值。以后绘制的点对象将使用新值。
- 相对于屏幕设置大小：按屏幕尺寸的百分比设置点的显示大小。当进行缩放时，点的显示大小并不改变。
- 按绝对单位设置大小：按“点大小”下指定的实际单位设置点显示的大小。进行缩放时，显示的点大小随之改变。

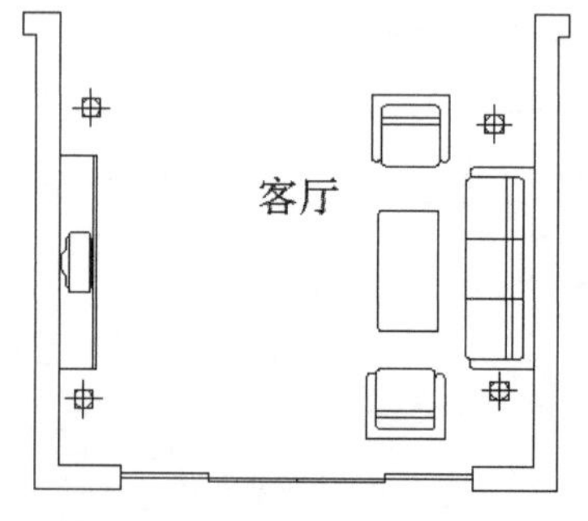

图 4-6

Step05 更改完成后，结果如图4-6所示。

辨析 多点和单点的绘制。

刚才绘制点时，使用的是多点绘制方法。在实际工作中，有时仅仅需要一个点即可，这时可以使用单点模式进行绘制。选择“绘图”→“点”→“单点”命令，系统将在你绘制完成一个点后自动退出该命令。而多点则是直到用户按<Esc>键时才退出。

4.1.2 绘制直线

绘制直线是AutoCAD中最常用也最好用的命令之一，步骤如下：

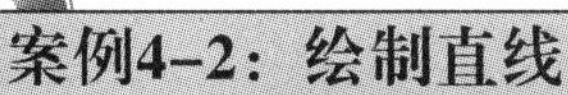

案例4-2：绘制直线

视频文件 **视频演示**/CH04/**绘制直线**.avi

Step01 新建一个图形文件，单击“绘图”面板上的直线按钮，如图4-7所示。

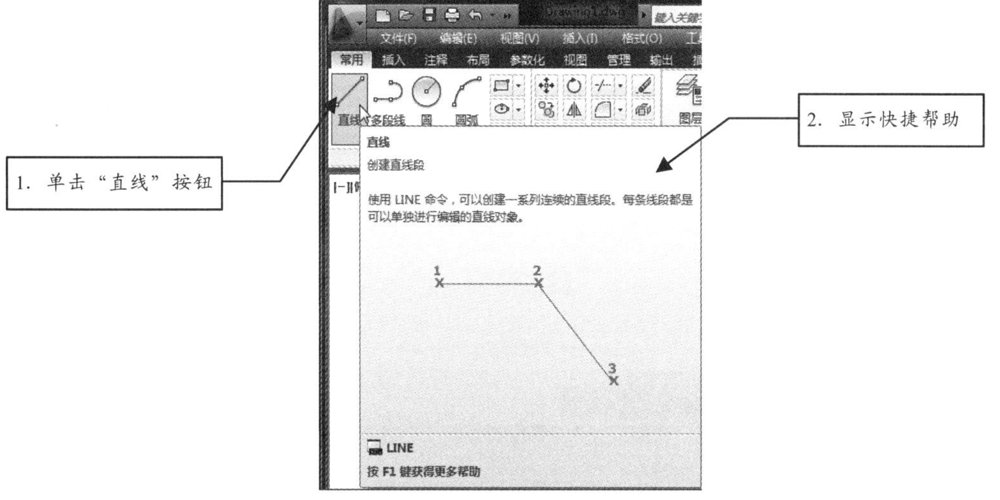

图 4-7

小贴示 也可以使用其他方法调用该命令。

- 命令行：LINE。
- 菜单：“绘图”→“直线”命令。
- 工具栏：“绘图”→“ ”按钮。

Step02 在合适的位置单击指定第一点，如图4-8所示。

Step03 向右上侧移动鼠标到其他位置单击，作为直线的第二点，如图4-9所示。

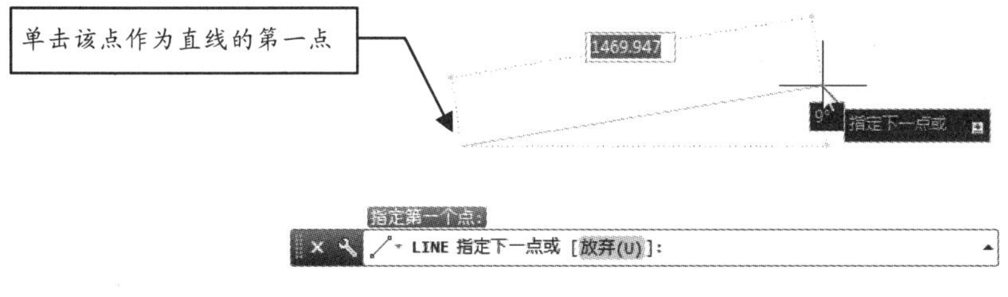

图 4-8

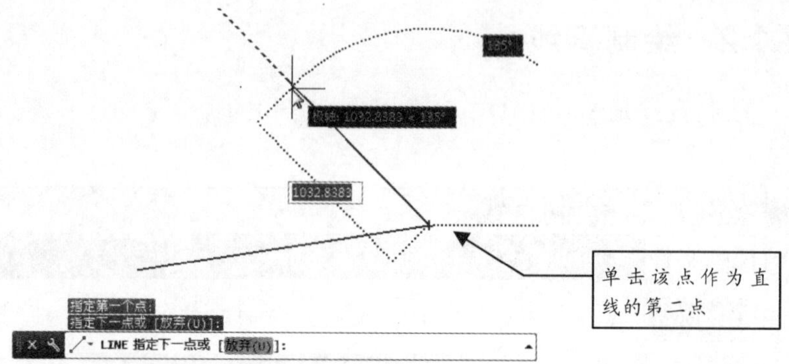

图 4-9

Step04 继续移动鼠标作为直线的第三点，然后将鼠标向第一点位置附近显示极轴捕捉，如图4-10所示。

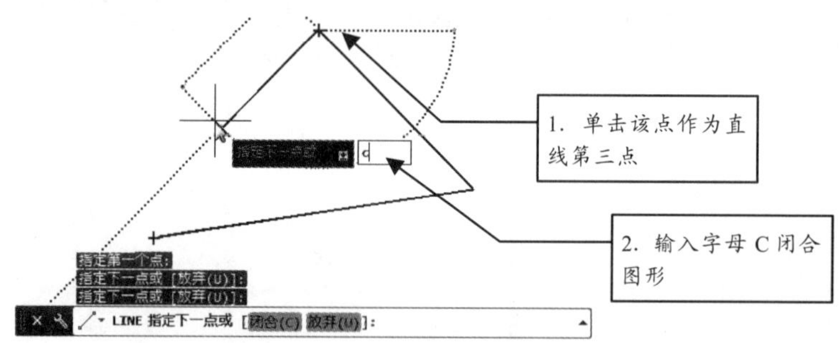

图 4-10

Step05 在命令行输入C闭合绘制的图形，如图4-11所示。

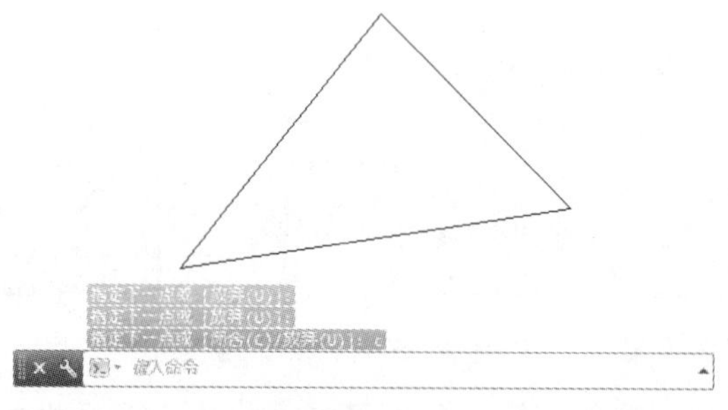

图 4-11

> **小贴示** 绘图时，如果绘制的点或直线不是所需要的那一点，可以在命令行提示中输入U放弃当前的绘制结果，从而返回到上一个步骤。

4.2 多边形图形

多边形图形包括矩形、多边形等图形。

4.2.1 绘制矩形

绘制矩形是AutoCAD中最常用的命令之一，步骤如下：

案例4-3：绘制矩形

视频文件 **视频演示**/CH04/**绘制矩形**.avi

Step01 新建一个图形文件，单击“绘图”面板上的“矩形”按钮，如图4-12所示。

> **小贴示** 也可以使用其他方法调用该命令。
>
> - 命令行：RECTANG。
> - 菜单：“绘图”→“矩形”命令。
> - 工具栏：“绘图”→“□（矩形）”按钮。

Step02 系统弹出提示，指定第一个角点，如图4-13所示。

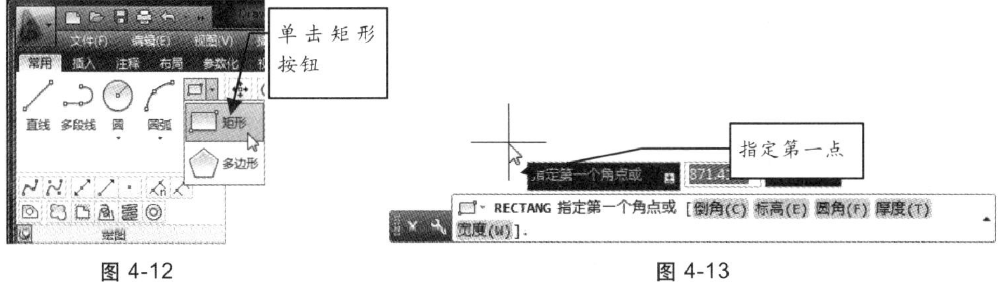

图 4-12　　图 4-13

Step03 在命令提示下拖动鼠标指定另外一个角点，或者输入坐标值，如图4-14所示。

> **技巧** 在指定角点的时候可以输入角点坐标，如(2500,2000)，输入完2500后再输入“,”，系统自动锁定第一个坐标值，如图4-15所示。

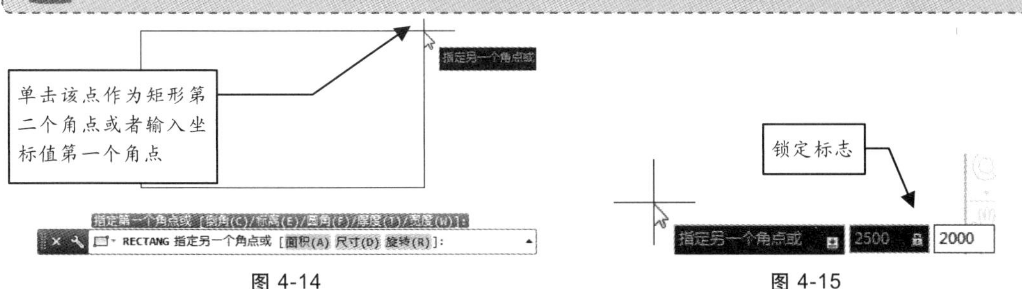

图 4-14　　图 4-15

Step04 输入或指定完成后，系统自动根据坐标值创建矩形，如图4-16所示。

小贴示 在绘制矩形的时候，当输入的坐标值水平坐标和垂直坐标值相等或极轴捕捉提示为45°时，将创建正方形，如图4-17所示。

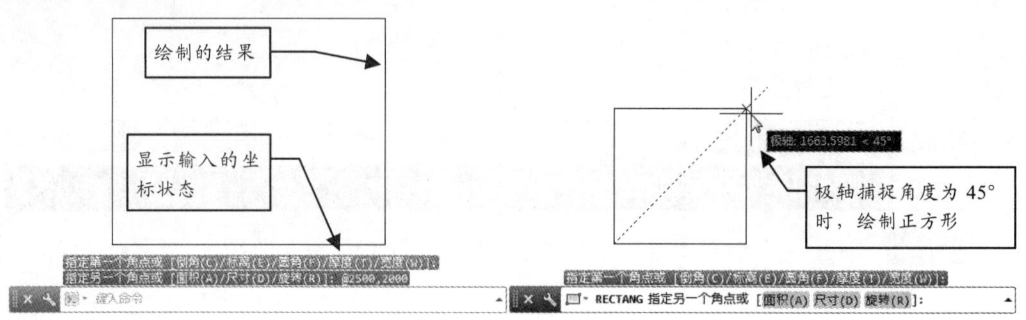

图 4-16　　图 4-17

选项精解

绘制矩形时，不但可以直接输入坐标，还能使用倒角、标高、圆角、厚度和宽度来进行指定第二点。

- 面积：使用面积与长度或宽度创建矩形。如果“倒角”或“圆角”选项被激活，则区域将包括倒角或圆角在矩形角点上产生的效果。
- 标注：使用长和宽创建矩形。
- 旋转：按指定的旋转角度创建矩形。
- 倒角：设定矩形的倒角距离。
- 标高：指定矩形的标高。
- 圆角：指定矩形的圆角半径。
- 厚度：指定矩形的厚度。
- 宽度：为要绘制的矩形指定多段线的宽度。

4.2.2 绘制多边形

多边形命令可以用于绘制等边三角形、正方形、五边形、六边形和其他多边形，如图4-18所示。

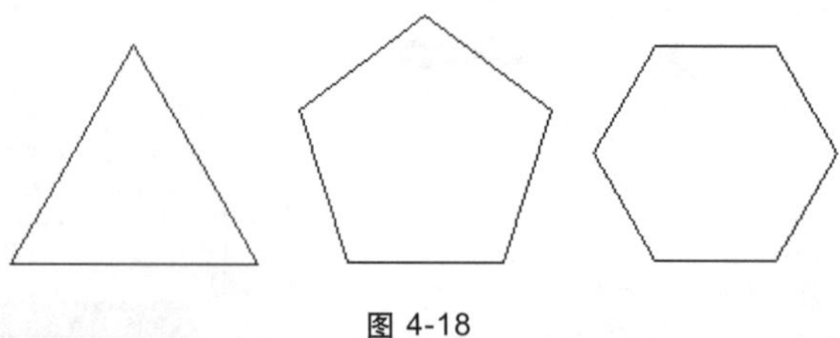

图 4-18

案例4-4：绘制多边形

视频文件 视频演示/CH04/绘制多边形.avi

步骤如下：

Step01 单击“常用”选项卡→“绘图”面板→“多边形”按钮，如图4-19所示。

> **小贴示** 也可以使用其他方法调用该命令。
> - 命令行：POLYGON。
> - 菜单：“绘图”→“多边形”命令。
> - 工具栏：“绘图”→“⬠（多边形）”按钮。

Step02 在命令行中，输入侧面数（即边数，如6），如图4-20所示。

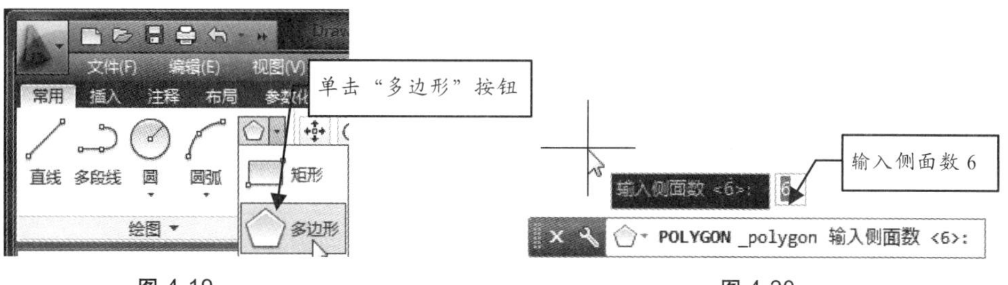

图 4-19　　图 4-20

> **提示** 系统默认侧面数为4。

Step03 指定多边形的中心点，然后选择输入选项（如C），如图4-21所示。

Step04 输入半径长度为650，如图4-22所示。

> **提示** 直接使用鼠标单击也可以指定半径。

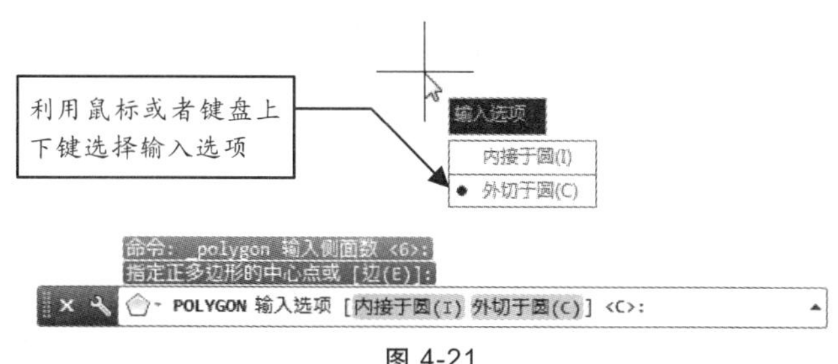

图 4-21

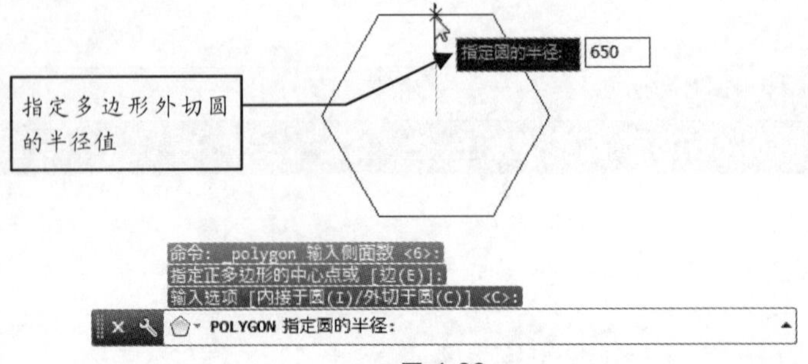

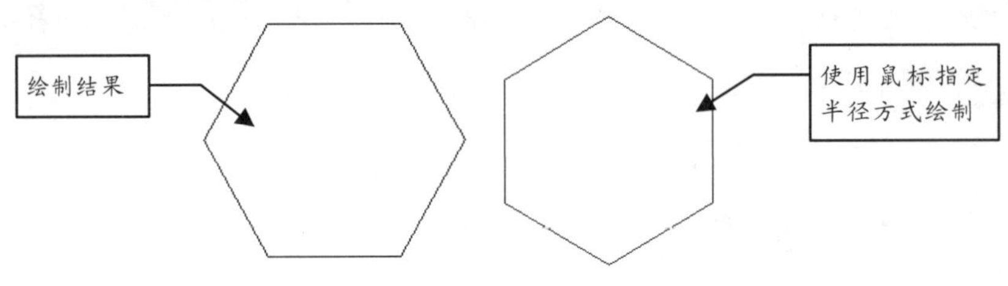

图 4-22

Step05 绘制完成后，结果如图4-23所示（右图为使用鼠标指定半径方式绘制，该方式可以绘制朝向较为自由的多边形）。

绘制结果

使用鼠标指定半径方式绘制

图 4-23

选项精解

- 内接于圆：该方式将绘制以指定的圆半径为外切圆的多边形。
- 边：可以通过指定边长方式来绘制多边形。

4.3 圆类图形

除了直线和多边形类图形外，圆类图形也是应用非常广泛的一部分，如圆、圆弧、椭圆和椭圆弧等，如图4-24所示。

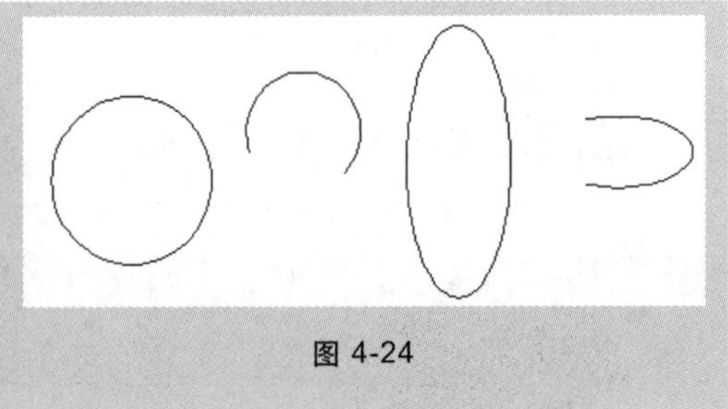

图 4-24

下面来进行说明。

4.3.1 绘制圆图形

可以通过指定圆心和半径创建圆。除了此方法，还可以指定两个点来定义直径、指定三个点来定义圆周，或指定两个切点和半径。

要创建圆，可以指定圆心、半径、直径、圆周上或其他对象上的点的不同组合。

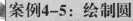

案例4-5：绘制圆

视频文件 **视频演示**/CH04/**绘制圆**.avi

Step01 单击“常用”选项卡→“绘图”面板上的“圆”下拉菜单→“圆心，半径”按钮，如图4-25所示。

小贴示 还可以使用其他方法调用该命令。

- 命令行：CIRCLE。
- 菜单：“绘图”→“圆”命令。
- 工具栏：“绘图”→“⊙（圆）”按钮。
- 命令提示：还可以输入CIRCLE，或者选择“绘图”→“圆”→“圆心，半径”命令。

Step02 系统提示指定圆心，用户可以直接单击指定圆心坐标，也可以输入圆心的坐标值(2800,300)，如图4-26所示。

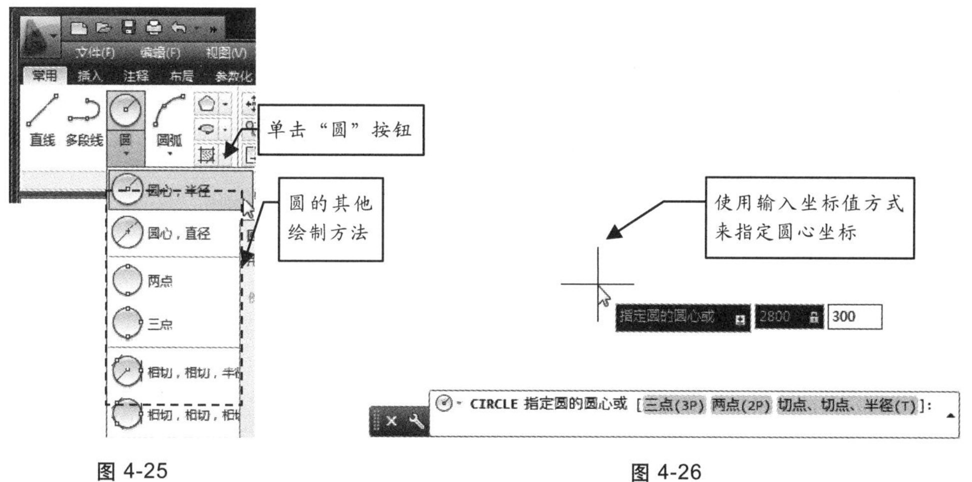

图 4-25　　图 4-26

Step03 拖动鼠标来指定圆的半径，如图4-27所示。

提示 用户输入半径值可以进行精确绘制。

Step04 绘制完成后，结果如图4-28所示。

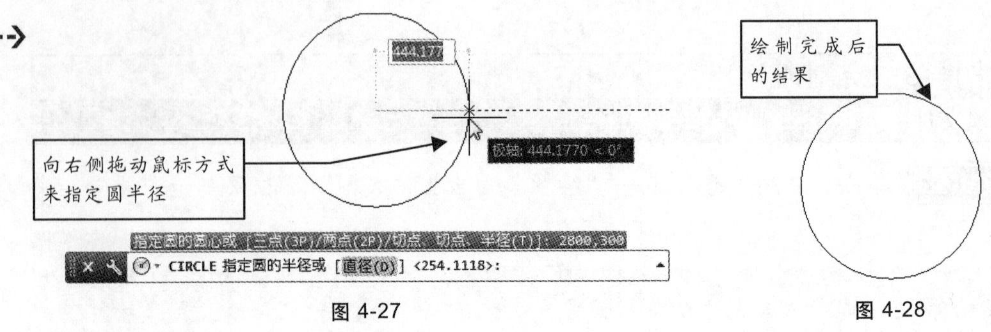

图 4-27　　　　图 4-28

选项精解

绘制圆时，在绘制过程中可以看到还有多种绘制提示，比如使用三点、两点方式，或者使用圆心，直径方式，下面来进行说明。

- 圆心，直径：使用指定圆心和圆的直径方式绘制圆，如图4-29（左）所示。
- 两点：指定或输入任意两点作为绘制圆的直径两端点绘制圆，如图4-29(中)所示。
- 三点：指定或输入任意三点作为圆周上的三点绘制圆，注意三点不能在一条直线上，如图4-29（右）所示。

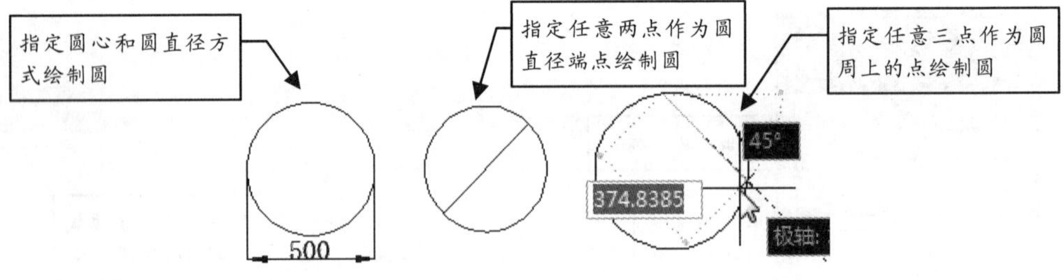

图 4-29

- 相切，相切，半径：使用这种方式绘制圆时，需要存在两个图元能与之相切，且指定的半径满足前两个相切的条件，如图4-30（左）所示。
- 相切，相切，相切：使用这种方式绘制圆时，需要存在三个图元能与之相切，如图4-30（右）所示。

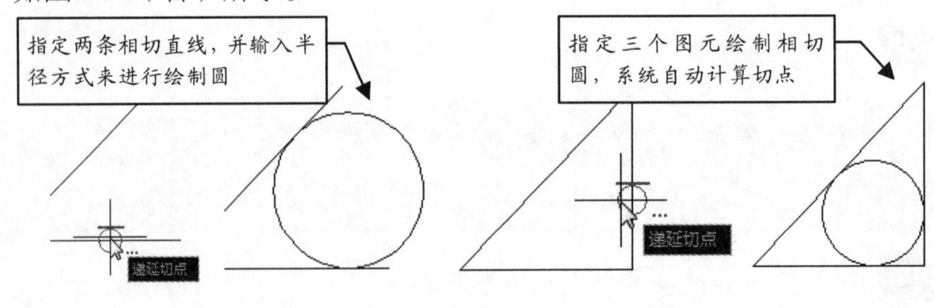

图 4-30

4.3.2 绘制圆弧

绘制圆弧，可以指定圆心、端点、起点、半径、角度、弦长和方向值的各种组合形式。

案例4-6：绘制圆弧

视频文件 视频演示/CH04/绘制圆弧.avi

Step01 单击“常用”选项卡→“绘图”面板上的“圆弧”下拉菜单→“三点”按钮，如图4-31所示。

Step02 单击或者输入坐标指定圆弧的第一个点，如图4-32所示。

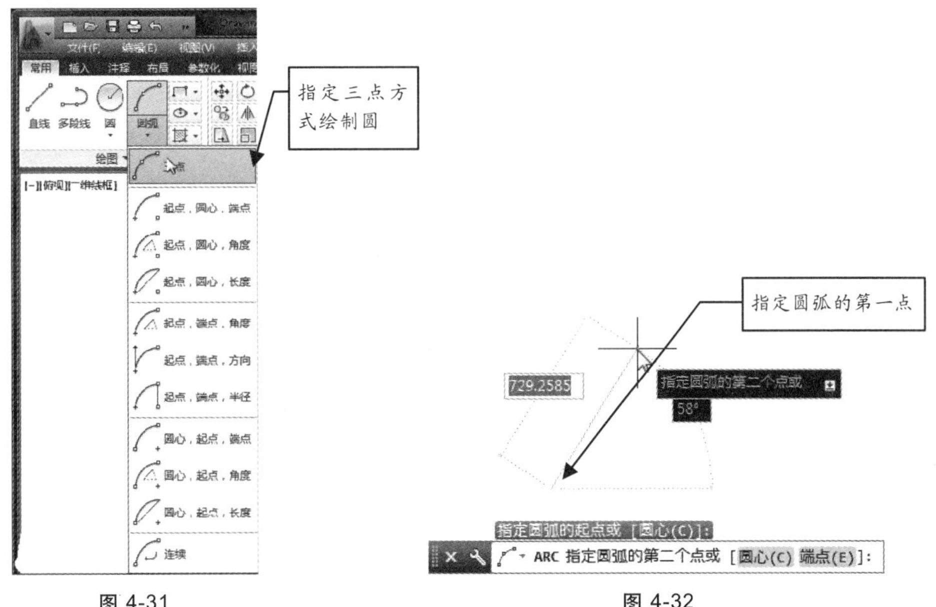

图 4-31　　图 4-32

> **小贴士** 也可以使用其他方法调用该命令。
> - 命令行：ARC。
> - 菜单：“绘图”→“圆弧”命令。
> - 工具栏：“绘图”→“（圆弧）”按钮。

Step03 继续通过单击或输入指定圆弧上的第二个点，如图4-33所示。

Step04 指定第三点完成后，结果如图4-34所示。

选项精解

在绘制图形时，选项的提示会随用户操作的不同而逐步改变。该命令的选项和其绘制圆弧的方式一致，这里来说明其他绘制方法使用的结果，如下表所示。

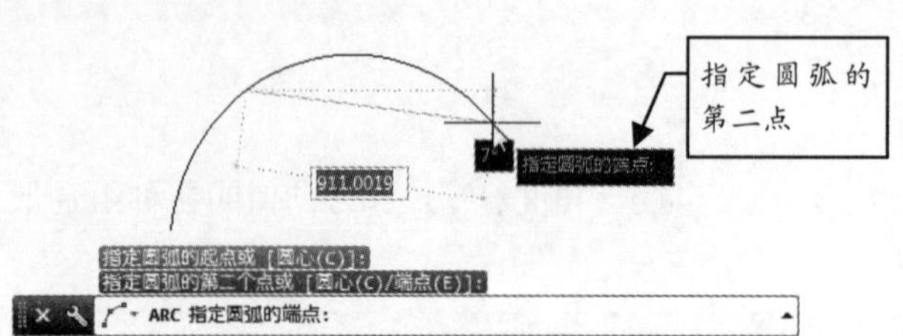

图 4-33

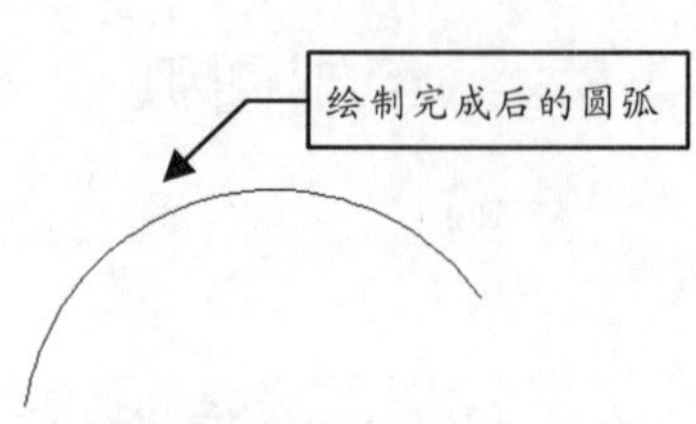

图 4-34

绘制方法	简要步骤	备注
起点，圆心，端点	起点和圆心之间的距离确定半径。端点由从圆心引出的通过第三点的直线决定。所得圆弧始终从起点按逆时针绘制	起点，圆心，端点　圆心，起点，端点
起点，圆心，角度	起点和圆心之间的距离确定半径。圆弧的另一端通过指定以圆弧圆心为顶点的夹角确定。所得圆弧始终从起点按逆时针绘制	包含角
起点，圆心，长度	起点和圆心之间的距离确定半径。圆弧的另一端通过指定圆弧起点和端点之间的弦长确定。所得圆弧始终从起点按逆时针绘制	弦长　起点，圆心，长度　弦长　圆心，起点，长度
起点，端点，角度	圆弧端点之间的夹角确定圆弧的圆心和半径	起点，端点，角度
起点，端点，方向	可以通过在所需切线上指定一个点或输入角度指定切向。通过更改指定两个端点的顺序，可以确定哪个端点控制切线	方向　起点，端点，方向
起点，端点，半径	圆弧凸度的方向由指定其端点的顺序确定。可以通过输入半径或在所需半径距离上指定一个点来指定半径	半径　起点，端点，半径

续表

绘制方法	简 要 步 骤	备 注
绘制相连的相切圆弧和直线	创建直线或圆弧后，通过"指定起点"提示启动 ARC 命令并按 <Enter>键，可以立即绘制一个在端点处相切的圆弧。只需指定新圆弧的端点即可	圆弧，端点 得到的直线

4.3.3 绘制椭圆

椭圆的形状由定义其长度和宽度的两条轴决定。较长的轴称为长轴，较短的轴称为短轴。

案例4-7：绘制椭圆

视频文件 视频演示/CH04/绘制椭圆.avi

Step01 单击"常用"选项卡→"绘图"面板上的"椭圆"下拉列表→"轴，端点"按钮，如图4-35所示。

> **小贴示** 也可以使用其他方法调用该命令。
>
> - 命令行：ELLIPSE。
> - 菜单："绘图"→"椭圆"命令。
> - 工具栏："绘图"→"（椭圆）"按钮。

Step02 在绘图窗口中指定轴的第一个端点，如图4-36所示。

图 4-35　　　　图 4-36

Step03 然后系统提示指定轴的另一个端点，如图4-37所示。

Step04 最后指定另一条半轴的长度，如图4-38所示。

Step05 绘制完成后，结果如图4-39所示。

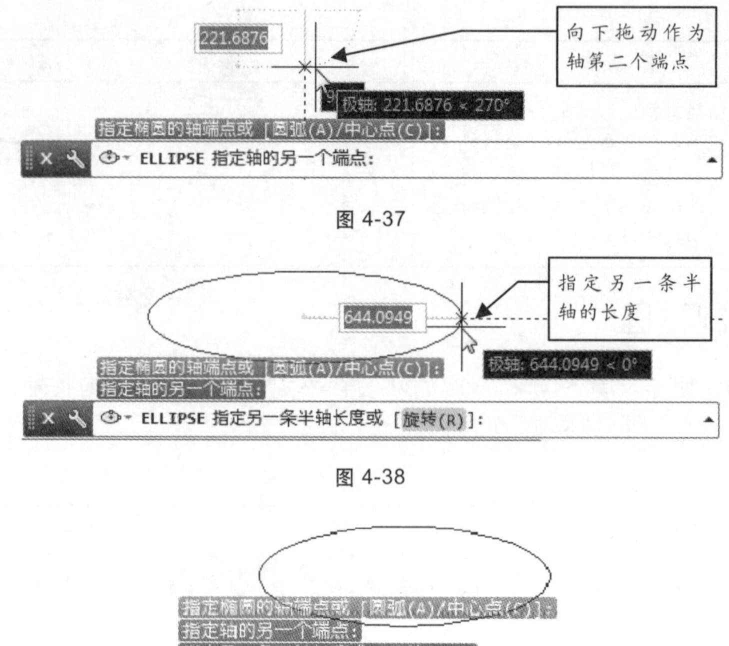

图 4-37

图 4-38

图 4-39

选项精解

- 圆弧：创建一段椭圆弧。第一条轴的角度确定了椭圆弧的角度，第一条轴可以根据其长度定义为长轴或短轴。椭圆弧上的前两个点确定第一条轴的位置和长度。第三个点确定椭圆弧的圆心与第二条轴的端点之间的距离。第四个点和第五个点确定起点和端点角度，如图4-40所示。
- 中心点：使用中心点、第一条轴的端点和第二条轴的长度来创建椭圆。可以通过单击所需距离处的某个位置或输入长度值来指定距离，如图4-41所示。
- 旋转：通过绕第一条轴旋转圆来创建椭圆。绕椭圆中心移动十字光标并单击。输入值越大，椭圆的离心率就越大。输入0将定义圆，如图4-42所示。

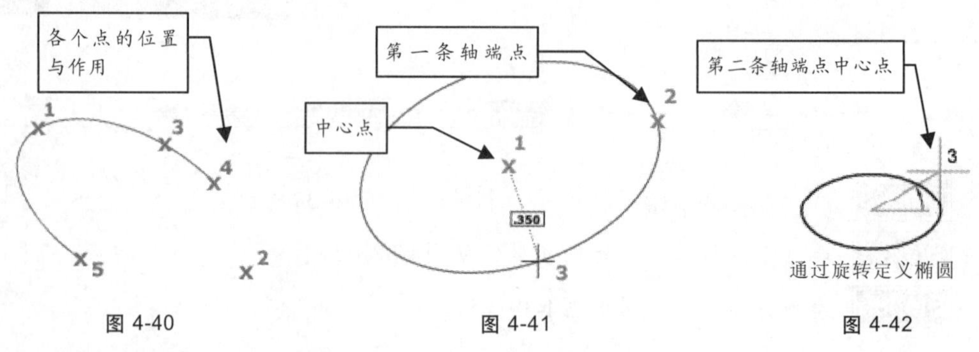

图 4-40　　图 4-41　　图 4-42

辨析 绘制等轴测圆。

如果在等轴测平面上作图模拟三维空间，可以使用椭圆表示从倾斜角度观察的等轴测圆。

Step01 选择“工具”菜单中的“绘图设置”命令，如图4-43所示。

Step02 在弹出的“草图设置”对话框中单击“捕捉和栅格”选项卡，如图4-44所示。

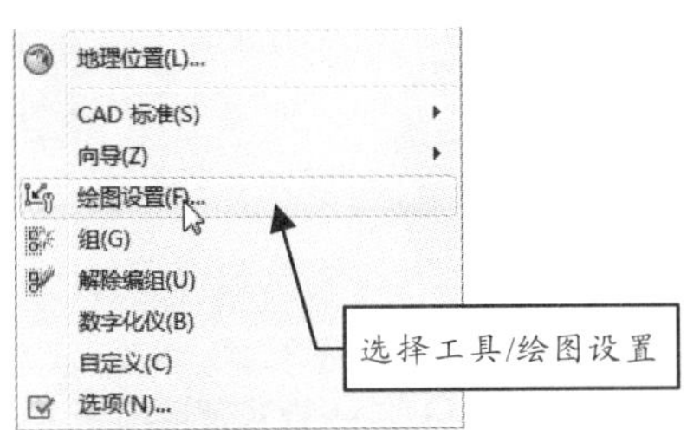

图 4-43

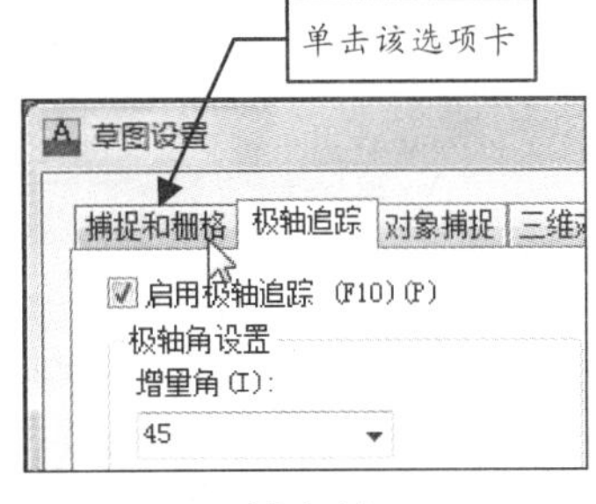

图 4-44

Step03 在“草图设置”对话框的“捕捉和栅格”选项卡的“捕捉类型”下，单击“等轴测捕捉”单选按钮，然后单击“确定”按钮完成设置，如图4-45所示。

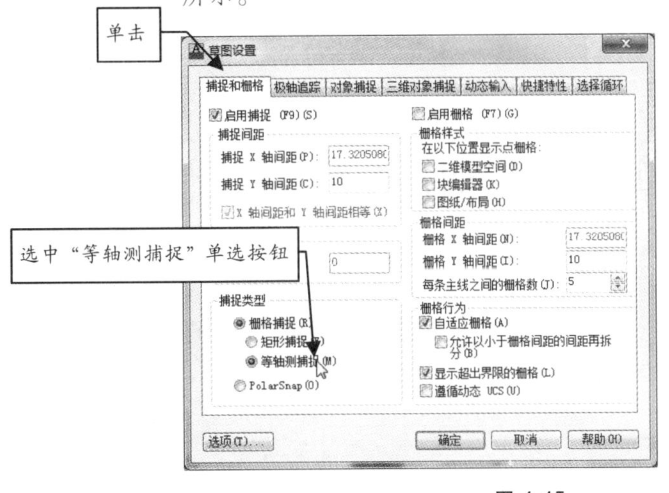

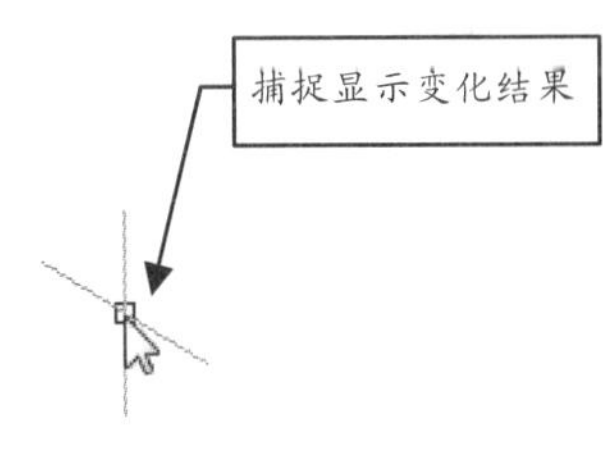

图 4-45

Step04 依次单击“常用”选项卡→“绘图”面板上的“椭圆”下拉列表→“轴，端点”按钮，如图4-46所示。

Step05 在命令行中输入 i（等轴测圆），即绘制等轴测圆，如图4-47所示。

Step06 然后在在命令行中输入半径值500，如图4-48所示。

Step07 绘制完成后，结果如图4-49所示。

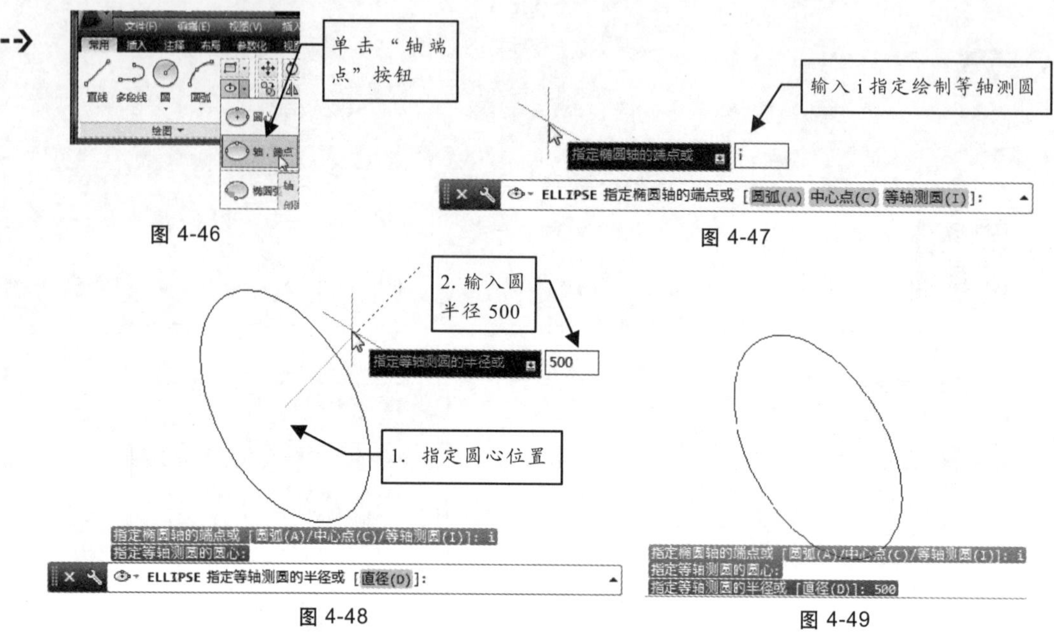

图 4-46　　图 4-47

图 4-48　　图 4-49

4.3.4　绘制椭圆弧

椭圆上的前两个点确定第一条轴的位置和长度，第三个点确定椭圆的圆心与第二条轴的端点之间的距离，如图4-50所示。

案例4-8：绘制椭圆弧

视频文件 视频演示/CH04/绘制椭圆.avi

Step01 单击“常用”选项卡→“绘图”面板上的“椭圆”下拉列表→“椭圆弧”按钮，如图4-51所示。

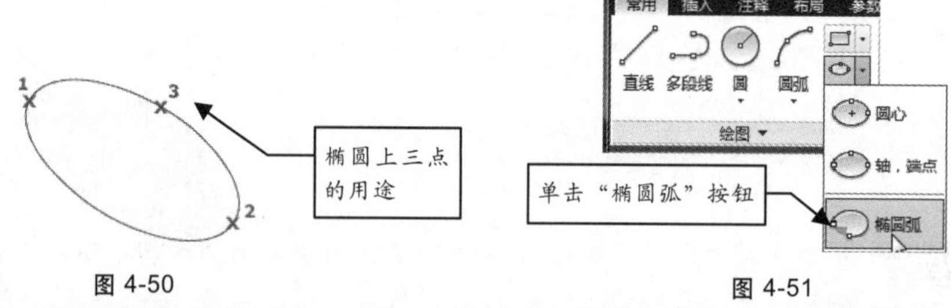

图 4-50　　图 4-51

> **小贴示** 也可以使用其他方法调用该命令。
> - 命令行：ELLIPSE。
> - 菜单：“绘图”→“椭圆”→“圆弧”命令。
> - 工具栏：“绘图”→“（椭圆弧）”按钮。

Step02 在绘图窗口中指定椭圆弧的轴端点，如图4-52所示。

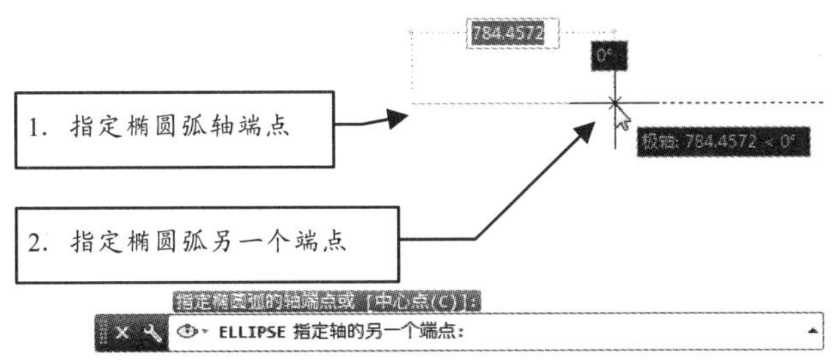

图 4-52

Step03 在绘图窗口中指定轴的另一个端点，如图4-53所示。

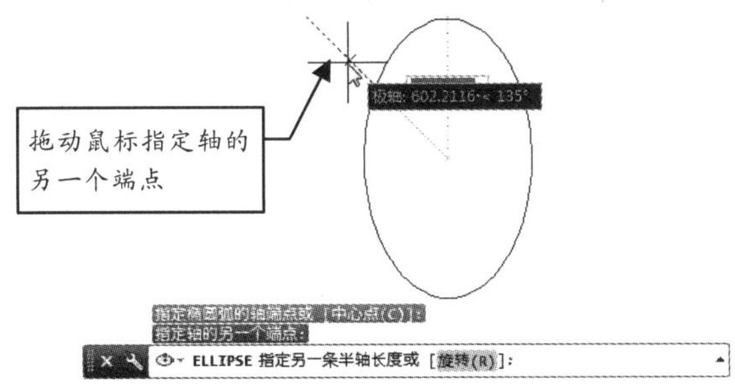

图 4-53

Step04 在绘图窗口中指定椭圆弧的起点角度，如图4-54所示。

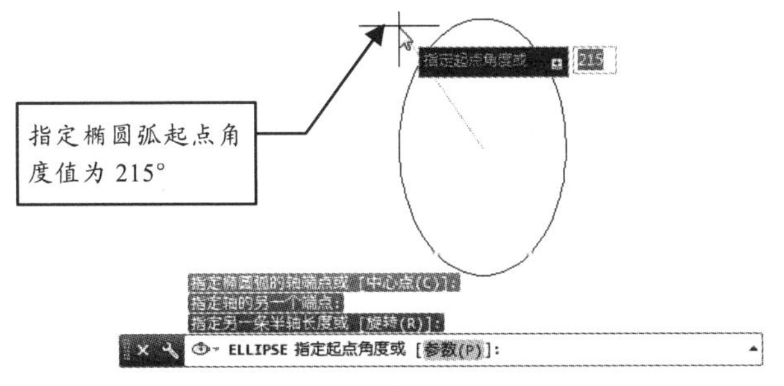

图 4-54

Step05 在绘图窗口中指定椭圆轴的端点角度，如图4-55所示。

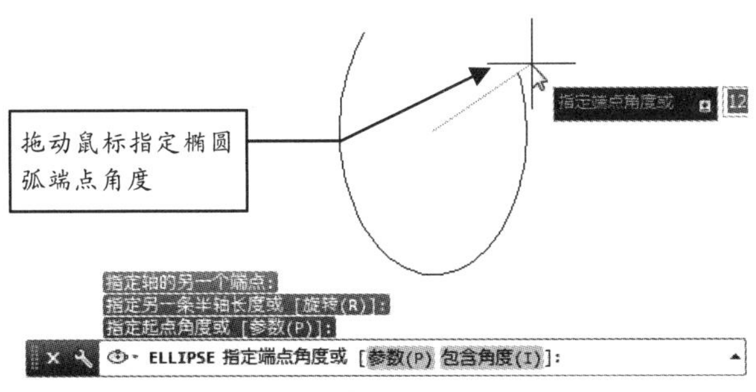

图 4-55

小贴示 指定角度后，系统默认逆时针旋转来绘制椭圆弧。

Step06 绘制完成后，结果如图4-56所示（下面灰色字体为命令行提示内容）。

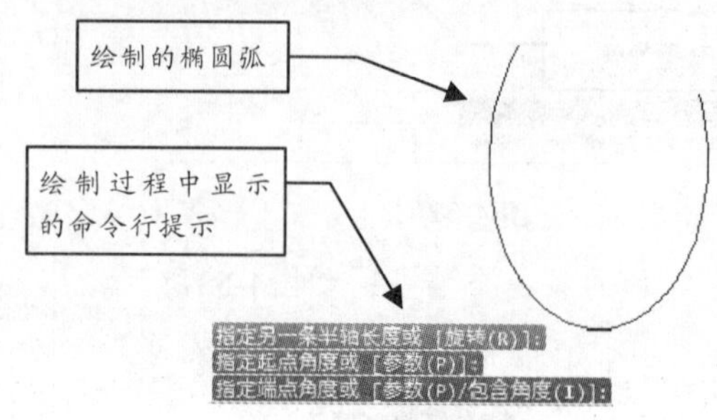

图 4-56

 第 5 小时 绘制复杂的二维图形

简单的图形一般都是由单个命令组成的，但是实际工作中，靠简单的图形往往无法完成，这时就需要绘制复杂的二维图形。

5.1 多段线图形

前面讲解了简单图形的绘制方法，但在实际工作中，很多图形往往都较为复杂，而不是仅仅通过圆、直线等简单图形拼成的，本课来学习复杂图形的绘制方法，如多段线、多线、填充图形等，如图5-1所示。

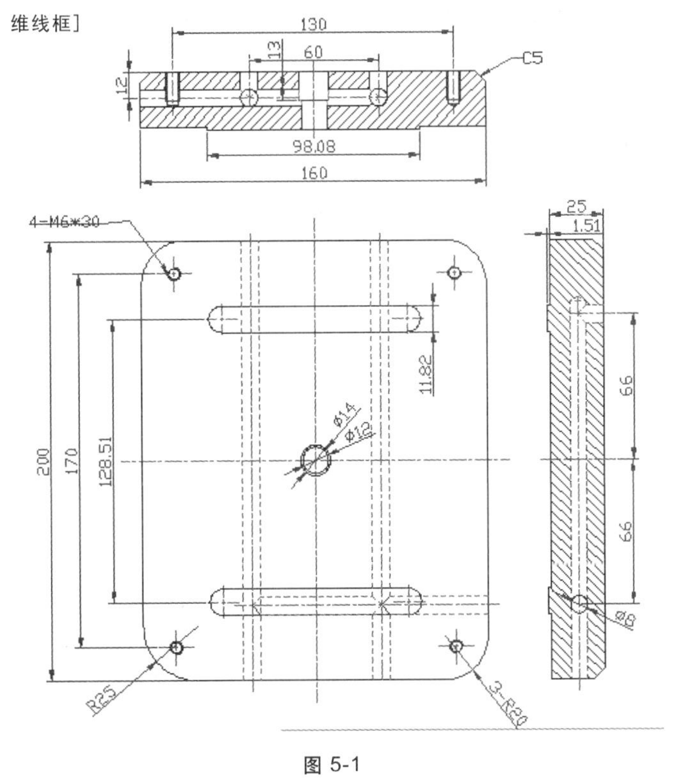

图 5-1

5.1.1 多段线图形绘制

多段线是指多个线段的连接序列，多段线是作为单个对象创建的相互连接的序列直线段。可以创建直线段、圆弧段或两者的组合线段。多段线的应用包括以下内容：

- 用于地形、等压和其他科学应用的轮廓素线。
- 布线图和电路印制板布局。
- 流程图和布管图。

案例5-1：绘制封闭的多段线图形

素材文件	Sample/CH05/01.dwg	视频文件	视频演示/CH05/绘制封闭图形.avi

绘制方法如下：

Step01 单击“常用”选项卡→“绘图”面板→“多段线”按钮，如图5-2所示。

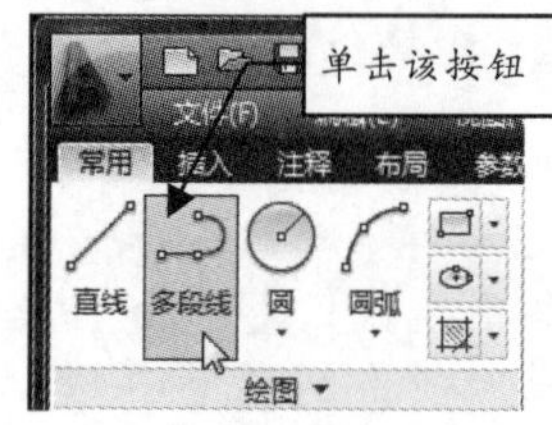

图 5-2

> 小贴示 使用其他方法调用该命令。
> 
> - 命令行：PLINE。
> - 菜单：“绘图”→“多段线”命令。
> - 工具栏：“绘图”→“（多段线）”按钮。

Step02 在绘图窗口中单击指定多段线起点，系统提示指定下一点，如图5-3所示。

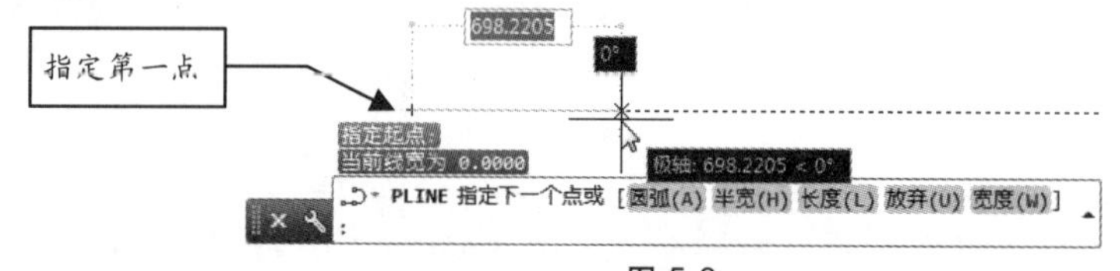

图 5-3

Step03 然后输入字母a使用圆弧方式绘制圆弧，指定圆弧第二点，如图5-4所示。

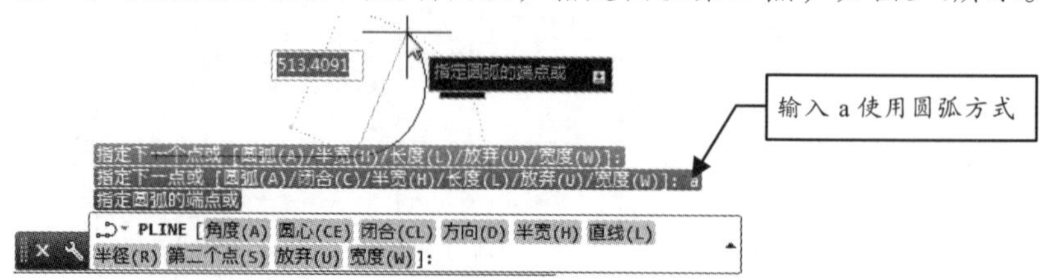

图 5-4

Step04 绘制完成后，继续提示指定圆弧弧长，这时输入h使用半宽方式绘制，提示指定起点宽度，如图5-5所示。

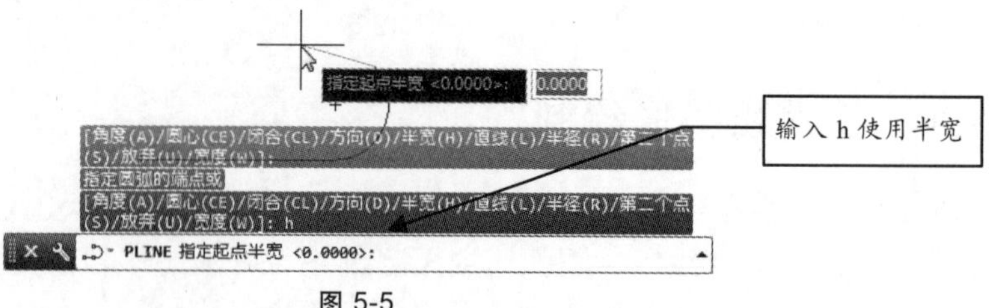

图 5-5

Step05 这时输入5使用半宽方式绘制，提示指定起点宽度，如图5-6所示。

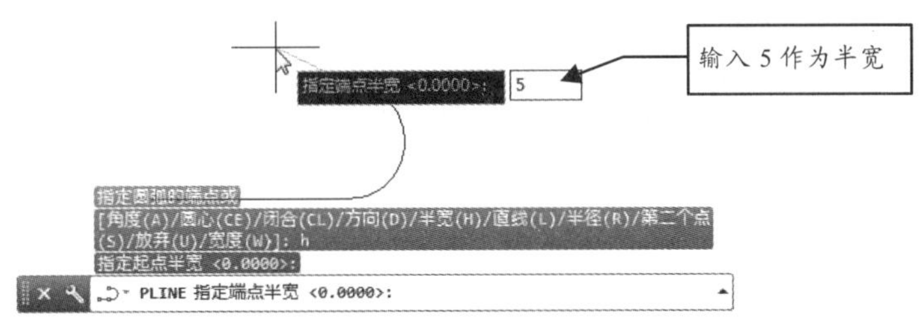

图 5-6

Step06 继续输入l绘制直线段，如图5-7所示。

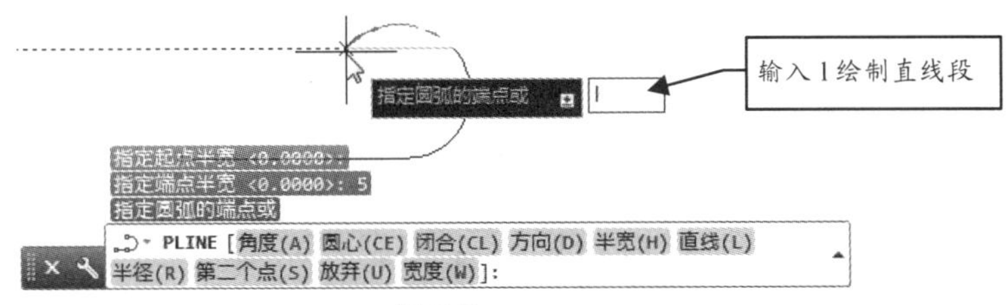

图 5-7

Step07 向左侧拖动鼠标绘制直线，如图5-8所示。

Step08 绘制完成后，输入C进行闭合绘制的图形，结果如图5-9所示。

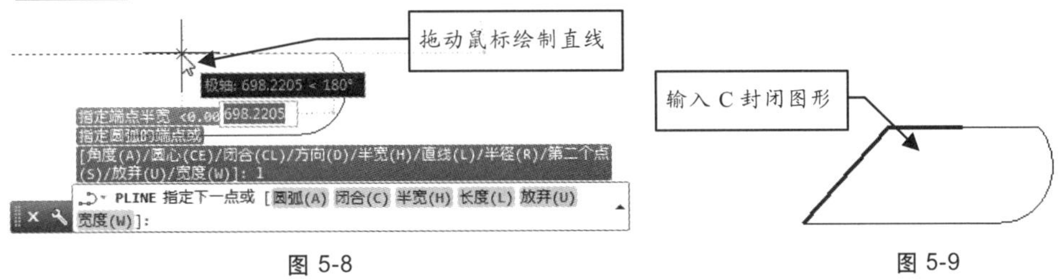

图 5-8 图 5-9

选项精解

- 圆弧：将圆弧段添加到多段线中。
- 半宽：指定从宽多段线线段的中心到其一边的宽度。
- 长度：在与上一线段相同的角度方向上绘制指定长度的直线段。如果上一线段是圆弧，将绘制与该圆弧段相切的新直线段。
- 宽度：指定下一条直线段的宽度，如图5-10所示。

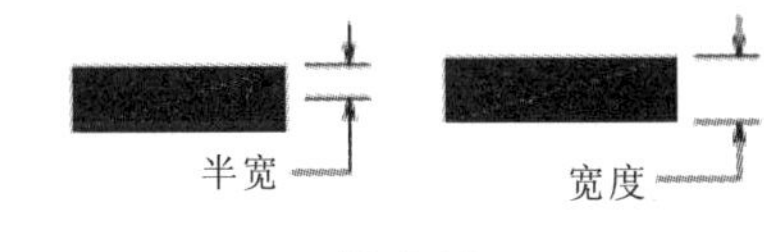

图 5-10

5.1.2 绘制掉头交通标志

使用多段线可以绘制一条直线和弧线段连接的单一对象，本节通过一个简单的掉头交通标志符号来说明具体如何运用，交通标志如图5-11所示。

图 5-11

案例5-2：绘制交通标志

素材文件 Sample/CH05/02.dwg

步骤如下：

Step01 新建一个图形文件，单击“绘图”面板上的多段线按钮，如图5-12所示。

Step02 在合适的位置单击指定第一点作为标志起点，如图5-13所示。

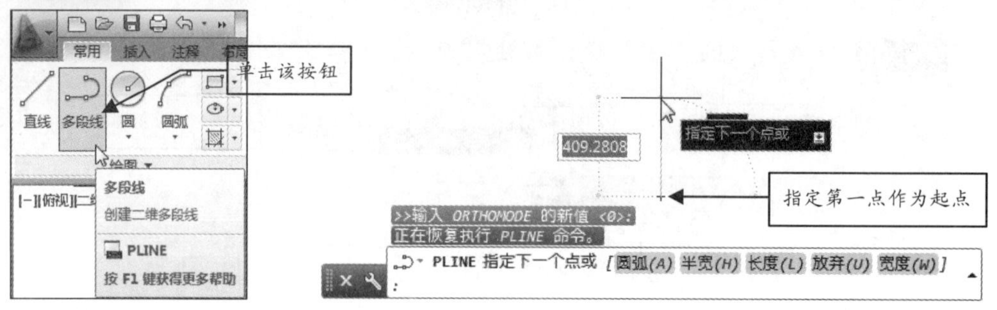

图 5-12　　图 5-13

Step03 在命令行中输入W，指定宽度为5，然后在命令行中输入下一点坐标为(300,90)，如图5-14所示。

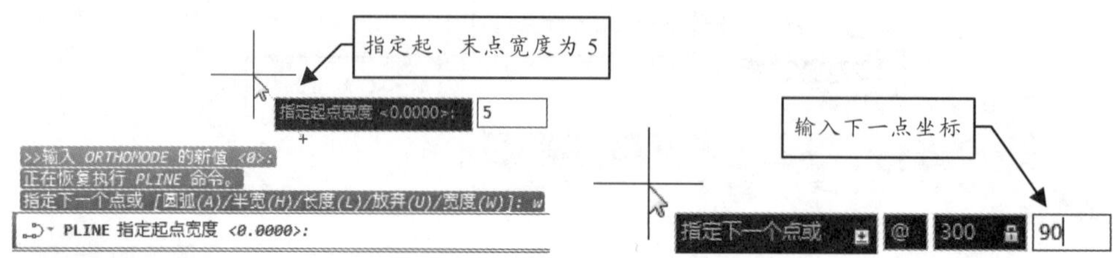

图 5-14

Step04 继续输入a使用圆弧方式绘制，如图5-15所示。

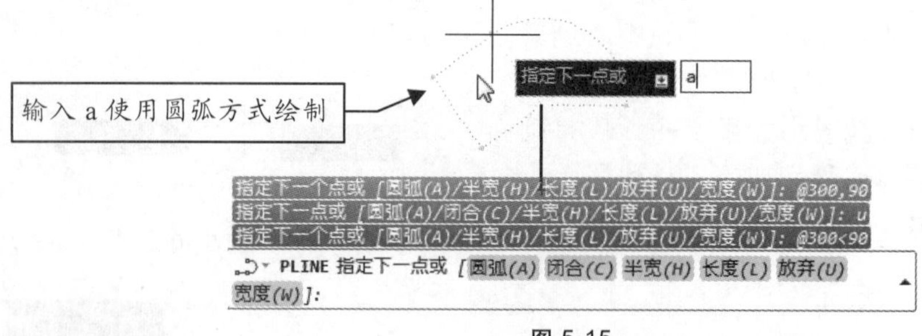

图 5-15

Step05 然后指定圆弧端点坐标，如图5-16所示。

Step06 然后输入L使用直线命令，向下绘制长度为150的线段，如图5-17所示。

Step07 然后输入W指定起点宽度为100，如图5-18所示。

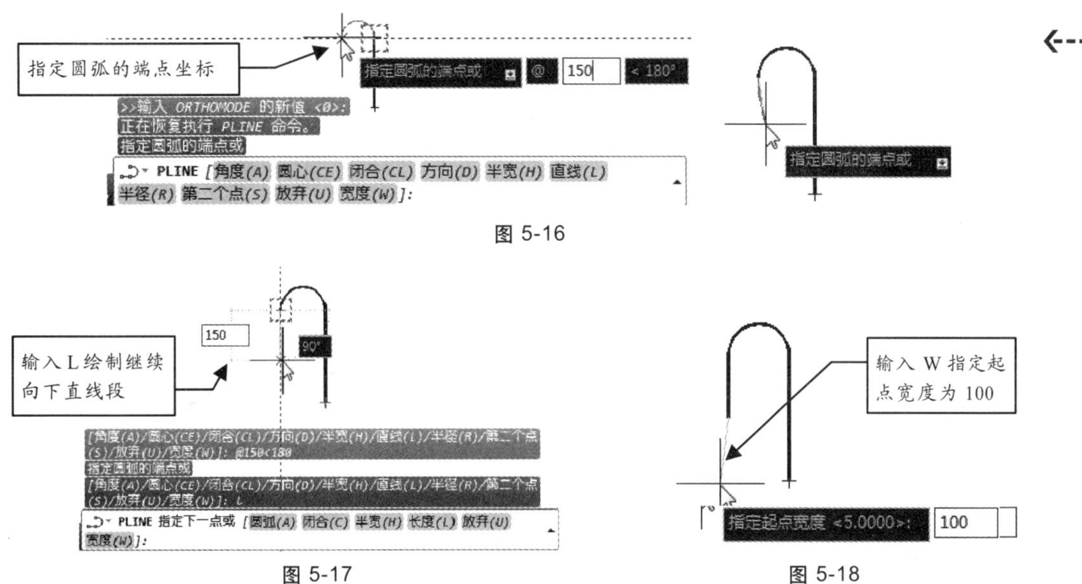

图 5-16

图 5-17

图 5-18

Step08 最后输入w指定起点宽度为30，端点宽度为0，长度为150绘制箭头走向，如图5-19所示。

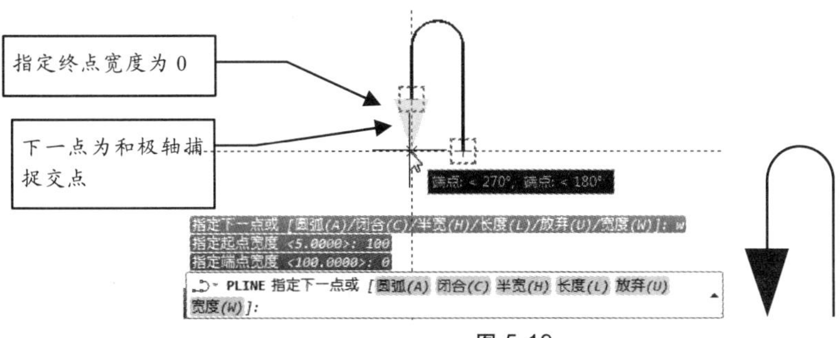

图 5-19

> **技巧** 使用极轴捕捉可以快速捕捉交点，而不需要再计算长度来确定下一点的坐标值。

> **小贴示** 绘图时，如果绘制的点或直线不是所需要的那一点，可以在命令行提示中输入U放弃当前的绘制结果，从而返回到上一个步骤。

5.2 多线图形

多线——多线由多条平行线组成，这些平行线称为元素。绘制多线时，可以指定：

- 用于控制多线中的元素数目及其特性的样式。

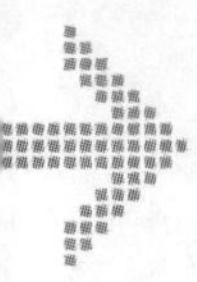

- 在光标左侧、中心或右侧的多线的定位（对正）。
- 多线的比例（宽度），使用当前单位。

5.2.1 绘制多线

绘制多线较为简单，但在绘制时有时需要设置多线样式，多线样式在下一节中进行说明。

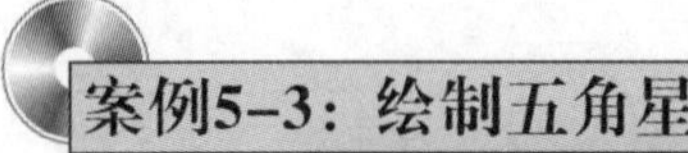

案例5-3：绘制五角星

素材文件	Sample/CH05/03.dwg	视频文件	视频演示/CH05/绘制五角星.avi

步骤如下：

Step01 选择“绘图”→“多线”命令，如图5-20所示。

> 小贴示 使用其他方法调用该命令。
> - 命令行：MLINE。

Step02 在命令提示下，输入“st”应用比例样式，并输入“？”查看所有加载的样式名称，如图5-21所示。

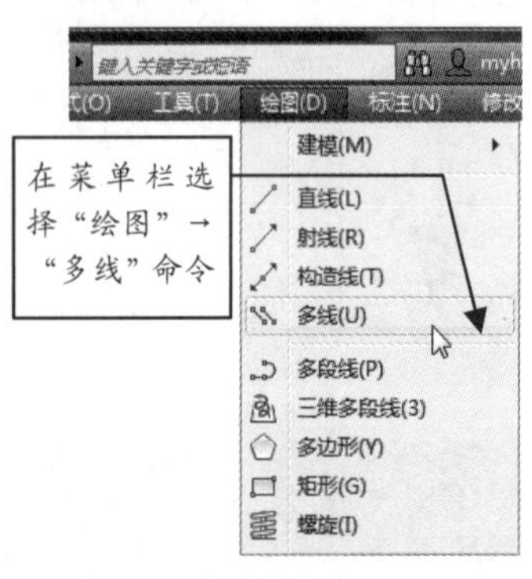

图 5-20

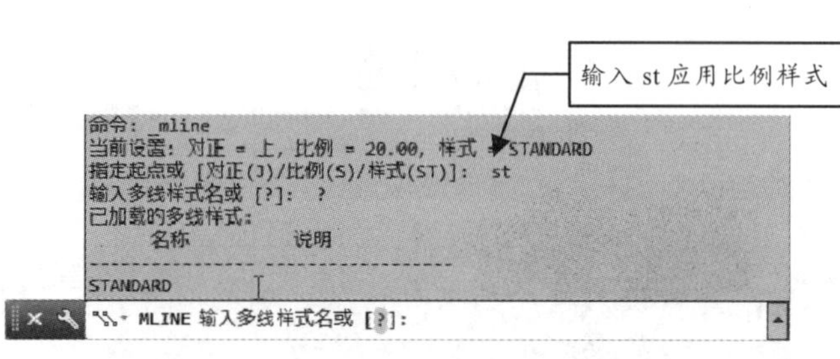

图 5-21

Step03 按<Enter>键使用默认的样式名称，然后指定多线的起点，如图5-22所示。

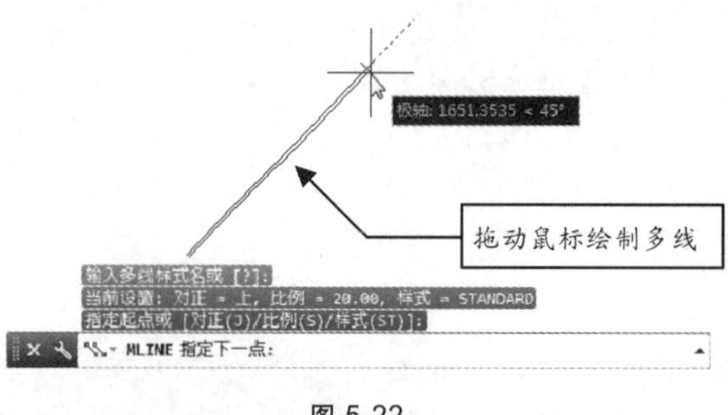

图 5-22

Step04 然后分别指定多点绘制多线，最后输入c闭合多线，如图5-23所示。

Step05 绘制完成后，结果如图5-24所示。

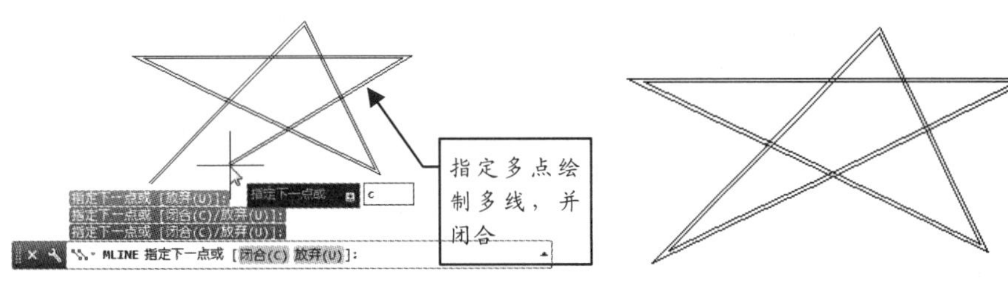

图 5-23　　图 5-24

选项精解

绘制多线时，在绘图过程中会有多个提示，如s、j等，并包括c、u等命令，因为和其他命令的说明类似，这里不再说明。

- 对正：确定如何在指定的点之间绘制多线，如上（见图5-25左，在光标下方绘制多线，因此在指定点处将会出现具有最大正偏移值的直线）、下（见图5-25中，将光标作为原点绘制多线，因此 MLSTYLE 命令中“元素特性”的偏移 0.0 将在指定点处）、无（见图5-25右，在光标上方绘制多线，因此在指定点处将出现具有最大负偏移值的直线）等。
- 比例：控制多线的全局宽度，其不影响线型比例。该比例基于在多线样式定义中建立的宽度。比例因子为2，绘制多线时，其宽度是样式定义的宽度的两倍。比例因子为 0 将使多线变为单一的直线，如图5-26所示。

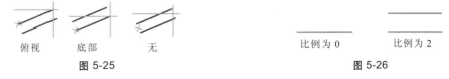

图 5-25　　图 5-26

- 样式：指定多线的样式。包括“样式名（指定已加载的样式名）”和“?（列出已加载的多线样式）”两个选项。

5.2.2 定义多线样式

可以创建多线的命名样式，以控制元素的数量和每个元素的特性。多线的特性包括以下几项，如图5-27所示。

- 元素的总数和每个元素的位置。
- 每个元素与多线中间的偏移距离。
- 每个元素的颜色和线型。
- 每个顶点出现的称为 joints 的直线的可见性。
- 使用的端点封口类型。

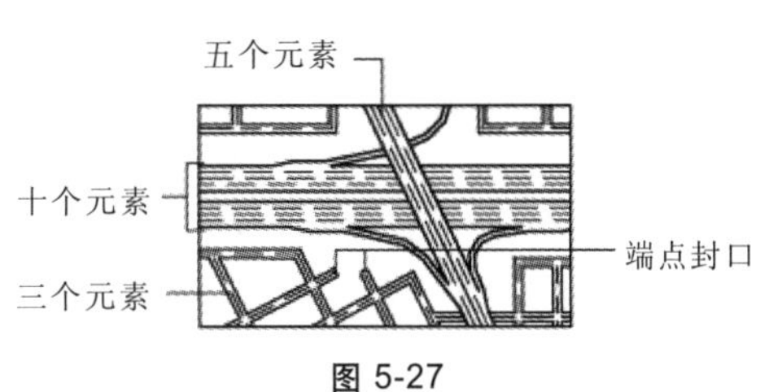

图 5-27

• 多线的背景填充颜色。

默认的多线样式中只包括两条直线。

案例5-4：创建多线样式

素材文件 Sample/CH05/04.dwg

步骤如下：

Step01 选择“格式”→“多线样式”命令，如图5-28所示。

Step02 弹出“多线样式”对话框，如图5-29所示。

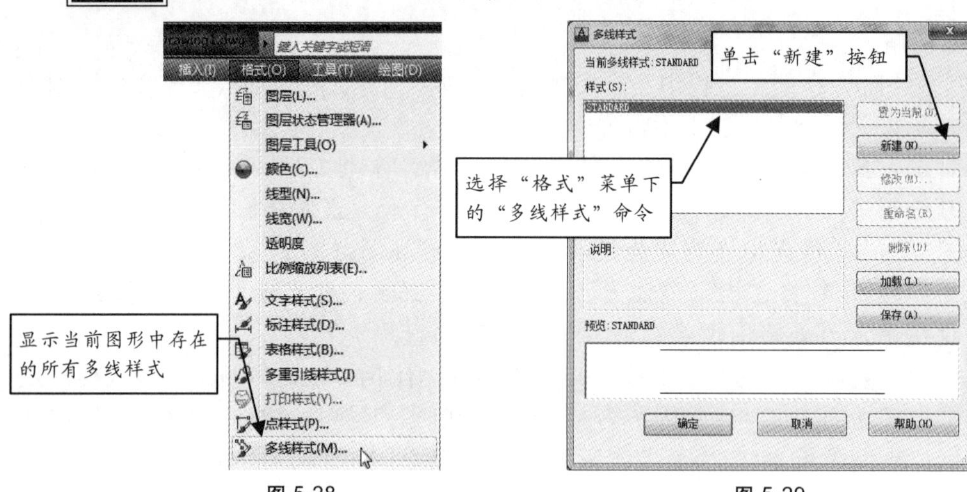

图 5-28　　　　图 5-29

选项精解

• 置为当前：将选择的样式置为当前样式。
• 修改：修改选择的多线样式。
• 重命名：重新命名选择的多线样式，当前样式在使用时无法重命名。
• 加载：单击该按钮弹出对话框来加载创建好的多线样式。

Step03 在弹出的“创建新的多线样式”对话框中的“新样式名”文本框中输入名称，如Mline，然后单击“继续”按钮，如图5-30所示。

Step04 弹出“新建多线样式：MLINE”对话框，如图5-31所示。

> 提示　直接单击也可以指定半径。

Step05 设置封口为内弧的起点和端点，并指定填充颜色为蓝色，已经创建了一个0图元，如图5-32所示。

选项精解

- 封口：设置起点、端点的封口方式。
- 填充：对多线中间部分填充颜色。
- 图元：设置图元的数目和图元的偏移值、颜色和线型等。

图 5-30

图 5-31

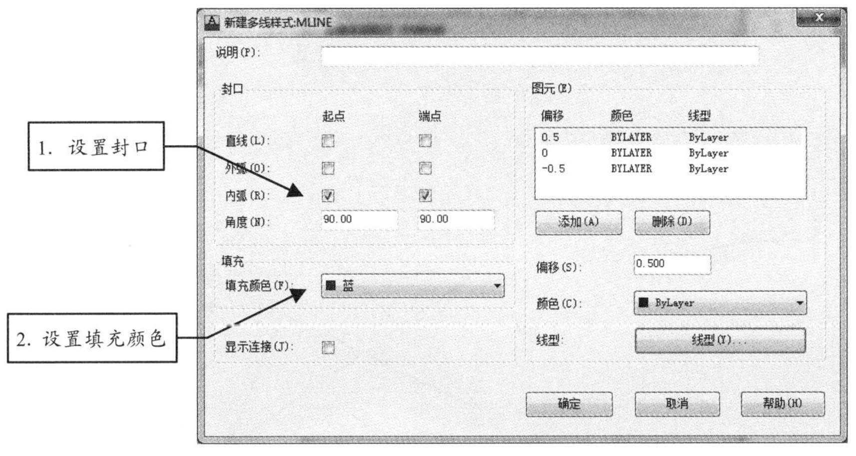

图 5-32

提示　创建的图元最多为16条平行线。

Step06 返回到“多线样式”对话框中，单击“保存”按钮，在“保存多线样式”对话框中保存，如图5-33所示。

小贴示　可以将多个多线样式保存到同一个文件中。如果要创建多个多线样式，请在创建新样式之前保存当前样式，否则，将丢失对当前样式所做的更改。

Step07 然后单击"置为当前按钮将创建的样式置为当前，如图5-34所示。

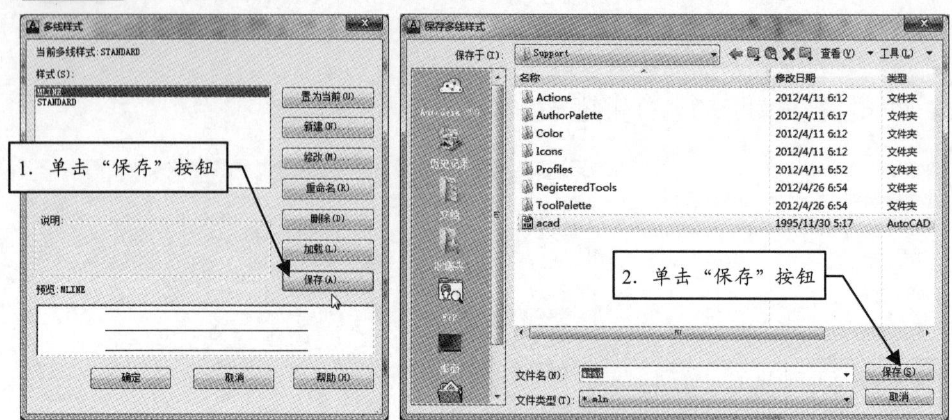

图 5-33

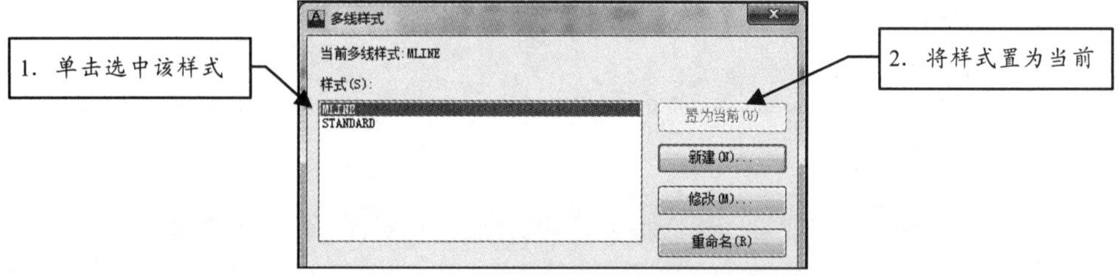

图 5-34

Step08 继续使用多线命令创建五角星，并和使用标准样式创建的五角星对比，如图5-35所示。

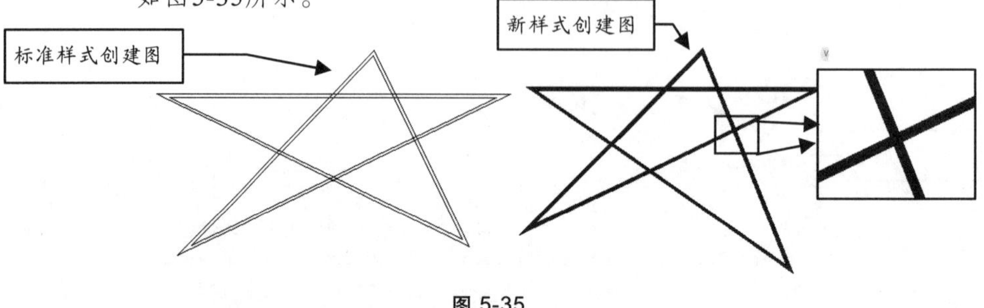

图 5-35

5.2.3 编辑多线和多线样式

多线和多线样式均可编辑，其中多线的编辑主要是将交叉或者多线中的定点进行删除或闭合等，多线样式的编辑则多为控制多线中直线元素的数目、颜色和线型等，下面进行说明。

1. 编辑多线样式

多线样式用于控制多线中直线元素的数目、颜色、线型、线宽及每个元素的偏移量。还可以修改合并的显示、端点封口和背景填充。

案例5-5：编辑多线样式

素材文件	Sample/CH05/05.dwg	结果文件	Sample/CH05/05-end.dwg
视频文件	视频演示/CH05/编辑多线样式.avi		

Step01 选择“格式”→“多线样式”命令，在弹出的“多线样式”对话框中选择样式名称，并单击“修改”按钮，如图5-36所示。

Step02 在“修改多线样式”对话框中，将说明改为“创建建筑外墙”，将“封口”中“直线”的起点和端点复选框选中，如图5-37所示。

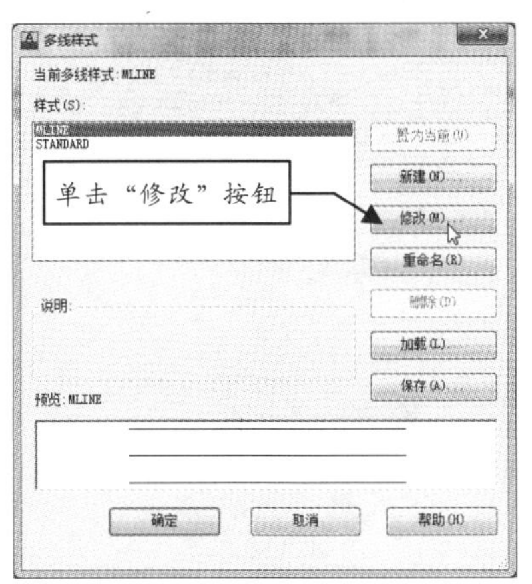

图 5-36

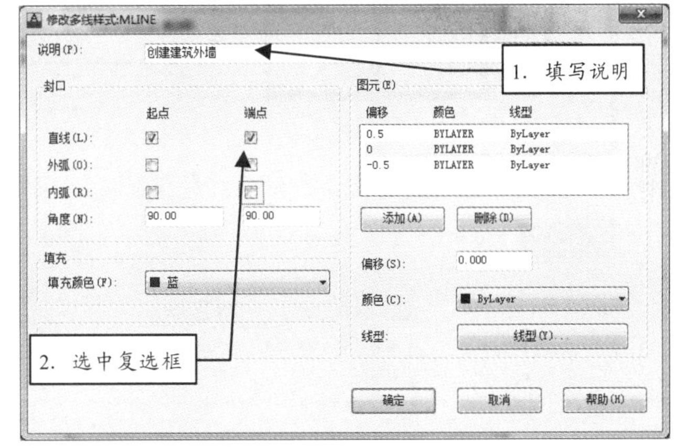

图 5-37

Step03 然后单击“图元”区域中的“删除”按钮将“0”图元删除，选中“-1.5”图元，将其偏移值修改为1.5；将“-1.500”值修改“1.500”，“颜色”设置为“红”，如图5-38所示。

Step04 如图5-39所示。单击“确定”按钮，可以看到修改后的多线样式预览图，并保存修改。

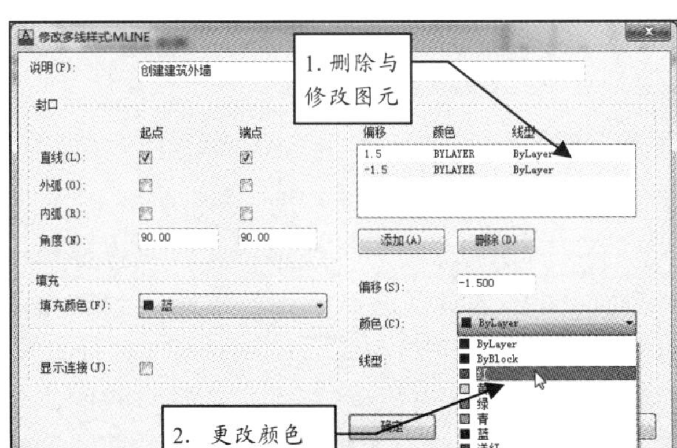

图 5-38

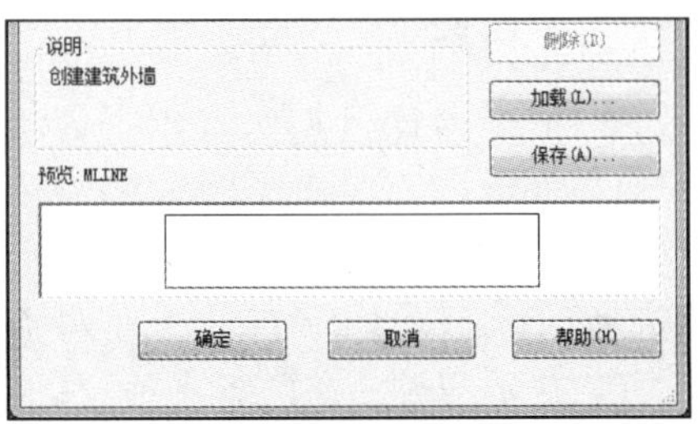

图 5-39

2. 编辑多线

多线可以相交成十字形或 T 字形，并且十字形或 T 字形可以被闭合、打开或合并。

Step01 单击“打开”按钮，打开图形文件Sample/CH05/05.dwg，如图5-40所示。

Step02 选择“修改”→“对象”→“多线”命令，如图5-41所示。

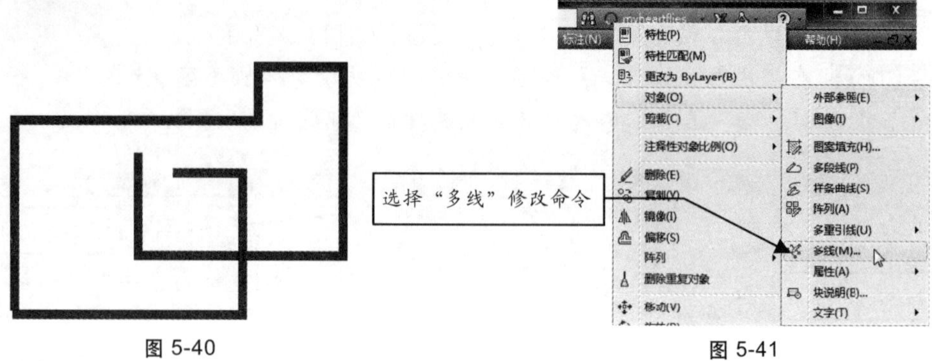

图 5-40　　　　图 5-41

Step03 弹出“多线编辑工具”对话框，如图5-42所示。

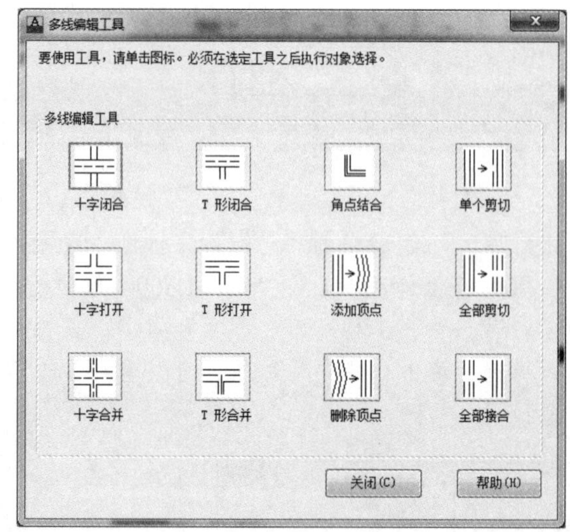

图 5-42

选项精解

- 十字闭合/T形闭合：十字闭合是将十字交叉形状的多线进行闭合，选择第一条多线的顺序不同会影响结果；T形闭合会根据选择顺序的不同导致结果不同，需要读者注意，如图5-43（左）所示。
- 十字打开/T形打开：在两条多线之间创建合并的十字交点，选择多线的次序并不重要；在两条多线之间创建打开的 T 形交点，将第一条多线修剪或延伸到与第二条多线的交点处，如图5-43（中）所示。

- 十字合并/T形合并：在两条多线之间创建合并的十字交点，选择多线的次序并不重要；在两条多线之间创建合并的 T 形交点，将多线修剪或延伸到与另一条多线的交点处，如图5-43（右）所示。

图 5-43

Step04 单击“角点结合”按钮，选择角点结合中的第一条多线，图5-44所示。

Step05 选择角点结合中的第二条多线，如图5-45所示。

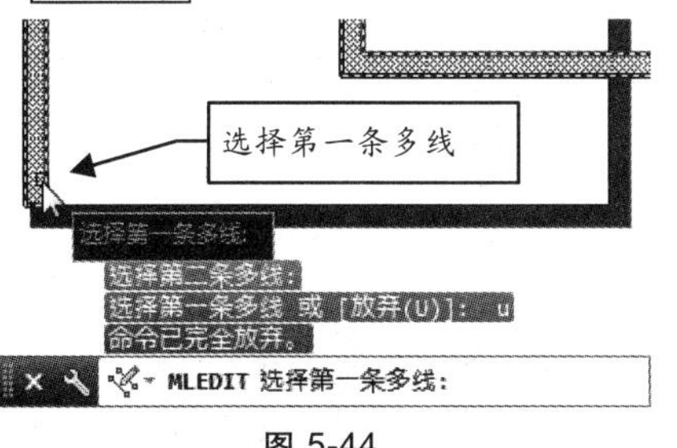

图 5-44

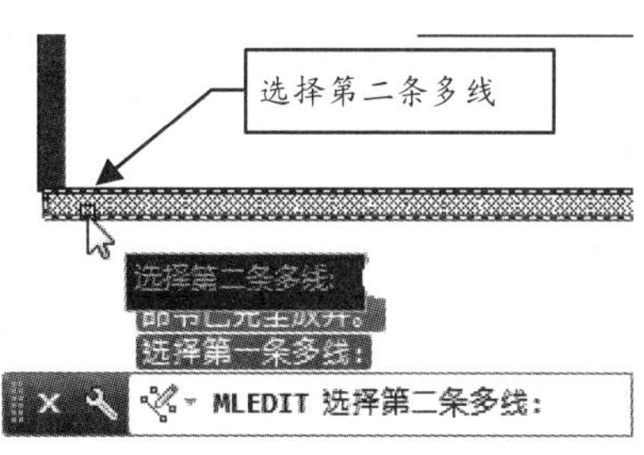

图 5-45

Step06 结果如图5-46所示。

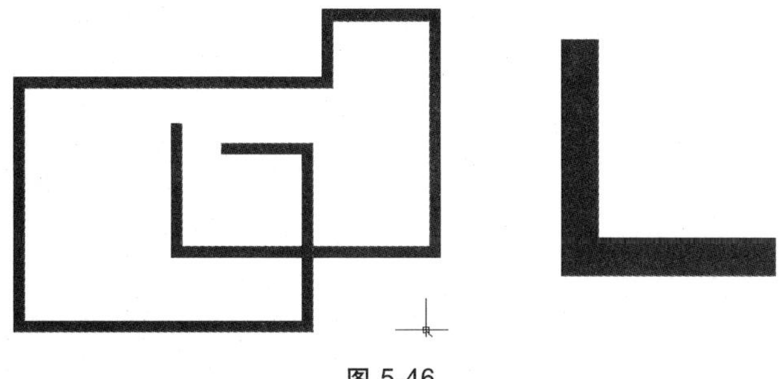

图 5-46

Step07 按<Enter>键继续执行多线编辑命令，继续使用“多线编辑工具”，如图5-47所示。

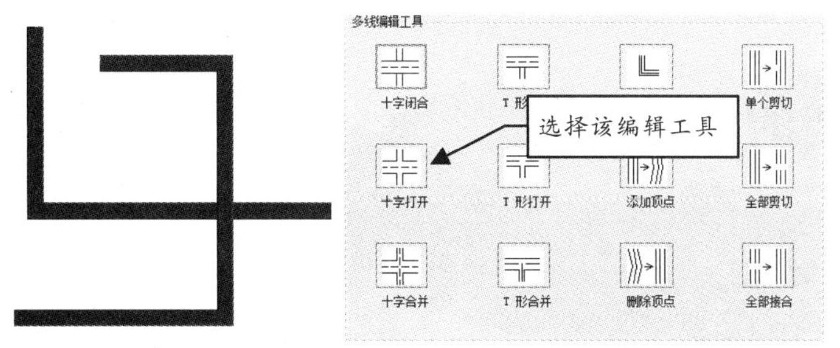

图 5-47

Step08 然后选择第一条多线，如图5-48所示。

Step09 然后选择第二条多线，如图5-49所示。

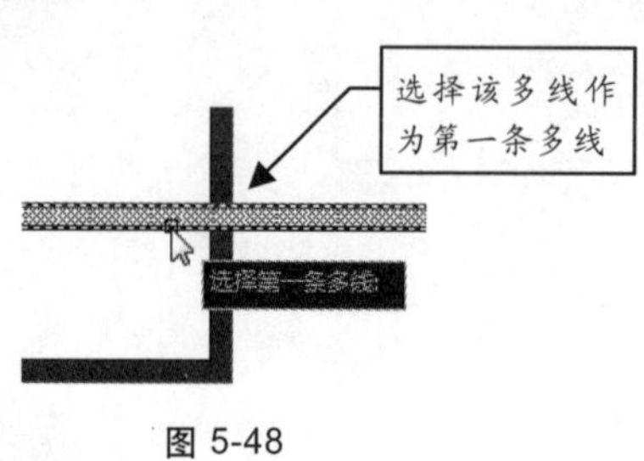

图 5-48

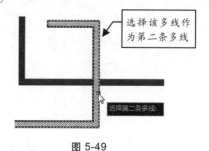

图 5-49

Step10 编辑完成后，保存图形文件，如图5-50所示。

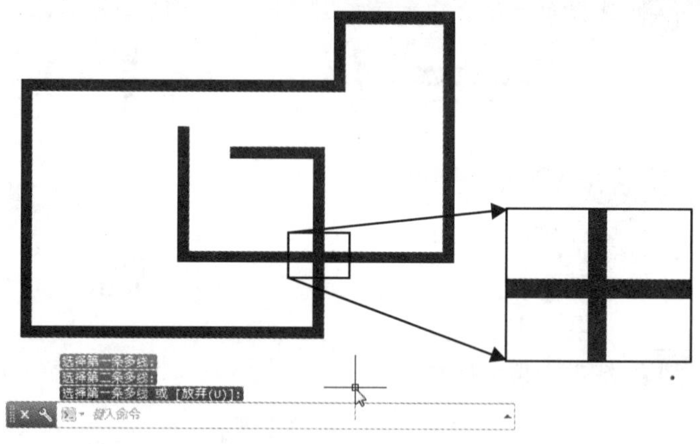

图 5-50

小贴示 除了BREAK、CHAMFER、FILLET、LENGTHEN和OFFSET命令外，还可以在多线上使用大多数通用编辑命令，要执行这些操作，需先使用EXPLODE 命令，将多线对象替换为独立的直线对象。

注意 如果修剪或延伸多线对象，只有遇到的第一个边界对象能确定多线端点的造型。多线端点的边界不能是复杂边界。

5.3 面域的创建

面域是具有物理特性（如质心）的二维封闭区域，如图5-51所示。

下面来说明如何创建面域图形。

图 5-51

5.3.1 创建面域图形

面域可用于：

- 提取设计信息。
- 应用填充和着色。
- 使用布尔操作将简单对象合并到更复杂的对象。

可以从形成闭环的对象创建面域。环可以是封闭某个区域的直线、多段线、圆、圆弧、椭圆、椭圆弧和样条曲线的组合。

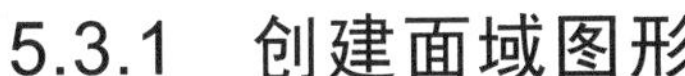

案例5-6：创建面域

素材文件 Sample/CH05/06.dwg　　视频文件 视频演示/CH05/创建面域.avi

Step01 单击"打开"按钮，打开图形文件，使用特性方式可以看出共有366个对象，如图5-52所示。

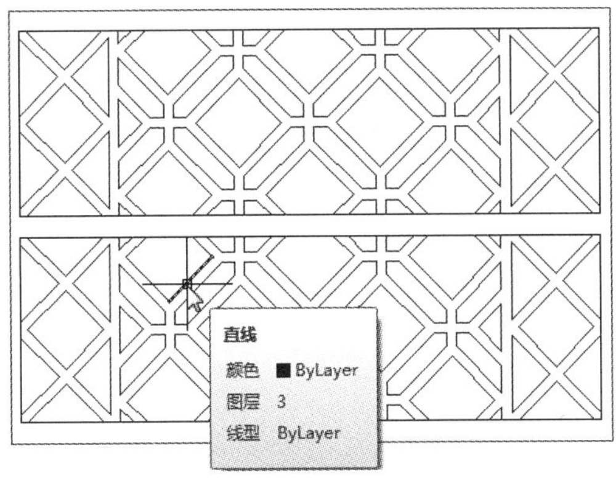

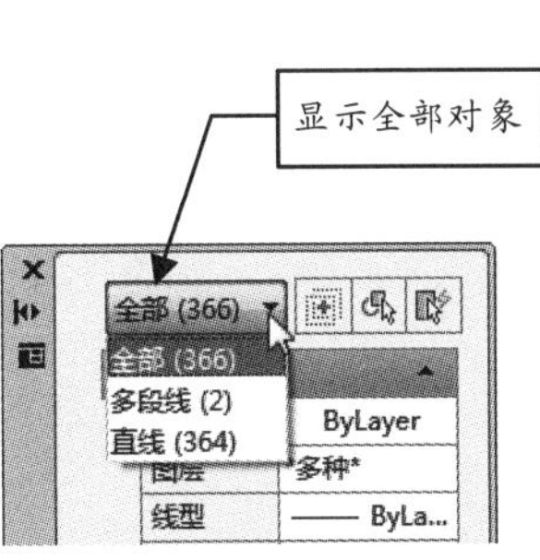

图 5-52

Step02 单击"常用"选项卡→"绘图"面板→"面域"按钮，如图5-53所示。

小贴示 使用其他方法调用该命令。

- 命令行：REGION。
- 菜单："绘图"→"面域"命令。
- 工具栏："绘图"→"(面域)"按钮。

Step03 在"选择对象"提示下选择所有图形对象，如图5-54所示。

图 5-53

Step04 选择完成后，系统自动完成面域的创建，并给出提示检测到了多少个圆弧、多少个面域，如图5-55所示。

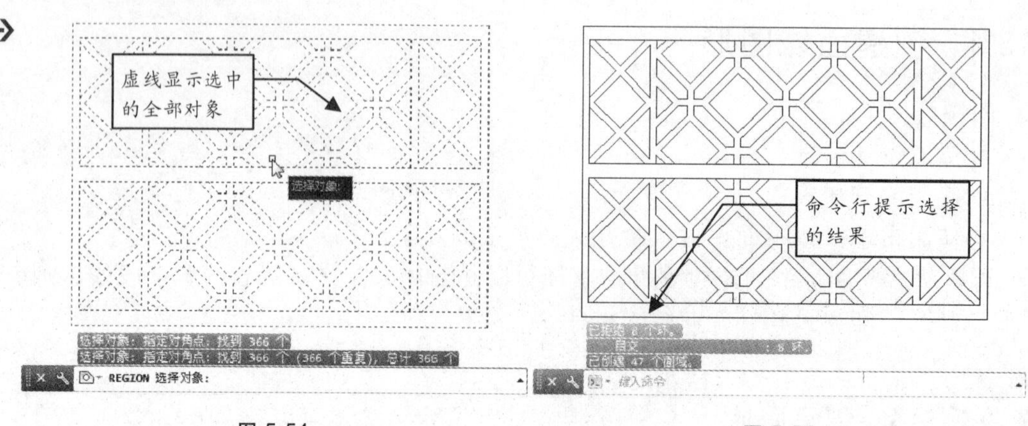

图 5-54　　　　图 5-55

5.3.2　绘制带边界的面域

从封闭区域创建面域或多段线，如图5-56所示。

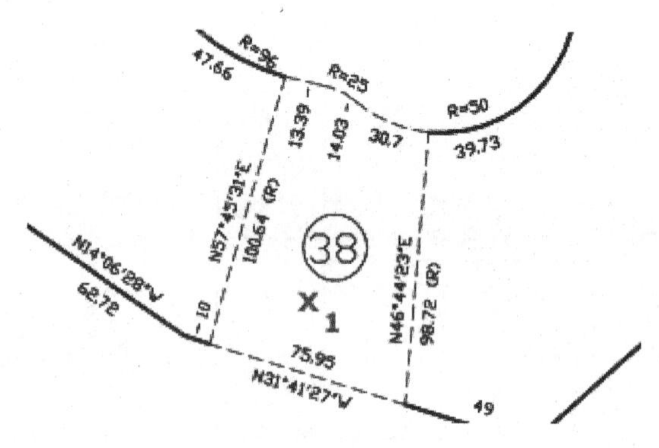

图 5-56

案例5–7：绘制带边界的面域

素材文件	Sample/CH05/07.dwg	结果文件	Sample/CH05/07-end.dwg
视频文件	视频演示/CH05/绘制带边界的面域.avi		

Step01 单击“打开”按钮，打开图形文件，可以看出只有蓝色和黑色的图元，如图5-57所示。

Step02 单击“常用”选项卡→“绘图”面板上的“图案填充”下拉列表→“边界”按钮，如图5-58所示。

小贴示　也可以使用其他方法调用该命令。

- 命令行：BOUNDARY。
- 菜单：“绘图”→“边界”命令。

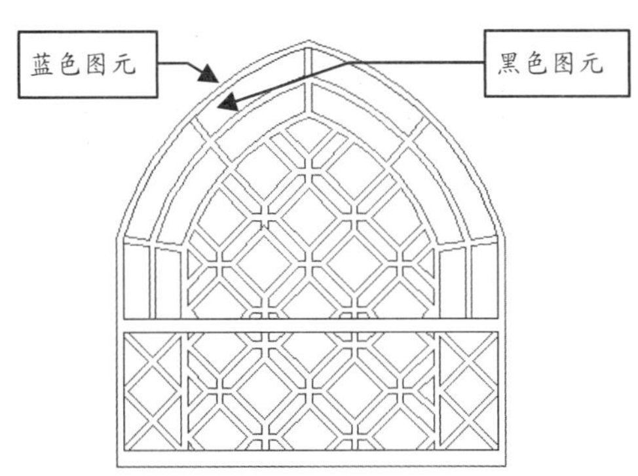

图 5-57

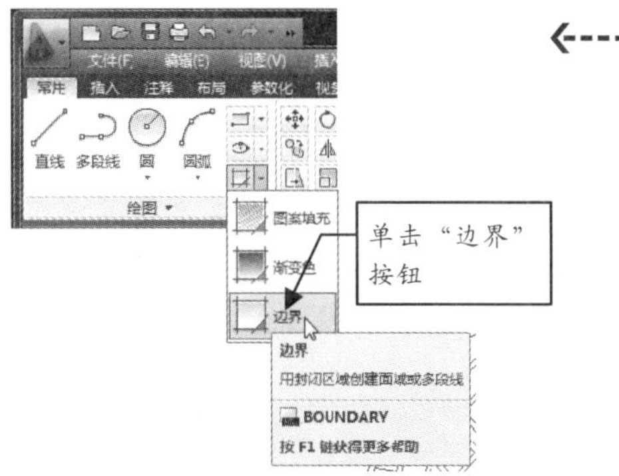

图 5-58

Step03 在弹出的“边界创建”对话框中选择“对象类型”为“面域”，如图5-59所示。

Step04 然后单击“拾取点”按钮，切换到绘图窗口中选中所有图形，单击指定该点作为拾取点，如图5-60所示。

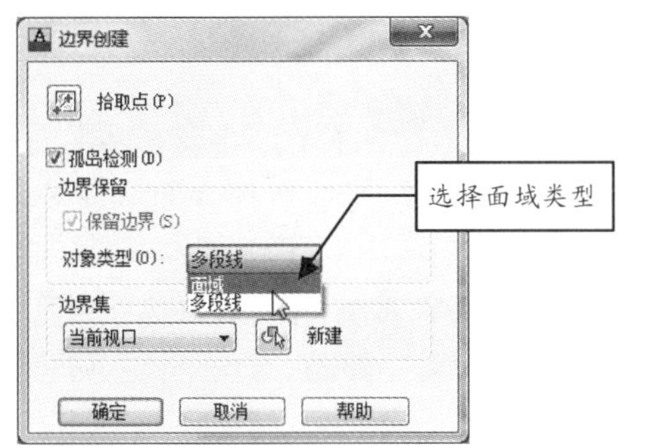

图 5-59

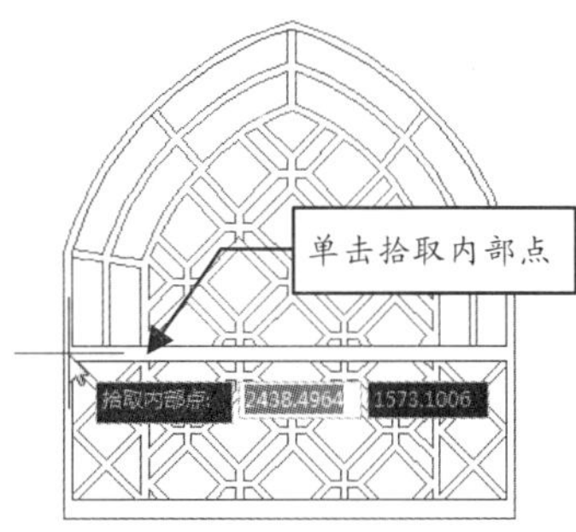

图 5-60

Step05 系统进行分析，并显示预览图形和命令提示，如图5-61所示。

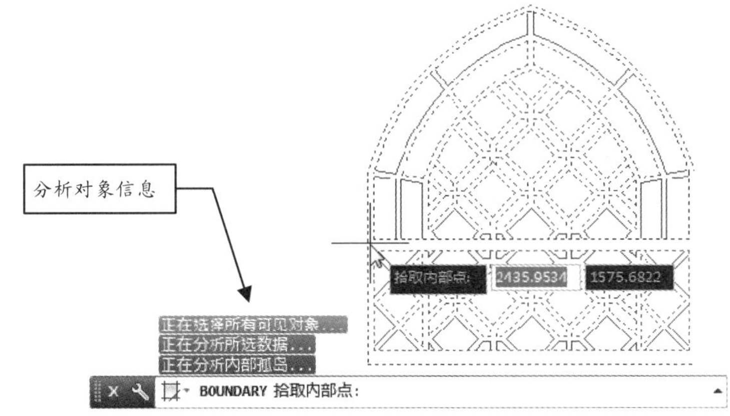

图 5-61

Step06 按<Enter>键，结果如图5-62所示。

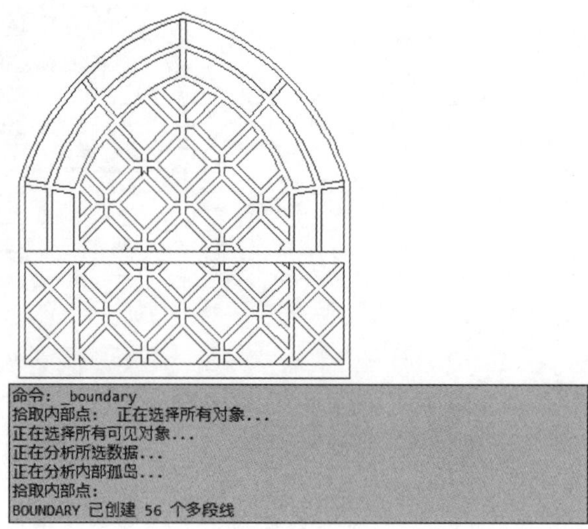

图 5-62

选项精解

- 拾取点：根据围绕指定点构成封闭区域的现有对象来确定边界。
- 孤岛检测：控制 BOUNDARY 命令是否检测内部闭合边界，该边界称为孤岛。
- 对象类型：控制新边界对象的类型。BOUNDARY 将边界作为面域或多段线对象创建。
- 边界集：通过指定点定义边界时，BOUNDARY 要分析的对象集。
- 当前视口：根据当前视口范围中的所有对象定义边界集，选择此选项将放弃当前所有边界集。
- 新建：提示用户选择用来定义边界集的对象。BOUNDARY 仅包括可以在构造新边界集时，用于创建面域或闭合多线段的对象。

5.3.3 面域的布尔运算

面域除了可以创建外，当在一个图形中存在多个面域时，用户还可以对其进行合并、相减或相交面域来创建组合面域。

使用方法如下。

（1）使用UNION进行合并面域，如图5-63所示。

（2）使用INTERSECT进行合并面域，如图5-64所示。

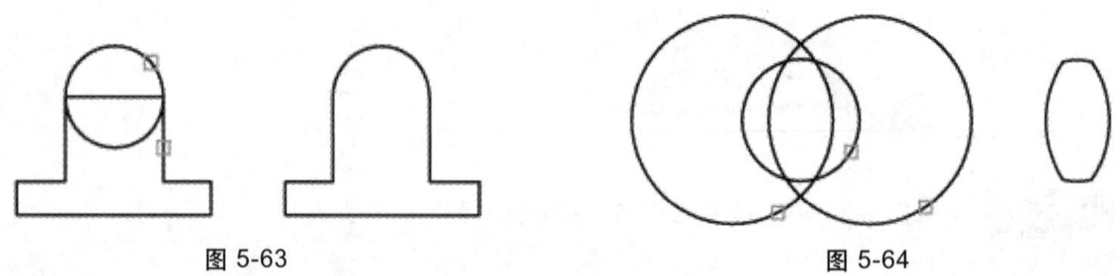

图 5-63　　图 5-64

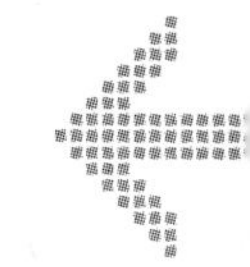

下面通过SUBTRACT命令来减去面域进行合并对象，如图5-65所示。

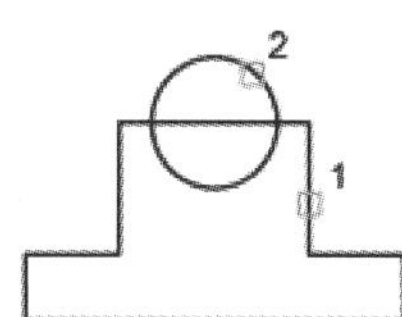

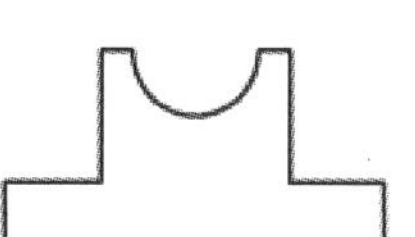

图 5-65

案例5-8：编辑螺钉面域

素材文件 Sample/CH05/08.dwg　结果文件 Sample/CH05/08-end.dwg

Step01 单击“打开”按钮打开图形，如图5-66所示。

Step02 单击“常用”选项卡→“实体编辑”面板→“差集”按钮，如图5-67所示。

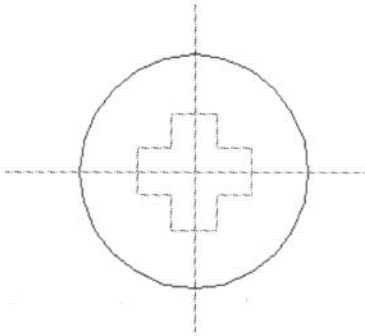

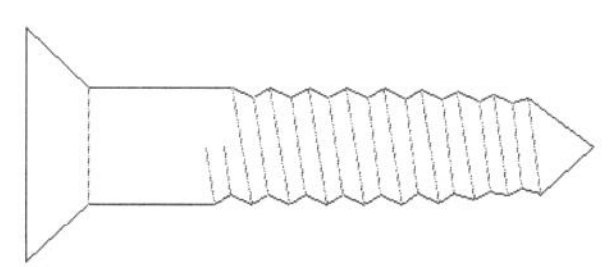

图 5-66

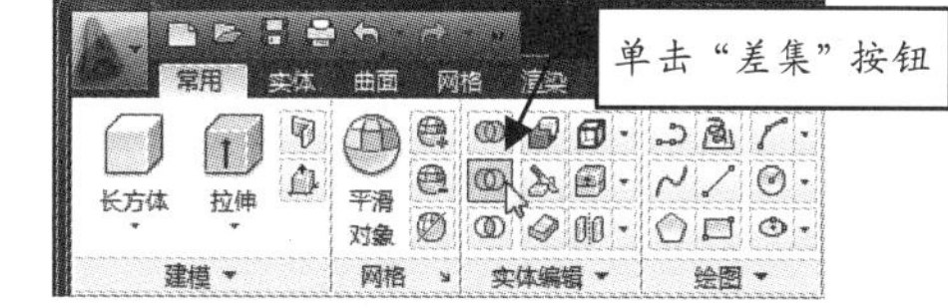

图 5-67

> 小贴示 “实体编辑”面板是在“三维实体”工作空间中才具有的菜单。

> 小贴示 也可以使用其他方法调用该命令。
> - 命令行：SUBTRACT。
> - 菜单：“修改”→“实体编辑”→“差集”命令。
> - 工具栏：“实体编辑”→“（差集）”按钮。

Step03 选择外侧的圆作为减去的实体或面域，如图5-68所示。

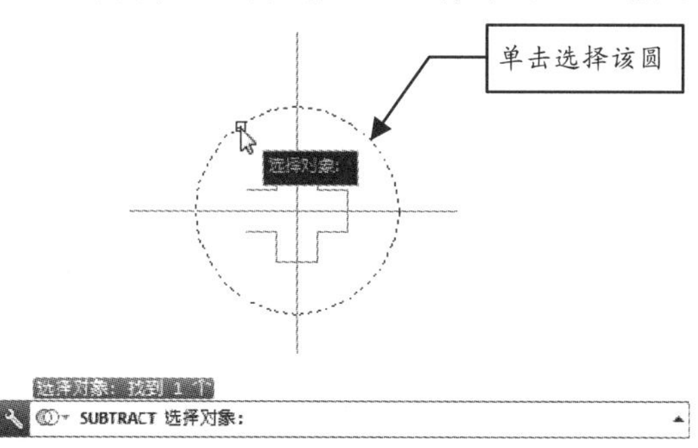

图 5-68

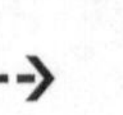

Step04 选择圆内的多边形面域作为要减去的面域部分，即该部分是空的，如图5-69所示。

Step05 创建完成后，可以看到变成了一个面域，如图5-70所示。

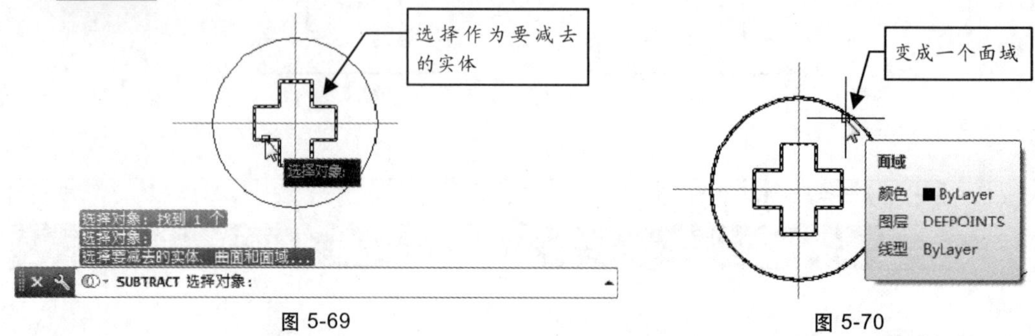

图 5-69 图 5-70

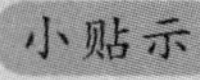

小贴示 无效边界

如果无法确定边界，可能是因为指定的内部点位于完全封闭区域外部。在下面的样例中，在未连接端点周围显示红色圆圈，以标识边界中的间隙，如图5-71所示。

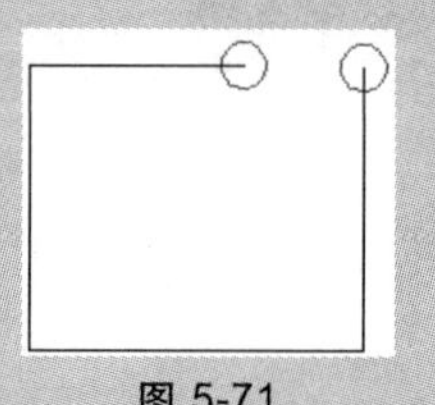

图 5-71

5.4 图案填充

可以使用填充图案、纯色填充或渐变色来填充现有对象或封闭区域，也可以创建新的图案填充对象，如图5-72所示。

下面来说明如何进行图案填充。

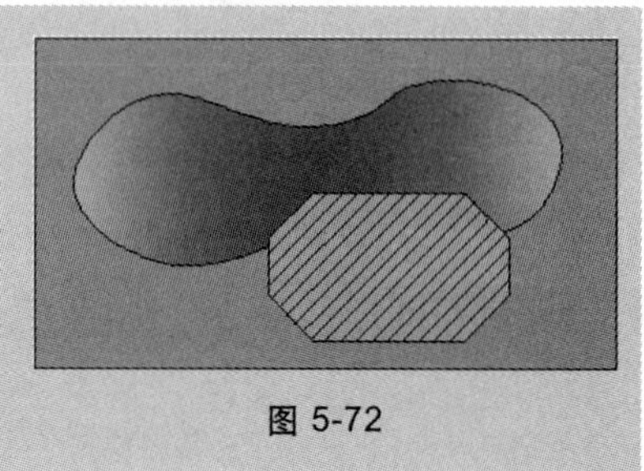

图 5-72

5.4.1 创建图案填充

从以下各项中进行选择：

- 预定义的填充图案。从提供的70多种符合ANSI、ISO和其他行业标准的填充图案中进行选择，或添加由其他公司提供的填充图案库。
- 用户定义的填充图案。基于当前的线型及使用指定的间距、角度、颜色和其他特性来定义您的填充图案。
- 自定义填充图案。填充图案在acad.pat和acadiso.pat（对于AutoCAD LT，则为acadlt.pat和acadltiso.pat）文件中定义。可以将自定义填充图案定义添加到这些文件中。

- 实体填充。使用纯色填充区域。
- 渐变填充。以一种渐变色填充封闭区域。渐变填充可显示为明（一种与白色混合的颜色）、暗（一种与黑色混合的颜色）或两种颜色之间的平滑过渡。

案例5-9：给图形填充花纹

素材文件	Sample/CH05/09.dwg	结果文件	Sample/CH05/09-end.dwg
视频文件	**视频演示**/CH05/**给图形填充花纹**.avi		

Step01 打开图形文件，如图5-73所示。

Step02 单击"常用"选项卡→"绘图"面板→"图案填充"按钮，如图5-74所示。

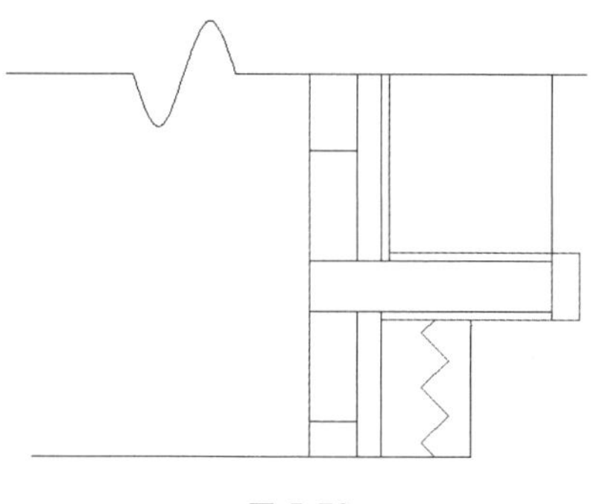

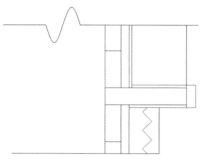

图 5-73

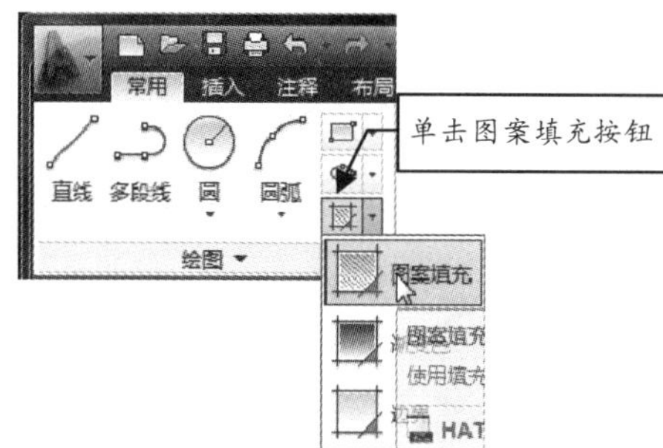

图 5-74

小贴示 也可以使用其他方法调用该命令。

- 命令行：HATCH。
- 菜单："绘图"→"图案填充"命令。
- 工具栏："绘图"→"（图案填充）"按钮。

Step03 返回到绘图窗口中拾取填充图案的内部位置，如图5-75所示。

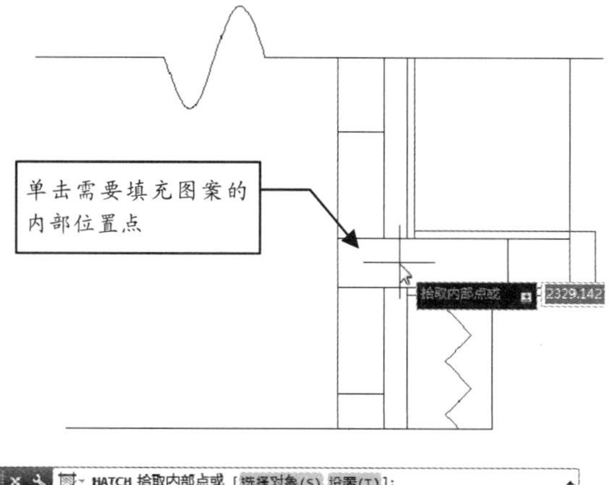

图 5-75

Step04 在弹出的“图案填充”功能区中选择“图案”面板中的“ANSI31”选项，将“角度”设置为“315”，“比例”为5，如图5-76所示。

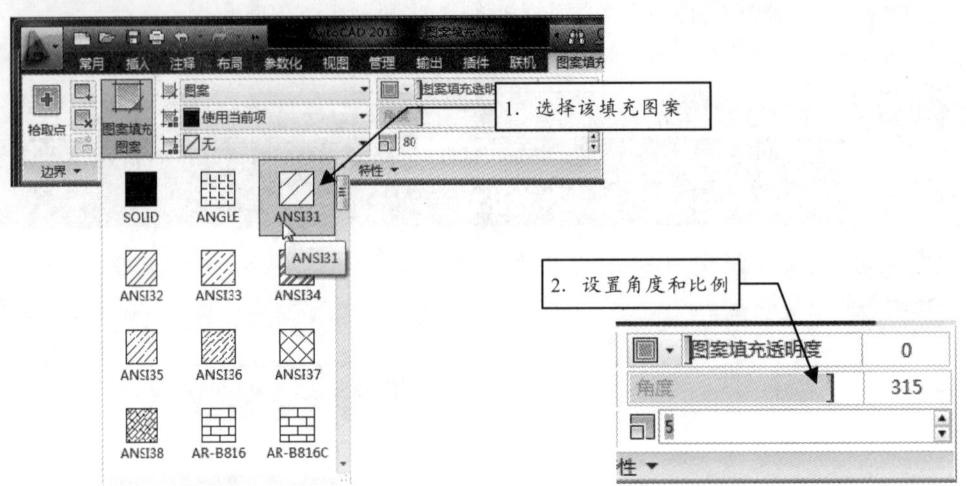

图 5-76

Step05 按<Enter>键，显示填充图案结果，如图5-77所示。

Step06 填充左侧的图形部分，首先需要一定的边界，如图5-78所示。

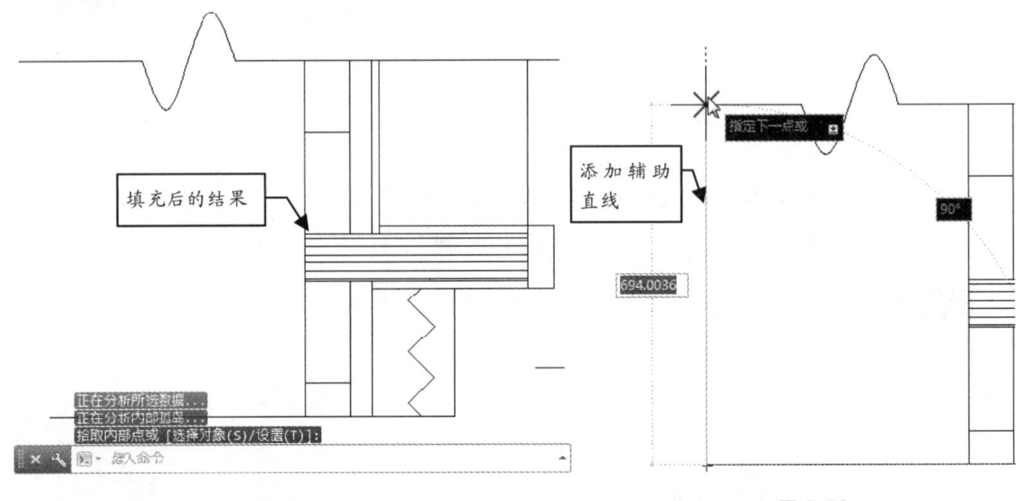

图 5-77　　图 5-78

Step07 单击“常用”功能区→“绘图”面板→“图案填充”按钮，然后在命令提示下输入t，如图5-79所示。

选项精解

- 拾取点：根据围绕指定点构成封闭区域的现有对象来确定边界。指定内部点时，可以随时在绘图区域中右击以显示包含多个选项的快捷菜单。
- 选择：根据构成封闭区域的选定对象确定边界。使用“选择对象”选项时，

HATCH不自动检测内部对象。必须选择选定边界内的对象，以按照当前孤岛检测样式填充这些对象。

- 删除边界：从边界定义中删除之前添加的任何对象。
- 重新创建边界：围绕选定的图案填充或填充对象创建多段线或面域，并使其与图案填充对象相关联（可选）。
- 角度：指定图案填充或填充的角度（相对于当前UCS的X轴）。有效值为0~359。
- 比例：放大或缩小预定义或自定义填充图案。只有将“图案填充类型”设定为“图案”时，此选项才可用。
- 关联：指定图案填充或填充为关联图案。关联的图案填充或填充在用户修改其边界对象时将会更新。

Step08 单击“图案”右侧的按钮，在弹出的“填充图案选项板”对话框选择“ANSI31”图案，如图5-80所示。

选项精解

- 图案填充类型：指定是创建实体填充、渐变填充、预定义填充图案，还是创建用户定义的填充图案。该程序提供以下预定义图案：

  AutoCAD：acad.pat 或acadiso.pat。

  AutoCAD LT：acadlt.pat或acadltiso.pat。
- 用户定义的图案：自定义图案是在任何自定义 PAT 文件中定义的图案，这些文件已添加到搜索路径中。

图 5-79

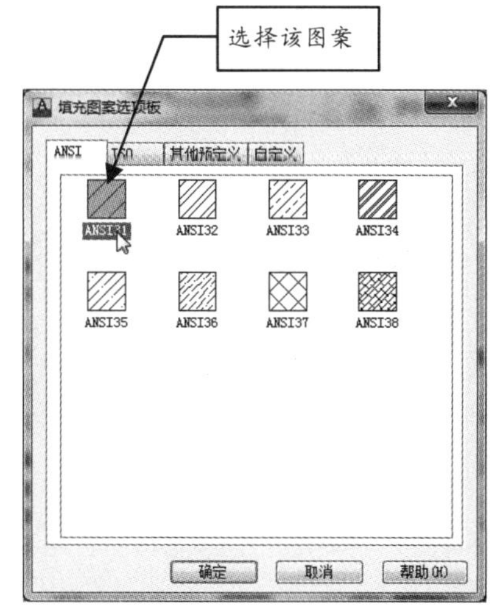

图 5-80

Step09 返回到“图案填充和渐变色”对话框，然后单击“添加：拾取点”按钮，选择一点，系统自动显示预览结果，如图5-81所示。

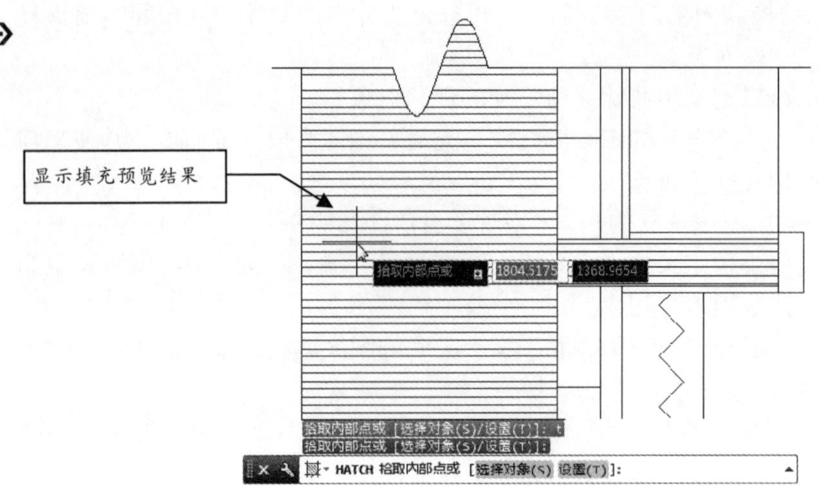

图 5-81

Step10 然后设定“角度”和“比例”选项，删除前面添加的直线，完成后结果如图5-82所示。

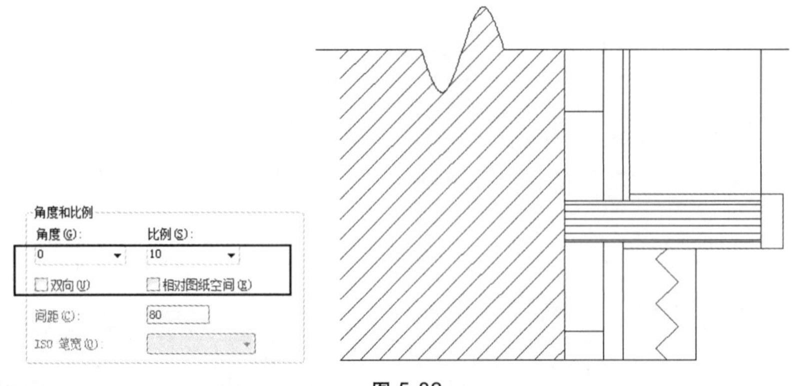

图 5-82

Step11 使用同样的方法绘制其他部分的图案，如图5-83所示。

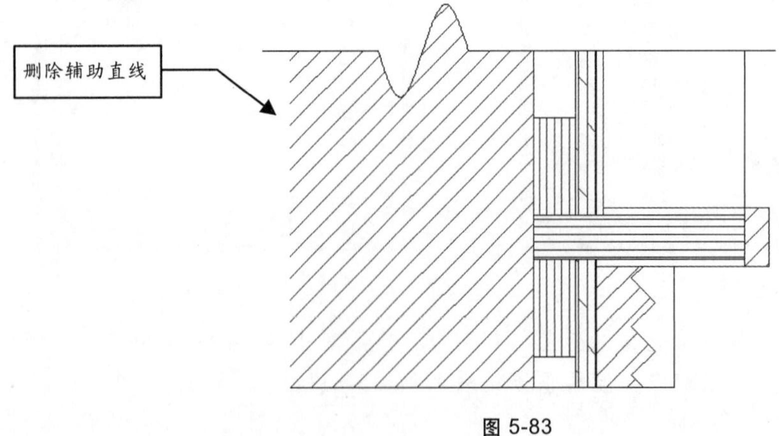

图 5-83

5.4.2 编辑图案填充

图案创建完成后，有时会根据需求而变化，这时需要更换填充图案，这就用到了编辑图案填充功能。

案例5-10：编辑填充图案

素材文件	Sample/CH05/11.dwg	结果文件	Sample/CH05/11-end.dwg

Step01 单击“打开”按钮打开图形文件，如图5-84所示。

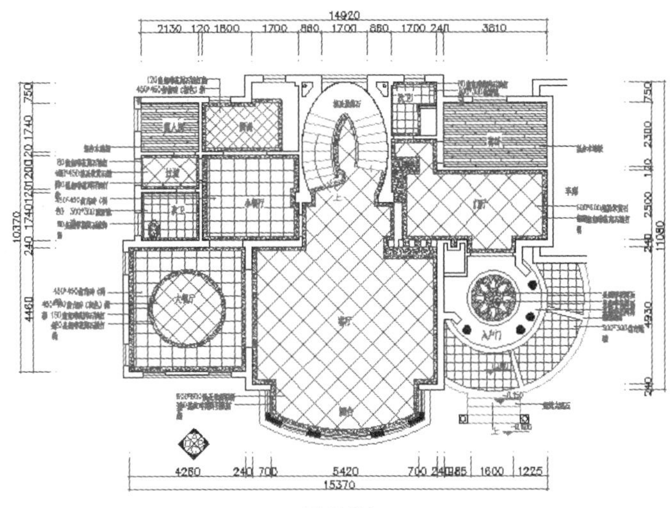

图 5-84

Step02 取消多余图形的显示，单击左下角大餐厅圆桌图形，显示当前填充图案的各项细节，如图案、角度、放大率等，如图5-85所示。

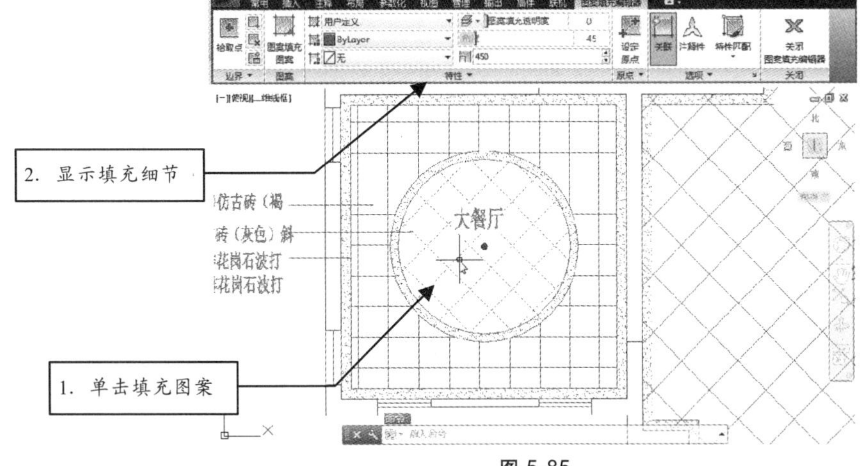

图 5-85

Step03 单击“图案”面板中的“图案填充图案”按钮，在下拉列表中选择“HOUND”图形，并实时显示预览结果，如图5-86所示。

Step04 使用同样的方法指定缩放比例为300，如图5-87所示。

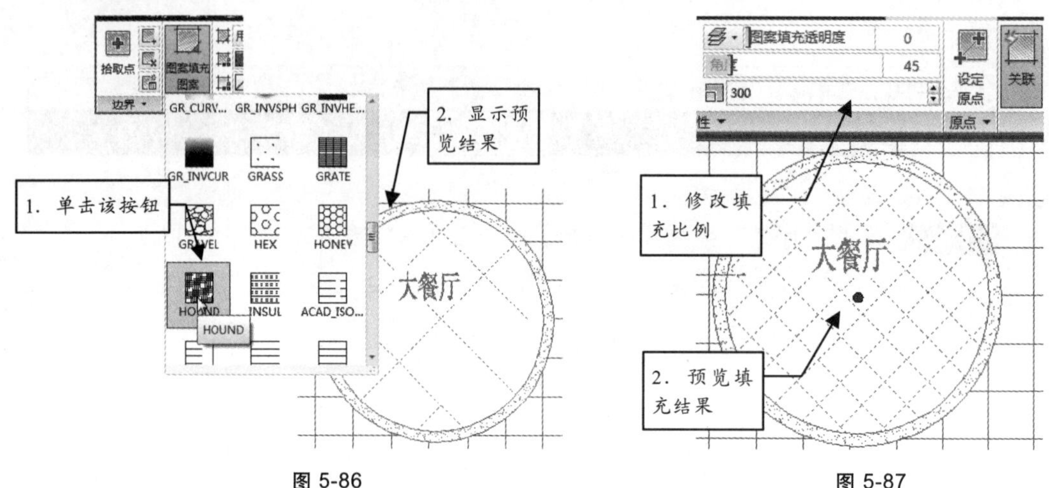

图 5-86　　图 5-87

Step05 切换到右下角显示入户台阶部分，选中填充图案并单击“关联”图标取消关联，如图5-88所示。

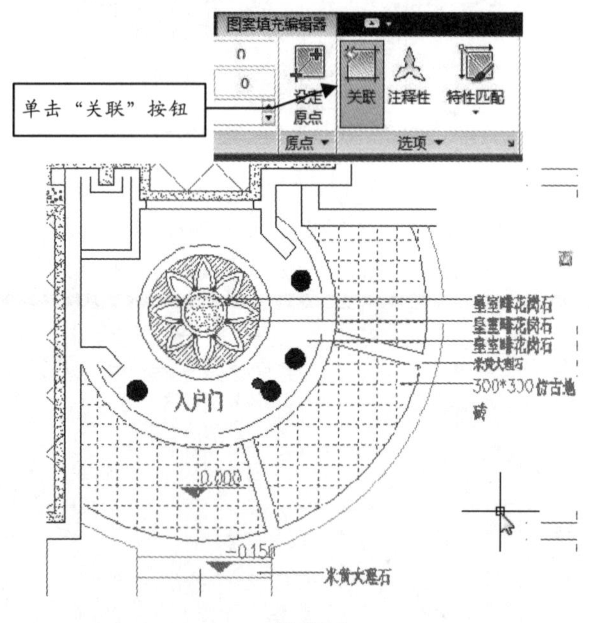

图 5-88

Step06 单击边界上的夹点，用户可以根据需要随时拉伸夹点位置，从而实现快速填充，如图5-89所示。

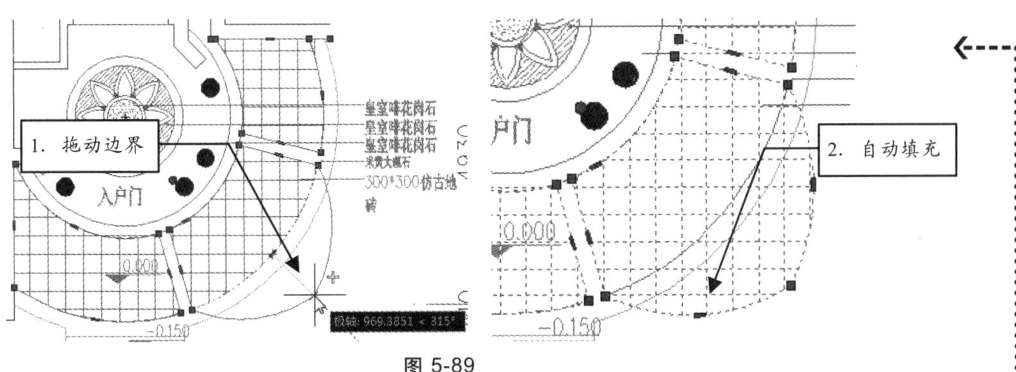

图 5-89

Step07 单击“边界”面板上的“删除边界”按钮，删除边界，如图5-90所示。

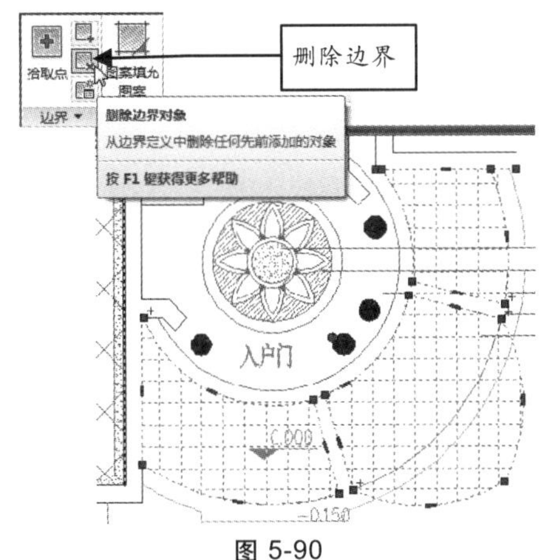

图 5-90

Step08 然后单击选择需要删除的边界，该填充也同时被删除，如图5-91所示。

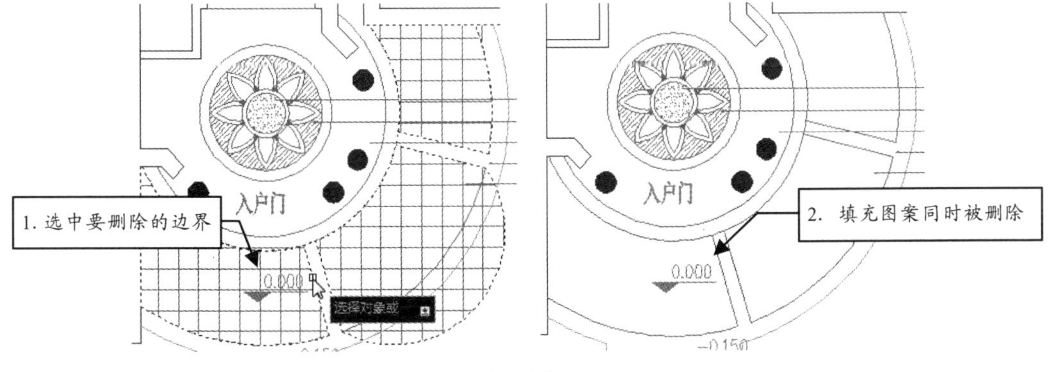

图 5-91

Step09 单击“边界”面板中的“拾取点”按钮对该区域进行重新填充，可以看到文字批注线已经成为边界的一部分，如图5-92所示。

Step10 继续选择填充图案为“STARS”，缩放比例为50，如图5-93所示。

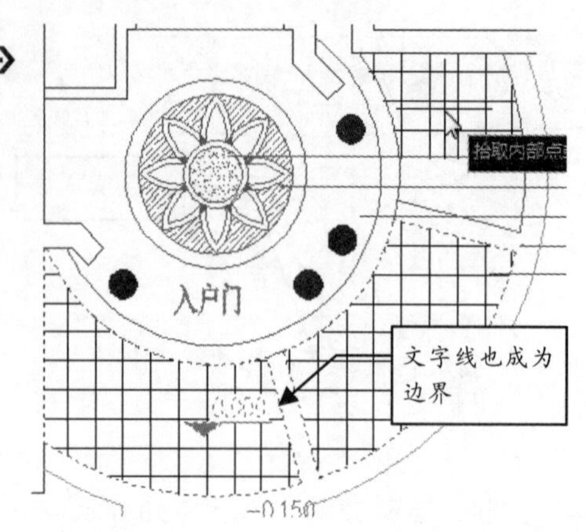

图 5-92

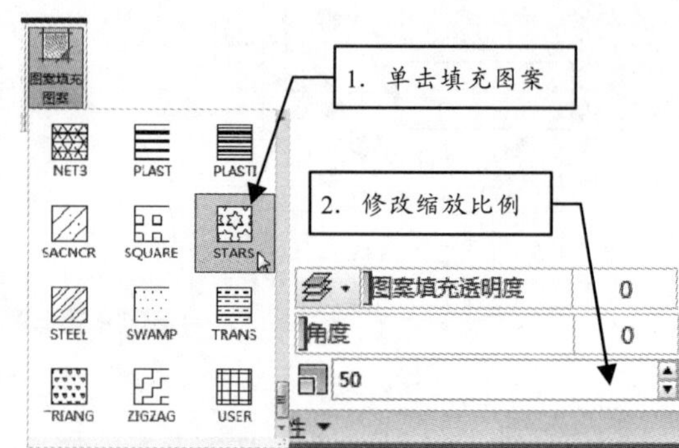

图 5-93

Step11 按<Enter>键，结果如图5-94所示。

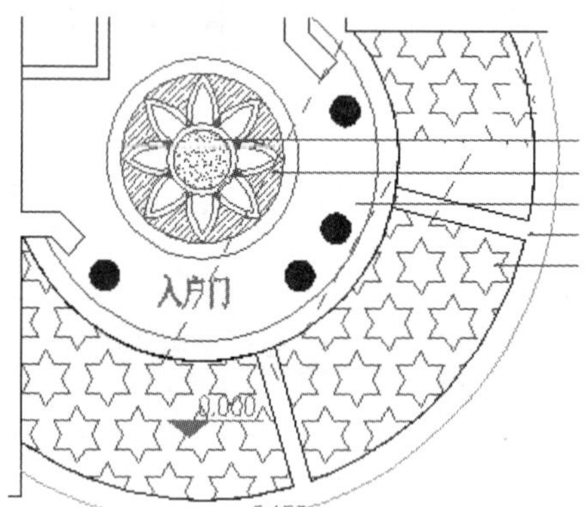

图 5-94

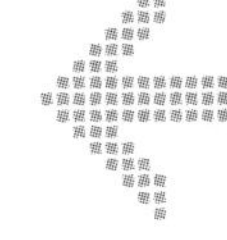

第 6 小时 编辑二维图形

图形绘制完成后，往往并不能一次性满足所有的需求，这时就需要用到编辑命令了，在AutoCAD中，编辑功能非常强大，不但能很方便地复制一个对象，还能很容易地将对象进行适当的变形、移动等各种操作。

6.1 复制类命令

复制类命令常见的包括复制对象、镜像对象和阵列对象，它们均是以一个原始的对象作为基础来进行重复绘制该对象的一种方式，如图6-1所示是复制床头灯对象的复制结果。

6.1.1 复制对象

复制对象命令是在指定方向上按指定距离复制对象，如图6-2所示。

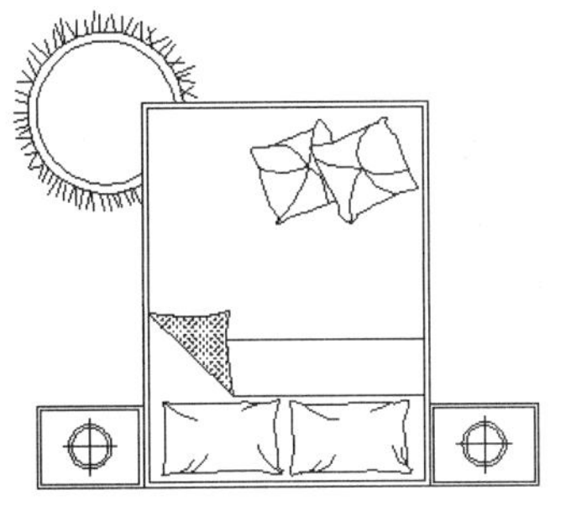

图 6-1

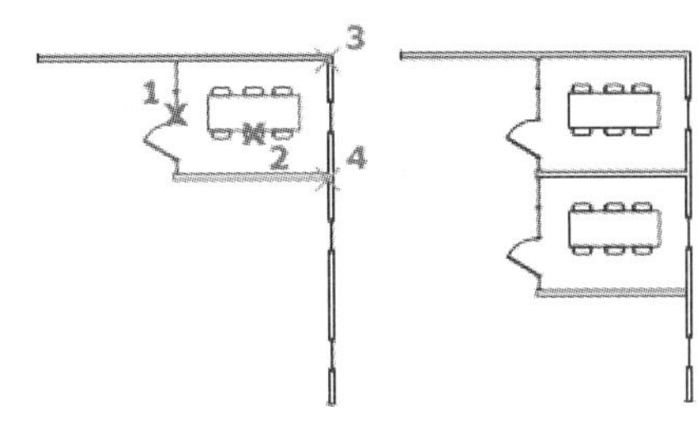

图 6-2

案例6-1：绘制衣柜挂衣架

素材文件	Sample/CH06/01.dwg	结果文件	Sample/CH06/01-end.dwg
视频文件	视频演示/CH06/绘制衣柜挂衣架.avi		

绘制方法如下：

Step01 单击“快速启动工具栏”上的“打开”按钮打开图形文件，如图6-3所示。

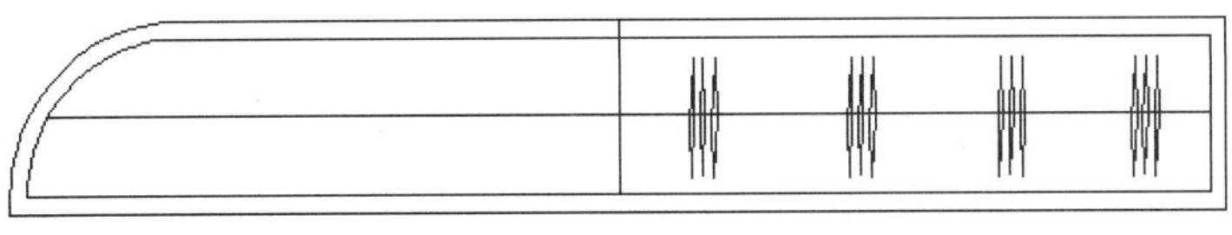

图 6-3

Step02 单击“常用”选项卡→“修改”面板→“复制”按钮，如图6-4所示。

图 6-4

小贴示 使用其他方法调用该命令。

- 命令：COPY。
- 菜单："修改"→"复制"命令。
- 工具栏："修改"→"(复制)"按钮。

Step03 在绘图窗口中单击指定对象，如图6-5所示。

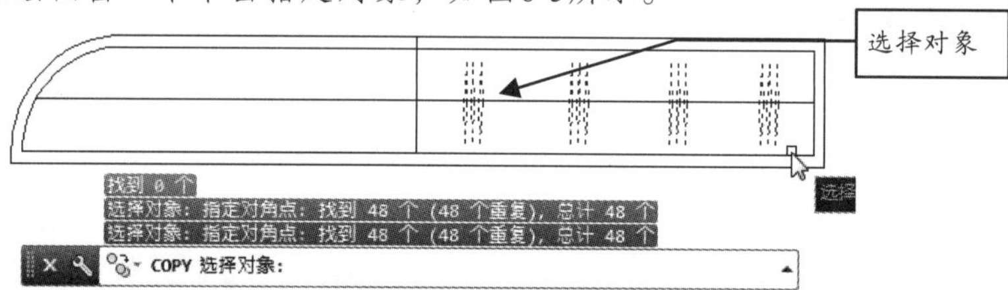

图 6-5

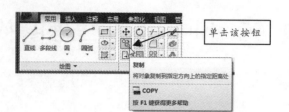

Step04 按<Enter>键，在系统"指定基点"提示下选择衣柜的右侧中间位置作为基点，如图6-6所示。

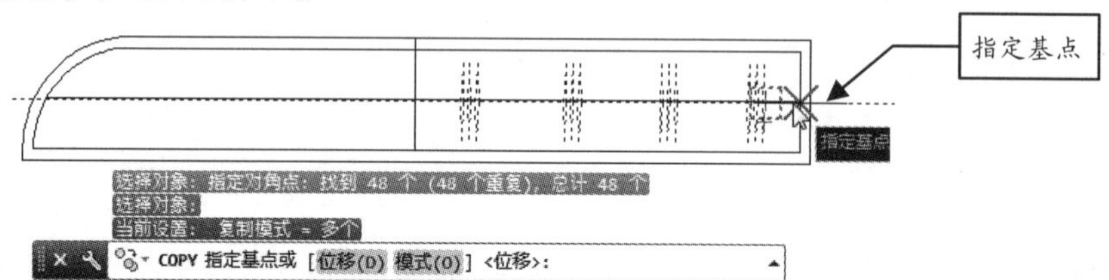

图 6-6

小贴示 是不是看不到有图形存在？怎么解决呢？

Step05 指定交点作为第二点，如图6-7所示。

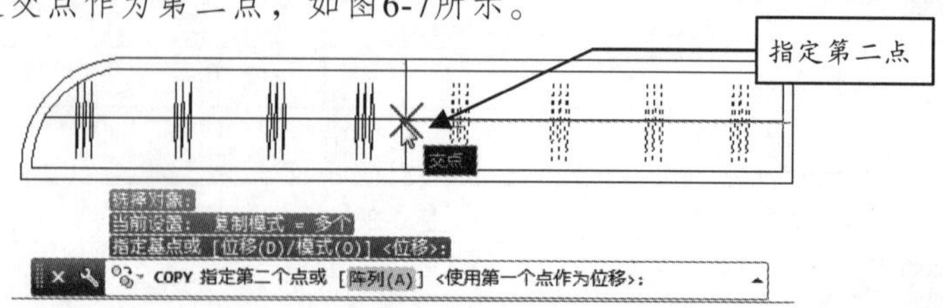

图 6-7

按<Enter>键完成绘制，结果如图6-8所示。

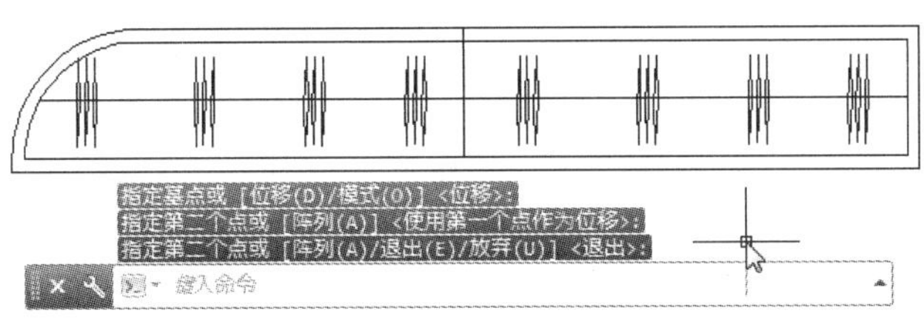

图 6-8

小贴示 如果用户没有按<Enter>键，系统将一直依据指定点进行多重复制，如图6-9所示。

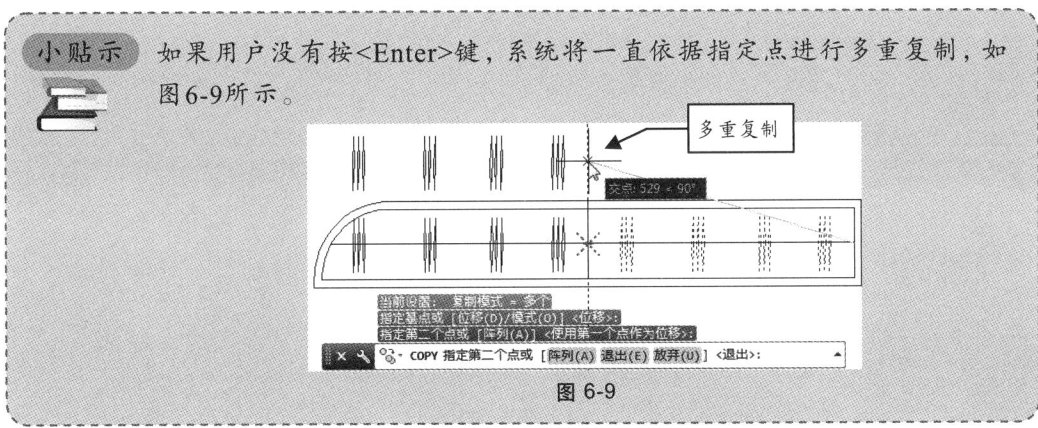

图 6-9

选项精解

- 位移：使用坐标指定相对距离和方向。指定的两点定义一个矢量，指示复制对象的放置离原位置有多远及以哪个方向放置。
- 多个：替代“单个”模式设置。在命令执行期间，将 COPY 命令设定为自动重复。
- 阵列：指定在线性阵列中排列的副本数量。

6.1.2 镜像对象

创建选定对象的镜像副本，可以绕指定轴翻转对象创建对称的镜像图像，如图6-10所示。

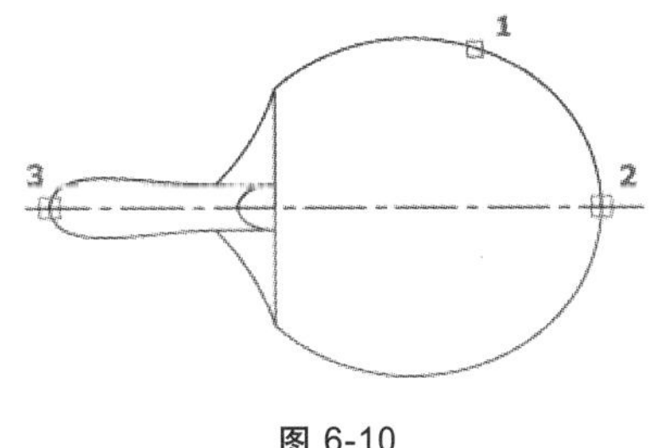

图 6-10

案例6-2：镜像方式绘制衣柜

素材文件	Sample/CH06/02.dwg	结果文件	Sample/CH06/02-end.dwg
视频文件	视频演示/CH06/镜像方式绘制衣柜.avi		

步骤如下：

Step01 单击“快速启动工具栏”上的“打开”按钮打开图形文件，如图6-11所示。

Step02 单击“常用”选项卡→“修改”面板→“镜像”按钮，如图6-12所示。

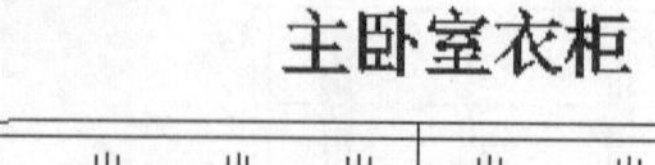

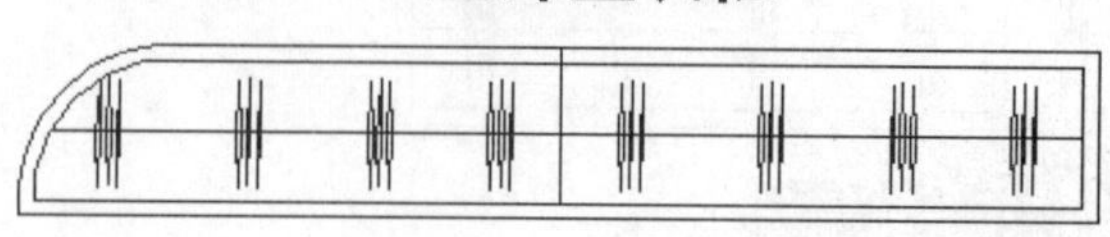

图 6-11

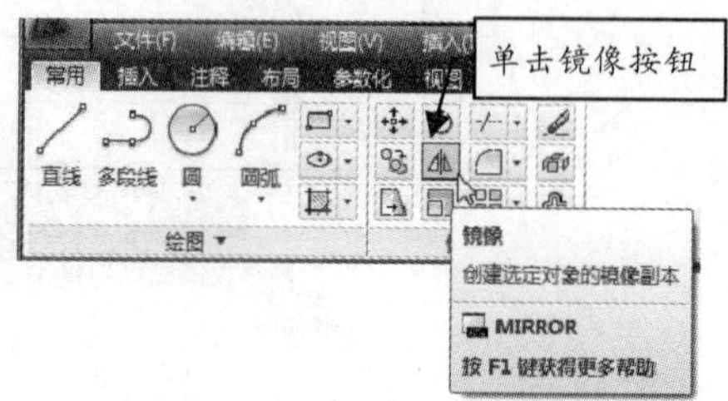

图 6-12

小贴示 也可以使用其他方法调用该命令。

- 命令行：MIRROR。
- 菜单：“修改”→“镜像”命令。
- 工具栏：“修改”→“（镜像）”按钮。

Step03 在绘图窗口中使用窗交方式选择上侧的衣柜作为镜像的原始对象，如图6-13所示。

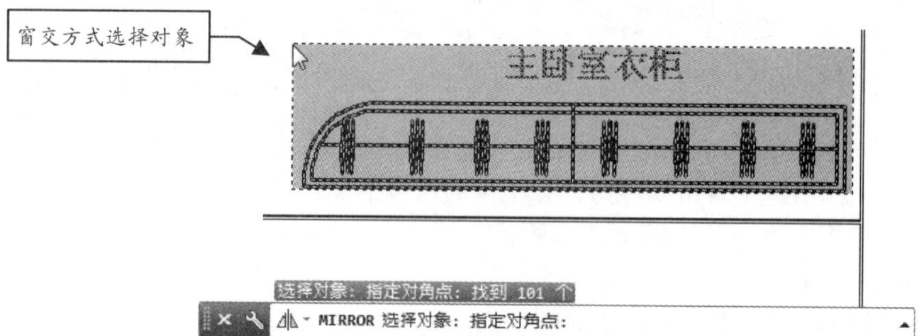

图 6-13

Step04 按<Enter>键，系统提示指定镜像线的第一点，此处选择房间左侧交点，如图6-14所示。

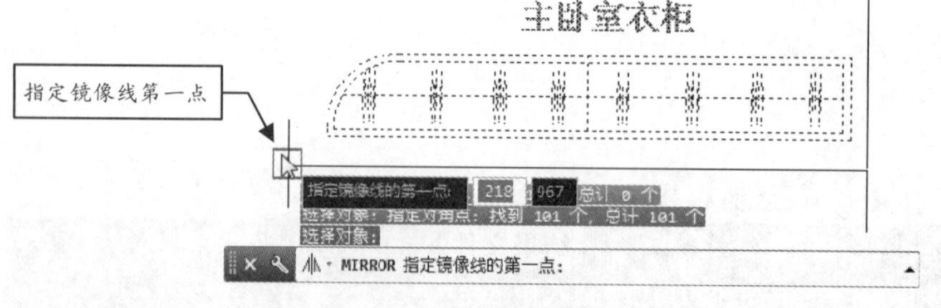

图 6-14

Step05 向右移动鼠标追踪中点作为镜像线的第二点，如图6-15所示。

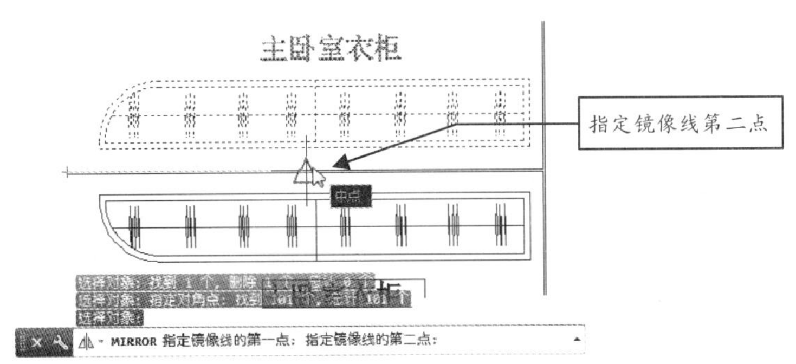

图 6-15

Step06 系统提示是否删除源对象，此处使用默认的N（即不删除源对象），如图6-16所示。

Step07 按<Enter>键，完成衣柜的镜像，可以看到下面房间里也有一个衣柜了，如图6-17所示。

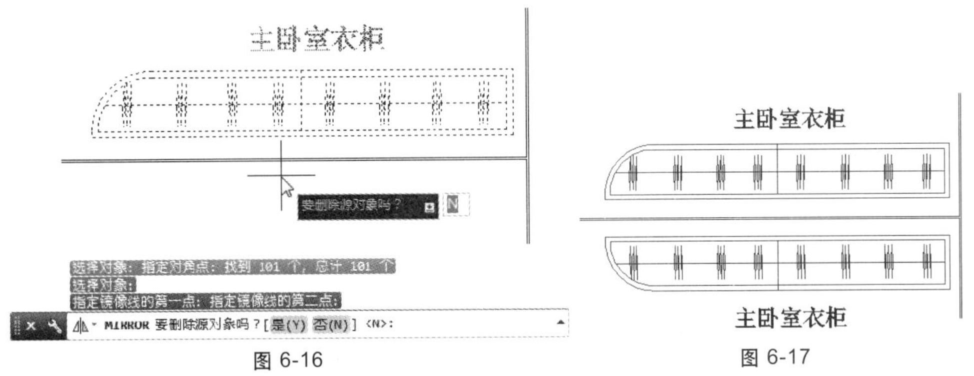

图 6-16　　图 6-17

小贴示

镜像图形时，可以看到本案例中的文字没有反过来，原来这都是由镜像时的系统变量控制的，将系统变量MIRRTEXT设置为0时，镜像的文字对齐、对正方式和镜像前相同；当设置为1时，镜像的文字就要反转，如图6-18所示。

图 6-18

6.1.3 阵列对象

阵列对象就是将对象副本分布到行、列和标高的任意组合，常见的有矩形阵列、环形阵列，从AutoCAD 2012开始，新增了路径阵列方式，如图6-19所示。

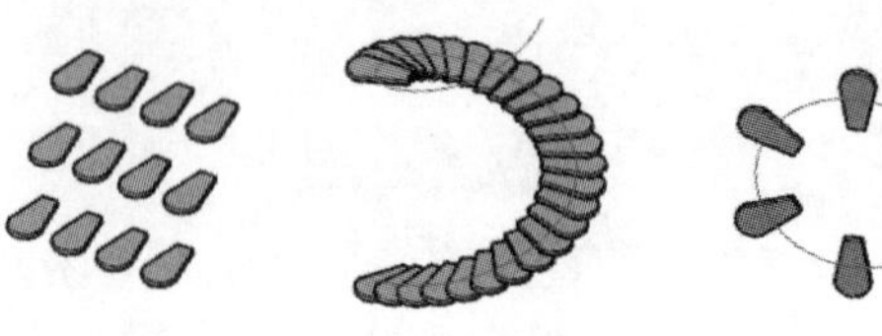

图 6-19

在阵列时，关联性允许通过维护项目之间的关系快速在整个阵列中传递更改。阵列可以为关联或非关联。

- 关联：项目包含在单个阵列对象中，类似于块。可以编辑阵列对象的特性，例如，间距或项目数；可以替代项目特性或替换项目的源对象；可以编辑项目的源对象以更改参照这些源对象的所有项目，如图6-20所示。
- 非关联：阵列中的项目将创建为独立的对象。更改一个项目不影响其他项目，如图6-21所示。

图 6-20　　图 6-21

1. 矩形阵列

矩形阵列是将对象副本分布到行、列和层的和。通过拖动阵列夹点，可以增加或减小阵列中行和列的数量和间距，如图6-22所示。

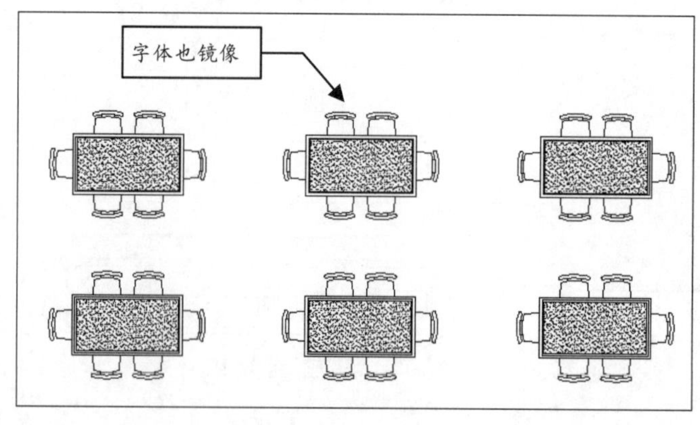

图 6-22

案例6-3：绘制酒店餐桌

素材文件	Sample/CH06/03.dwg	结果文件	Sample/CH06/03-end.dwg
视频文件	视频演示/CH06/绘制酒店餐桌.avi		

步骤如下：

Step01 单击“快速启动工具栏”上的“打开”按钮，打开餐桌图形，如图6-23所示。

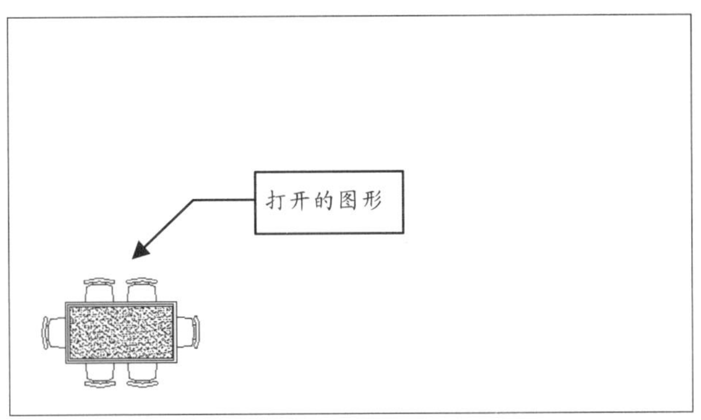

图 6-23

Step02 依次单击“常用”选项卡→“修改”面板→“矩形阵列”按钮，如图6-24所示。

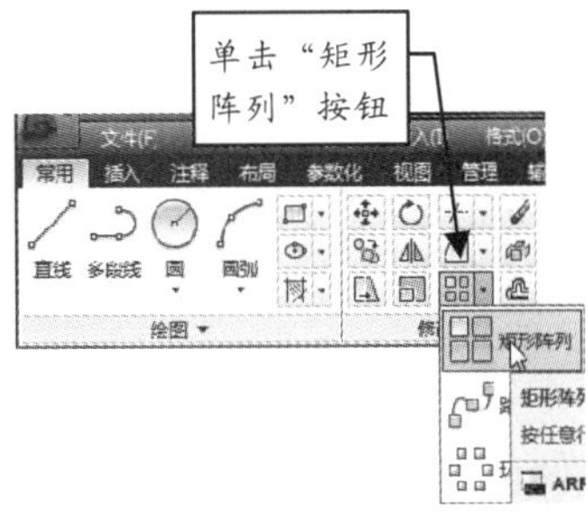

图 6-24

小贴示 也可以使用其他方法调用该命令。

- 命令行：ARRAYRECT。
- 菜单：“修改”→“阵列”→“矩形阵列”命令。
- 工具栏：“修改”→“⊞（矩形阵列）”按钮。

Step03 选择要阵列的对象，并按<Enter>键，将显示默认的矩形阵列，如图6-25所示。

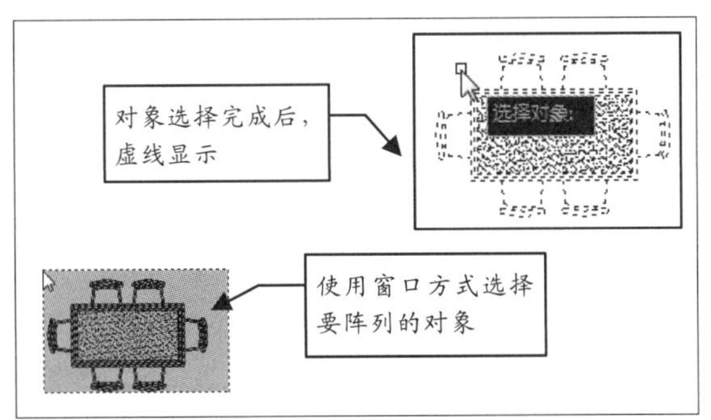

图 6-25

Step04 选择完成后，出现阵列预览，并显示相应的夹点，如图6-26所示。

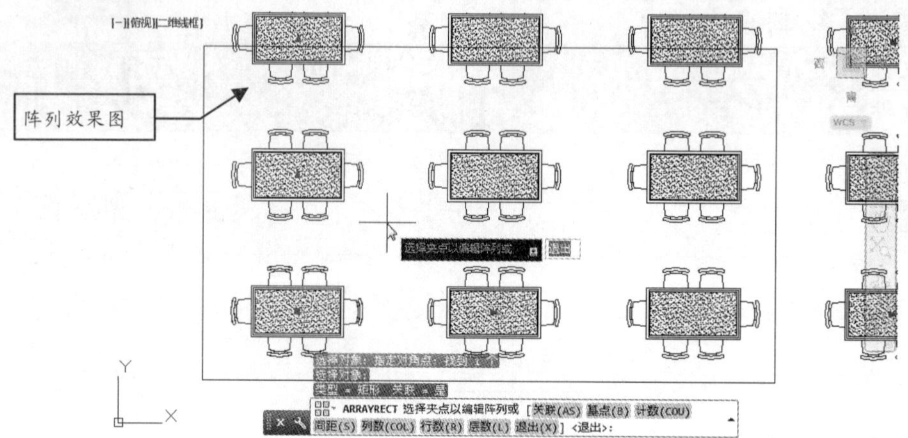

图 6-26

Step05 然后拖动上面和右侧的夹点，可以看出此餐厅区域仅能放下两行三列餐桌，如图6-27所示。

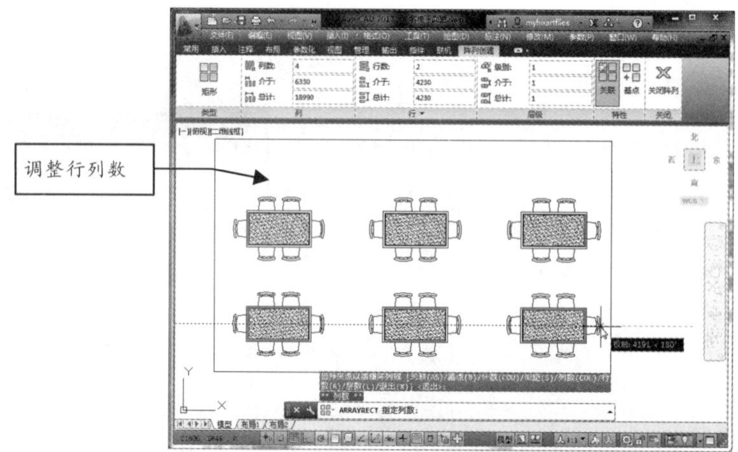

图 6-27

> **技巧** 除了使用夹点拖动选择外，用户还可以在弹出的“阵列创建”功能区中使用命令行内相应功能的设置行列数。

选项精解

- 行数：指定矩形阵列时阵列的行数目。
- 列数：指定矩形阵列时阵列的列数目。

2. 路径阵列

在路径阵列中，项目将均匀地沿路径或部分路径分布。路径可以是直线、多段线、

三维多段线、样条曲线、螺旋、圆弧、圆或椭圆，如图6-28所示。

图 6-28

案例6-4：绘制沿圆弧阵列小球

素材文件	Sample/CH06/04.dwg	结果文件	Sample/CH06/04-end.dwg
视频文件	视频演示/CH06/绘制沿圆弧阵列小球.avi		

步骤如下：

Step01 单击“快速启动工具栏”上的“打开”按钮，打开图形，如图6-29所示。

Step02 依次单击“常用”选项卡→“修改”面板→“路径阵列”按钮，如图6-30所示。

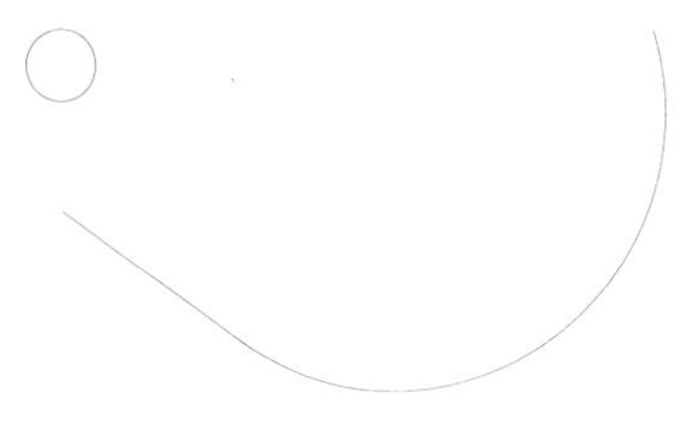

图 6-29

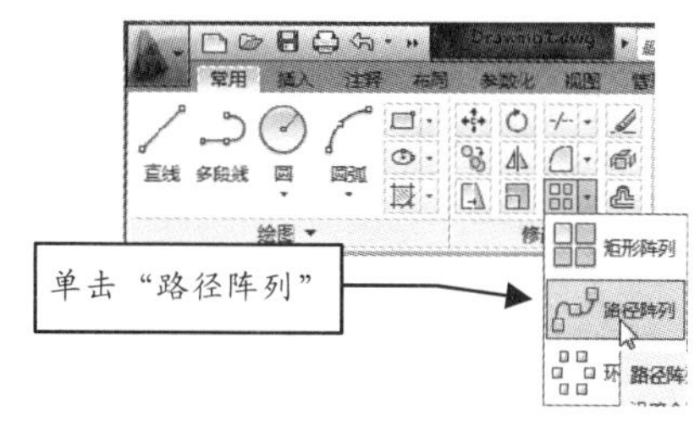

图 6-30

小贴示 其他打开命令方法。

- 命令行：ARRAYPATH。
- 菜单：“修改”→“阵列”→“路径阵列”命令。
- 工具栏：“修改”→“（路径阵列）”按钮。

Step03 选择要进行阵列的对象，并按 <Enter> 键，如图6-31所示。

Step04 选择阵列路径，命令行提示类型、关联方式等，如图6-32所示。

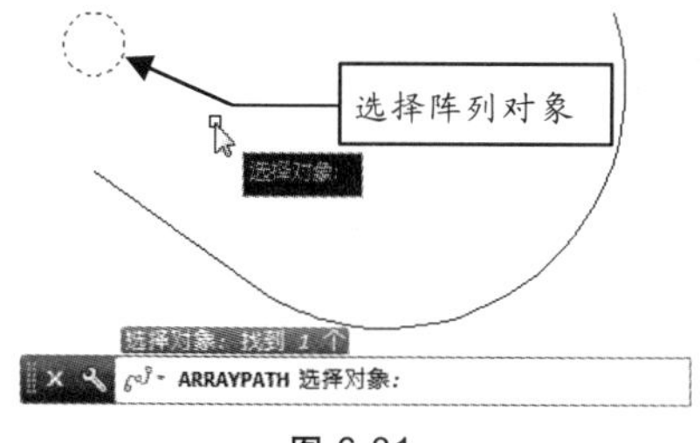

图 6-31

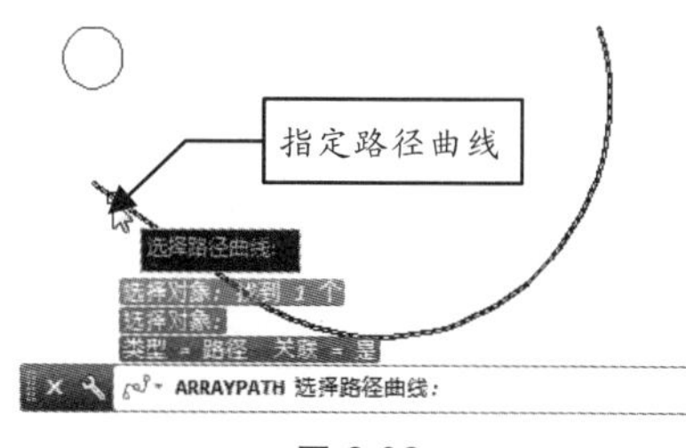

图 6-32

Step05 选择完成后，系统自动显示阵列效果图，并显示相应的提示，如图6-33所示。

Step06 单击右侧夹点并移动，系统会自动增加或减少阵列圆结果，指定距离或确定数目后，按<Enter>键即可显示结果，如图6-34所示。

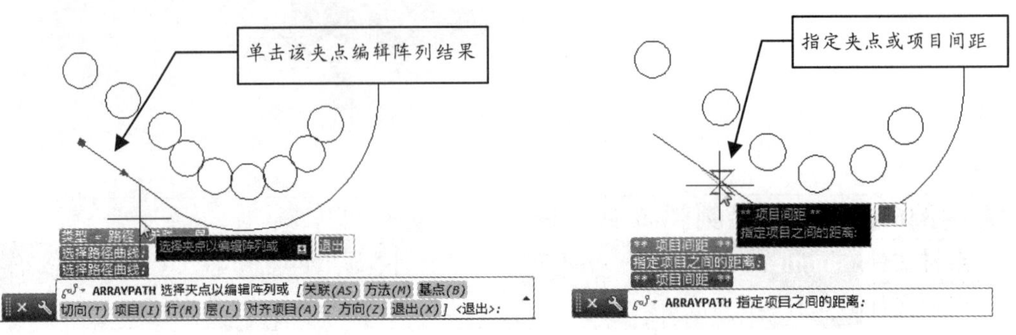

图 6-33　　图 6-34

选项精解

使用路径阵列时，系统在弹出命令行相应命令的同时，还会显示“阵列创建”功能区，显示类型、项目等选项板，如图6-35所示。

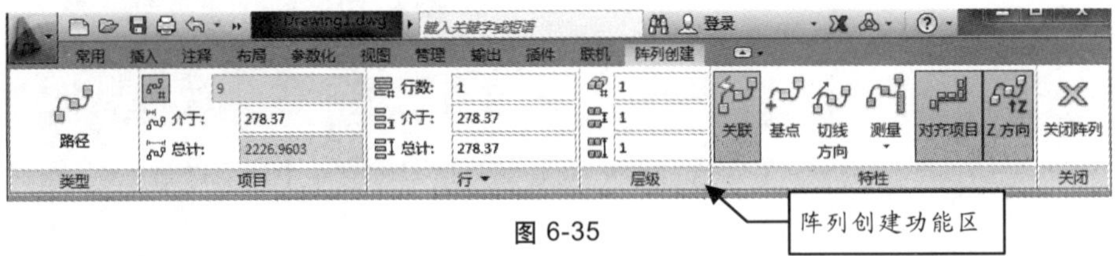

图 6-35

沿路径分布的项目可以测量或分割。

- 测量：即使路径被编辑，项目之间的间距也不会更改。如果路径被编辑且变得太短而无法显示所有对象，项目数会自动调整，如图6-36所示。
- 分割：沿整个路径长度均匀间隔指定的对象数。如果阵列是关联的，对象之间的间距会按照路径更改的长度自动调整，如图6-37所示。

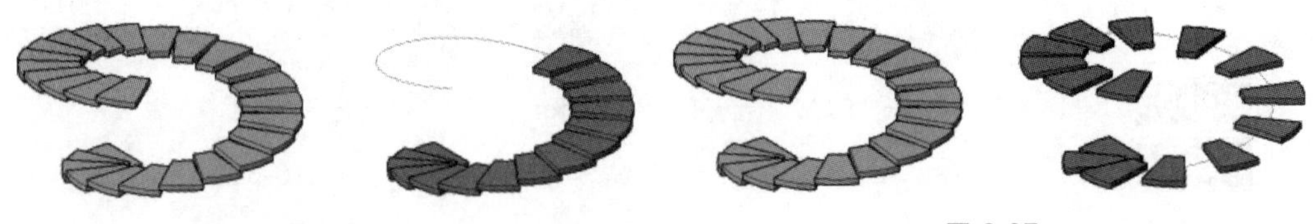

图 6-36　　图 6-37

知识延伸：路径阵列的编辑方法

- “路径阵列”上下文菜单提供完整范围的设置，用于调整间距、项目数和阵列层级。用户也可以使用选定路径阵列中的夹点来更改阵列配置，如图6-38所示。
- 将光标悬停在方形基准夹点上，选项菜单可提供选择。例如，可以选择“行数”，然后进行拖动，将更多行添加到阵列中，如图6-39所示。

如果拖动三角形夹点，可以更改沿路径进行排列的项目数，如图6-40所示。

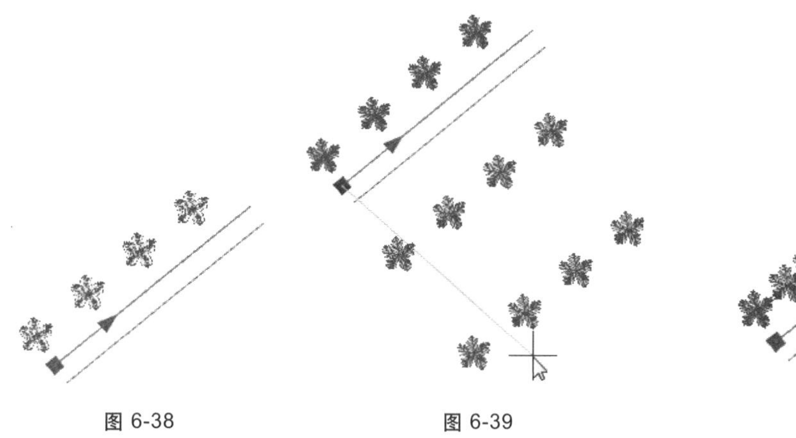

图 6-38　　图 6-39

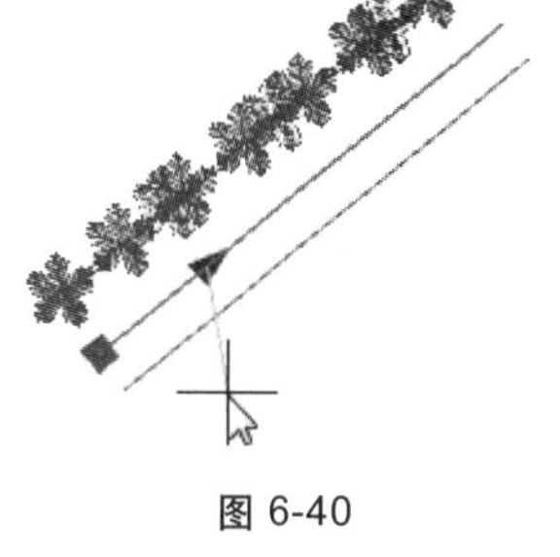

图 6-40

夹点的类型各不相同，具体取决于阵列分布方法。

6.1.4　偏移对象

偏移对象用来创建其形状与原始对象平行的新对象。如果偏移圆或圆弧，则会创建更大或更小的圆或圆弧，具体取决于指定为向哪一侧偏移。如果偏移多段线，将生成平行于原始对象的多段线（见图6-41）。

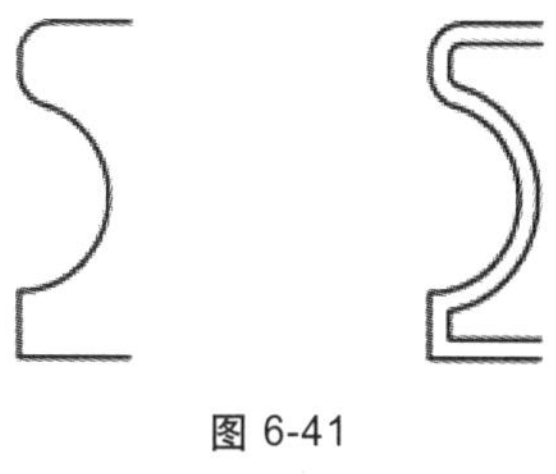

图 6-41

案例6–5：绘制餐桌椅

素材文件	Sample/CH06/05.dwg	结果文件	Sample/CH06/05-end.dwg
视频文件	视频演示/CH06/绘制餐桌椅.avi		

步骤如下：

Step01 单击“快速启动工具栏”上的“打开”按钮打开图形文件，如图6-42所示。

Step02 单击“常用”选项卡→“修改”面板→“偏移”按钮，如图6-43所示。

图 6-42　　图 6-43

小贴示 也可以使用其他方法调用该命令。

- 命令行：OFFSET。
- 菜单："修改"→"偏移"命令。
- 工具栏："修改"→"（偏移）"按钮。

Step03 指定偏移距离为50，绘制餐桌的内侧边缘线，如图6-44所示。

Step04 选择偏移对象为餐桌外侧圆，如图6-45所示。

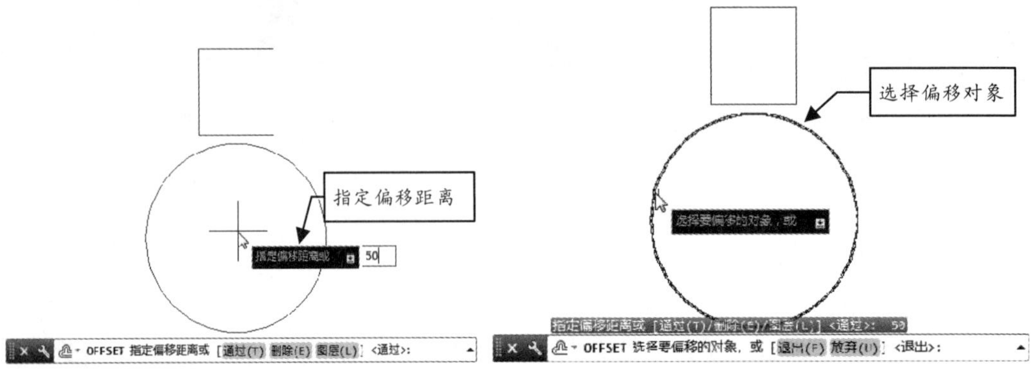

图 6-44　　图 6-45

Step05 指定圆内一点作为偏移方向，如图6-46所示。

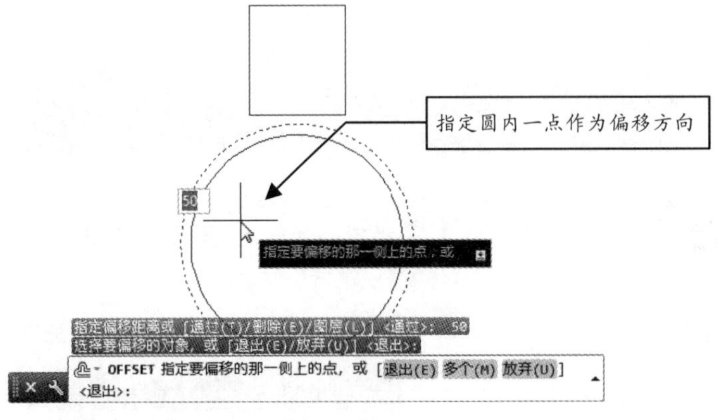

图 6-46

Step06 偏移完成后，系统继续提示选择偏移对象，并默认执行上一次的偏移方式（如偏移距离），选择座椅靠背侧线条向下侧偏移并输入偏移距离为45，如图6-47所示。

Step07 按<Enter>键结束偏移命令，完成餐桌和椅子的绘制，结果如图6-48所示。

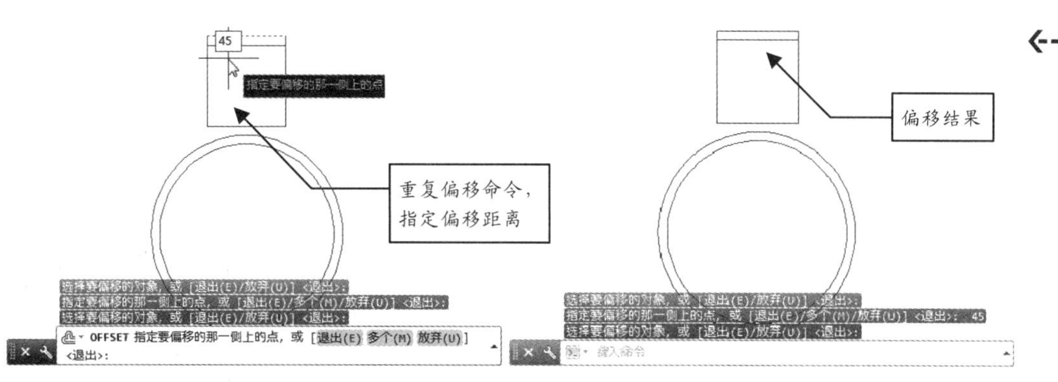

图 6-47　　　　图 6-48

选项精解

- 偏移距离：在距现有对象指定的距离处创建对象。
- 退出：退出OFFSET 命令。
- 多个：使用当前偏移距离重复偏移操作。
- 通过：创建通过指定点的对象。
- 图层：确定将偏移对象创建在当前图层上还是原对象所在的图层上。

小贴示 偏移对象的类型：

只有以下对象可以执行偏移操作：直线、圆弧、圆、椭圆和椭圆弧（形成椭圆形样条曲线）、二维多段线、构造线（参照线）和射线、样条曲线。

6.2 改变位置类命令

前面说明了复制类命令，下面来说明改变位置类命令，改变位置类命令主要是将当前的图形移动到不同的位置点，或者缩放、旋转到合适的位置等。

6.2.1 移动命令

可以从原对象以指定的角度和方向移动对象。使用坐标、栅格捕捉、对象捕捉和其他工具可以精确移动对象，步骤如下。

案例6-6：移动门柱对象			
素材文件	Sample/CH06/06.dwg	结果文件	Sample/CH06/06-end.dwg
视频文件	视频演示/CH06/移动门柱对象.avi		

Step01 单击“快速启动工具栏”上的“打开”按钮打开图形文件，如图6-49所示。

Step02 单击“常用”选项卡→“修改”面板→“移动”按钮，如图6-50所示。

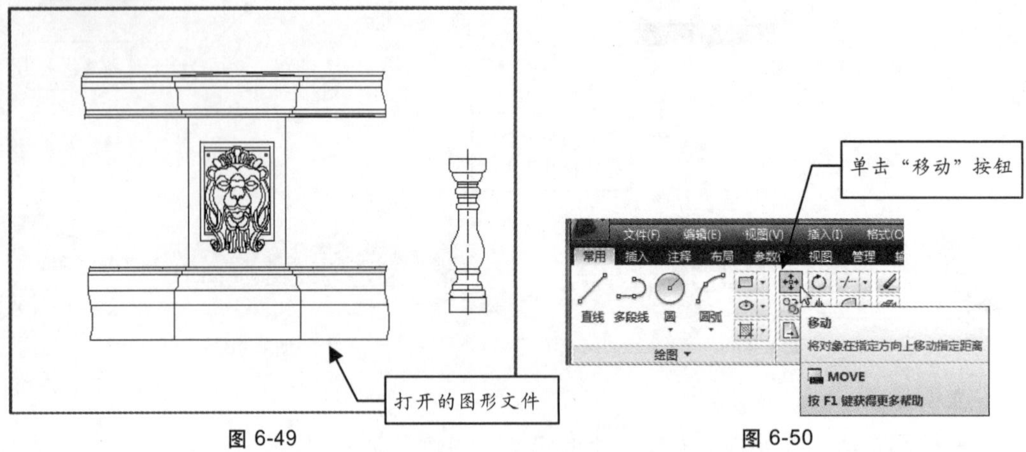

图 6-49　　　　图 6-50

小贴示 也可以使用其他方法调用该命令。

- 命令行：MOVE。
- 菜单：“修改”→“移动”命令。
- 工具栏：“修改”→“(移动)”按钮。

Step03 系统提示选择对象，选择右侧的图形，如图6-51所示。

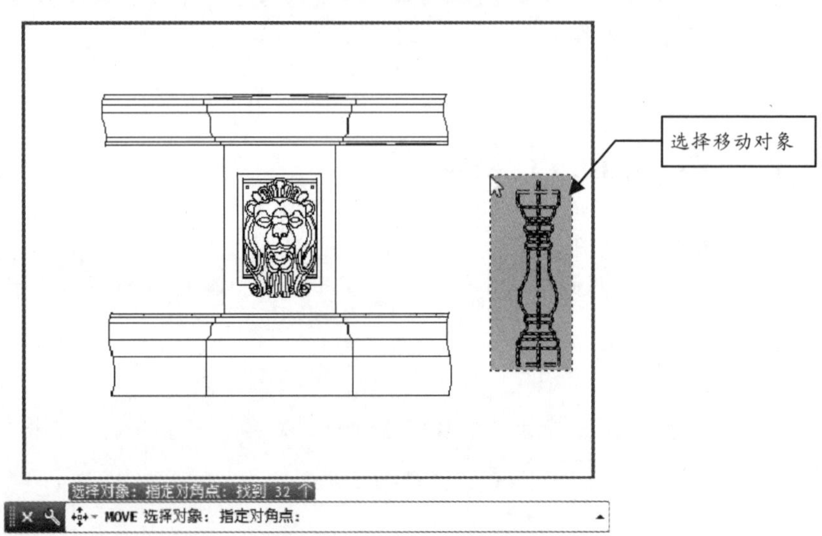

图 6-51

Step04 指定柱子的下侧中点作为移动的基点（第一点），如图6-52所示。

Step05 指定左侧的石阶作为移动的第二点，如图6-53所示。

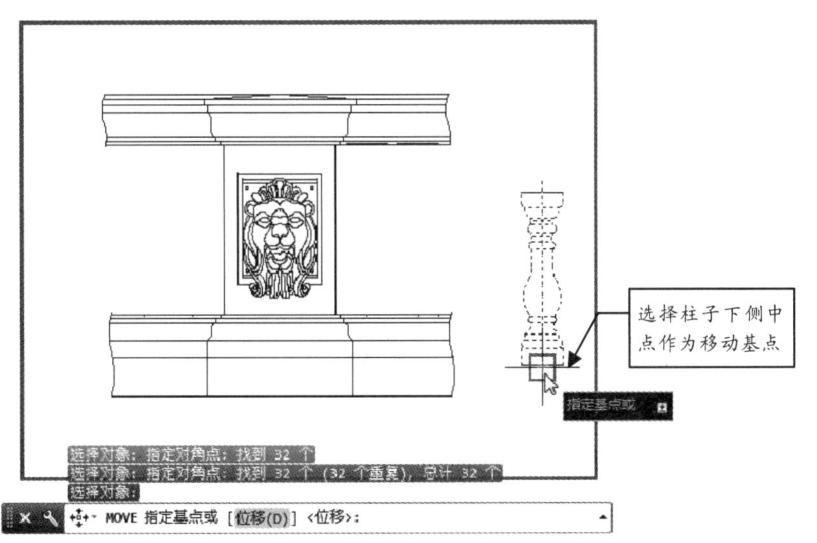

图 6-52

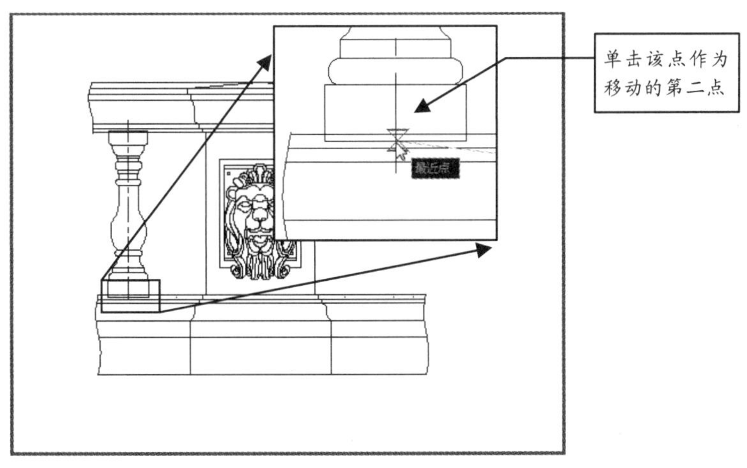

图 6-53

选项精解

- 位移：输入坐标以表示矢量。输入的坐标值将指定相对距离和方向。

小贴示 位移值指定的两个点定义了一个矢量，表明选定对象将被移动的距离和方向。如果在“指定第二个点”提示下按<Enter>键，则第一个点将被认为是相对（X,Y,Z）位移。例如，如果将基点指定为（2,3），然后在下一个提示下按<Enter>键，则对象将从当前位置沿X方向移动2个单位，沿Y方向移动3个单位。

6.2.2 旋转命令

可以绕指定基点旋转图形中的对象。要确定旋转的角度，请输入角度值，使用光标进行拖动，或者指定参照角度，以便与绝对角度对齐，如图6-54所示。

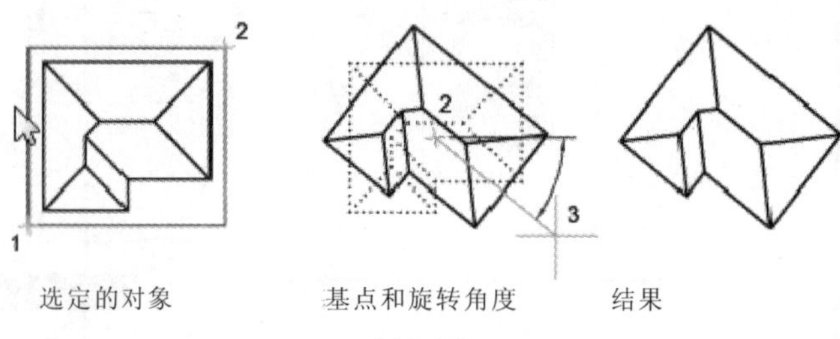

图 6-54

案例6-7：更改房间电视柜位置

素材文件	Sample/CH06/07.dwg	结果文件	Sample/CH06/07-end.dwg

步骤如下：

Step01 单击“快速启动工具栏”上的“打开”按钮打开图形文件，如图6-55所示。

Step02 单击“常用”选项卡→“修改”面板→“旋转”按钮，如图6-56所示。

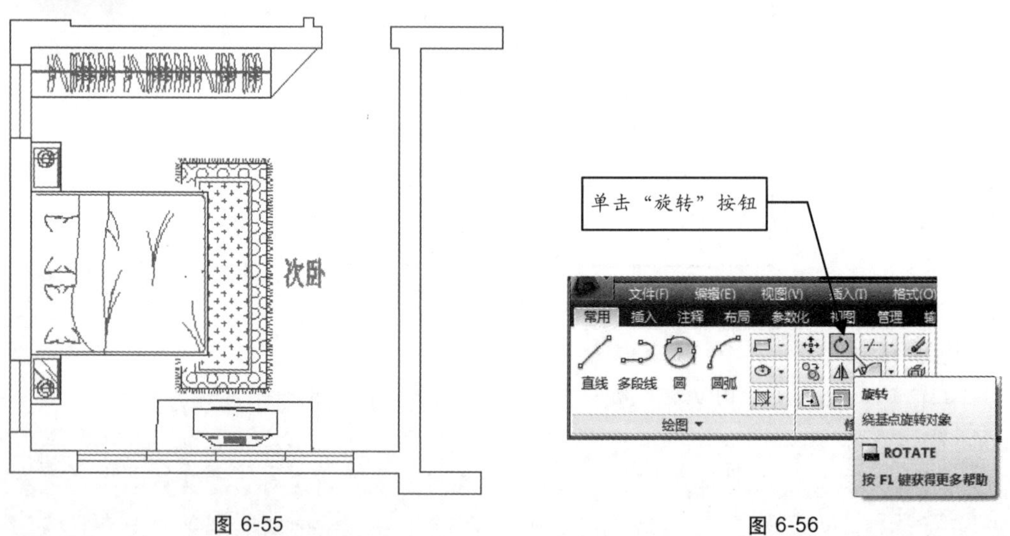

图 6-55　　　　图 6-56

小贴示 也可以使用其他方法调用该命令。

- 命令行：ROTATE。
- 菜单：“修改”→“旋转”命令。
- 工具栏：“修改”→“(旋转)”按钮。

Step03 系统提示选择对象，选择下侧的电视机图案，如图6-57所示。

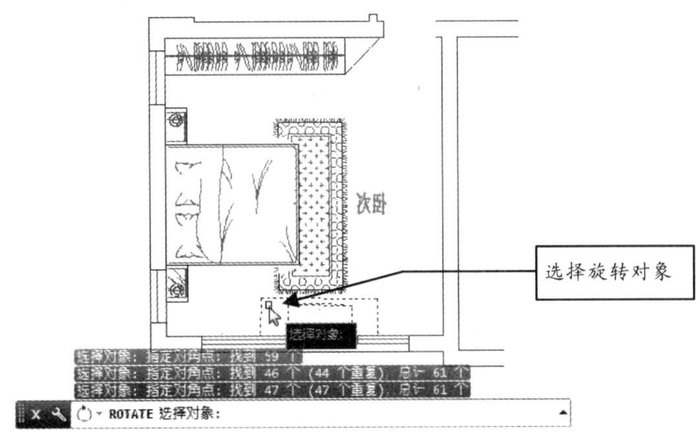

图 6-57

Step04 指定地毯上的一点作为旋转的基点，如图6-58所示。

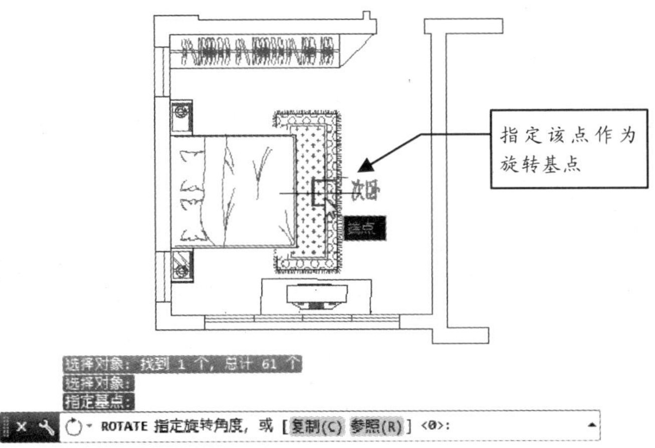

图 6-58

Step05 然后指定左侧的石阶作为旋转的第二点，如图6-59所示。

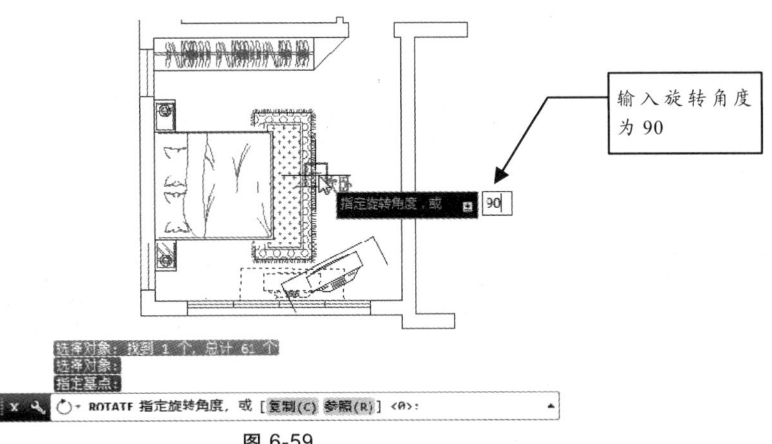

图 6-59

Step06 旋转完成后，结果如图6-60所示。

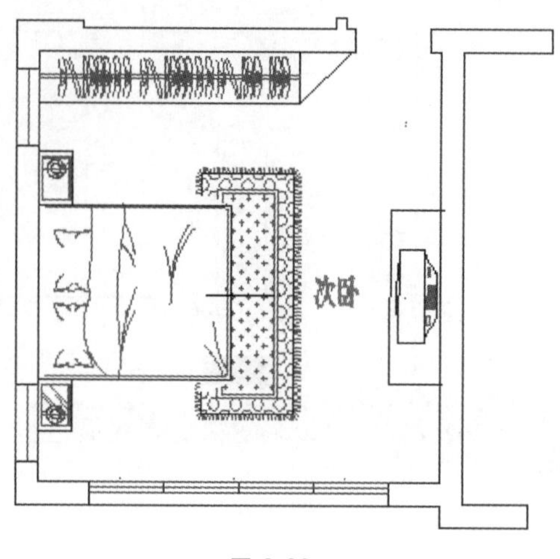

图 6-60

选项精解

- 旋转角度：决定对象绕基点旋转的角度。旋转轴通过指定的基点，并且平行于当前 UCS 的 Z 轴。
- 复制：创建要旋转的选定对象的副本。
- 参照：将对象从指定的角度旋转到新的绝对角度。旋转视口对象时，视口的边框仍然保持与绘图区域的边界平行，输入坐标以表示矢量。输入的坐标值将指定相对距离和方向。

小贴示 旋转对象到绝对角度。

使用“参照”选项，可以旋转对象，使其与绝对角度对齐。例如，要旋转插图中的部件，使对角边旋转到 90°，可以选择要旋转的对象 (1, 2)，指定基点 (3)，然后选择“参照”选项。对于参照角度，请指定对角线(4, 5)的两个端点。对于新角度，请输入 90，如图6-61所示。

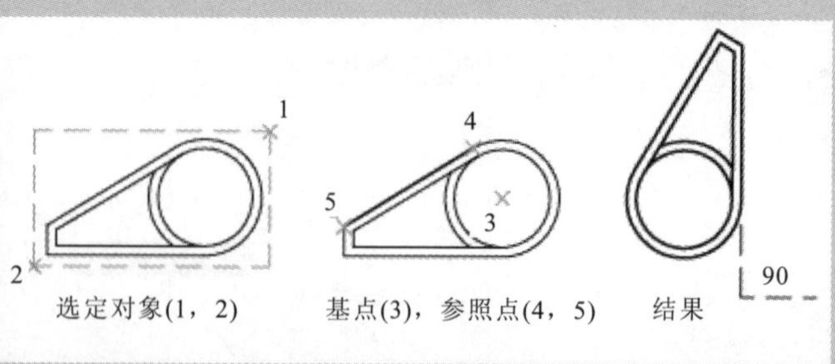

图 6-61

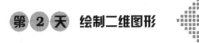

6.2.3 缩放对象

可以调整对象大小使其在一个方向上按比例增大或缩小。

使用 SCALE 命令，可以将对象按统一比例放大或缩小。要缩放对象，请指定基点和比例因子。另外，根据当前图形单位，还可以指定要用作比例因子的长度。

比例因子大于 1 时将放大对象，比例因子介于 0 和 1 之间时将缩小对象。缩放可以更改选定的对象的所有标注尺寸，如图6-62所示。

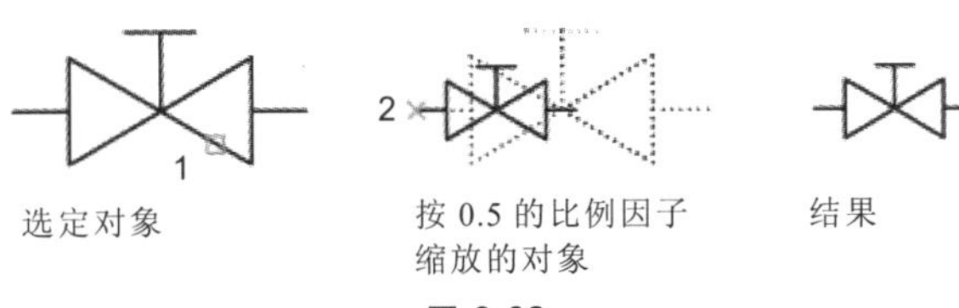

图 6-62

案例6-8：修改卧室双人床尺寸

素材文件	Sample/CH06/08.dwg	结果文件	Sample/CH06/08-end.dwg
视频文件	视频演示/CH06/修改卧室双人床尺寸.avi		

步骤如下：

Step01 单击“快速启动工具栏”上的“打开”按钮打开图形文件，如图6-63所示。

 单击“常用”选项卡→“修改”面板→“缩放”按钮，如图6-64所示。

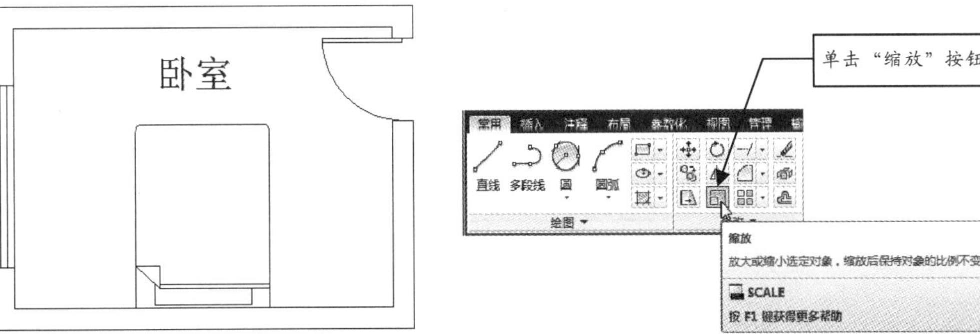

图 6-63

图 6-64

小贴示 也可以使用其他方法调用该命令。

- 命令行：SCALE。
- 菜单：“修改”→“缩放”命令。
- 工具栏：“修改”→“缩放”按钮。

Step03 系统提示选择对象，选择下侧的电视机图案，如图6-65所示。

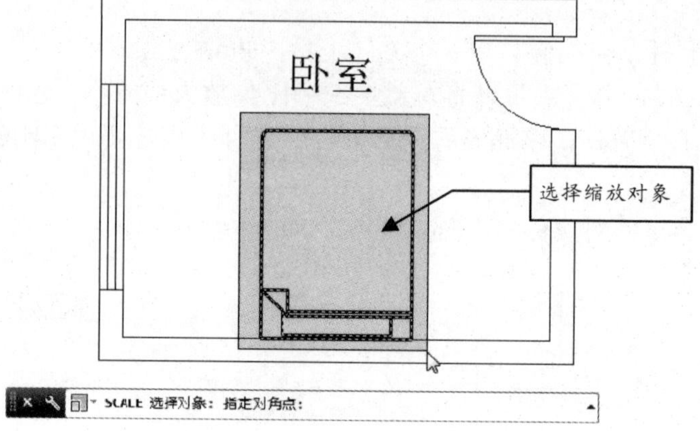

图 6-65

Step04 指定双人床右下角的交点作为缩放基点，如图6-66所示。

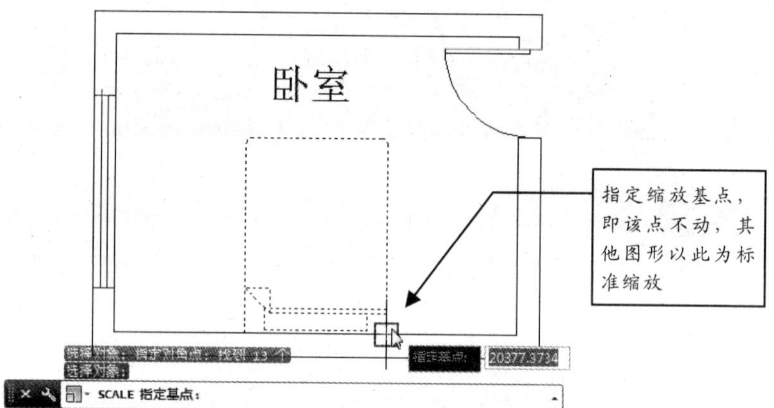

图 6-66

Step05 在文本框中输入缩放比例为1.3，如图6-67所示。

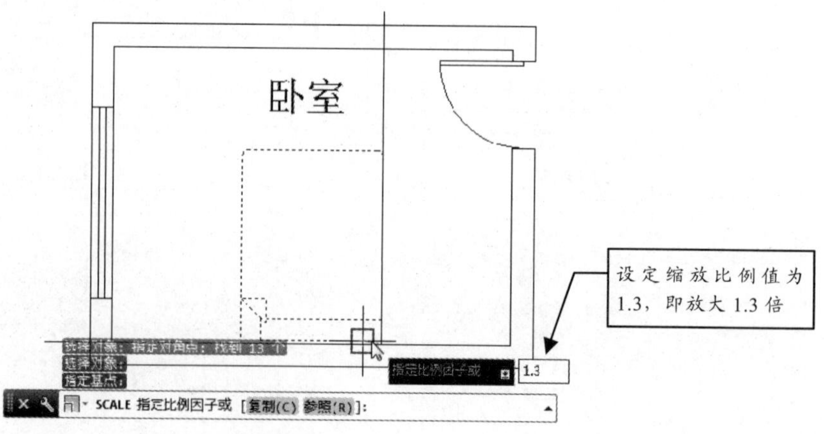

图 6-67

Step06 缩放完成后，结果如图6-68所示。

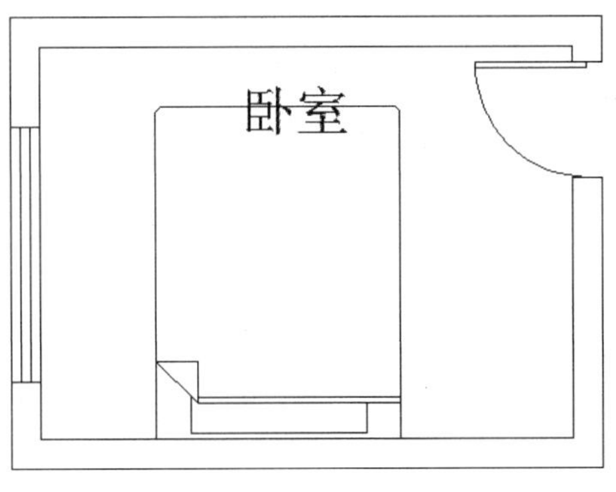

图 6-68

小贴示 缩放比例：

当比例为1时，保持原大小；比例>1时放大对象；比例<1时缩小对象。

选项精解

- 比例因子：按指定的比例放大选定对象的尺寸。大于 1 的比例因子使对象放大；介于 0 和 1 之间的比例因子使对象缩小。还可以拖动光标使对象变大或变小。
- 复制：创建要缩放的选定对象的副本。
- 参照：按参照长度和指定的新长度缩放所选对象。

6.3 改变几何特征类命令

前面讲解了复制相同的几何对象、将对象改变位置等命令，这里我们讲解改变几何特征的几个命令，包括修剪与延伸、对几何对象倒角和圆角等。

6.3.1 修剪与延伸

可以通过缩短或拉长，使对象与其他对象的边相接。这意味着可以先创建对象（例如直线），然后调整该对象，使其恰好位于其他对象之间。

选择的剪切边或边界边无须与修剪对象相交。可以将对象修剪或延伸至投影边或延长线交点，即对象延长后相交的地方。如果未指定边界并在“选择对象”提示下按<Enter>键，显示的所有对象都将成为可能边界。

注意 要选择包含块的剪切边或边界边，只能选择“窗交”、“栏选”和“全部选择”选项中的一个。

1. 修剪对象

可以修剪对象，使它们精确地终止于由其他对象定义的边界。如通过修剪可以平滑地清除两墙壁相交处，如图6-69所示。

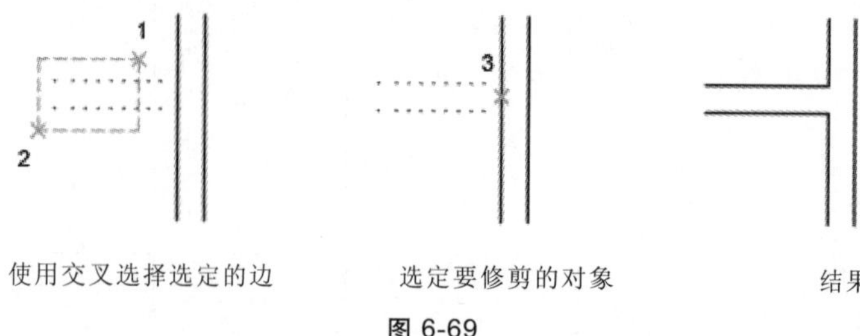

图 6-69

知识延伸 对象既可以作为剪切边，也可以是被修剪的对象。例如，在灯具图中，圆是构造线的一条剪切边，同时它也正在被修剪，如图6-70所示。

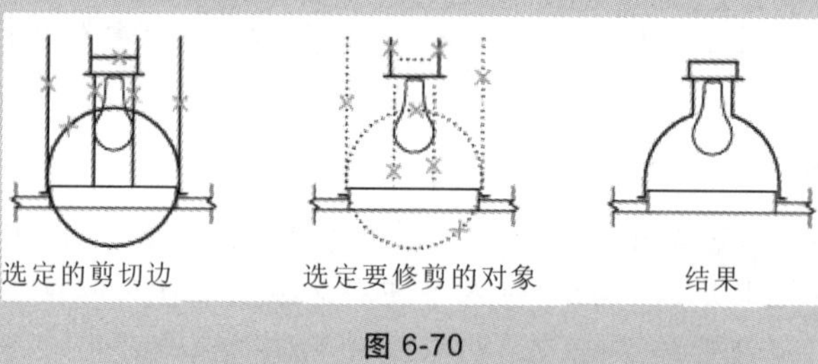

图 6-70

修剪若干个对象时，使用不同的选择方法有助于选择当前的剪切边和修剪对象。在下例中，剪切边是利用窗交选择方式选定的，如图6-71所示。

图 6-71

下例使用选择栏选择方法选择一系列修剪对象，如图6-72所示。

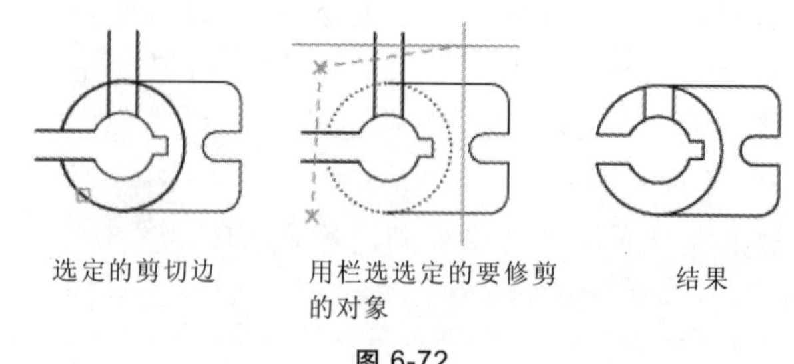

图 6-72

可以将对象修剪到与其他对象最近的交点处。不是选择剪切边，而是按<Enter>键。选择要修剪的对象时，最新显示的对象将作为剪切边。在本例中，墙壁的相交部分修剪后十分平滑，如图6-73所示。

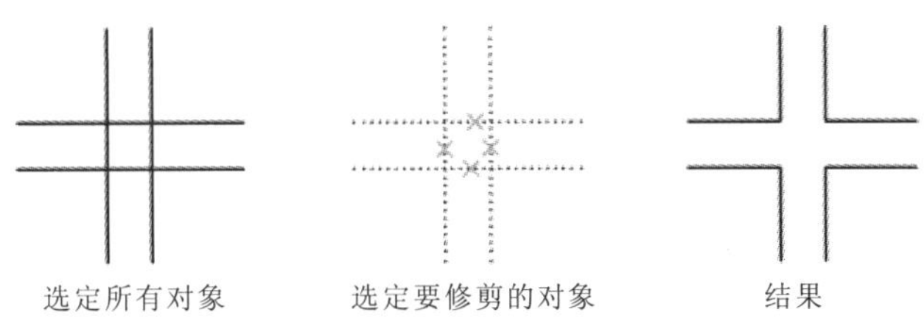

图 6-73

> **注意** 延伸对象时可以不退出 TRIM 命令，只需按住<Shift>键，同时选择要延伸的对象即可。

案例6-9：修剪电梯井对象

素材文件	Sample/CH06/09.dwg	结果文件	Sample/CH06/09-end.dwg
视频文件	**视频演示**/CH06/**修剪电梯井对象**.avi		

Step01 单击“打开”按钮，打开图形文件，如图6-74所示。

Step02 单击“常用”选项卡→“修改”面板→“修剪”按钮，如图6-75所示。

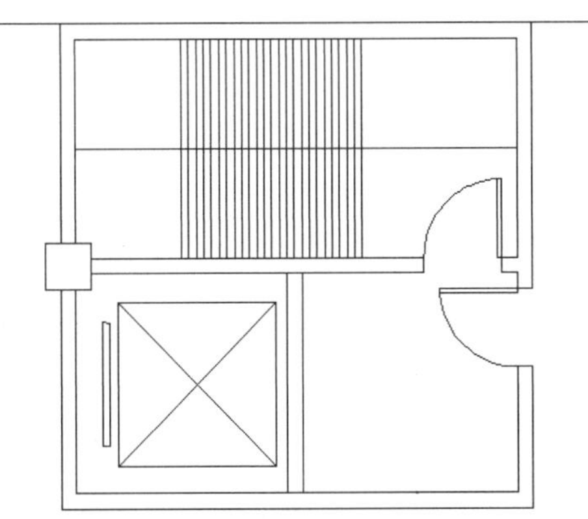

图 6-74

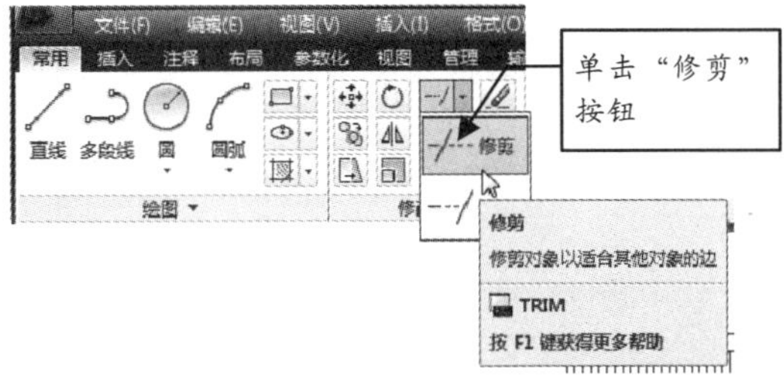

图 6-75

> **小贴示** 也可以使用其他方法调用该命令。
>
> 
>
> - 命令行：TRIM。
> - 菜单：“修改”→“修剪”命令。
> - 工具栏：“修改”→“修剪”按钮。

Step03 在"选择对象"提示下选择电梯井门口的图形对象，如图6-76所示。

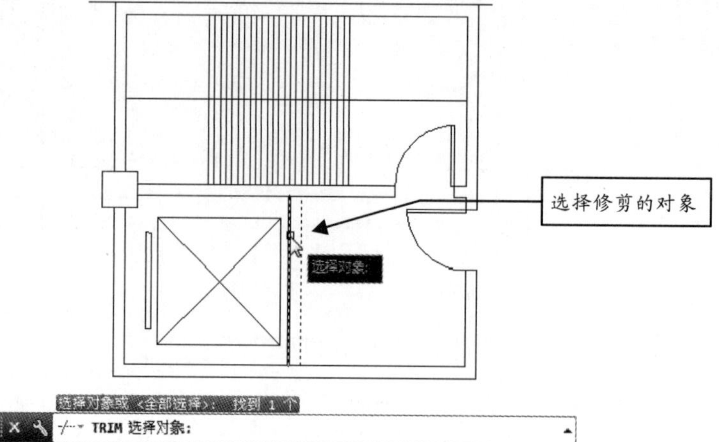

图 6-76

Step04 选择完成后，系统继续提示需要修剪的对象，如图6-77所示。

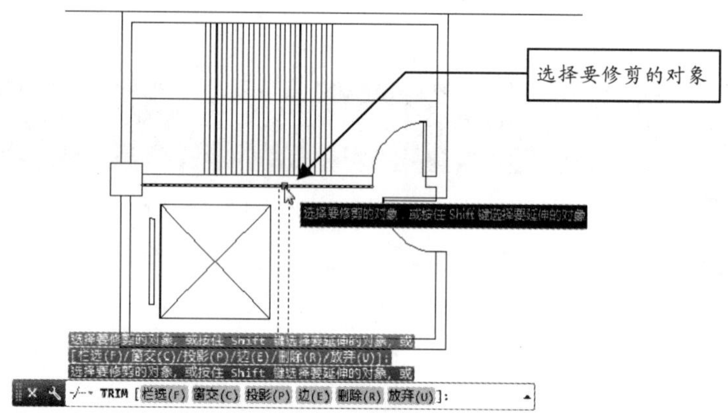

图 6-77

Step05 修剪完成后，结果如图6-78所示。

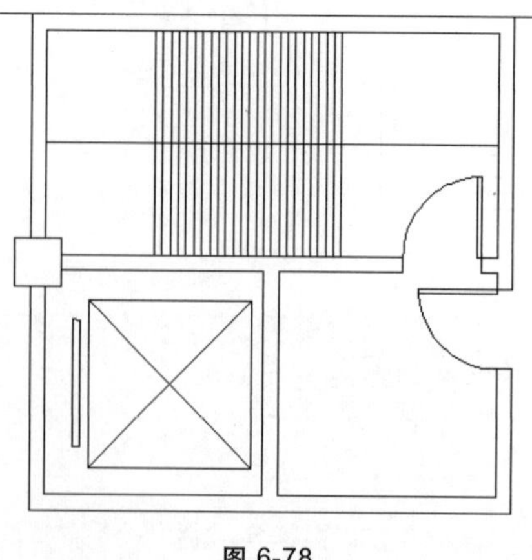

图 6-78

Step06 按<Enter>键继续调用修剪命令，在“选择对象”提示下按<Enter>键，系统默认将所有的对象都作为修剪对象，然后选择要修剪的对象，如图6-79所示。

Step07 修剪完成后，结果如图6-80所示。

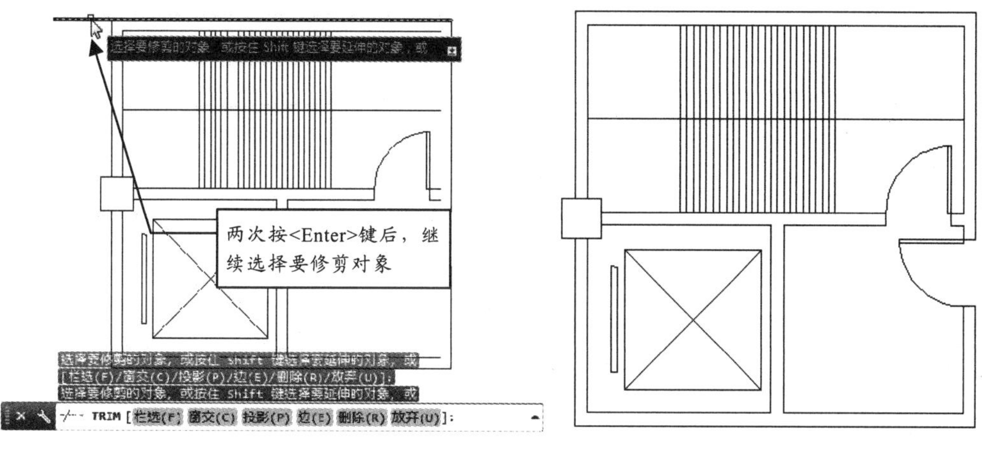

图 6-79　　　　图 6-80

选项精解

- 要修剪的对象：指定修剪对象。
- 按住<Shift>键选择要延伸的对象：延伸选定对象而不是修剪它们。此选项提供了一种在修剪和延伸之间切换的简便方法。
- 栏选：选择与选择栏相交的所有对象。选择栏是一系列临时线段，它们是用两个或多个栏选点指定的。选择栏不构成闭合环。
- 窗交：选择矩形区域（由两点确定）内部或与之相交的对象。
- 注意：某些要修剪的对象的窗交选择不确定。TRIM 将沿着矩形窗交窗口从第一个点以顺时针方向选择遇到的第一个对象。
- 投影：指定修剪对象时使用的投影方式。
- 无：指定无投影。该命令只修剪与三维空间中的剪切边相交的对象。
- UCS：指定在当前用户坐标系 XY 平面上的投影。该命令将修剪不与三维空间中的剪切边相交的对象。
- 视图：指定沿当前观察方向的投影。该命令将修剪与当前视图中的边界相交的对象。
- 边：确定对象是在另一对象的延长边处进行修剪还是仅在三维空间中与该对象相交的对象处进行修剪。
- 延伸：沿自身自然路径延伸剪切边使它与三维空间中的对象相交。
- 不延伸：指定对象只在三维空间中与其相交的剪切边处修剪。

注意 修剪图案填充时，不要将“边”设定为“延伸”，否则，修剪图案填充时将不能填补修剪边界中的间隙。
删除选项提供了一种用来删除不需要的对象的简便方式，而无须退出TRIM 命令。

2．延伸对象

延伸与修剪的操作方法相同。可以延伸对象，使它们精确地延伸至由其他对象定义的边界边。在此例中，将直线精确地延伸到由一个圆定义的边界边，如图6-81所示。

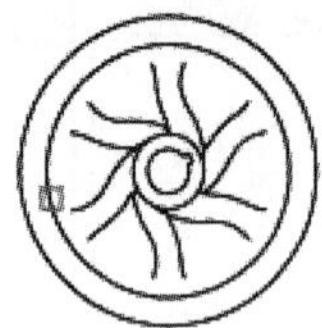
选定的边界

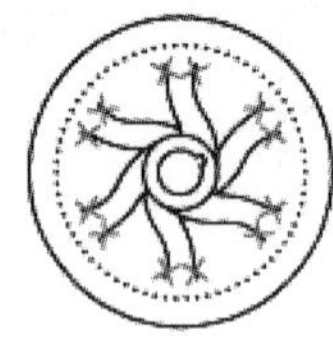
选定要延伸的对象

结果

图 6-81

延伸样条曲线会保留原始部分的形状，但延伸部分是线性的并相切于原始样条曲线的结束位置，如图6-82所示。

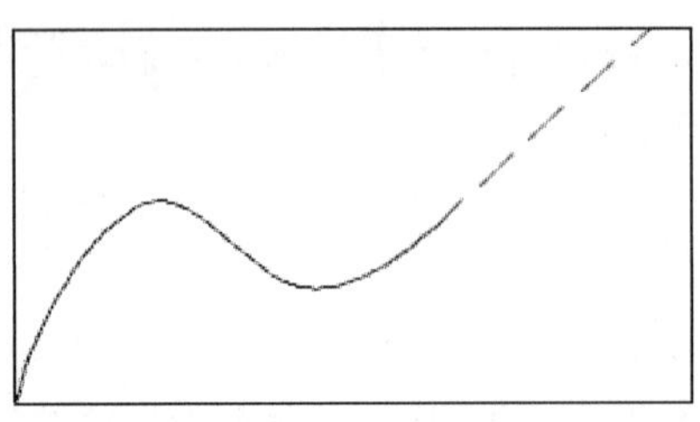

图 6-82

注意 无须退出 EXTEND 命令就可以修剪对象：按住<Shift>键，同时选择要修剪的对象。

- 修剪和延伸宽多段线：在二维宽多段线的中心线上进行修剪和延伸。宽多段线的端点始终是正方形的。以某一角度修剪宽多段线会导致端点部分延伸出剪切边。如果修剪或延伸锥形的二维多段线线段，请更改延伸末端的宽度以将原锥形延长到新端点。如果给该线段指定一个负的末端宽度，则末端宽度被强制为0。
- 修剪和延伸样条曲线拟合多段线：修剪样条拟合多段线将删除曲线拟合信息，并将样条拟合线段改为普通多段线线段。延伸一个样条曲线拟合的多段线将为多段线的控制框架添加一个新顶点。

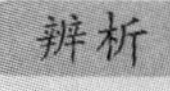

辨析 修剪是将需要的部分剪切掉，而延伸则是将不够的地方进行延伸，在某种情况下，修剪命令和延伸命令可以互相转换：在修剪命令的选择对象提示下按住<Shift>键则是延伸对象，反之亦然，如图6-83所示。

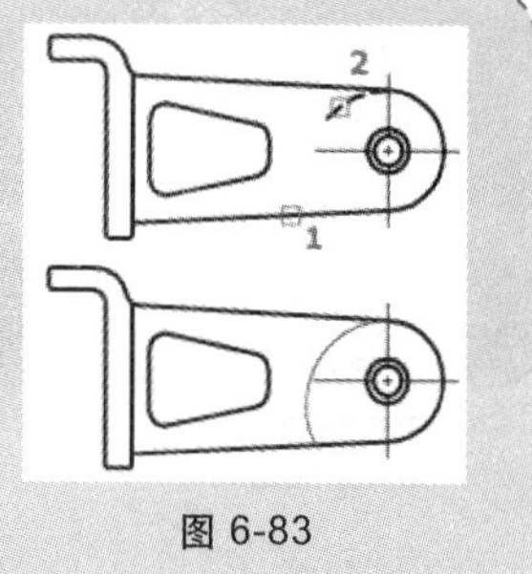

图 6-83

6.3.2 圆角对象

圆角使用与对象相切并且具有指定半径的圆弧连接两个对象，如图6-84所示。

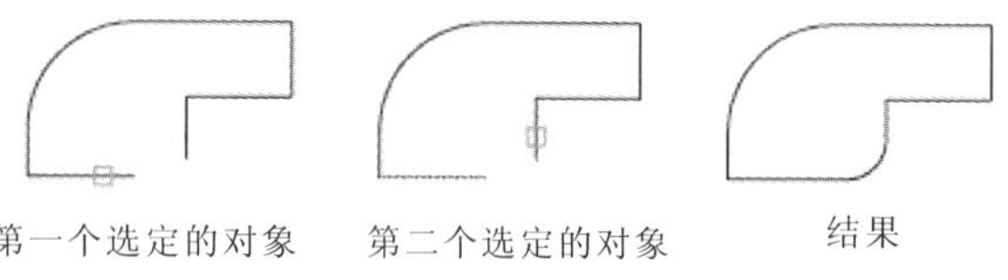

图 6-84

内角点称为内圆角，外角点称为外圆角；这两种圆角均可使用 FILLET 命令创建。

可以圆角的对象有：圆弧、圆、椭圆和椭圆弧、直线、多段线、射线、样条曲线、构造线和三维实体（在 AutoCAD LT 中不可用）等多种。

FILLET 使用单个命令便可以为多段线的所有角点加圆角。也可使用“多个”选项来圆角多组对象而无须退出命令。

案例6-10：对基座倒圆角

素材文件	Sample/CH06/10.dwg	结果文件	Sample/CH06/10-end.dwg
视频文件	视频演示/CH06/对基座倒圆角.avi		

Step01 单击“打开”按钮，打开图形文件，如图6-85所示。

Step02 单击“常用”选项卡→“修改”面板上的“圆角”按钮，如图6-86所示。

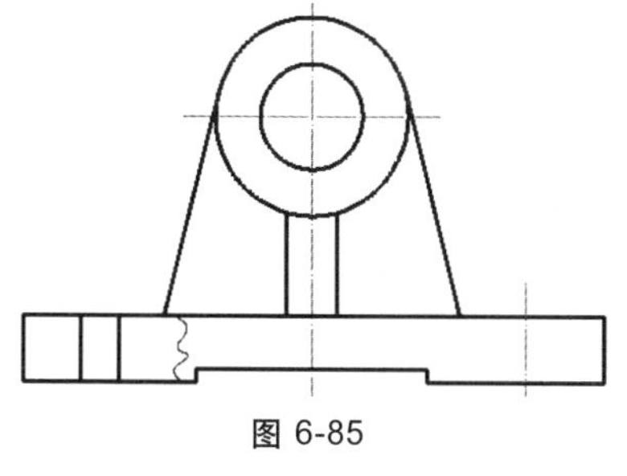

图 6-85

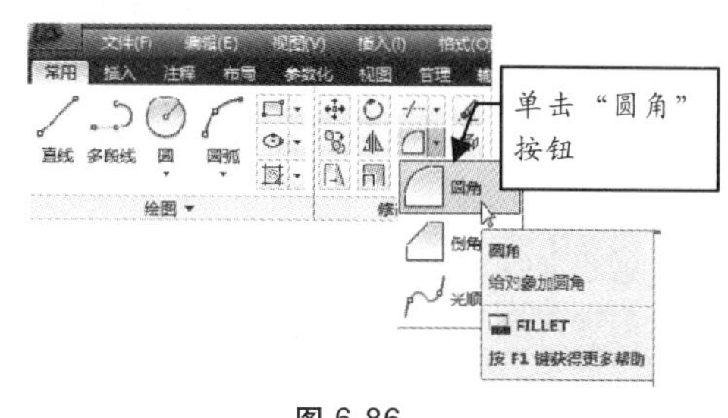

图 6-86

第6小时 编辑二维图形

小贴示　相关命令提示。

- 命令行：FILLET。
- 菜单栏："修改"→"圆角"命令。
- 工具栏："修改"→"圆角"按钮。

Step03 在系统"选择第一个对象"提示下，输入R指定圆角的半径为3，如图6-87所示。

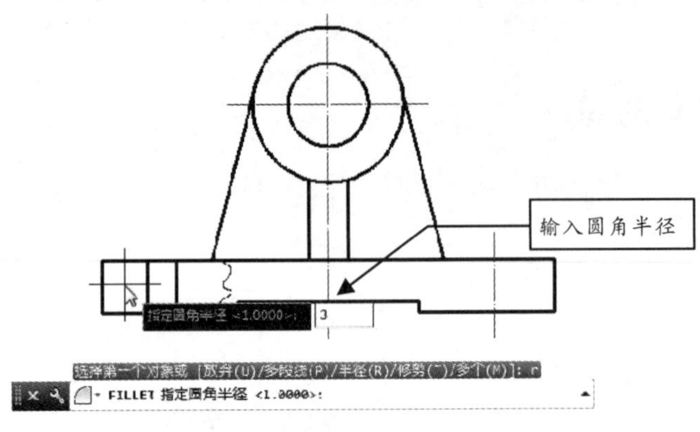

图 6-87

提示　从命令行中可以看出该圆角半径默认值为1。

Step04 在系统"指定第一个对象"提示选择左侧竖直线作为圆角的第一个对象，如图6-88所示。

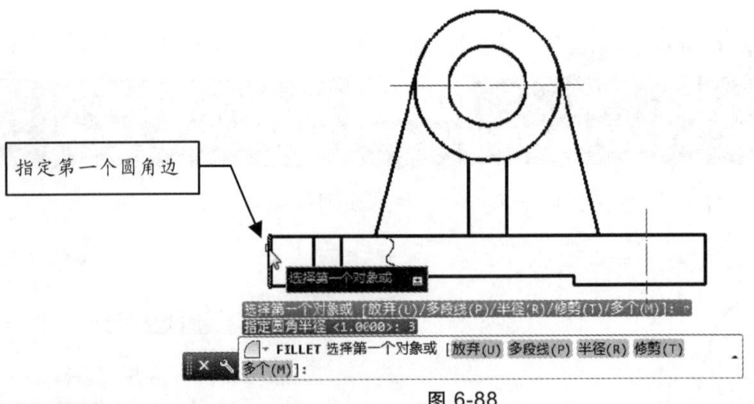

图 6-88

Step05 指定水平直线作为第二个对象进行倒圆角，如图6-89所示。

Step06 使用同样的方法，对其他位置倒圆角，圆角半径分别为3、1、1，结果如图6-90所示。

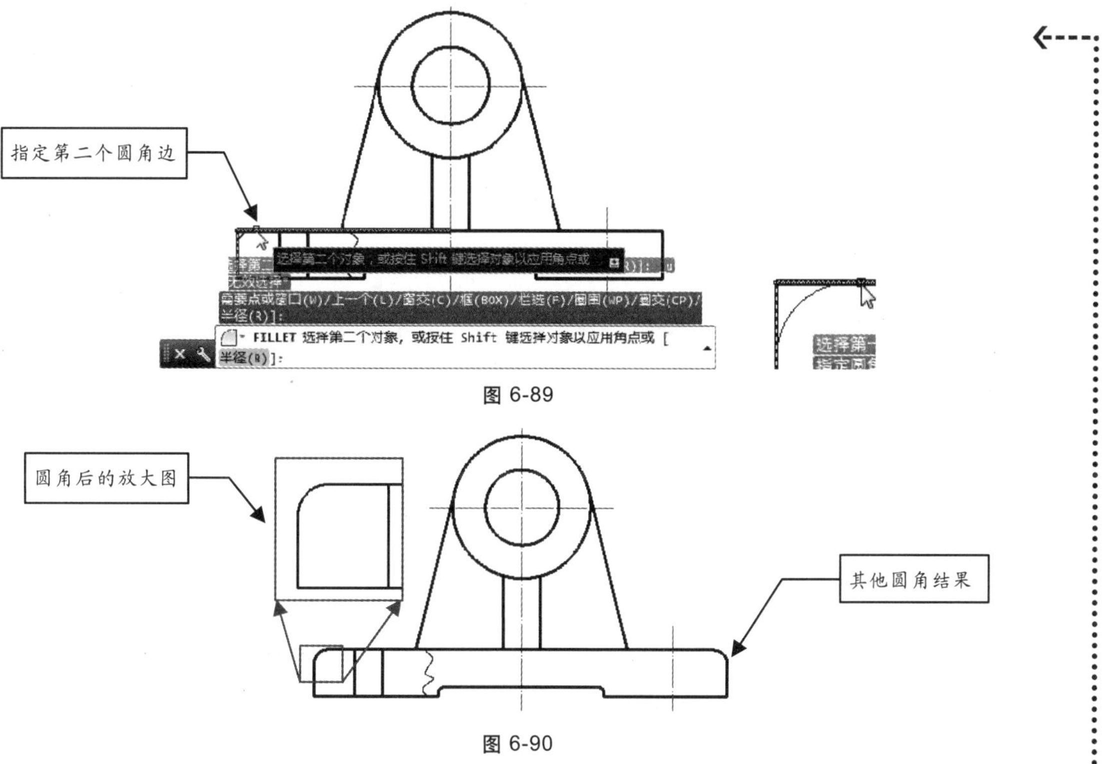

图 6-89

图 6-90

选项精解

- 多段线：在二维多段线中两条直线段相交的每个顶点处插入圆角圆弧。选择二维多段线时，如果一条圆弧段将会聚于该圆弧段的两条直线段分开，则执行 FILLET 命令将删除该圆弧段并代之以圆角圆弧。
- 半径：定义圆角圆弧的半径。输入的值将成为后续 FILLET 命令的当前半径。修改此值并不影响现有的圆角圆弧。
- 修剪：控制 FILLET 是否将选定的边修剪到圆角圆弧的端点。
- 多个：给多个对象集加圆角。
- 边：选择一条边。可以连续选择单个边直至按<Enter>键为止。

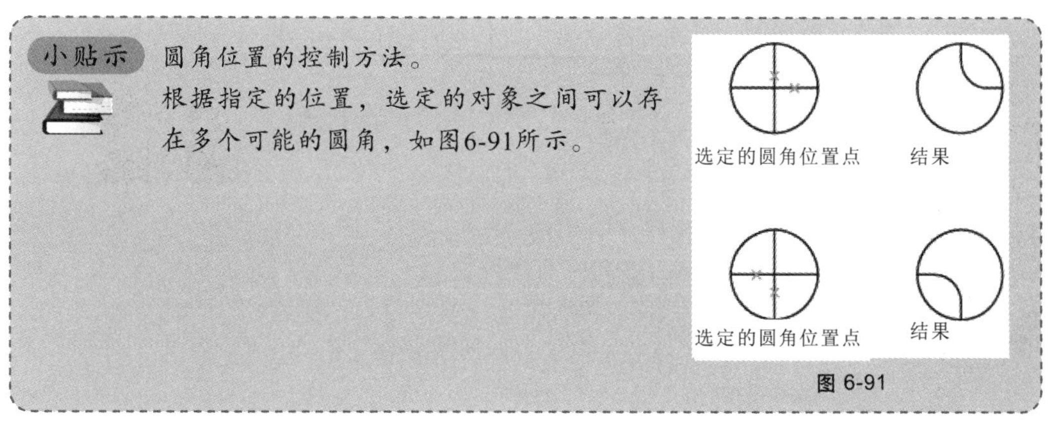

小贴示 圆角位置的控制方法。

根据指定的位置，选定的对象之间可以存在多个可能的圆角，如图6-91所示。

图 6-91

6.3.3 倒角对象

倒角连接两个对象，使它们以平角或倒角相接。倒角使用成角的直线连接两个对象。它通常用于表示角点上的倒角边。

可以倒角的对象有：直线、多段线、射线、构造线和三维实体。

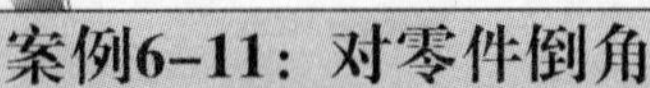

案例6-11：对零件倒角

素材文件	Sample/CH06/11.dwg	结果文件	Sample/CH06/11-end.dwg

Step01 单击“打开”按钮打开图形，如图6-92所示。

Step02 单击“常用”选项卡→“修改”面板→“倒角”按钮，如图6-93所示。

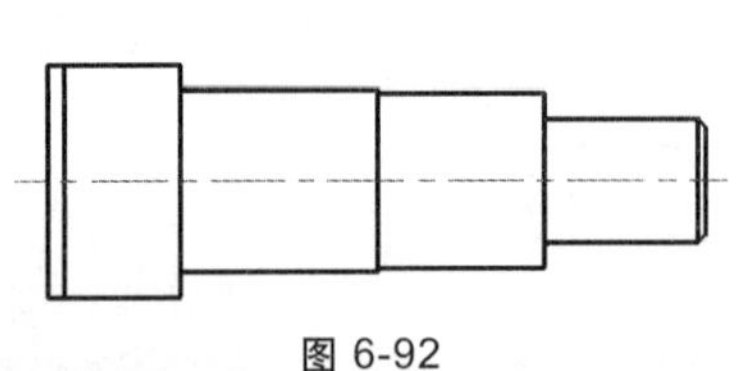

图 6-92

图 6-93

> 小贴示 相关命令提示。
> - 命令行：CHAMFER。
> - 菜单栏：“修改”→“倒角”命令。
> - 工具栏：“修改”→“倒角”按钮。

Step03 选择左上侧直线作为倒角的第一条直线，如图6-94所示。

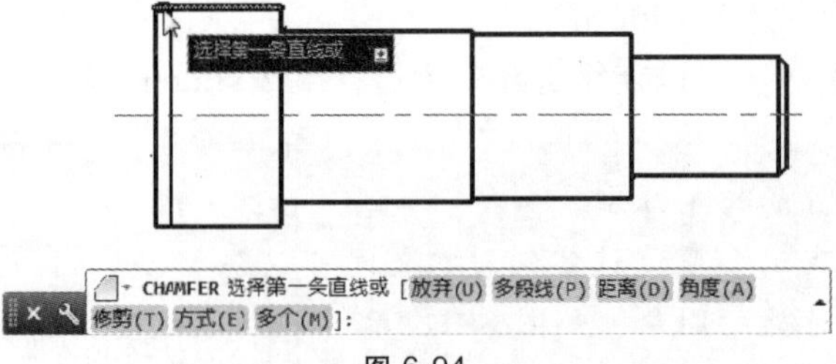

图 6-94

Step04 输入D，使用距离方式进行倒角，两个倒角距离均为2，如图6-95所示。

Step05 选择左侧竖直直线作为倒角的第二个倒角边，如图6-96所示。

Step06 使用同样的方法对下侧位置进行倒角，如图6-97所示。

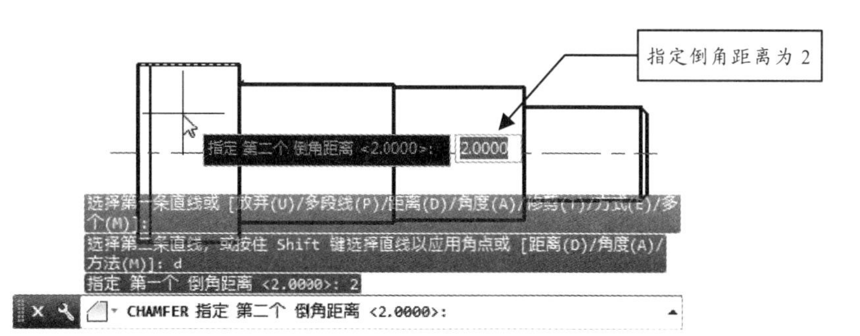

图 6-95

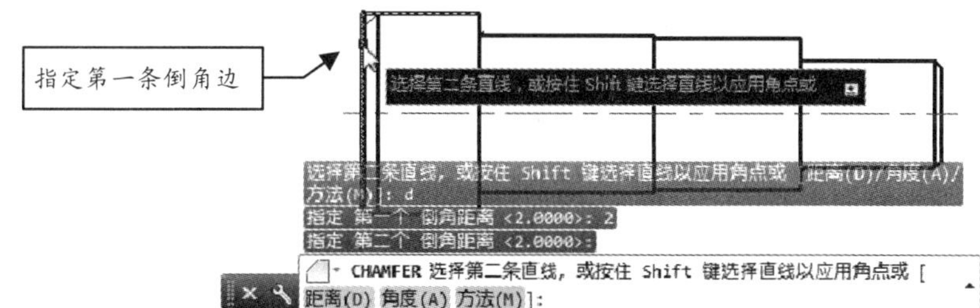

图 6-96

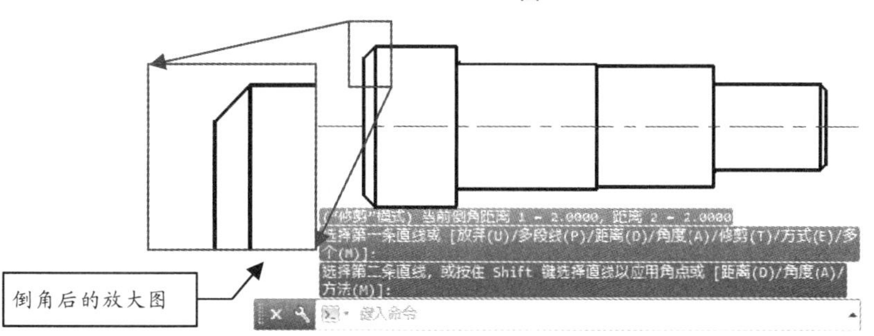

图 6-97

小贴示

多段线倒角。

如果选择的两个倒角对象是一条多段线的两个线段，则它们必须相邻或仅隔一个圆弧段，如果它们被圆弧段间隔，倒角将删除此圆弧并用倒角线替换它，如图6-98所示。

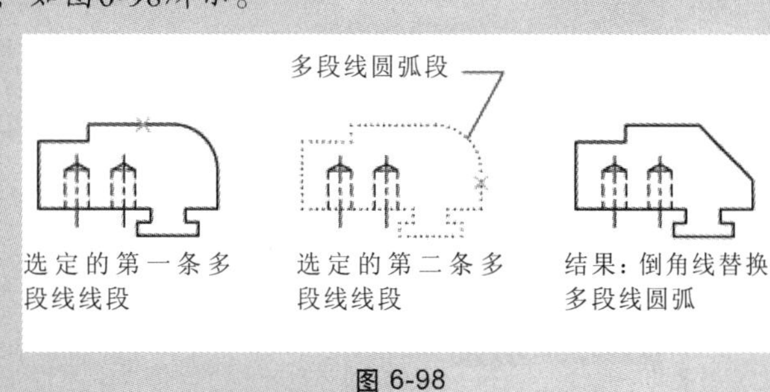

图 6-98

第3天 编辑二维图形

图形的绘制非常方便，但只有绘制并不能满足绘图结果，特别是一些复杂的图形样式无法直接使用绘图命令绘制出来，这时就用到了编辑命令。

编辑命令分为两个部分：简单的编辑和复杂的编辑，如复制类命令、改变位置类命令和改变几何特征类目录。本部分讲解了使用图层等的编辑方式等，关系如下。

如果说第 2 天是让你对绘图有基本的认识，第 3 天则是让你熟悉 AutoCAD 的编辑功能。

❶ **第7小时**

利用其他方式编辑对象

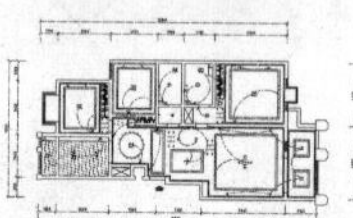

7.1 使用特性功能修改对象属性

7.2 利用夹点编辑对象

❷ **第8小时**

设置图层

8.1 创建新图层

8.2 编辑图层

8.3 图层管理

第 7 小时　利用其他方式编辑对象

前面说明了各种简单的编辑功能，特别是AutoCAD提供的各种编辑工具来对图形进行打断、拉伸、镜像等各种编辑，这些都是对图形的形状进行的相应改变，本小时来讲解如何不改变图形形状，而是只改变图形中图元的属性，如颜色、线宽等。

7.1　使用特性功能修改对象属性

对象特性控制对象的外观和行为，并用于组织图形。

每个对象都具有常规特性，包括其图层、颜色、线型、线型比例、线宽、透明度和打印样式。此外，对象还具有类型所特有的属性。例如，圆的特殊属性包括其半径和区域。

当指定图形中的当前特性时，所有新创建的对象都将自动使用这些设置。例如，如果将当前图层设定为“标注”，所创建的对象将在“标注”图层中，如图7-1所示。

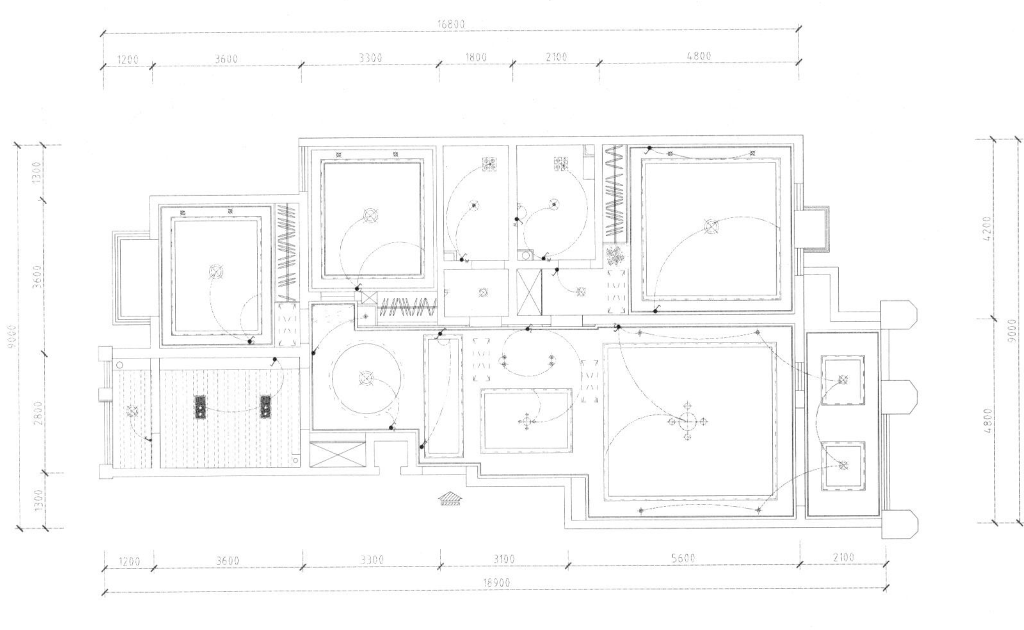

图 7-1

7.1.1　利用“特性”面板来更改颜色属性

除了利用图层功能进行规模化修改颜色、线型等属性外，用户还可以对某个图元进行单一修改，如修改中心线为蓝色、线型为实线等，如图7-2所示。

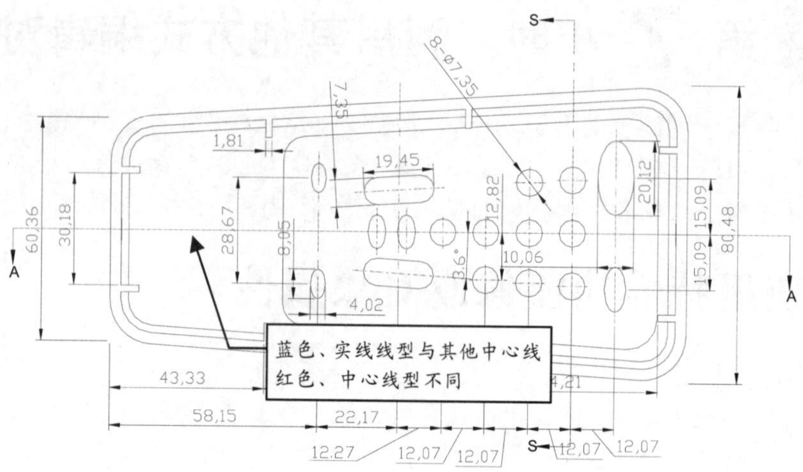

图 7-2

下面通过案例来说明如何利用特性面板来修改单一图元颜色。

案例7-1：更改图形颜色等特性

素材文件	Sample/CH07/01.dwg	结果文件	Sample/CH07/01-end.dwg
视频文件	视频演示/CH07/更改图形颜色等特性.avi		

绘制方法如下：

Step01 单击"快速启动工具栏"上的"打开"按钮打开图形文件，如图7-3所示。

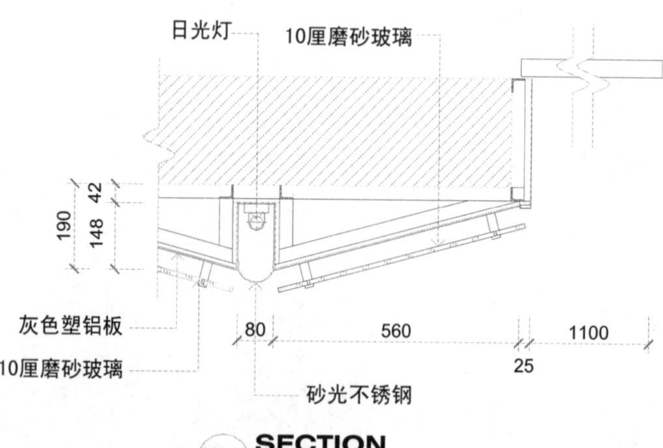

图 7-3

Step02 单击"常用"选项卡→"图层"面板→"图层"按钮，选中图层"3"将其设置为当前图层，并使该图层上的图形都被选中，如图7-4所示。

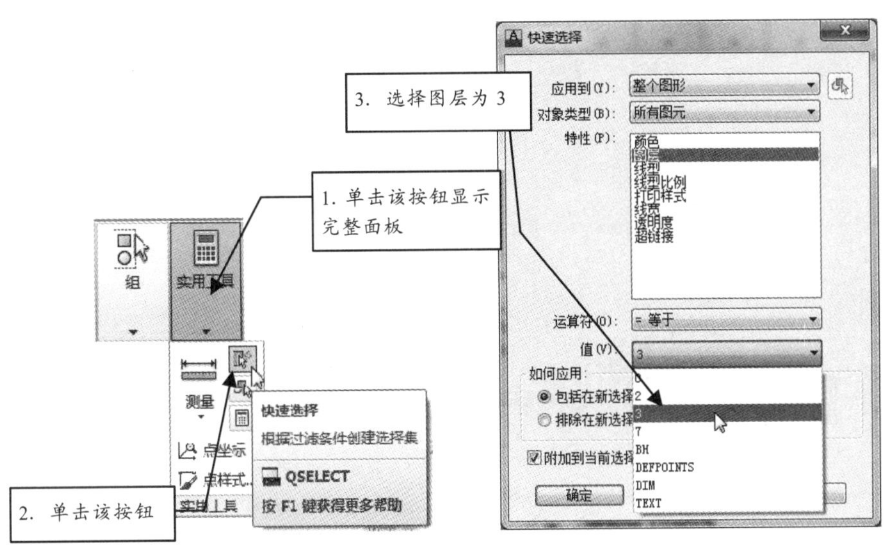

图 7-4

Step03 单击“确定”按钮，系统显示选中的图形，如图7-5所示。

Step04 单击“常用”选项卡→“特性”面板→“颜色”列表，选择“红”颜色，如图7-6所示。

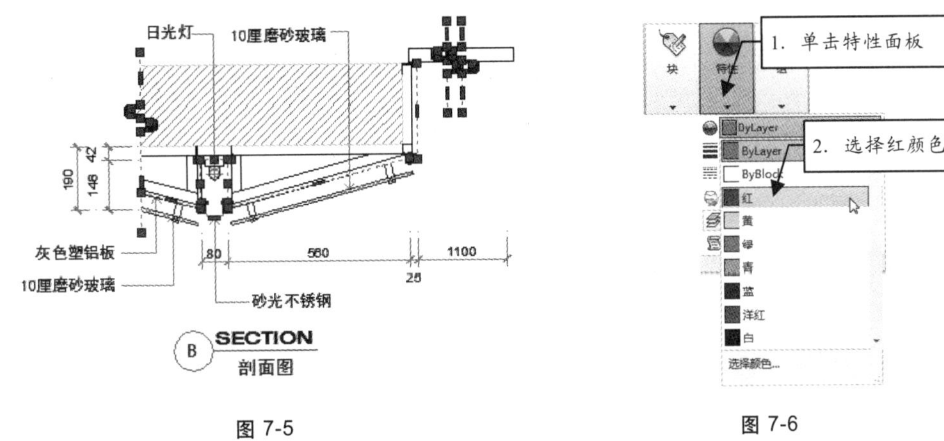

图 7-5

图 7-6

小贴示 也可以使用其他方法调用该命令。

- 命令行：COLOR。
- 菜单：“格式”→“颜色”命令。
- 工具栏：“特性”→“颜色”按钮。

Step05 修改后的结果如图7-7所示。

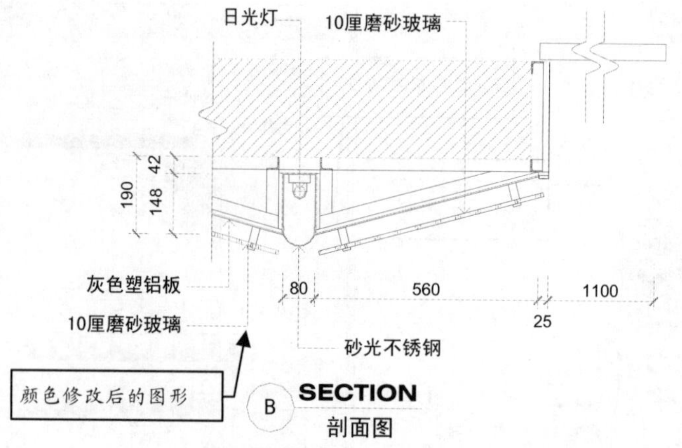

图 7-7

Step06 使用同样的方法，修改填充图形为蓝色。使用快速选择方式选中填充图案后，系统会自动显示“图案填充编辑器”功能区，用户单击“特性”面板中的“颜色”按钮，选中“蓝”色，如图7-8所示。

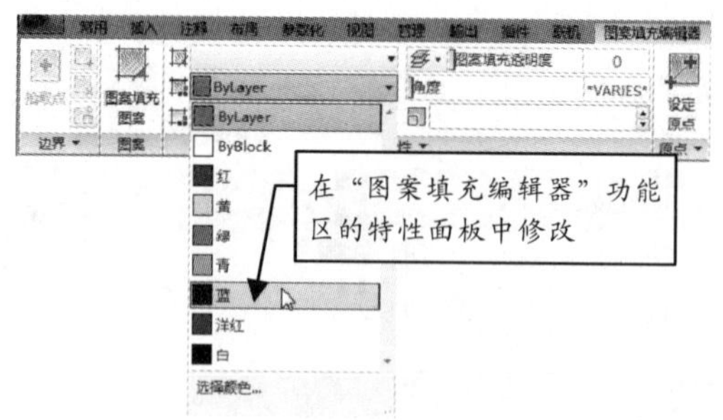

图 7-8

Step07 修改后结果如图7-9所示。

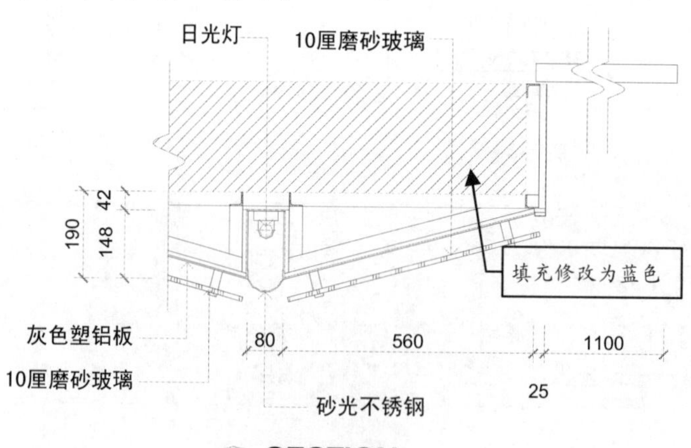

图 7-9

辨析 和图层改变特性的比较。

单击“常用”选项卡→“图层”面板→“图层”按钮，选中图层“3”，将其设置为当前图层，并使该图层上的图形都被选中，如图7-10所示。

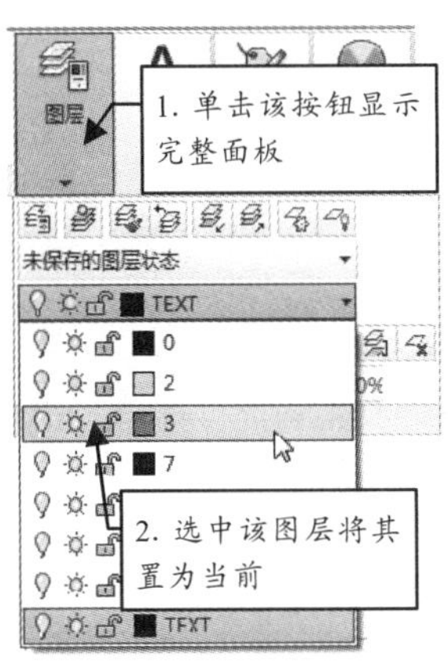

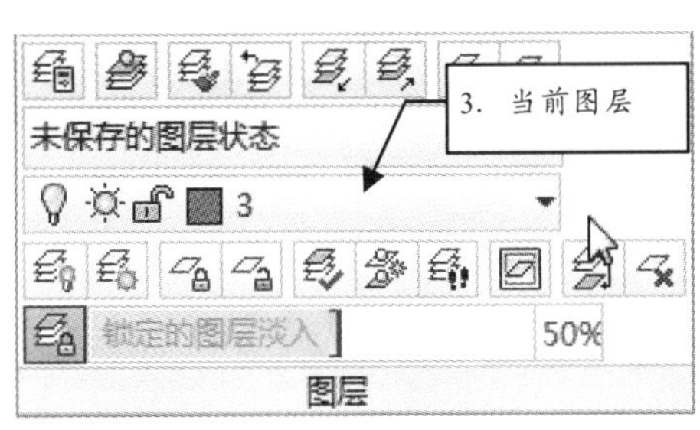

图 7-10

7.1.2 利用“特性”工具栏来更改线宽属性

除了能修改颜色外，用户还能修改线宽、透明度等选项，如图7-11所示。

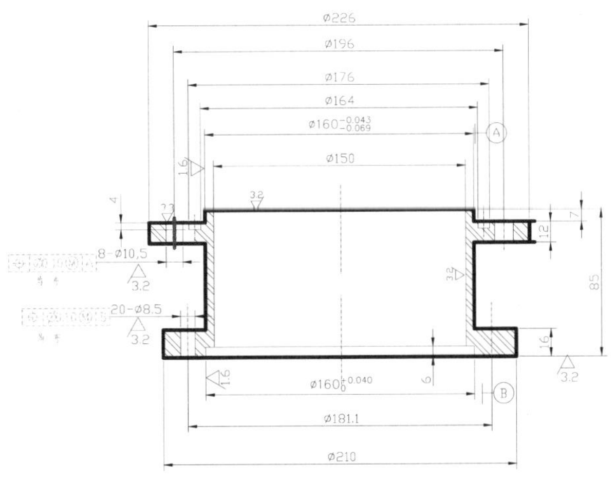

图 7-11

案例7-2：更改图形线宽等特性

素材文件	Sample/CH07/02.dwg	结果文件	Sample/CH07/02-end.dwg
视频文件	视频演示/CH07/更改图形线宽等特性.avi		

步骤如下：

Step01 打开一个图形，可以看出图形中显示的均为细实线，这不符合机械绘图的常见要求，需要将相应的图线加粗，如图7-12所示。

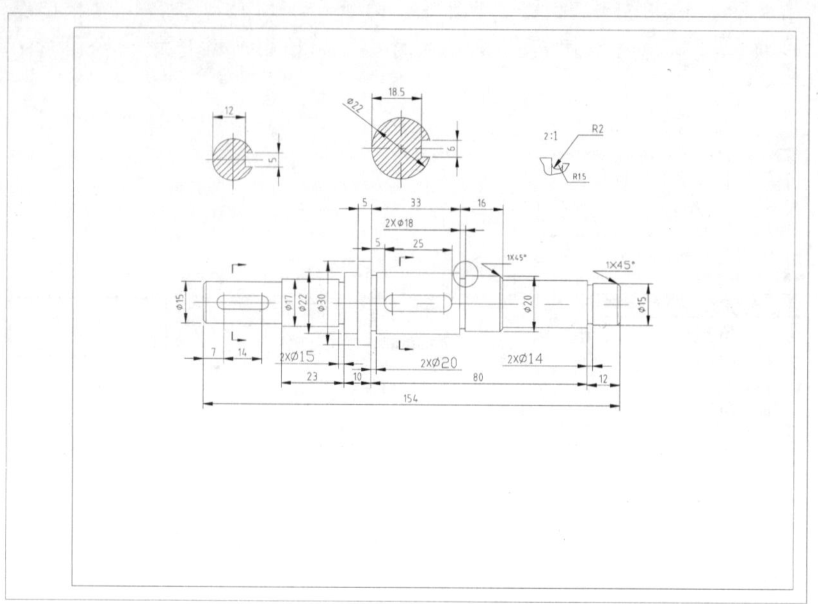

图 7-12

Step02 单击“常用”选项卡→“图层”面板→“图层”按钮，将“标注”、“细实线”等图层关闭，如图7-13所示。

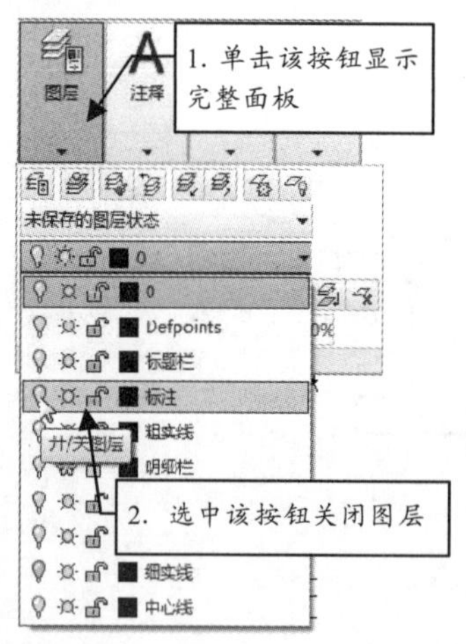

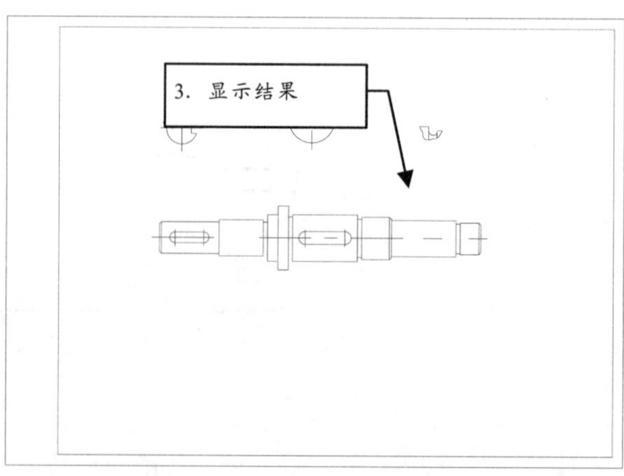

图 7-13

Step03 使用窗口选择方式选中所有图形，然后按住<Shift>键并单击选中不需要更改线宽的对象，比如中心线，如图7-14所示。

Step04 单击“常用”选项卡→“特性”面板→“线宽”按钮，选择“0.30毫米”选项，如图7-15所示。

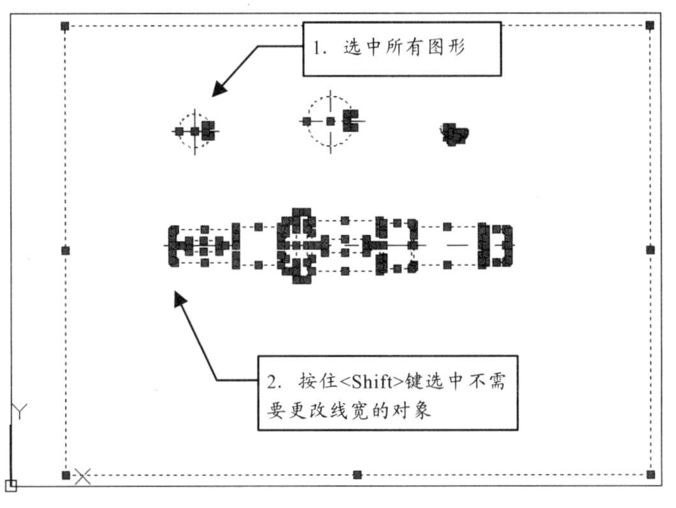

图 7-14

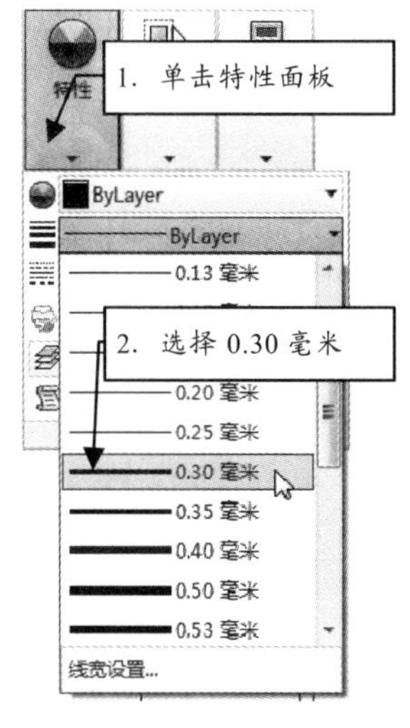

图 7-15

Step05 可以看到结果并没有变化，如图7-16所示。

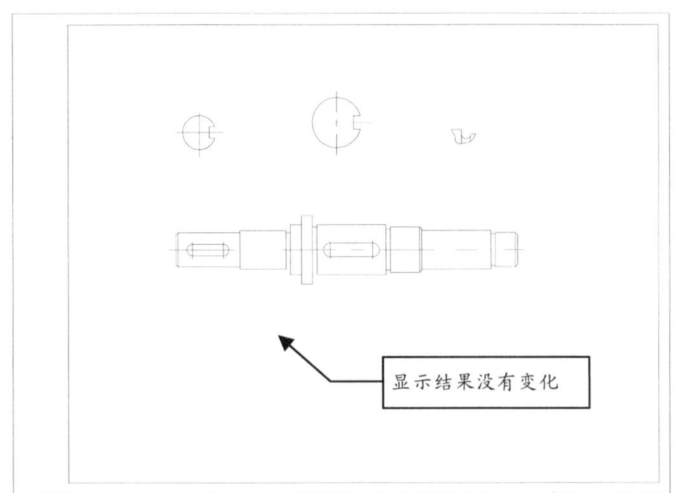

图 7-16

Step06 这是因为没有将线宽显示出来。单击状态栏上的“+（线宽）”按钮，如图7-17所示。

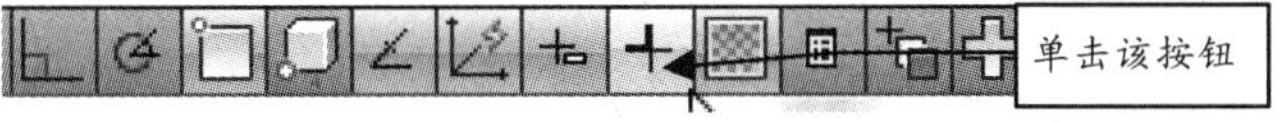

图 7-17

Step07 结果如图7-18所示。

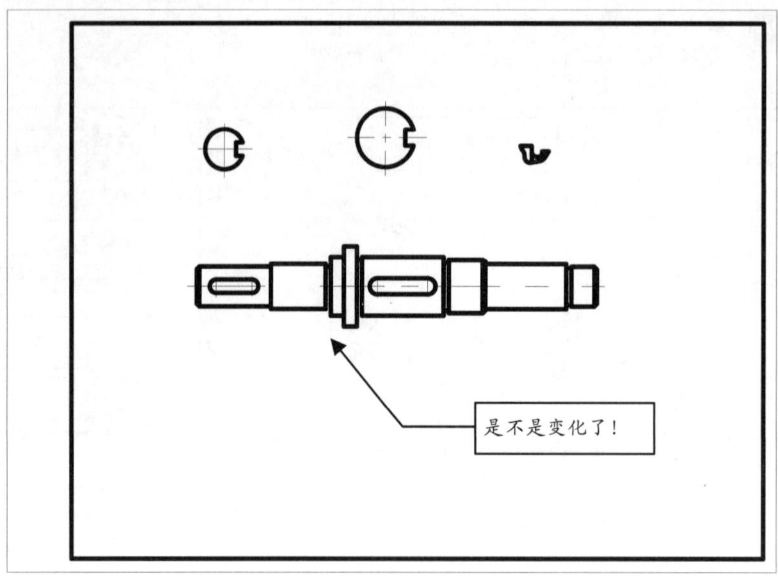

图 7-18

7.1.3 利用特性选项板修改图元属性

除了特性面板可以修改图元属性外，用户还可以利用快捷特性选项板来修改图元的相关属性，如图7-19所示。

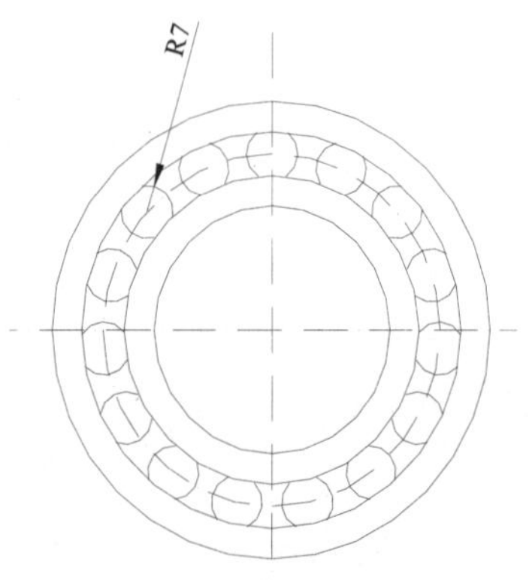

圆

颜色	■ ByLayer
图层	实线
线型	——
圆心 X 坐标	286.4
圆心 Y 坐标	176.0249
半径	32.5
直径	65
周长	204.2035
面积	3318.3072

快捷特性选项板

图 7-19

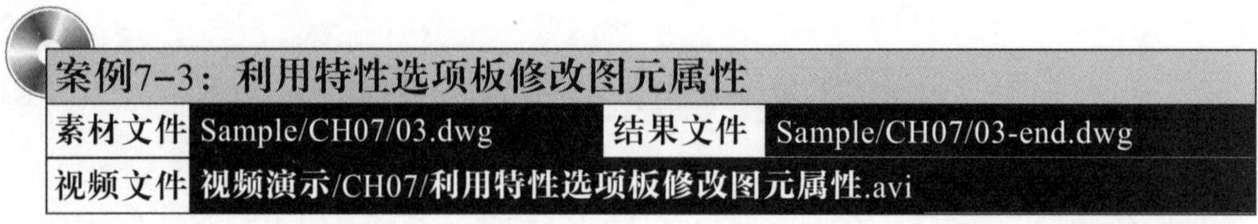

案例7-3：利用特性选项板修改图元属性			
素材文件	Sample/CH07/03.dwg	结果文件	Sample/CH07/03-end.dwg
视频文件	视频演示/CH07/利用特性选项板修改图元属性.avi		

步骤如下。

Step01 单击“快速启动工具栏”上的“打开”按钮打开图形文件，如图7-20所示。

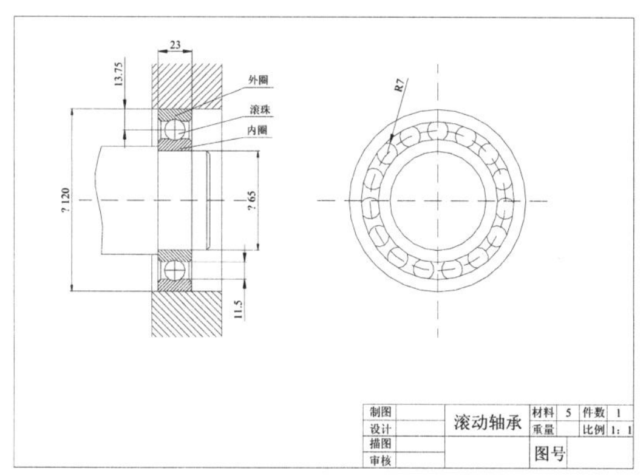

图 7-20

Step02 单击选中中心线，系统显示“快捷特性”，包括选中图元的线型、颜色、图层、线型等常用特性，如图7-21所示。

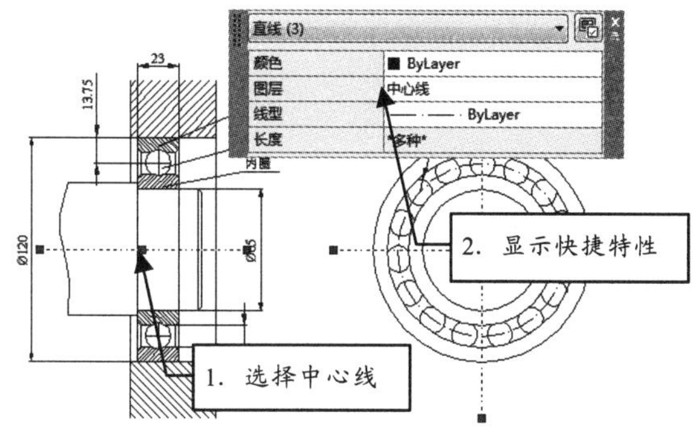

图 7-21

Step03 单击“常用”选项卡→“特性”面板→“特性”按钮，如图7-22所示。

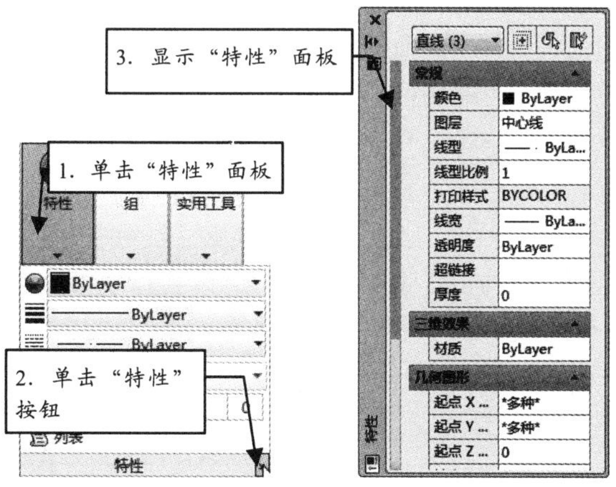

图 7-22

小贴示　也可以使用其他方法调用该命令。

- 命令行：PROPERTIES。
- 菜单："工具"→"选项板"→"特性"命令。
- 工具栏："标准"→"（特性）"按钮。

Step04　按<Enter>键，系统提示指定镜像线的第一点，此处选择房间左侧交点，如图7-23所示。

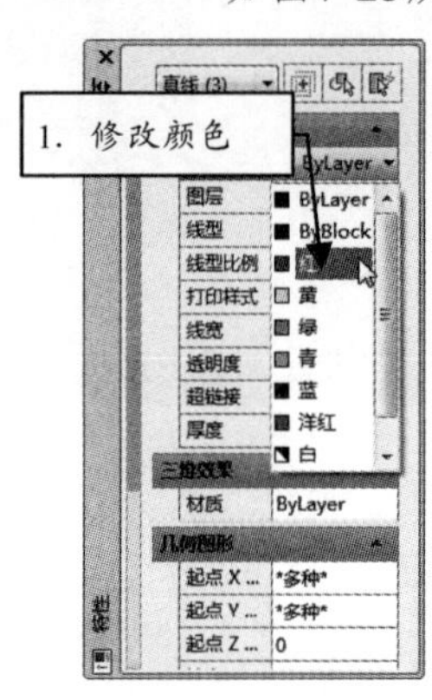

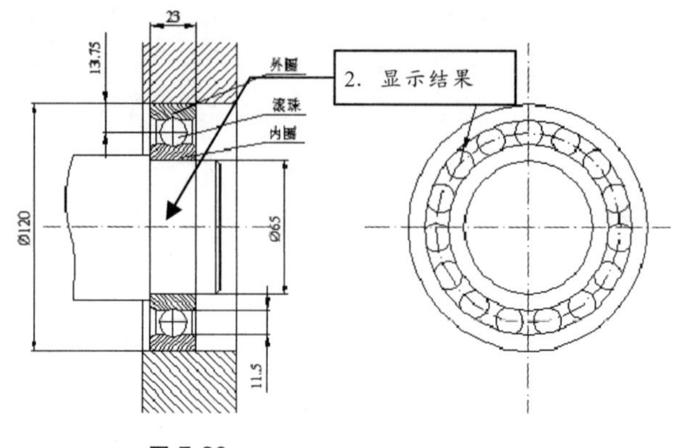

图 7-23

选项精解

- 对象类型：显示选定对象的类型。
- 选择对象：使用任意选择方法选择所需对象。"特性"选项板将显示选定对象的共有特性。然后可以在"特性"选项板中修改选定对象的特性，或输入编辑命令对选定对象做其他修改。
- 快速选择：显示"快速选择"对话框。使用"快速选择"创建基于过滤条件的选择集。
- 快捷菜单：在标题栏上右击时，将弹出快捷菜单选项。
- 移动：显示用于移动选项板的四向箭头光标。选项板并不是固定的。
- 大小：显示四向箭头光标，用于拖动选项板的边或角点使其变大或变小。
- 关闭：关闭"特性"选项板。
- 允许固定：切换固定或锚定选项板窗口的功能。如果选定了此选项，则在图形边上的固定区域拖动窗口时，可以固定该窗口。固定窗口附着到应用程序窗口的边上，并导致重新调整绘图区域的大小。选择此选项还会将"锚点居右"和"锚点居左"置为可用。
- 锚点居右/锚点居左：将"特性"选项板附着到位于绘图区域右侧或左侧的锚点选项卡基点。当光标移至该选项板时，它将展开，移开时则会隐藏。打开锚点选项板时，它的内容将与绘图区域重叠。无法将被锚定的选项板设定为保持打开状态。

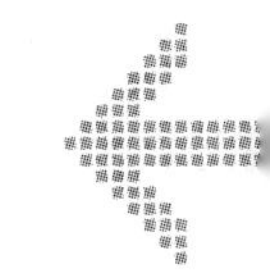

- 自动隐藏：当光标移动到浮动选项板上时，该选项板将展开；当光标离开该选项板时，它将滚动关闭。清除该选项时，选项板将始终打开。
- 透明度：显示“透明度”对话框。

7.2 利用夹点编辑对象

前面讲解了各种编辑功能，其实AutoCAD还内置了很多方便的编辑功能，如使用夹点进行移动、缩放、旋转等功能。可以使用不同类型的夹点和夹点模式以其他方式重新塑造、移动或操纵对象。

7.2.1 利用夹点移动对象

除了使用移动命令移动对象外，使用夹点功能也能方便地移动对象位置。

案例7-4：利用夹点编辑圆形

素材文件	Sample/CH07/06.dwg	结果文件	Sample/CH07/06-end.dwg
视频文件	视频演示/CH07/利用夹点编辑圆形.avi		

Step01 单击“快速启动工具栏”上的“打开”按钮打开图形文件，如图7-24所示。

Step02 单击选中中间的圆，如图7-25所示。

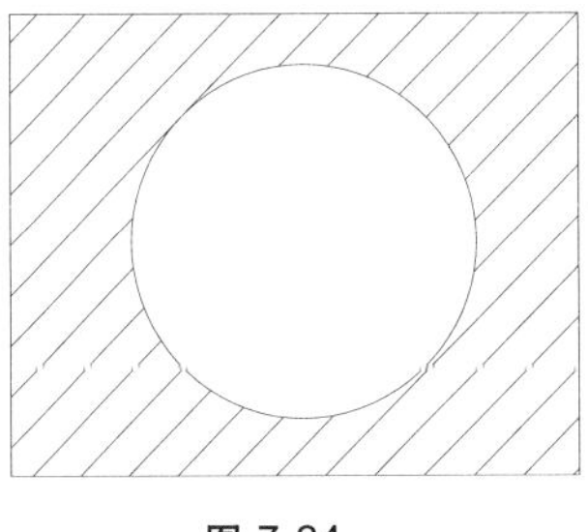

图 7-24

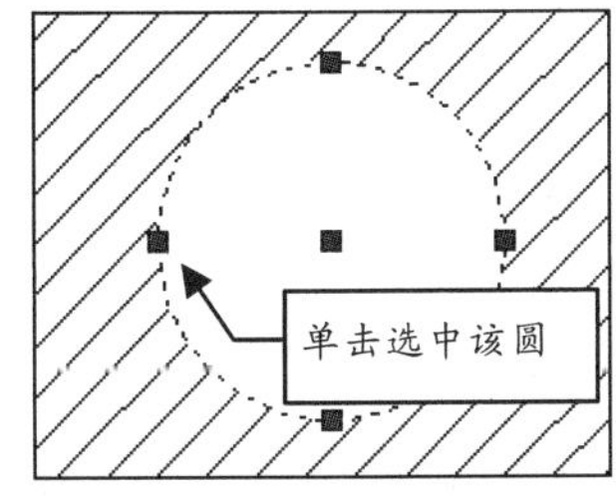

图 7-25

Step03 单击圆心夹点并向左上角拖动，如图7-26所示。

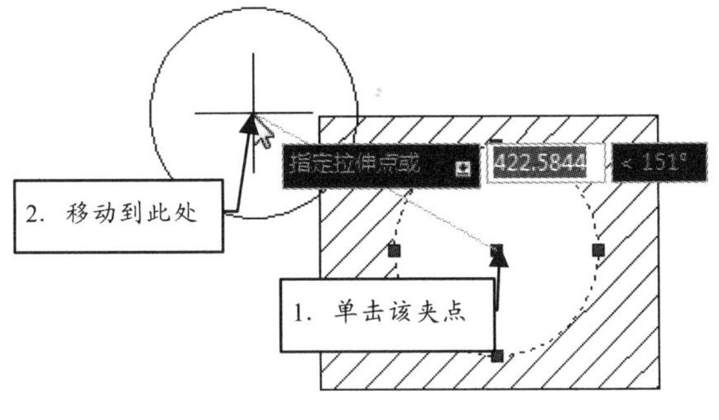

图 7-26

Step04 移动完成后，可以看到圆心被图案填充，交叉部分则为空白，如图7-27所示。

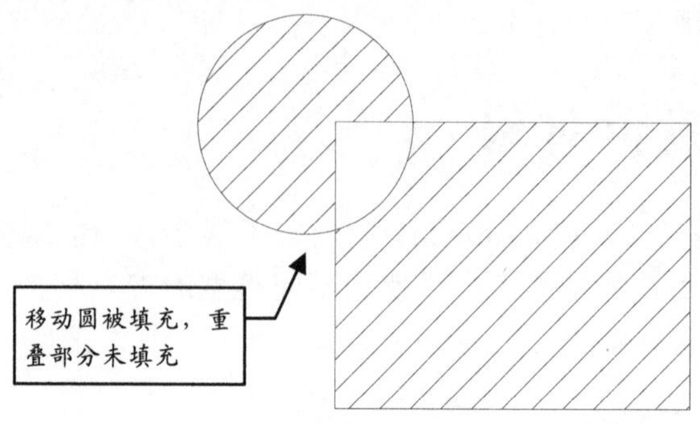

图 7-27

7.2.2 夹点缩放与复制对象

除了能移动图形对象外，利用夹点还能缩放、复制对象，如图7-28所示。

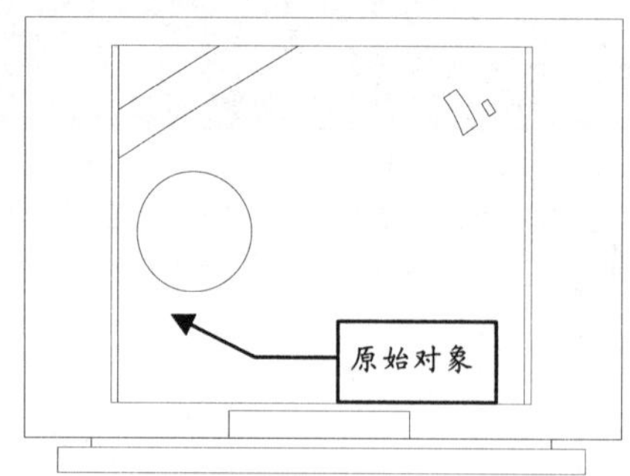

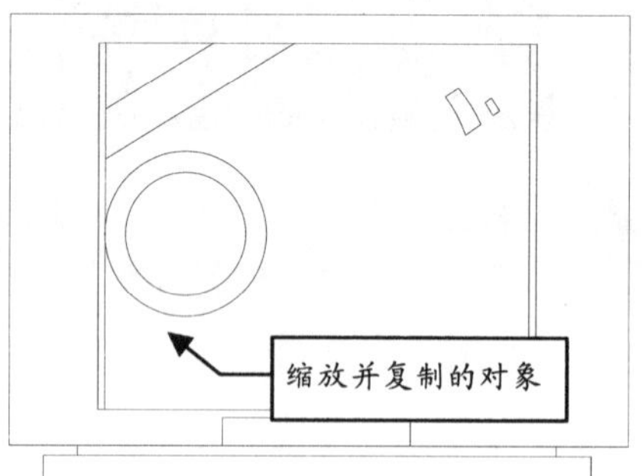

图 7-28

案例7-5：利用夹点复制、缩放对象

素材文件	Sample/CH07/03.dwg	结果文件	Sample/CH07/03-end.dwg

步骤如下：

Step01 单击“快速启动工具栏”上的“打开”按钮打开灶台图像，如图7-29所示。

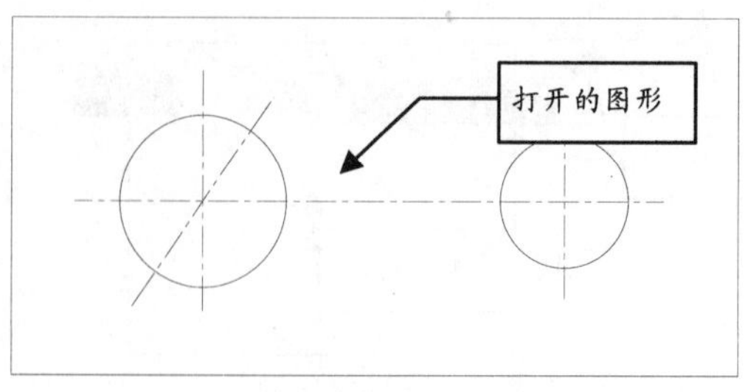

图 7-29

Step02 依次单击左侧圆对象，显示夹点，如图7-30所示。

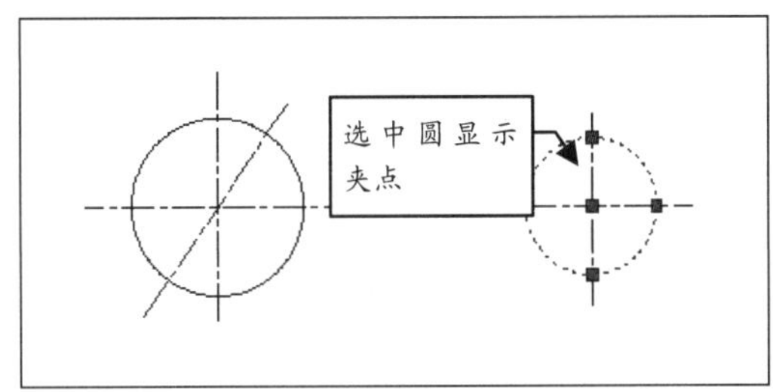

图 7-30

Step03 单击圆外侧的夹点，并向外拖动，如图7-31所示。

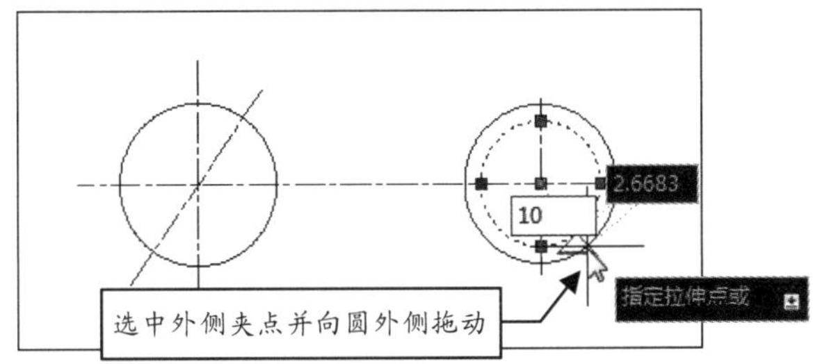

图 7-31

Step04 输入新圆的半径值并单击“确定”按钮，缩放后的结果如图7-32所示。

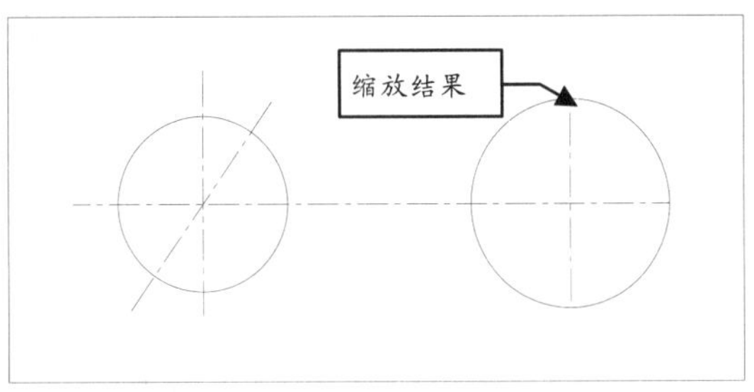

图 7-32

Step05 继续单击左侧的圆，选中右侧夹点向外拖动，在命令行中输入C，即实现了使用夹点复制功能，如图7-33所示。

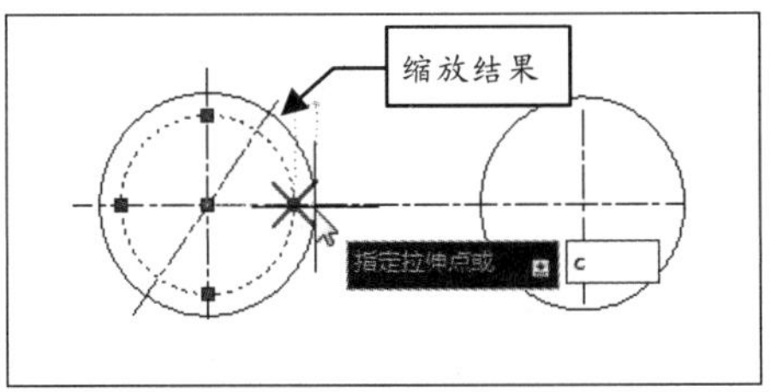

指定拉伸点或 [基点(B) 复制(C) 放弃(U) 退出(X)]:

图 7-33

Step06 单击指定圆半径，如图7-34所示。

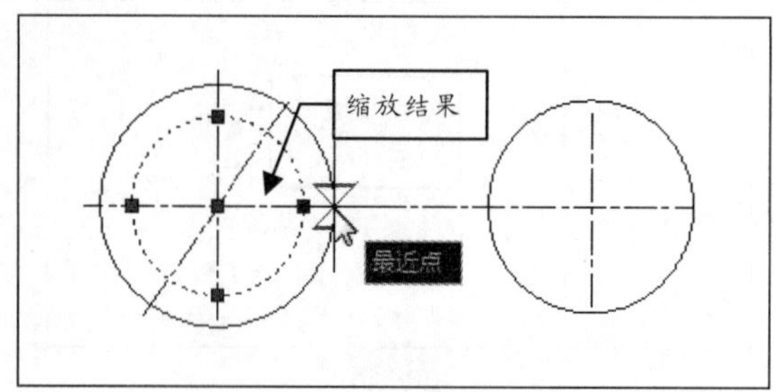

图 7-34

Step07 复制完成后，结果如图7-35所示。

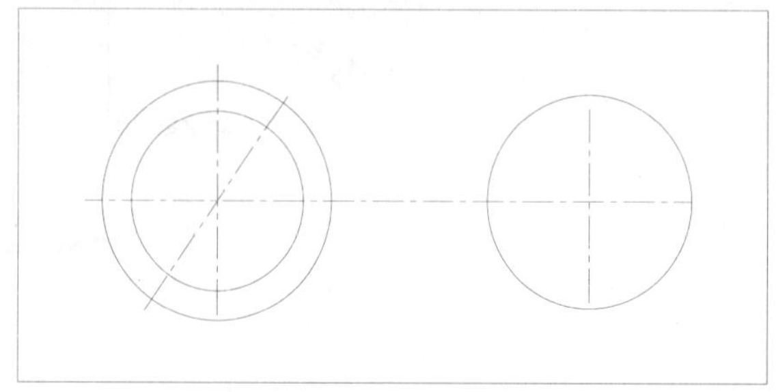

图 7-35

除了夹点复制、缩放等功能外，用户还可以利用夹点拉伸对象，如图7-36所示。

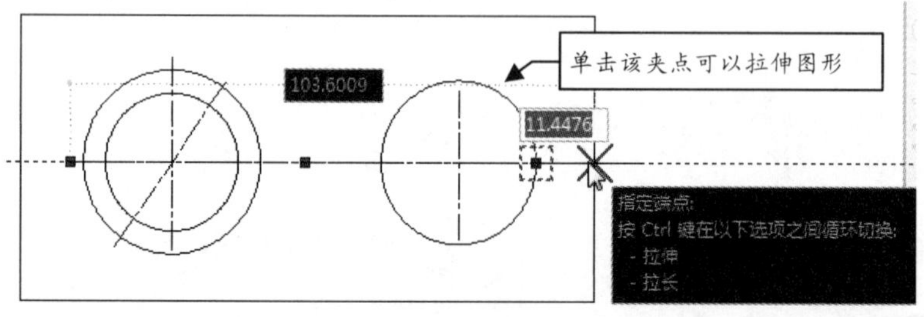

图 7-36

辨析 图块有多少夹点?

在编辑图块时，常常只能看到图块具有一个夹点(该夹点经常是指定的起始点)，可以指定选定的图块参照在其插入点显示单个夹点还是显示块内与编组对象关联的多个夹点，如图7-37所示。

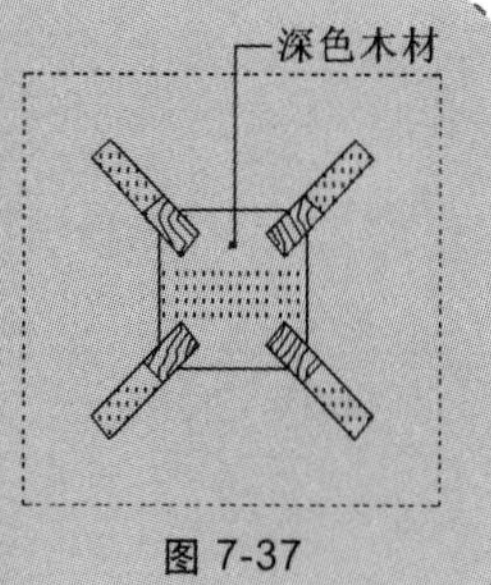

图 7-37

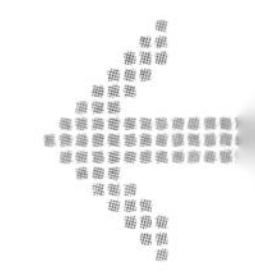

那么如何显示图块的多个夹点呢？

（1）在命令行输入OPTIONS命令，弹出“选项”对话框，单击“选择集”选项卡，选中“夹点”选项区中的“在块中显示夹点”复选框，如图7-38所示。

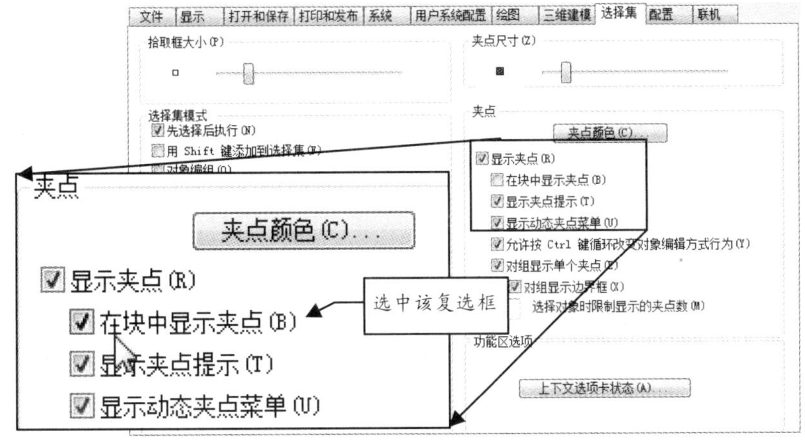

图 7-38

（2）设定完成后，单击“确定”按钮，图块将显示所有的夹点，如图7-39所示。

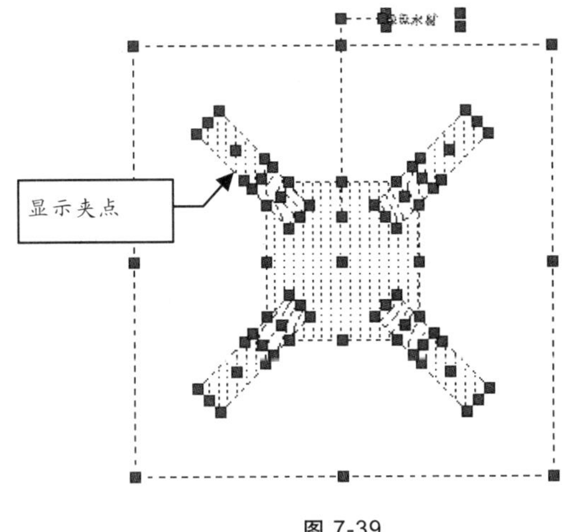

图 7-39

小贴示 虽然图块显示了很多夹点，但在图块中并不能像编辑其他图形那样编辑图块中的图元，需要进入图块编辑器才能编辑。

 第 8 小时　设置图层

图层是AutoCAD为了让用户方便查看与编辑设置的具有不同特性的图元归类的产物。图层相当于图纸绘图中使用的重叠图纸。图层是图形中使用的主要组织工具，用于将信息按功能编组及指定默认的特性，包括颜色、线型、线宽及其他特性，如图8-1所示。

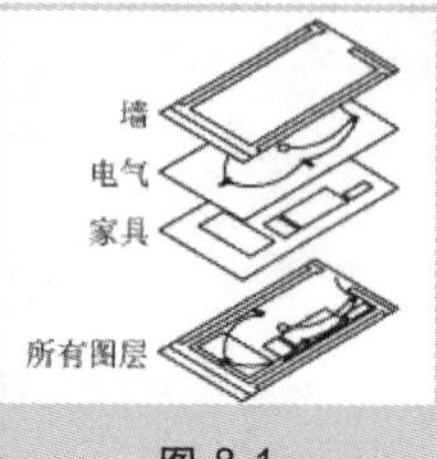

图 8-1

8.1　创建新图层

了解了图层的功能以后，就可以新建图层了。通过创建图层，可以将类型相似的对象指定给同一图层以使其相关联。例如，可以将构造线、文字、标注和标题栏置于不同的图层上。通过控制对象的显示或打印方式，图层可以降低图形的视觉复杂程度，并提高显示性能。

创建图层后，用户可以控制以下各项：

- 图层上的对象是显示还是隐藏。
- 是否打印及如何打印图层上的对象。
- 默认的颜色、线型、线宽或透明度是否指定给图层上的所有对象。
- 是否锁定图层上的对象并且无法修改。
- 对象是否在各个布局视口中显示不同的图层特性。

每个图形均包含一个名为 0 的图层。图层 0（零）无法删除或重命名，以便确保每个图形至少包括一个图层。

注意　建议用户创建几个新图层来组织图形，而不是在图层 0 上创建整个图形。

8.1.1　新建图层

案例8-1：新建图层对象

素材文件	Sample/CH08/0.dwg	结果文件	Sample/CH08/0-end.dwg
视频文件	视频演示/CH08/新建图层对象.avi		

Step01　单击“快速启动工具栏”上的“打开”按钮打开图形文件，如图8-2所示。

Step02 单击“常用”选项卡→“图层”面板→“图层列表框”按钮，如图8-3所示。

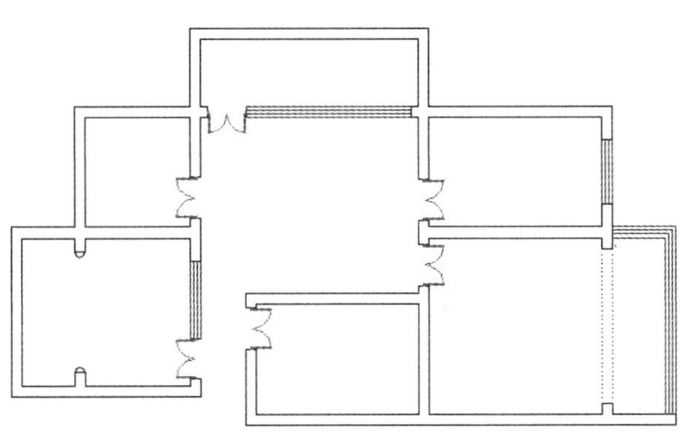

图 8-2

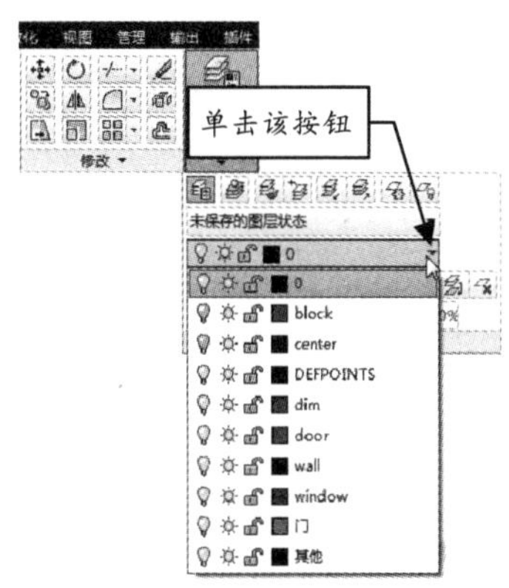

图 8-3

小贴示 也可以使用其他方法调用该命令。

- 命令行：LAYER。
- 菜单：“格式”→“图层”命令。
- 工具栏：“格式”→“图层”按钮。

Step03 在弹出的“图层特性管理器”选项板中可以看到当前图形已经存在的所有图层，单击“新建”按钮，如图8-4所示。

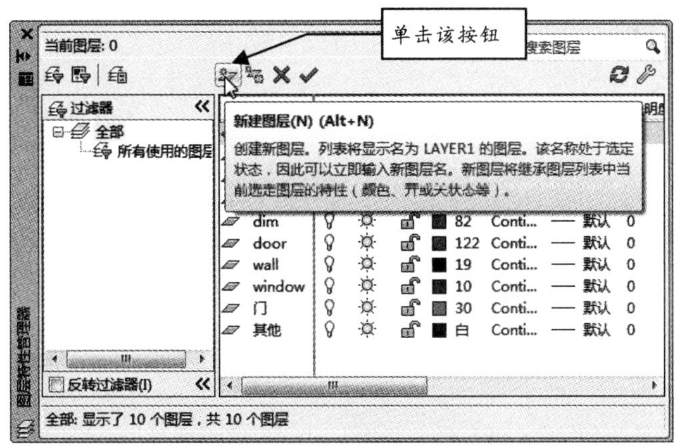

图 8-4

8.1.2 设置名称与颜色

Step01 新建一个图层且名称单元格处于激活状态，设定名称为“参考线”，如图8-5所示。

Step02 单击“颜色”单元格，然后选择“蓝色”作为该图层颜色，如图8-6所示。

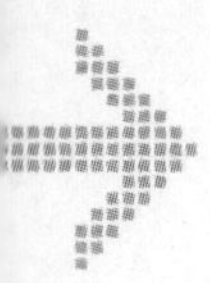

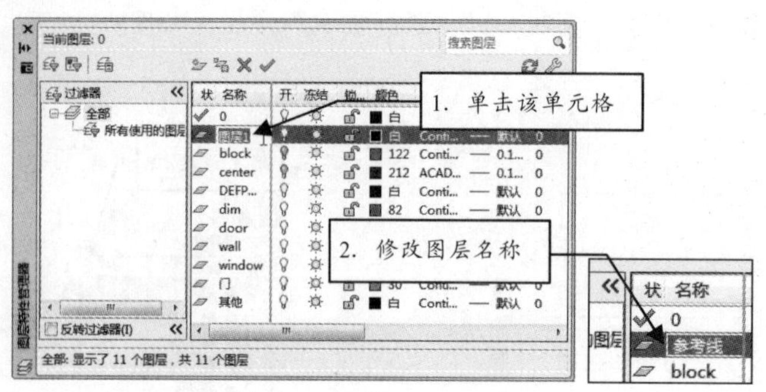

图 8-5

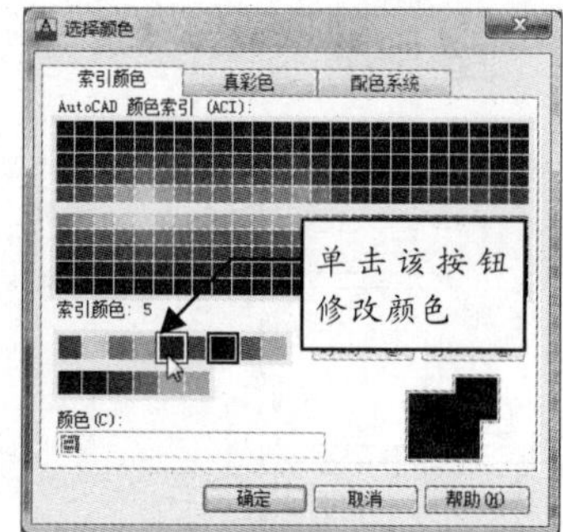

图 8-6

知识链接 设置颜色的方法。

除了直接使用“索引颜色”外，用户还可以使用“真彩色”、“配色系统”等方式设置颜色，如图8-7所示。

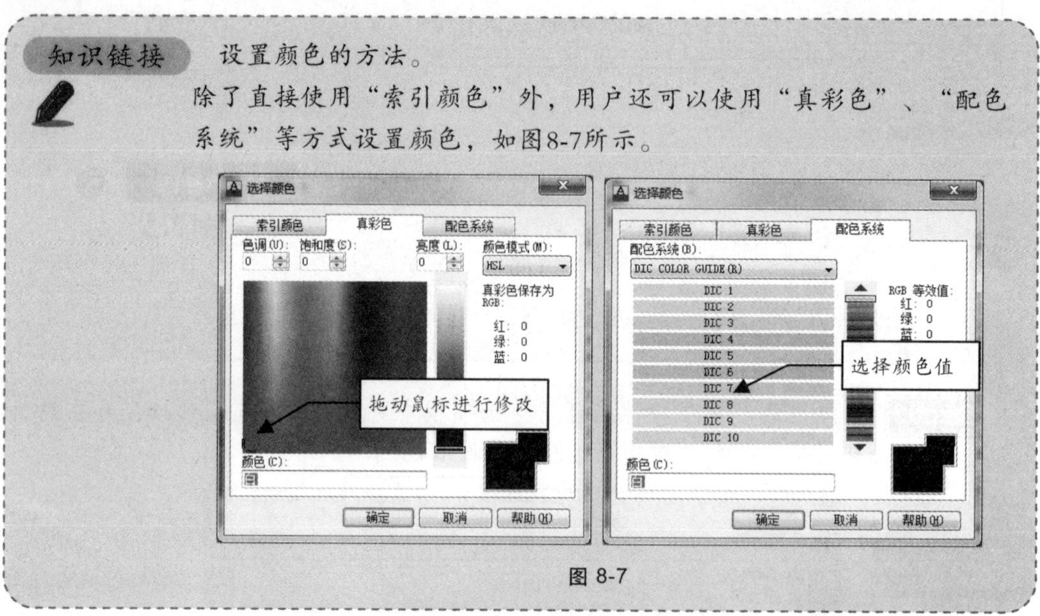

图 8-7

8.1.3 设置线型和线宽

Step01 单击“线型”单元格，弹出“选择线型”对话框，查看已经加载的线型，如果没有需要的线型存在，可以单击“加载”按钮，在弹出的“加载或重载线型”对话框中进行选择，如图8-8所示。

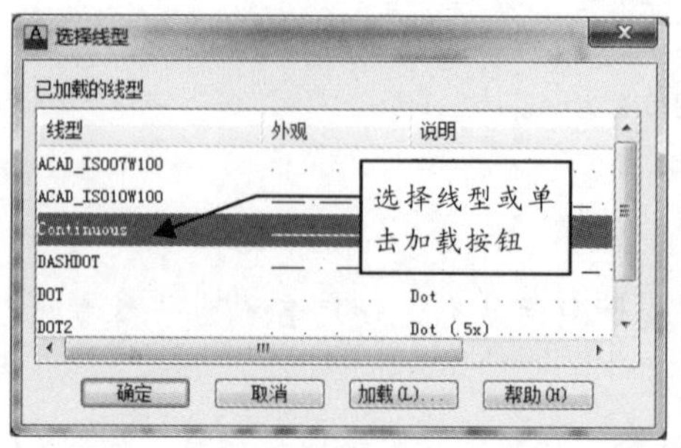

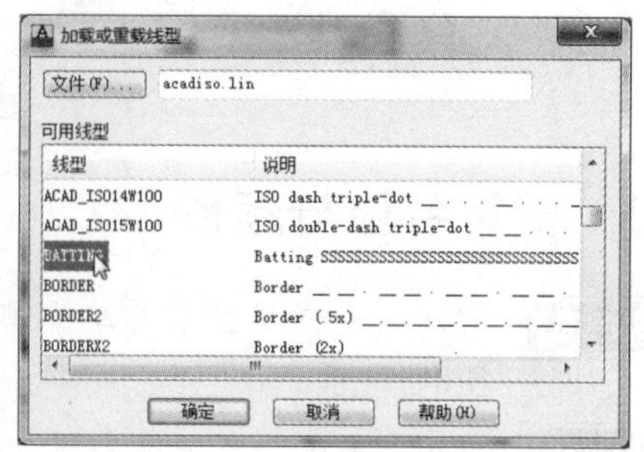

图 8-8

Step02 单击“线宽”单元格，在弹出的“线宽”对话框中选择“0.30mm”选项，结果如图8-9所示。

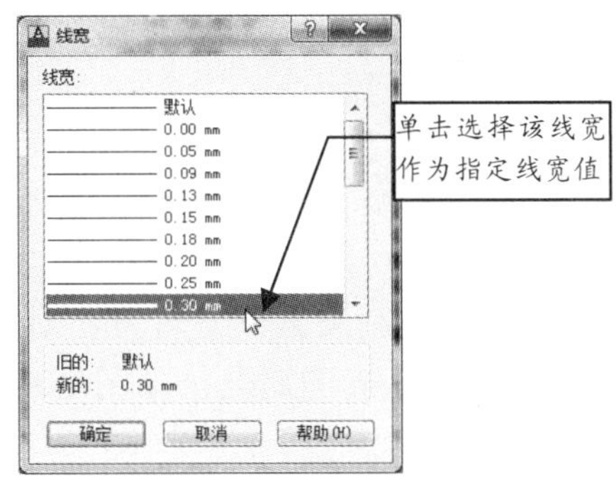

图 8-9

8.1.4 将图层设置为当前图层

Step01 设置完成后，单击“置为当前”按钮将新建的图层置为当前图层，即新绘制的图元均在该图层上，如图8-10所示。

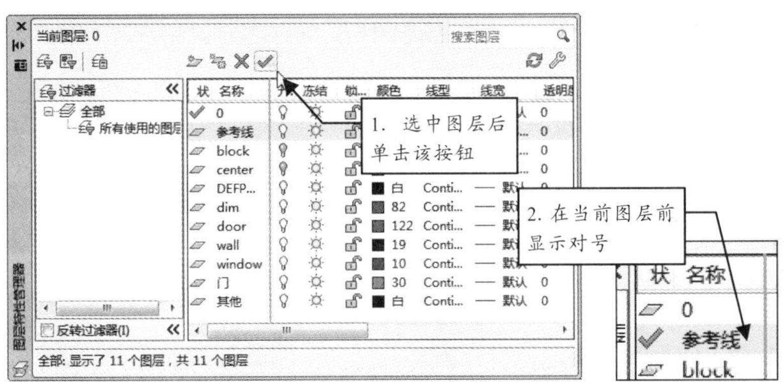

图 8-10

Step02 使用“直线”命令绘制参考图形，结果如图8-11所示。

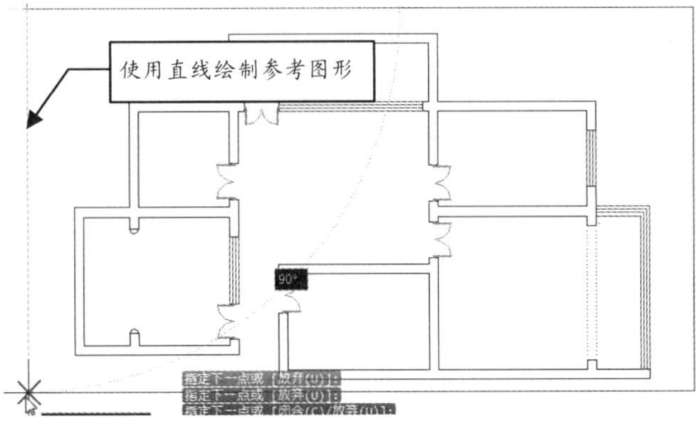

图 8-11

选项精解

主要选项说明如下：

- 新特性过滤器：显示“图层过滤器特性”对话框，从中可以根据图层的一个或多个特性创建图层过滤器。
- 新建组过滤器：创建图层过滤器，其中包含选择并添加到该过滤器的图层。
- 图层状态管理器：显示图层状态管理器，从中可以将图层的当前特性设置保存到一个命名图层状态中，以后可以再恢复这些设置。
- 新建图层：创建新图层。列表将显示名为 LAYER1 的图层。该名称处于选定状态，因此可以立即输入新图层名。新图层将继承图层列表中当前选定图层的特性（颜色、开或关状态等）。
- 所有视口中已冻结的新图层视口：创建新图层，然后在所有现有布局视口中将其冻结。可以在“模型”选项卡或布局选项卡上访问此按钮。
- 删除图层：删除选定图层。只能删除未被参照的图层。参照的图层包括图层 0 和 DEFPOINTS、包含对象（包括块定义中的对象）的图层、当前图层及依赖外部参照的图层。局部打开图形中的图层也被视为已参照并且不能删除。
- 置为当前：将选定图层设定为当前图层。将在当前图层上绘制创建的对象。
- 当前图层：显示当前图层的名称。
- 搜索图层：输入字符时，按名称快速过滤图层列表。关闭图层特性管理器时，不保存此过滤器。
- 反转过滤器：显示所有不满足选定图层特性过滤器中条件的图层。
- 指示正在使用的图层：在列表视图中显示图标以指示图层是否正被使用。在具有多个图层的图形中，清除此选项可提高性能。

8.2 编辑图层

前面讲解了使用对话框方式创建图层及图层的颜色、线型、线宽等选项，这里来讲解使用面板方式来编辑图层。

案例8-2：对图层进行编辑

素材文件	Sample/CH08/02.dwg	结果文件	Sample/CH08/02-end.dwg
视频文件	视频演示/CH08/对图层进行编辑.avi		

步骤如下：

Step01 单击“快速启动工具栏”上的“打开”按钮打开图形文件，如图8-12所示。

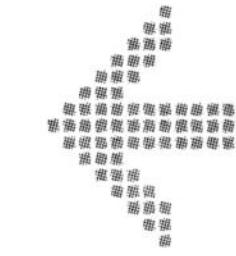

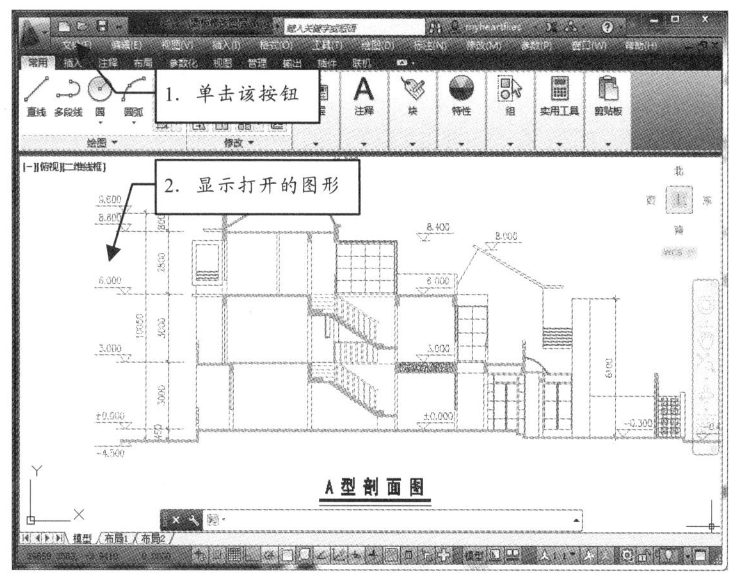

图 8-12

Step02 展开“常用”选项卡→“图层”面板，并显示“图层特性管理器”选项板，可以看到当前图形中的所有图层和当前图层的状态，如图8-13所示。

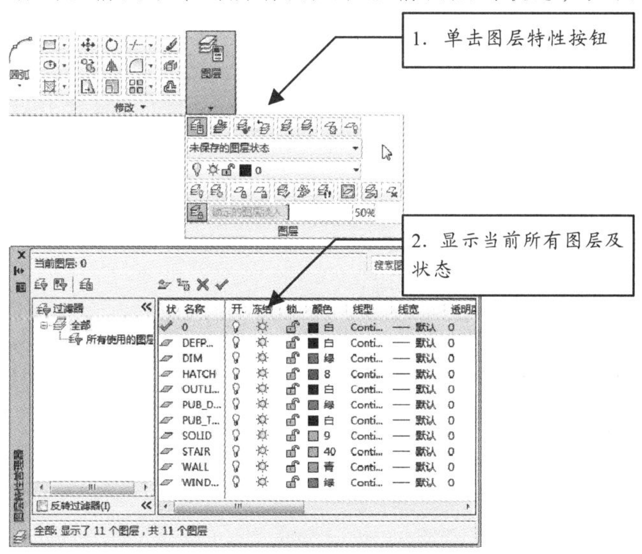

图 8-13

8.2.1 设置当前图层

单击“图层”列表中的所有图层，选择OUTLINE图层，系统自动将该图层置为当前图层，用户绘制的图形将放置在该图层上，如图8−14所示。

小贴示 将对象所在图层置为当前。

除了使用图层功能进行切换外，用户还可以直接选择某一个图形对象，然后单击面板上的“将对象的图层设为当前图层”按钮来进行快捷操作，如图8-15所示。

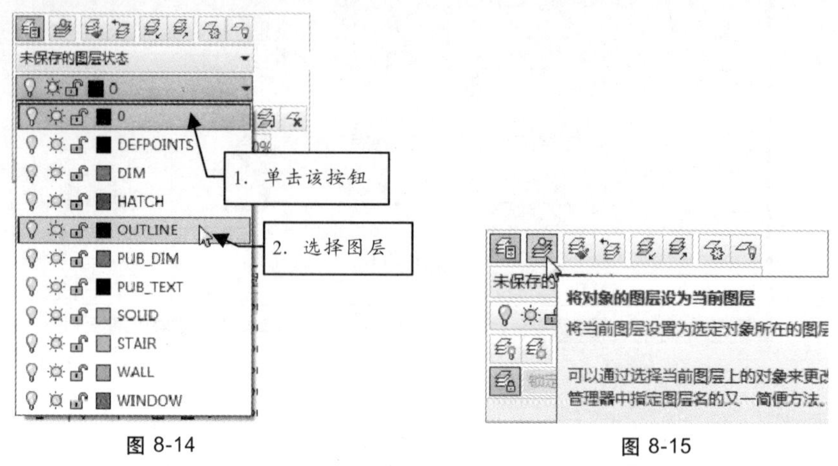

图 8-14　　　　图 8-15

8.2.2 显示、冻结和锁定图层操作

当图层过多且不好操作时，可以对图层进行相应的编辑，如不显示多余的图元减轻视觉复杂度、冻结易误操作的图元降低出错率及锁定图层不让其他用户修改等。

Step01 选中要关闭的图层，然后单击图层最左侧的灯泡形状按钮，即可以将其关闭，即不显示当前图层上的所有图形，如图8-16所示。

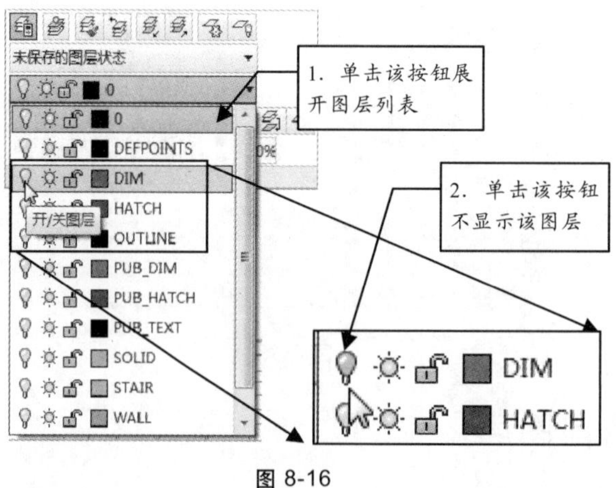

图 8-16

Step02 关闭后的图形显示如图8-17所示。

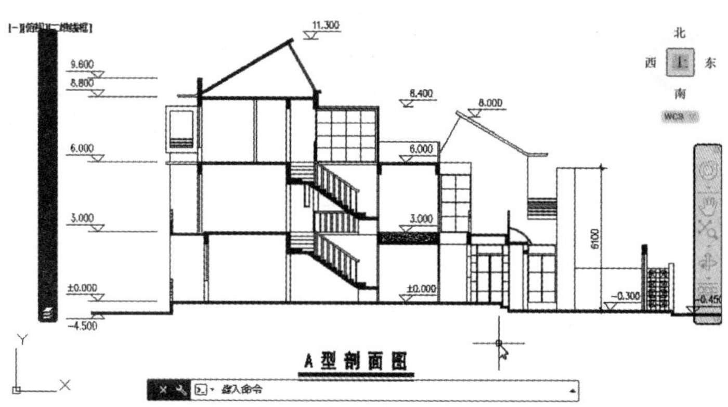

图 8-17

Step03 如果不想将当前图形中的窗口图形重生成，就需要将该窗口图层冻结起来，冻结后的图层对象将被重生成或者打印出来。在图层列表中选中窗口图层前面的阳光图案，将其显示为灰色即选中状态（雪花形状），如图8-18所示。

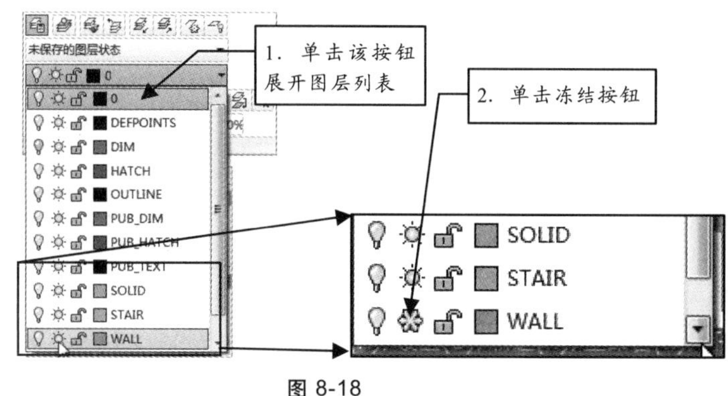

图 8-18

Step04 冻结完成后，该图层上的所有图形将不再显示，如图8 19所示。

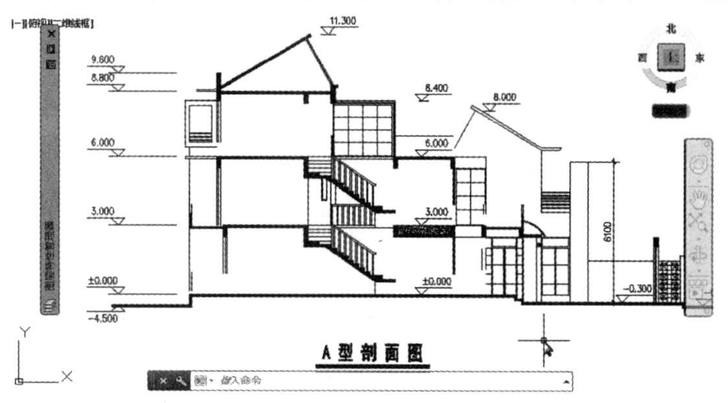

图 8-19

Step05 除了冻结外，用户还可以锁定图层来防止图层上的对象被选中或修改。单击图层前面的“锁定”按钮，如图8-20所示。

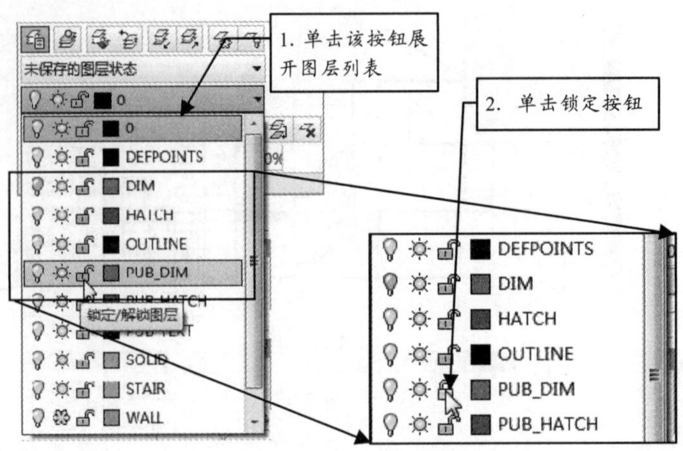

图 8-20

Step06 当鼠标放置到处于锁定状态的图层对象时，将在十字光标处显示一个锁定标志，如图8-21所示。

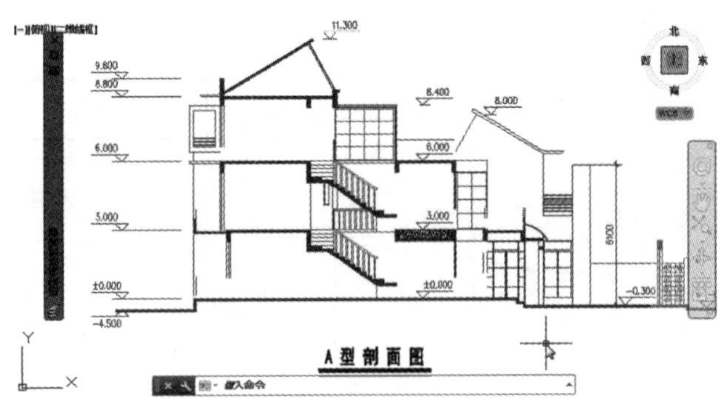

图 8-21

8.2.3 修改图层名称操作

Step01 除了设置图层状态外，用户同样可以修改图层的颜色、线型等。选中需要修改的图层颜色单元格，如图8-22所示。

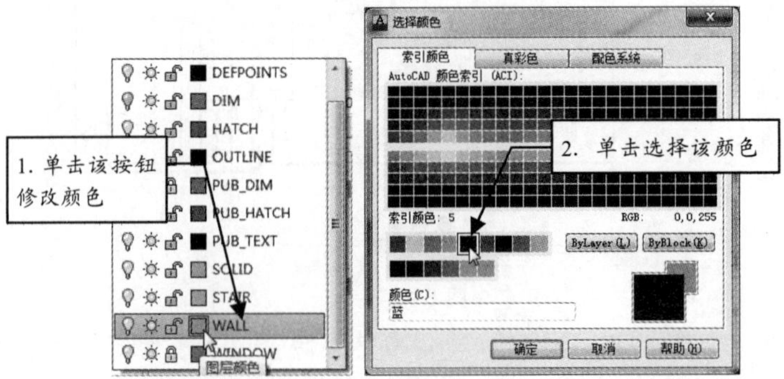

图 8-22

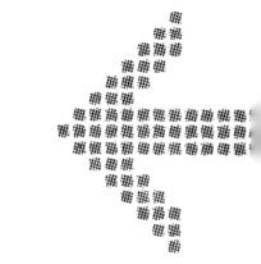

Step02 修改完成后，如图8-23所示。

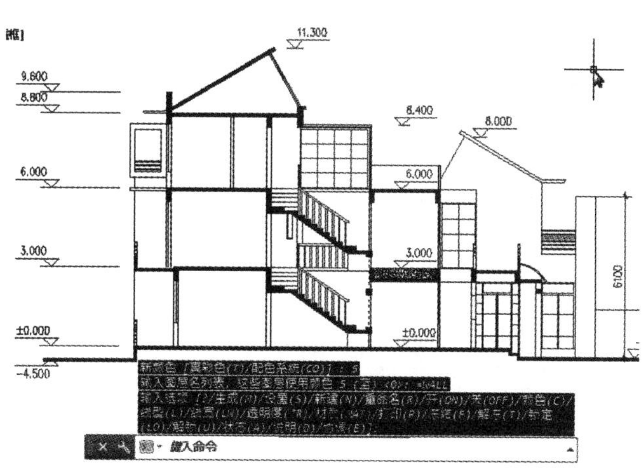

图 8-23

8.3 图层管理

除了图层特性管理外，用户还可以使用图层状态对图层进行搜索、隔离及图层的输入、输出等操作。

8.3.1 新特性过滤器

在图层特性过滤器特性对话框中可以根据图层的一个或多个特性创建图层过滤器。

步骤如下：

案例8-3：创建特性过滤器

素材文件	Sample/CH08/03.dwg	结果文件	Sample/CH08/03-end.dwg

Step01 单击“快速启动工具栏”上的“打开”按钮，打开房间布置平面图形，如图8-24所示。

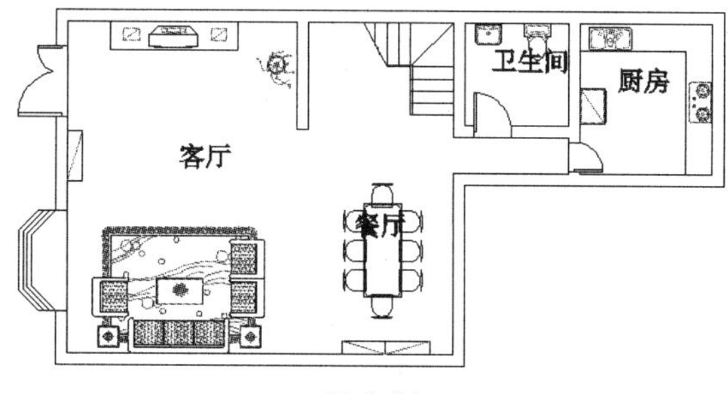

图 8-24

Step02 打开“图层特性过滤器”选项板，然后单击“新建特性过滤器”按钮，如图8-25所示。

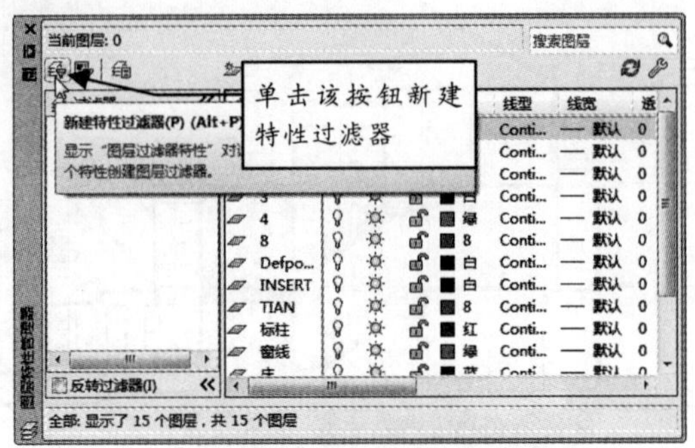

图 8-25

Step03 在弹出的“图层过滤器特性”对话框中输入“过滤器名称”为“使用颜色选择”，如图8-26所示。

Step04 在“过滤器定义”列表框中单击“颜色”单元格中的按钮，弹出“选择颜色”对话框，选择颜色块为8，如图8-27所示。

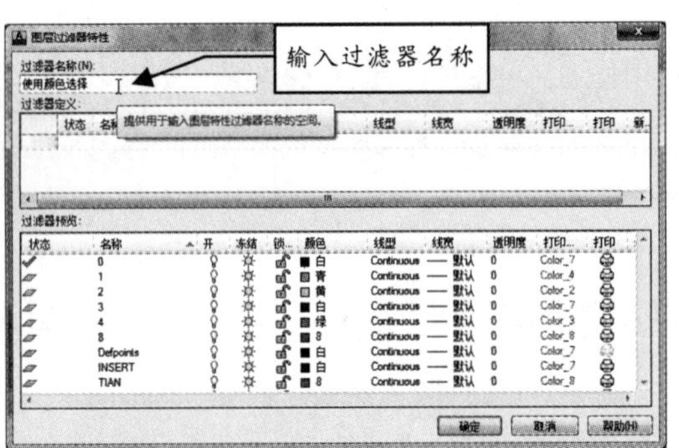

图 8-26

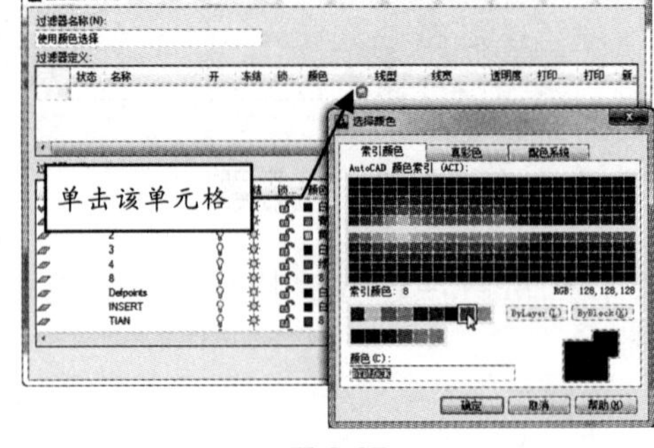

图 8-27

Step05 单击“确定”按钮，可以看到所有使用该颜色的图层，如图8-28所示。

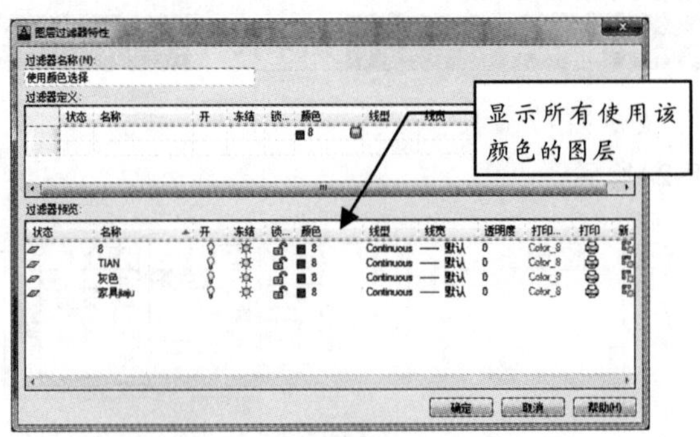

图 8-28

Step06 单击“确定”按钮，可以在“图层特性管理器”选项板中看到“使用颜色选择”的过滤器结果，如图8-29所示。

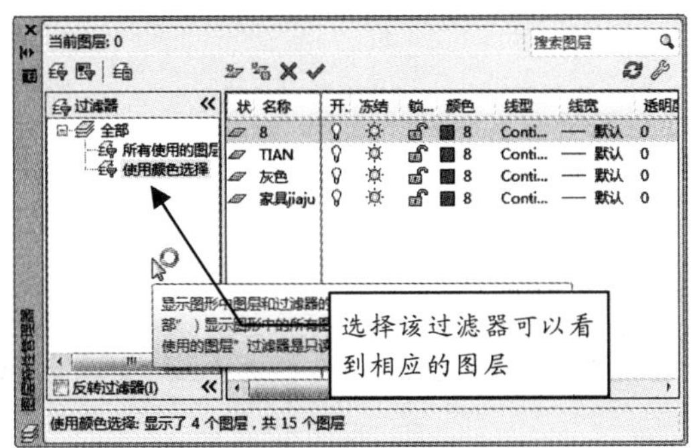

图 8-29

辨析 新建组过滤器和新建特性过滤器的区别。

新建组过滤器是创建一个过滤器，用户可以将所有自己觉得合适的图层放置到该过滤器中，然后统一对该组进行相应的操作，如可见性操作（开/关、解冻/冻结）、锁定和选择图层做一些其他操作等，如图8-30所示。新建特性过滤器则是将包括某种共有特性的图层选定出来做某种操作。用一种不很严格的说法，可以说组过滤器包括特性过滤器，但特性过滤器不能包括组过滤器，如图8-31所示。

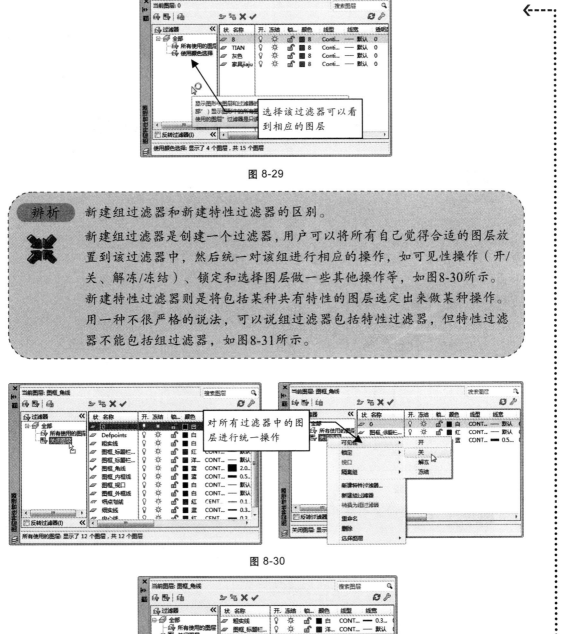

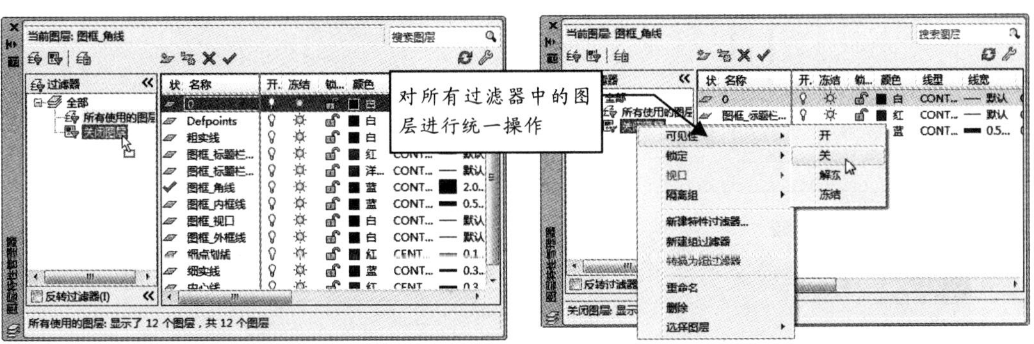

图 8-30

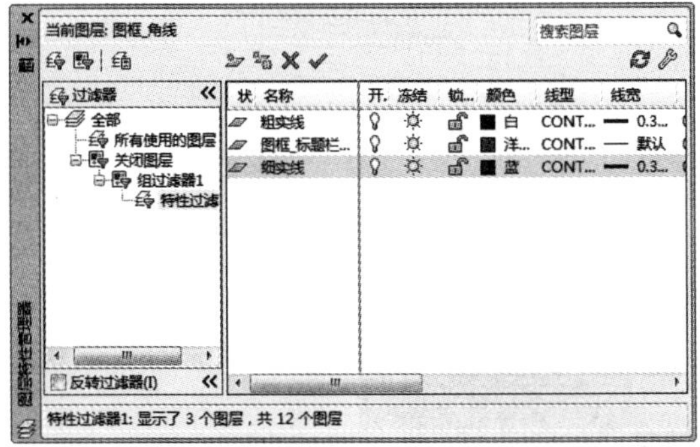

图 8-31

8.3.2 图层匹配

更改选定对象所在的图层，以使其匹配目标图层。

案例8-4：创建图层匹配

素材文件	Sample/CH08/04.dwg	结果文件	Sample/CH08/04-end.dwg

步骤如下：

Step01 单击“快速启动工具栏”上的“打开”按钮，打开螺栓图形，如图8-32所示。

Step02 依次单击“常用”选项卡→“图层”面板→“匹配”按钮，如图8-33所示。

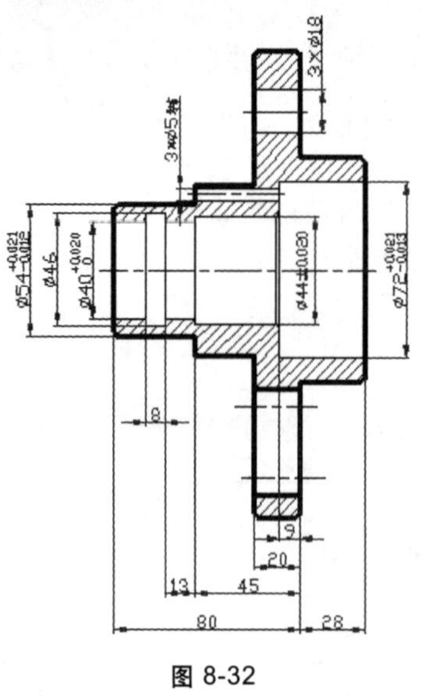

图 8-32

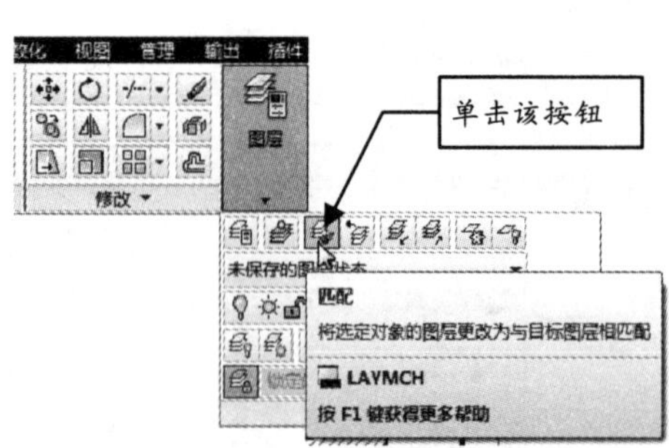

图 8-33

Step03 在选择对象提示下，选择中心线图层上的图线（蓝色），如图8-34所示。

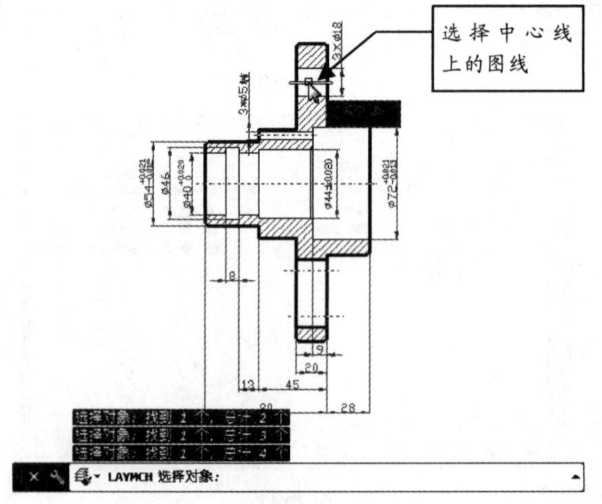

图 8-34

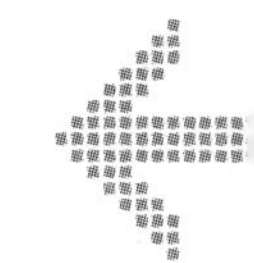

Step04 选择完成后，按<Enter>键，系统提示选择目标图层上的对象，选择尺寸线，如图8-35所示。

Step05 更改完成后，如图8-36所示。

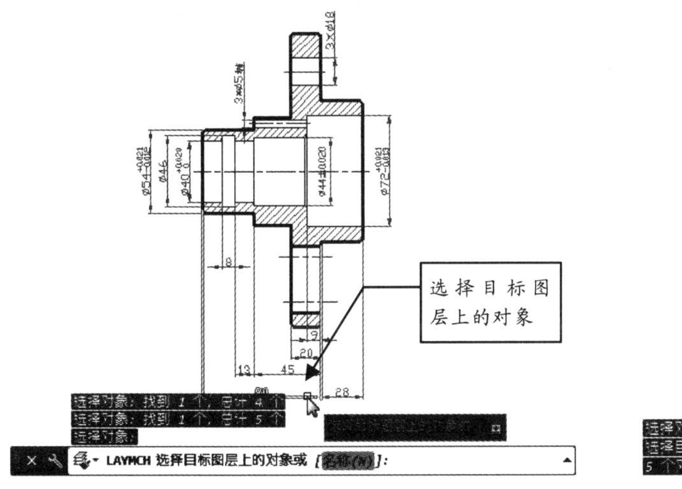

图 8-35

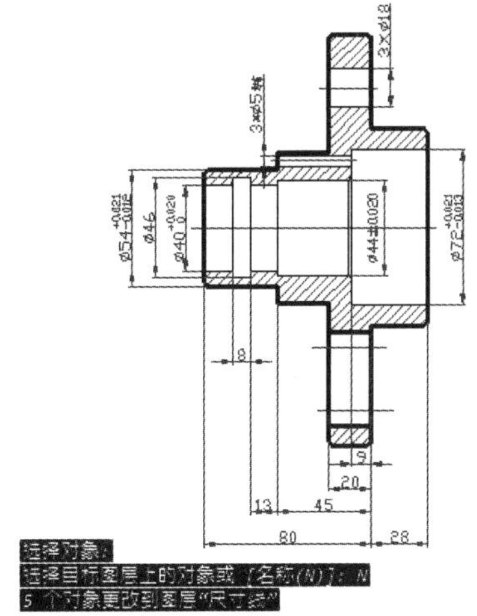

图 8-36

选项精解

沿路径分布的项目可以测量或分割。

- 名称：单击名称按钮或者输入N，系统弹出“更改到图层”对话框，用户选择相应的图层，即可将选择的对象更改到该图层上，如图8-37所示。

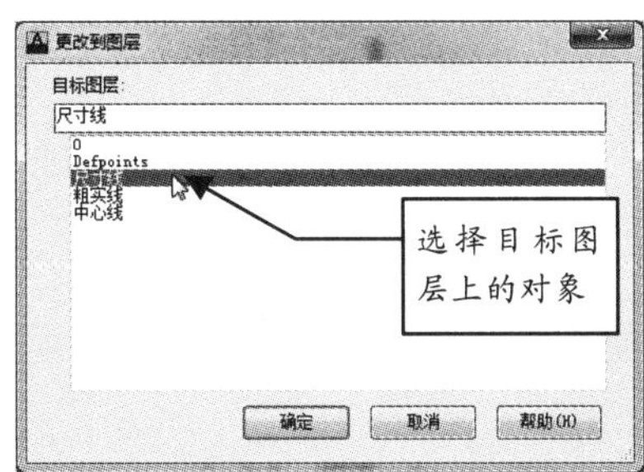

图 8-37

第4天

添加图形注释

前面讲解了二维绘图与编辑功能，从这一天开始，来学习完善图形，主要包括了文字和尺寸标注两项。一个完善的图形，如果没有文字和尺寸标注，就只能查看大概，而文字和图形很好地赋予了其真实感，使得后期加工变得容易起来。

如何创建文字？标题栏中的文字是用单行文字方便还是用多行文字方便？而尺寸标注则根据不同的图形来使用不同的标注样式，如机械标注和建筑图形的标注方式就完全不同，而同一种标注还有很多，详细内容可以查看第10小时的内容。

 **第9小时**

创建文字

❷ **第10小时**

尺寸标注

第 9 小时　创建文字

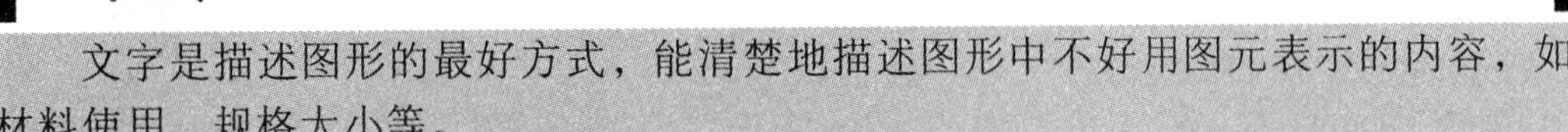

文字是描述图形的最好方式，能清楚地描述图形中不好用图元表示的内容，如材料使用、规格大小等。

简短的输入项（如标签）可使用单行文字；具有内部格式的较长条目，可使用多行文字，其中段落中的单个字符、单词或短语应用下画线、字体、颜色和文字更改。

虽然输入的所有文字均使用建立了默认字体和格式设置的当前文字样式，用户仍可以使用多种方法自定义文字外观。有几种可以执行以下操作的工具：更改文字比例和对正方式、查找和替换文字及检查拼写错误。

标注或公差中包含的文字是使用标注命令创建的，还可以创建带引线的多行文字。

9.1　文本样式

文字的大多数特征由文字样式控制。文字样式用于设置默认字体和其他选项，如行距、对正和颜色。可以使用当前文字样式或选择新样式。默认设置为 STANDARD 文字样式。

9.1.1　创建新文字样式

除了默认的 STANDARD 文字样式外，必须创建任何所需的文字样式。

文字样式名称最长可达 255 个字符。名称中可包含字母、数字和特殊字符，如美元符号 ($)、下画线 (_) 和连字符 (-)等。如果不输入文字样式名，将自动把文字样式命名为 Stylen，其中 n 是从 1 开始的数字。

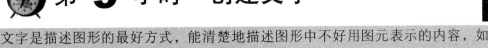

案例9-1：创建新文字样式

素材文件	Sample/CH09/01.dwg	视频文件	视频演示/CH09/创建新文字样式.avi

创建新文字样式的步骤如下：

1. 新建字体样式

Step01 单击“注释”选项卡→“文字”面板→“文字样式”按钮，如图9-1所示。

小贴示　也可以使用其他方法调用该命令。

- 命令行：STYLE。
- 菜单：“注释”→“文字”→“文字样式”命令。
- 工具栏：“样式”→“A（文字样式）”按钮。

Step02 弹出“文字样式”对话框，单击“新建”按钮，如图9-2所示。

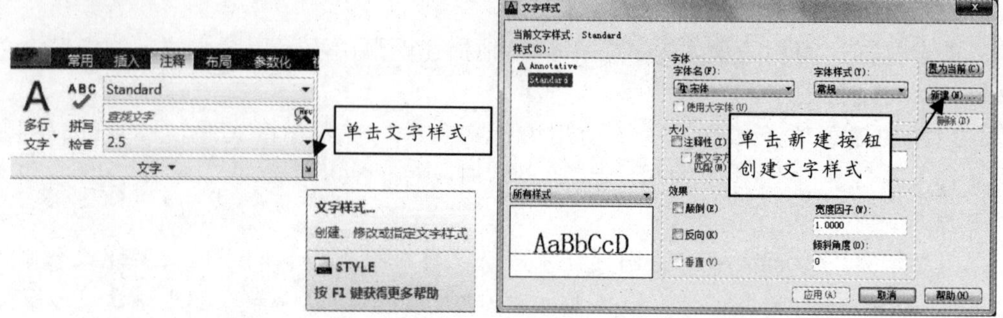

图 9-1　　图 9-2

Step03 在弹出的“新建文字样式”对话框中输入“样式名”为“仿宋”，如图9-3所示。

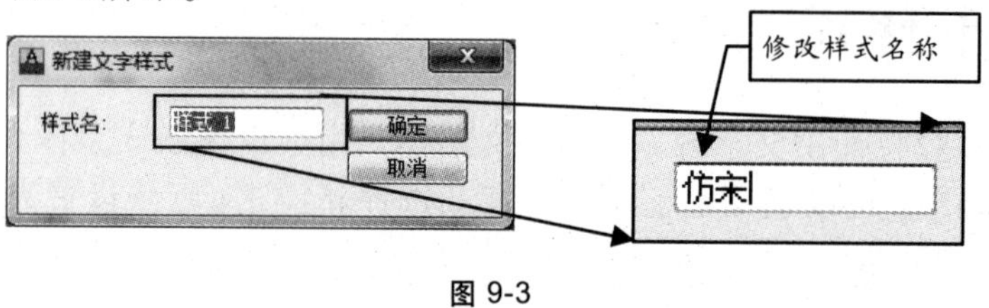

图 9-3

2. 设置字体名称和大小

Step01 系统默认选中新创建的字体样式，单击“字体”选项区域中的“字体名”下拉按钮，选择“仿宋”选项，“字体样式”选择“常规”，如图9-4所示。

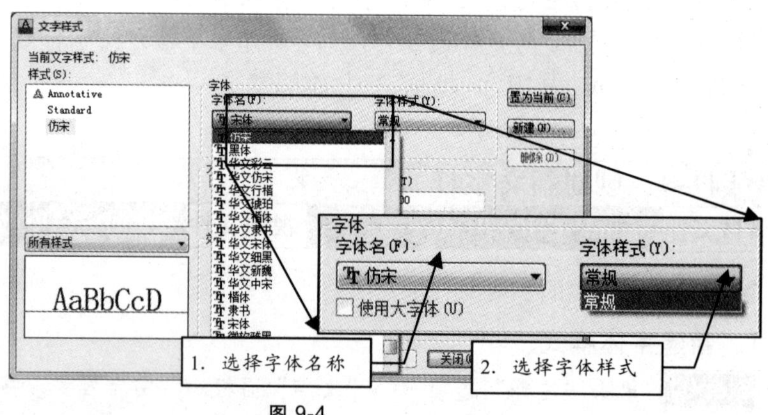

图 9-4

Step02 单击“大小”选项卡，设置高度为3.5，如图9-5所示。

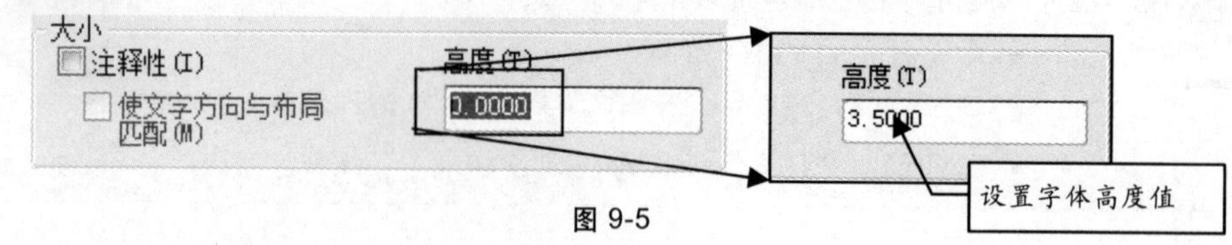

图 9-5

第4天

3. 设置文字效果

单击“效果”选项区中的“宽度因子”文本框，输入“0.8”，如图9−6所示。

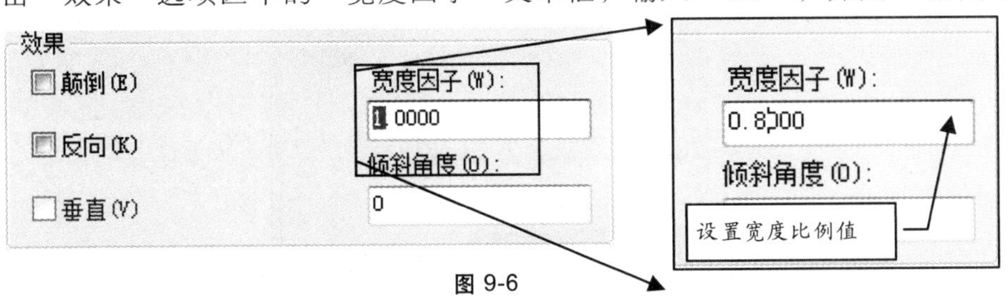

图 9-6

4. 将新创建的文字设置为当前文字样式

Step01 单击“应用”和“置为当前”按钮，然后关闭对话框，可以看到该字体已经为当前的字体样式，结果如图9-7所示。

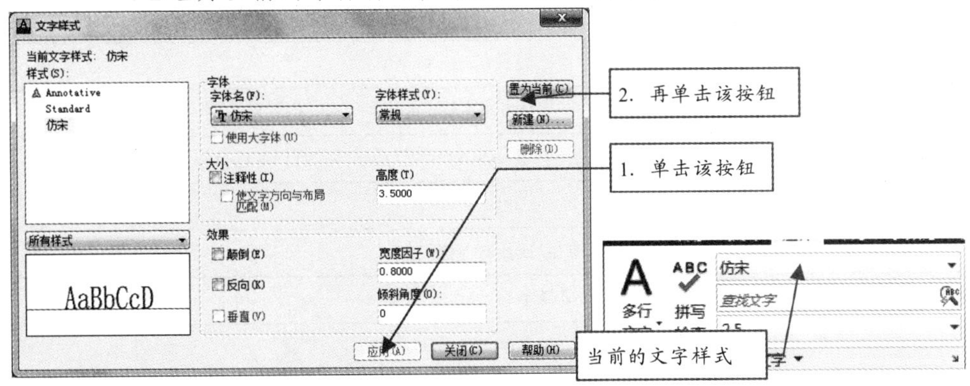

图 9-7

Step02 单击“保存”按钮，在弹出的“图形另存为”对话框中选择“文件类型”为“AutoCAD图形样板”，系统自动跳转到图形样板保存文件夹，输入名称为“tcxt”，然后“保存”，结果如图9 8所示。

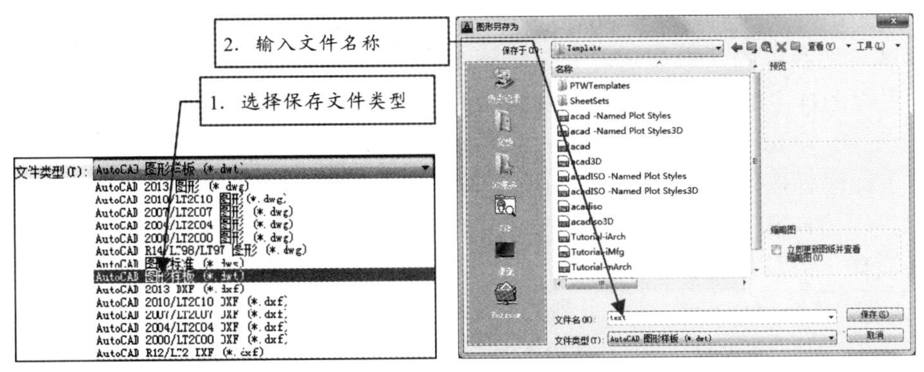

图 9-8

Step03 弹出“样板选项”对话框，单击“确定”按钮保存即可，如图9-9所示。

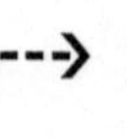

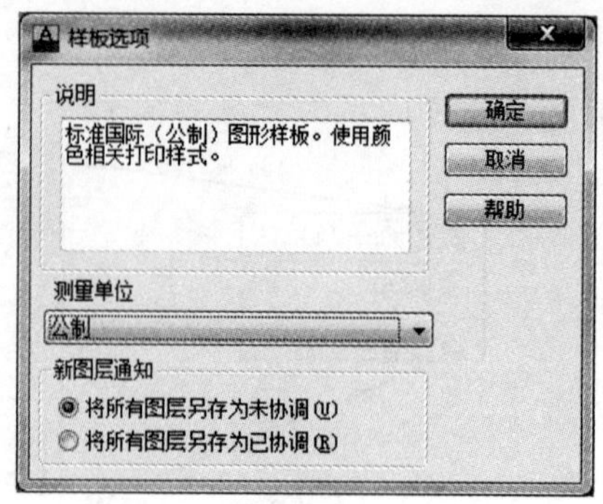

图 9-9

选项精解

文字样式设置。

设　　置	默　　认	说　　明
样式名	STANDARD	名称最长为 255 个字符
字体名	txt.shx	与字体相关联的文件（字符样式）
大字体/亚洲语言集	无	用于非 ASCII 字符集（例如日语）的特殊性定义文件
高度	0	字符高度
宽度因子	1	扩展或压缩字符
倾斜角度	0	倾斜字符
反向	否	反向文字
颠倒	否	颠倒文字
垂直	否	垂直或水平文字

9.1.2　工程图文字国标（GB/T14691—1993）

下面介绍国家标准《技术制图》和《机械制图》中关于图幅、图框格式、常用比例、字体、图线等的基本规定。

在工程图样中输入文字时，GB/T14691—1993规定了技术图样及相关技术文件中书写的汉字、字母、数字的结构形式和基本尺寸。

文字标注有具体的技术要求，如填写明细栏、标题栏中，需要设置的字体、字号、倾斜角度、方向和其他文字特征，除了字体端正、笔画清楚，排列整齐和间隔均匀外，还有如下的具体要求：

（1）字体高度的公称尺寸系列为1.8、2.5、3.5、5、7、10、14和20，如果需要输入更大的字体，其字体高度一般应该按照$\sqrt{2}$的比率递增，字体高度代表字的号数。字体与图纸幅面之间的选用关系如表9-1所示。

表9-1 字号与图纸幅面之间的关系

图幅 字体 h	A0	A1	A2	A3	A4
汉字、字母和数字	5 mm		3.5 mm		
说明：h= 汉字、字母和数字的高度					

（2）工程绘图中，汉字在输出时为长仿宋体，并采用国家正式公布和推行的简化字，汉字高度h不应小于3.5，字宽一般为$h/\sqrt{2}$。书写要领是横平竖直、注意起落、结构匀称、填满方格。

（3）字母和数字可写成斜体或者直体。斜体字头向右侧倾斜，与水平线成75° 。

（4）字母和数字分为A型和B型。其中A型字笔画宽度（d）为字高h的1/14，B型字笔画宽度为字高的1/10。如表9-2所示为字母高度和字体之间的关系。

表9-2 书写格式与字体之间的关系

书写格式	一般字体（A）	窄字体（B）
大写字母高度	h	h
小写字母高度（上下均无延伸）	7/10h	10/14h
小写字母伸出的头部与尾部	3/10h	4/14h
笔画宽度	1/10h	1/14h
字母间距	2/10h	2/14h
上下行基准线最小间距	15/10h	21/14h
词间距	6/10h	6/14h

（5）用作指数、分数和极限偏差、注脚等数字和字母，一般采用小一号的字体，并使用阿拉伯数字和数学符号表示，如三分之二、百分之三十五和一比五十，应分别写成2/3、35%和1：50。

（6）在同一图样中，只允许选用一种形式的字体。标点符号应按其含义正确使用，小数点进行输出时应占一个字位，并位于中间靠下处。除省略号和破折号为两个字位外，其余均为一个符号一个字位。图样中的数学符号、物理量符号、计量单位符号和其他符号、代号，应该分别符合相应的标注规定。

字体的最小字(词)距、行距及间隔线或基准线与书写字体的最小距离如表9-3所示。

表9-3 字体与字距的关系

字 体	最 小 距 离	数 值
汉字	字距	1.5 mm
	行距	2 mm
	间隔线或基准线与汉字的距离	1 mm
字母与数字	字距	0.5 mm
	间距	1.5 mm
	行距	1 mm
	间隔线或基准线与字母、数字的间距	1 mm
当汉字与字母、数字混合使用时，字体的最小字距、行距等应根据汉字的规定使用		

技巧 工程绘图中，用户可以根据此规定将书写文字简化为3种字体，即为长形字体尺寸、方形字体尺寸、宽型字体尺寸。

9.2 创建文字

前面说明了文字样式的创建方法，文字样式创建完成后，下面来说明如何使用文字样式来创建相应的文字，常见的文字包括单行文字和多行文字两种。

AutoCAD 提供了多种创建文字的方法。对简短的输入项使用单行文字；对带有内部格式的较长的输入项使用多行文字，也可创建带有引线的多行文字。使用“文字”工具栏或面板可以进行文字的创建和编辑，如图9-10所示。

图 9-10

9.2.1 创建单行文字

使用单行文字创建一行或多行文字时，每行文字都是独立的对象，可对其进行重定位、调整格式或进行其他修改，如图9-11所示。

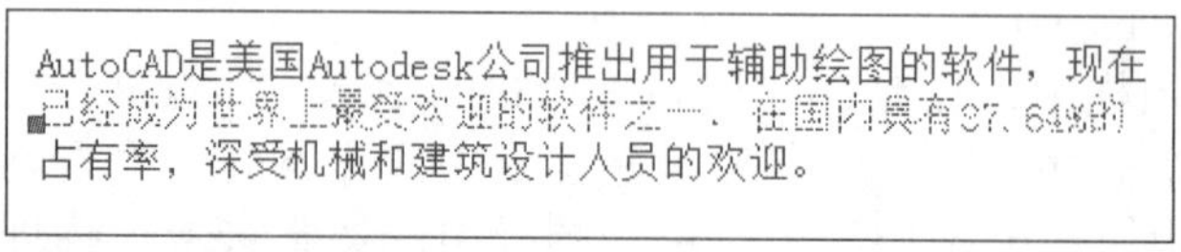

AutoCAD是美国Autodesk公司推出用于辅助绘图的软件，现在已经成为世界上最受欢迎的软件之一，在国内具有97.64%的占有率，深受机械和建筑设计人员的欢迎。

图 9-11

可以在单行文字中插入字段。字段是设置为显示可能会更改的数据的文字。字段更新时，将显示最新的字段值。

对于不需要多种字体或多行的简短项，可以使用单行文字。单行文字对于标签非常方便。

案例9-2：创建单行文字

素材文件	Sample/CH09/02.dwg	视频文件	视频演示/CH09/创建单行文字.avi

Step01 单击“打开”按钮打开图形文件，如图9-12所示。

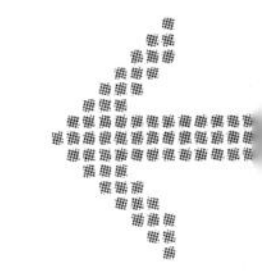

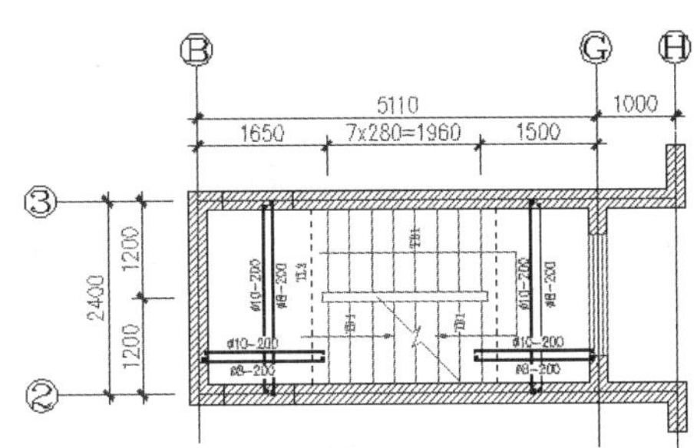

图 9-12

Step02 单击“注释”选项卡→“文字”面板中的文字样式列表，选择“仿宋体”字体样式，设定当前字体使用该样式，如图9-13所示。

Step03 单击“单行文字”按钮，如图9-14所示。

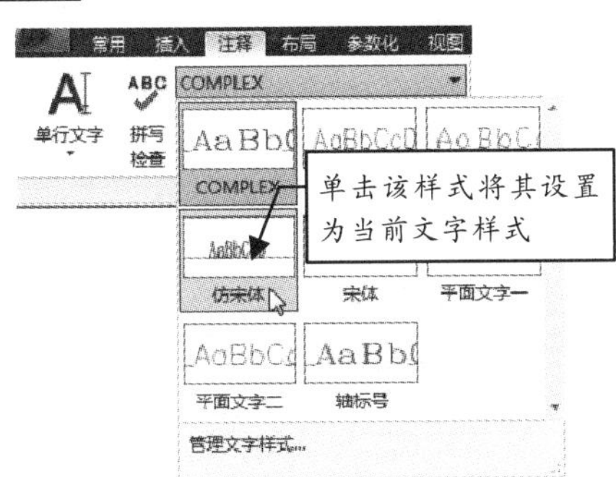

图 9-13

图 9-14

> **小贴示** 也可以使用其他方法调用该命令。
> - 命令行：TEXT。
> - 菜单：“注释”→“文字”→“单行文字”命令。
> - 工具栏：“注释”→“A（单行文字）”按钮。

Step04 指定楼梯下面的空白部分的一点作为文字的起点，如图9-15所示。

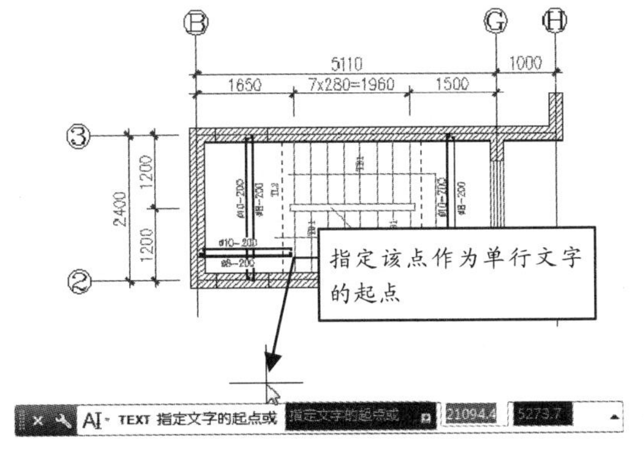

图 9-15

Step05 指定文字的高度为30，倾斜角度为0，即不倾斜，如图9-16所示。

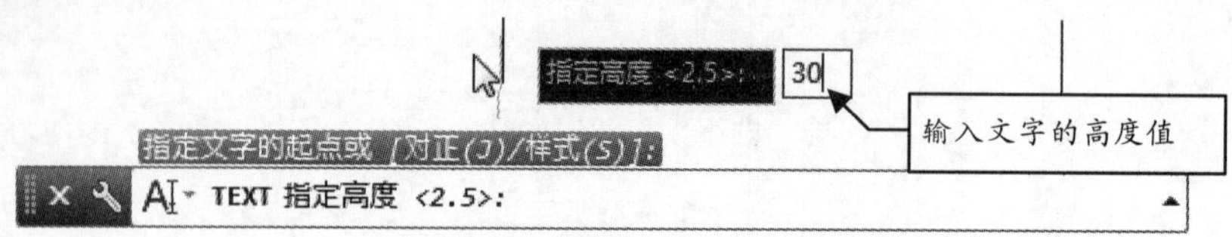

图 9-16

Step06 输入文字“比例值1：50”，结果如图9-17所示。

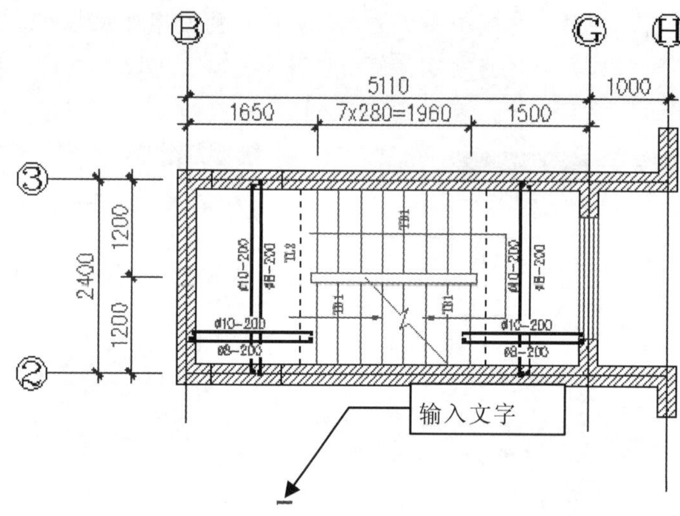

图 9-17

Step07 使用前面的特性修改方式，修改文字的大小使其和当前图形尺寸相符合，如图9-18所示。

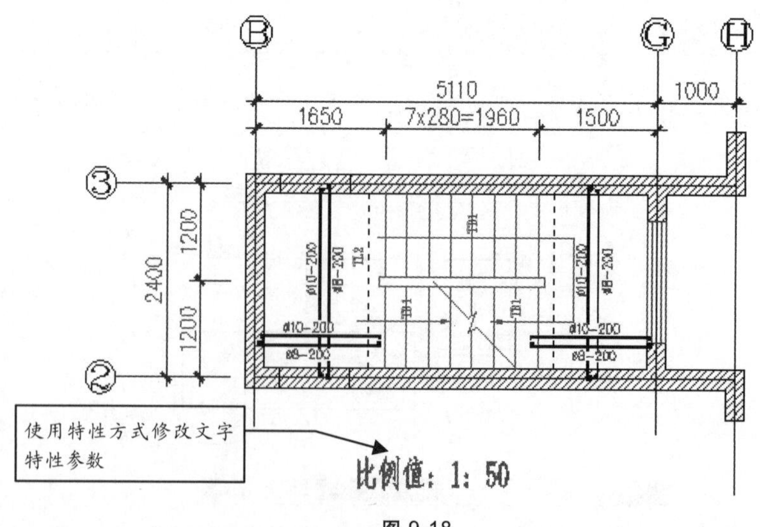

图 9-18

选项精解

- 起点：指定文字对象的起点。在单行文字的在位文字编辑器中输入文字。
- 对正：控制文字的对正。对正方式包括多种，如对齐、调整等，详细说明如表9-4所示。

表9-4　对正方式简介

对正方式	简　介	备　注
对齐	通过指定基线端点来指定文字的高度和方向	字符的大小根据其高度按比例调整。文字字符串越长，字符越矮
调整	指定文字按照由两点定义的方向和一个高度值布满一个区域	只适用于水平方向的文字
中心	从基线的水平中心对齐文字，此基线是由用户给出的点指定的	
中间	文字在基线的水平中点和指定高度的垂直中点上对齐	中间对齐的文字不保持在基线上
右	在由用户给出的点指定的基线上右对正文字	
左上	在指定为文字顶点的点左对正文字	只适用于水平方向的文字
中上	以指定为文字顶点的点居中对正文字	只适用于水平方向的文字
右上	以指定为文字顶点的点右对正文字	只适用于水平方向的文字
左中	在指定为文字中间点的点上靠左对正文字	只适用于水平方向的文字
正中	在文字的中央水平和垂直居中对正文字	只适用于水平方向的文字
右中	以指定为文字的中间点的点右对正文字	只适用于水平方向的文字
左下	以指定为基线的点左对正文字	只适用于水平方向的文字
中下	以指定为基线的点居中对正文字	只适用于水平方向的文字
右下	以指定为基线的点靠右对正文字	只适用于水平方向的文字

- 样式：指定文字样式，文字样式决定文字字符的外观。创建的文字使用当前文字样式。
- 输入：将列出当前文字样式、关联的字体文件、字体高度及其他参数。
- 高度：高度是大写字母从基线开始的延伸距离。指定的文字高度是文字起点到用户指定的点之间的距离。文字字符串越长，字符越窄。字符高度保持不变。仅在当前文字样式不是注释性且没有固定高度时，才显示“指定高度”提示。仅在当前文字样式为注释性时才显示“指定图纸文字高度”提示。
- 旋转角度：指基线以中点为圆心旋转的角度，它决定了文字基线的方向。可通过指定点来决定该角度。文字基线的绘制方向为从起点到指定点。如果指定的点在圆心的左边，将绘制出倒置的文字。

9.2.2 创建多行文字

除了单行文字外，用户可以将若干文字段落创建为单个的多行文字对象。无论有多少行，多行文字都是一个单一对象，如图9-19所示。

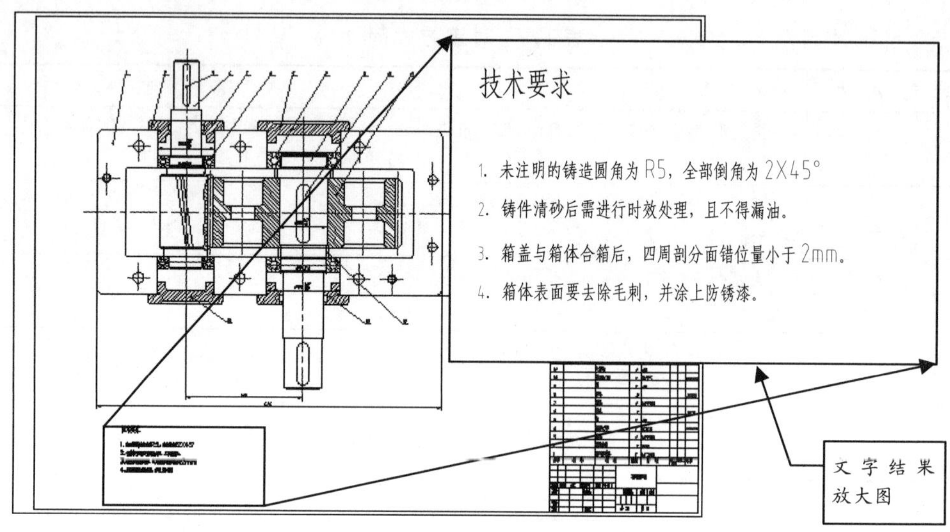

图 9-19

多行文字多用于技术说明，特别是在图形中无法详细地绘制图形时，在机械设计中经常使用。

案例9-3：创建多行文字

素材文件 Sample/CH09/03.dwg　视频文件 视频演示/CH09/创建多行文字.avi

步骤如下：

Step01 单击“快速启动工具栏”上的“打开”按钮打开图形文件，如图9-20所示。

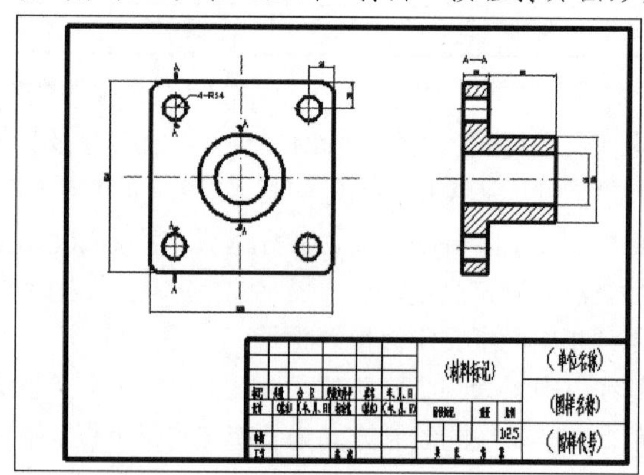

图 9-20

Step02 单击“注释”选项卡→“文字”面板，选择“汉字”文字样式。然后继

续选择“多行文字”命令，如图9-21所示。

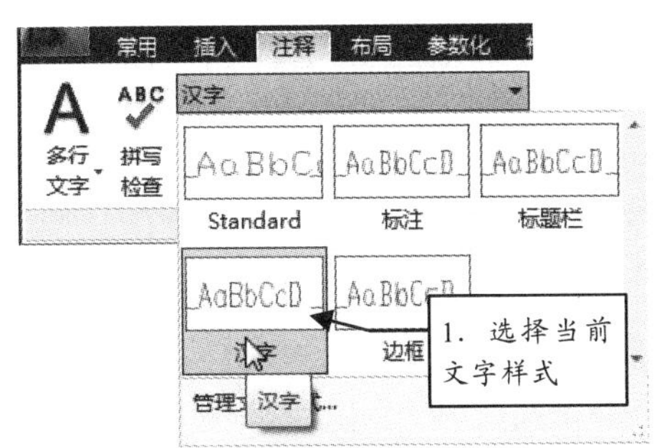

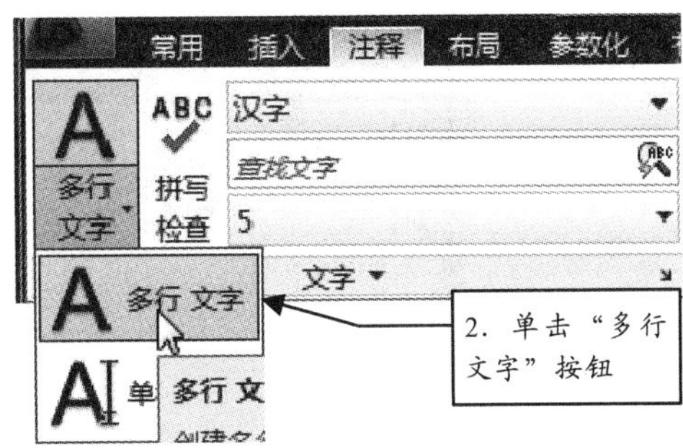

图 9-21

小贴示 也可以使用其他方法调用该命令。

- 命令行：MTEXT。
- 菜单：“注释”→“多行文字”命令。
- 工具栏：“文字”→“A（多行文字）”或“绘图”->“A（多行文字）”按钮。

Step03 在图形区域左下角指定第一个角点，如图9-22所示。

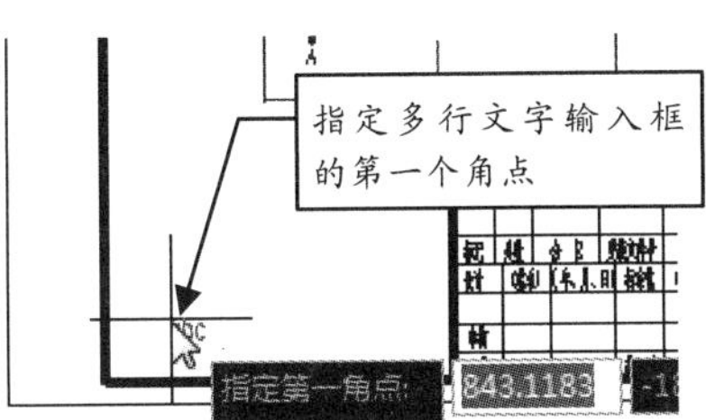

图 9-22

Step04 向右上拖动鼠标指定第二个角点设置书写文字的区域，如图9-23所示。

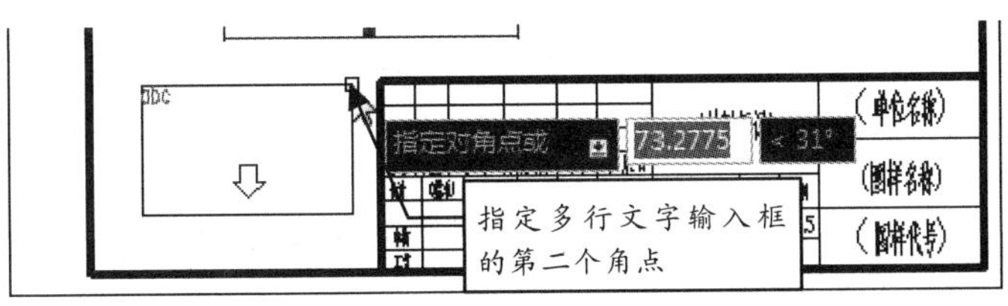

图 9-23

第9小时 创建文字

Step05 可以看到文本框处于激活状态，且弹出“文字编辑器”选项卡，显示当前文字的高度、颜色等相应的选项，如图9-24所示。

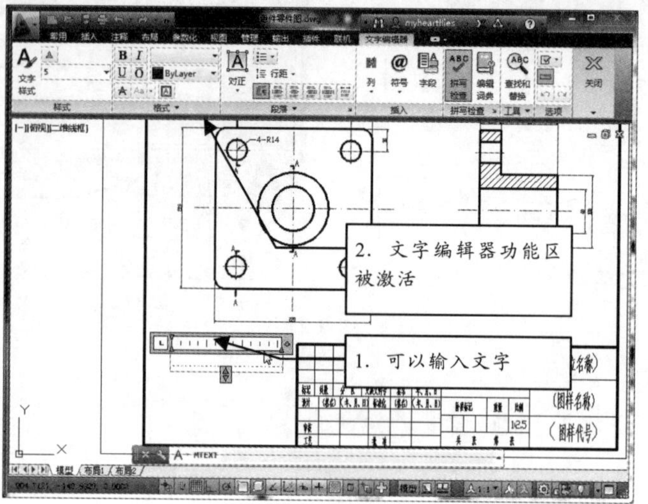

图 9-24

Step06 在里面输入文字，可以看到字体颜色、使用的选择字体样式等，结果如图9-25所示。

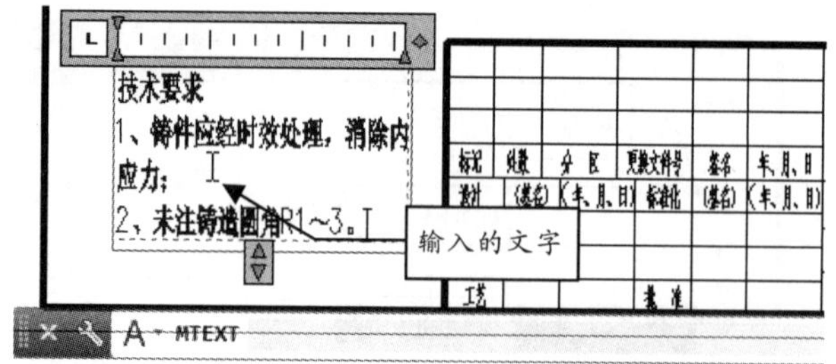

图 9-25

Step07 将光标放置到“技术要求”一行任意位置（如最右侧），然后单击“段落”面板上的“居中”按钮将标题居中，结果如图9-26所示。

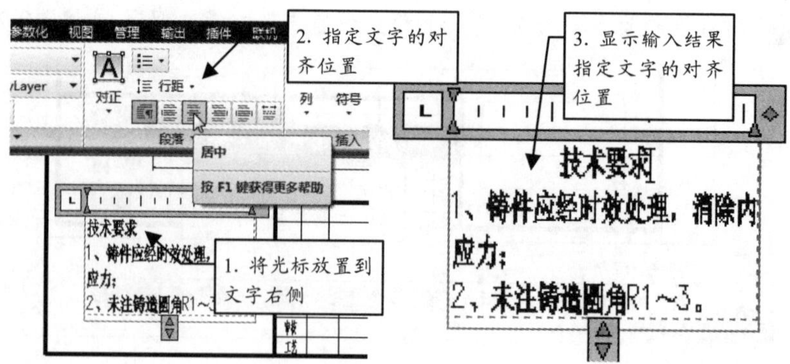

图 9-26

Step08 移动鼠标到文本框右侧标尺处让光标显示为双向水平箭头形状，然后向右拖动使文字一行显示，结果如图9-27所示。

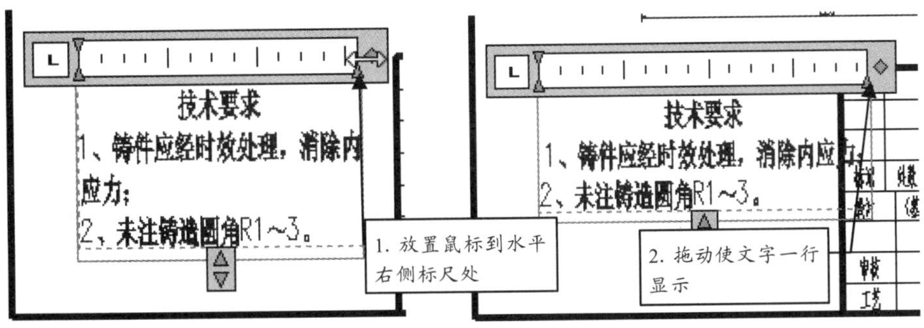

图 9-27

Step09 单击“关闭”按钮关闭多行文字编辑器，选择输入的文字，可以看到该文字压住了标题栏图框，结果如图9-28所示。

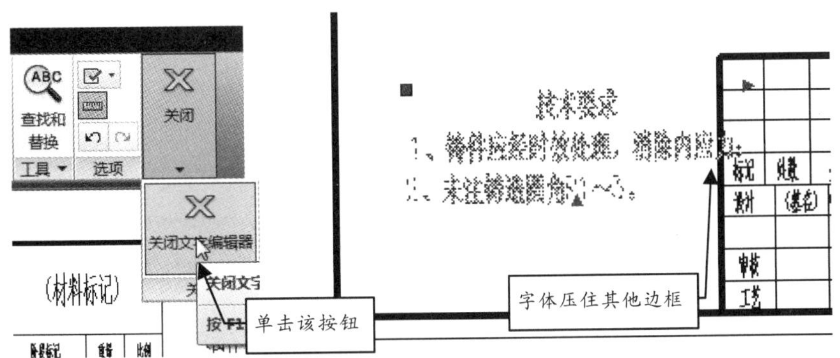

图 9-28

Step10 将其移动到合适的位置，结果如图9-29所示。

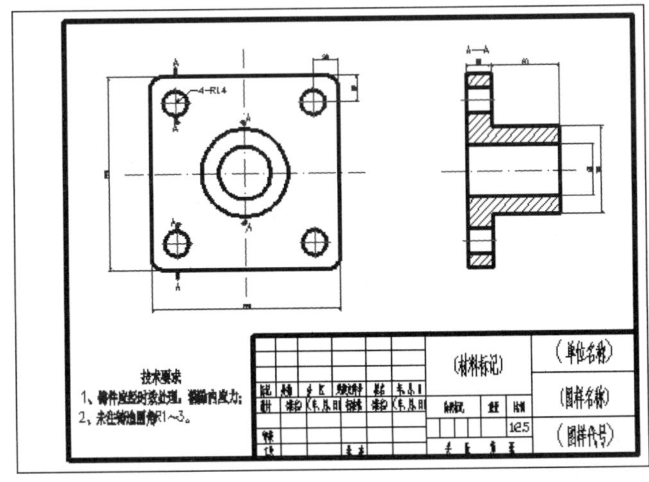

图 9-29

选项精解：文字编辑器功能区

在创建多行文字时，系统显示“文字编辑器”功能区选项卡，它包括“格式”、“样式”、“段落”、“插入”和“拼写检查”、“工具”和“选项”等多个面板，如图9-30所示。

1. 样式和样式格式面板

- 文字样式：显示当前图形中包括的所有文字样式，如图9-31所示。

图 9-30

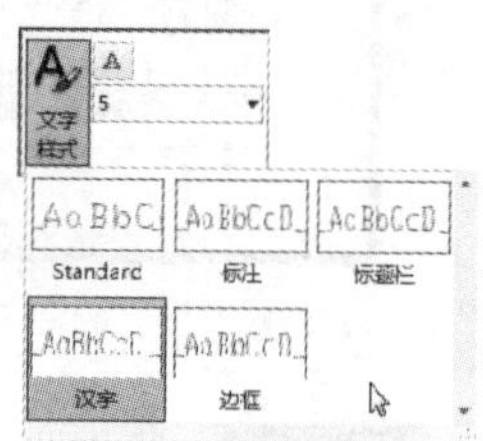

图 9-31

- 文字高度：使用图形单位设定新文字的字符高度或更改选定文字的高度。
- A：打开或关闭当前多行文字对象的“注释性”。
- B/I（粗体/斜体）：打开和关闭新文字或选定文字的粗体/斜体格式。此选项仅适用于使用 TrueType 字体的字符。
- Tr 楷体_GB23：为新输入的文字指定字体或改变选定文字的字体。

> 提示　TrueType 字体按字体族的名称列出。AutoCAD 编译的形（SHX）字体按字体所在文件的名称列出。自定义字体和第三方字体在编辑器中显示为 Autodesk 提供的代理字体。

- BYLAYER：指定新文字的颜色或更改选定文字的颜色。
- 大写/小写（下拉列表）：将选定文字更改为大/小写。
- 背景遮罩：显示“背景遮罩”对话框（不适用于表格单元），如图9-32所示。

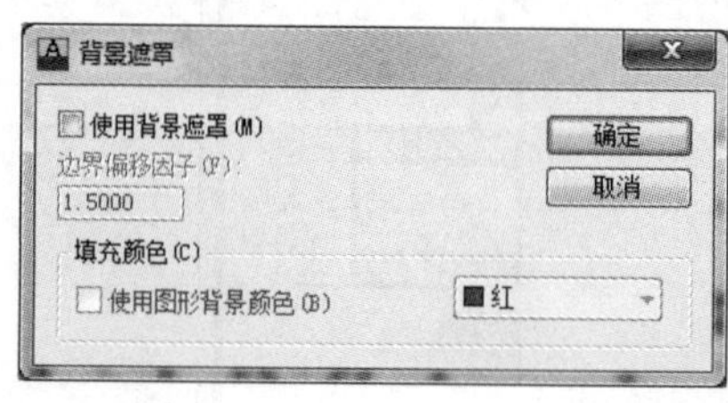

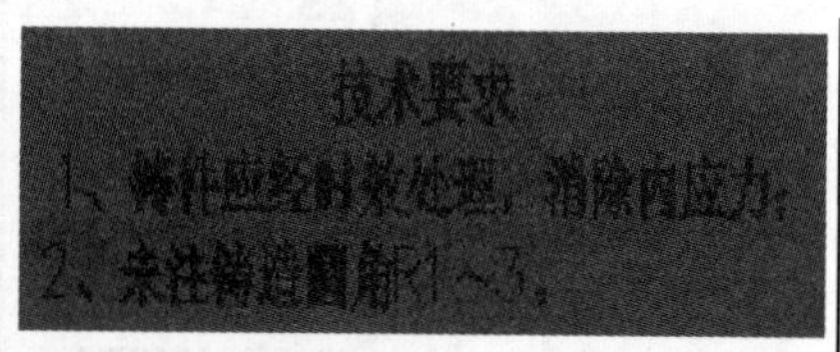

图 9-32

- 倾斜角度：确定文字是向前倾斜还是向后倾斜。倾斜角度表示的是相对于 90 度角方向的偏移角度。输入一个 −85～85 之间的数值使文字倾斜。倾斜角度的值为正时文字向右倾斜；倾斜角度的值为负时文字向左倾斜。
- 追踪：增大或减小选定字符之间的空间。1.0 设置是常规间距。
- 宽度因子：扩展或收缩选定字符。1.0 设置代表此字体中字母的常规宽度。

2. 段落与插入

“段落”面板主要用来设置文字的对齐方式，字体的样式、颜色等；“插入点”则用来指定插入符号、字段和列等信息，如图9-33所示。

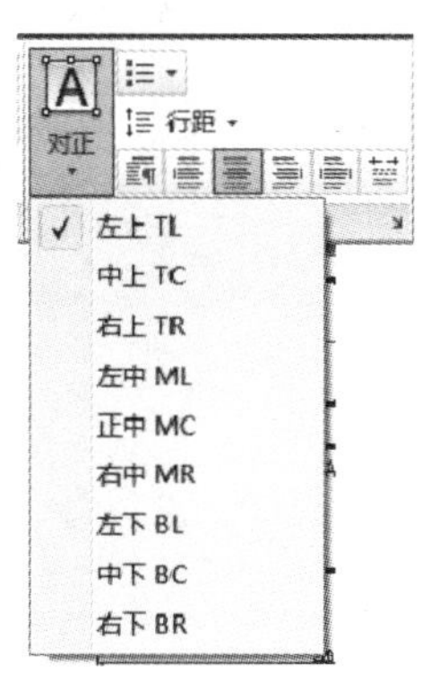

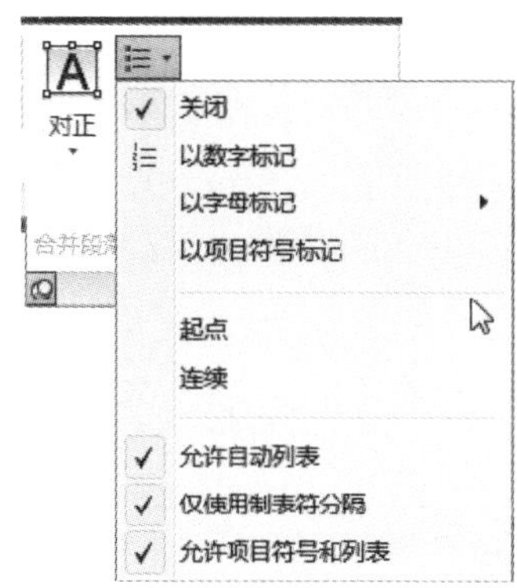

图 9-33

主要选项简要说明如下：

- （对正）：显示“多行文字对正”菜单，并且有9个对齐选项可用。“左上”为默认。
- （项目符号和编号）：显示“项目符号和编号”菜单，用于创建列表的选项。
- 行距（行距）：显示建议的行距选项或“段落”对话框。在当前段落或选定段落中设置行距。
- ：对齐方式，有默认、左对齐、右对齐和居中等选项。
- （更多）：单击该按钮显示“段落”对话框，如图9-34所示。

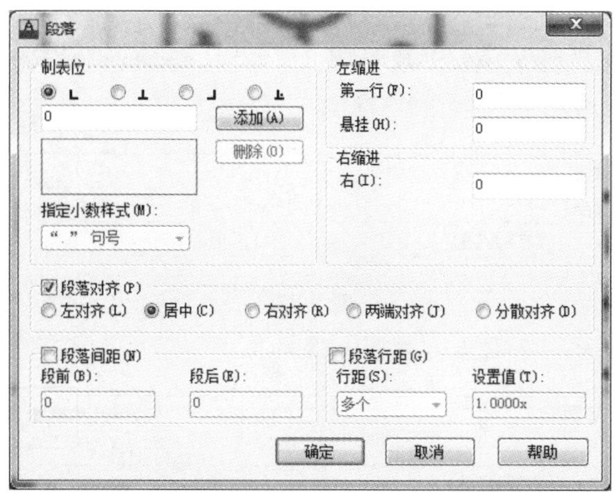

图 9-34

- （列）：显示栏弹出菜单，该菜单提供3个栏选项：“不分栏”、“静态栏”和“动态栏”，如图9-35所示。

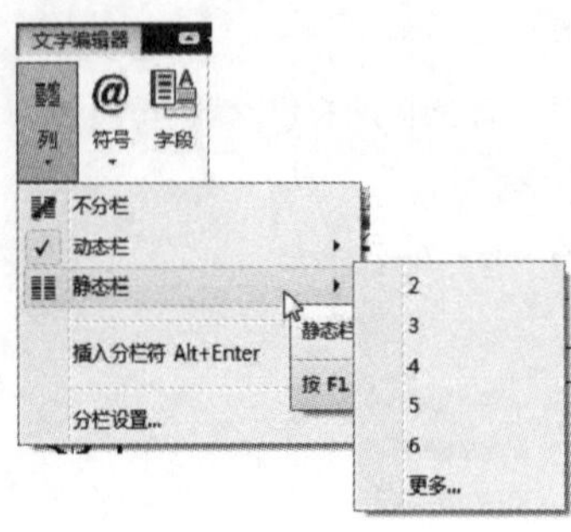

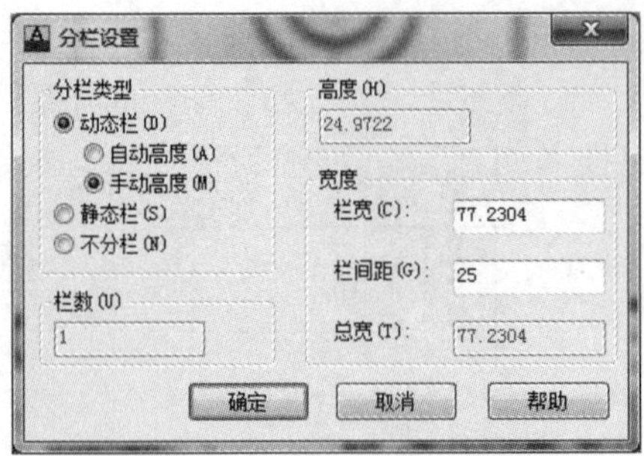

图 9-35

- **@**（符号）：在光标位置插入符号或不间断空格。

9.2.3 编辑文字

绘制文字完成后，有时候添加的文字并不是需要的文字，或者因为环境的变化导致结果的改变，需要变更文字，这时就需要用到编辑文字。

1．编辑单行文字

编辑单行文字较为简单，可以分别使用 DDEDIT 和 PROPERTIES 命令来编辑，如图9-36所示。此时，选中的文本亮显，跟随光标的插入点，用户可以直接在该文本框中添加、删除和修改内容等。

图 9-36

案例9-4：编辑单行文字

素材文件 Sample/CH09/04.dwg　**视频文件** 视频演示/CH09/编辑文字.avi

Step01 打开图形文件，如图9-37所示。

制 图		摆动架	1:1
校核			HT200
（学校班级名称）		11-2	

图 9-37

Step02 选择单行文字双击，如图9-38所示。

图 9-38

> **技巧** 也可以输入DDEDIT或者选择“修改”→“对象”→“文字”→“单行文字”命令，然后选择相应的文字即可。

Step03 系统自动将文字变成可编辑状态，用户直接输入需要替换的文字即可，如图9-39所示。

制图			摆动架	1:1
校核				HT200
（学校班级名称）			11-3	

图 9-39

Step04 修改完成后，在文字框外侧单击，即可结束编辑状态，结果如图9-40所示。

制图			摆动架	1:1
校核				HT200
（学校班级名称）			11-3	

图 9-40

> **小贴示** 用户也可以右击需要修改的文字，在弹出的快捷菜单中选择“特性”选项，然后在弹出的“特性”选项板中的“文字”选项区中的“内容”文本框中直接修改，如图9-41所示。

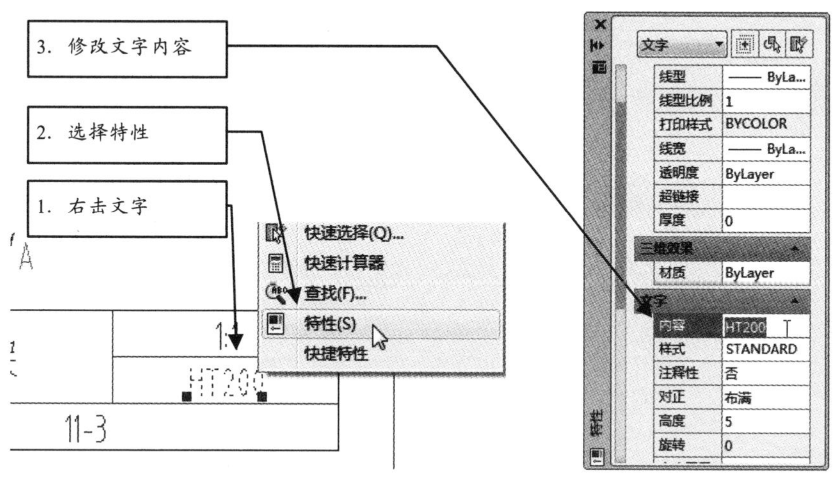

图 9-41

2. 编辑多行文字

和编辑单行文字类似，多行文字的编辑方法也比较简单。双击多行文字内容或使用MTEDIT命令，即可打开“文字编辑器”功能区进行修改。

Step01 打开图形文件，如图9-42所示。

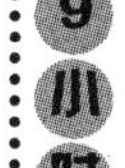

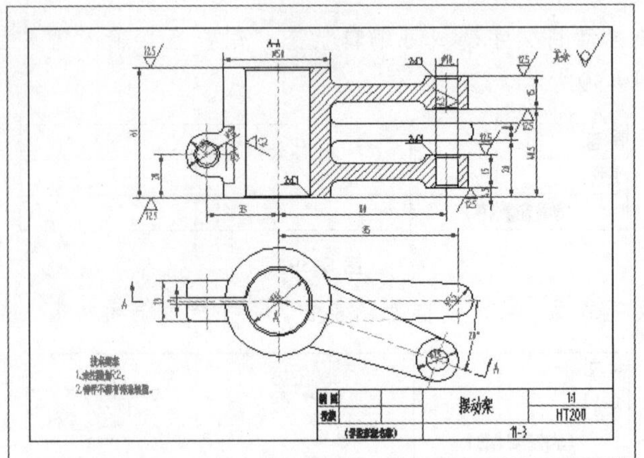

图 9-42

Step02 双击“技术要点”多行文字，结果如图9-43所示。

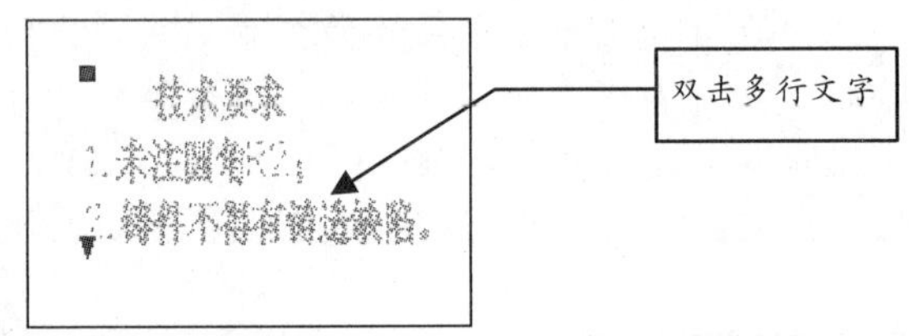

图 9-43

Step03 显示“文字编辑器”功能区及处于编辑状态的多行文字，当前显示选中文字的高度、颜色、对齐等相关信息，如图9-44所示。

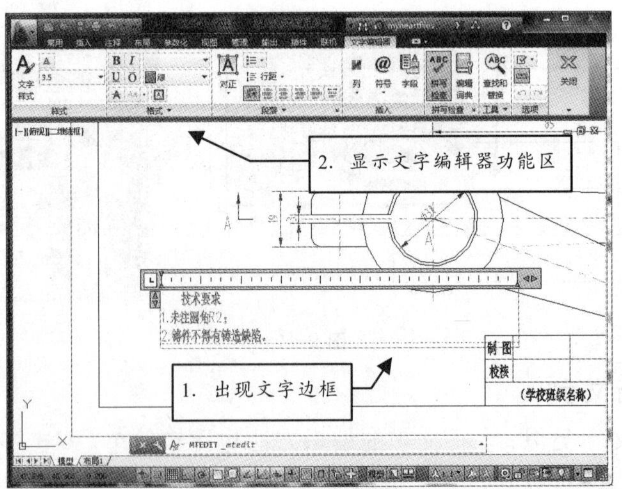

图 9-44

Step04 修改文字高度为5，颜色为“ByLayer”，可以实时看到修改结果，如图9-45所示。

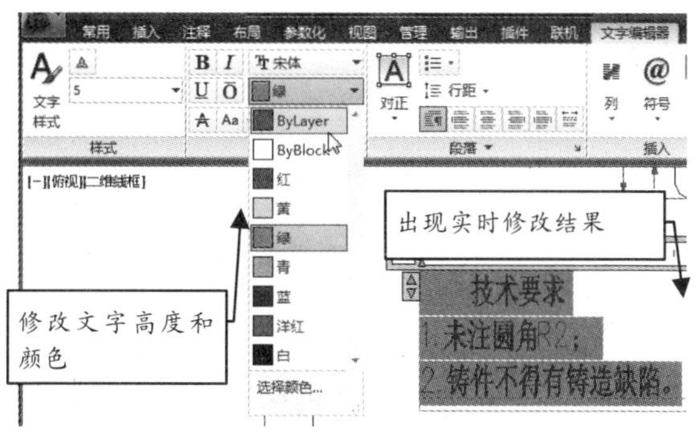

图 9-45

Step05 修改完成后，关闭编辑器即可看到结果，如图9-46所示。

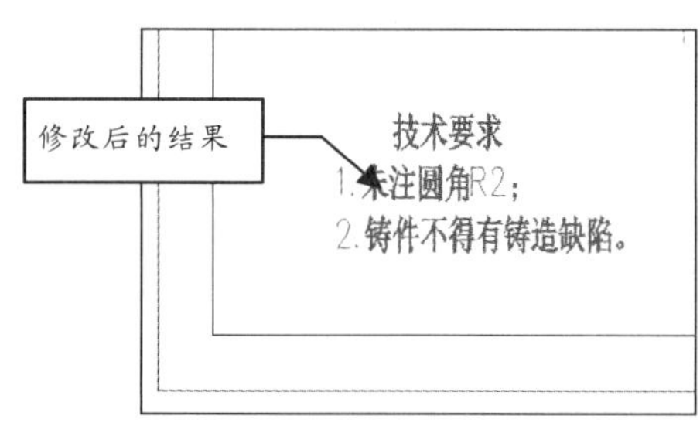

图 9-46

小贴示 使用“文字编辑器”里面的功能可以更改多行文字的多项内容，这里不再详述。

技巧 妙用字符输入特殊字符：

除了使用 Unicode 字符输入特殊字符外，还可以为文字加上画线和下画线，或通过在文字字符串中包含控制信息来插入特殊字符。每个控制序列都通过一对百分号引入。

字 符 串	显 示 结 果	字 符 串	显 示 结 果
%% nnn	nnn	%%p	绘制正/负公差符号(±)
%%o	控制是否加上画线	%%c	绘制圆直径标注符号(ý)
%%u	控制是否加下画线	%%%	绘制百分号(%)。这只对 TEXT 命令有效
%%d	绘制度符号(°)	Alt 键并在数字小键盘上输入 0128	€

9.3 创建表格

前面说明了文字的创建方法，下面来说明如何创建表格，表格多用在展示列表的形式时使用，如标题栏中显示当前图形中的部件等。创建表格前，首先要了解表格样式。

9.3.1 定义表格样式

和文字样式一样，表格样式是用来定义表格用途的工具，如图9-47所示。

序号	代号	名称	数量	材料	单件重量	总计重量	备注
3	DZ.11.02-03	顶板	1	不锈钢板（10mm）	4.5	4.5	
2	DZ.11.02-02	侧板	1	不锈钢板（6mm）	51	51	
1	DZ.11.02-01	底板	1	不锈钢板（10mm）	9.9	9.9	

						组合件			机械工业部 机械科学研究院
标记	处数	分区	更改文件号	签名	年月日				
设计			标准化			阶段标记	重量	比例	底座
审核									
工艺			批准			共 张	第 张		DZ.11.02

图 9-47

案例9-5：创建表格样式

素材文件	Sample/CH09/05.dwg	视频文件	视频演示/CH09/创建表格样式.avi

步骤如下：

Step01 以前面创建的文字样板来新建一个图形。

Step02 单击“注释”选项卡→“表格”面板上的“更多”按钮，弹出“表格样式”对话框，如图9-48所示。

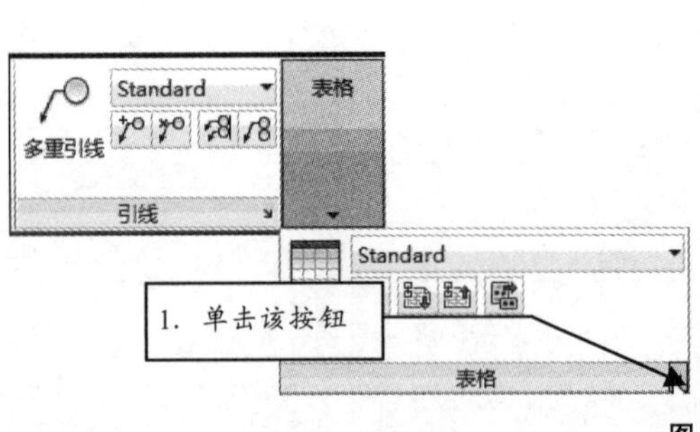

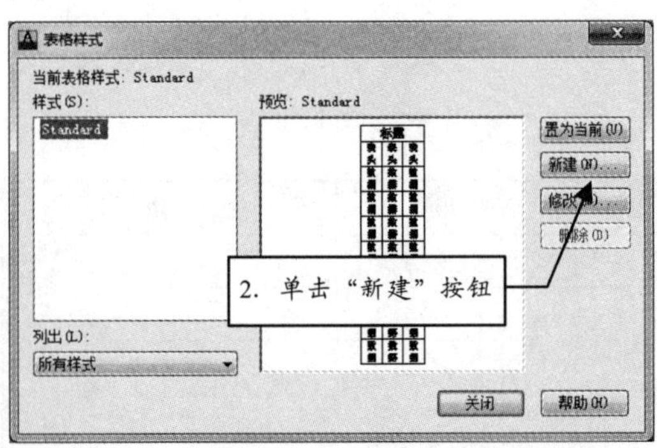

图 9-48

> **技巧** 用户也可以输入TABLESTYLE命令，或者单击“样式”工具栏或面板上的（表格样式）按钮来打开“表格样式”对话框。

Step03 单击“新建”按钮，弹出“创建新的表格样式”对话框，设置新样式名称为“Ntable”，然后单击“继续”按钮弹出“新建表格样式”对话框，如图9-49所示。

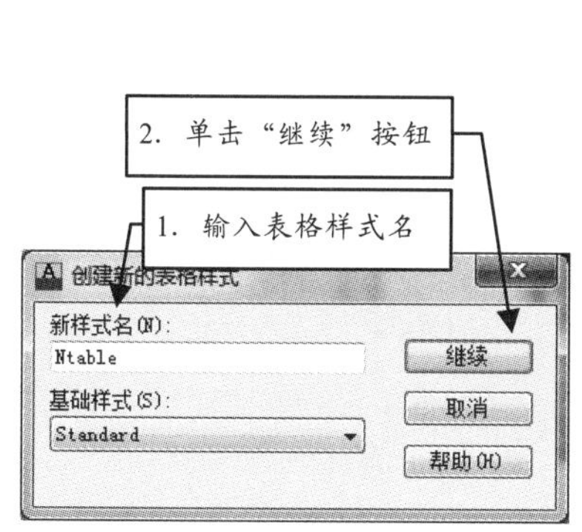

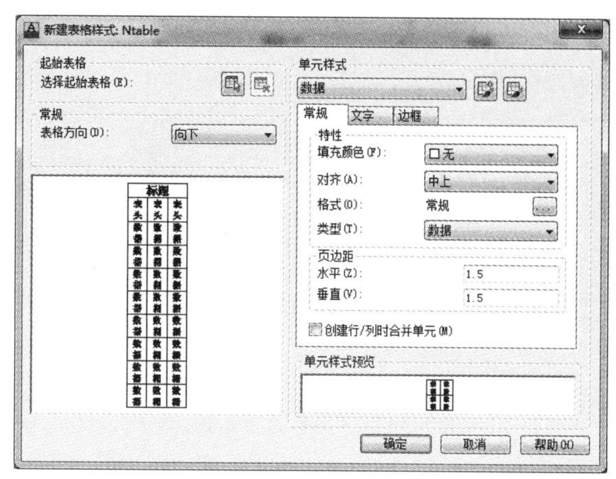

图 9-49

Step04 单击“单元格式”下拉按钮，选择“标题”选项，“文字样式”选择“宋体”，如图9-50所示。

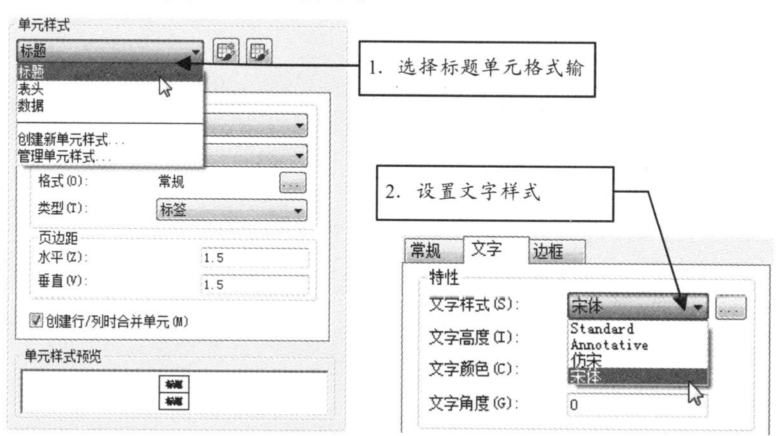

图 9-50

Step05 使用同样的方法设置表头和数据行的文字样式、高度等相关参数，将表头和数据行设置为一致，文字样式为仿宋，高度为3.5，如图9-51所示。

Step06 单击“确定”按钮，返回到“表格样式”对话框。选中Ntable样式，然后单击“置为当前”按钮，将样式设置为当前样式，如图9-52所示。

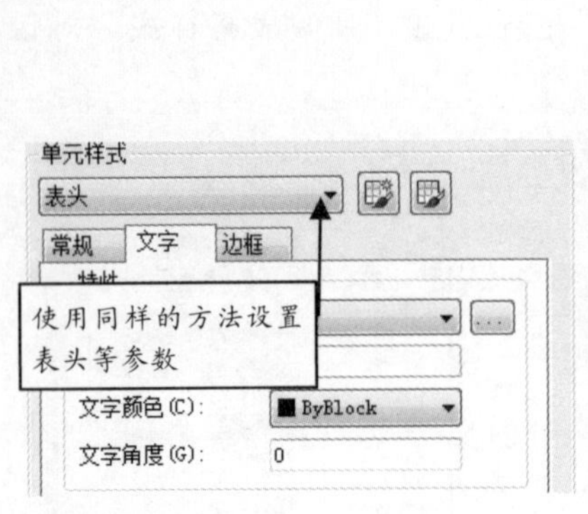

图 9-51

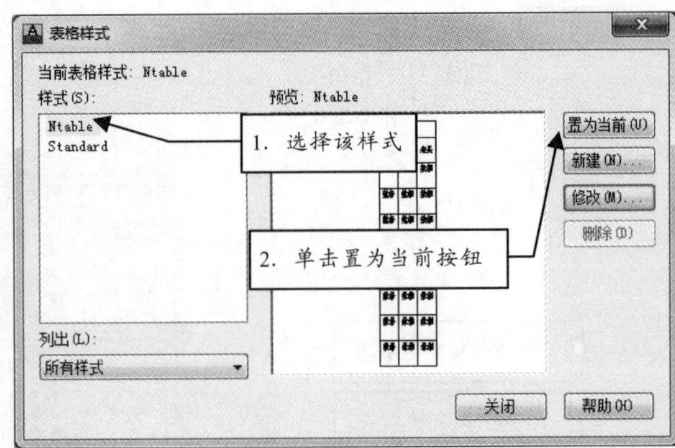

图 9-52

Step07 单击“关闭”按钮关闭“表格样式”对话框，然后单击（保存）按钮，将该文件命名为“Table.dwt”的图形样板。

选项精解

- 数据单元、单元文字和单元边界的外观，取决于处于活动状态的选项卡：“基本”选项卡、“文字”选项卡或“边界”选项卡。如图9-53所示为“基本”选项卡的相关内容。

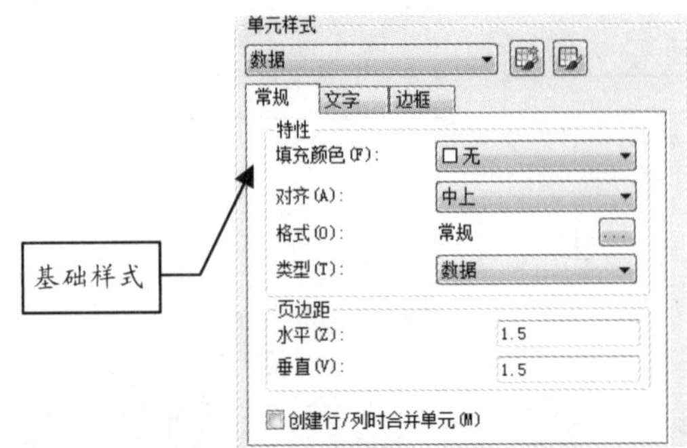

图 9-53

- “文字”选项卡用于设置文字样式、高度、颜色等，如图9-54所示。
- “边框”选项卡用于设置表格的边框，如图9-55所示。

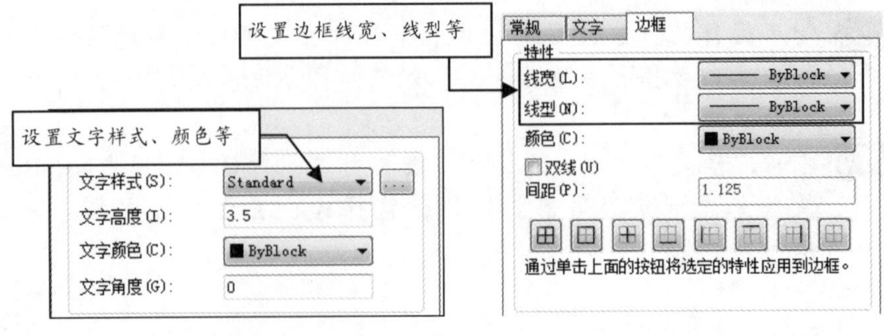

图 9-54

图 9-55

注意 文字角度文本框中，用户可以输入-359～359°之间的任意角度。

9.3.2 插入表格

表格是在行和列中包含数据的对象。创建表格对象时，首先创建一个空表格，然后在表格单元中添加内容。

案例9-6：编辑表格

素材文件	Sample/CH09/07.dwg	视频文件	视频演示/CH09/编辑表格.avi

Step01 单击“新建”按钮，以前面创建的表格样板创建一个新图形。然后单击“注释”选项卡→“表格”面板→“表格”按钮，如图9-56所示。

小贴示 其他命令的执行方式。

- 命令：TABLE。
- 菜单：“绘图”→“表格”命令。
- 工具栏：“绘图”→“（表格）”按钮。

Step02 弹出“插入表格”对话框，设定行列数为“10、3”，如图9-57所示。

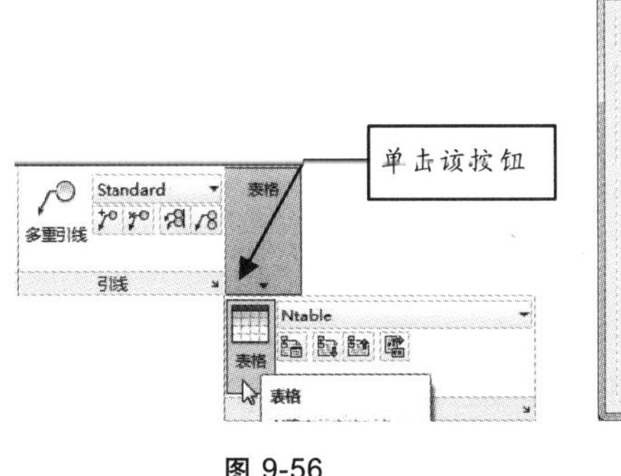

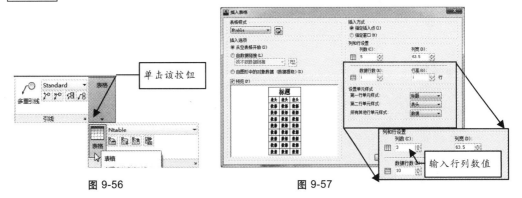

图 9-56

图 9-57

Step03 单击“确定”按钮切换到绘图窗口中，命令行提示指定表格的插入点，可以看到指定表格的左上角作为插入点，如图9-58所示。

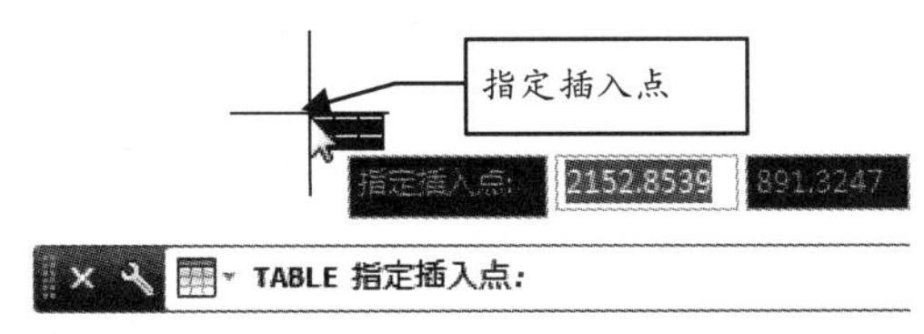

图 9-58

第9小时 创建文字

Step04 系统自动跳转到第一个标题行，供用户输入相应的文字，如图9-59所示。

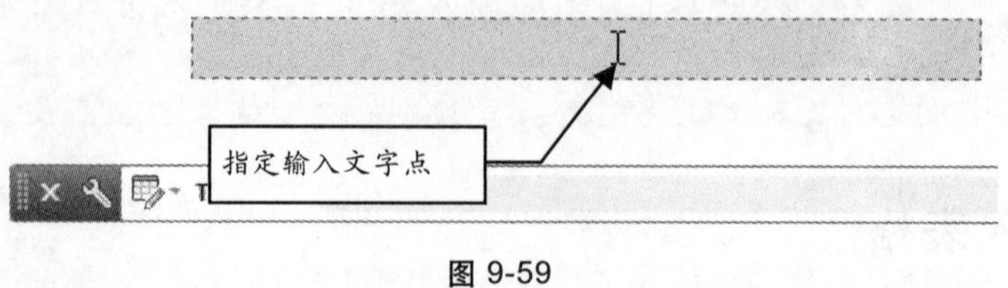

图 9-59

提示 用户也可以在表格创建完成后再输入文字。

Step05 文字输入完成后，会显示标题栏、数据栏等相应的数据，如图9-60所示。

零件说明栏		

图 9-60

选项精解

表格选项区该对话框包括“表格样式”、“插入选项”、“插入方式”、“列和行设置”、“设置单元格式”等几个选项区。

表格样式主要显示当前图形的表格样式列表，默认显示为Standard。

“插入选项”用于指定表格的位置，说明如下。

- 从空表格开始(S)：创建可以手动填充数据的空表格。
- 自数据链接(L)：从外部电子表格中的数据创建表格。
- 自图形中的对象数据（数据提取）(X)：启动“数据提取”向导。
- 插入方式用于指定表格的插入方式，选项说明如下。
- 指定插入点(I)：指定表格左上角的位置。可以使用定点设备，也可以在命令提示下输入坐标值。如果表格样式将表格的方向设置为由下而上读取，则插入点位于表格的左下角。
- 指定窗口(W)：指定表格的大小和位置。可以使用定点设备，也可以在命令提

示下输入坐标值。选定此选项时，行数、列数、列宽和行高取决于窗口的大小及列和行设置。

- “行和列的设置”主要用于设置行和列的数目，或者行高和列宽。

9.3.3 编辑表格

表格创建完成后，如果用户对创建的表格不满意，还可以方便地使用编辑功能对此进行编辑。

1. 在表格内调整单元格行列尺寸

Step01 打开存在表格的图形文件，然后选中表格，在各个角点显示蓝色夹点，如图9-61所示。

Step02 单击相应的夹点即可改动表格相应的位置，如行列宽度、表格总体宽高等，如图9-62所示。

图 9-61

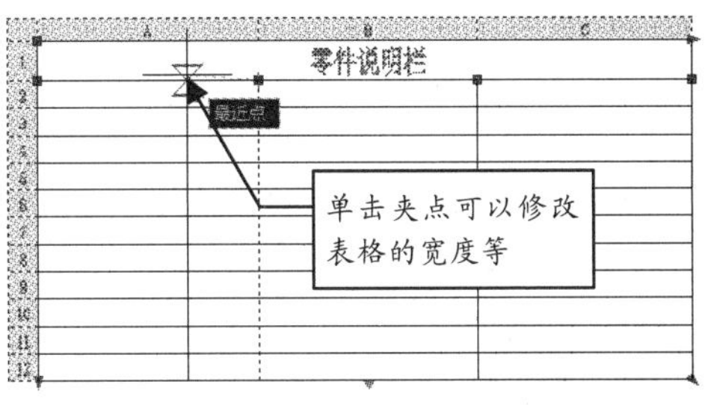

图 9-62

2. 编辑整体表格行列尺寸

前面说明了在行列总宽高度不变的情况下，可以调整某行的行列值，下面来说明如何调整某行或列的数值而不影响其他行列数据。

Step01 选择某一个单元格，显示单元格夹点，然后移动单元格上下左右4个方向的夹点，将能使该单元格的高度、宽度发生改变，同时保持其他行列的数值不变，相当于表格所占的整体区域变大了，如图9-63所示。

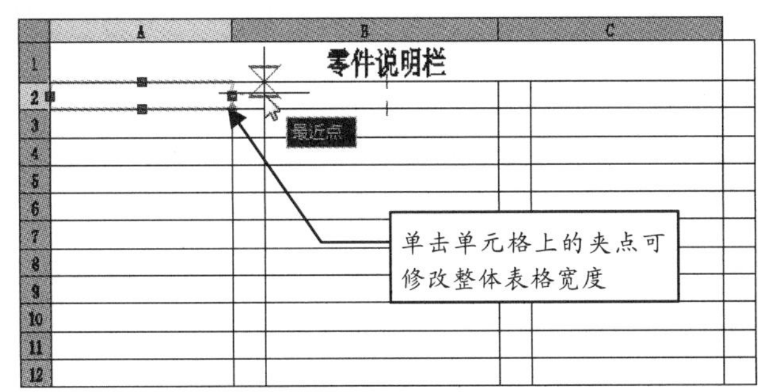

图 9-63

Step02 向右移动可以看到该列变宽，而其他列数值不变，如图9-64所示。

图 9-64

提示 修改表格的高度或宽度时，行或列将按比例变化。修改列的宽度时，表格将加宽或变窄以适应列宽的变化。要维持表的宽度不变，需在使用列夹点时按住 <Ctrl> 键。选中单元格后右击，可以在弹出的快捷菜单中进行插入/删除列和行、合并相邻单元或进行其他修改。

3. 编辑表格中的文字

除了表格的宽高外，用户还能编辑表格中的文字。

Step01 双击表格中的文字，系统即调用文字编辑器，直接修改即可，如图9-65所示。

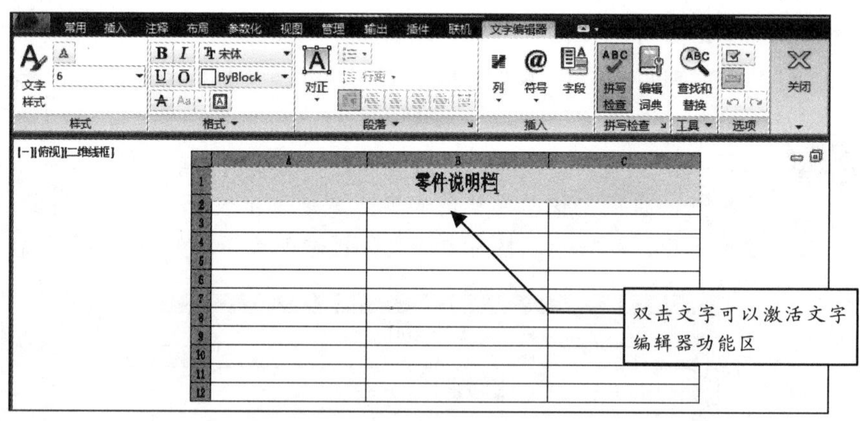

图 9-65

Step02 当在空行中输入文字时，单元格会自动适应文字从而加宽或者变高，如图9-66所示。

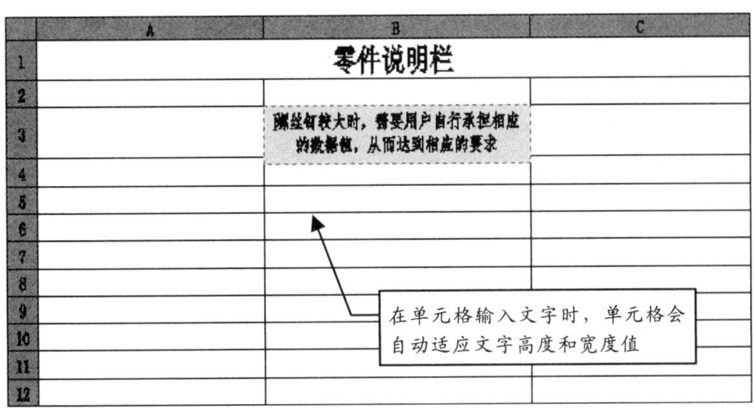

图 9-66

小贴示 文字编辑器的相应功能：

- 制表符（Tab）键和箭头键能跨单元格移动。
- 双击某个表单元格以使用多行文字编辑器输入文字。
- 也可以从快捷菜单插入字段和符号。
- 右击表单元格可从快捷菜单插入图块。

第 10 小时　尺寸标注

尺寸标注是向图形中添加测量注释的过程，合理的尺寸标注能给后期加工人员带来便利。

10.1　新建与编辑尺寸样式

标注具有以下几种独特的元素：标注文字、尺寸线、箭头和尺寸界线，如图10-1所示。

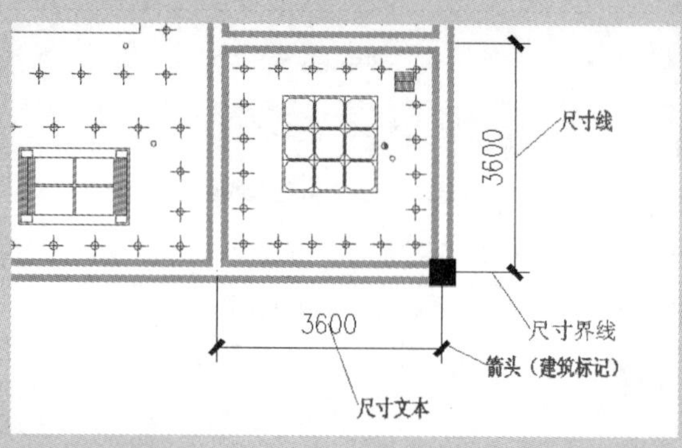

图 10-1

各部分说明如下。

- 标注文字：用于指示测量值的文本字符串，文字还可以包含前缀、后缀和公差。
- 尺寸线：用于指示标注的方向和范围。对于角度标注，尺寸线是一段圆弧。
- 箭头：也称为终止符号，显示在尺寸线的两端。可以为箭头或标记指定不同的尺寸和形状。
- 尺寸界线：也称为投影线或证示线，从部件延伸到尺寸线。

技巧　中心标记是标记圆或圆弧中心的小十字。中心线是标记圆或圆弧的圆心的打断线。

10.1.1　输入新样式名称

标注样式是标注设置的命名集合，可用来控制标注的外观，如箭头样式、文字位置和尺寸公差等。

用户可以创建标注样式，以快速指定标注的格式，并确保标注符合行业或工程标准。

- 创建标注时，标注将使用当前标注样式中的设置。
- 如果要更改标注样式中的设置，则图形中的所有标注将自动使用更新后的样式。
- 可以创建标注子样式，为不同的标注类型使用指定的设置。
- 可以使用源自当前标注样式的标注设置覆盖标注样式。

案例10-1：新建尺寸样式

结果文件	Sample/CH04/01.dwg	视频文件	视频演示/CH10/创建尺寸样式.avi

下面来介绍创建一种标注样式的方法。

Step01 以前面保存的text文件作为样板文件新建一个图形文件，然后将其命名为“标注样式.dwg”并保存，如图10-2所示。

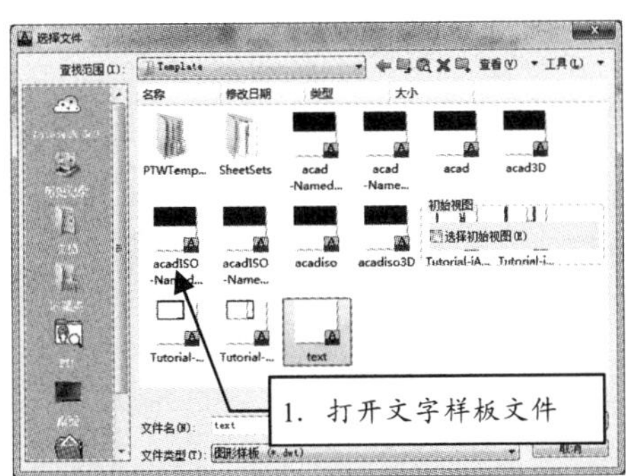

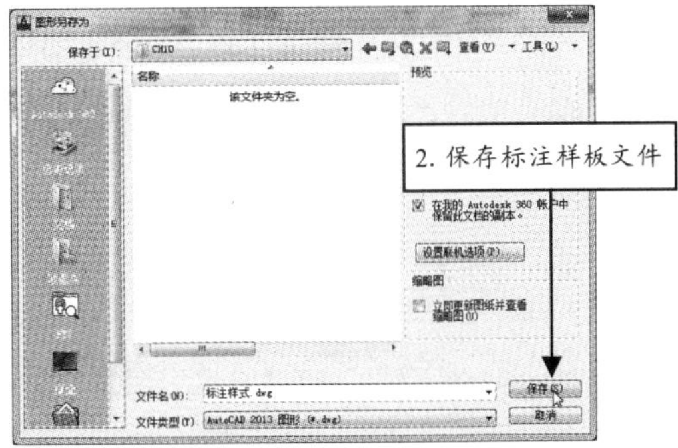

图 10-2

Step02 依次单击“注释”选项卡→“标注”面板→“标注样式”按钮，如图10-3所示。

> **小贴示** 也可以使用其他方法调用该命令。
> - 命令：DIMSTYLE。
> - 菜单：“格式”→“标注样式”命令。
> - 工具栏：“格式”→“（标注样式）”按钮。

Step03 在弹出的“标注样式管理器”对话框中单击“新建”按钮，如图10-4所示。

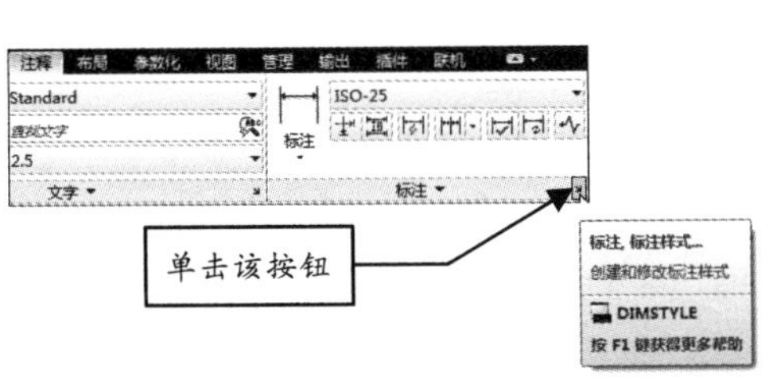

图 10-3

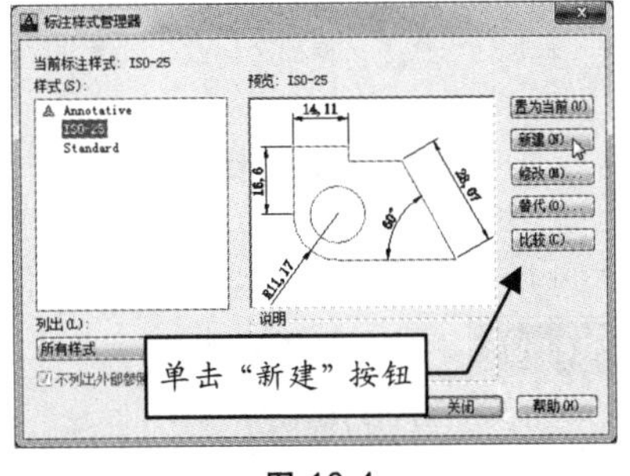

图 10-4

选项精解

- 置为当前：将在“样式”下选定的标注样式设定为当前标注样式。当前样式将应用于所创建的标注。
- 新建：显示“创建新标注样式”对话框，从中可以定义新的标注样式。
- 修改：显示“修改标注样式”对话框，从中可以修改标注样式。对话框选项与“新建标注样式”对话框中的选项相同。
- 替代：显示“替代当前样式”对话框，从中可以设定标注样式的临时替代值。对话框选项与“新建标注样式”对话框中的选项相同。替代将作为未保存的更改结果显示在“样式”列表中的标注样式下。
- 比较：显示“比较标注样式”对话框，从中可以比较两个标注样式或列出一个标注样式的所有特性。

Step04 在“创建新标注样式”对话框中输入“新样式名”为“标注-3.5”，然后单击“继续”按钮，如图10-5所示。

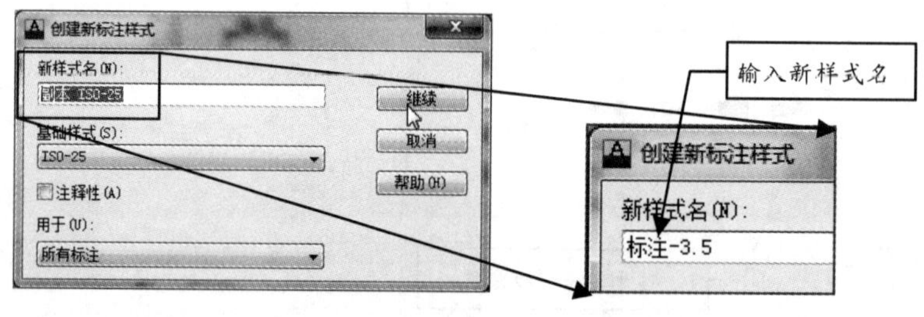

图 10-5

选项精解

- 新样式名：指定新的标注样式名。
- 基础样式：设定作为新样式的基础的样式。对于新样式，仅更改那些与基础特性不同的特性。
- 注释性：指定标注样式为注释性。单击信息图标以了解有关注释性对象的详细信息。
- 用于：创建一种仅适用于特定标注类型的标注子样式。例如，可以创建一个STANDARD 标注样式的版本，该样式仅用于直径标注。
- 继续：显示“新建标注样式”对话框，从中可以定义新的标注样式特性。
- 基础样式：基础样式是新建样式的模板。

10.1.2 设置样式的线条、文字等信息

设置标注样式的线条和文字等信息的步骤如下：

Step01 在“新建标注样式”对话框中单击选项卡，并对新标注样式进行更改，如图10-6所示。

该对话框中的各选项含义如下：

在“尺寸线”选项区域中，可以设置尺寸线的颜色、线型、线宽、超出标记及基线间距等属性，如图10-7所示。

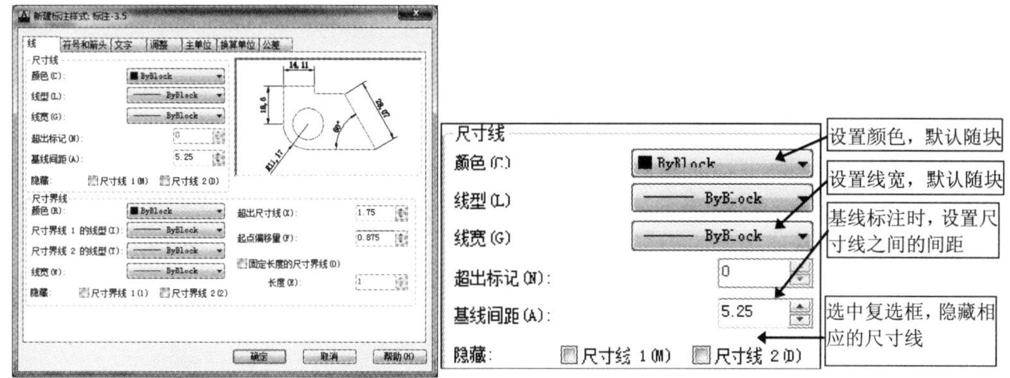

图 10-6　　图 10-7

其他选项含义如下：

- 线型：用于设置尺寸线的线型。是从AutoCAD 2007版本开始增强的功能，用户可以使用“加载或重载线型”对话框来加载外部LIN文件中的线型。
- 超出标记：当尺寸线的“箭头”采用倾斜、建筑标记、小点、积分或无标记等样式时，使用该文本框可以设置尺寸线超出尺寸界线的长度。

在“尺寸界线”选项区域中，可以设置尺寸界线的颜色、尺寸界线1的线型、线宽、超出尺寸线和起点偏移量等属性，如图10-8所示。

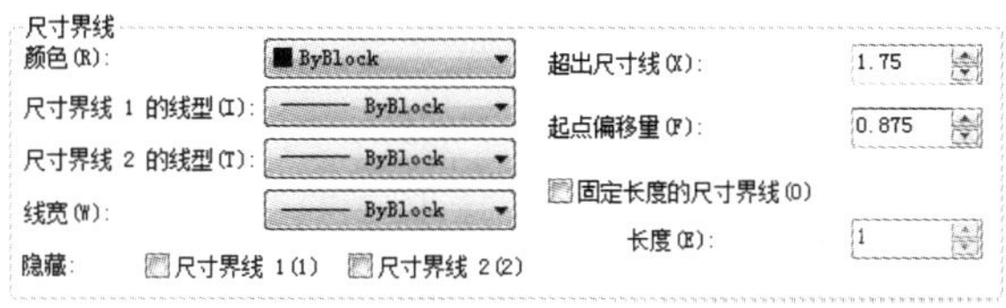

图 10-8

颜色、线宽等选项和尺寸线中的颜色、线宽类似，其他选项含义如下。

- 超出尺寸线：用于设置尺寸界线超出尺寸线的距离，国家对建筑绘图规定该值为2～3mm。
- 起点偏移量：用于控制尺寸界线原点偏移长度，即尺寸界线原点和起点之间的距离。
- □固定长度的尺寸界线(O)：指定尺寸界线的固定长度，即从尺寸线到尺寸界线原点测得的距离。从AutoCAD 2007版本开始增强了这一功能，如图10-9所示（左图为默认长度，右图为固定长度）。

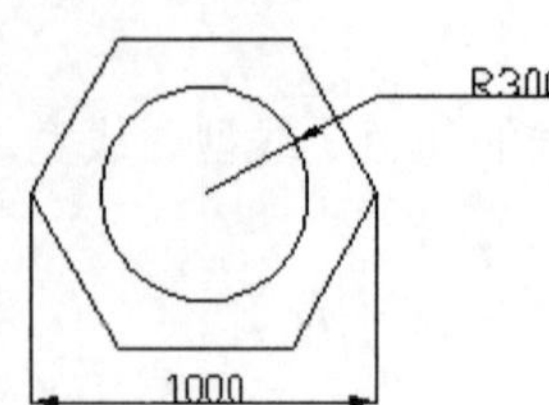

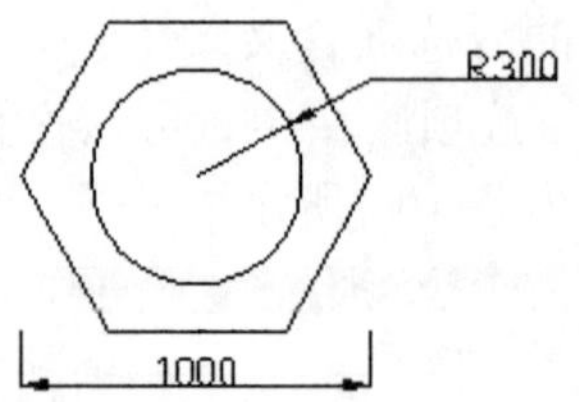

图 10-9

Step02 在“新建标注样式”对话框中单击相应选项卡，可以设置尺寸标注的箭头、圆心标记、弧长符号和半径标注折弯等选项。

Step03 单击“符号和箭头”选项卡，在“箭头”选项区中的“第一个”列表中选择“实心闭合”选项，“箭头大小”设置为3.5；“圆心标记”设置为“标记”，大小为3.5，如图10-10所示。

选项精解

- 箭头：显示标注箭头样式，用户根据相应的需要进行选择。
- 圆心标记：显示是否显示圆心标记。

工程制图中所使用的尺寸线箭头主要有4种供选用，其具体尺寸比例一般参照GB4457.4−84 中的有关规定，如图10-11所示。

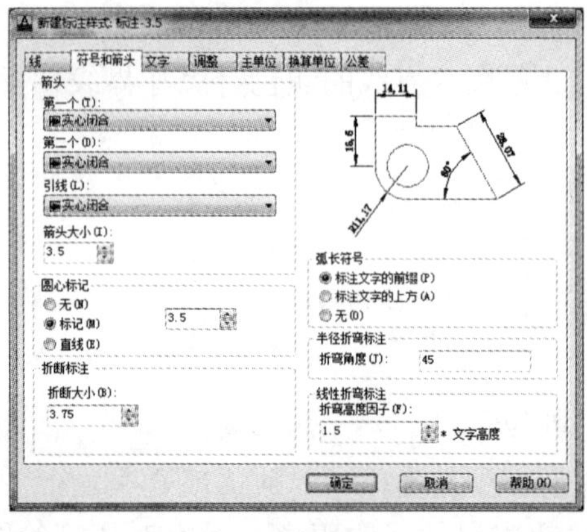

图 10-10

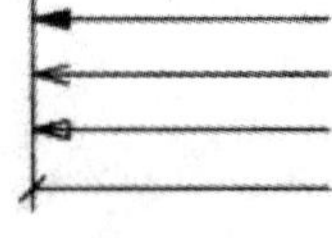

图 10-11

注意 不能将“注释性”图块用于标注或引线的自定义箭头。

技巧 工程图样中箭头选用3原则：

- 一般按实心箭头、开口箭头、空心箭头和斜线的顺序选用。
- 当尺寸线的终端采用斜线时，尺寸线与尺寸界线必须互相垂直。
- 同一张工程图样中一般只采用一种尺寸线终端的形式。当采用的箭头位置不够时，允许用圆点或斜线代替箭头。

10.1.3 设置标注文字

单击“文字”选项卡，选择“文字样式”为“仿宋”；“文字位置”为“上”、“居中”，设置“从尺寸线偏移”为“0.875”，如图10-12所示。

技巧 如果当前文件中没有文字合适的文字样式，用户可以单击“文字样式”按钮，显示“文字样式”对话框来创建自己需要的文字样式，如图10-13所示。

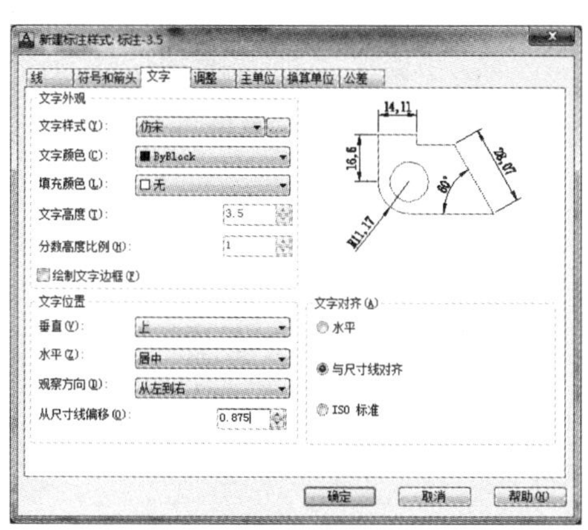

图 10-12

图 10-13

10.1.4 设置线型和线宽

在“新建标注样式”对话框中单击“调整”选项卡，用户可以设置文字和箭头的位置、特征比例等。设置调整选项为“文字或箭头”；文字位置为“尺寸线旁边”，如图10-14所示。

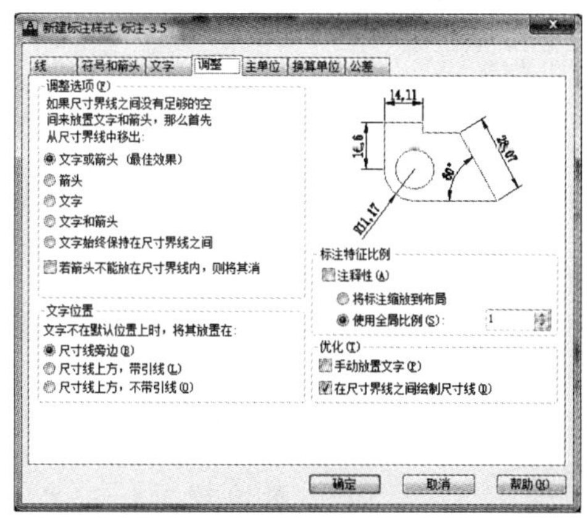

图 10-14

10.1.5 设置主单位

在“新建标注样式”对话框中单击“主单位”选项卡，可以设置主单位的格式与精度，并设置标注文字的前缀和后缀等属性。设置单位格式为“小数”，精度为0，小数分隔符为“句点”，舍入为0，如图10-15所示。

技巧 在机械标注样式中，一般还包括“公差”选项的设置，如图10-16所示。

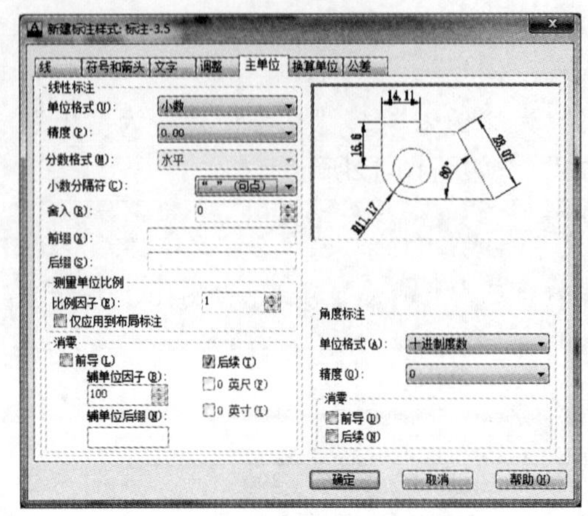

图 10-15

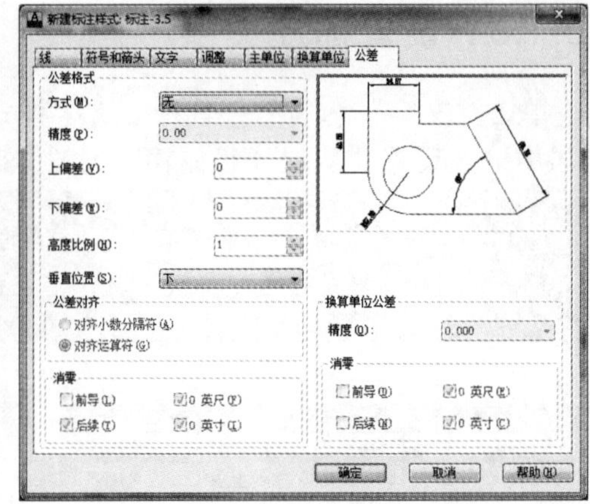

图 10-16

10.1.6 保存尺寸样式

由于在工程绘图中，一般不需要设置“换算单位”和“公差”选项卡中的内容，其他选项设置完成后，即可保存该样式。

Step01 单击“确定”按钮退出“新建标注样式”对话框。

Step02 单击“确定”按钮，返回到“标注样式管理器”对话框并单击“置为当前”按钮，然后单击“关闭”按钮，如图10-17所示。

Step03 在“标注”面板中可以看到当前的标注样式，如图10-18所示。

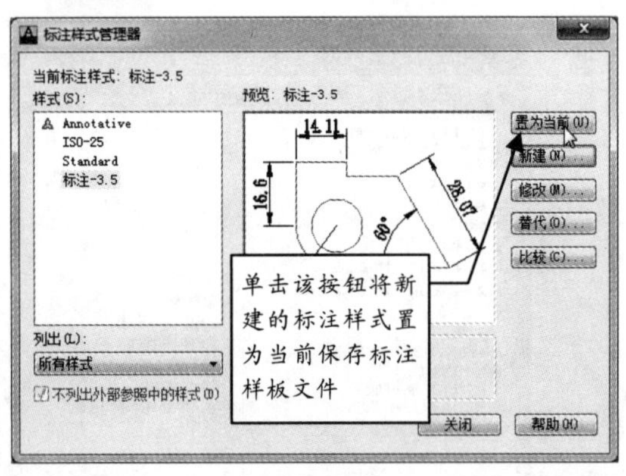

图 10-17

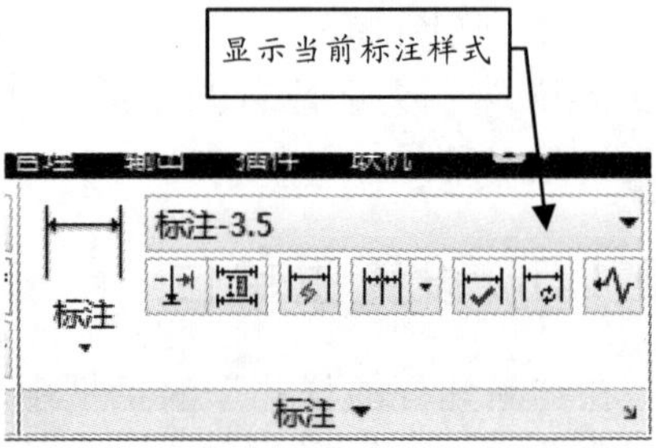

显示当前标注样式

图 10-18

Step04 单击“保存”按钮，将刚刚创建的标注样式保存为样板，使用时直接打开该样板即可调用已经建立好的标注样式。在弹出的“图形另存为”对话框中选择“文件类型”为“AutoCAD图形样板”选项，AutoCAD 自动跳转到保存样板的Template文件夹，输入“文件名”为“工程标注”，单击“保存”按钮保存为图形样板，如图10-19所示。

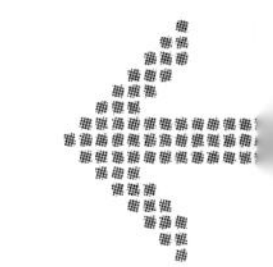

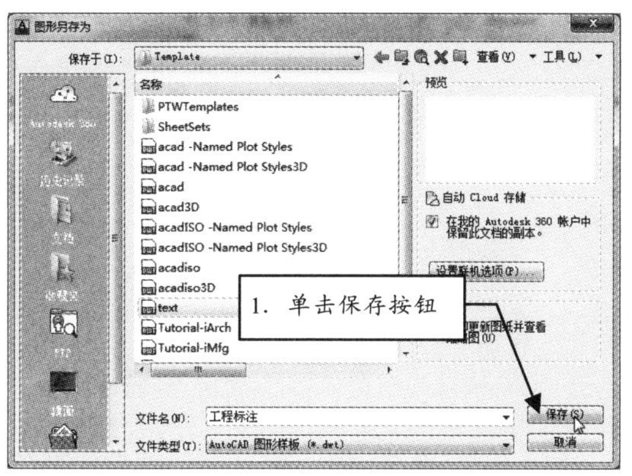

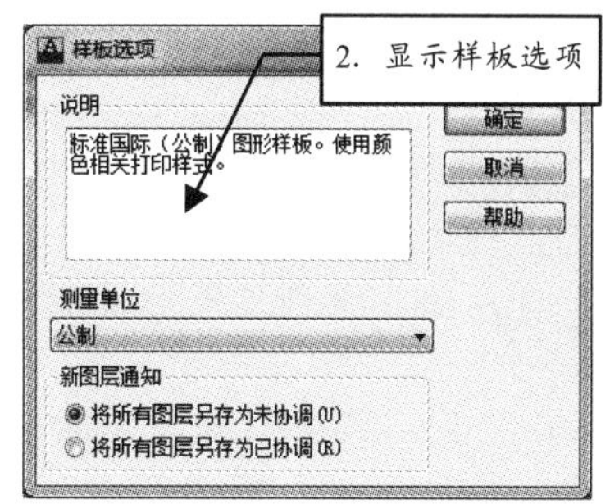

图 10-19

10.2 新建尺寸标注

用户可以为各种对象沿各个方向创建标注。基本的标注类型包括：

- 线性、径向（半径、直径和折弯）。
- 角度、坐标和弧长。

线性标注可以是水平、垂直、对齐、旋转、基线或连续（链式）。如图10-20所示列出了几种示例。

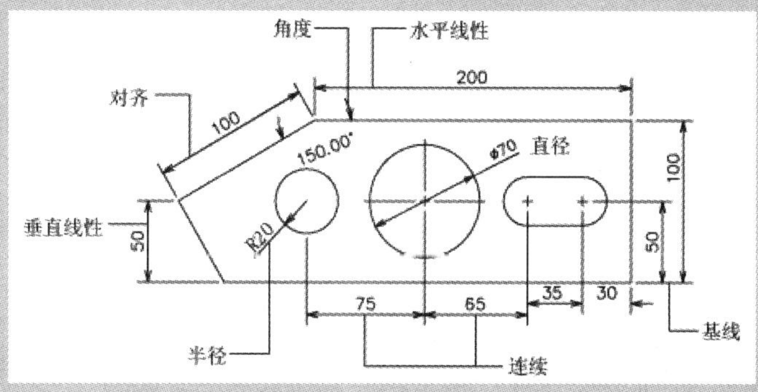

图 10-20

在“标注样式管理器”中提供了 70 多个面向标注的设置，可以控制标注外观的几乎每个方面。例如，可以在尺寸界线和所标注的对象之间设置精确的间距。所有这些设置可以保存为一个或多个标注样式。如果将标注样式保存在图形样板（DWT）文件中，它们将在每次启动新图形时可用。

提示　要简化图形组织和标注缩放，建议在布局上创建标注，而不要在模型空间中创建标注。

10.2.1 新建线性尺寸

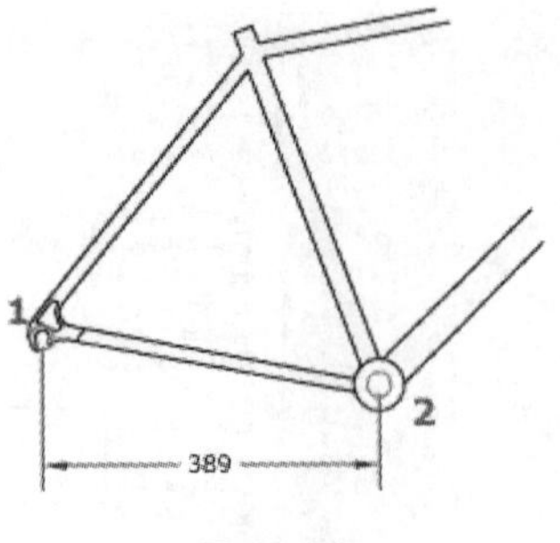

图 10-21

常见的线性尺寸包括了直线标注、对齐标注等几项，如图10-21所示。

使用对齐标注时，尺寸线将平行于两个尺寸界线原点之间的直线（想象或实际）。基线（或平行）和连续（或链式）标注是一系列基于线性标注的连续标注。

案例10-2：新建线性尺寸

素材文件	Sample/CH10/03.dwg	视频文件	视频演示/CH10/创建线性尺寸.avi

Step01 打开一个图形，如图10-22所示。

Step02 单击“注释”功能区“标注”面板上的“线性”按钮，如图10-23所示。

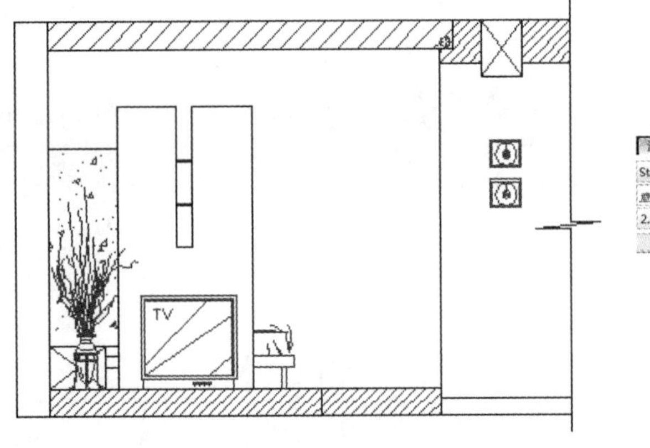

图 10-22

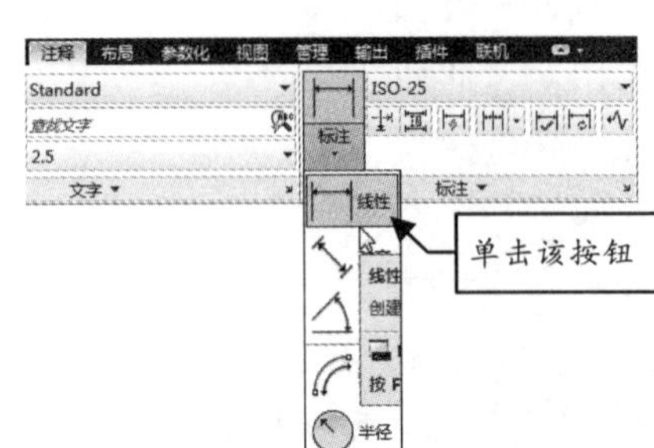

图 10-23

小贴士 也可以使用其他方法调用该命令。

- 命令：DIMLINEAR。
- 菜单：“标注”→“线性”命令。
- 工具栏：“标注”→“（线性）”按钮。

Step03 在指定第一个尺寸界线原点提示下捕捉左下角端点，如图10-24所示。

Step04 在指定第二条尺寸界线原点时捕捉右下角端点，如图10-25所示。

Step05 在指定尺寸线位置时拖动鼠标向下侧指定一点，如图10-26所示。

Step06 命令行提示标注长度为4060，但是在图形上却看不清，如图10-27所示。

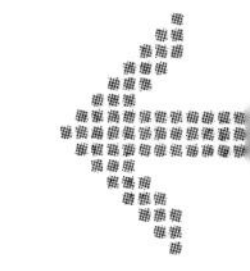

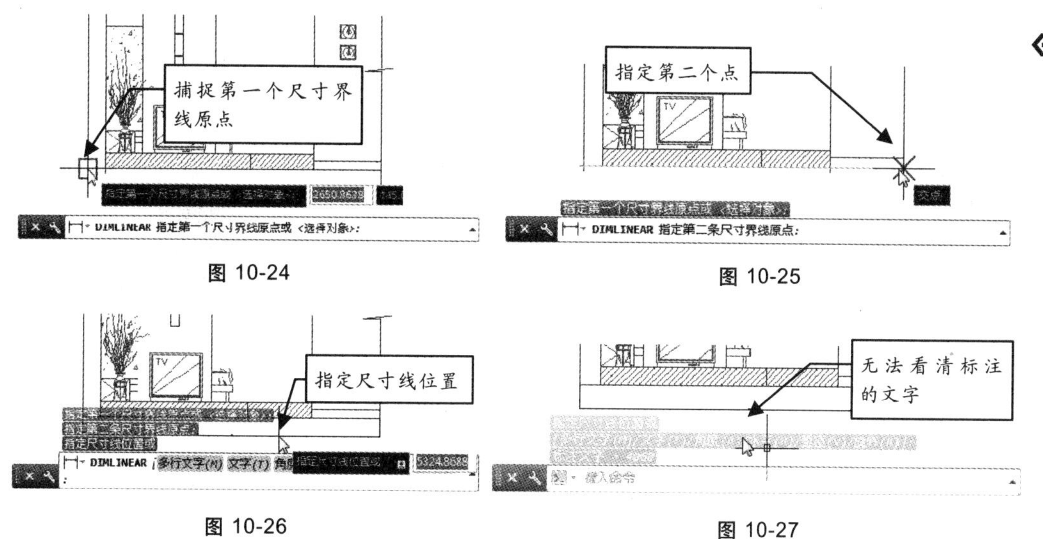

图 10-24

图 10-25

图 10-26

图 10-27

Step07 使用特性面板修改尺寸线箭头和尺寸文字大小，结果如图10-28所示。

细心的用户可能已经发现，在前面讲解尺寸样式时使用的是实心箭头，而在这里显示的却是建筑标记，是不是操作失误？

答案是否定的，根据国家对尺寸标注规则的不同而进行的各种说明，在机械绘图时的标注是实心箭头，而在建筑绘图中则是使用建筑标记标注尺寸箭头，而且主单位的精度在建筑中是“0”，不同于机械绘图时的“0.00”。

Step08 使用同样的方法标注其他部分图形，结果如图10-29所示。

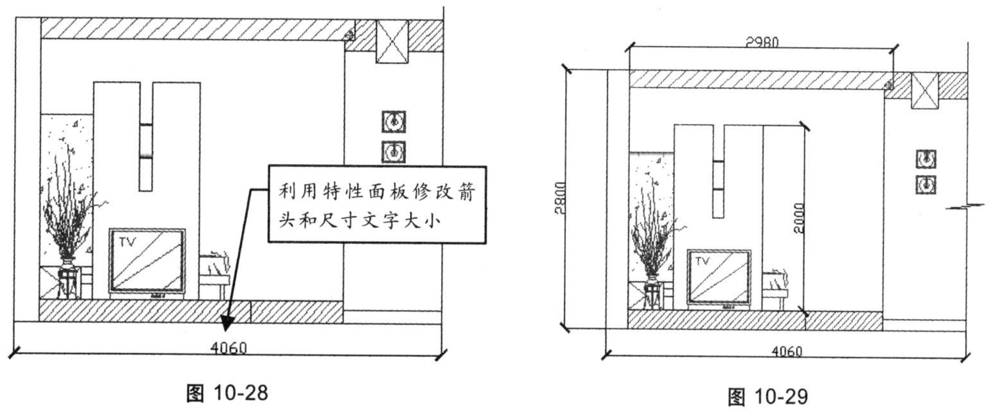

图 10-28

图 10-29

10.2.2 新建径向标注

径向标注包括半径、直径和折弯标注，下面对其进行综合说明。

测量选定圆或圆弧的半径/直径，并显示前面带有半径/直径符号的标注文字。可以使用夹点轻松地重新定位生成的半径标注，如图10-30所示。

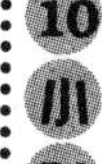

1. 半径标注

半径标注使用可选的中心线或中心标记测量圆弧和圆的半径和直径。

以下是两种半径标注：

- DIMRADIUS 用于测量圆弧或圆的半径，并显示前面带有字母 R 的标注文字。
- DIMDIAMETER 用于测量圆弧或圆的直径，并显示前面带有直径符号的标注文字，如图10-31所示。

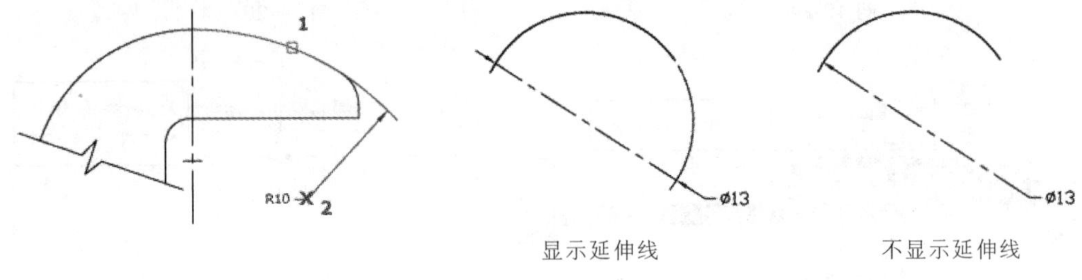

图 10-30　　图 10-31

对于水平标注文字，如果半径尺寸线与水平方向的角度大于15°，将在标注文字旁一个箭头长处绘制一条基线（也称为连线）。

案例10-3：新建半径尺寸

素材文件	Sample/CH10/04.dwg	视频文件	视频演示/CH10/新建半径标注.avi

Step01 打开一个图形，如图10-32所示。

Step02 单击“注释”选项卡→“标注”面板→“半径”按钮，如图10-33所示。

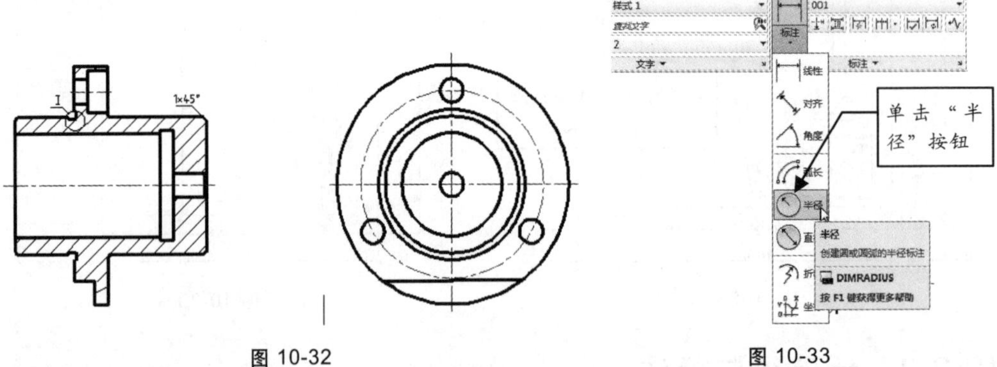

图 10-32　　图 10-33

小贴示 也可以使用其他方法调用该命令。

- 命令：DIMLINEAR。
- 菜单：“标注”→“半径”命令。
- 工具栏：“标注”→“（线性）”按钮。

Step03 选择圆弧，如图10-34所示。

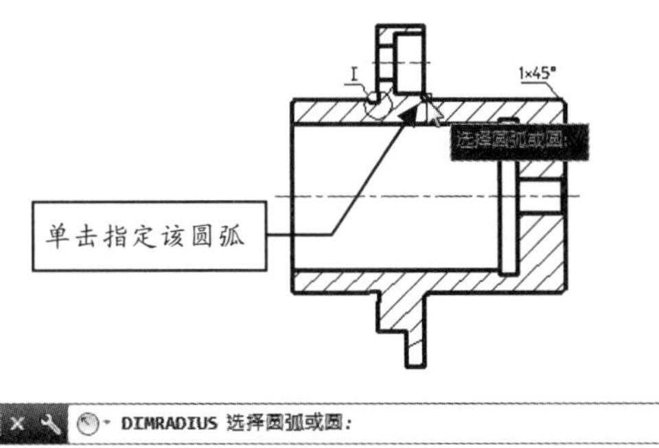

图 10-34

Step04 提示标注文字为1，并提示指定尺寸线的位置，如图10-35所示。

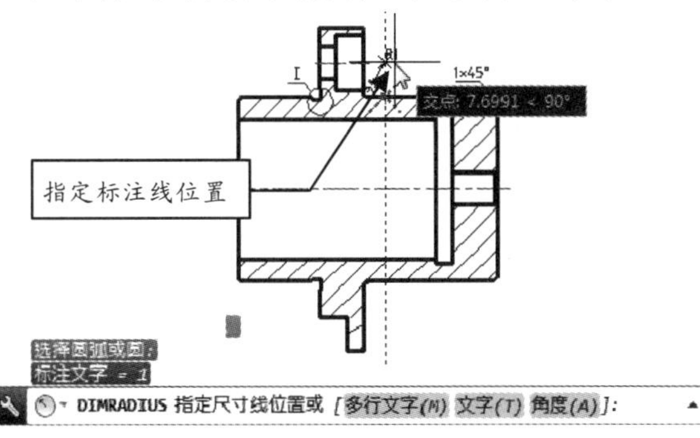

图 10-35

Step05 半径标注完成后，如图10-36所示。

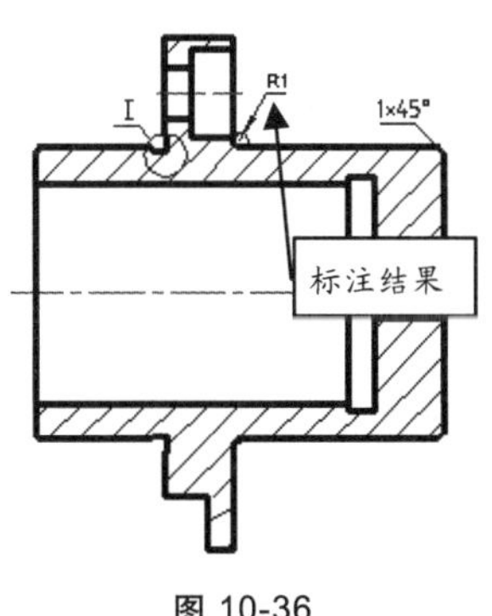

图 10-36

选项精解

- 多行文字：显示在位文字编辑器，可用它来编辑标注文字。如果标注样式中未打开换算单位，可以通过输入方括号（[ ]）来显示它们。
- 文字：在命令提示下，自定义标注文字。生成的标注测量值显示在尖括号（< >）中。
- 要包括生成的测量值，需用尖括号（< >）表示生成的测量值。如果标注样式中未打开换算单位，可以通过输入方括号（[ ]）来显示换算单位。
- 角度：修改标注文字的角度。

2. 直径标注

测量选定圆或圆弧的直径，并显示前面带有直径符号的标注文字。可以使用夹点轻松地重新定位生成的直径标注，如图10-37所示。

Step01 打开上图中的结果图，单击“注释”选项卡→“标注”面板→“直径”按钮，结果如图10-38所示。

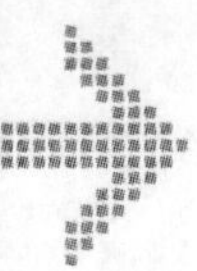

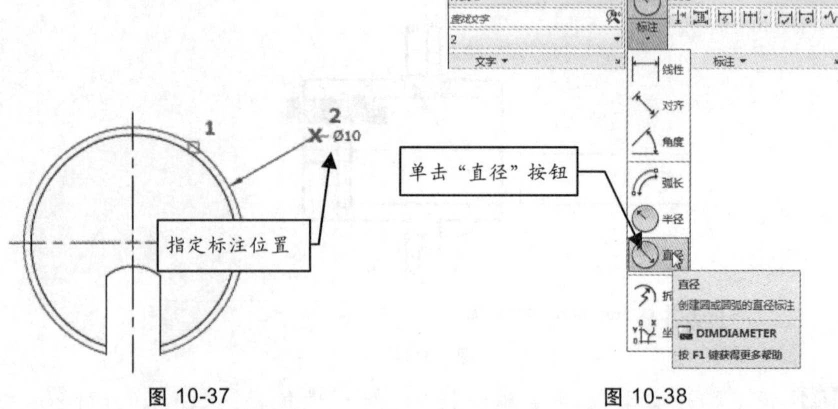

图 10-37　　　　图 10-38

小贴示　也可以使用其他方法调用该命令。

- 命令：DIMDIAMETER。
- 菜单：“标注”→“直径”命令。
- 工具栏：“标注”→“ （直径）”按钮。

Step02　选择主视图中的最外侧圆，如图10-39所示。

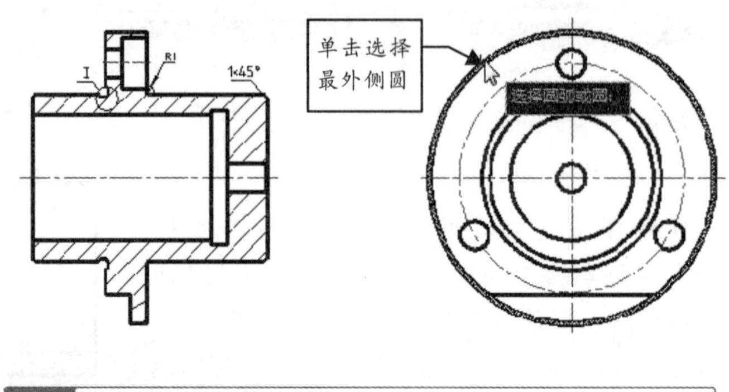

图 10-39

辨析　标注辨析：为什么选择最外侧圆？

在尺寸标注时，如果存在多个视图，应尽量在最适合表达尺寸的地方标注图形，而且要做到不重复、不遗漏，且标注尺寸线尽量不交叉。从剖视图中可以看出，最里面的两个圆可以在这个视图中标出，而最外侧的圆和中心线圆则无法很好地在这个视图中表达，而在主视图中方便标注。

Step03　显示当前圆的直径尺寸文字为70，移动鼠标放置尺寸线，如图10-40所示。

Step04 放置完成后，使用同样的方法标注内侧圆，结果如图10-41所示。

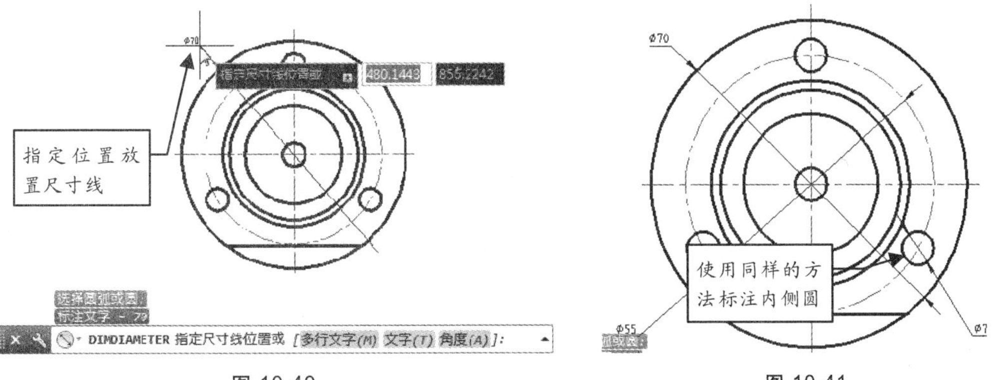

图 10-40　　图 10-41

Step05 标注完成后，接下来标注圆孔直径，从图中可以看出，圆孔直径有3个，且大小一致，根据规定，这时只需要标注一个圆孔直径，其他的使用3×Φ7 即可。右击圆孔标注，在弹出的快捷菜单中选择“特性”选项，在弹出的“特性”选项板中拖动滚动条到“文字”区，如图10-42所示。

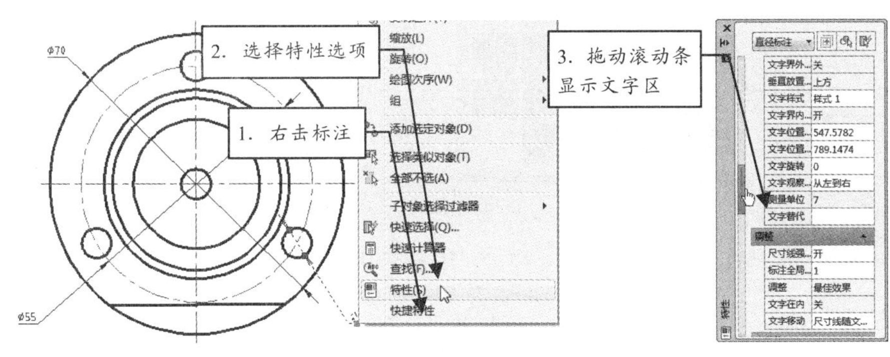

图 10-42

Step06 在“文字替代”文本框中输入“3×%%C7”等字母，然后按<Enter>键，如图10-43所示。

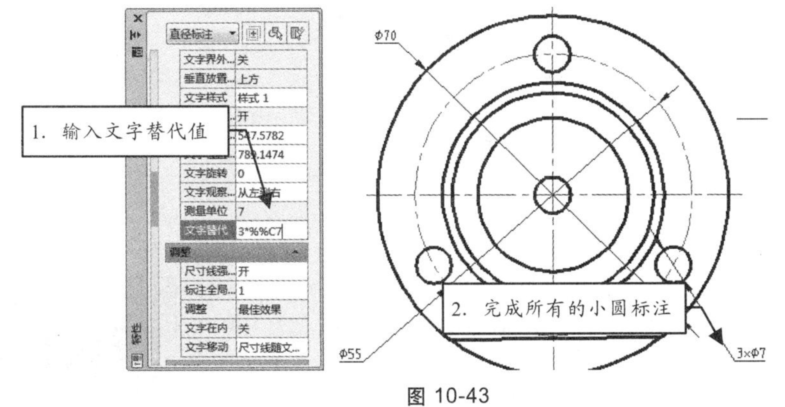

图 10-43

Step07 继续对该圆孔添加公差标注，单击“标注”面板上的“公差”按钮，弹出“形位公差”对话框，如图10-44所示。

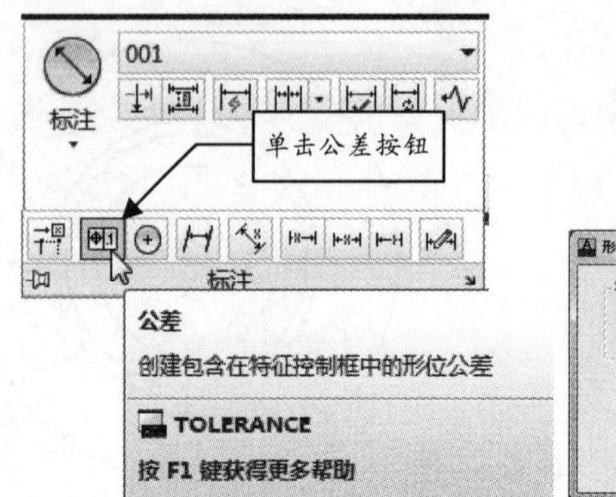

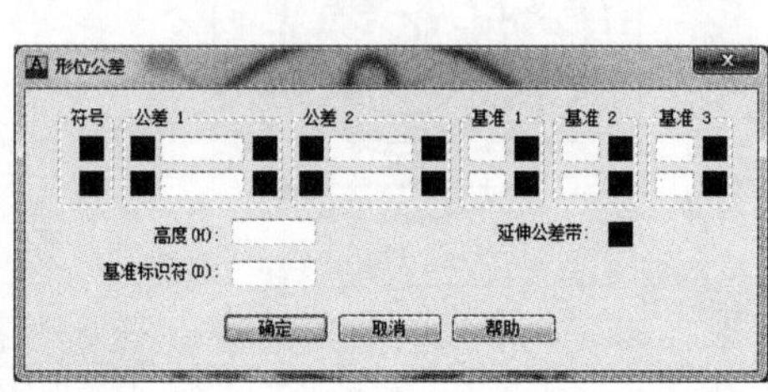

图 10-44

Step08 在“形位公差”对话框中单击“符号”单元格，在弹出的“特征符号”中选择第一个，然后在“公差1”中输入直径，数字为0.2，如图10-45所示。

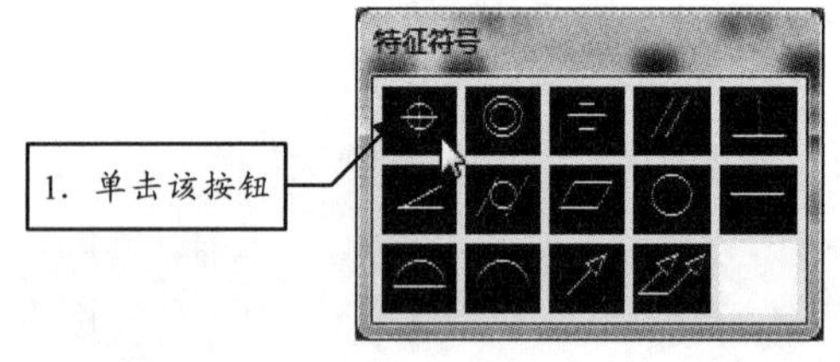

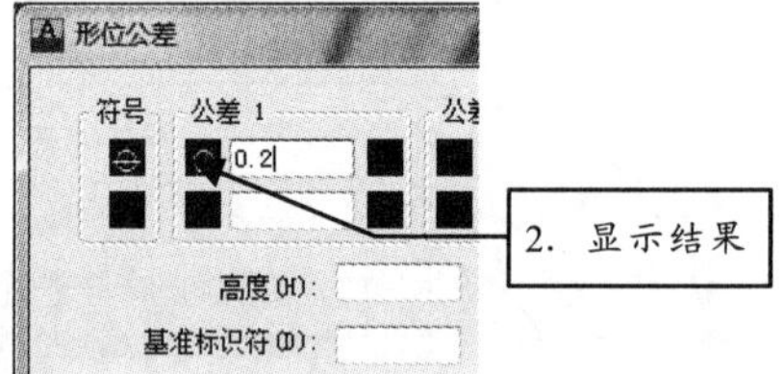

图 10-45

Step09 指定放置公差的位置，如图10-46所示。

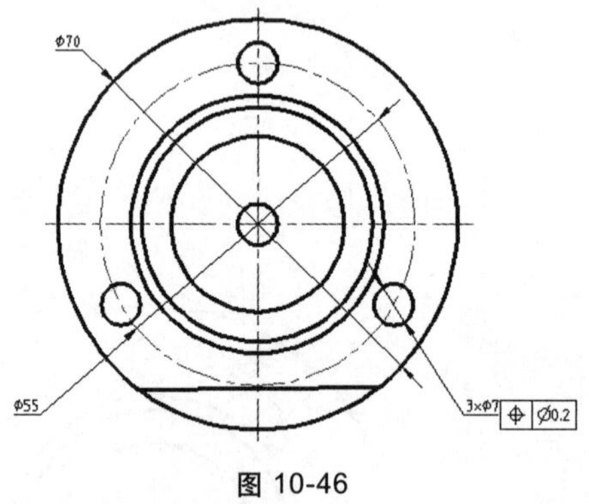

图 10-46

选项精解

形位公差用于为特征控制框指定符号和值。

- 公差1/公差2：创建特征控制框中的第1/2个公差值。公差值指明了几何特征相对于精确形状的允许偏差量。可在公差值前插入直径符号，在其后插入包容条件符号，如图10-47所示。

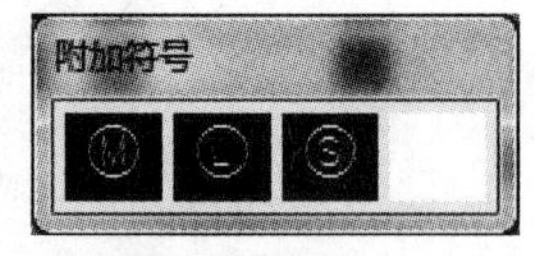

图 10-47

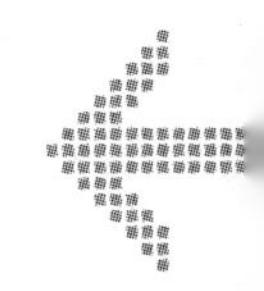

➢第一个框：在公差值前面插入直径符号。单击该框插入直径符号。

➢第二个框：创建公差值。在框中输入值。

➢第三个框：显示“附加符号”对话框，从中选择修饰符号。这些符号可以作为几何特征和大小可改变的特征公差值的修饰符。

- 基准1/2/3：在特征控制框中创建第1/2/3级基准参照。基准参照由值和修饰符号组成。基准是理论上精确的几何参照，用于建立特征的公差带。

➢第一个框：创建基准参照值。

➢第二个框：显示“附加符号”对话框，从中选择修饰符号。

- 高度：创建特征控制框中的投影公差零值。投影公差带控制固定垂直部分延伸区的高度变化，并以位置公差控制公差精度。
- 延伸公差带：在延伸公差带值的后面插入延伸公差带符号。
- 基准标识符：创建由参照字母组成的基准标识符。基准是理论上精确的几何参照，用于建立其他特征的位置和公差带。点、直线、平面、圆柱或者其他几何图形都能作为基准。

3. 基线和连续标注

在上面讲解了线性、径向标注后，还有连续标注和基线标注等方式，所谓连续标注就是自动从创建的上一个线性约束、角度约束或坐标标注基础上继续创建其他标注，或者从选定的尺寸界线继续创建其他标注，并将自动排列尺寸线，如图10-48所示。

Step01 继续打开上一个直径标注后的结果图，首先使用线性标注图形，结果如图10-49所示。

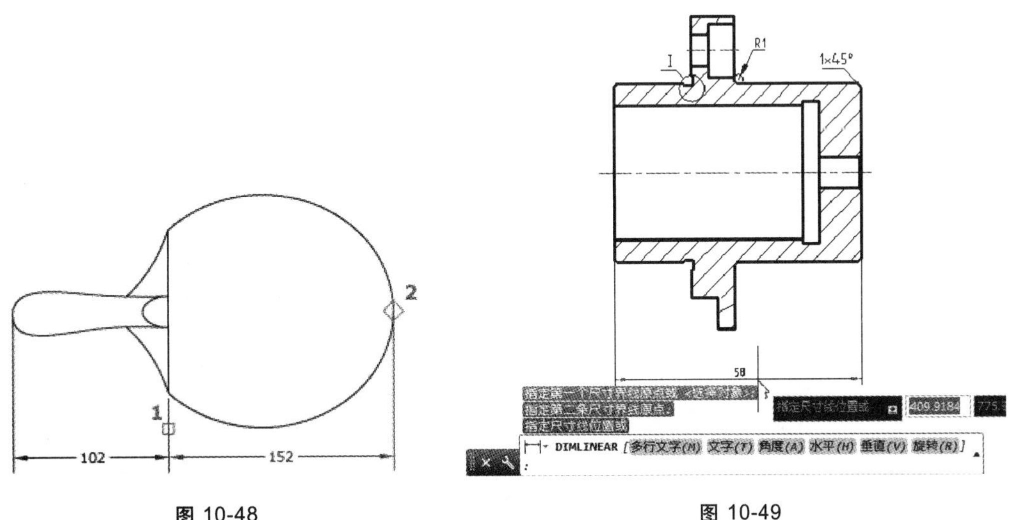

图 10-48　　　　图 10-49

Step02 单击“标注”面板中“连续”标注按钮，如图10-50所示。

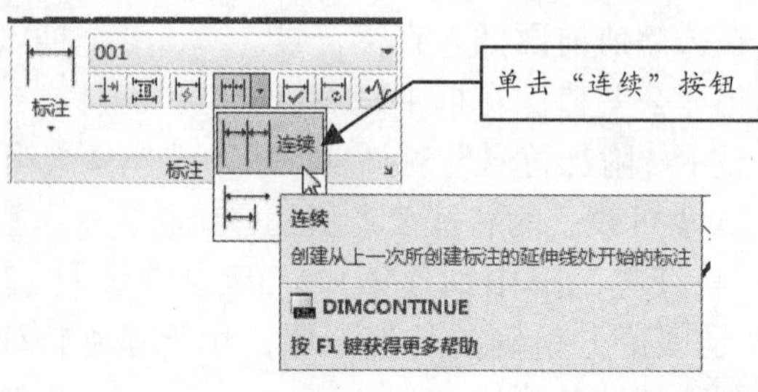

图 10-50

小贴示 使用其他方法调用该命令。

- 命令：DIMCONTINUE。
- 菜单：“标注”→“连续”命令。
- 工具栏：“标注”→“（连续）”按钮。

Step03 选择刚才标注的尺寸线作为连续标注，如图10-51所示。

Step04 向右拖动到需要标注的位置，系统实时显示尺寸值，结果如图10-52所示。

图 10-51

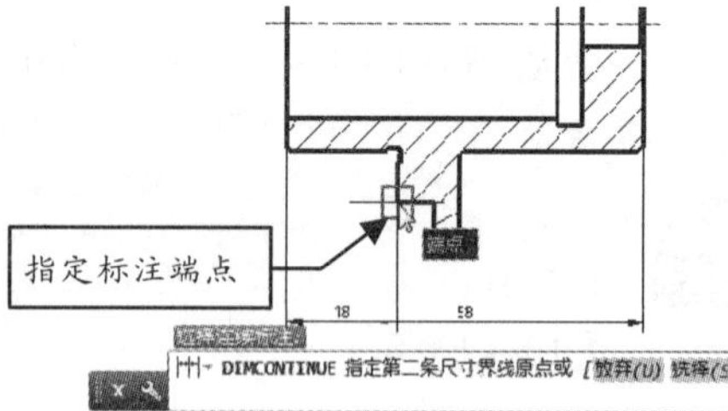

图 10-52

Step05 继续拖动进行标注，结果如图10-53所示。

Step06 标注完成后，单击选择“基线”标注。可以看出系统自动以标注值为18的线作为基准线进行标注，但不符合需要，输入s选择基准线，如图10-54所示。

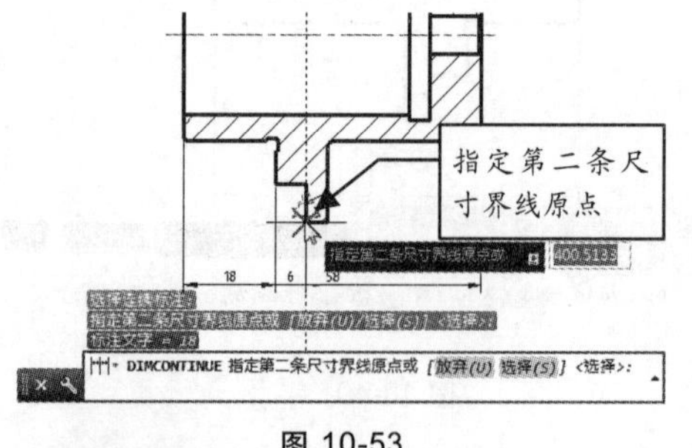

图 10-53

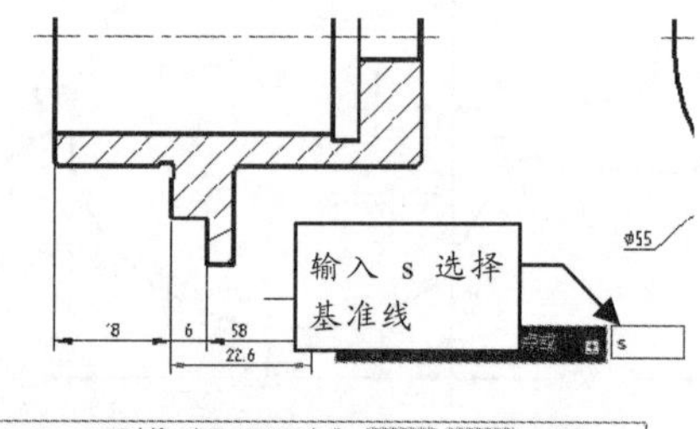

图 10-54

Step07 重新选择基线标注的基准，如图10-55所示。

Step08 移动鼠标选择基线标注的第二个尺寸界线原点，如图10-56所示。

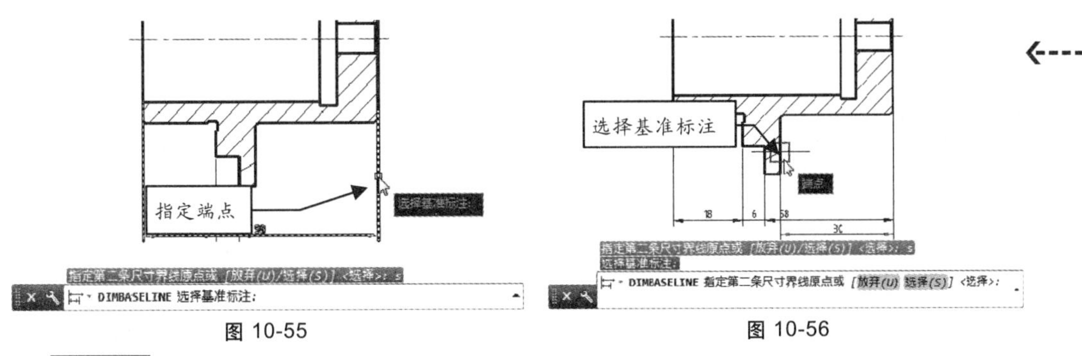

图 10-55　　图 10-56

Step09 移动鼠标继续基线标注，结果如图10-57所示。

Step10 使用“尺寸标注”完成其他部分的标注，如图10-58所示。

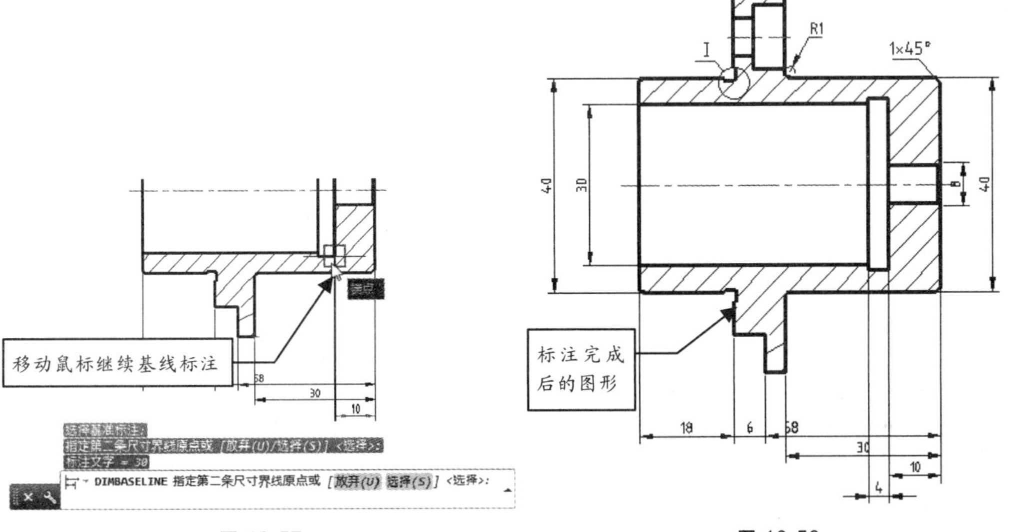

图 10-57　　图 10-58

Step11 对标注完的尺寸进行更改标注文字、添加公差等细节美化处理，使其更符合实际，结果如图10-59所示。

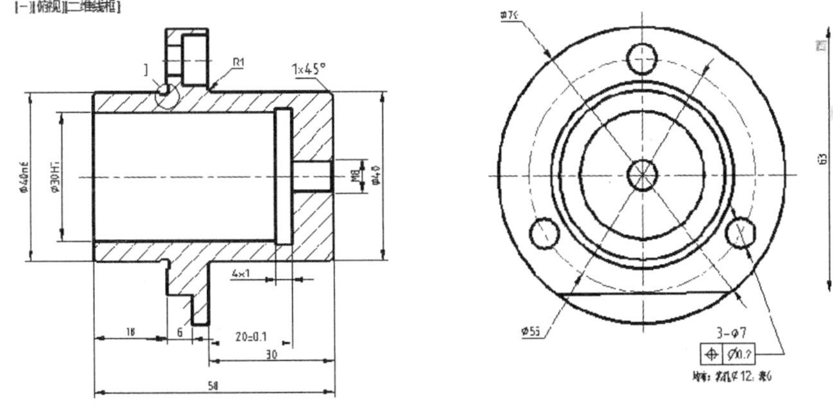

图 10-59

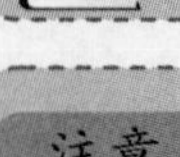

小贴示 有关尺寸标注的文字修改等编辑方式请参阅下一节内容。

注意 在创建连续或者基线标注时，必须首先创建线性或角度标注。默认情况下，基线标注和连续标注从当前任务中最新创建的标注开始。

M代表螺纹孔，是机械绘图中常用的表示方法，更详细的信息请参阅机械设计等相关书籍。

10.2.3 新建角度标注

前面说明了线型和尺寸标注，现在来学习角度和弧长标注的绘制方法。

角度标注测量两条直线或三个点之间的角度。要测量圆的两条半径之间的角度，可以选择此圆，然后指定角度端点。对于其他对象，需要先选择对象，然后指定标注位置。还可以通过指定角度顶点和端点标注角度。创建标注时，可以在指定尺寸线位置之前修改文字内容和对齐方式，如图10-60所示。

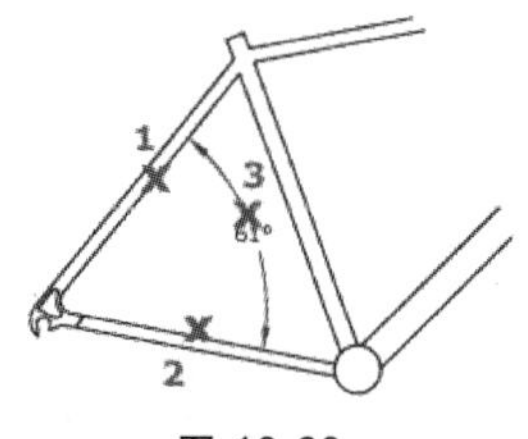

图 10-60

案例10-4：新建角度标注

素材文件	Sample/CH10/05.dwg	视频文件	视频演示/CH10/创建角度标注.avi

Step01 打开一个图形，如图10-61所示。

Step02 单击“注释”选项卡→“标注”面板→“角度”按钮，如图10-62所示。

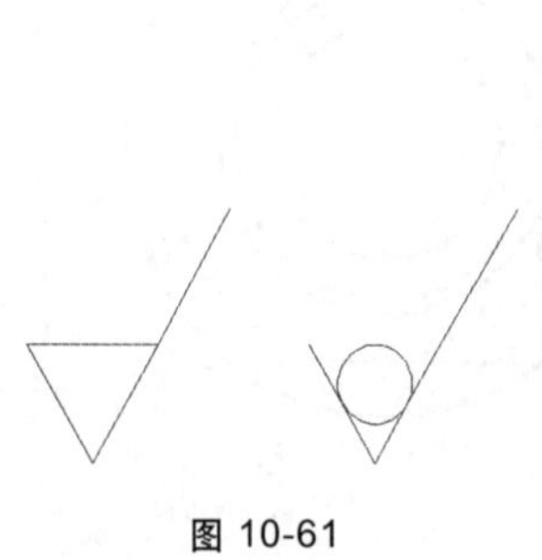

图 10-61

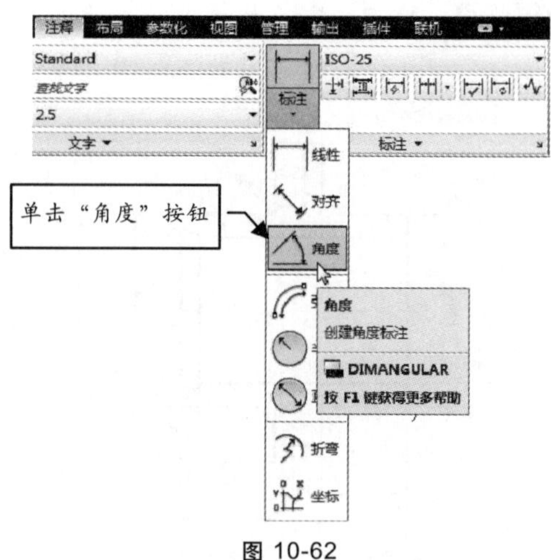

图 10-62

第4天

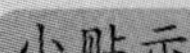

小贴示 也可以使用其他方法调用该命令。

- 命令：DIMANGULAR。
- 菜单："标注"→"角度"命令。
- 工具栏："标注"→"（角度）"按钮。

Step03 在系统提示下选择圆弧、圆或直线时选择左侧粗糙度的左下边直线，如图10-63所示。

Step04 系统提示选择第二条直线时，选择粗糙度的右侧边，如图10-64所示。

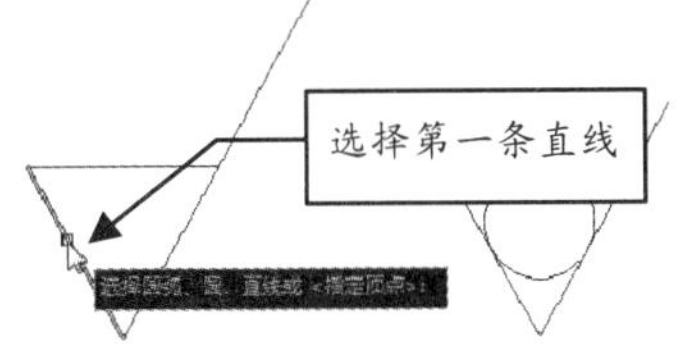

图 10-63

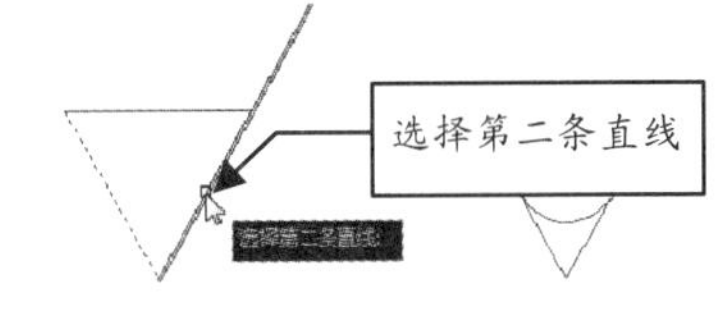

图 10-64

Step05 使用鼠标拖动定弧线向上侧移动放置弧线，如图10-65所示。

Step06 单击确定弧线位置后，系统显示标注的角度值，如图10-66所示。

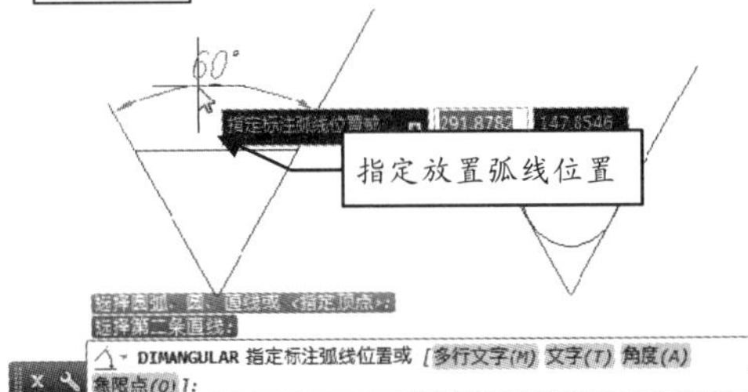

图 10-65

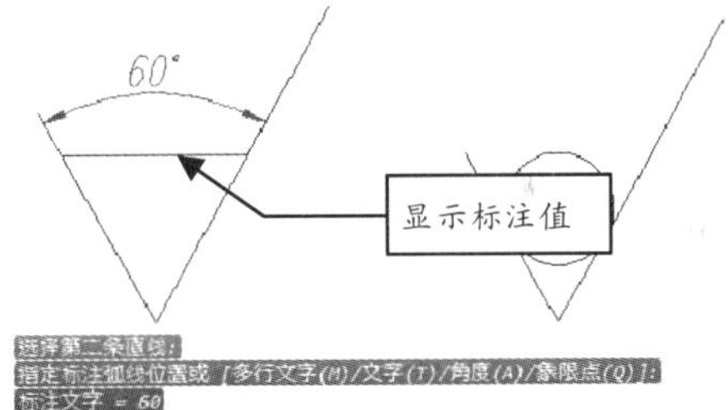

图 10-66

小贴示 标注角度值：

用户可以根据需要选择角度值，也可以移动鼠标到当前角度的余角位置标注，如将上图中的角度移动，将显示如图10-67所示的结果。但无论哪一种，标注的角度都≤180° 。

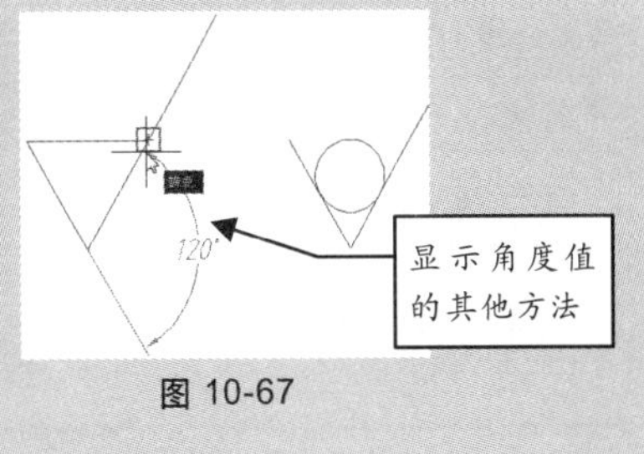

图 10-67

选项精解

- 选择圆弧：使用选定圆弧上的点作为三点角度标注的定义点，圆弧的圆心是角度的顶点，圆弧端点成为尺寸界线的原点，在尺寸界线之间绘制一条圆弧作为尺寸线，尺寸界线从角度端点绘制到尺寸线交点。

- 选择圆：将选择点作为第一条尺寸界线的原点，圆的圆心是角度的顶点。第二个角度顶点是第二条尺寸界线的原点，且无须位于圆上。
- 选择直线：用两条直线定义角度。
- 程序通过将每条直线作为角度的矢量，将直线的交点作为角度顶点来确定角度。尺寸线跨越这两条直线之间的角度。圆弧总是小于180° 。
- 指定三点：创建基于指定三点的标注。角度顶点可以同时为一个角度端点。如果需要尺寸界线，那么角度端点可用于尺寸界线的原点。
- 标注圆弧线位置：指定尺寸线的位置并确定绘制尺寸界线的方向。
- 多行文字：显示在位文字编辑器，可用它来编辑标注文字。
- 文字：在命令提示下，自定义标注文字。生成的标注测量值显示在尖括号中。
- 角度：修改标注文字的角度。
- 象限：指定标注应锁定到的象限。打开象限行为后，将标注文字放置在角度标注外时，尺寸线会延伸超过尺寸界线。

10.2.4 新建弧长标注

弧长标注用于测量圆弧或多段线圆弧段上的距离。弧长标注的典型用法包括测量围绕凸轮的距离或表示电缆的长度。为区别它们是线性标注还是角度标注，默认情况下，弧长标注将显示一个圆弧符号，如图10-68所示。

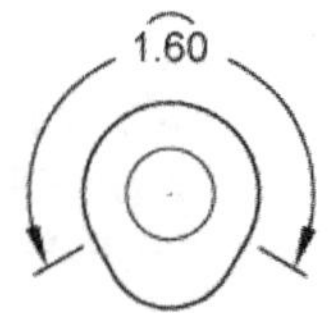

图 10-68

圆弧符号（也称为“帽子”或“盖子”）显示在标注文字的上方或前方。圆弧符号的放置可以在标注样式中指定。

小贴示 弧长标注的尺寸界线可以是正交或半径，具体取决于包含的角度。仅当圆弧的包含角度小于90° 时才显示正交尺寸界线。

案例10–5：新建弧长标注

素材文件 Sample/CH10/06.dwg **视频文件** 视频演示/CH10/创建弧长标注.avi

Step01 打开一个图形，如图10-69所示。

Step02 单击“注释”选项卡→“标注”面板→“弧长”按钮，如图10-70所示。

小贴示 也可以使用其他方法调用该命令。

- 命令：DIMARC。
- 菜单：“标注”→“弧长”命令。
- 工具栏：“标注”→“（弧长）”按钮。

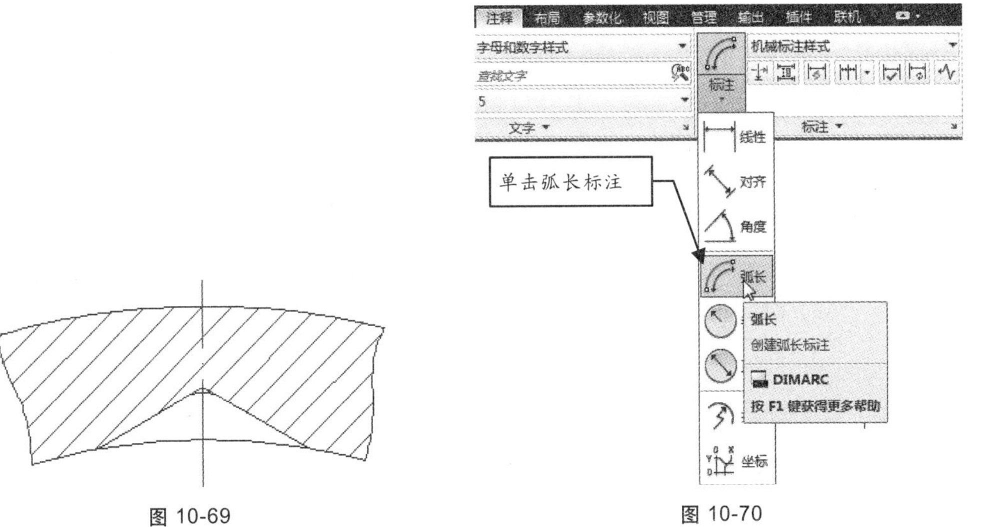

图 10-69　　图 10-70

Step03 在系统提示下选择下面的弧线，如图10-71所示。

Step04 系统提示指定弧长标注位置，拖动鼠标指定放置的位置，如图10-72所示。

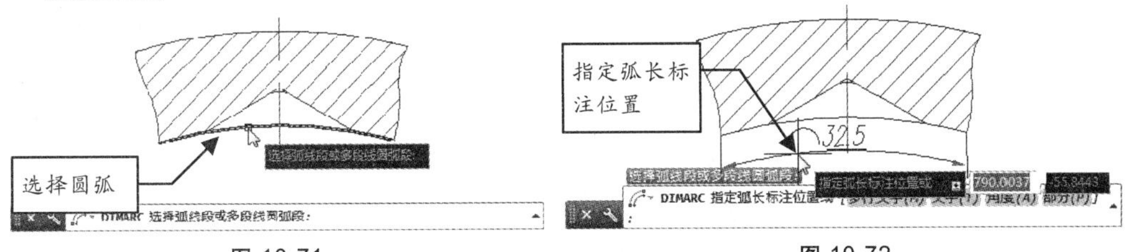

图 10-71　　图 10-72

Step05 确定后，系统显示当前弧长的标注文字为32.5，如图10-73所示。

Step06 使用同样的方法标注上侧的弧长，结果如图10-74所示。

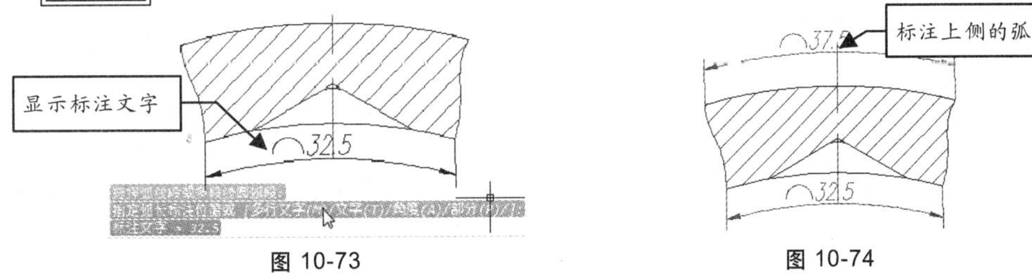

图 10-73　　图 10-74

选项精解

命令行中各个选项含义如下：

- 弧长标注位置：指定尺寸线的位置并确定尺寸界线的方向。
- 多行文字：显示在位文字编辑器，可用它来编辑标注文字。用控制代码和Unicode 字符串来输入特殊字符或符号。如果标注样式中未打开换算单位，可以输入方括号（[ ]）来显示它们。当前标注样式决定生成的测量值的外观。
- 文字：在命令提示下，自定义标注文字。生成的标注测量值显示在尖括号（< >）中。
- 要包括生成的测量值，需用尖括号（< >）表示生成的测量值。如果标注样式

中未打开换算单位，可以通过输入方括号（[ ]）来显示换算单位。

- 标注文字特性在“新建标注样式”、“修改标注样式”和“替代标注样式”对话框的“文字”选项卡上进行设定。
- 角度：修改标注文字的角度。
- 部分：缩短弧长标注的长度。
- 引线：添加引线对象。仅当圆弧（或圆弧段）大于90° 时才会显示此选项。引线是按径向绘制的，指向所标注圆弧的圆心。
- 无引线：创建引线之前取消“引线”选项。要删除引线，需删除弧长标注，然后重新创建不带引线选项的弧长标注。

知识链接

关联标注：

在尺寸标注时，标注可以是关联的、无关联的或分解的。关联标注根据所测量的几何对象的变化而进行调整。

标注关联性定义几何对象并为其提供距离和角度的标注间的关系。几何对象和标注之间有3种关联性。

- 关联标注：当与其关联的几何对象被修改时，关联标注将自动调整其位置、方向和测量值。布局中的标注可以与模型空间中的对象相关联。
- 非关联标注：与其测量的几何图形一起选定和修改。非关联标注在其测量的几何对象被修改时不发生更改。
- 已分解的标注：包含单个对象而不是单个标注对象的集合。

新知

注释监视器：

出于多种原因，标注和对象之间的关联性可能会丢失。例如：

- 如果已重定义块而使该边的标注与移动关联，将不保留标注和块参照之间的关联性。
- 在更新或编辑事件删除标注的边时，不保留标注和模型文档工程视图之间的关联性。

可以使用注释监视器来跟踪引线关联性。当注释监视器处于启用状态时，将通过在标注上显示标记来标记失去关联性的标注。

更新事件前，如图10-75所示。

更新后事件，如图10-76所示。

单击标记按钮将显示一个菜单，其中包含各种选项，它们特定于相应的已解除关联的标注。

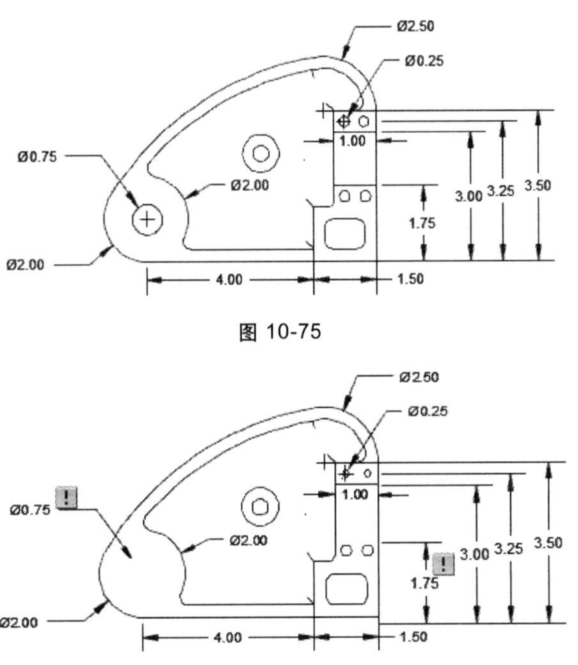

图 10-75

图 10-76

需要注意的是，注释监视器在以下情况下需要使用 DIMREGEN 更新关联标注：平移或缩放后、打开使用早期版本修改的图形后或打开已修改外部参照的图形后。

10.3 尺寸的编辑

标注尺寸时，除了尺寸文字可能需要编辑外，还有部分可以对尺寸箭头、文字进行更改，这时就用到了尺寸编辑。

10.3.1 编辑尺寸文字

创建标注后，可以移动、旋转或替换标注文字。可以将文字移动到新位置或返回其初始位置，后者是由当前标注样式定义的。图10-77中，初始位置在尺寸线上方且居中。显示“图层特性过滤器特性”对话框，从中可以根据图层的一个或多个特性创建图层过滤器。

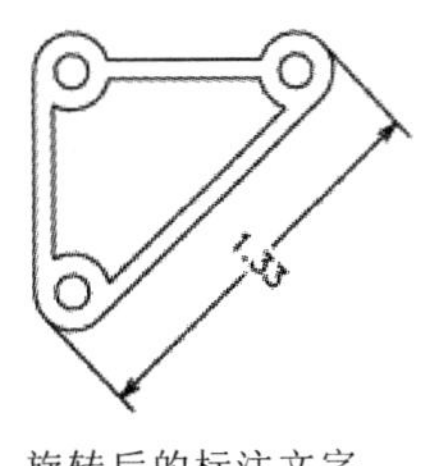

旋转后的标注文字

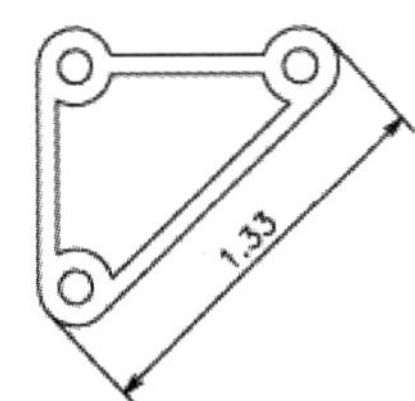

移回起始位置的标注文字

图 10-77

前面看到了文字的标注数值和设计不符的情况，比如应该标注圆直径但显示的为数值，这时就用到了文字编辑功能。

案例10-6：编辑尺寸文字

素材文件	Sample/CH10/07.dwg	视频文件	视频演示/CH10/编辑标注.avi

编辑方法如下：

Step01 打开图形，然后选择“修改”→“对象”→“文字”→“编辑”命令，如图10-78所示。

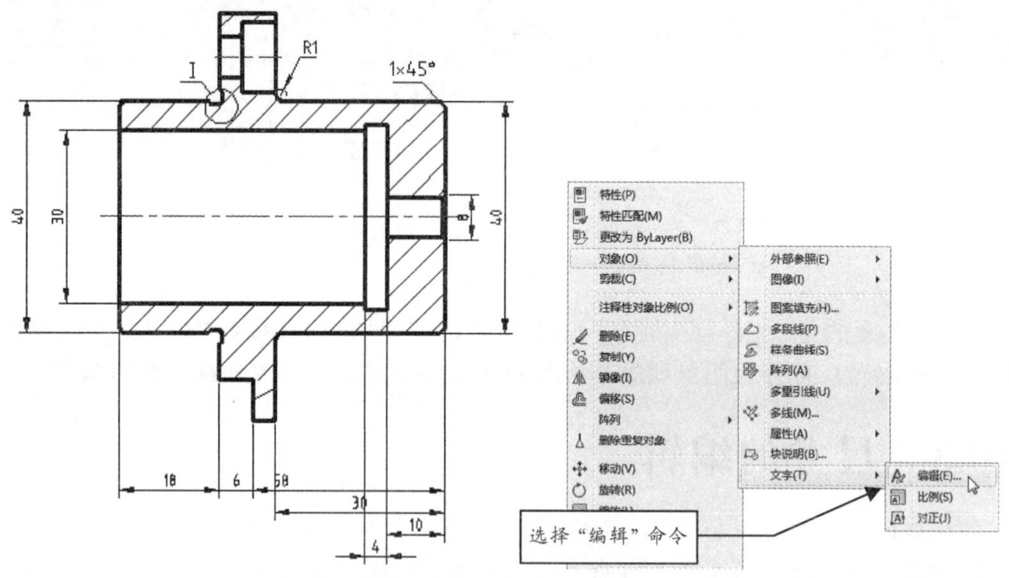

图 10-78

Step02 在“选择注释对象”提示下选择螺孔标注尺寸，如图10-79所示。

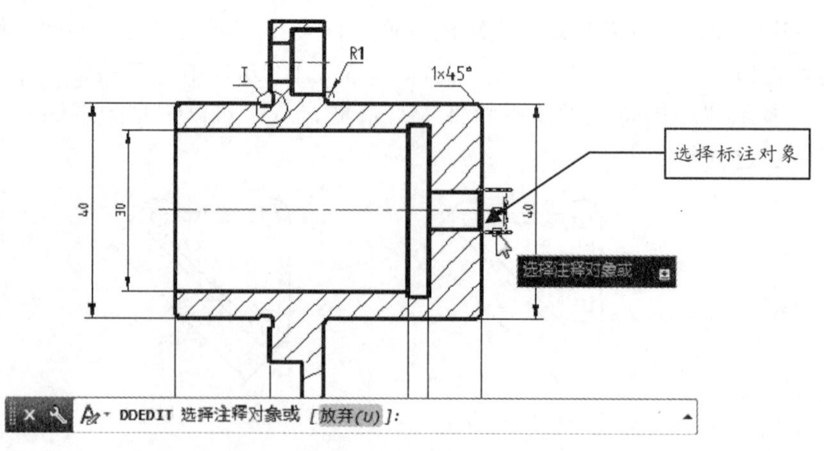

图 10-79

Step03 弹出“文字编辑器”选项卡，该文字处于选中状态。可以看到该文字的样式、大小等相关信息，如图10-80所示。

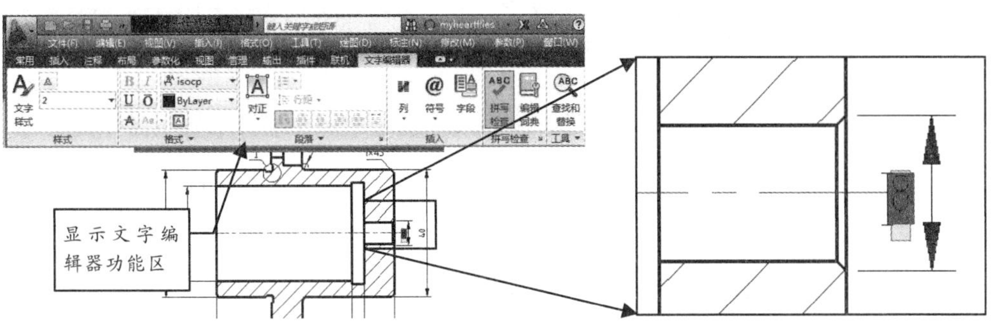

图 10-80

Step04 直接输入相应的文字，如M8，然后单击“文字编辑器”选项卡中的“关闭文字编辑器”按钮，如图10-81所示。

Step05 使用同样的方法修改其他的尺寸文字，并添加相应的公差和粗糙度标识，结果如图10-82所示。

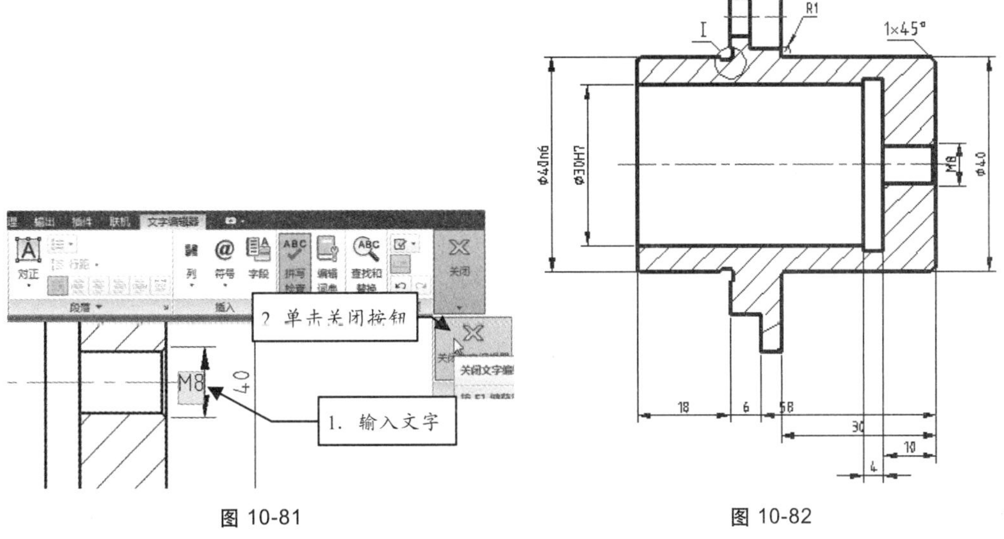

图 10-81　　图 10-82

10.3.2 尺寸更新

通过指定其他标注样式修改现有的标注。更改标注样式后，可以选择是否更新与此标注样式相关联的标注。如果用户完成了尺寸标注，但标注的尺寸格式不符合新要求的格式，这时就可以直接使用更新样式。

案例10-7：尺寸的更新

素材文件	Sample/CH10/08.dwg	视频文件	视频演示/CH10/标注更新.avi

步骤如下：

Step01 打开图形，单击“注释”选项卡→“标注”面板中的标注样式列表，选择“002”标注样式，如图10-83所示。

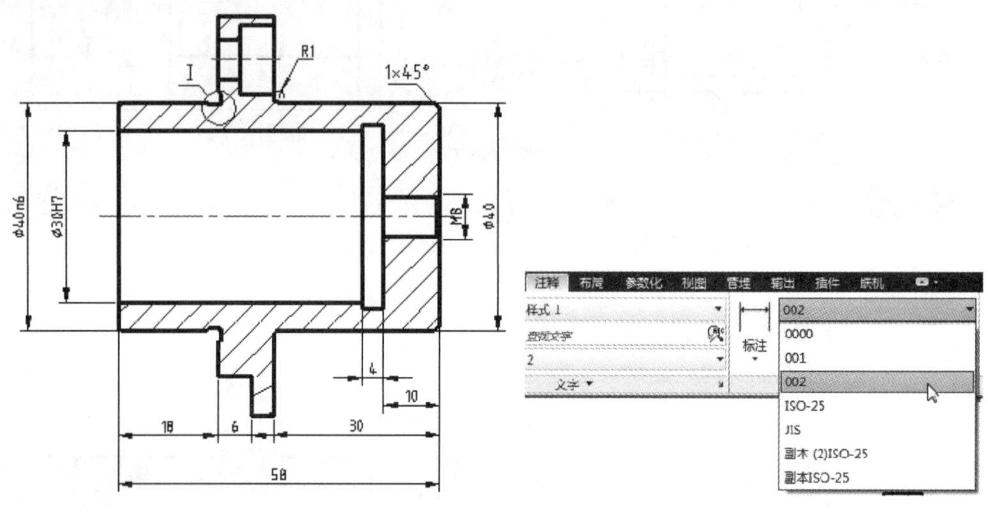

图 10-83

Step02 单击“注释”选项卡→“标注”面板→“更新”按钮，如图10-84所示。

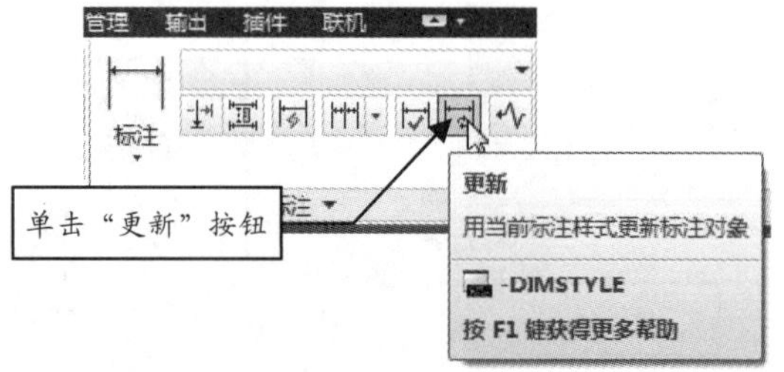

图 10-84

小贴示 也可以使用其他方法调用该命令。

- 菜单：“标注”→“更新”命令。
- 工具栏：“标注”→“（更新）”按钮。

Step03 依次选择40、40n6、30h7等几个尺寸标注对象，如图10-85所示。

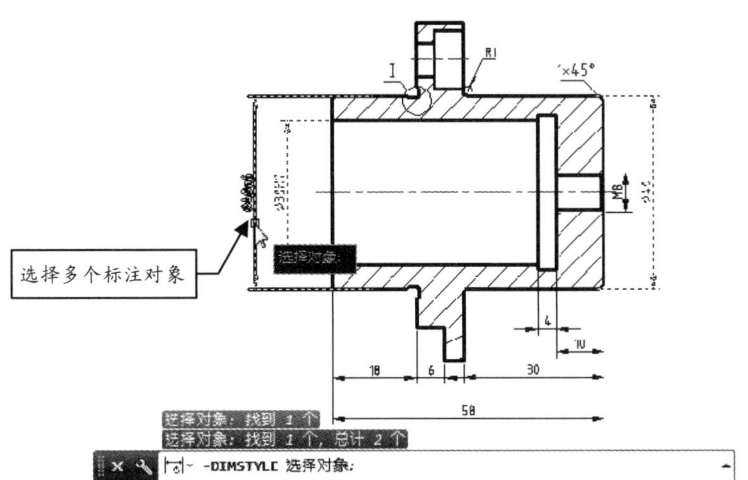

图 10-85

Step04 更新完成后，可以看到这几条尺寸标注线颜色更新为蓝色，文字也添加了详细的公差数值，如图10-86所示。

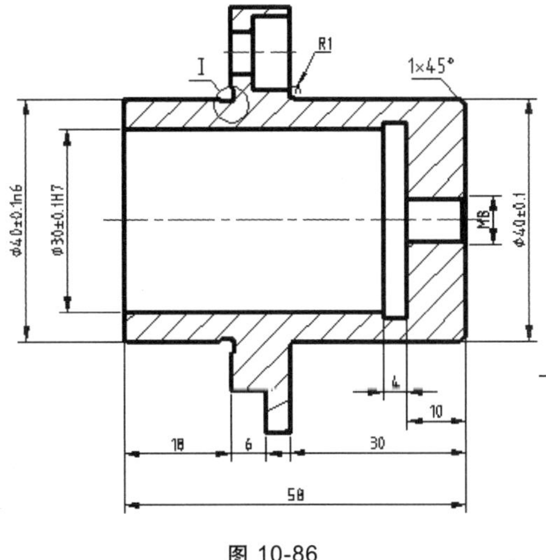

图 10-86

第5天

提高绘图效率

图形的绘制非常方便，但只有绘制并不能满足绘图结果，特别是一些复杂的图形样式无法直接使用绘图命令绘制出来，这时就用到了编辑命令。

编辑命令分为两个部分，简单的编辑和复杂的编辑。最后还专门讲解了使用图层等编辑方式等，关系如下。

❶ **第11小时**

使用参数化功能提高绘图效率

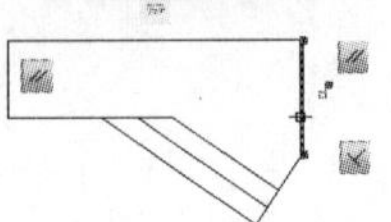

11.1 认识约束与约束设置

11.2 认识几何约束

11.3 标注约束

11.4 参数管理器与控制约束状态

❷ **第12小时**

使用图块、外部参照绘图

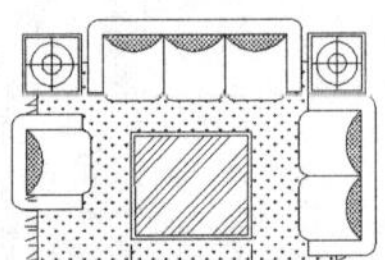

12.1 创建图块和图块属性

12.2 插入图块

12.3 编辑图块

12.4 使用外部参照

❸ **第13小时**

使用辅助绘图工具

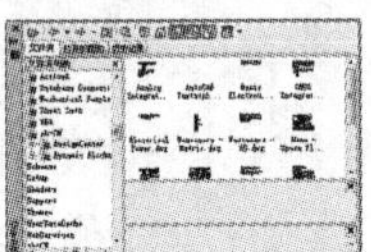

13.1 使用设计中心

13.2 工具选项板

13.3 对象查询

第 11 小时　使用参数化功能提高绘图效率

参数化设计是AutoCAD 2010版本开始新增的一种功能，它是一种规则，可决定对象彼此间的放置位置及其标注。通过约束，用户可以为二维几何图形添加限制。通常在工程的设计阶段使用约束。对一个对象所做的更改可能会影响其他对象。

11.1　认识约束与约束设置

在AutoCAD中一直因为无法自动使两个对象呈现某种形式的对比而受到一定的限制，而在其他的设计软件中，如Pro/E（现更名为Creo）和UG则均能很好地实现此项功能。为此，AutoCAD 2010推出了约束设置，方便用户对两个对象进行一定程度的设置，如对称、垂直等。这就是参数化设置，主要包括了几何约束和标注约束两个部分。

用户可指定二维对象或对象上的点之间的几何约束，之后编辑受约束的几何图形时，将保留约束。

约束栏提供了有关如何约束对象的信息。约束栏显示一个或多个图标，这些图标表示已应用于对象的几何约束，如图11-1所示。

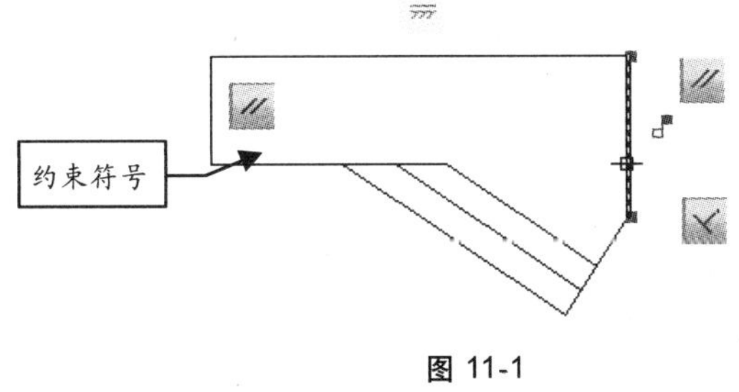

图 11-1

约束看起来很简单，但怎么设置约束呢？

案例11-1：设置约束参数

素材文件	Sample/CH11/01.dwg	视频文件	视频演示/CH11/设置约束参数.avi

操作步骤

Step01 启动任意一个图形，如图11-2所示。

Step02 依次单击“参数化”选项卡→“几何”面板→“约束设置”按钮，弹出“约束设置”对话框，如图11-3所示。

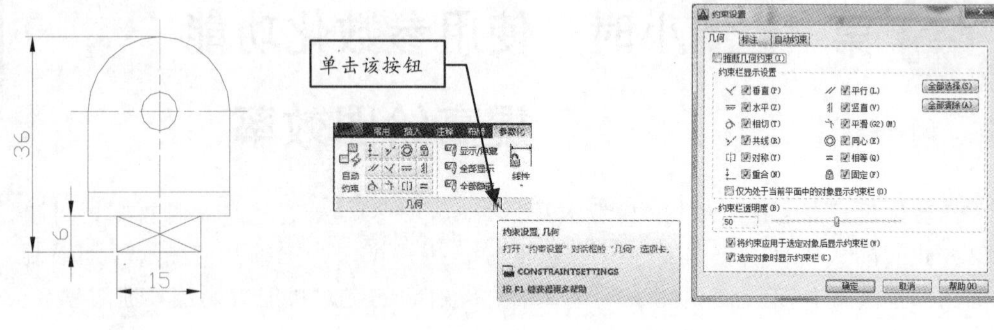

图 11-2　　　　图 11-3

小贴示　其他打开命令的方式。

- 命令：CONSTRAINTSETTINGS。
- 菜单："参数"→"约束设置"命令。
- 工具栏："参数化"→"（约束设置）"按钮。

Step03　单击"标注"和"自动约束"选项卡可以分别看到这两个参数设置，如图11-4所示。

图 11-4

用户可以分别设置相应的选项或参数，来执行相应的命令。

选项精解

1. 几何约束中将显示以下选项

- 推断几何约束：创建和编辑几何图形时推断几何约束。
- 约束栏显示设置：控制图形编辑器中是否为对象显示约束栏或约束点标记，可以为水平约束和竖直约束隐藏约束栏的显示。
- 全部选择：选择几何约束类型。
- 全部清除：清除选定的几何约束类型。

2. 尺寸约束中将显示以下选项

- 标注约束格式：设定标注名称格式和锁定图标的显示。
- 标注名称格式：为应用标注约束时显示的文字指定格式。

- 将名称格式设定为显示：名称、值或名称和表达式。例如，宽度=长度/2。
- 为注释性约束显示锁定图标：针对已应用注释性约束的对象显示锁定图标。
- 为选定对象显示隐藏的动态约束：显示选定时已设定为隐藏的动态约束。

3. 自动约束中将显示以下选项

- 自动约束标题：
  ➢优先级：制约束的应用顺序。
  ➢约束类型：控制应用于对象的约束类型。
  ➢应用：控制将约束应用于多个对象时所应用的约束。
- 上/下移：通过在列表中上/下移选定项目来更改其顺序。
- 全部选择/全部清除：选择/清除所有几何约束类型以进行自动约束。
- 重置：将自动约束重置为默认值。
- 相切对象必须共用同一交点：指定两条曲线必须共用一个点（在距离公差内指定）以便应用相切约束。
- 垂直对象必须共用同一交点：指定直线必须相交或者一条直线的端点必须与另一条直线或直线的端点重合（在距离公差内指定）。
- 公差：设定可接受的公差值以确定是否可以应用约束。
  ➢距离：离公差应用于重合、同心、相切和共线约束。
  ➢角度：角度公差应用于水平、竖直、平行、垂直、相切和共线约束。

11.2 认识几何约束

几何约束可以确定对象之间或对象上的点之间的关系。创建后，它们可以限制可能会违反约束的所有更改。

11.2.1 水平与竖直约束

水平约束是约束一条直线或一对点，使其与当前UCS的X轴平行。如果选择的是一对点则第二个选定点将设置为与第一个选定点水平。

竖直约束是约束一条直线或一对点，使其与当前UCS的Y轴平行。如果选择一对点则第二个选定点将设置为与第一个选定点垂直。

水平和竖直有效的约束对象和约束点为：直线、多段线线段、椭圆、多行文字和

案例11-2：创建水平与竖直约束

素材文件	Sample/CH11/02.dwg	结果文件	Sample/CH11/02.dwg
视频文件	视频演示/CH11/创建水平与竖直约束.avi.		

操作步骤

Step01 新建图形文件，单击“直线”按钮绘制任意一个三角形，如图11-5所示。.

Step02 单击“参数化”选项卡→“几何”面板→“⎓（水平）”按钮，如图11-6所示。

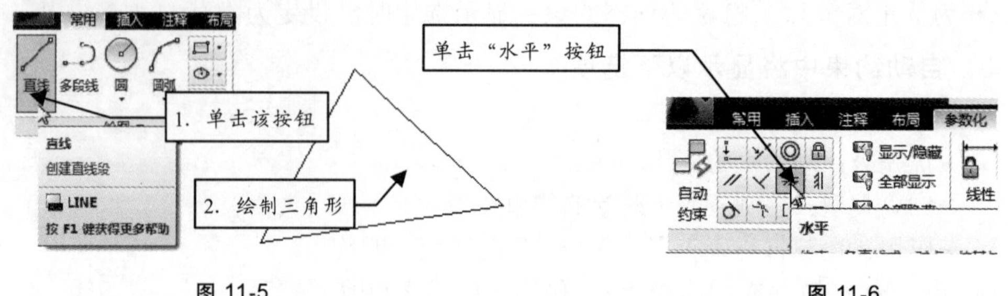

图 11-5　　　　图 11-6

调用水平约束有以下3种方法。

- 命令行：GCHORIZONTAL。
- 菜单：“参数”→“几何约束”→“水平”命令。
- 工具栏：“几何约束”→“⎓（水平）”或工具栏：“参数化”→“几何”→“⎓（水平）”按钮。

Step03 在系统提示选择对象时单击三角形下侧直线的左侧，如图11-7所示。

Step04 选择完成后，该直线段自动显示为水平，结果如图11-8所示。

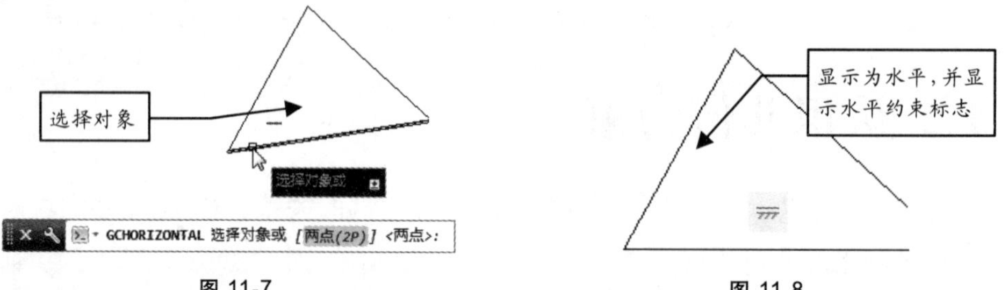

图 11-7　　　　图 11-8

Step05 继续单击“参数化”选项卡→“几何”面板→“⫴（竖直）”按钮，在系统提示下选择右侧的直线段，如图11-9所示。

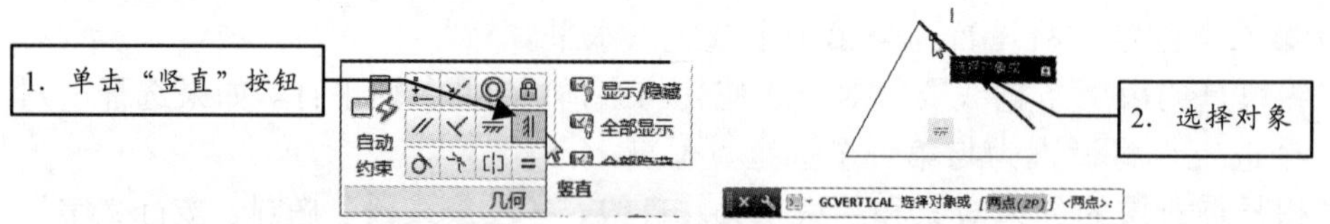

图 11-9

小贴示 其他打开命令的方式。

- 命令行：GCHORIZONTAL。
- 菜单：“参数”→“几何约束”→“竖直”命令。
- 工具栏：“几何约束”→“⫴（竖直）”按钮。

Step06 完成后结果如图11-10所示。

辨析 约束时以对象的哪一侧为基点进行呢

在进行约束操作时，细心的用户会发现选择对象时的位置不同会导致结果不同，这是什么原因呢？原来在AutoCAD中进行几何约束时，系统会自动根据用户的选择位置来判断如何进行约束，即选择的点离哪一侧越近，则以哪一侧为基点进行约束。如果前面选择以右侧点进行水平、下侧点作为竖直约束点，则结果如图11-11所示。

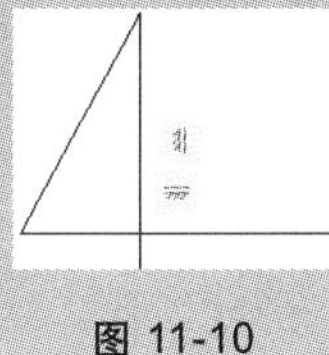

图 11-10

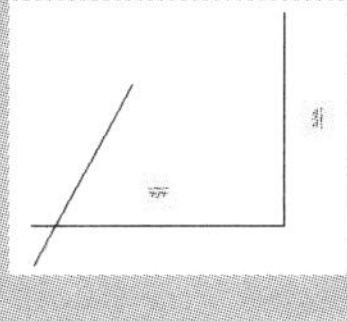

图 11-11

选项精解

两点：选择两个约束点而非一个对象。

11.2.2 平行和垂直约束

平行约束是约束两条直线使其具有相同的角度，第二个选定对象将设为与第一个对象平行。

垂直约束是约束两条直线或多段线线段，使其夹角始终保持为90°，第二选定对象将设为与第一个对象垂直。需要注意的是：直线无须相交即可垂直。

以下是有效的约束对象和约束点：直线、多段线线段、椭圆和多行文字。

案例11-3：创建平行和垂直约束

素材文件	Sample/CH11/03.dwg	视频文件	视频演示/CH11/创建平行和垂直约束.avi

操作步骤

Step01 新建图形文件，单击“直线”按钮绘制两个三角形，如图11-12所示。.

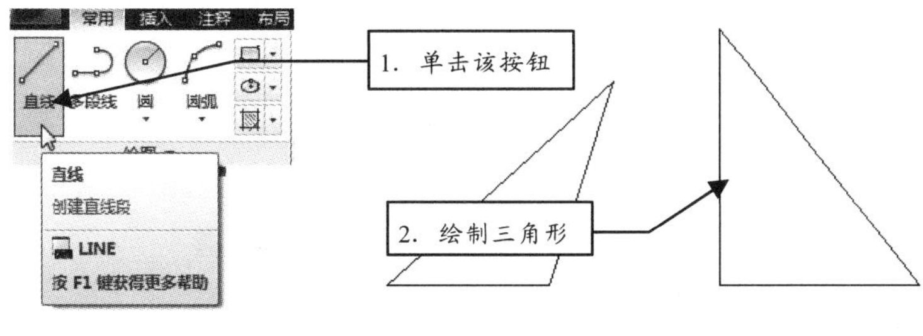

图 11-12

Step02 单击“参数化”选项卡→“几何”面板→“⫽（平行）”按钮，如图11-13所示。

小贴示 调用水平约束有以下4种方法。

- 命令行：GCPARALLEL。
- 菜单：“参数”→“几何约束”→“平行”命令。
- 工具栏：“几何约束”→“⫽（平行）”按钮。
- 面板：“参数化”→“几何”→“⫽（平行）”按钮。

Step03 系统提示选择第一个对象，单击左侧三角形中的一个边，如图11-14所示。

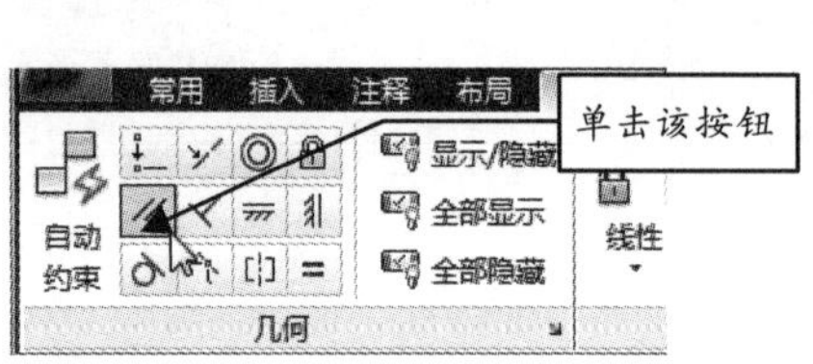

图 11-13

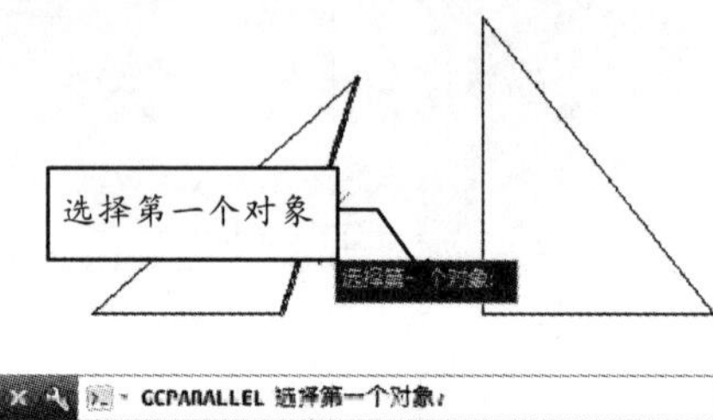

图 11-14

Step04 然后选择第二个对象，选择右侧三角形左侧边的下侧，结果如图11-15所示。

Step05 结果如图11-16所示。

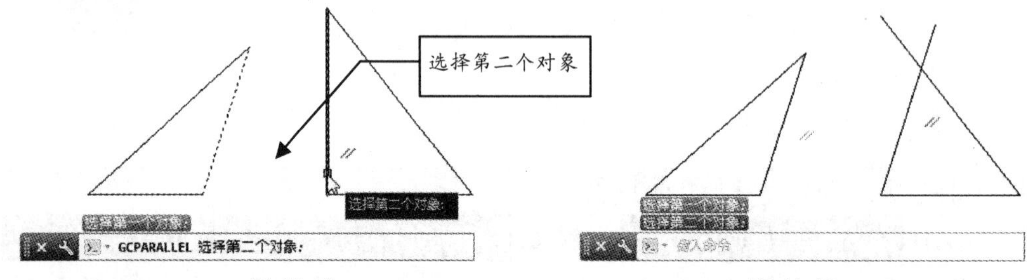

图 11-15　　图 11-16

Step06 继续单击“参数化”选项卡→“几何”面板→“⋌（垂直）”按钮，在系统提示下选择左侧三角形左侧边，如图11-17所示。

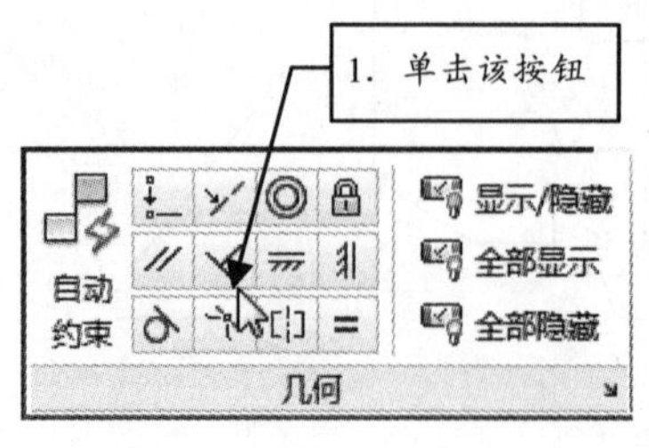

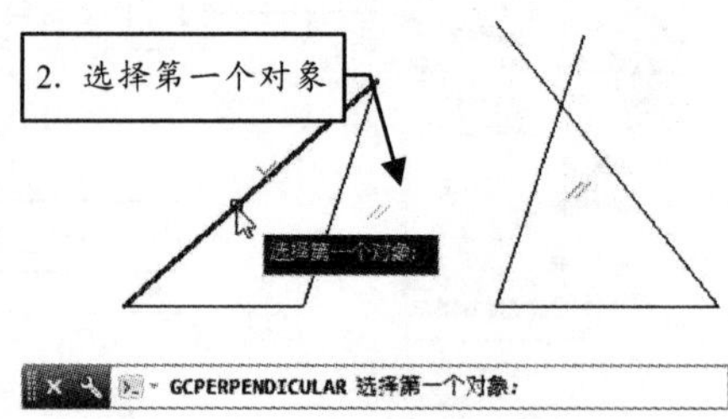

图 11-17

小贴示 其他打开命令的方式。

- 命令行：GCPERPENDICULAR。
- 菜单：“参数”→“几何约束”→“垂直”命令。
- 工具栏：“几何约束”→“⊻（垂直）”按钮。

Step07 选择右侧三角形右侧边的下侧部分作为第二个对象，如图11-18所示。

Step08 完成后结果如图11-19所示。

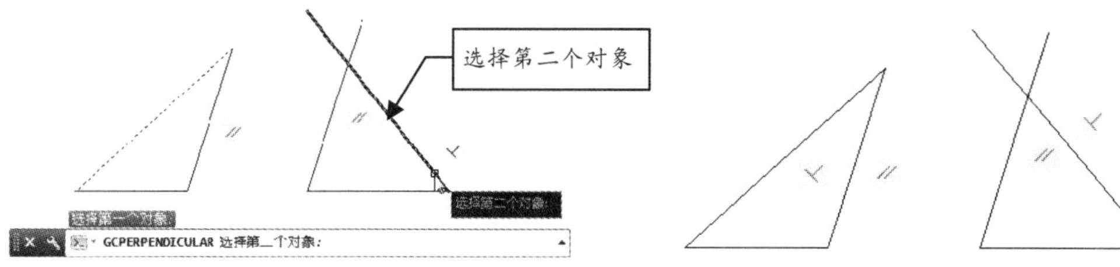

图 11-18　　图 11-19

提示 两条直线中有以下任意一种情况是不能被平行约束：（1）两条直线同时受水平约束；（2）两条直线同时受竖直约束时；（3）两条直线一条受水平约束，另一条受竖直约束。（4）两条共线的直线。

11.2.3 相切和平滑约束

相切约束是约束两条曲线，使其彼此相切或其延长线彼此相切。

以下是有效的约束对象和约束点：直线，多段线线段，圆、圆弧、多段线圆弧、椭圆，以及圆、圆弧或椭圆的组合。圆可以与直线相切，即使该圆与该直线不相交。一条曲线可以与另一条曲线相切，即使它们实际上并没有公共点。

平滑约束是将一条样条曲线与其他样条曲线、直线、圆弧或多段线彼此相连接并保持G2连续性。

案例11-4：创建相切和平滑约束

素材文件	Sample/CH11/04.dwg	结果文件	Sample/CH11/04-end.dwg
视频文件	视频演示/CH11/创建相切和平滑约束.avi		

操作步骤

Step01 打开图形文件，如图11-20所示。

Step02 单击“参数化”选项卡→“几何”面板→“ꝺ（相切）”按钮，如图11-21所示。

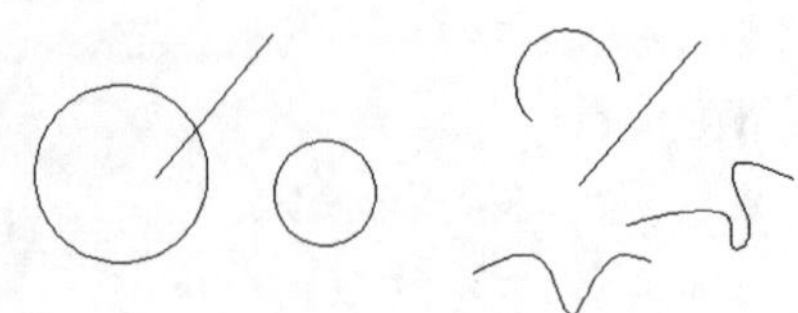

图 11-20

图 11-21

小贴示 其他打开命令的方式。

- 命令行：GCTANGENT。
- 菜单命令："参数"→"几何约束"→"相切"命令。
- 工具栏："几何约束"→"(相切)"按钮。

Step03 系统提示选择第一个对象，单击左侧圆，如图11-22所示。

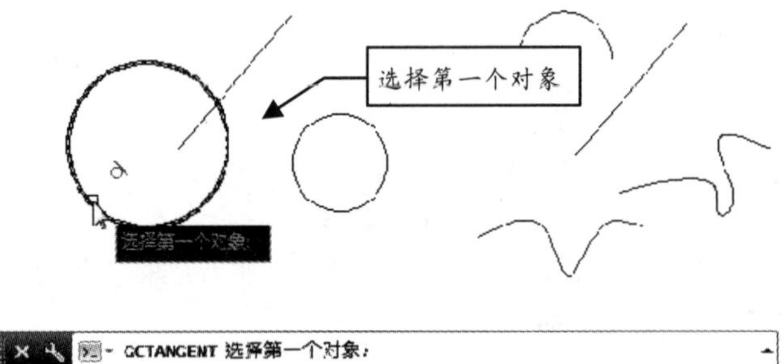

图 11-22

Step04 然后选择第二个对象，单击直线下侧，结果如图11-23所示。

Step05 按<Enter>键继续使用该命令，选择直线和右侧圆，结果如图11-24所示。

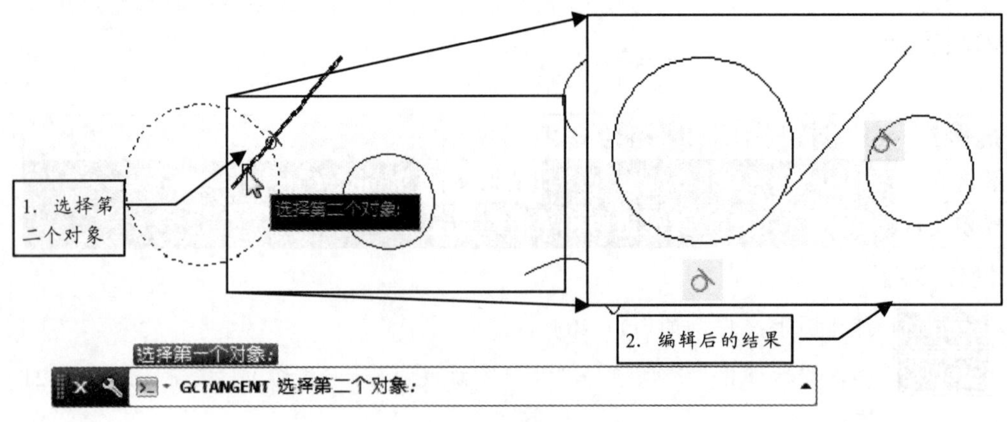

图 11-23

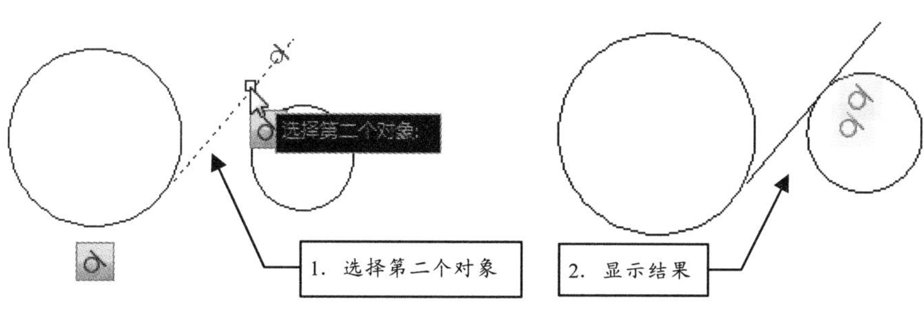

图 11-24

Step06 继续使用该命令，选择右侧小圆，然后再选择左侧大圆，结果如图11-25所示。

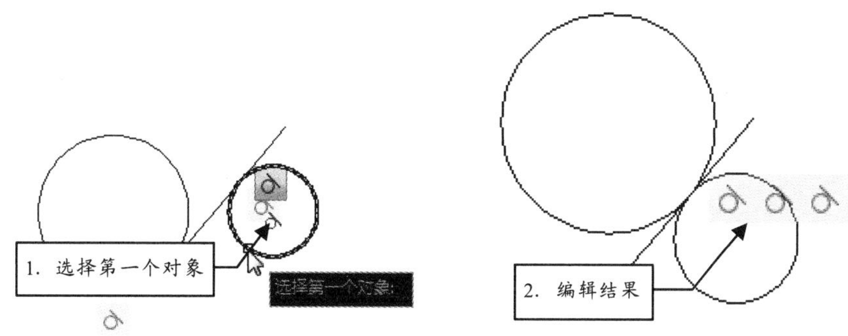

图 11-25

Step07 继续单击“参数化”选项卡→“几何”面板→“ （平滑）”按钮，在系统提示下选择样条曲线的左边点，如图11-26所示。

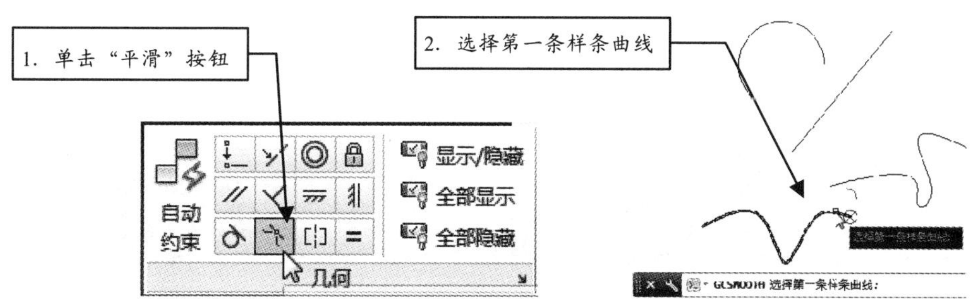

图 11-26

小贴示 其他打开命令的方式。

- 菜单命令：“参数”→“几何约束”→“平滑”命令。
- 工具栏：“几何约束”→“ （平滑）”按钮。
- 面板：“参数化”→“几何”→“ （平滑）”按钮。

Step08 选择右侧三角形右侧边的下侧部分作为第二个对象，如图11-27所示。完成后结果如图11-28所示。

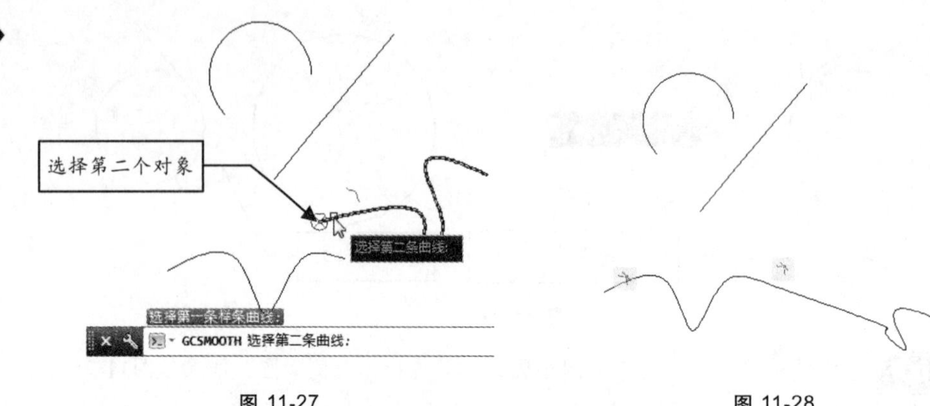

图 11-27　　图 11-28

注意　在应用平滑约束时，选定的第一个对象必须为样条曲线。第二个选定对象将设为与第一条样条曲线G2连续。

11.2.4　对称和相等约束

对称约束是使约束对象上的两条曲线或两个点，以选定直线为对称轴彼此对称。

对于直线，将直线的角度设为对称（而非以其端点对称）。对于圆弧和圆，将其圆心和半径设为对称（而非以圆弧的端点对称）。

以下是有效的约束对象和约束点：直线、多段线线段、圆、圆弧、多段线圆弧和椭圆。

相等约束可使受约束的两条直线或多段线线段具有相同长度，相等约束也可以约束圆弧或圆使其具有相同的半径值。

以下是有效的约束对象和约束点：直线、多段线线段、圆、圆弧和多段线圆弧。

案例11-5：创建对称和相等约束

素材文件	Sample/CH11/05.dwg	结果文件	Sample/CH11/05-end.dwg
视频文件	视频演示/CH11/创建对称和相等约束.avi		

操作步骤

Step01　打开图形文件，如图11-29所示。

Step02　单击“参数化”选项卡→“几何”面板→“[]（对称）”按钮，如图11-30所示。

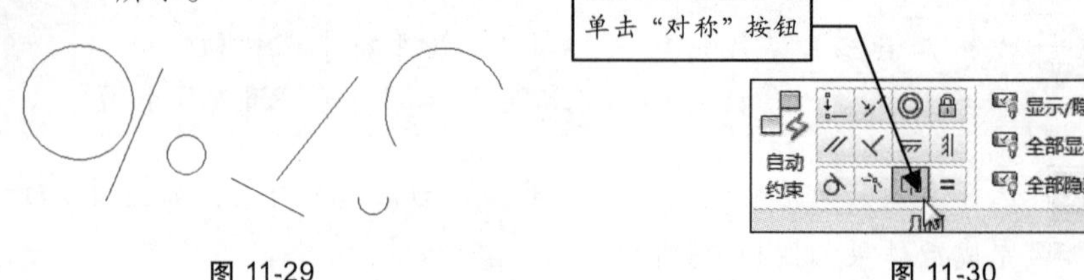

图 11-29　　图 11-30

小贴示 其他打开命令的方式。

- 命令行：GCSYMMETRIC。
- 菜单命令："参数"→"几何约束"→"对称"命令。
- 工具栏："几何约束"→"[](对称)"按钮。

Step03 系统提示选择第一个对象，单击左侧圆，如图11-31所示。

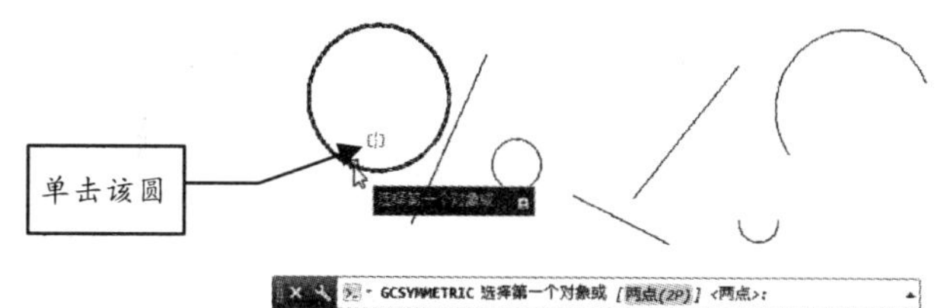

图 11-31

Step04 然后选择第二个对象，单击小圆，然后选择对称直线，如图11-32所示。

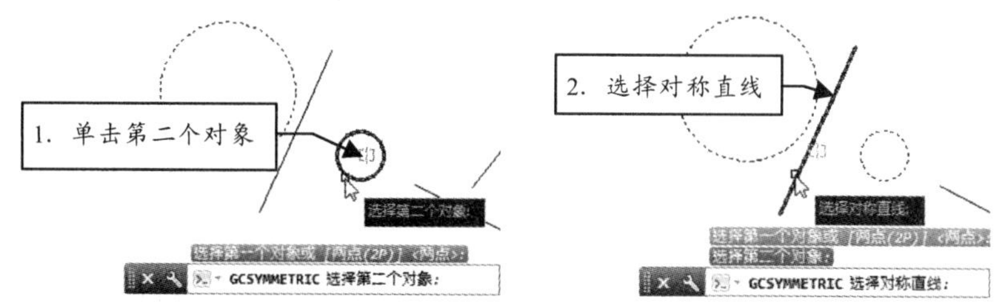

图 11-32

Step05 选择完成后，结果如图11-33所示。

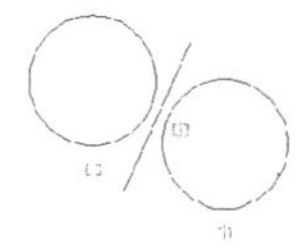

图 11-33

Step06 单击"参数化"选项卡→"几何"面板→"=（相等）"按钮，在系统提示下选择右侧样条曲线的右侧点，如图11-34所示。

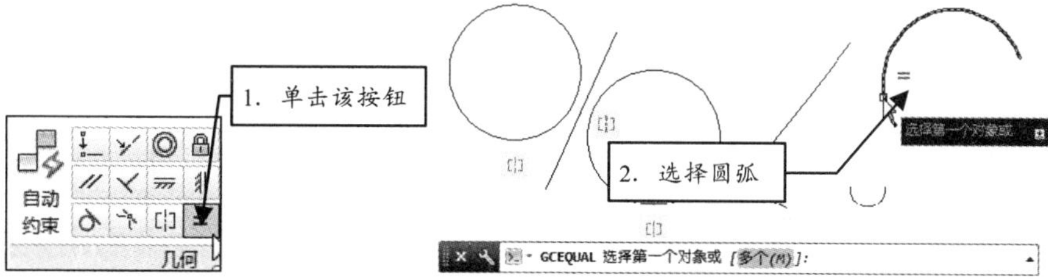

图 11-34

小贴示 其他打开命令的方式。

- 命令行：GCEQUAL。
- 菜单命令："参数"→"几何约束"→"相等"命令。
- 工具栏："几何约束"→"=（相等）"按钮。

Step07 选择右侧下侧的圆弧作为第二个对象，如图11-35所示。

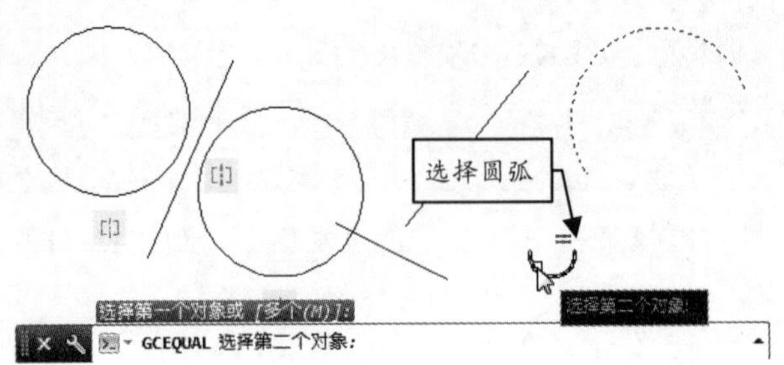

图 11-35

Step08 选择完成后，结果如图11-36所示。

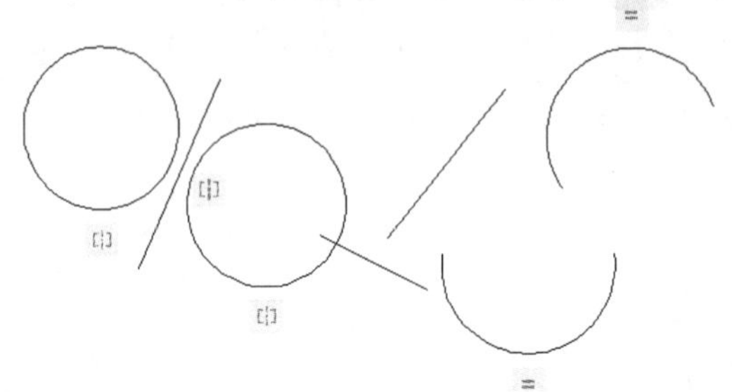

图 11-36

Step09 继续使用该命令，选择直线，如图11-37所示。

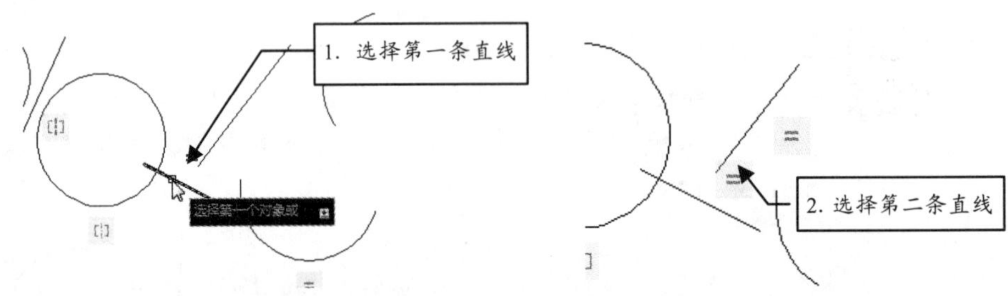

图 11-37

技巧 使用“多个”选项可将两个或多个对象设为相等。

选项精解

- 对象：选择要约束的对象。
  - ➢ 第一个对象：选择要设为对称的第一个对象。
  - ➢ 第二个对象：选择要设为对称的第二个对象。
  - ➢ 对称线：指定一条轴，相对于此轴将对象和点设为对称。

- 两点：选择两个点和一条对称直线。
  - ➢ 第一点：选择要设为对称的第一个点。
  - ➢ 第二点：选择要设为对称的第二个点。
  - ➢ 选择对称线：指定一条轴，相对于此轴将对象和点设为对称。

11.2.5 重合与共线约束

重合约束是对象上的约束点与某个对象重合，也可以使其与另一对象上的约束点重合。以下是有效的约束对象和约束点：直线、多段线线段、圆、圆弧、多段线圆弧、椭圆、样条曲线和两个有效约束点。

共线约束能使两条直线位于同一无限长的线上。第二条选定直线将设为与第一条共线。以下是有效的约束对象和约束点：直线、多段线线段、椭圆和多行文字。

案例11-6：创建重合与共线约束

素材文件	Sample/CH11/06.dwg	结果文件	Sample/CH11/06.dwg
素材文件	**视频演示**/CH11/**创建重合与共线约束**.avi		

操作步骤

Step01 打开图形文件，如图11-38所示。

Step02 单击“参数化”选项卡→“几何”面板→“重合”按钮，如图11-39所示。

图 11-38　　图 11-39

> **小贴示** 其他打开命令的方式。
> - 命令行：GCCOINCIDENT。
> - 菜单命令：“参数”→“几何约束”→“重合”命令。
> - 工具栏：“几何约束”→“（重合）”按钮。

Step03 系统提示选择第一个对象，单击左侧圆，如图11-40所示。

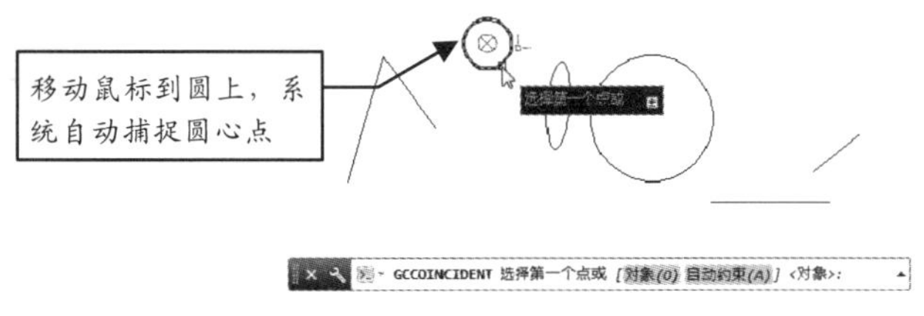

图 11-40

Step04 然后选择第二个对象，单击椭圆，系统自动捕捉椭圆圆心，如图11-41所示。

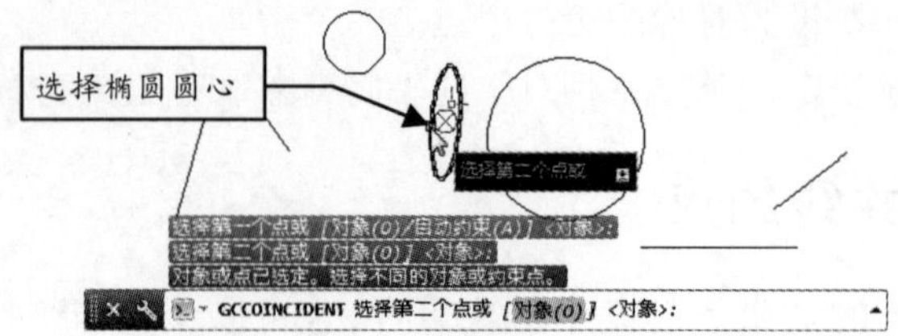

图 11-41

Step05 选择完成后，结果如图11-42所示。

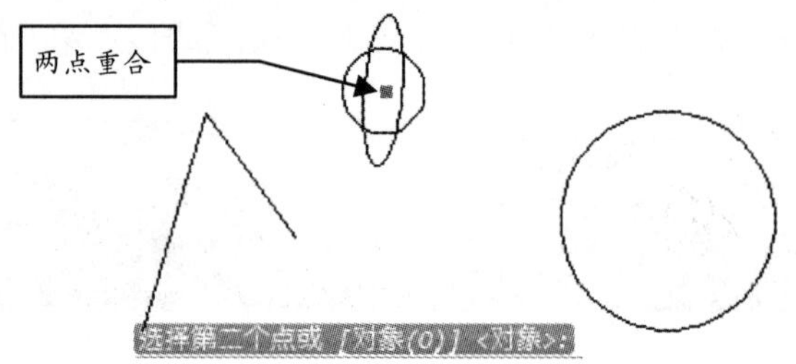

图 11-42

Step06 继续使用该命令，结果如图11-43所示。

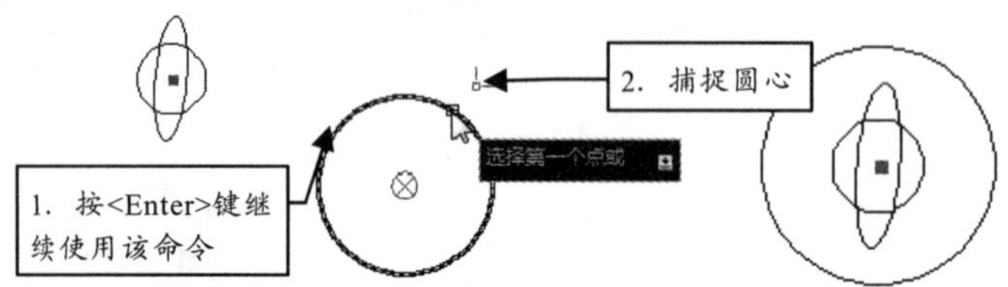

图 11-43

Step07 使用相同命令对直线上的点进行重合，结果如图11-44所示。

Step08 单击“参数化”选项卡→“几何”面板→“（共线）”按钮，在系统提示下选择右侧的斜线作为第一个对象，如图11-45所示。

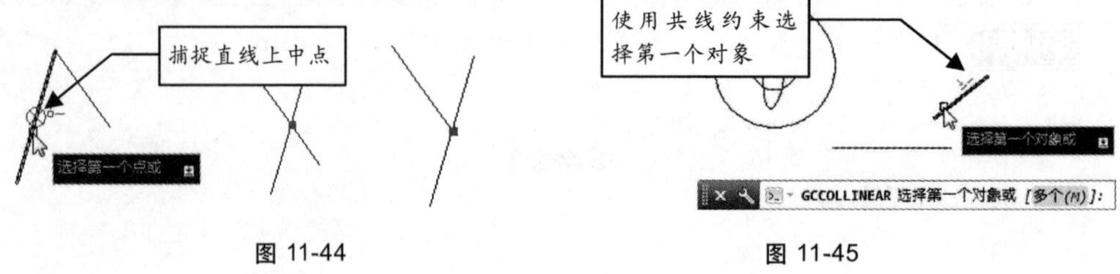

图 11-44　　图 11-45

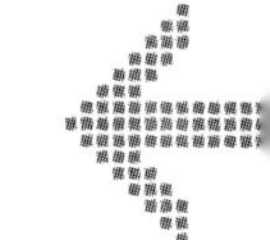

小贴示 其他打开命令的方式。

- 命令行：GCCOLLINEAR。
- 菜单命令："参数"→"几何约束"→"共线"命令。
- 工具栏："几何约束"→"⋎（共线）"按钮。

Step09 选择下侧的水平直线作为第二个对象，如图11-46所示。

Step10 选择完成后，结果如图11-47所示。

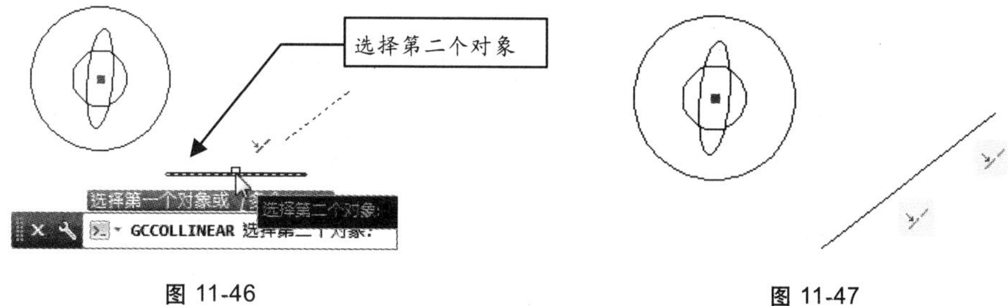

图 11-46　　图 11-47

选项精解

重合选项。

- 点：指定要约束的点。
  - ➢ 第一点：指定要约束的对象的第一个点。
  - ➢ 第二点：指定要约束的对象的第二个点。
  - ➢ 选择要约束的对象。
- 对象。
  - ➢ 点：指定要约束的对象的第一个点。
  - ➢ 多选：拾取连续点以与第一个对象重合。使用"对象"选项选择第一个对象时，将显示"多个"选项。
- 自动约束：选择多个对象。重合约束将通过未受约束的相互重合点应用于选定对象。
- 应用的约束数显示在命令提示下：在点和圆弧或直线之间应用重合约束时，该点可以位于直线或圆弧上，也可以位于直线或圆弧的延长线上。

11.2.6　同心和固定约束

同心约束是将选定的圆、圆或椭圆具有相同的圆心点。第二个选定对象将设为与第一个对象同心。以下是有效的约束对象和约束点：圆、圆弧、多段线圆弧和椭圆。

应用固定约束可以使一个点或一条曲线固定在相对于世界坐标系的特定位置和方向上。将固定约束应用于对象上的点时，会将节点锁定在位。可以围绕锁定节点移动对象。将固定约束应用于对象时，该对象将被锁定且无法移动。

以下是有效的约束对象和约束点：直线、多段线线段、圆、圆弧、多段线圆弧、椭圆和样条曲线。

案例11–7：创建同心和固定约束

素材文件	Sample/CH11/07.dwg	结果文件	Sample/CH11/07-end.dwg

操作步骤

Step01 打开图形文件，如图11-48所示。

Step02 单击“参数化”选项卡→“几何”面板→“◎（同心）”按钮，如图11-49所示。

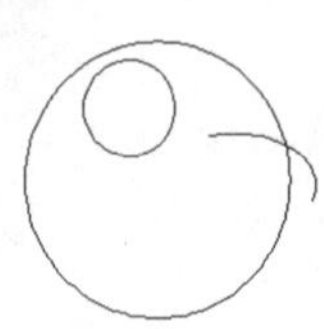
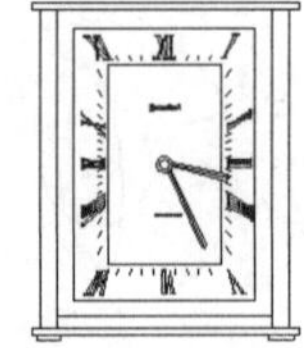

图 11-48

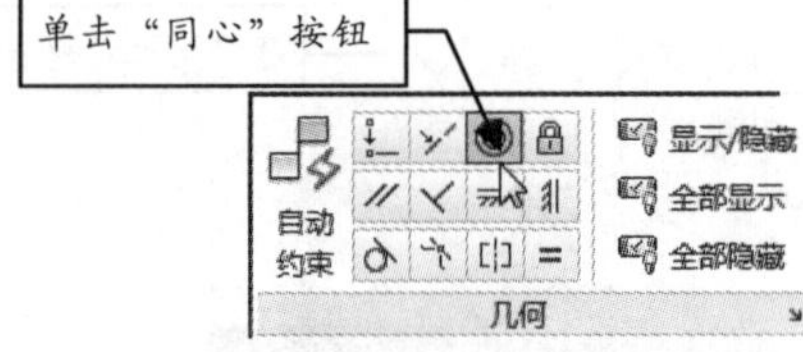

图 11-49

小贴示 其他打开命令的方式。

- 命令行：GCCONCENTRIC
- 菜单命令：“参数”→“几何约束”→“同心”命令。
- 工具栏：“几何约束”→“◎（同心）”按钮。

Step03 系统提示选择第一个对象，单击选择大圆，如图11-50所示。

Step04 然后选择第二个对象，单击圆弧，如图11-51所示。

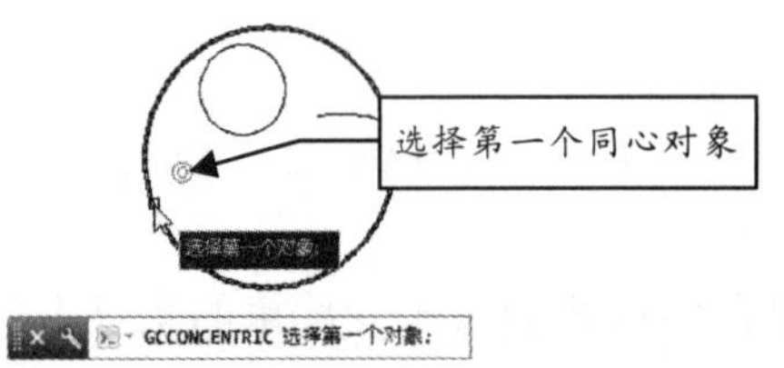

图 11-50

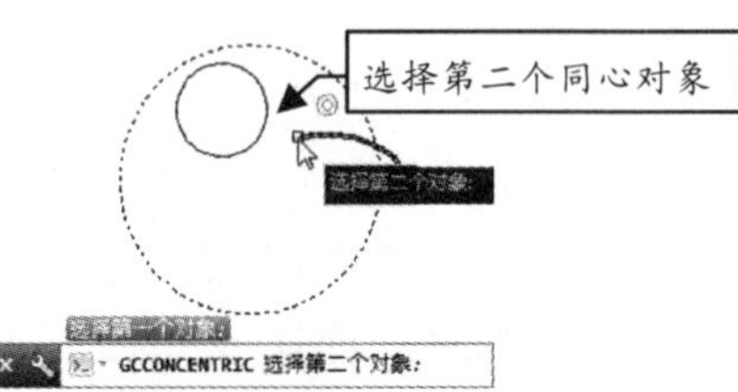

图 11-51

Step05 择完成后，结果如图11-52所示。

Step06 按<Enter>键继续使用该命令，选择小圆作为第一个对象，如图11-53所示。

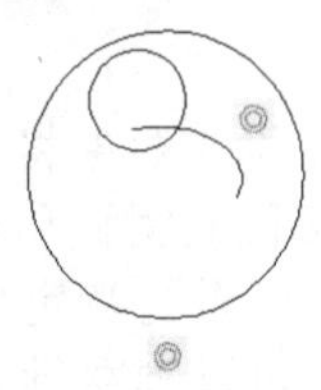

图 11-52

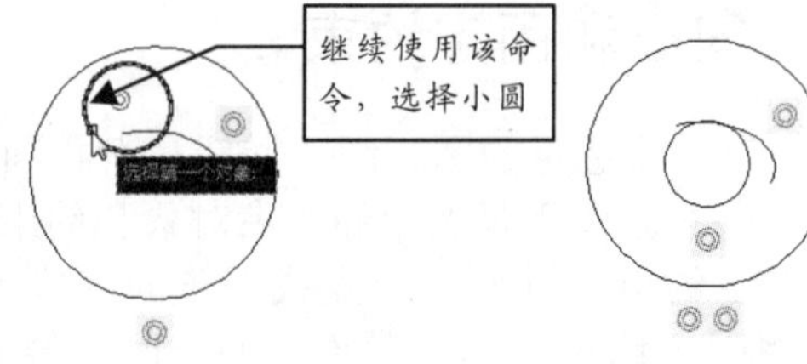

图 11-53

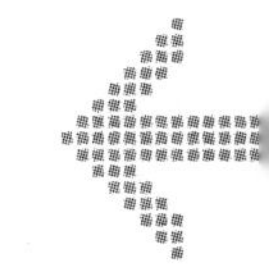

Step07 单击“参数化”选项卡→“几何”面板→“🔒（固定）”按钮，在系统提示下选择右侧样条曲线的右侧点，如图11-54所示。

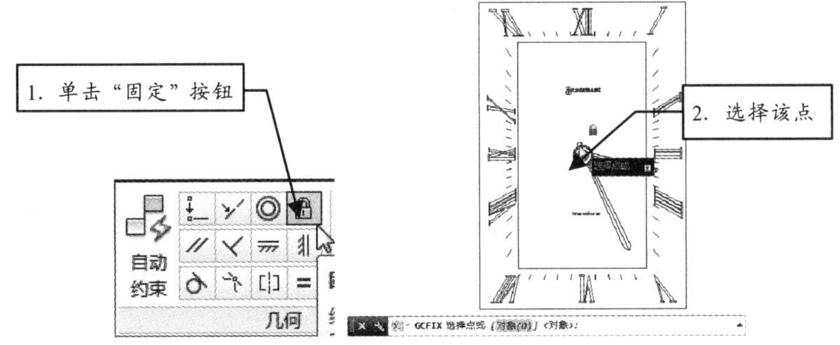

图 11-54

小贴示 其他打开命令的方式。

- 命令行：GCFIX。
- 菜单命令：“参数”→“几何约束”→“固定”命令。
- 工具栏：“几何约束”→“🔒（固定）”按钮。

Step08 然后就将选择的中心圆固定。使用移动命令移动钟表所有部件，可以看到该部分不移动，如图11-55所示。

注意 使用固定约束，可以锁定圆心。能改变圆的大小但不能改变圆心的位置。图11-56所示为移动圆半径，可以看到圆心无法移动。

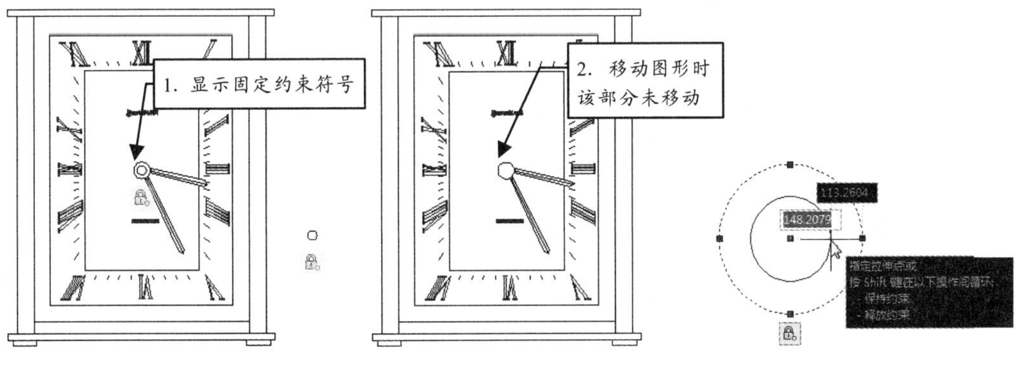

图 11-55

图 11-56

11.2.7 应用与删除几何步骤

可以应用几何约束把二维几何对象关联在一起，或者指定固定位置或角度。

例如，可以指定某条直线应始终与另一条垂直、某个圆弧应始终与某个圆保持同心，或者某条直线应始终与某个圆弧相切，如图11-57所示。

应用约束时，您将注意到以下三处更改。

- 用户选择的对象将调整为符合指定的约束。
- 默认情况下，约束图标显示在受约束的对象旁边（如图11−57所示）：重合约束显示为蓝色小方块，所有其他约束显示为灰色图标。
- 将光标移动到受约束的对象上时，将随光标显示一个蓝色小图示符(见图11-58)。

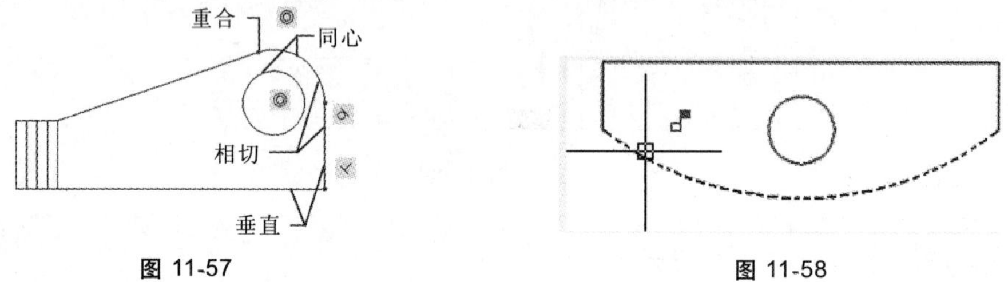

图 11-57　　　图 11-58

应用约束后，只允许对该几何图形进行不违反此类约束的更改。这里提供执行以下操作的方法：在遵守设计要求和规范的情况下探寻设计方案或对设计进行更改。

注意

无法修改几何约束，但可以删除并应用其他约束。在某些情况下，应用约束时选择两个对象的顺序十分重要。通常，所选的第二个对象会根据第一个对象进行调整。例如，应用垂直约束时，选择的第二个对象将调整为垂直于第一个对象。

1. 指定约束点

对于某些约束，可以在对象上指定约束点，而非选择对象。此行为与对象捕捉的行为类似，但是位置限制为端点、中点、中心点以及插入点。例如，重合约束可以将一条直线的端点位置限制为另一条直线的端点。

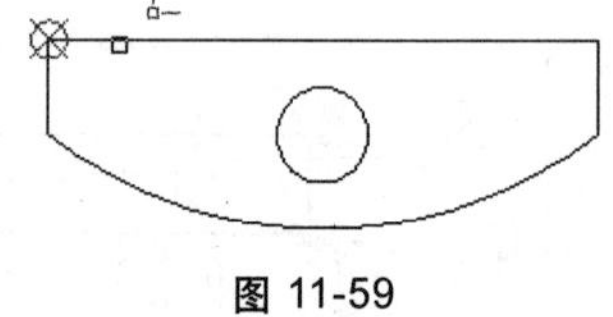

图 11-59

随着光标移动到对象上，将在该对象上显示以下图示符。在此情况下，它表示下一个约束将应用到水平线的左侧端点，如图11-59所示。

一旦约束点应用到对象，您就可以通过将光标滚动到约束图标上，显示表示约束点的标记。

固定、水平和垂直约束图标指示约束是应用于对象还是应用于点，如表11-1所示。

表 11-1

约　束	点	对　象
固定		
水平		
垂直		

对称约束图标指示它约束的是对称点、对称对象还是对称直线，如表11-2所示。

表 11-2

约　束	点	对　象	直　线
对称			

当水平或垂直约束不与当前 UCS 平行或垂直时，将显示一组不同的约束栏图标，如图11-60所示。

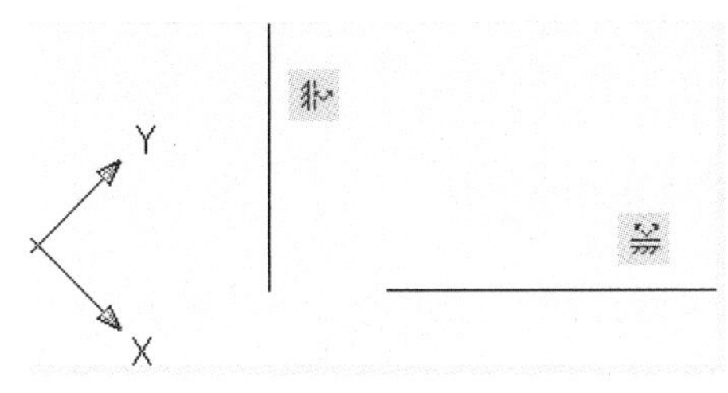

图 11-60

2．使用固定约束

固定约束将对象上的约束点或对象本身与基于世界坐标系的固定位置和角度相关联。

通常建议为重要几何特征指定固定约束。此操作会锁定该点或对象的位置，使得用户在对设计进行更改时无须重新定位几何图形。

3．应用多个几何约束

可以手动或自动将多个几何参数应用于对象。

如果希望将所有必要的几何约束都自动应用于设计，可以对在图形中选择的对象使用 AUTOCONSTRAIN。自动应用约束后，您可能需要手动应用并删除几何约束。

AUTOCONSTRAIN 还提供了一些设置，用户可以通过这些设置指定以下选项：

- 要应用何种几何约束
- 以何种顺序应用几何约束
- 使用哪种公差确定对象为水平、垂直还是相交

4．删除几何约束

如果您需要更改某个约束，可以删除它并应用其他约束。只需通过一次 DELCONSTRAINT 命令操作，便可从选择集中删除所有的约束。

11.3 标注约束

标注约束可以确定对象、对象上的点之间的距离或角度，也可以确定圆弧和圆的大小。标注约束包括名称和值。默认情况下，标注约束是动态的。对常规参数化图形和设计任务来说，它们是非常理想的，如图11-61所示。

动态约束具有以下5个特征：

（1）缩小或放大时大小不变。

（2）可以轻松打开或关闭。

（3）以固定的标注样式显示。

（4）提供有限的夹点功能。

（5）打印时不显示。

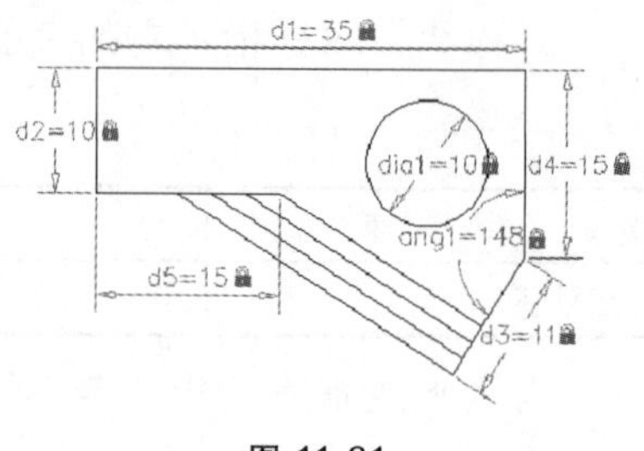

图 11-61

如果更改标注约束的值，会计算对象上的所有约束，并自动更新受影响的对象。此外，可以向多段线中的线段添加约束，就像这些线段为独立的对象一样。

11.3.1 线性和对齐标注约束

线性标注根据尺寸界线原点和尺寸线的位置创建水平、垂直或旋转约束。常见的约束对象有直线、多段线线段、圆弧和对象上的两个约束点。选定直线或圆弧后，对象的端点之间的水平或垂直距离将受到约束。

对齐约束是约束对象上两个点之间的距离，或者约束不同对象上两个点之间的距离。能使用对齐标注的对象有：直线、多段线线段、圆弧、对象上的两个约束点、直线和约束点和两条直线。选定直线或圆弧后，对象的端点之间的距离将受到约束。选择直线和约束点后，直线上的点与最近的点之间的距离将受到约束。选择两条直线后，直线将设为平行并且直线之间的距离将受到约束。

案例11-8：创建线性和对齐标注约束			
素材文件	Sample/CH11/08.dwg	结果文件	Sample/CH11/08-end.dwg
视频文件	视频演示/CH11/创建线性和对齐标注约束.avi		

操作步骤

Step01 打开图形文件，如图11-62所示。

Step02 单击“参数化”选项卡→“标注”面板→“（线性）”按钮，如图11-63所示。

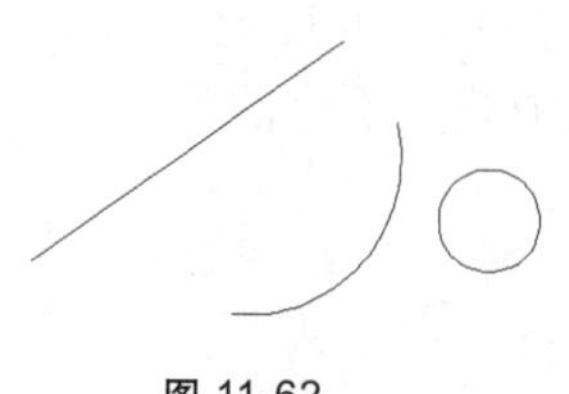
图 11-62

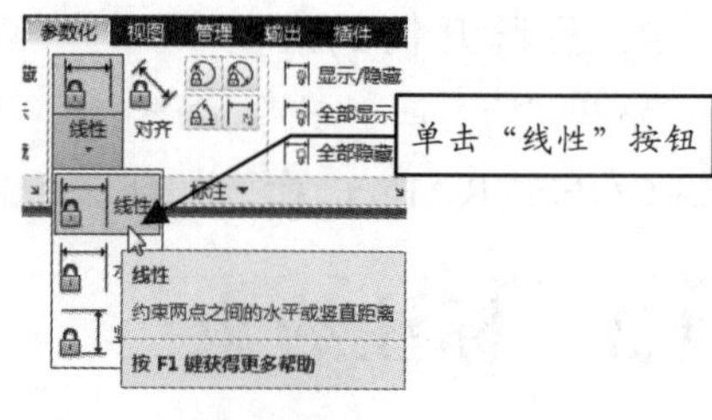

图 11-63

小贴示 其他打开命令的方式。

- 菜单命令：“参数”→“标注约束”→“线性”命令。
- 工具栏：“几何约束”→“ （线性）”按钮。

Step03 系统提示指定第一个约束点，选择直线的中点（显示为红色圆圈夹点），如图11-64所示。

Step04 然后指定第二个约束点，选择圆弧左侧的端点，如图11-65所示。

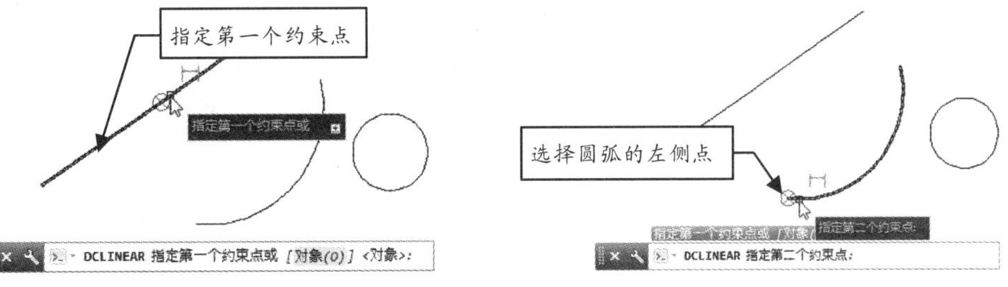

图 11-64　　　　图 11-65

Step05 提示指定尺寸线位置，尺寸线放置的不同其测量的距离也不同，即可以为水平尺寸也可以为竖直尺寸，这儿选择竖直尺寸，如图11-66所示。

Step06 指定尺寸线位置后，系统显示尺寸值d1=575.1414，如图11-67所示。

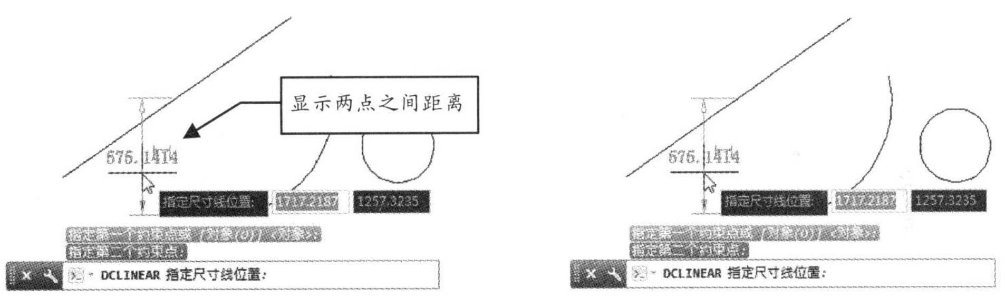

图 11-66　　　　图 11-67

Step07 测量完成后，更改尺寸值为700，可以看到圆弧的位置下移，以适应新的测量尺寸，如图11-68所示。

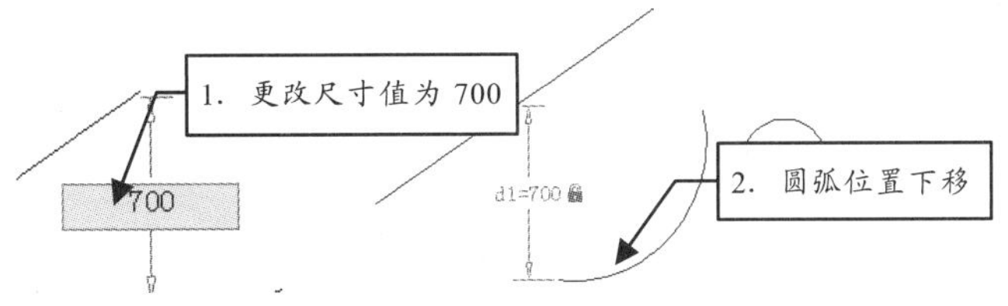

图 11-68

Step08 单击“参数化”选项卡→“标注”面板→“ （对齐）”按钮，然后指定圆选择圆心为第一个约束点，如图11-69所示。

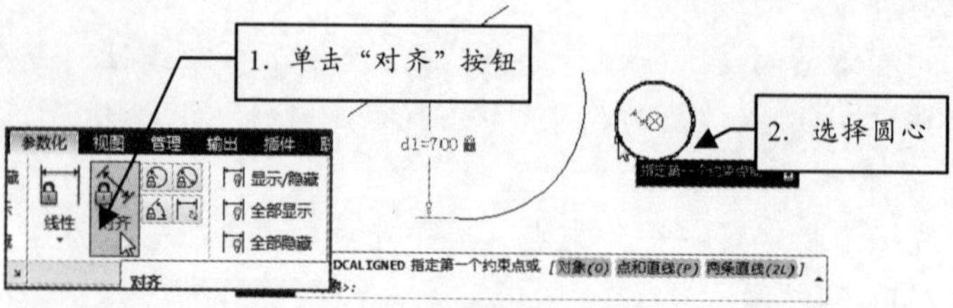

图 11-69

小贴示 其他打开命令的方式。

- 菜单命令："参数"→"标注约束"→"对齐"命令。
- 工具栏："标注约束"→"（对齐）"按钮。

Step09 系统提示指定第二个约束点，选择圆弧中点（显示为红色圆圈夹点），如图11-70所示。

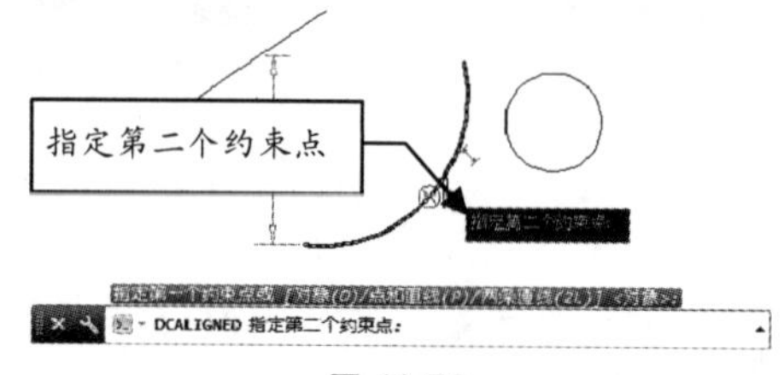

图 11-70

Step10 移动尺寸线位置显示尺寸值，如图11-71所示。

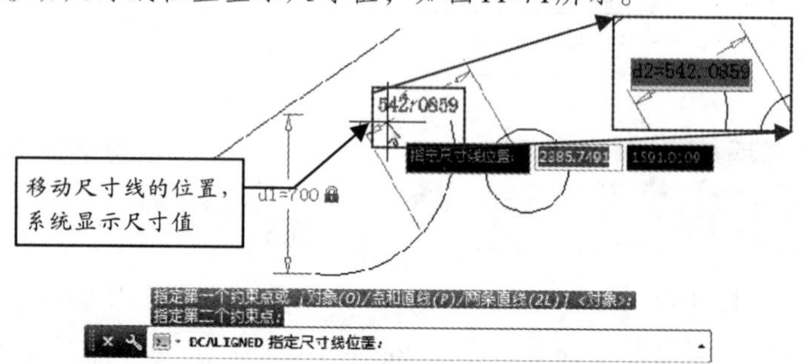

图 11-71

Step11 更改该值为700，可以看到左侧的直线和圆弧均移动，结果如图11-72所示。

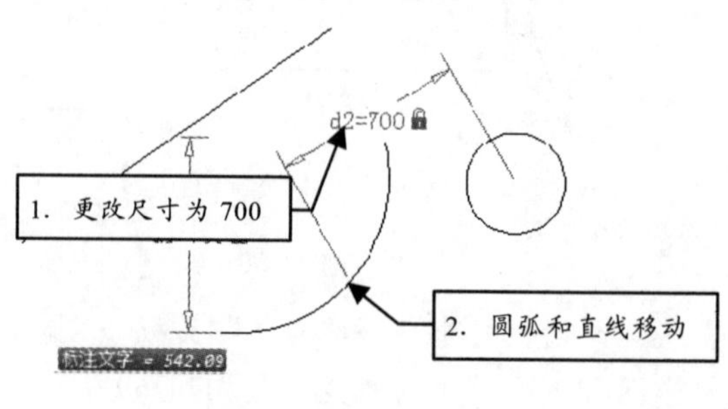

图 11-72

小贴示 为什么只是直线和圆弧移动，而圆不移动呢？
原来，和几何约束一样，标注约束也是以第一个选定的对象作为基准对象，即该对象不动，其他对象相对于该对象进行移动。

选项精解

下面是对齐约束的各选项及其含义，而线性约束选项较为简单，不再说明。

- 约束点：指定对象的约束点。
- 对象：选择对象而非约束点。
- 点和直线：选择一个点和一个直线对象。对齐约束可控制直线上的某个点与最接近的点之间的距离。
- 两条直线：选择两个直线对象。这两条直线将被设为平行，对齐约束可控制它们之间的距离。

11.3.2 水平和竖直标注约束

水平/竖直约束是约束对象上两个点之间或不同对象上两个点之间X/Y轴方向的距离。

水平和竖直约束上的有效对象或有效点包括：直线、多段线线段、圆弧和对象上的两个约束点，特性是选定直线或圆弧后，对象的端点之间的水平/竖直距离将受到约束。

案例11-9：创建水平和竖直标注约束			
素材文件	Sample/CH11/09.dwg	结果文件	Sample/CH11/09.dwg
视频文件	视频演示/CH11/创建水平和竖直标注约束.avi		

操作步骤

Step01 打开图形文件，如图11-73所示。

Step02 单击“参数化”选项卡→“标注”面板→“(水平)”按钮，如图11-74所示。

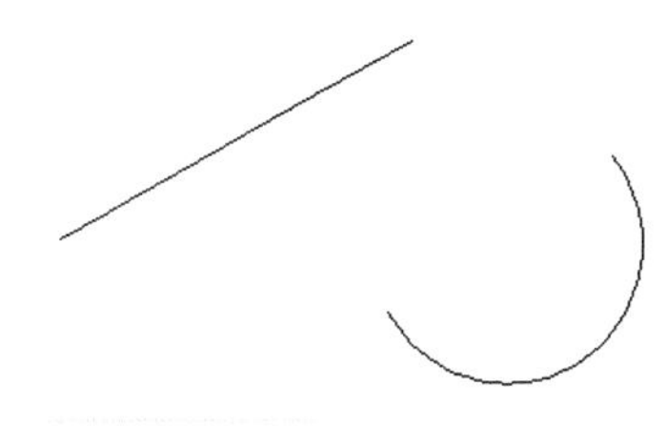

图 11-73

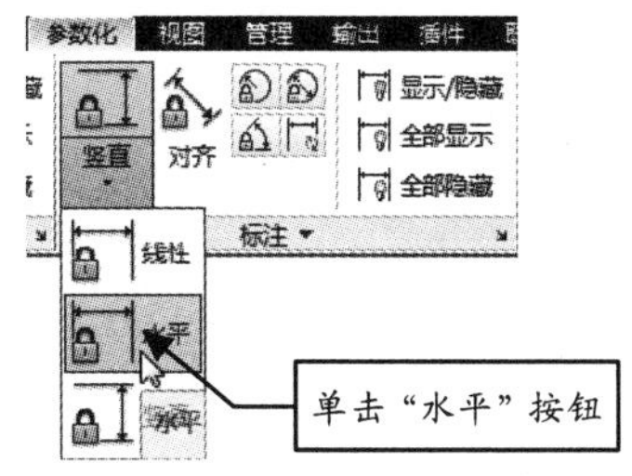

图 11-74

小贴示 其他打开命令的方式。

- 命令行：DCHORIZONTAL。
- 菜单命令："参数"→"标注约束"→"水平"命令。
- 工具栏："几何约束"→"（水平）"按钮。

Step03 系统提示指定第一个约束点，选择直线的中点（显示为红色圆圈夹点），如图11-75所示。

Step04 然后指定第二个约束点，选择圆弧左侧的端点，如图11-76所示。

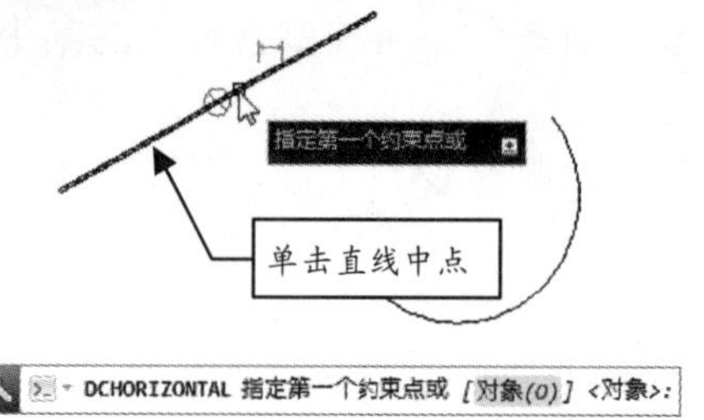

图 11-75

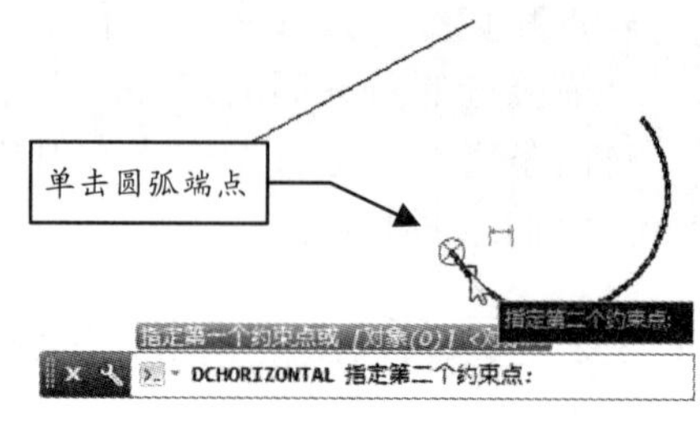

图 11-76

Step05 提示指定尺寸线位置，单击一点作为尺寸线放置位置，如图11-77所示。

Step06 指定尺寸线位置后，系统显示尺寸值d1=4-6.0748，如图11-78所示。

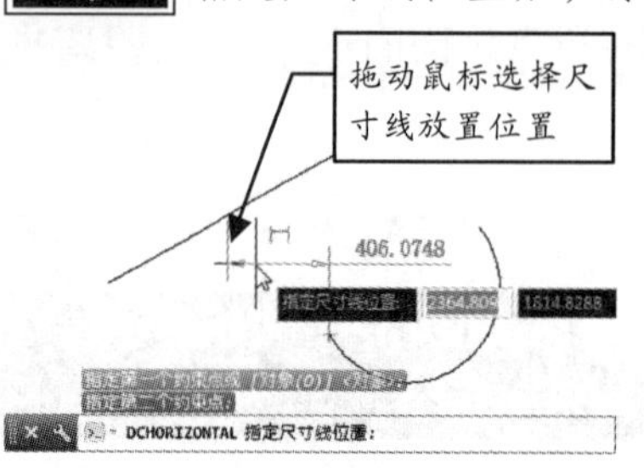

图 11-77

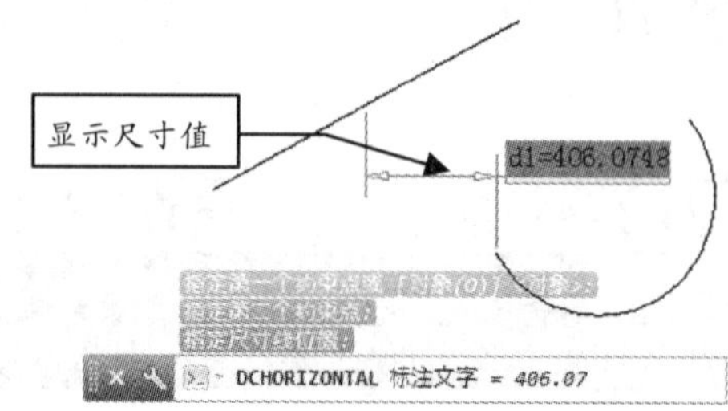

图 11-78

Step07 用户可以使用该尺寸值也可以指定相应的尺寸如500，指定后，系统自动调整两个对象的位置，如图11-79所示。

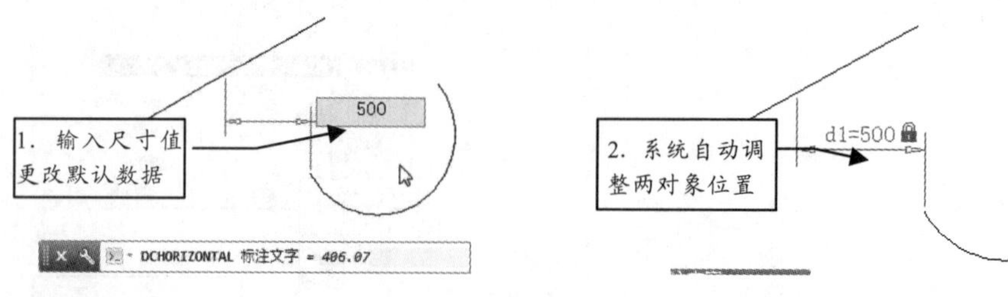

图 11-79

Step08 单击"参数化"选项卡→"标注"面板→"（竖直）"按钮，然后指定圆弧右上侧点作为竖直约束的第一个约束点，如图11-80所示。

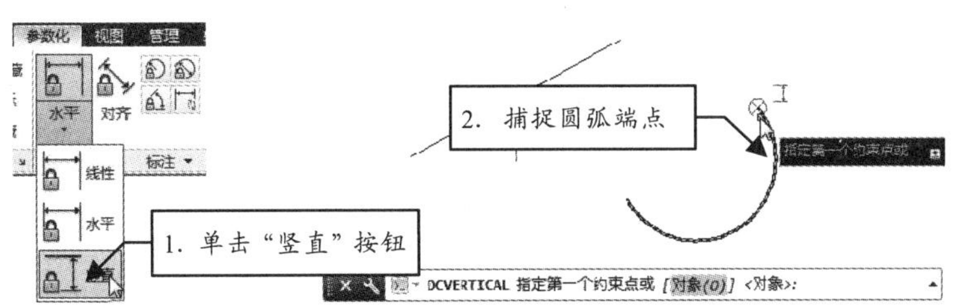

图 11-80

小贴示 其他打开命令的方式。

- 命令行：DCVERTICAL。
- 菜单命令：“参数”→“标注约束”→“竖直”命令。
- 工具栏：“几何约束”→“(竖直)”按钮。

Step09 系统提示指定第一个约束点，选择直线的中点（显示为红色圆圈夹点），如图11-81所示。

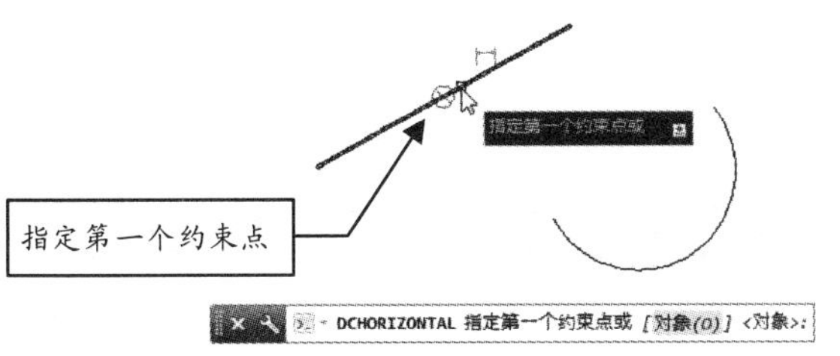

图 11-81

Step10 然后指定直线右上夹点作为第二个约束点，系统显示尺寸值，如图11-82所示。

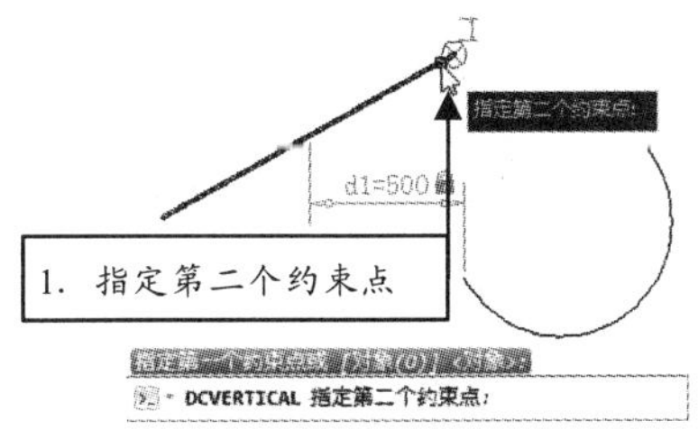

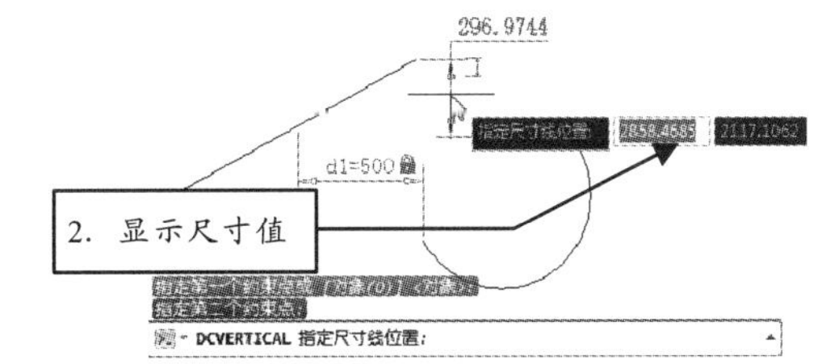

图 11-82

Step11 指定尺寸线位置后，并修改尺寸值为500，如图11-83所示。

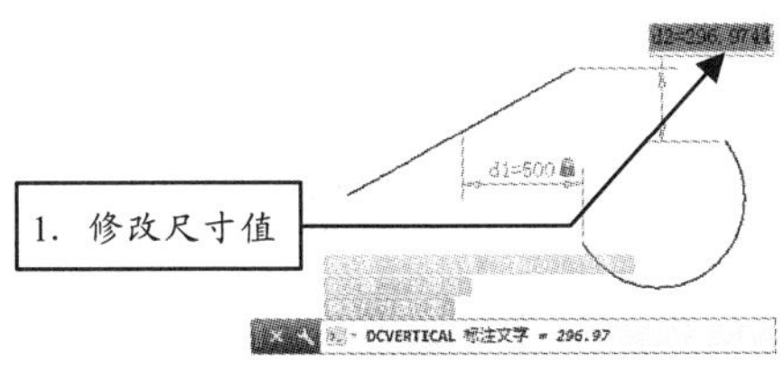

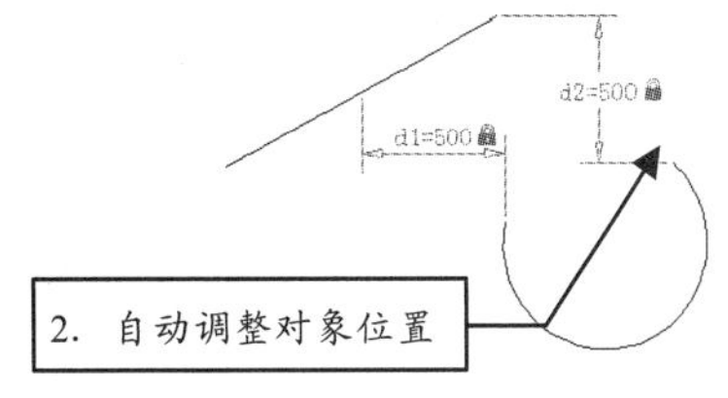

图 11-83

小贴示 圆弧为什么变长了?

从图11-83可以看出，右侧的结果圆弧比左侧的圆弧弧长要长不少，这是因为系统为了适应两者之间的水平、竖直尺寸而自动调整的结果。如果用户编辑该尺寸值，可以看到两者会不断地变动。

提示 几何约束和标注约束中都有水平约束和竖直约束但两者约束的结果是不同。

11.3.3 半径、直径和角度标注约束

半径约束就是约束圆或圆弧的半径值，除了约束的标注为直径以外，其他直径约束和半径约束过程完全一致，这儿以半径约束来讲解即可。

角度约束是约束直线段或多段线线段之间的角度、由圆弧或多段线圆弧段扫掠得到的角度或对象上三个点之间的角度。

案例11-10：创建半径、直径和角度标注约束

素材文件	Sample/CH11/10.dwg	结果文件	Sample/CH11/10-end.dwg

操作步骤

Step01 打开图形文件，如图11-84所示。

Step02 单击“参数化”选项卡→“标注”面板→“(半径)”按钮，如图11-85所示。

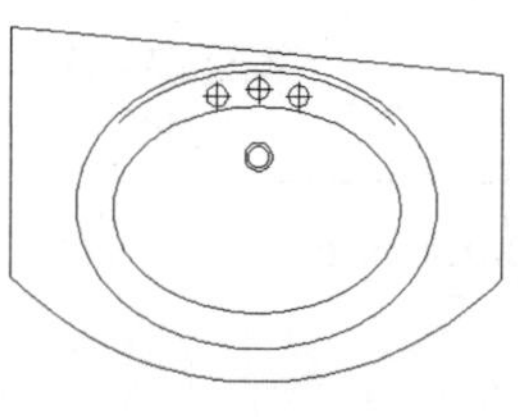

图 11-84

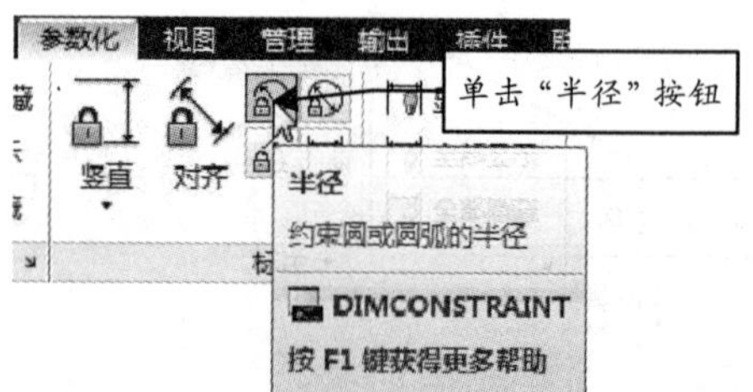

图 11-85

小贴示 其他打开命令的方式。

- 命令行：DCVERTICAL。
- 菜单命令：“参数”→“标注约束”→“半径”命令。
- 工具栏：“几何约束”→“(半径)”按钮。

Step03 系统提示选择圆弧或圆，此处选择水槽旋钮，如图11-86所示。

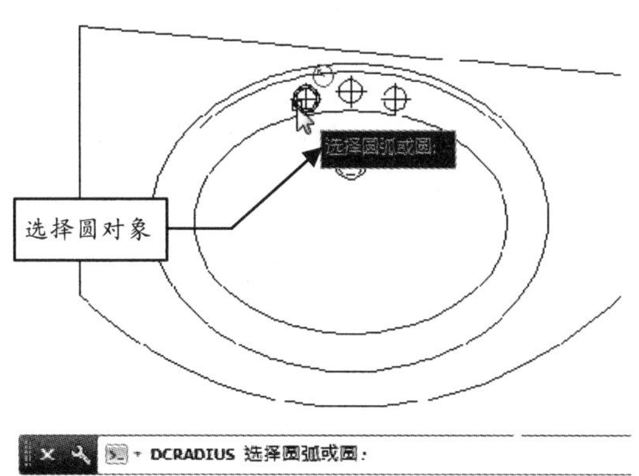

图 11-86

Step04 然后指定放置尺寸线的位置系统显示尺寸值，如图11-87所示。

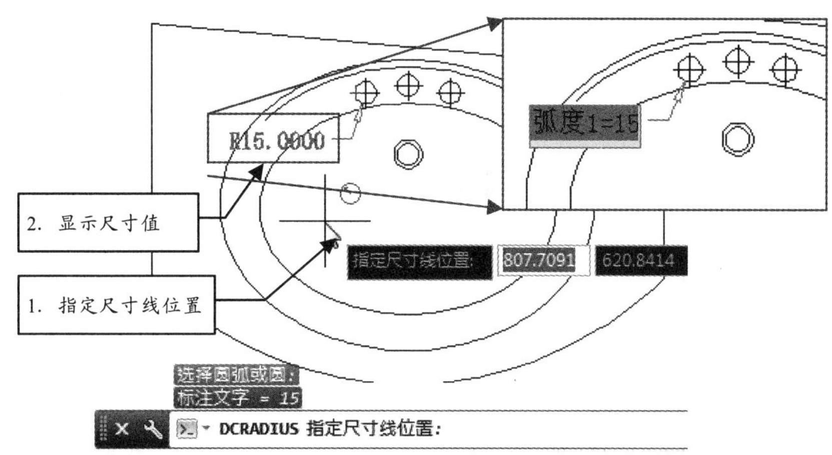

图 11-87

Step05 继续单击“直径”按钮标注洗手池的出水孔，标注直径为40，如图11-88所示。

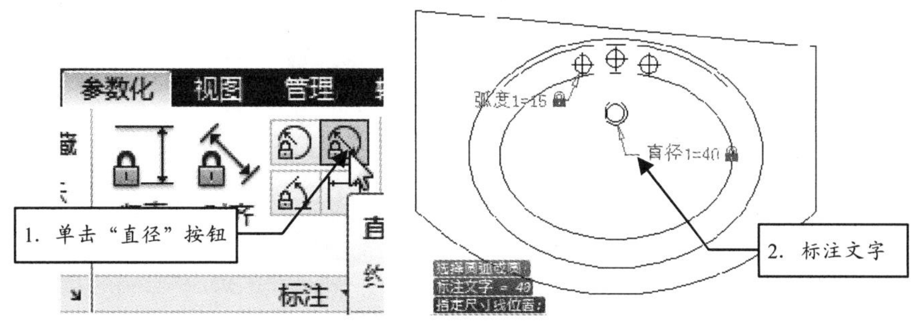

图 11-88

Step06 标注完成后，单击“标注”面板上的“角度”按钮，然后指定洗手池外侧边缘作为第一条直线，如图11-89所示。

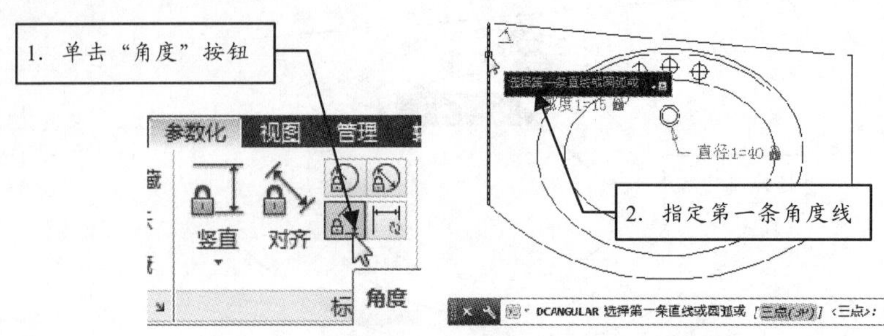

图 11-89

小贴士 其他打开命令的方式。

- 命令行：DCANGULAR。
- 菜单命令：“参数”→“标注约束”→“角度”命令。
- 工具栏：“几何约束”→“（角度）”按钮。

Step07 指定洗手池外侧的上侧直线作为角度标注的第二条直线，如图11-90所示。

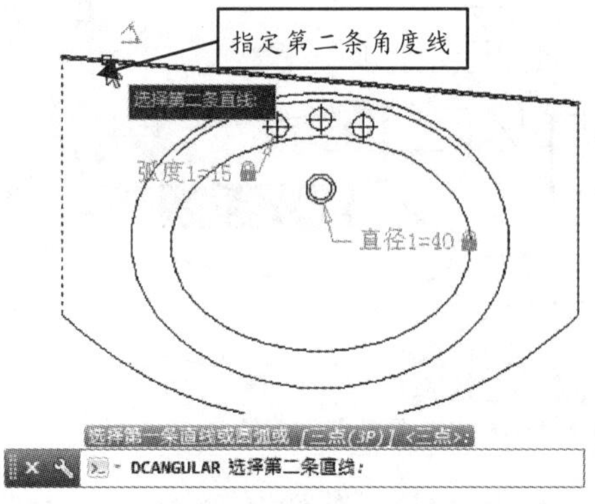

图 11-90

Step08 指定放置尺寸线的位置为内侧，如图11-91所示。

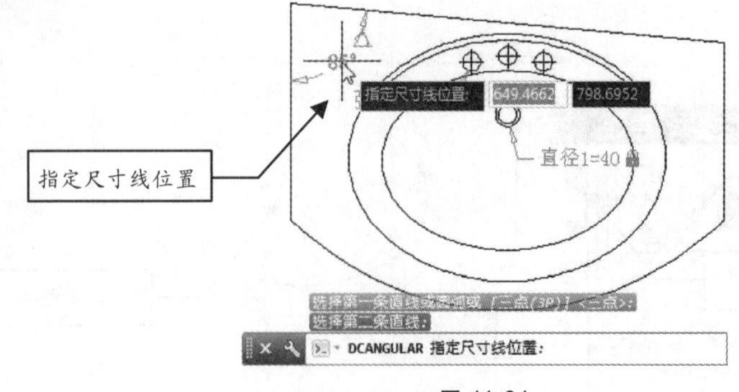

图 11-91

Step09 显示角度值为85，修改该角度值为90，即洗手池外侧的两条直线应该互相垂直，这样方便安装，如图11-92所示。

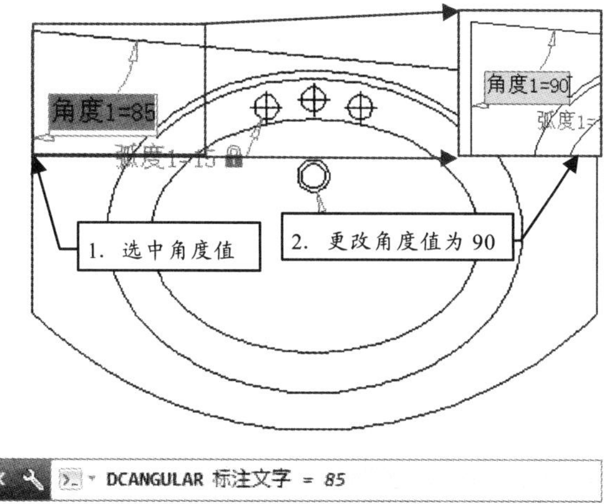

图 11-92

Step10 修改完成后，可以看到不但左侧的图形是直角，右侧的部分也同样变为直角，就是需要的结果，如图11-93所示。

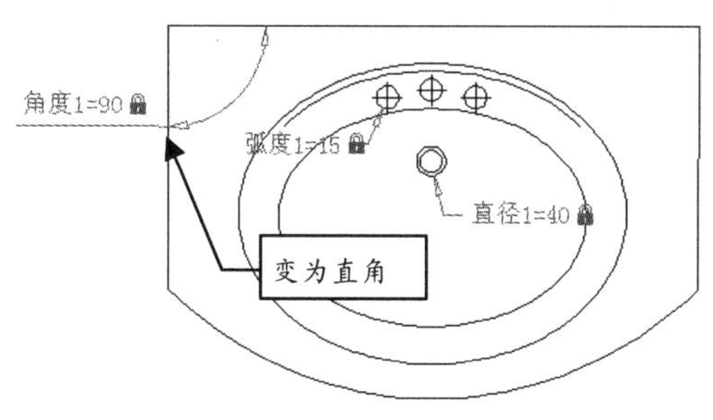

图 11-93

小贴示 同样，用户可以修改直径、半径值，从而得到不同的结果，这就像动态块一样，非常方便并且能适应不同的环境和尺寸。有关动态块的知识，请参阅后面章节。

1. 比较标注约束与标注对象

标注约束与标注对象在以下几个方面有所不同：

（1）标注约束用于图形的设计阶段，而标注通常在文档阶段进行创建。

（2）标注约束驱动对象的大小或角度，而标注由对象驱动。

（3）默认情况下，标注约束并不是对象，仅以一种标注样式显示，在缩放操作过程中保持相同大小，且不能输出到设备。

（4）如果需要输出具有标注约束的图形或使用标注样式，可以将标注约束的形式从动态更改为注释性。

2. 定义变量和方程式

通过参数管理器，可以定义自定义用户变量，可以从标注约束及其他用户变量内部引用这些变量。定义的表达式可以包括各种预定义的函数和常量，如图11-94所示。

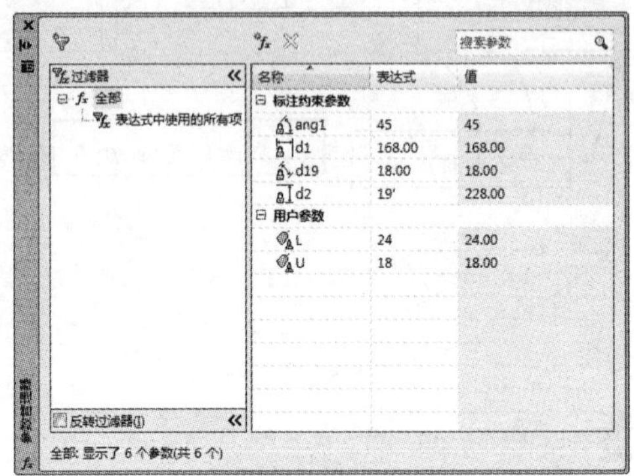

图 11-94

11.4 参数管理器与控制约束状态

当图形中包括有多个约束时，还可以使用参数管理器让约束之间的参数具有关联，这时就用到了参数管理器。

而约束状态创建非常简单，但如果将所有的约束都显示出来，有时候就显得较为杂乱，这时就可以将约束进行隐藏或删除。

对受约束图形的编辑主要有以下4种方法。

（1）标准编辑命令。

（2）夹点模式。

（3）“特性”选项板。

（4）参数管理器。

11.4.1 参数管理器

可以将公式和方程式表示为标注约束参数内的表达式或通过定义用户变量来进行表示。例如，图11-95表示将圆约束到矩形中心的设计，圆中某个区域与该矩形的某个区域面积相等。

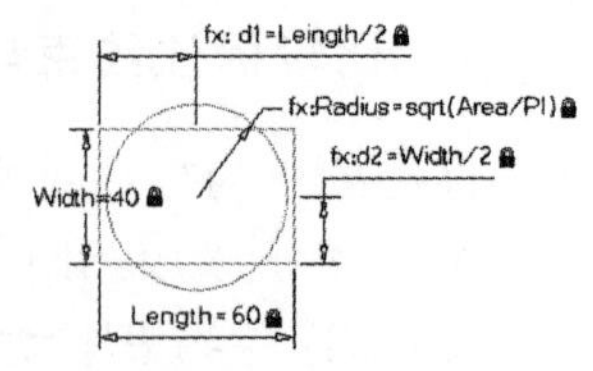

图 11-95

长度和宽度标注约束参数设定为常量。d1和d2约束为参照长度和宽度的简单表达式。半径标注约束参数设定为包含平方根函数的表达式，用括号括起以确定操作的优先级顺序、Area用户变量、除法运算符以及常量PI。这些参数都可以在参数管理器中访问，如图11-96所示。

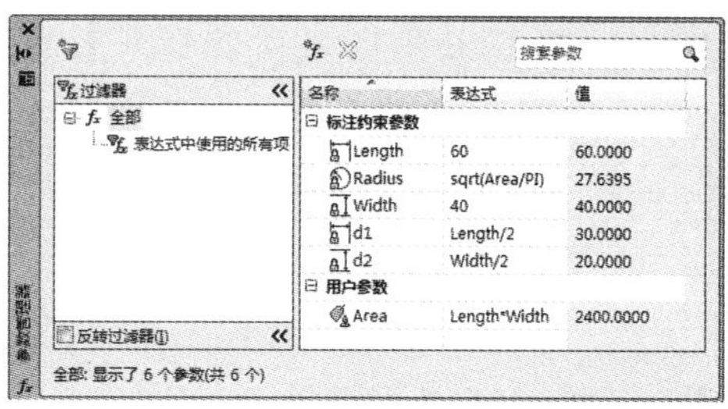

图 11-96

下面通过案例说明参数管理器的使用方法。

案例11-11：设置参数管理器

素材文件 Sample/CH11/11.dwg　结果文件 Sample/CH11/11-end.dwg

操作步骤

Step01 打开前面的结果文件，如图11-97所示。

Step02 单击“参数化”选项卡→“管理”面板→“*fx*（参数管理器）”按钮，如图11-98所示。

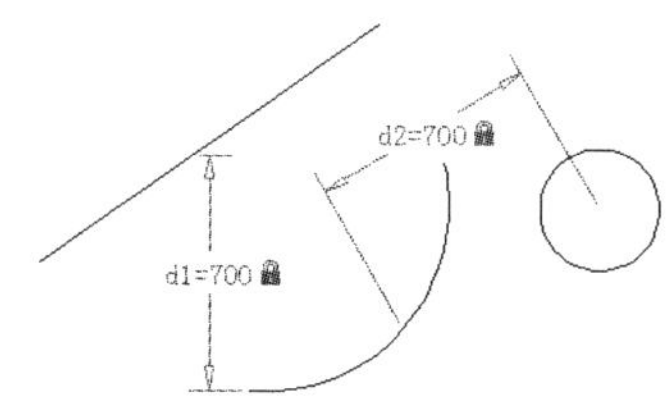

图 11-97

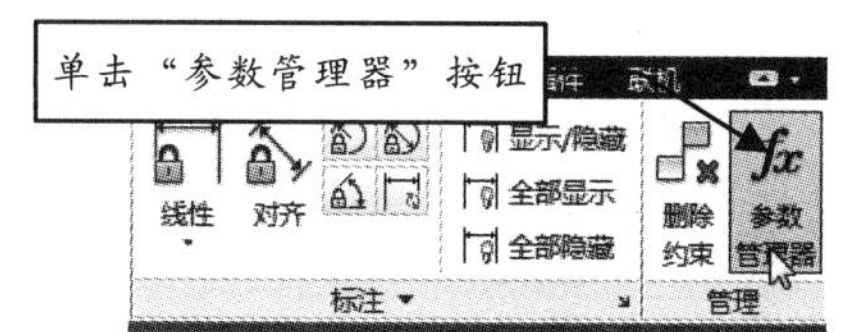

图 11-98

Step03 弹出“参数管理器”选项板，显示参数的名称、表达式以及相应的值，如图11-99所示。

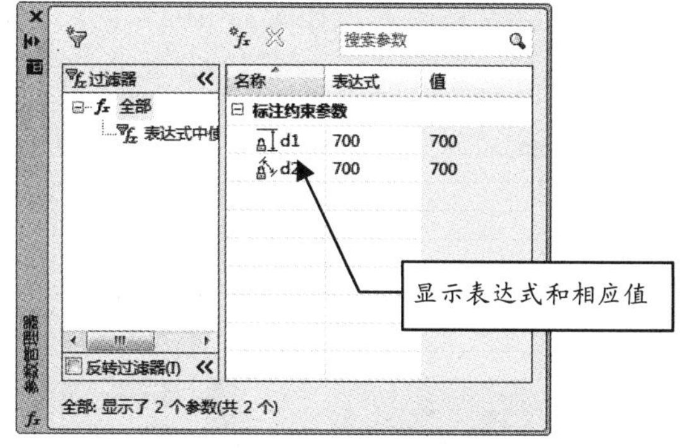

图 11-99

Step04 在d2的表达式单元格中输入d1/2+50，如图11-100所示。

Step05 按<Enter>键并查看绘图窗口，可以看到表达式已改变，如图11-101所示。

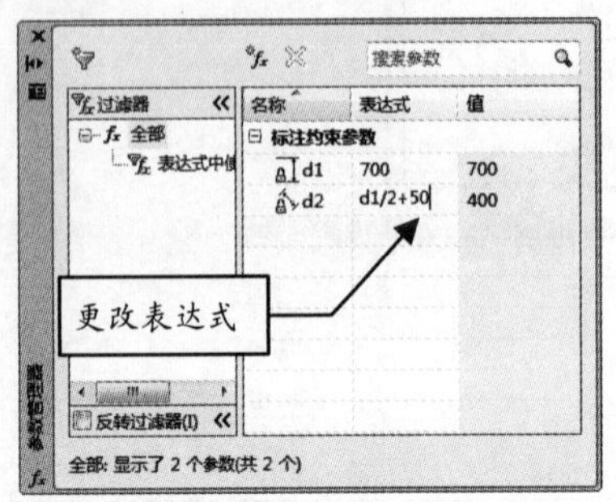

图 11-100

显示在图形中的改变了的表达式

fx:d2=d1/2+50

图 11-101

Step06 在面板中更改d1的值为500，如图11-102所示。

Step07 切换到绘图窗口，查看更改后的结果如图11-103所示。

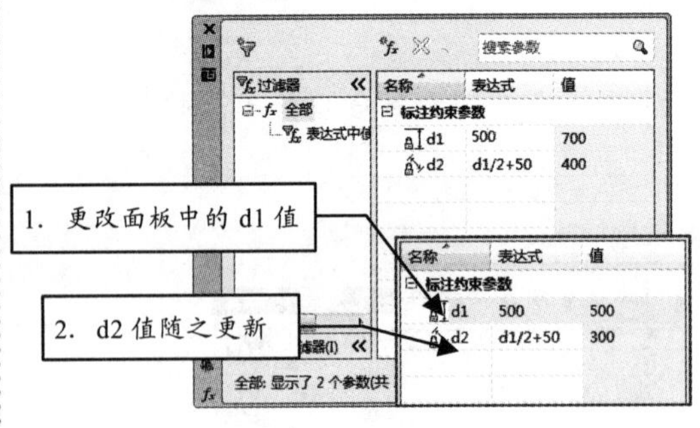

图 11-102

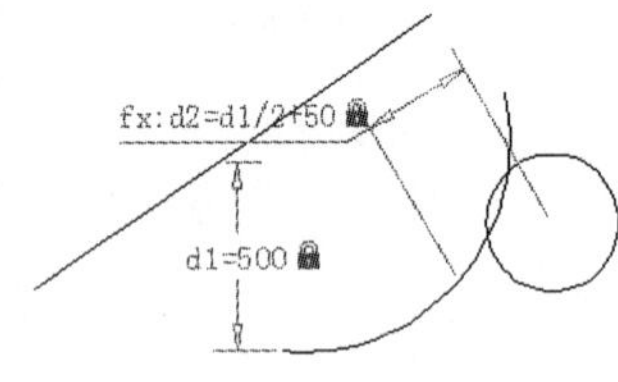

图 11-103

选项精解

- (创建新参数组)：单击该按钮将新建一个组过滤器，如图11-104左所示。
- (创建新的用户参数)：单击该按钮将新建一个新的用户参数，用户可以对该参数进行输入相关的表达式，如图11-104右所示。

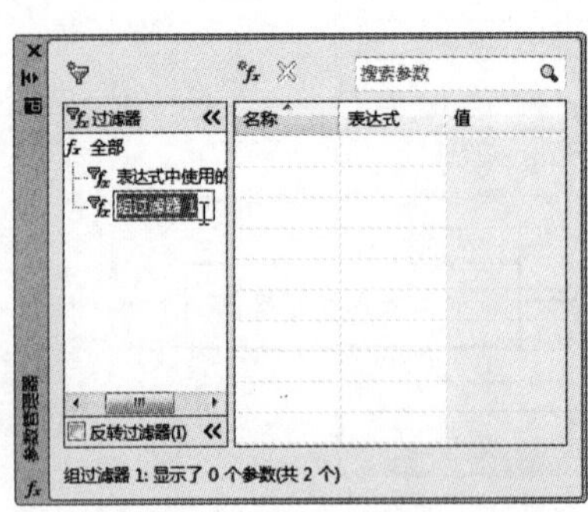

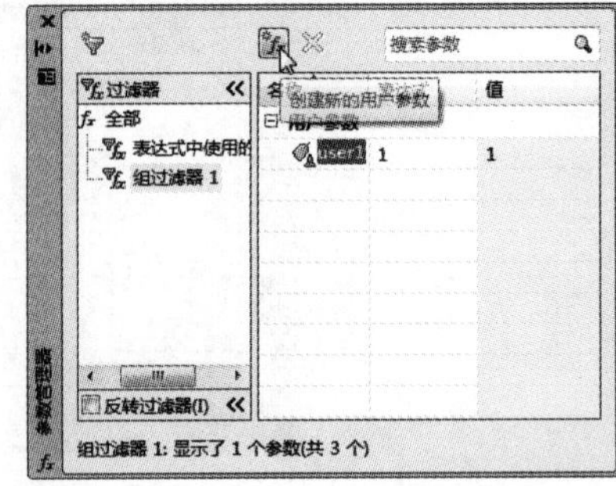

图 11-104

11.4.2 管理约束状态

创建完约束后，用户即可以对约束进行修改、删除，也可以查看和显示该约束。

案例11–12：约束的状态管理

素材文件	Sample/CH11/12.dwg	结果文件	Sample/CH11/12-end.dwg

操作步骤

1. 显示隐藏约束

显示与隐藏约束主要是对图形约束符号是否在图形中出现进行控制。

Step01 打开图形文件，如图11-105所示。

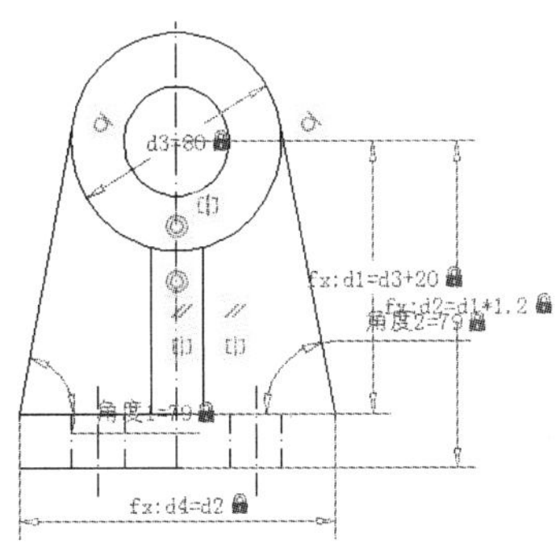

图 11-105

Step02 单击“参数化”选项卡→“几何”面板→“(全部隐藏)”按钮，可以将图形的几何约束全部隐藏，这样就能更清晰地查看标注约束了，如图11-106所示。

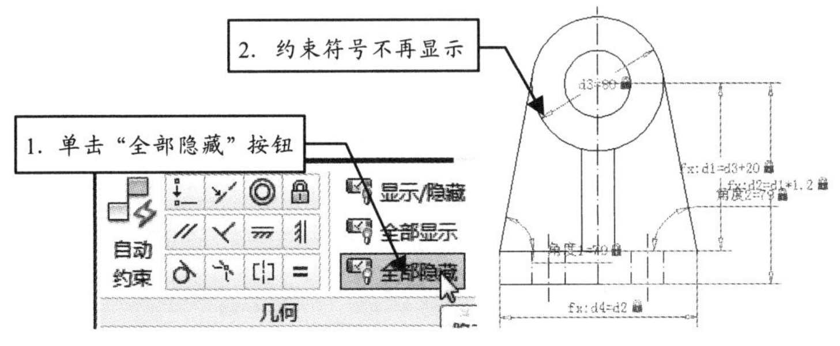

图 11-106

小贴示 单击几何面板上的“全部显示”或“显示/隐藏”按钮可以再次显示隐藏几何约束。

Step03 同样，单击“参数化”选项卡→“标注”面板→“ (显示/隐藏)”按钮，然后选择角度约束，如图11-107所示。

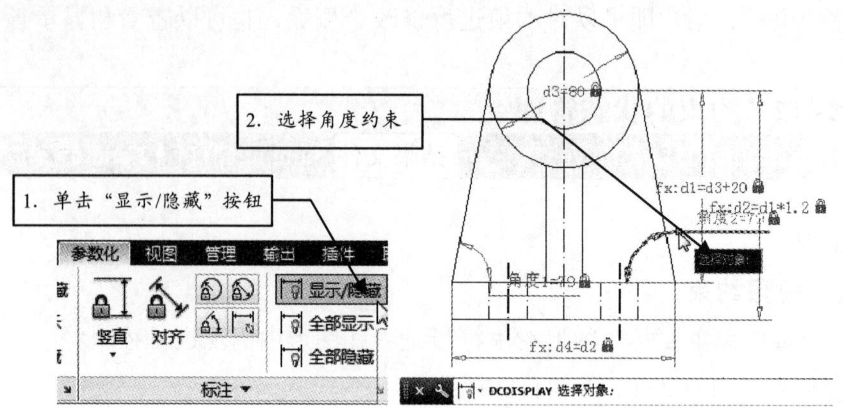

图 11-107

Step04 选择完成后，系统提示输入显示或隐藏选项，此处选择隐藏（系统默认选择显示），如图11-108所示。

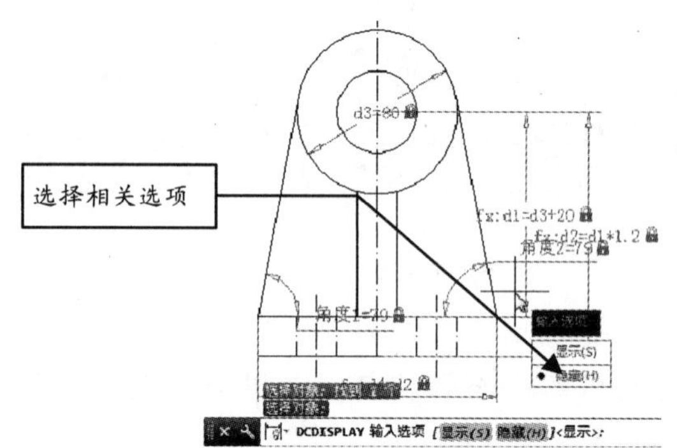

图 11-108

Step05 隐藏完成，结果如图11-109左所示。需要注意的是，即使隐藏标注约束在“参数管理器”选项板中仍然可以查看，并接受相应的关系约束，结果如图11-109右所示。

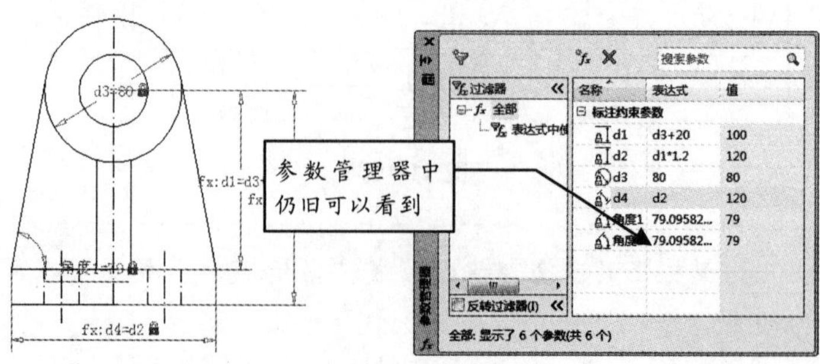

图 11-109

2. 删除约束

从对象的选择集中删除所有几何约束和标注约束，选中相应的约束即可删除。

Step01 单击“参数化”选项卡→“管理”面板→“(删除约束)”按钮，如图11-110所示。

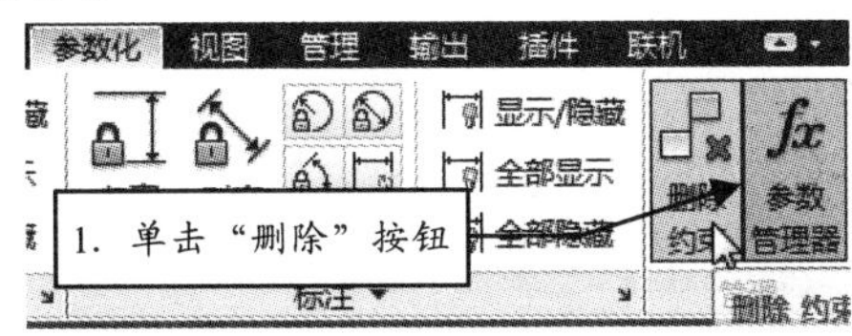

图 11-110

> **小贴示** 其他打开命令的方式。
>
> - 菜单命令：“参数”→“删除约束(L)”命令。
> - 面板：“参数化”→“几何”→“”按钮。

Step02 在窗口中选择需要删除的约束，如最下面的d4约束值，如图11-111所示。

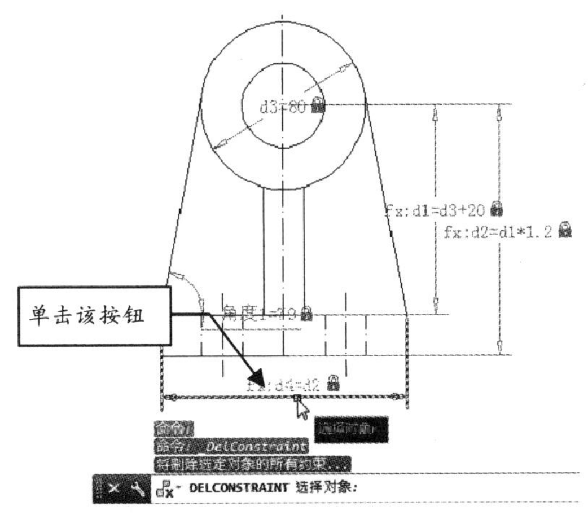

图 11-111

Step03 删除完成后如图11-112所示。

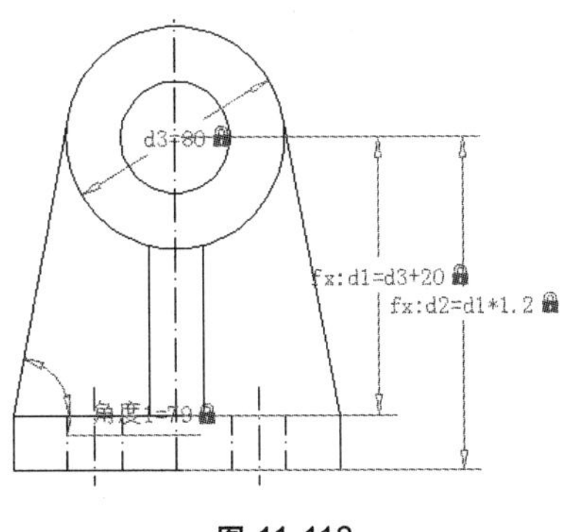

图 11-112

需要注意的是，如果用户删除带有表达式的约束值（如d3），则系统会弹出窗口提示，如图11-113所示。

且其他引用该约束的约束将替换为引用已删除约束的表达式的值，如图11-114所示。

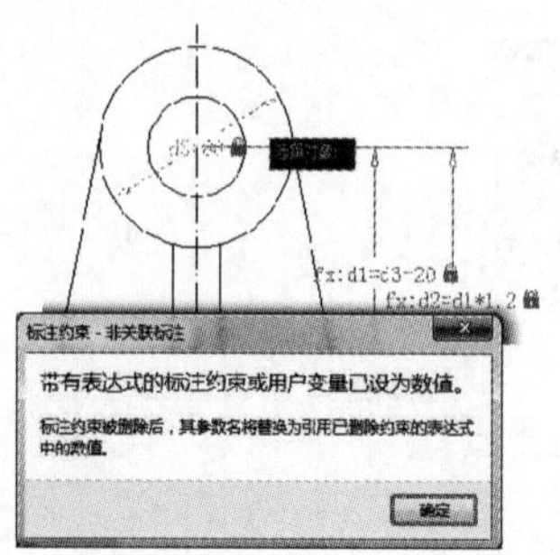

图 11-113

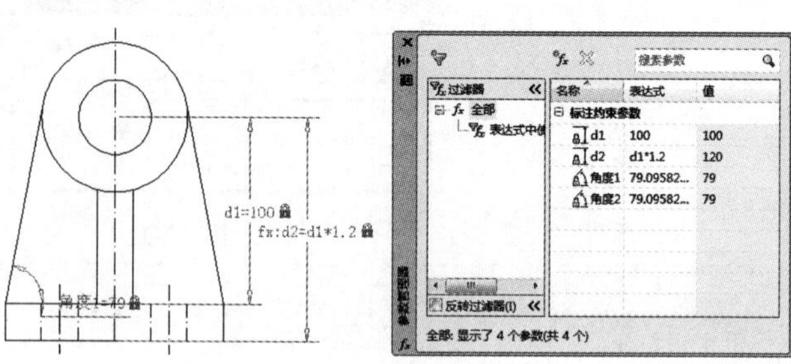

图 11-114

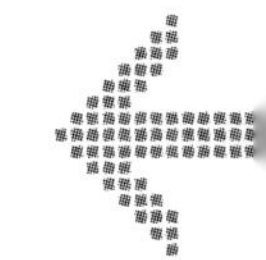

第 12 小时 使用图块、外部参照绘图

参数化图形可以让图形之间具有较为准确的关系，而图块则是通过标准库的形式为图形提供模块，不但提高了工作效率，更提高了绘图的准确性。

12.1 创建图块和图块属性

可以通过关联对象并为它们命名或通过创建用作块的图形来创建块。

12.1.1 创建图块

块在本质上是一种块定义，它包含块名、块几何图形、用于插入块时对齐块的基点位置和所有关联的属性数据。您可以在“块定义”对话框中或通过使用“块编辑器”定义几何图形中的块。如果已创建块定义，用户可以在相同或不同的图形中参照它。

案例12-1：创建落地灯图块			
素材文件	Sample/CH12/01.dwg	结果文件	Sample/CH12/01-end.dwg
视频文件	视频演示/CH12/创建落地灯图块.avi		

操作步骤

Step01 打开图形文件，如图12-1所示。

Step02 单击“插入”选项卡→“块定义”面板→“创建块”按钮，如图12-2所示。

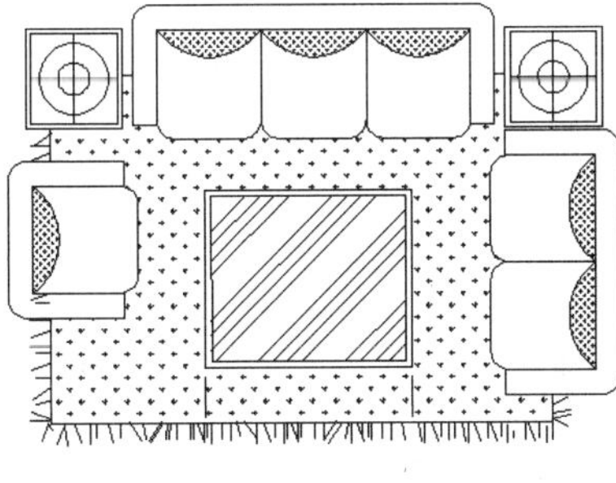

图 12-1

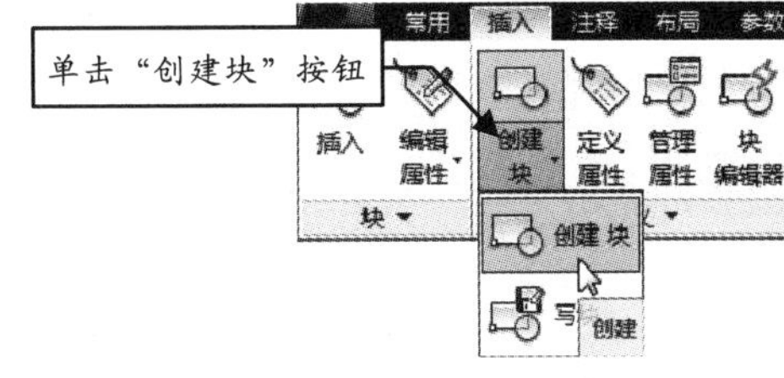

图 12-2

小贴示 其他打开命令的方式。

- 命令：BLOCK。
- 菜单：“绘图”→“块”→“块定义”命令。
- 工具栏：“绘图”→“(创建块)”按钮。

Step03 弹出“块定义”对话框，如图12-3所示。

图 12-3

Step04 在“名称”文本框中输入块名称：落地灯，然后单击“对象”选项区中的“选择对象”按钮，返回到绘图窗口中选择对象，如图12-4所示。

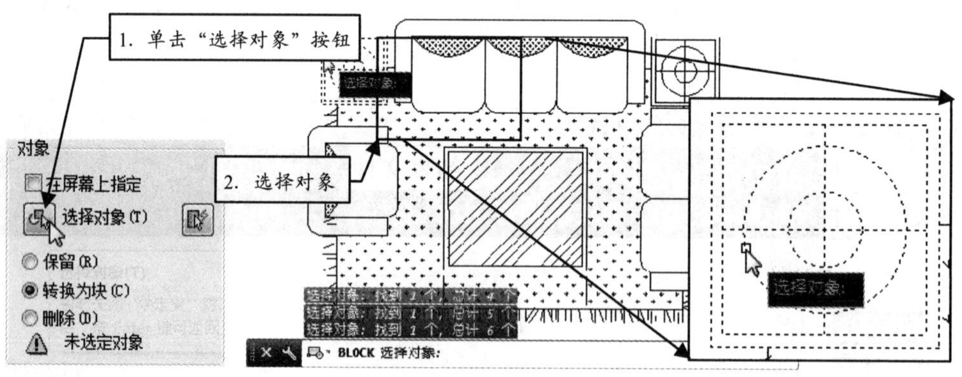

图 12-4

Step05 按<Enter>键返回“块定义”对话框，将对象保留方式选择为“删除”，然后单击“基点”选项区中的“拾取点”按钮，在选择的对象右下角选择端点作为基点，如图12-5所示。

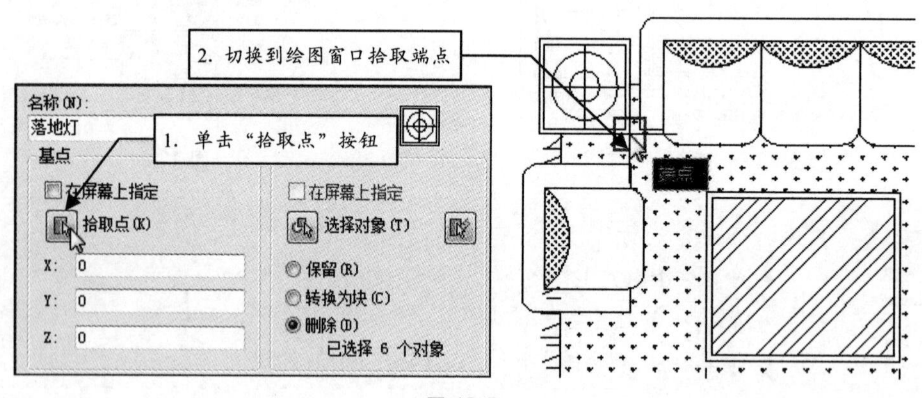

图 12-5

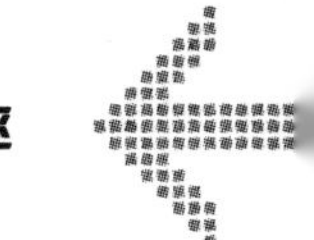

Step06 返回“块定义”对话框中，设置块单位为毫米，不选择保存方式，创建块说明为：创建落地灯，如图12-6所示。

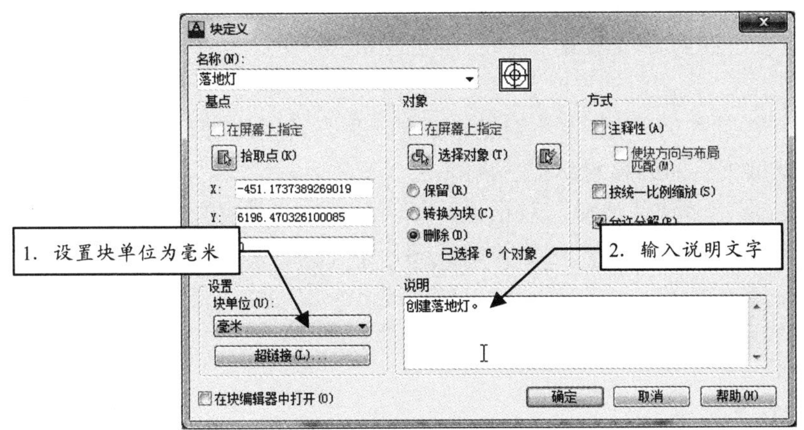

图 12-6

Step07 单击“确定”按钮，可以看到创建为块的落地灯已经消失，如图12-7所示。

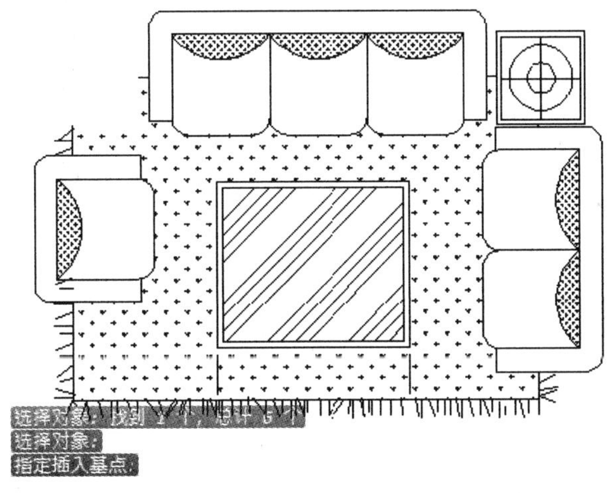

图 12-7

选项精解

块定义对话框中包括有名称、预览、基点和对象几个选项区，主要选项说明如下。

- 名称：指定块的名称。最多包含 255 个字符，包括字母、数字、空格，以及操作系统或程序未作他用的任何特殊字符。块名称及块定义保存在当前图形中。
- 预览：如果在“名称”下选择现有的块，将显示块的预览。
- 基点：指定块的插入基点。默认值是 (0,0,0)。
  ➢在屏幕上指定：关闭对话框时，将提示用户指定基点。

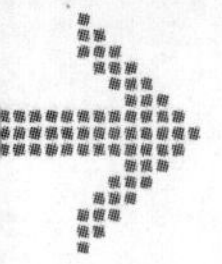

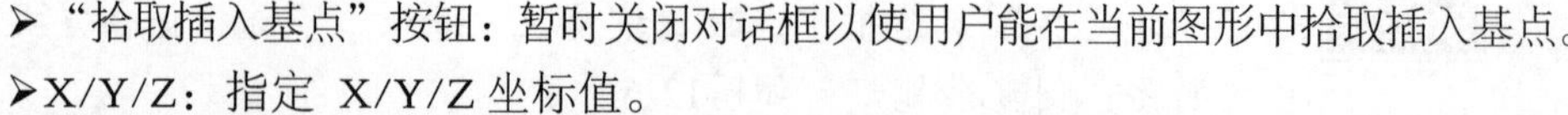

➢“拾取插入基点”按钮：暂时关闭对话框以使用户能在当前图形中拾取插入基点。

➢X/Y/Z：指定 X/Y/Z 坐标值。

• 对象：指定新块中要包含的对象，以及创建块之后如何处理这些对象，是保留还是删除选定的对象或者是将它们转换成块实例。

➢在屏幕上指定：关闭对话框时，将提示用户指定对象。

➢选择对象：暂时关闭“块定义”对话框，允许用户选择块对象。选择完对象后，按<Enter>键可返回到该对话框。

➢快速选择：显示“快速选择”对话框，该对话框定义选择集。

➢保留：创建块以后，将选定对象保留在图形中作为区别对象。

➢转换为块：创建块以后，将选定对象转换成图形中的块实例。

➢删除：创建块以后，从图形中删除选定的对象。

➢选定的对象：显示选定对象的数目。

• 行为：指定块的行为。

➢注释性：指定块为注释性。

➢使块方向与布局匹配：指定在图纸空间视口中的块参照的方向与布局的方向匹配。如果未选择“注释性”选项，则该选项不可用。

➢按统一比例缩放：指定是否阻止块参照不按统一比例缩放。

➢允许分解：指定块参照是否可以被分解。

• 设置：指定块的设置。

➢块单位：指定块参照插入单位。

➢超链接：打开“插入超链接”对话框，可以使用该对话框将某个超链接与块定义相关联。

• 说明：指定块的文字说明。

• 在块编辑器中打开：单击“确定”按钮后，在块编辑器中打开当前的块定义。

12.1.2 创建图块属性值

除了能创建图块外，还可以给图块添加属性定义。所谓属性就是将数据附着到块上的标签或标记。属性中可能包含的数据包括零件编号、价格、注释和物主的名称等。

在定义属性时，可以指定：

• 标识属性的标记；

• 可以在插入块时显示的提示；

• 如果未在提示下输入变量值，将使用默认值。

如果计划提取属性信息在明细表中使用，可能需要保留所创建的属性标记列表。以后创建属性样板文件时，将需要此标记信息。

案例12-2：创建洗衣机属性值

素材文件 Sample/CH12/02.dwg　　结果文件 Sample/CH12/02-end.dwg

操作步骤

Step01 打开图形文件，如图12-8所示。

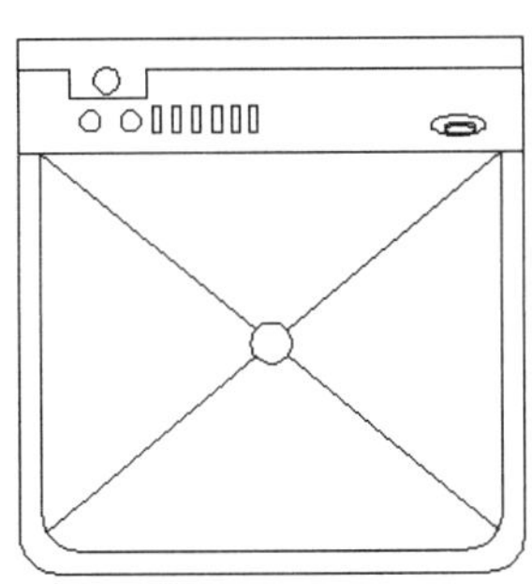

图 12-8

Step02 单击“插入”选项卡→“块定义”面板→“定义属性”按钮，如图12-9所示。

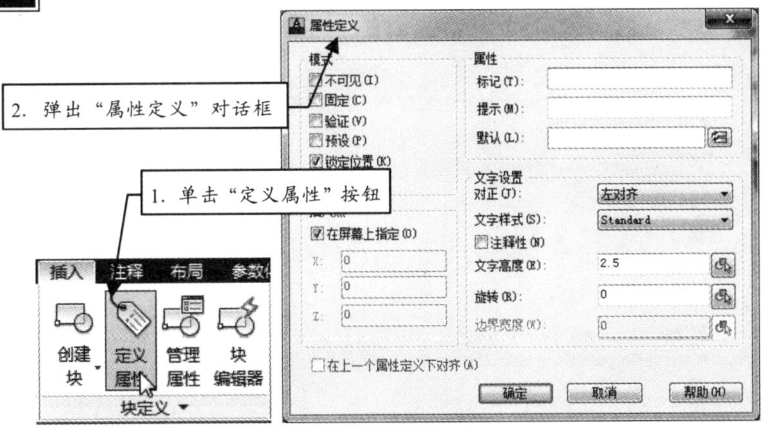

图 12-9

小贴示 其他打开命令的方式。

- 命令行：ATTDEF。
- 菜单：“绘图”→“块”→“定义属性”命令。

Step03 在“属性”选项区中输入标记为“洗衣机类型”、提示为“输入洗衣机类型”、默认参数为“波轮”，如图12-10所示。

Step04 在“文字设置”选项区中设置文字高度为100，其他保持为默认值，如图12-11所示。

图 12-10

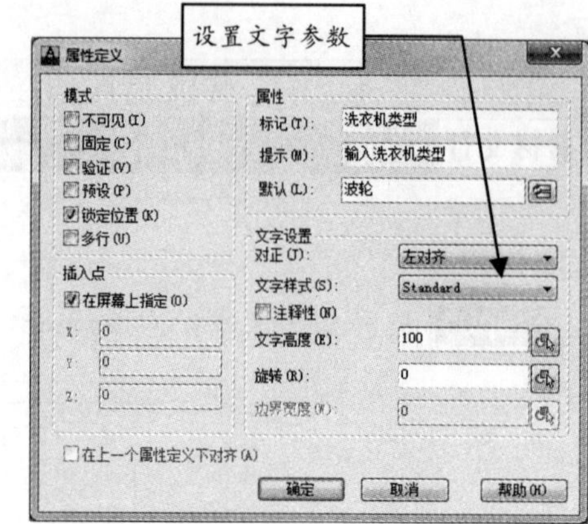

图 12-11

Step05 在“模式”选项区保持默认，即“锁定位置”，然后单击“确定”按钮，如图12-12所示。

Step06 指定属性值到指定位置，如图12-13所示。

图 12-12

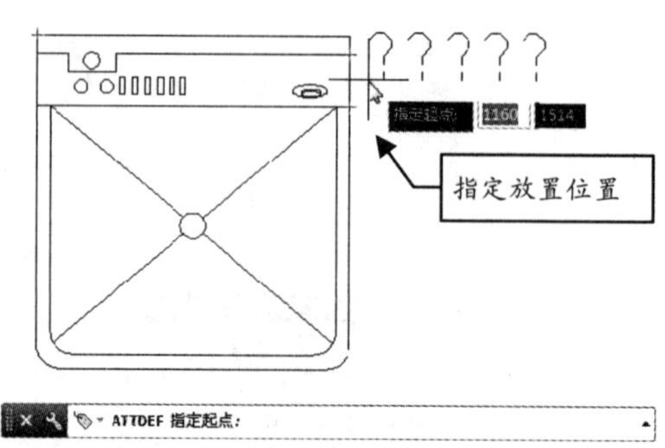

图 12-13

Step07 使用同样的方式，创建其他几个属性定义，如图12-14所示。

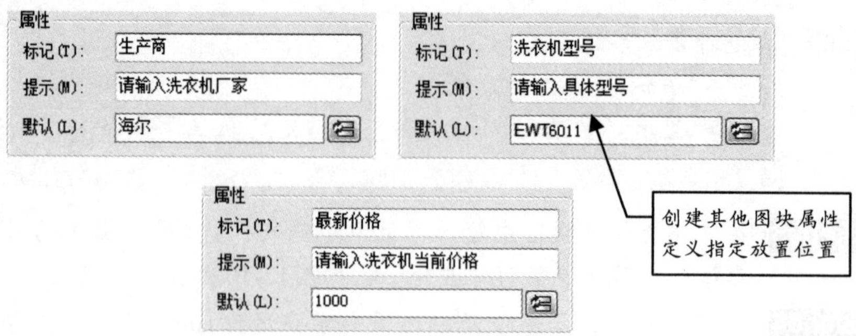

图 12-14

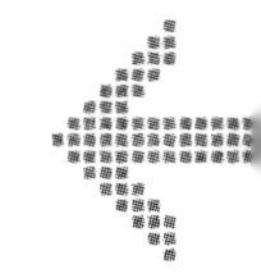

Step08 输入完成后，结果如图12-15所示。

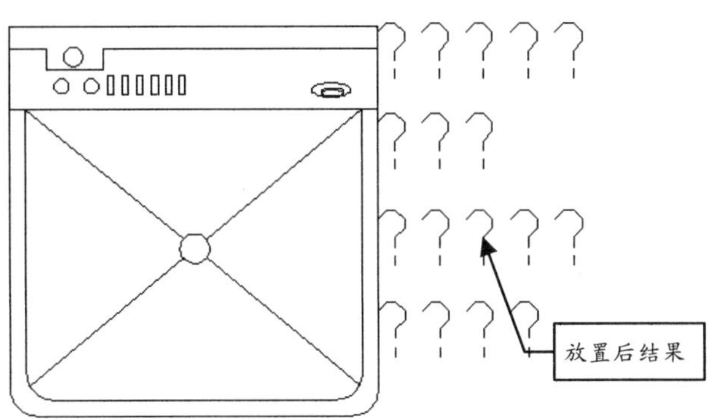

图 12-15

Step09 单击“文字样式”按钮，在弹出的“文字样式”对话框中，修改字体名称为“仿宋”，结果如图12-16所示。

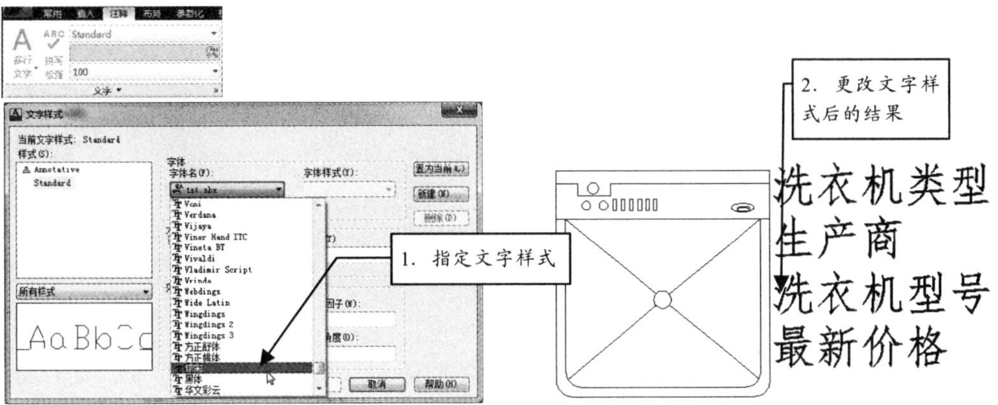

图 12-16

Step10 单击“插入”选项卡→“块定义”面板→“写块”按钮，将前面定义的图形和文字一并选中作为创建图块的对象，然后指定左上角点为插入基点创建图块，如图12-17所示。

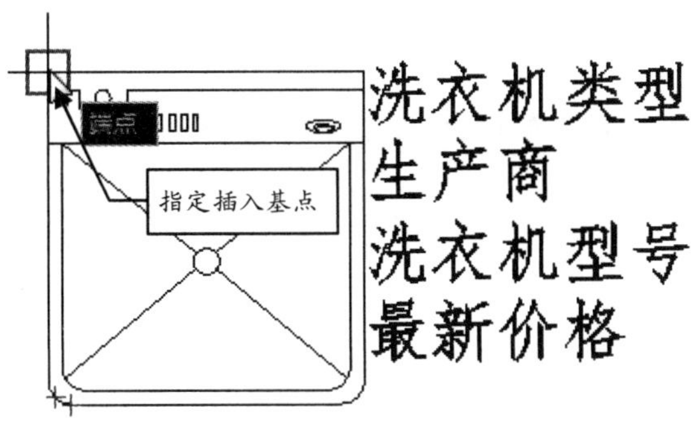

图 12-17

Step11 在弹出的“写块”对话框中设置“文件名和路径”为“洗衣机”，如图12-18所示。

图 12-18

Step12 单击“确定”按钮，即可看到该路径新创建了一个图形文件。

选项精解

块定义对话框中包括有模式、属性、插入点和文字设置几个选项区，主要选项说明如下。

1. 模式

在图形中插入块时，设置与块关联的属性值选项。

- 不可见：指定插入块时不显示或打印属性值。
- 固定：在插入块时赋予属性固定值。
- 验证：插入块时提示验证属性值是否正确。
- 预设：插入包含预设属性值的块时，将属性设置为默认值。
- 锁定位置：锁定块参照中属性的位置。解锁后，属性可以相对于使用夹点编辑的块的其他部分移动，并且可以调整多行文字属性的大小。
- 多行：指定属性值可以包含多行文字。选定此选项后，可以指定属性的边界宽度。

注意 在动态块中，由于属性的位置包括在动作的选择集中，因此必须将其锁定。

2. 属性

设置属性数据。

- 标记：标识图形中每次出现的属性。使用任何字符组合（空格除外）输入属性标记。小写字母会自动转换为大写字母。

- 提示：指定在插入包含该属性定义的块时显示的提示。如果不输入提示，属性标记将用作提示。如果在“模式”区域选择“常数”模式，“属性提示”选项将不可用。
- 默认：指定默认属性值。

注意　在位文字编辑器完整模式中的若干选项灰显以保留与单行文字属性的兼容性。

3. 插入点

指定属性位置，输入坐标值或者选择“在屏幕上指定”，并使用定点设备根据与属性关联的对象指定属性的位置。

4. 文字设置

设置属性文字的对正、样式、高度和旋转。

- 对正：指定属性文字的对正。
- 文字样式：指定属性文字的预定义样式。显示当前加载的文字样式。
- 注释性：指定属性为注释性。如果块是注释性的，则属性将与块的方向相匹配。
- 文字高度：指定属性文字的高度。输入值，或选择“高度”选项，用定点设备指定高度。此高度为从原点到指定的位置的测量值。如果选择有固定高度（任何非 0.0 值）的文字样式，或者在“对正”列表中选择了“对齐”选项，“高度”选项不可用。
- 旋转：指定属性文字的旋转角度。输入值，或选择“旋转”选项，用定点设备指定旋转角度。此旋转角度为从原点到指定的位置的测量值。如果在“对正”列表中选择了“对齐”或“调整”选项，“旋转”选项不可用。
- 边界宽度：换行前，请指定多行文字属性中文字行的最大长度。

注意　此选项不适用于单行文字属性。

5. 在上一个属性定义下对齐

将属性标记直接置于之前定义的属性的下面。如果之前没有创建属性定义，则此选项不可用。

12.2 插入图块

将块或图形插入到当前图形中，插入块时，请创建块参照并指定它的位置、缩放比例和旋转度。

12.2.1 插入单个图块

插入块操作将创建一个称作块参照的对象，因为参照了存储在当前图形中的块定义。

案例12-3：插入茶几柜图块

素材文件	Sample/CH12/03.dwg	结果文件	Sample/CH12/03-end.dwg
视频文件	视频演示/CH12/插入茶几柜图块.avi		

操作步骤

Step01 打开图形文件，如图12-19所示。

Step02 单击“插入”选项卡→“块”面板→“插入”按钮，如图12-20所示。

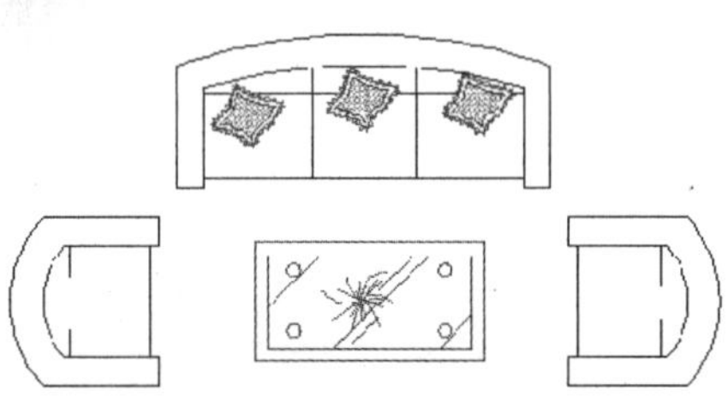

图 12-19

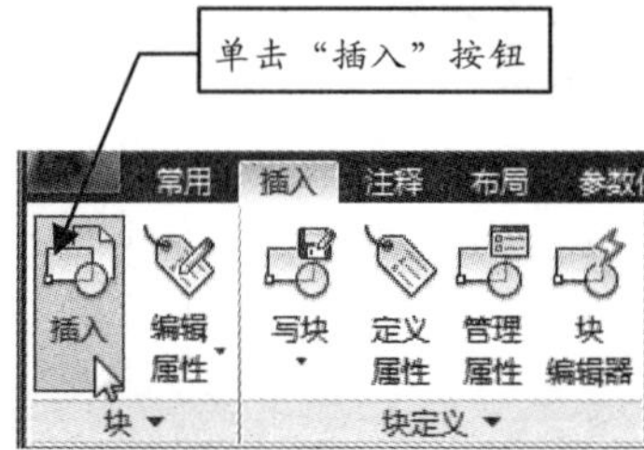

图 12-20

小贴示 其他打开命令的方式。

- 命令行：INSERT。
- 菜单：“插入”→“块”命令。
- 工具栏：“绘图”→“（插入块）”按钮。

Step03 弹出“块定义”对话框，在名称下拉列表框中选择“茶几柜”，如图12-21所示。

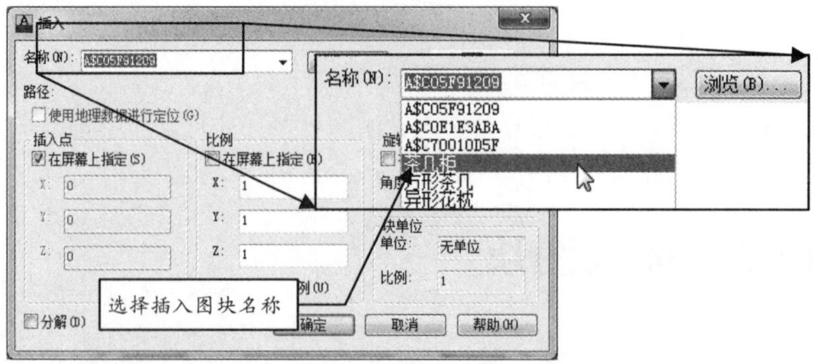

图 12-21

Step04 在“比例”选项区中勾选“统一比例”复选框，并在“X”文本框中输入“1.5”；在“旋转”选项区中输入“角度”为“90”，如图12-22所示。

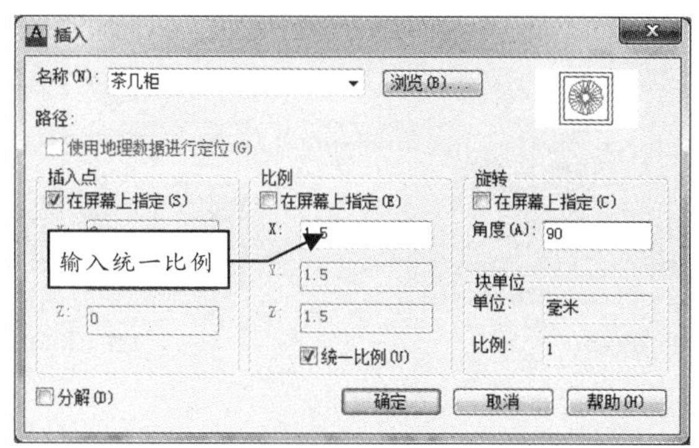

图 12-22

Step05 单击“确定”按钮返回绘图窗口，指定左上角一点作为插入基点，如图12-23所示。

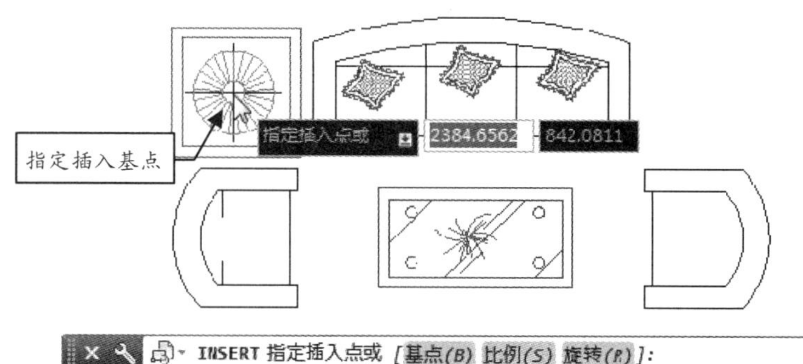

图 12-23

Step06 使用同样的方法插入右上角的灯具图案，如图12-24所示。

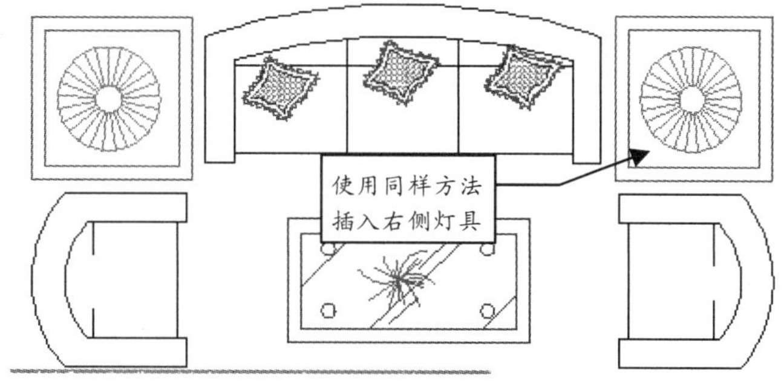

图 12-24

Step07 按<Enter>键继续使用“插入”对话框，选择“异形花枕”作为插入块插入到沙发上，如图12-25所示。

Step08 插入完成后，结果如图12-26所示。

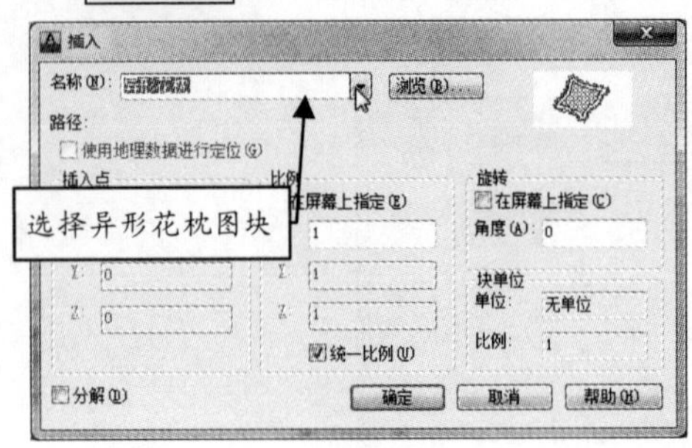

图 12-25

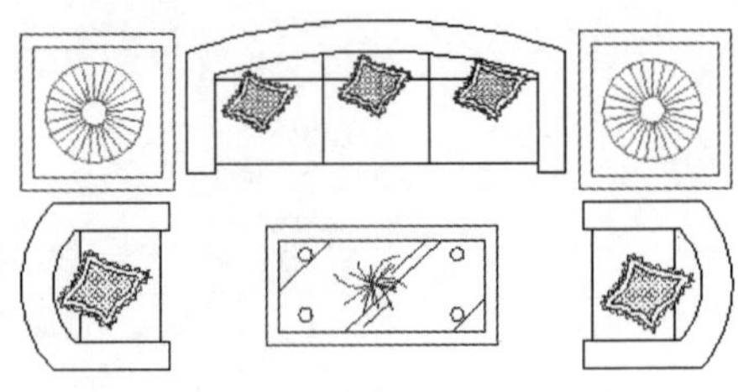

图 12-26

选项精解

“块定义”对话框中包括名称、预览、基点和对象几个选项区，主要选项说明如下。

- 名称：指定要插入块的名称，或指定要作为块插入的文件的名称。
- 浏览：或单击“浏览”按钮，在弹出的“选择图形文件”对话框中选择图形，如图12-27所示。

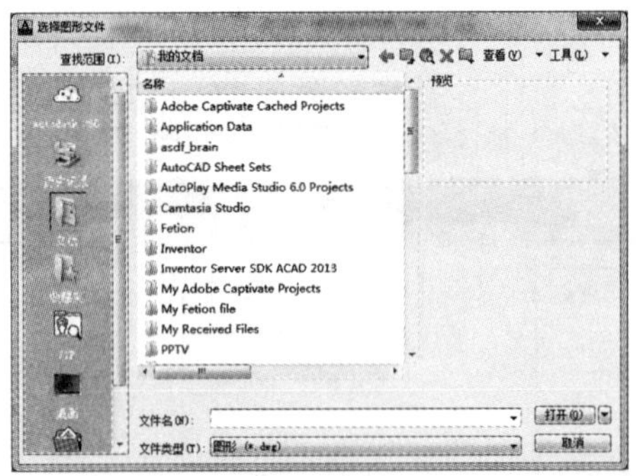

图 12-27

- 路径：指定块的路径。
- 使用地理数据进行定位：插入将地理数据用作参照的图形。指定当前图形和附着的图形是否包含地理数据。此选项仅在这两个图形均包含地理数据时才可用。
- 说明：显示与块一起保存的描述。
- 预览：显示要插入的指定块的预览。预览右下角的闪电图标指示该块为动态块。图标指示该块为注释性。
- 插入点：指定块的插入点。
  - ➢在屏幕上指定：用定点设备指定块的插入点。
  - ➢输入坐标：可以为块的插入点手动输入 X、Y 和 Z 坐标值。
  - ➢X/Y/Z：设定 X/Y/Z 坐标值。
- 比例：指定插入块的缩放比例。如果指定负的 X、Y 和 Z 缩放比例因子，则插入块的镜像图像。

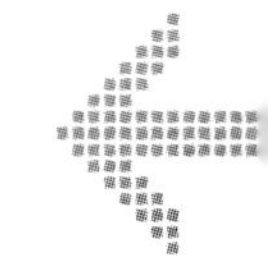

➢在屏幕上指定：用定点设备指定块的比例。
➢输入比例系数：可以为块手动输入比例因子。
➢X/Y/Z：设定 X/Y/Z 比例因子。
➢统一比例：为 X、Y 和 Z 坐标指定单一的比例值。

12.2.2 插入带属性的图块

在图中插入带属性的图块，和插入块方式相似，唯一不同的是，插入带属性的图块时，需要在命令行中指定属性值。

案例12-4：给房间放置（插入）洗衣机图块

素材文件	Sample/CH12/04.dwg	结果文件	Sample/CH12/04-end.dwg

操作步骤

Step01 打开图形文件，如图12-28所示。

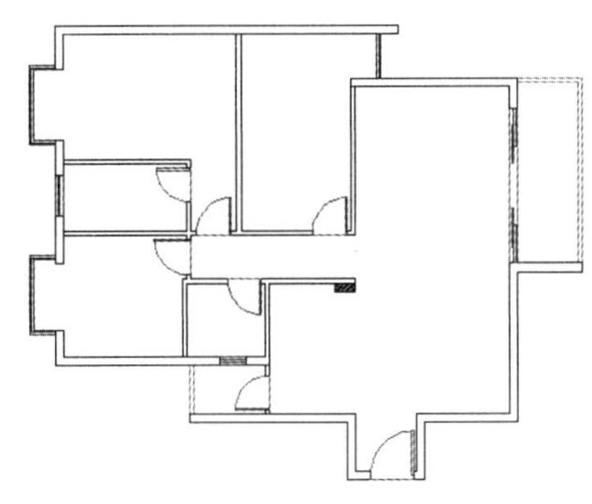

图 12-28

Step02 单击“插入”选项卡→“块”面板→“插入”按钮，如图12-29所示。

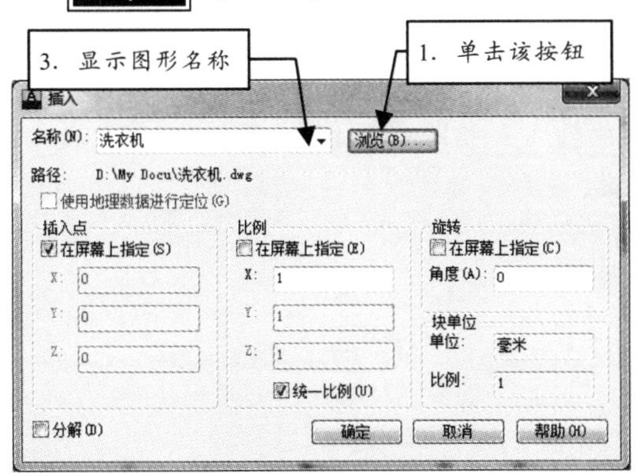

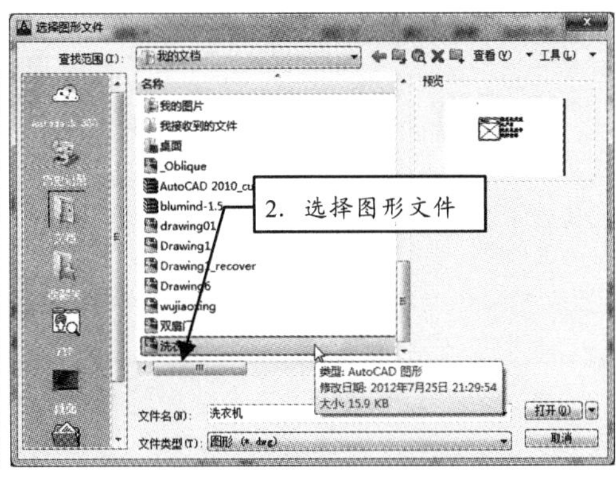

图 12-29

Step03 在绘图窗口中指定洗手间左上角点作为插入基点，如图12-30所示。

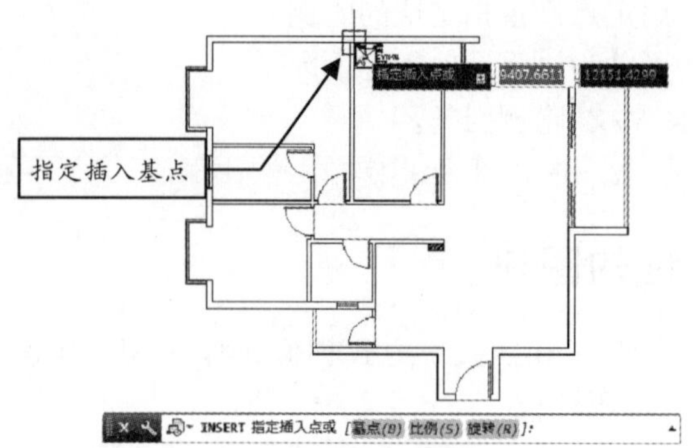

图 12-30

Step04 然后系统提示指定洗衣机的价格，设置为1200，如图12-31所示。

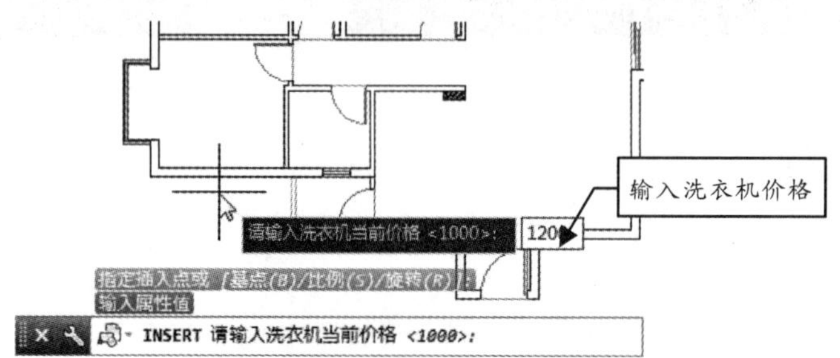

图 12-31

Step05 再分别指定洗衣机的型号、厂家和类型等参数，如图12-32所示。

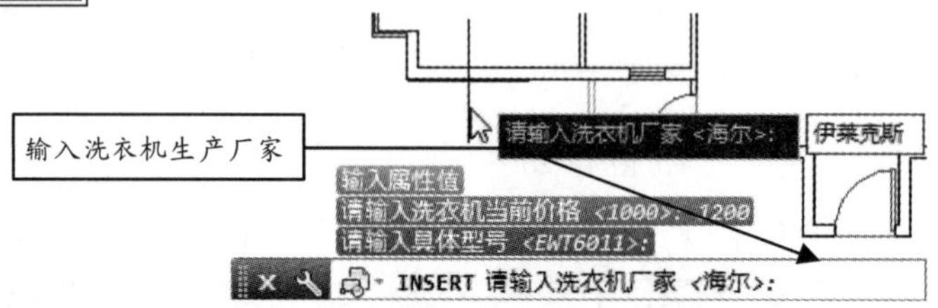

图 12-32

Step06 设置完成后，系统即完成图形的插入，结果如图12-33所示。

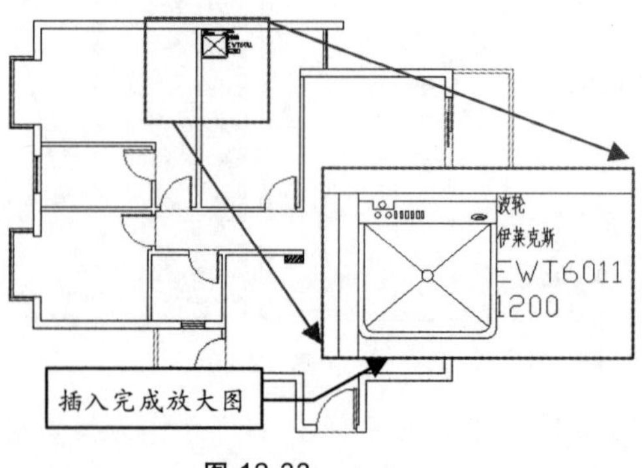

图 12-33

辨析 插入和插入属性块区别

插入图块，需要用户在“插入”对话框中设置插入图块的大小、角度等参数；而插入属性块需要用户确定属性值。

12.3 编辑图块

属性是附着于图块上的文字，它是图块的标签。属性操作通常由创建属性、编辑属性定义、将属性附着到块上、编辑附着到块上的属性和提取属性信息等5个基本步骤组成。

12.3.1 编辑块定义

在当前图形中重新定义块时，会影响图形中的上一个和下一个插入的块。

可以在当前图形中重定义块定义。重定义块定义影响在当前图形中已经和将要进行的块插入以及所有的关联属性。

重定义块定义有两种方法：

- 在当前图形中修改块定义；
- 修改源图形中的块定义并将其重新插入到当前图形中。

选择哪种方法取决于是仅在当前图形中进行修改还是同时在源图形中进行修改。

案例12–5：编辑沙发落地灯图块			
素材文件	Sample/CH12/05.dwg	结果文件	Sample/CH12/05-end.dwg
视频文件	视频演示/CH12/编辑沙发落地灯图块.avi		

操作步骤

Step01 打开图形文件，如图12-34所示。

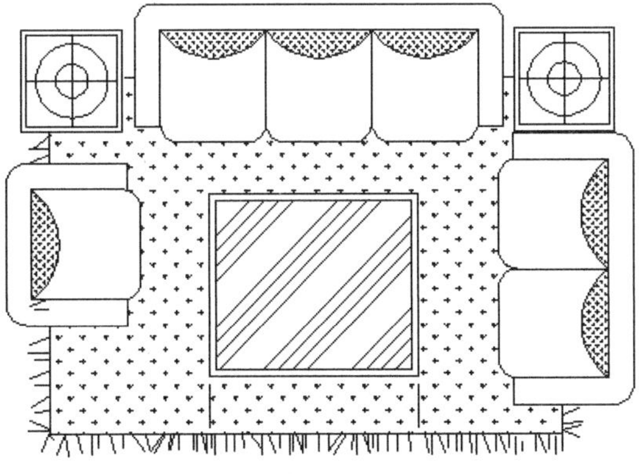

图 12-34

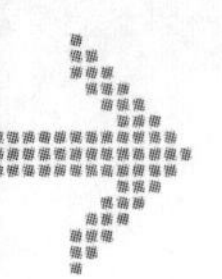

Step02 单击“插入”选项卡→“块定义”面板→“块编辑器”按钮，在弹出的“编辑块定义”对话框中，选择“落地灯”图块，如图12-35所示。

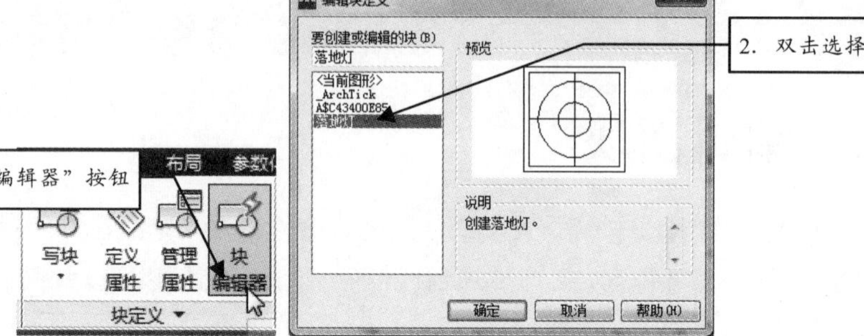

图 12-35

技巧 用户直接双击需要编辑的图块即可快速启动“编辑块定义”对话框。

Step03 系统进入“块编辑器”选项卡，显示一个新功能区和“块编写选项板”，以及当前的创建块的原始图形，如图12-36所示。

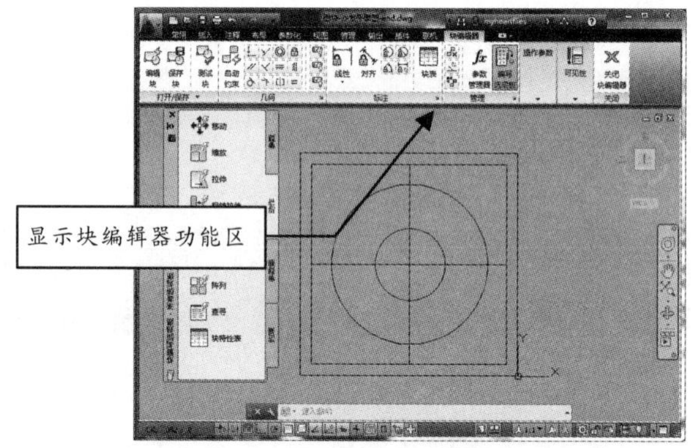

图 12-36

Step04 使用夹点方式移动灯管简略图，如图12-37所示。

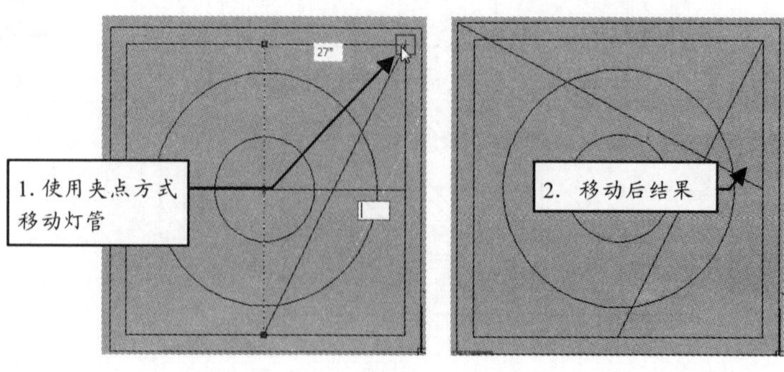

图 12-37

第5天 提高绘图效率

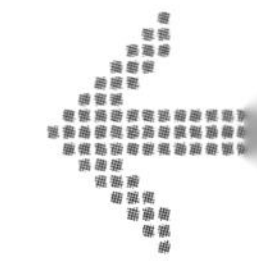

Step05 单击“关闭块编辑器”按钮，弹出“块”警告窗口，如图12-38所示。

Step06 单击“将更改保存到落地灯”选项，即可看到更新后的块定义，结果如图12-39所示。

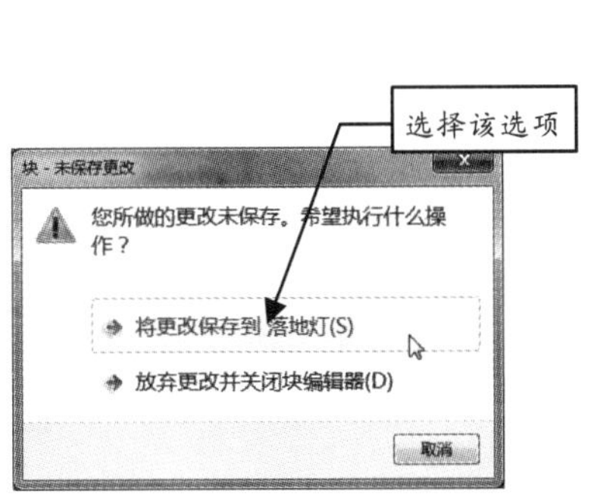

图 12-38

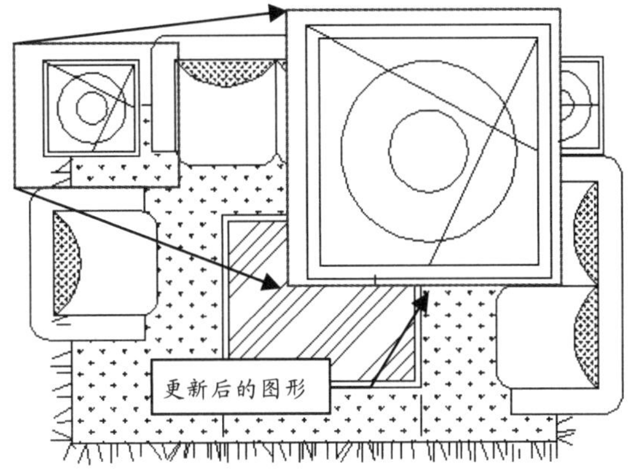

图 12-39

技巧 除了这种方式能更新块定义外，使用在有图块的文件中新建和当前图块一样名称的新图块，也能更新该块。

12.3.2 修改块属性中数据

可以在块中编辑属性定义、从块中删除属性以及更改插入块时系统提示用户输入属性值的顺序。

选定块的属性显示在属性列表中。默认情况下，标记、提示、默认值、模式和注释性属性特性显示在属性列表中。对于每一个选定块，属性列表下的说明都会标识在当前图形和在当前布局中相应块的实例数目。

1. 编辑图块属性

可以使用以下方法之一编辑附着到块的属性值：

案例12-6：修改洗衣机中块属性的数据			
素材文件	Sample/CH12/06.dwg	结果文件	Sample/CH12/06-end.dwg
视频文件	视频演示/CH12/修改洗衣机中块属性的数据.avi		

操作步骤

Step01 打开图形文件，如图12-40所示。

Step02 单击“插入”选项卡→“块定义”面板→“管理属性”按钮，在弹出的“块属性编辑器”对话框中，可以看到当前图形中存在的所有带属性的图块，选择洗衣机图块，如图12-41所示。

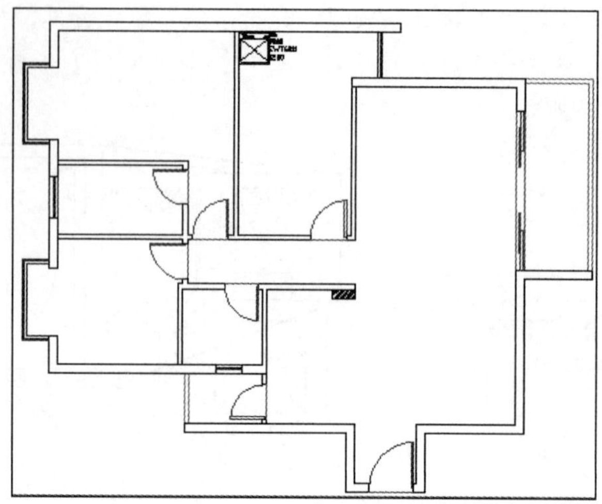

图 12-40

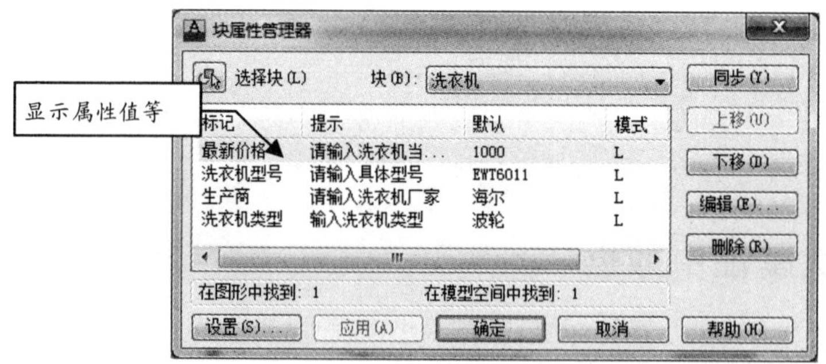

图 12-41

技巧　用户直接双击需要编辑的图块即可快速启动“编辑块定义”对话框。

Step03 首先将洗衣机图块的显示顺序进行调整，选中“洗衣机类型”项，单击“上移”按钮，然后使用同样的方式移动其他属性顺序，结果如图12-42所示。

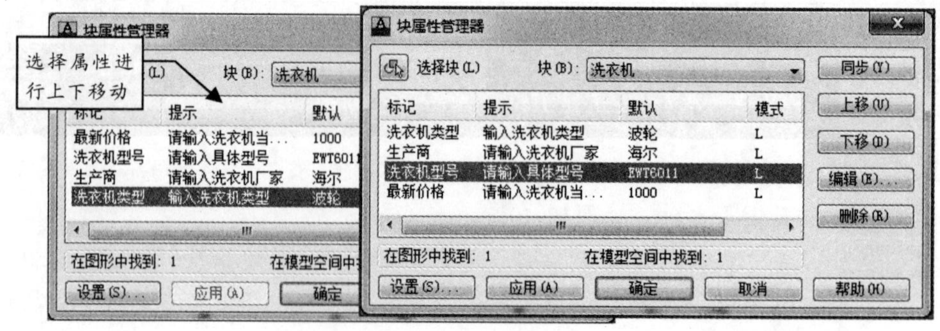

图 12-42

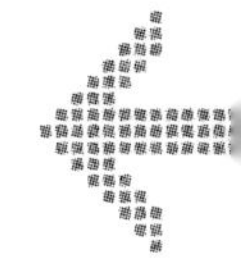

Step04 双击“洗衣机型号”图块，如图12-43所示。

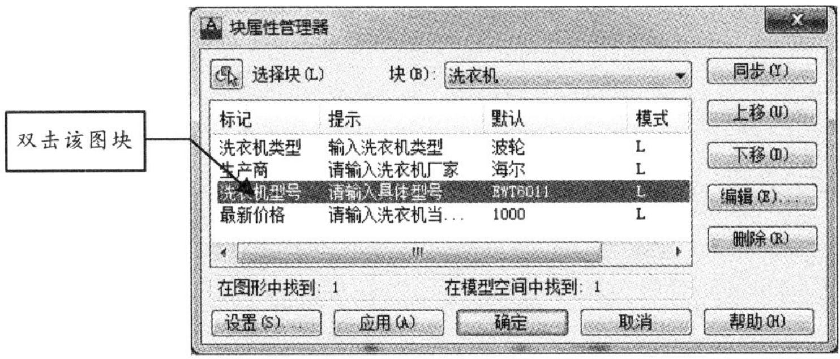

图 12-43

Step05 在“属性”选项卡中将默认值改为“滚筒”，在“文字选项”中将高度改为“50”，如图12-44所示。

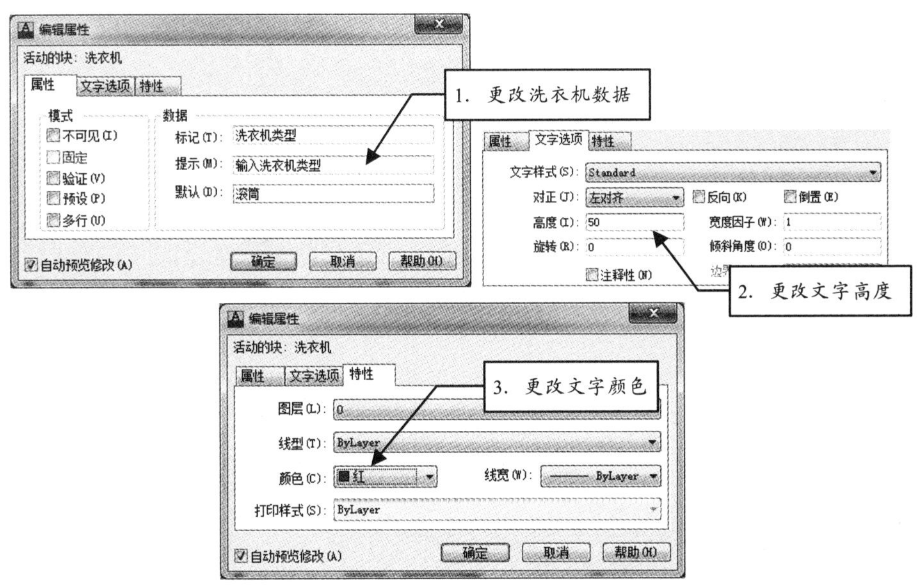

图 12-44

Step06 使用同样的方法，将其他属性的高度统一修改为50，如图12-45所示。

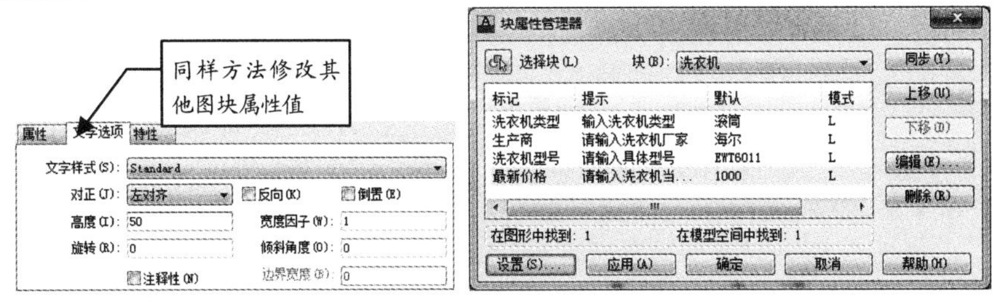

图 12-45

Step07 单击“同步”和“确定”按钮，即可查看更新后的块属性，如图12-46所示。

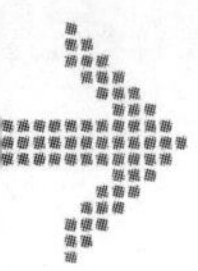

2．增强属性编辑器

除了上面的说明外，用户还可以使用增强属性编辑器对属性进行编辑，下面简单进行说明。

单击“插入”选项卡→“块”面板→“编辑属性”列表中的“单个”选项，系统显示“增强属性编辑器”，如图12-47所示。

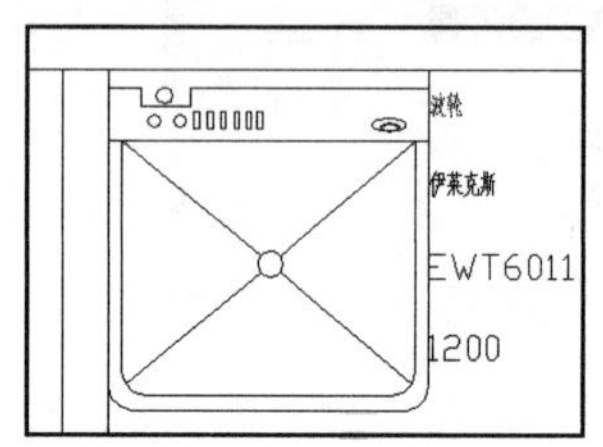

图 12-46

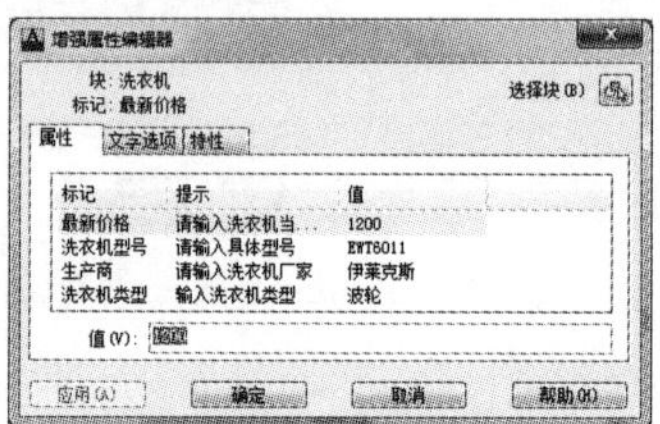

图 12-47

“文字选项”和“特性”选项卡中的选项和“块属性编辑器”里面的内容一致，这儿不再介绍。

辨析　块属性编辑器和增强属性编辑器

块属性编辑器可以编辑属性的任何选项，包括属性编辑、属性的提示和值；而增强属性编辑器则只能编辑属性中的单个属性，常常为某个属性的值。

除了编辑使用增强属性编辑器选项外，用户还可以使用“多个”选项使用命令行方式编辑属性值。或者使用 ATTEDIT 命令在“编辑属性”对话框中进行编辑，如图12-48所示。

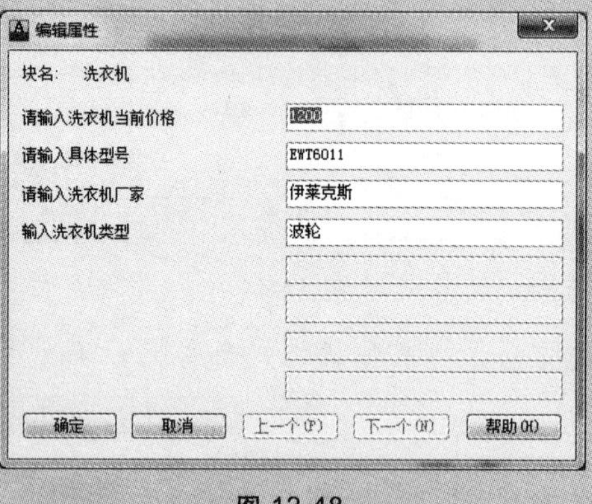

图 12-48

注意　如果按 <Ctrl> 键并双击包含超链接的属性，超链接将打开 Web 页。要编辑属性，请使用列出的其他方法之一。

12.3.3 分解和删除图块

如果需要在一个块中单独修改一个或多个对象，可以将块定义分解为它的组成对象。修改之后，可以：

- 创建新的块定义；
- 重定义现有的块定义；
- 保留组成对象不组合以供他用。

通过选择“插入”对话框中的“分解”选项，可以在插入时自动分解块参照。

要减少图形尺寸，可以删除未使用的块定义。通过擦除可以从图形中删除块参照；但是，块定义仍保留在图形的块定义表中。

要删除未使用的块定义并减小图形尺寸，可以在绘图任务中随时使用 PURGE。

需要注意的是，在清理块定义之前必须先删除块的全部参照。

12.4 使用外部参照

可以将整个图形作为参照图形附着到当前图形中。通过外部参照，参照图形中所做的修改将反映在当前图形中。

可以将整个图形作为参照图形（外部参照）附着到当前图形中。通过外部参照，参照图形中的修改将反映在当前图形中。附着的外部参照链接至另一图形，并不真正插入。因此，使用外部参照可以生成图形而不会显著增加图形文件的大小。

12.4.1 附着外部参照

将图形作为一个外部参照附着。如果附着一个图形，而此图形中包含附着的外部参照，则附着的外部参照将显示在当前图形中。附着的外部参照与块一样是可以嵌套的。如果当前另一个人正在编辑此外部参照，则附着的图形将为最新保存的版本。

一个图形文件可以作为外部参照同时附着到多个图形中。反之，也可以将多个图形作为参照图形附着到单个图形。

案例12-7：给餐厅插入餐桌、餐椅

素材文件	Sample/CH12/07.dwg	结果文件	Sample/CH12/07-end.dwg
视频文件	视频演示/CH12/给插加入餐桌与餐椅.avi		

操作步骤

Step01 打开图形文件，如图12-49所示。

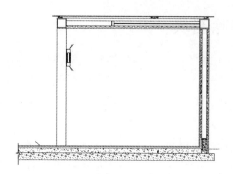

图 12-49

Step02 单击“插入”选项卡→“参照”面板→“附着”按钮，弹出“选择参照文件”对话框，选择“参照物-立面餐桌”，如图12-50所示。

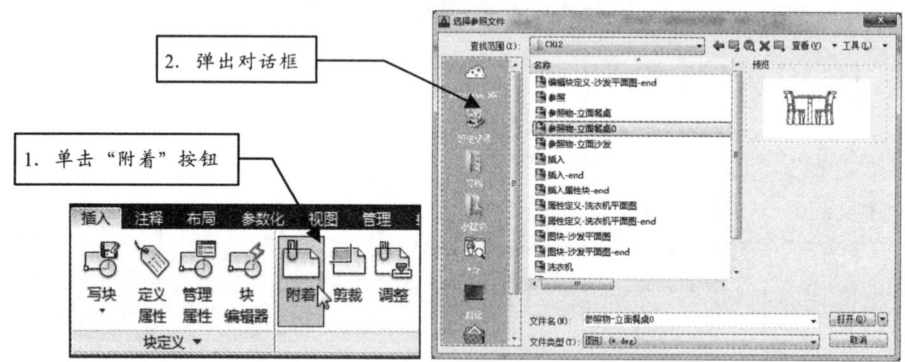

图 12-50

小贴示 其他打开命令的方式。

- 命令：ATTACH。
- 菜单：“插入”→“DWG参照”命令。
- 工具栏：“绘图”→“（附着）”按钮。

技巧 用户直接双击需要编辑的图块即可快速启动“编辑块定义”对话框。

Step03 在弹出的“附着外部参照”对话框中，可以设置参照的类型、比例等参数，如图12-51所示。

Step04 单击“确定”按钮在绘图窗口中指定参照点，如图12-52所示。

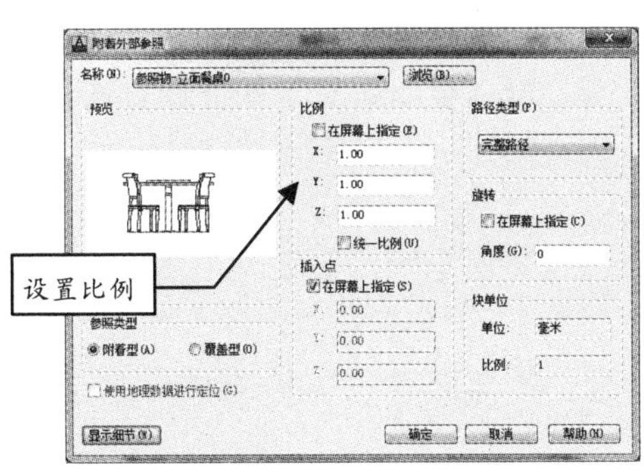

图 12-51

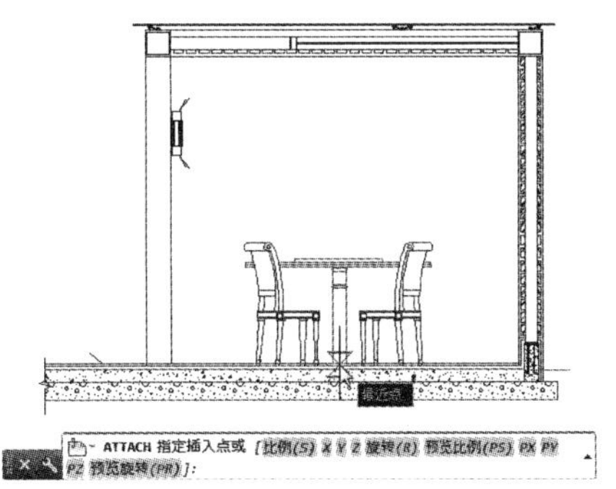

图 12-52

Step05 完成后可以看到参照的图形颜色稍浅，当前图层的现实情况，如图12-53所示。

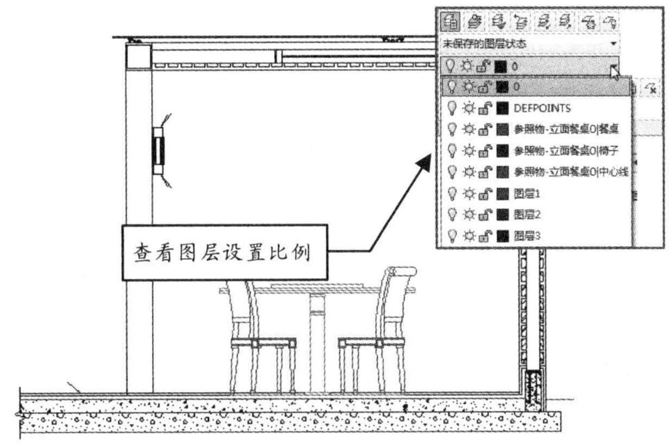

图 12-53

Step06 使用同样的方法附着沙发参照图像，如图12-54所示。

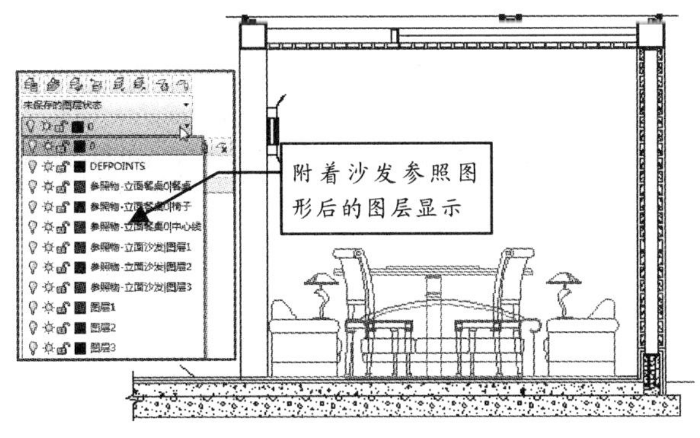

图 12-54

选项精解

“附着外部参照”对话框包含“名称”、“参照类型”、“比例”、“路径类型”、“插入点”和“块单位”等选项区，各选项含义如下。

- 名称：标识已选定要进行附着的 DWG。
- 浏览：选择“浏览”以显示“选择参照文件”对话框（标准文件选择对话框），从中可以为当前图形选择新的外部参照。
- 参照类型：指定外部参照为“附着型”还是“覆盖型”。与附着型的外部参照不同，当附着覆盖型外部参照的图形作为外部参照附着到另一图形时，将忽略该覆盖型外部参照。
- 比例：在屏幕上指定。允许用户在命令提示下或通过定点设备输入。请输入比例因子的值。默认比例因子是 1。
- “比例因子”字段：为比例因子输入值， X、Y、Z的比例因子可以设置为不同。
- 插入点：指定选定外部参照的插入点。默认设置是“在屏幕上指定”。默认插入点是 (0,0,0)。
- 在屏幕上指定：指定是通过命令提示输入还是通过定点设备输入。如果未选择“在屏幕上指定”，则需输入插入点的 X、Y和Z坐标值。
- 路径类型：选择完整（绝对）路径、外部参照文件的相对路径或“无路径”、外部参照的名称（外部参照文件必须与当前图形文件位于同一个文件夹中）。

12.4.2 绑定外部参照

附着外部参照后，用户还可以使用外部参照绑定将该参照转换为标准内部块，使之成为当前图形的一部分。

- 外部参照图形中的符号表将被添加到当前图形的数据库中，如块、文字样式、标注样式、图层和线型等。
- 将外部参照绑定到当前图形有两种方法，即绑定和插入。
- 在插入外部参照时，绑定方式会改变外部参照的符号表名称，而插入方式不改变符号表名称。

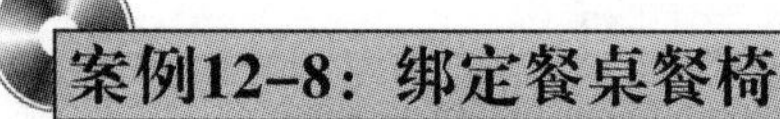

案例12-8：绑定餐桌餐椅

素材文件	Sample/CH12/08.dwg	结果文件	Sample/CH12/08-end.dwg

操作步骤

Step01 打开上一节创建的图形文件，然后单击“参照”面板上的“外部参照”按钮，打开“外部参照”选项板，如图12-55所示。

Step02 在“外部参照”选项板中右击“参照物-里面餐桌0”，在弹出的快捷菜单中选择“绑定”选项，弹出“绑定外部参照/DGN参考底图”对话框，选中“绑定”单选项，最后单击“确定”按钮，如图12-56所示。

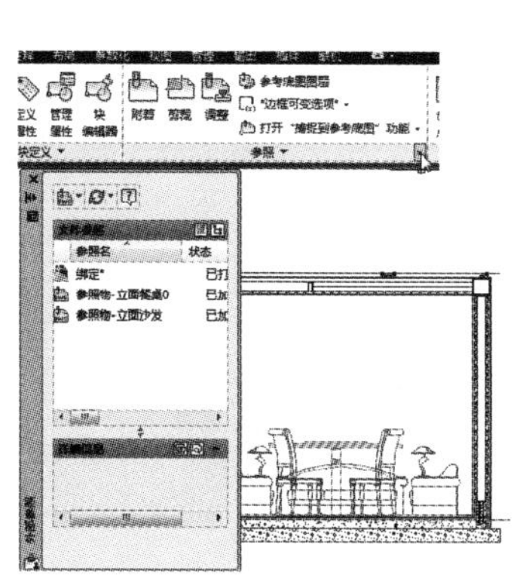

图 12-55

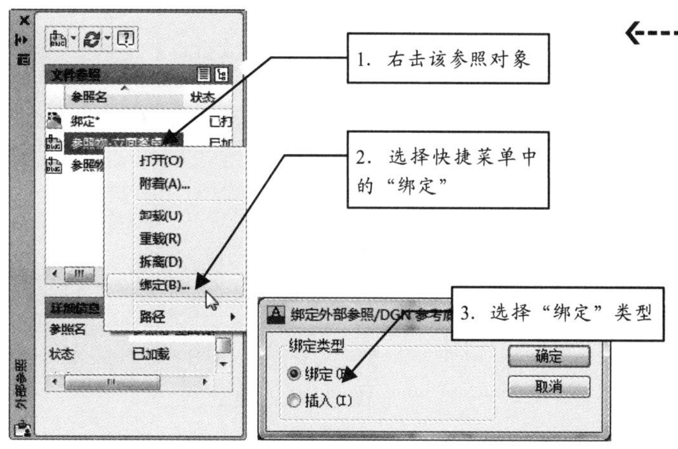

图 12-56

Step03 可以看到“外部参照”选项板中该参照消失，变成图形的一部分，且高亮显示，图层名称也有变化，如图12-57所示。

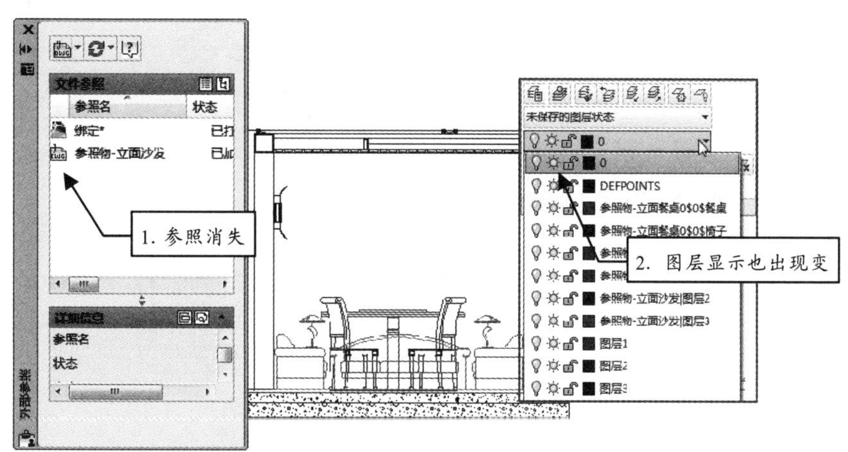

图 12-57

选项精解

选项含义如下。

- 绑定：将选定的外部参照定义绑定到当前图形。其特点如下：
  - ➢外部参照依赖符号表名称的语法从“块名/符号”变为“块名$#$符号名”。
  - ➢符号表定义创建唯一的符号表名称。
- 插入：用与拆离和插入参照图形相似的方法，可将 DWG 参照绑定到当前图形中。

图层和图块等符号表可能会因重名而重定义。若重名，应注意图面中色彩、线型、标注样式、字体和图块等的变化。

Step04 使用同样的方式，选择绑定方式为“插入”，如图12-58所示。

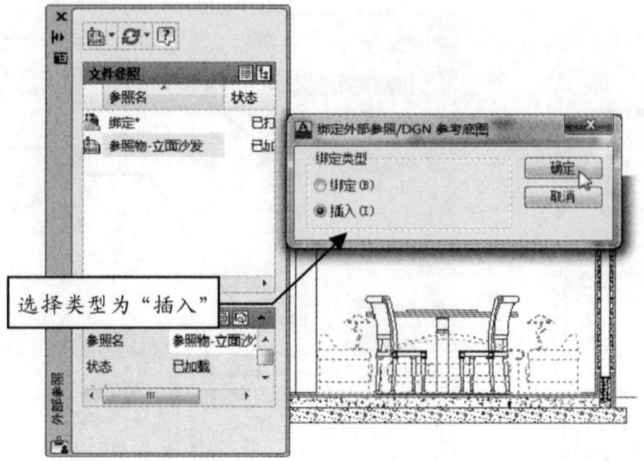

图 12-58

Step05 单击"确定"按钮可以看到不同的变化，同样参照消失图形亮显，但此处图层也有变化，如图12-59所示。

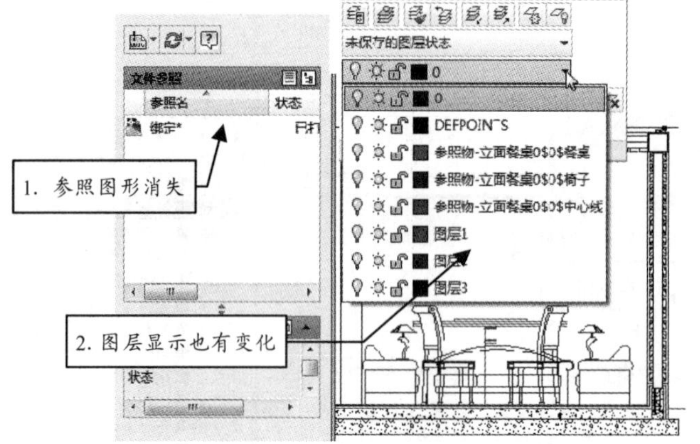

图 12-59

辨析 完全绑定和局部绑定。

除了上面的绑定外，用户还可以对图形进行局部绑定，方法为使用菜单中的"修改"→"对象"→"外部参照"→"绑定"（或执行XBIND）命令，对参照进行局部绑定。与上述完整绑定不同的是，它只使单独的符号（如标注样式）而不是整个外部参照成为当前宿主图形的一部分，如图12-60所示。

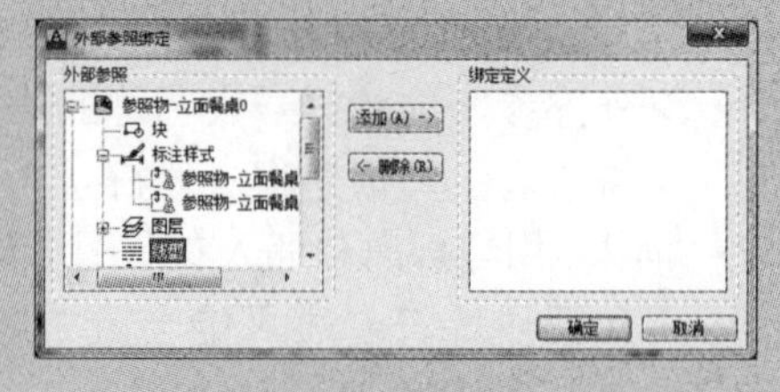

图 12-60

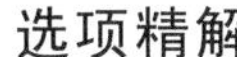

选项精解

该选项卡包含了“在位编辑参照”、“打开参照”、“创建剪裁”、“删除剪裁”和“外部参照”5个选项，含义如下。

- 在位编辑参照：弹出“参照编辑”对话框，如图12-61所示。
- 打开参照：在新窗口中打开参照图形的原始对象，用户可以对其进行编辑。
- 创建剪裁边界：在命令行中显示“剪裁选项”提示，包括选定各种剪裁的设置。
- 删除剪裁：删除创建的剪裁设置，恢复到剪裁前的状态。
- 外部参照：弹出“外部参照”选项板，如图12-62所示。

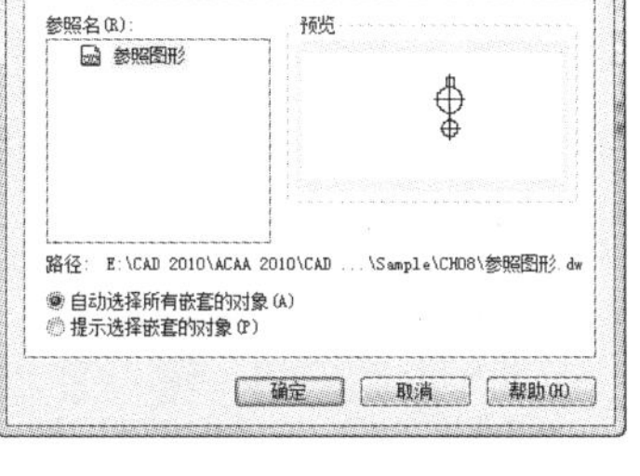

图 12-61　　图 12-62

12.4.3　编辑参照图形

参照创建完成后，用户可以编辑参照图形，也可以对参照图形进行适当的剪裁或调整。

案例12-9：编辑参照图形

素材文件	Sample/CH12/09.dwg	结果文件	Sample/CH12/09-end.dwg

操作步骤

Step01 打开图形文件，如图12-63所示。

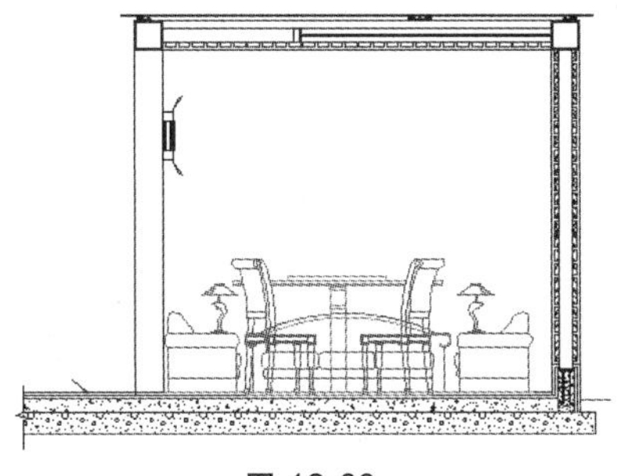

图 12-63

Step02 单击“参照”面板上的“编辑参照”按钮，系统提示选择参照，如图12-64所示。

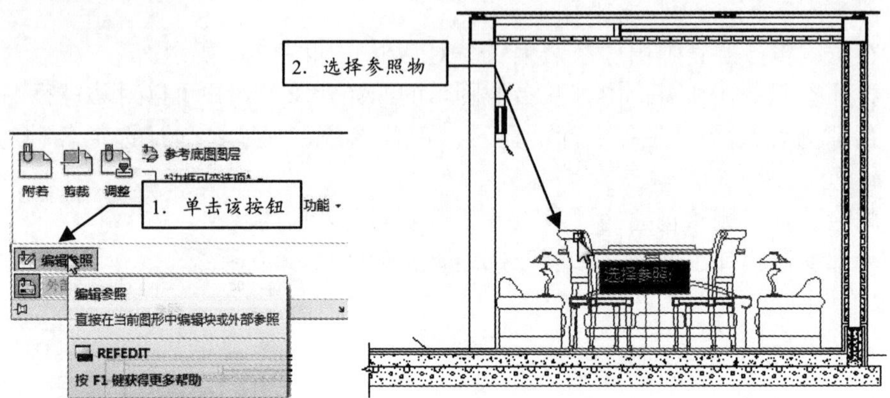

图 12-64

Step03 弹出“参照编辑”对话框，单击“确定”按钮亮显选中的图形，同时在“插入”选项卡弹出一个“编辑参照”面板，如图12-65所示。

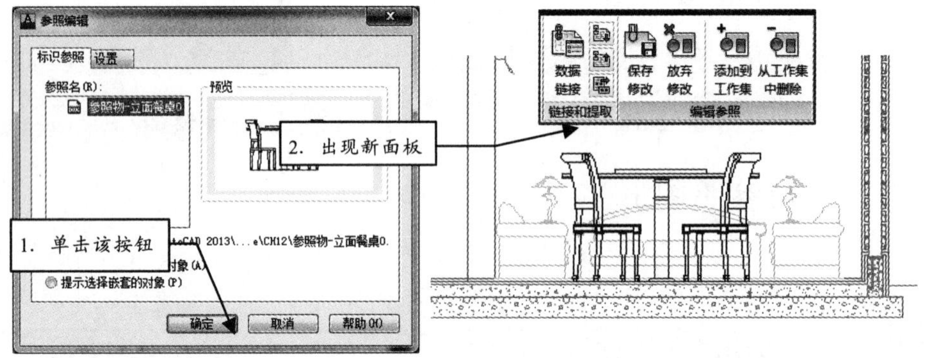

图 12-65

Step04 选中桌子上侧并删除，然后单击“保存修改”按钮保存，如图12-66所示。

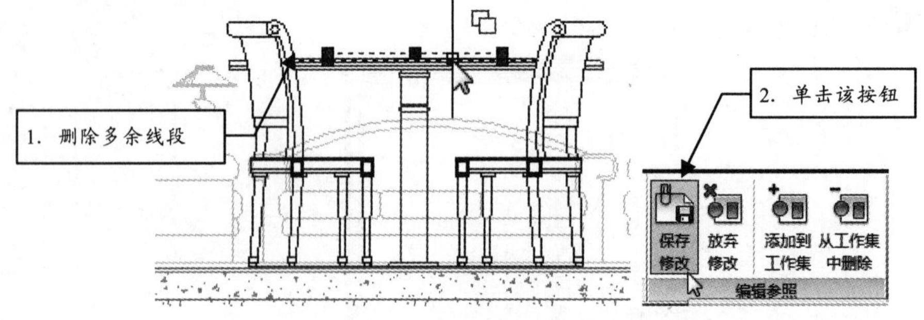

图 12-66

Step05 弹出“参照编辑”对话框，单击“确定”按钮亮显选中的图形，如图12-67所示。

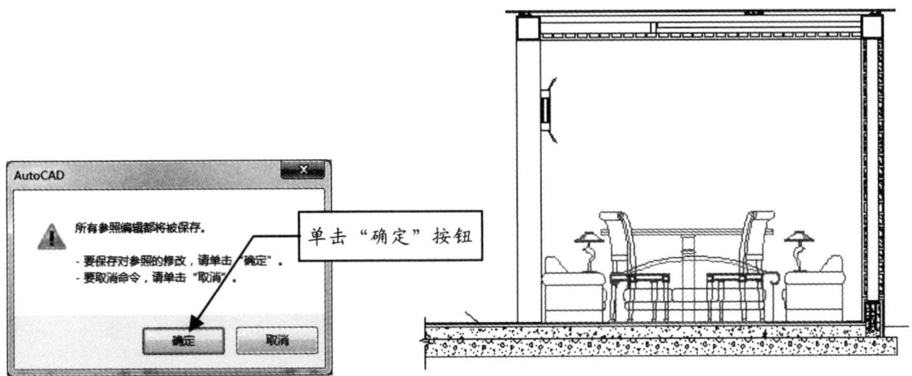

图 12-67

第 13 小时　使用辅助绘图工具

辅助绘图工具可以快速地完成其他需要多步操作才能完成的功能，如使用设计中心打开图形、使用工具选项板绘制图形等。

13.1　使用设计中心

通过增强的设计中心，将源图形中的任何内容拖动到当前图形中来使用，如图形、块和图案填充等。如果打开了多个图形，则可以通过设计中心在图形之间复制和粘贴其他内容。

13.1.1　利用设计中心打开图形

除了使用打开按钮等方式打开图形外，使用设计中心可以很方便地打开图形。

案例13-1：利用设计中心打开图形

视频文件 视频演示/CH13/利用设计中心打开图形.avi i

操作步骤

Step01 新建一个图形文件。单击“视图”选项卡→“选项板”面板→“设计中心”按钮，打开“设计中心”选项板，如图13-1所示。

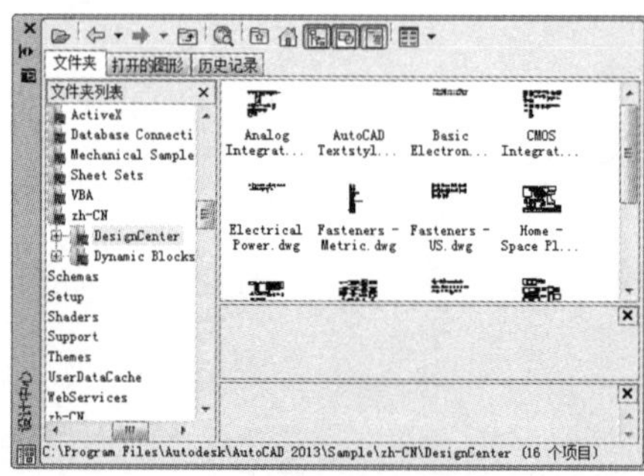

图 13-1

小贴示 其他打开命令的方式。

- 命令行：DESIGNCENTER。
- 菜单：“工具”→“选项板”→“设计中心”命令。
- 工具栏：“标准”→“（设计中心）”按钮。

Step02 在右侧的内容区中选择图形文件右击，在弹出的快捷菜单中选择“在应用程序窗口打开”选项，如图13-2所示。

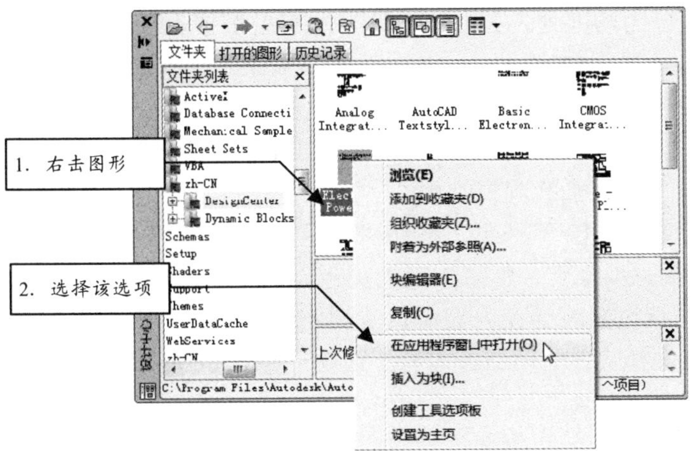

图 13-2

Step03 可以看到打开的图形文件（部分显示），如图13-3所示。

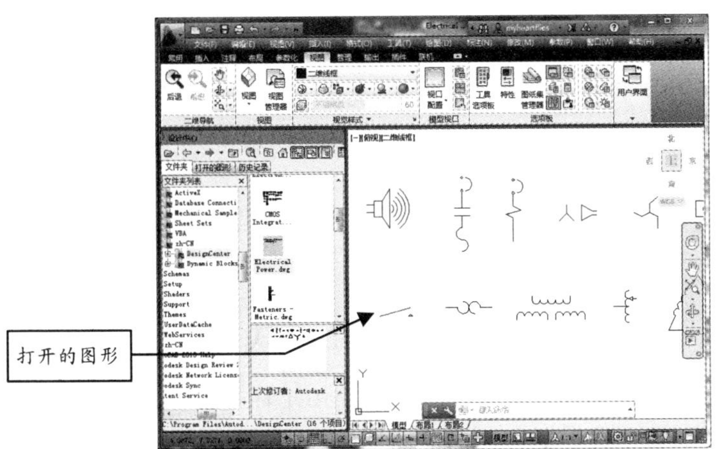

图 13-3

小贴示 用户也可以在左侧的树状文件夹中选择相应的文件夹，然后在右侧的内容区中选择相应的图形打开即可。

选项精解

图13-4所示为设计中心顶部各按钮。

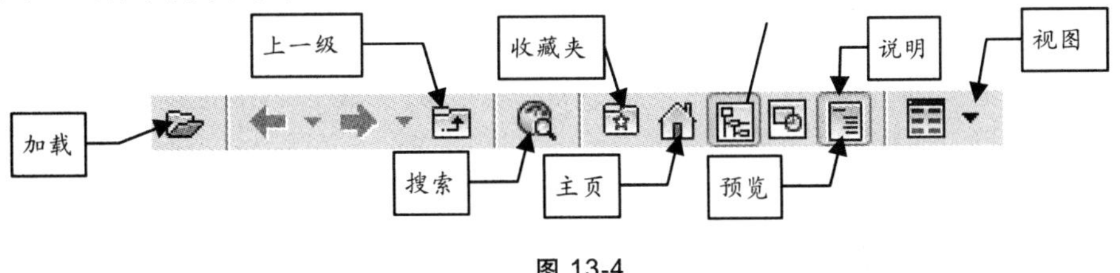

图 13-4

设计中心选项板分为两部分，左边为树状图，右边为内容区。可以在树状图中浏览内容的源，在内容区显示内容。

在设计中心选项板的最上方有11个工具按钮，主要的工具按钮的含义如下。

- 加载：单击“加载”按钮，程序将弹出“加载”对话框，在该对话框中选取一个图形文件并将其加载到设计中心。
- 上/下一页：单击“上/下一页”按钮可以返回到设计中心中的前一步操作。如果没有上/下一步操作，则该按钮呈灰色显示表示该按钮无效。
- 上一级：单击该按钮将会在内容窗口或树状视图中显示上一级内容、内容类型、内容源、文件夹、驱动器等内容，该功能与Windows资源管理器中的“上一级”按钮功能相同。
- 主页：单击“主页”按钮将使设计中心返回到默认文件夹。安装时设计中心的默认文件夹被设置为“…\Sample\DesignCenter”。用户可以在树状结构中选中一个对象，然后右击该对象在弹出来的快捷菜单中选择“设置为主页”即可更改默认文件夹。
- 树状图切换：使用“树状图切换”按钮可以显示或者隐藏树状图。如果绘图区域需要更多的空间，用户可以隐藏树状图。树状图隐藏后可以使用内容区域浏览器加载图形文件。当在树状图中使用“历史记录”选项卡时，“树状图切换”按钮不可用。
- 视图：该按钮可以将加载到内容区域中的内容提供不同的显示格式。用户可以从视图列表中选择一种视图。

13.1.2 利用设计中心插入图块、文字样式等

可以通过设计中心来将图形插入到当前的图形中来使用，插入的对象可以是图形文件，也可以是图块，也可以将选择的图形作为外部参照的形式插入到图形中。

1. 附着为外部参照

附着为外部参照是将图形以外部参照的形式加载到当前的图形文件中，源文件如果发生改变插入的图形也会随着进行更新。这种方式创建的图形文件可以控制文件的大小。在设计中心选项板中选中图形后右击，在弹出的快捷菜单中选择“附着为外部参照”选项，程序将弹出“附着外部参照”对话框，在该对话框中可以设置外部参照的参数。

2. 复制

复制是将选择的图形文件创建一个副本来进行使用，复制的图形将以块的形式插入到图形中来使用。在设计中心选项板中选中图形后右击，在弹出的快捷菜单中选择“复制”选项，然后在绘图窗口中空白区域右击，在弹出的快捷菜单中选择“粘贴”选项，程序自动将选择的图形粘贴到图形文件中。

3. 插入为块

插入为块是将选择的图形作为块的形式插入到绘图窗口中，操作方法与“附着外

部参照”的方法相同，只是插入到图形中的块不受其他因素的影响。下面就举例来说明从设计中心插入块的操作方法。

除了打开图形外，设计中心还可以用来给当前添加内容，如标注样式、表格样式、布局、块和图层等，如图13-5所示。

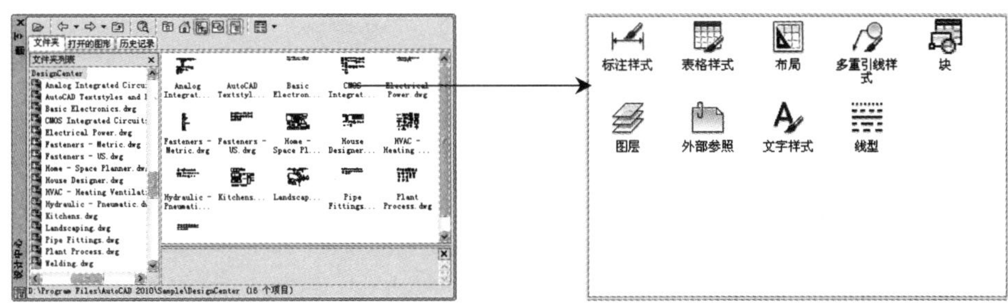

图 13-5　　图 13-6

案例13-2：利用设计中心插入图形块

素材文件 Sample/CH13/02.dwg　**结果文件** Sample/CH13/02-end.dwg

视频文件 视频文件：视频演示/CH13/利用设计中心插入图形块.avi

Step01 打开图形文件，如图13-7所示。

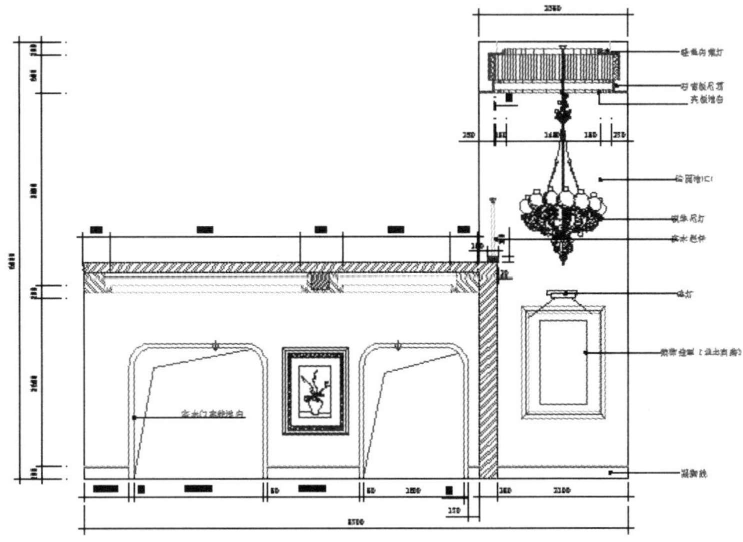

图 13-7

Step02 为当前图形添加电源插座。在“DesignCenter”文件夹中选择Kitchens文件右击，在弹出的快捷菜单中选择“浏览”选项，如图13-8所示。

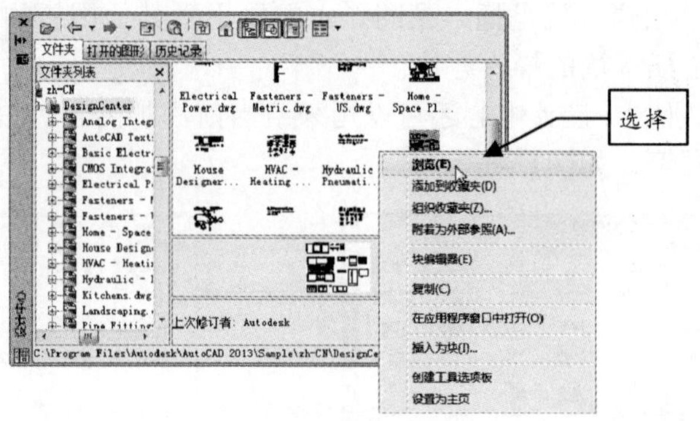

图 13-8

小贴示 快捷方法是在设计中心树状图中直接单击图形文件名。

Step03 显示当前图形的所有特性列表（如标注样式、布局等），单击树状列表中的“块”选项，可以查看图形中的所有图块，如图13-9所示。

图 13-9

Step04 切换到当前图形中查看能插入的图块列表，如图13-10所示。

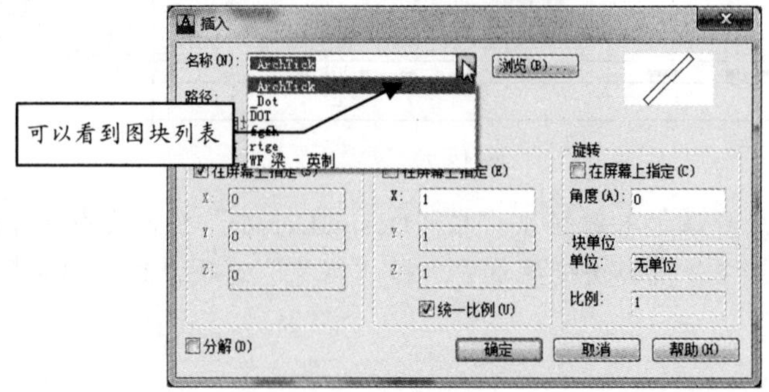

图 13-10

Step05 将设计中心中的“照明开关-双路”拖动到当前图形中挂画下面的位置，然后松开鼠标，如图13-11所示。

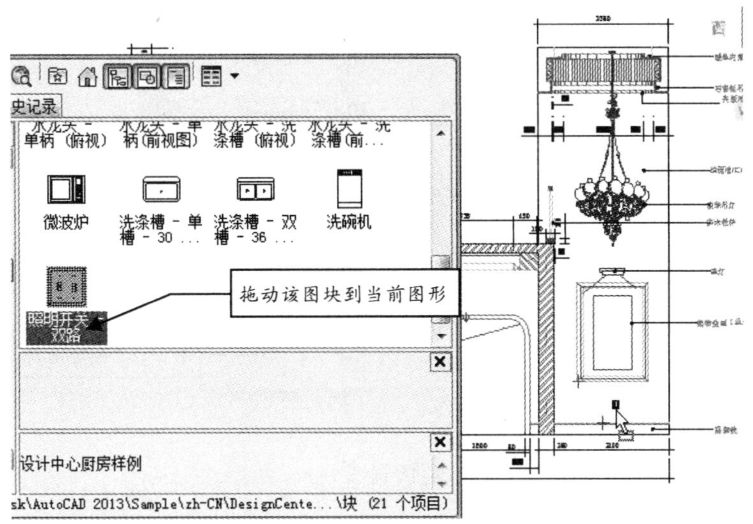

图 13-11

Step06 插入完成后，可以更改插入图块的大小，如图13-12所示。

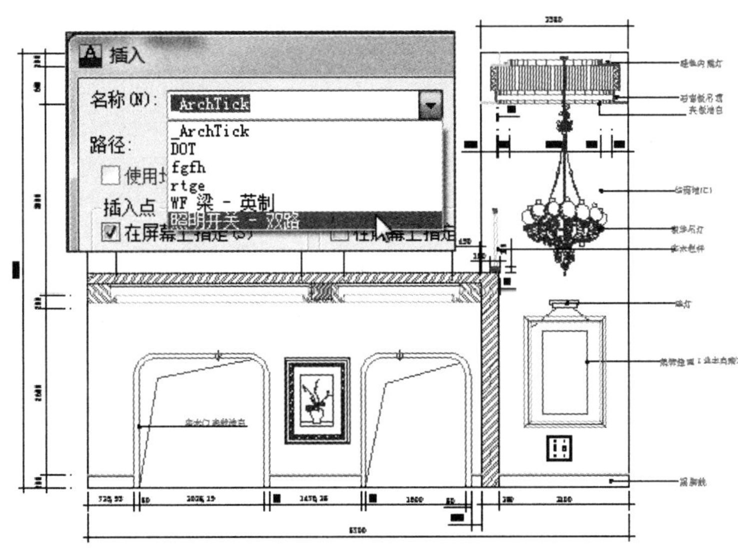

图 13-12

13.2 工具选项板

使用工具选项板可在选项卡形式的窗口中整理块、图案填充和自定义工具。可以通过在“工具选项板”窗口的各区域单击鼠标右键，在弹出的快捷菜单访问各种选项和设置，如图13-13所示。

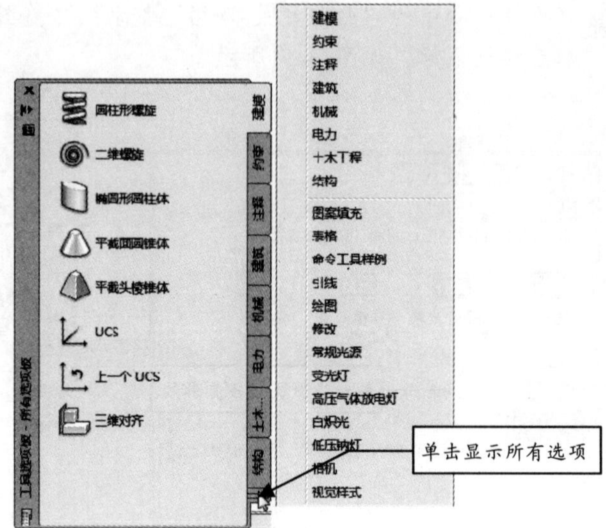

图 13-13

13.2.1 创建个性化工具选项板

可以根据不同行业来选择工具选项板样例，常见的如机械、建筑、电力等选项板等。用户还可以根据自己的行业和需求来创建个性化的工具选项板，从而提高工作效率。

案例13–3：自定义工具选项板

Step01 新建一个图形文件。单击“视图”选项卡→“选项板”面板→“工具选项板”按钮，打开“工具选项板”，在选项板外侧右击，在弹出的快捷菜单中选择“自定义选项板”选项，如图13-14所示。

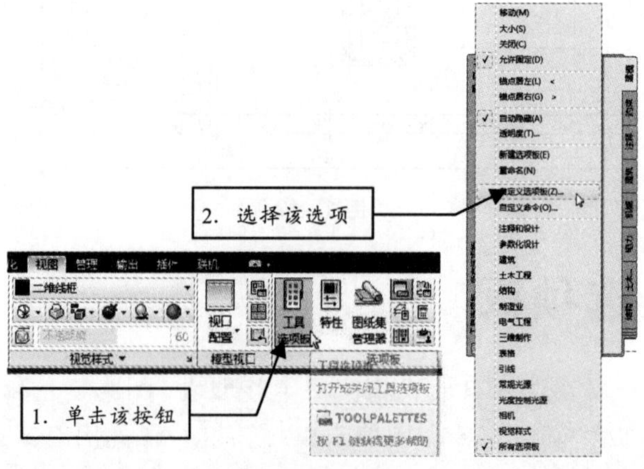

图 13-14

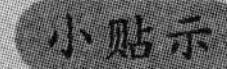

其他打开命令的方式。

- 命令行：TOOLPALETTES。
- 菜单："工具"→"选项板"→"工具选项板（Ctrl+3）"命令。
- 工具栏："标准"→"（工具选项板）"按钮。

Step02 弹出"自定义"对话框，显示当前所有的工具选项板，如图13-15所示。

Step03 弹出"自定义"对话框，显示当前所有的工具选项板，如图13-16所示。

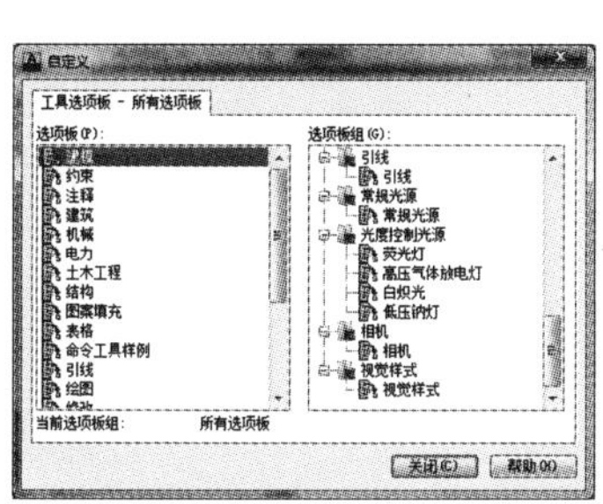

图 3-15

图 13-16

Step04 在左侧"选项板"列表中选中需要的选项板（如建模），拖动该选项板到右侧"室内设计"选项板组下，如图13-17所示。

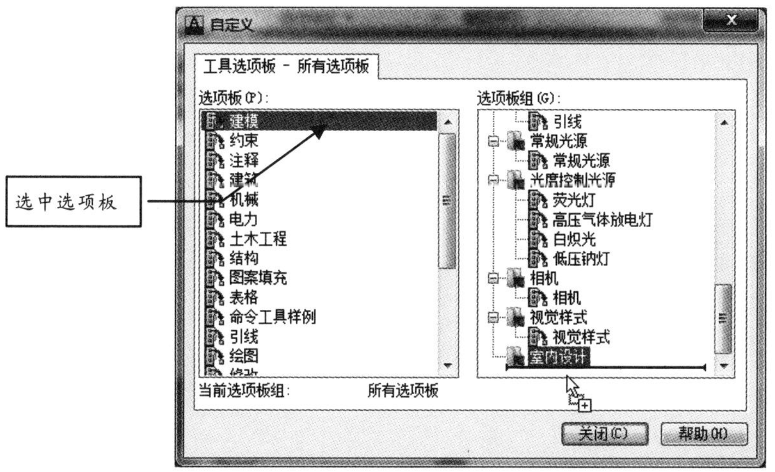

图 13-17

Step05 使用同样的方法拖动约束、注释、图案填充、绘图、修改等选项板到新建的选项板组下，如图13-18所示。

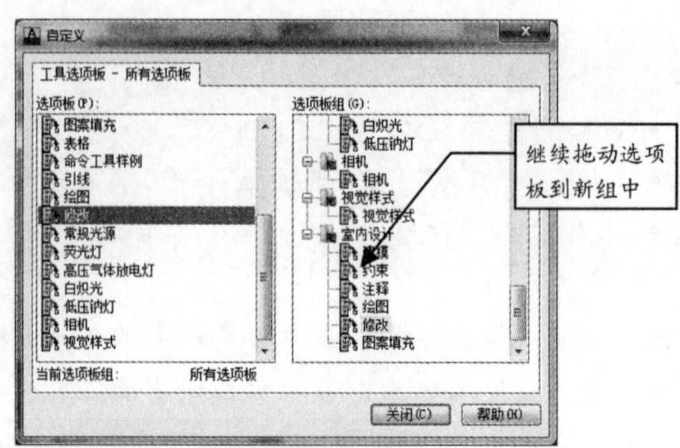

图 13-18

Step06 创建完成后关闭对话框，返回到“工具选项板”，使用快捷菜单切换到刚创建的选项板组，显示该选项板组包括的多个选项板，如图13-19所示。

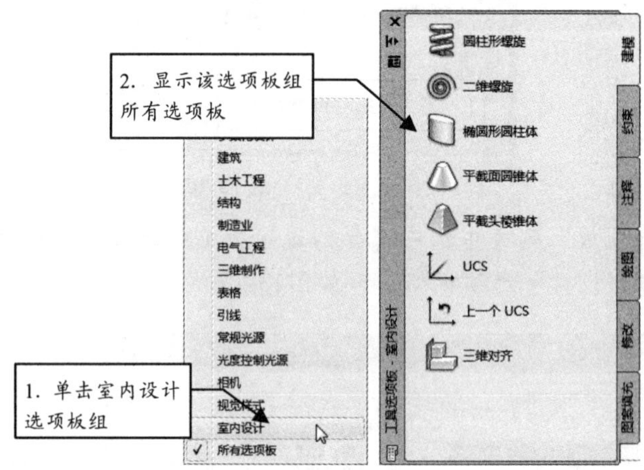

图 13-19

Step07 用户拖动相应的选项板中的图形即可使用该命令进行绘图或将相应的块插入到当前图形中，如图13-20所示。

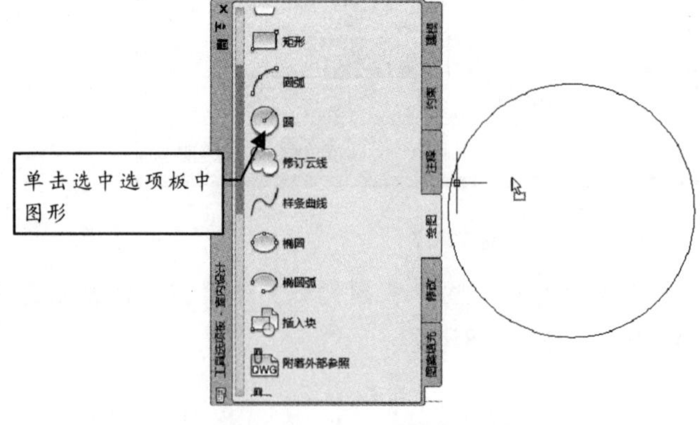

图 13-20

13.2.2 选项板显示控制与工具的编辑

可以将“工具选项板”窗口固定在应用程序窗口的左边或右边。

选项精解

“工具选项板”窗口快捷菜单包括几个选项，主要选项说明如下。

- 允许固定：切换固定或锚定选项板窗口的功能。如果选定了此选项，则在应用程序窗口边上的固定区域拖动窗口时，可以固定选项板窗口。固定窗口附着到应用程序窗口的边上，并导致重新调整绘图区域的大小。选择此选项还会将“锚点居右”和“锚点居左”置为可用。
- “锚点居左”或“锚点居右”：将选项板窗口附着到应用程序窗口左侧或右侧的锚定选项卡。当光标移至该选项板窗口时，它将展开，移开时则会关闭。打开被锚定的选项板窗口时，其内容将与绘图区域重叠。无法将被锚定的选项板窗口设定为保持打开状态（见图13-21）。
- 自动隐藏：控制选项板窗口浮动时的显示。如果选定此选项，则在光标移出选项板窗口时仅显示选项板窗口的标题栏（见图13-22左）；如果清除此选项，则选项板窗口将持续保持打开状态（见图13-22右）。可以通过标题栏的快捷菜单将选项板窗口的标题栏显示为图标或文字。

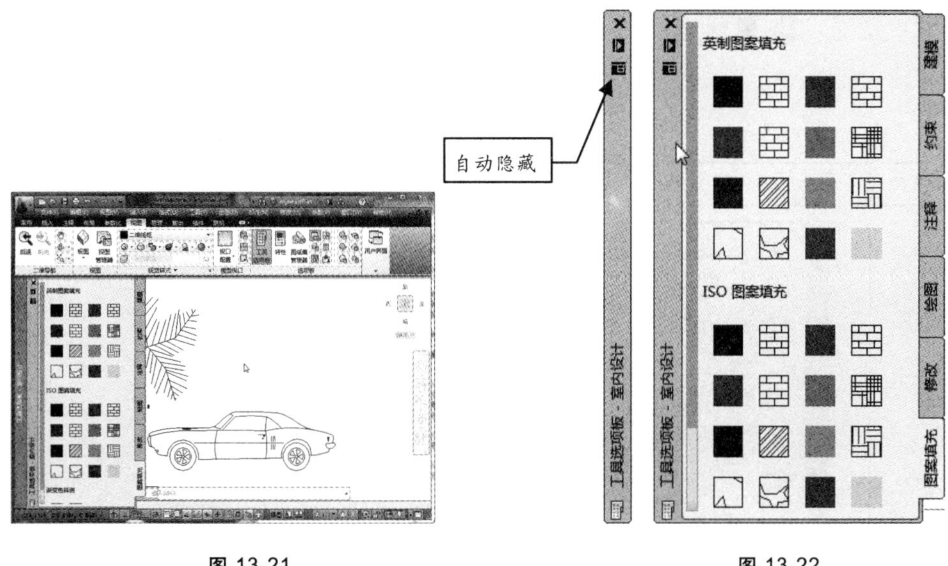

图 13-21　　图 13-22

- 透明度：设定选项板窗口的透明度，使其不会遮挡它后面的对象。图13-23中所示为选项板透明度，图13-23右所示为鼠标放置到选项板上的透明度。

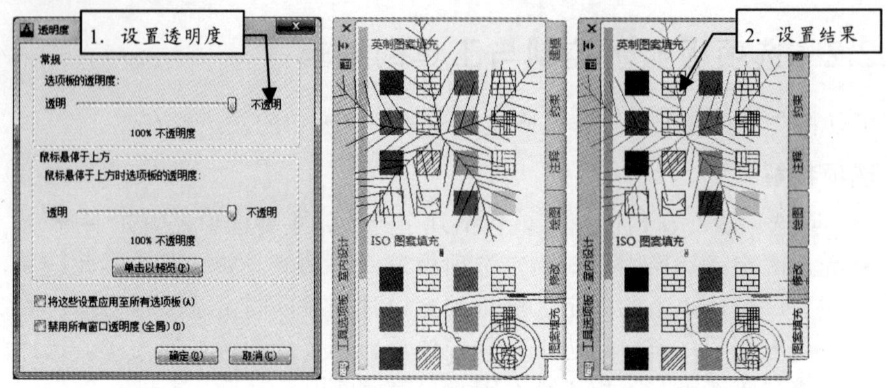

图 13-23

- 视图选项：更改工具选项板上图标的显示样式和大小，如图13-24所示。

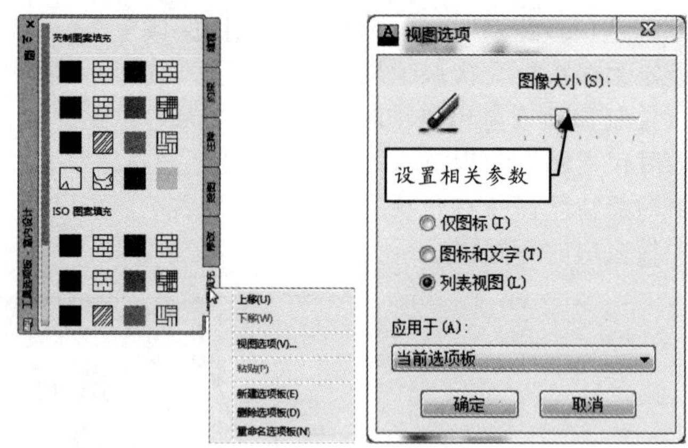

视图样式	仅　图　标	图标和文字	列　表　视　图
图形			

图 13-24

13.2.3　快速计算器

快速计算器包括与大多数标准数学计算器类似的基本功能。另外“快速计算器”还具有特别适用于AutoCAD的功能，如几何函数、单位转换区域和变量区域。

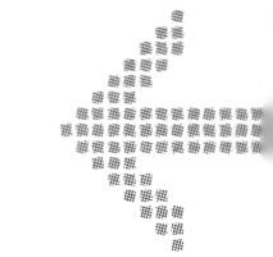

与大多数计算器不同的是，“快速计算器”是一个表达式生成器。为了获取更大的灵活性，它不会在用户单击某个函数时立即计算出答案，用户输入一个表达式后可以单击等号（=）或按<Enter>键。可以从“历史记录”区域中检索出该表达式，对其进行修改并重新计算结果。

使用“快速计算器”用户可以进行如下操作。

- 执行数学计算和三角计算，访问和检查以前输入的计算值进行重新计算；
- 从“特性”选项板访问计算器来修改对象特性，转换测量单位；
- 执行与特定对象相关的几何计算，从“特性”选项板和命令提示复制和粘贴值和表达式；
- 由两点定义的直线的角度：计算用户在对象上单击的两个点位置之间的角度。
- 由四点定义的两条直线：计算用户在对象上单击的四个点位置的交点。

在“快速计算器”选项板中单击“更多”按钮将弹出更多选项，如图13-25所示。

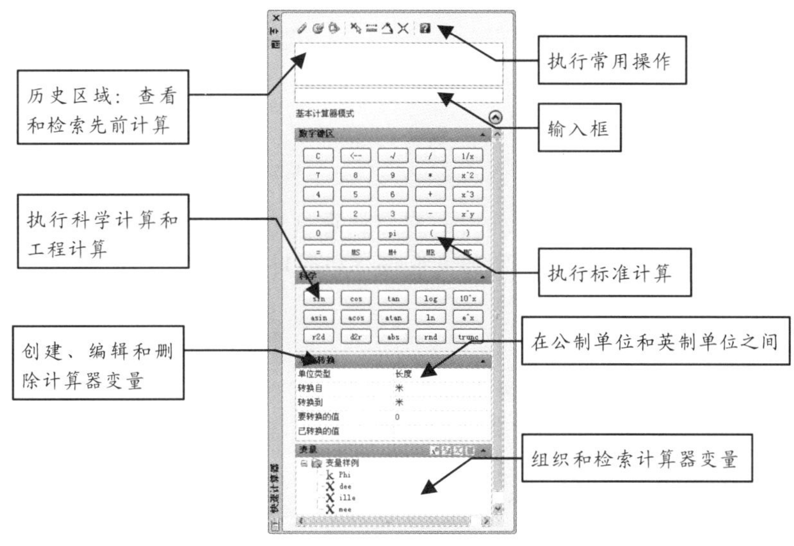

图 13-25

13.3 对象查询

在绘图过程中，除了使用其他工具辅助绘图外，还可以使用一些工具来查询对象之间的距离、半径、角度、面积、体积、列表显示、点坐标、时间、状态和设置变量等。

13.3.1 测量图形的距离

使用距离测量工具，可以测量建筑图形中两个指定点或多个点之间的关系。例如，在XY平面内，使用距离测量工具，可以测量两个点之间的距离、两个点在X轴方向上的投影距离、两个点在Y轴方向上的投影距离，以及两个点的连线与X轴的夹角。下面介绍在建筑图形中测量距离的方法。

案例13-4：测量两点之间的距离值

素材文件	Sample/CH13/04.dwg	结果文件	Sample/CH13/04-end.dwg

Step01 打开光盘文件，将左下方的图形放大到绘图窗口中央，如图13-26所示。

Step02 单击“常用”选项卡→“实用工具”面板→“距离”按钮，在绘图窗口中，指定圆心为测量距离的第一点，如图13-27所示。

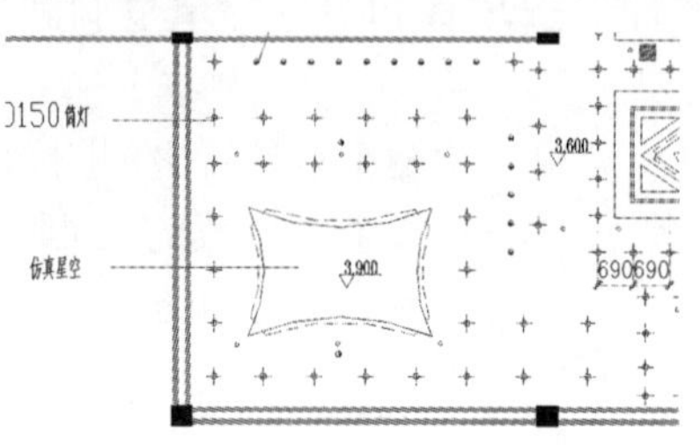

图 13-26

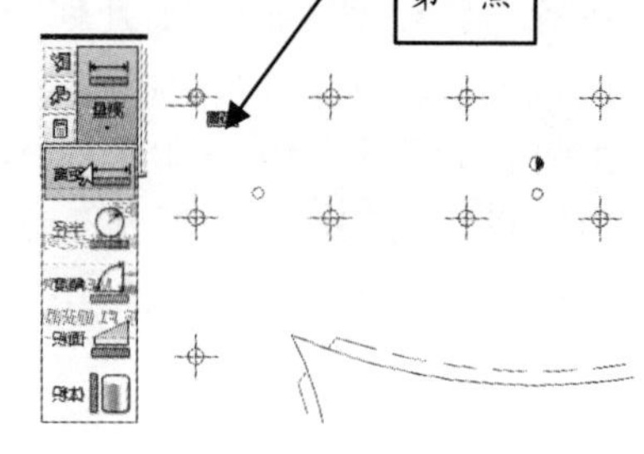

图 13-27

Step03 指定右侧的圆心为测量距离的第二个点，将显示两个点之间的距离值，如图13-28所示。

Step04 继续执行“距离”命令，在绘图窗口中，指定两个圆心来测量它们之间的距离，将显示距离和角度值，如图13-29所示。

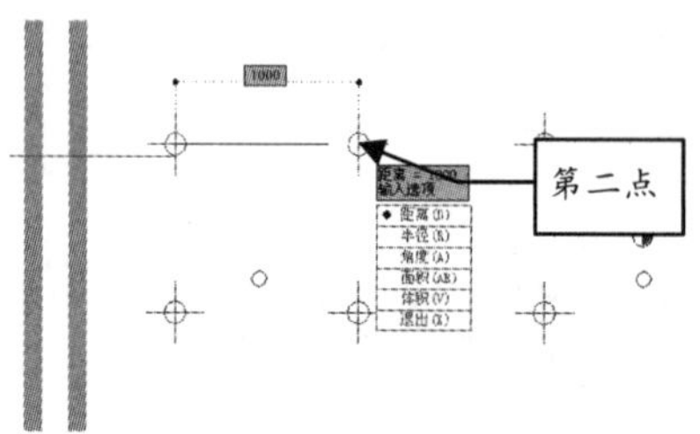

图 13-28

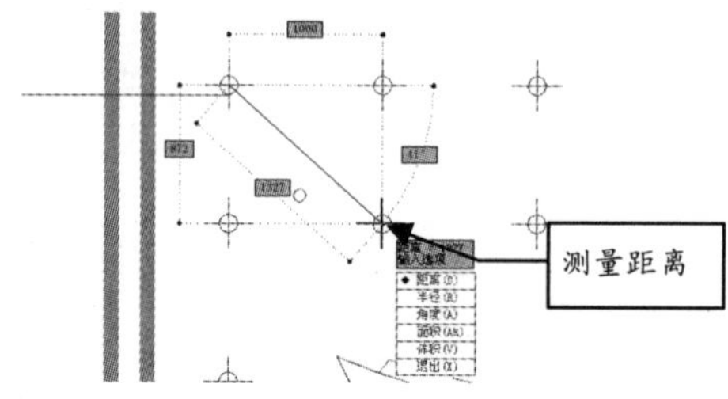

图 13-29

13.3.2 测量半径和角度

使用半径测量工具，可以测量圆、圆弧的半径和直径。测量对象的半径时，还将显示动态标注。下面介绍使用半径测量工具测量建筑图形的半径的方法。

1. 测量半径

单击“常用”选项卡→“实用工具”面板→“测量”下拉列表→“半径”按钮，选择图形中的圆，如图13-30所示。

工具提示将显示圆的半径和直径，如图13-31所示。

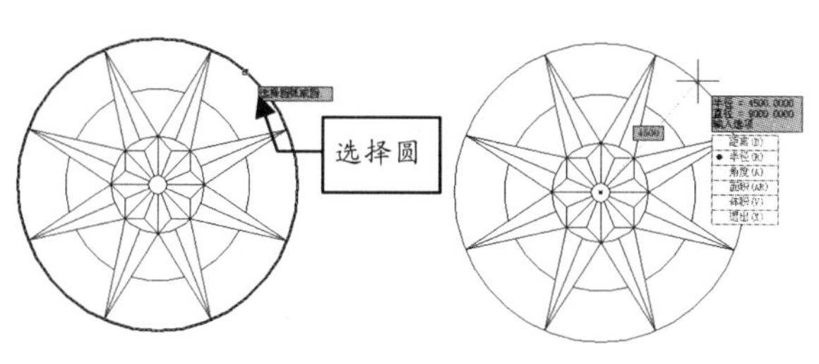

图 13-30　　　　图 13-31

2. 测量角度

可以测量对象的角度，如圆、圆弧、直线或顶点。

下面介绍在建筑图形中测量角度的方法，具体操作步骤如下：

案例13–5：测量图形的角度值

素材文件	Sample/CH13/05.dwg	结果文件	Sample/CH13/05-end.dwg

Step01 打开随书光盘中的原始文件，单击“常用”选项卡→“实用工具”面板→“测量”下拉列表→“角度”按钮，如图13-32所示。

Step02 十字光标变为小方格，工具提示选择圆弧、圆、直线或指定顶点，在绘图窗口中，选择图形中的圆弧为要测量角度的对象，如图13-33所示。

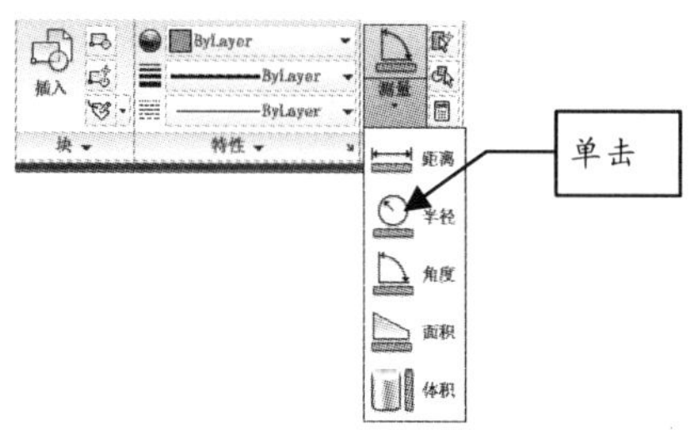

图 13-32

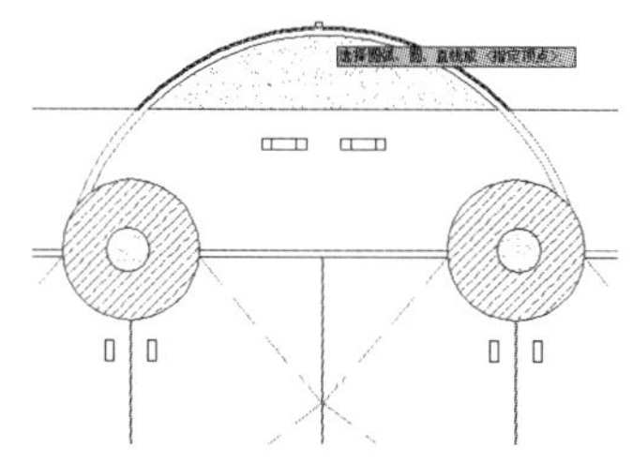

图 13-33

Step03 选择圆弧后，工具提示将显示圆弧的角度为90，如图13-34所示。

Step04 在工具提示中选择“角度”选项，在绘图窗口中，选择图形下方的直线，如图13-35所示。

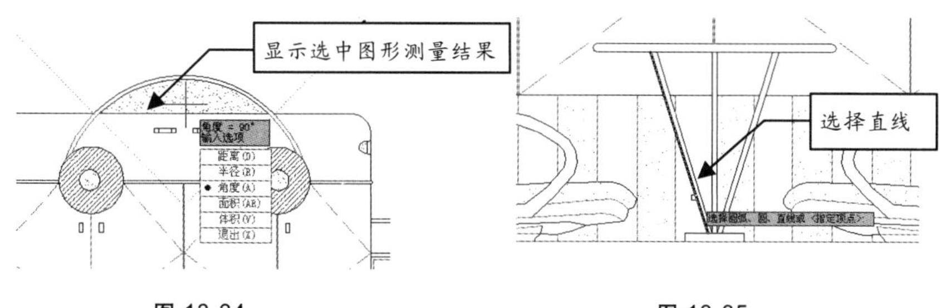

图 13-34　　　　图 13-35

Step05 选择右侧的斜线为测量角度的第二条直线，如图13-36所示。

Step06 工具提示显示两条直线之间的角度为36°，如图13-37所示。

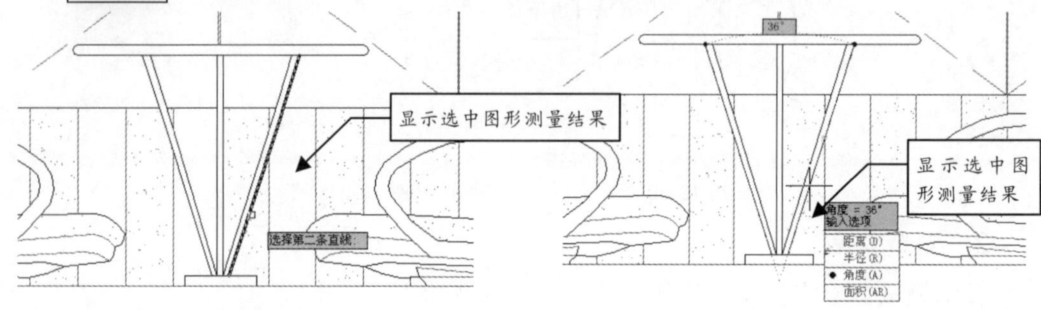

图 13-36　　　　图 13-37

Step07 在工具提示中继续选择“角度”选项，在命令窗口中输入S，按<Enter>键，在绘图窗口中指定圆心为角的顶点，如图13-38所示。

Step08 指定虚线的端点为角的第一个端点，如图13-39所示。

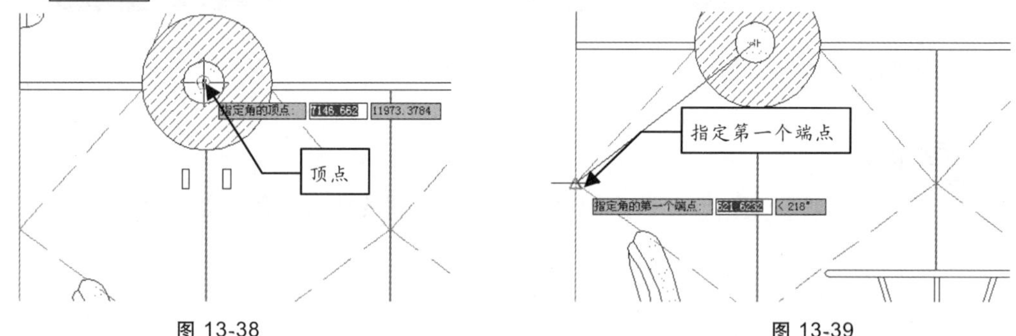

图 13-38　　　　图 13-39

Step09 在右边的虚线上，指定端点为角的第二个端点，如图13-40所示。

Step10 在工具提示中，将显示顶点的角度为106°，如图13-41所示。

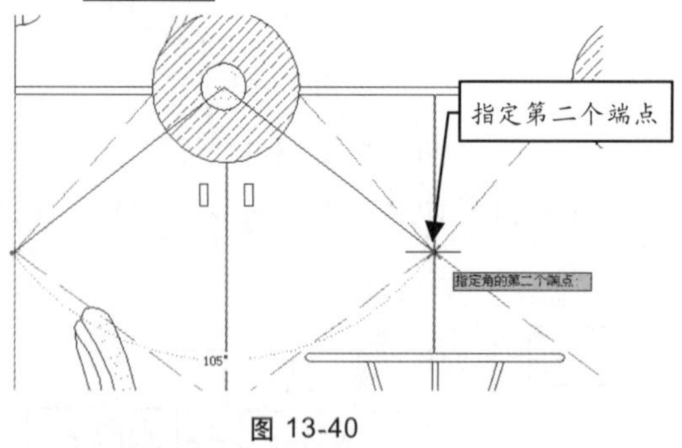

图 13-40

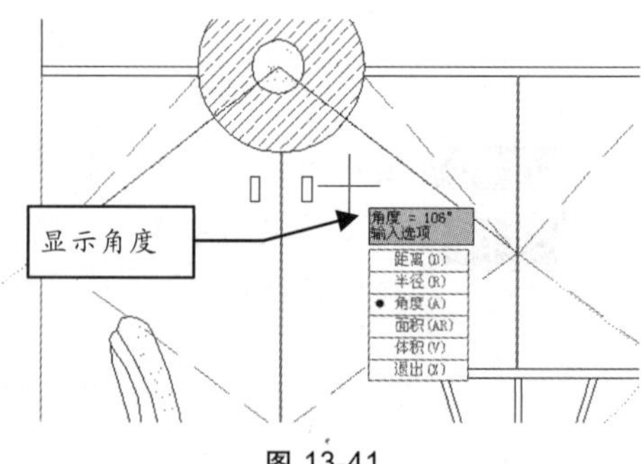

图 13-41

选项精解

- 圆弧：测量圆弧的角度。
- 圆：测量圆内指定的角度。
- 直线：测量两条直线之间的角度。
- 顶点：测量顶点的角度。

13.3.3 测量图形的面积

使用面积测量工具，可以测量对象或定义区域的面积和周长。

案例13-6：测量建筑图形面积			
素材文件	Sample/CH13/06.dwg	结果文件	Sample/CH13/06-end.dwg
视频文件	视频演示/CH13/测量图形.avi		

下面介绍测量建筑图形面积的方法，步骤如下。

Step01 单击“常用”选项卡→“实用工具”面板→“测量”下拉列表→“面积”按钮在绘图窗口中，指定桌面的端点为第一个角点，如图13-42所示。

Step02 在图形中，继续指定直线的端点为下一个点，然后再指定右下的角点，将显示一个绿色区域，绿色区域表示定义的区域，如图13-43所示。

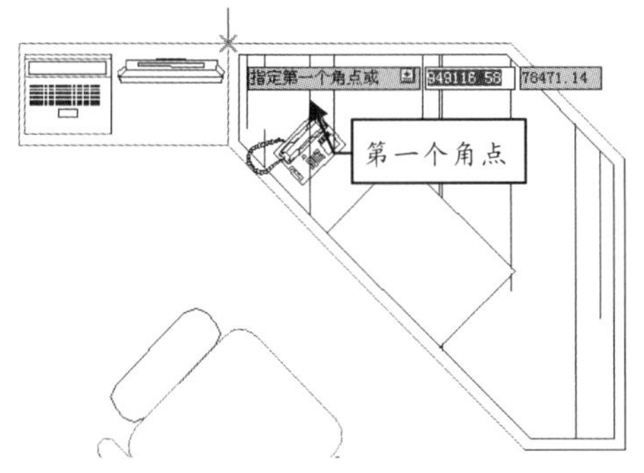

图 13-42

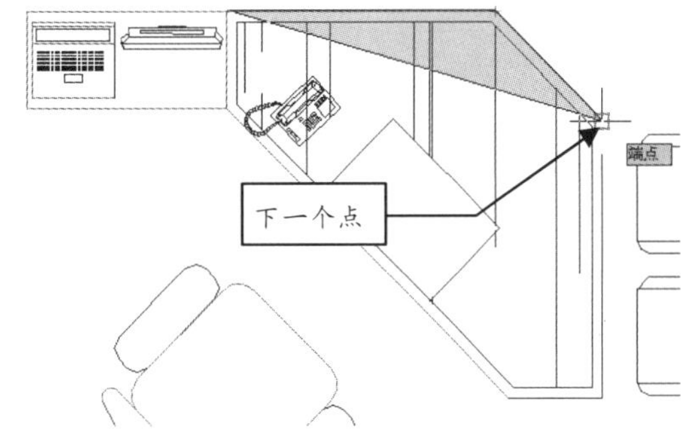

图 13-43

Step03 在图形中，继续指定封闭图形的其余角点定义区域，如图13-44所示。

Step04 定义区域后，按<Enter>键，工具提示显示定义区域的面积和周长，如图13-45所示。

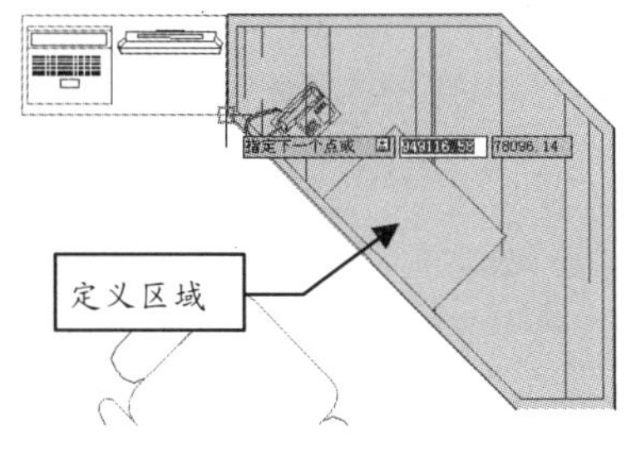

图 13-44

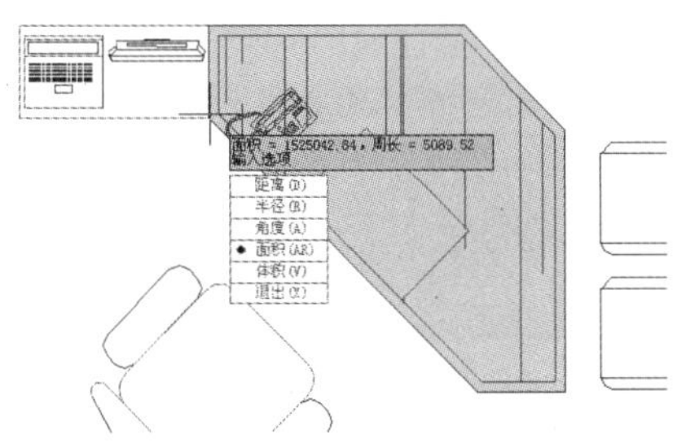

图 13-45

Step05 继续执行“工具”→“查询”→“面积”测量工具，在命令窗口中设置为对象（O），在绘图窗口中选择圆，如图13-46所示。

Step06 选择圆后，系统自动弹出工具提示，显示圆的面积和周长，如图13-47所示。

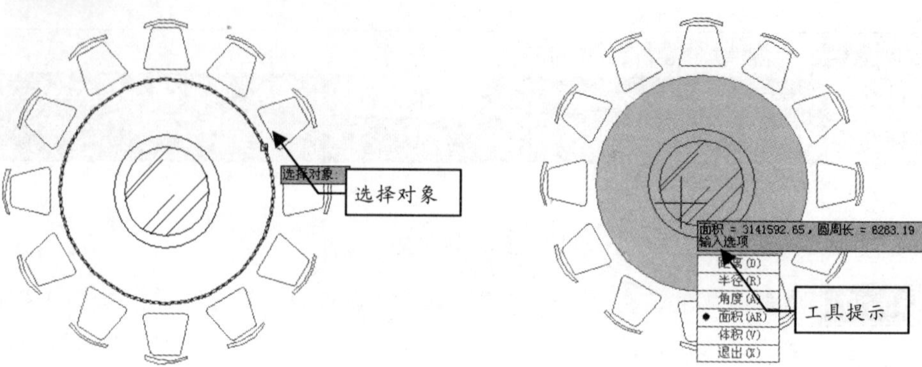

图 13-46　　　　图 13-47

Step07 继续执行“工具”→“查询”→“面积”测量工具，在命令窗口中设置为增加面积（A），在绘图窗口中，指定正方形的4个角点，定义的区域显示为绿色，如图13-48所示。

Step08 定义区域后，按<Enter>键，工具提示中将显示定义区域的总面积和周长，如图13-49所示。

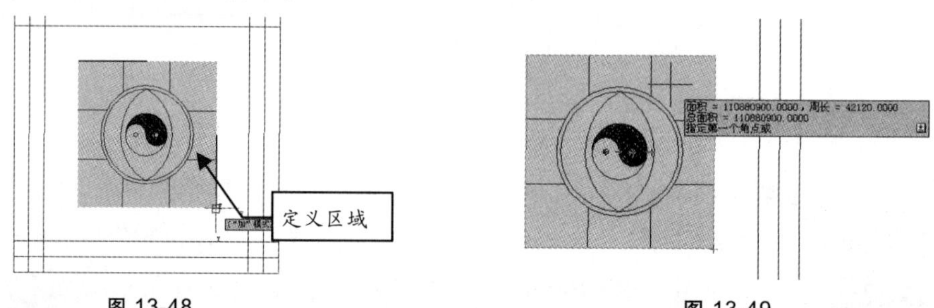

图 13-48　　　　图 13-49

Step09 在命令窗口中，设置为减少面积（S），然后再设置为对象（O），如图13-50所示。

```
(“加”模式)指定下一个点或 [圆弧(A)/长度(L)/放弃(U)/总计(T)] <总计>:面积 = 110880900.0000,
周长 = 42120.0000 总面积 = 110880900.0000
指定第一个角点或 [对象(O)/减少面积(S)/退出(X)]: s↙
指定第一个角点或 [对象(O)/增加面积(A)/退出(X)]: o↙
```

图 13-50

Step10 在绘图窗口中，选择圆为对象，选择的圆内的区域将变为灰色，如图13-51所示。

Step11 按<Enter>键，将显示圆的面积、周长和总面积，总面积为正方形的面积减去圆的面积，如图13-52所示。

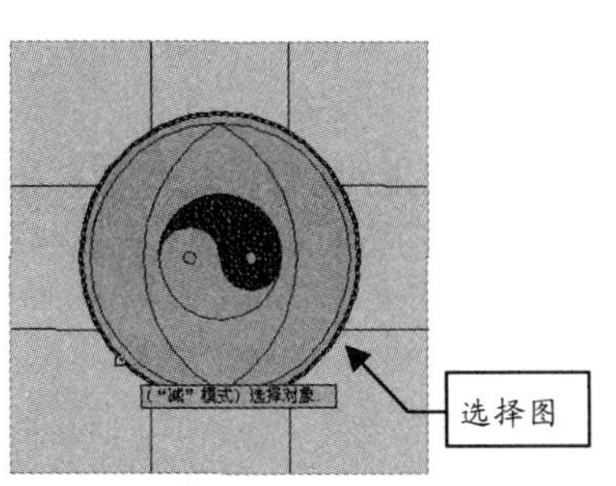

图 13-51

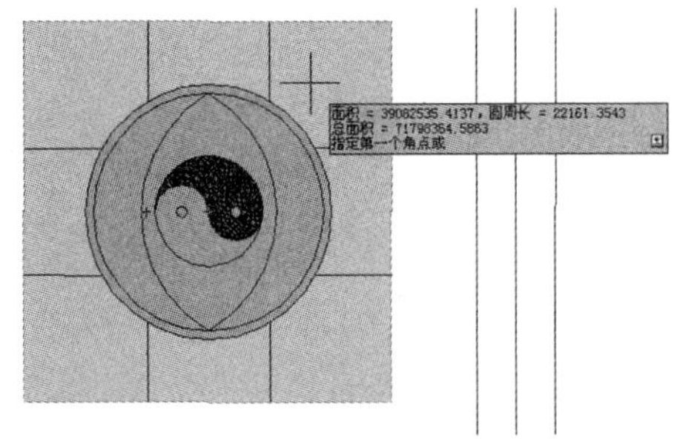

图 13-52

选项精解

在命令窗口中，也可以设置为对象（O）、增加面积（A）、减少面积（S）和退出（X），含义如下。

- 对象：若设置为对象，可以计算圆、椭圆、多段线、多边形、面域和AutoCAD三维实体的闭合面积、周长或圆周。
- 增加面积：将打开"加"模式，并在定义多个区域时计算总面积。可以使用"增加面积"选项计算各个定义区域和对象的面积、各个定义区域和对象的周长、所有定义区域和对象的总面积和总周长。
- 减少面积：从总面积中减去指定的面积。总面积和周长显示在命令提示下和工具提示中。

13.3.4 查询其他信息

除了可以测量图形对象的距离、角度、面积和体积外，还可以在图形中查询点坐标、时间、状态和设置变量。

1. 点坐标

用于查询点的坐标值，查询的点坐标是以用户坐标系为参照的。执行"工具"→"查询"→"点坐标"命令，在图形中选择圆的圆心，如图13-53所示。选择圆心后，工具提示将显示圆心的坐标值，如图13-54所示。

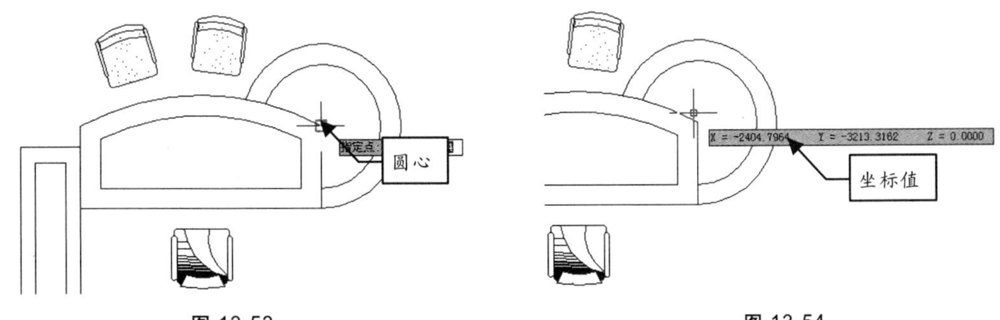

图 13-53

图 13-54

2. 时间

用于查询图形各项时间统计，如创建时间、更新时间和编辑时间等。执行“工具”→“查询”→“时间”命令，将弹出AutoCAD文本窗口，在窗口中显示各种时间，如图13-55所示。

3. 状态

状态是指绘图环境和系统状态的各种信息。在AutoCAD中，任何图形对象都包含许多信息。执行“工具”→“查询”→“状态”命令，将弹出AutoCAD文本窗口，如图13-56所示。

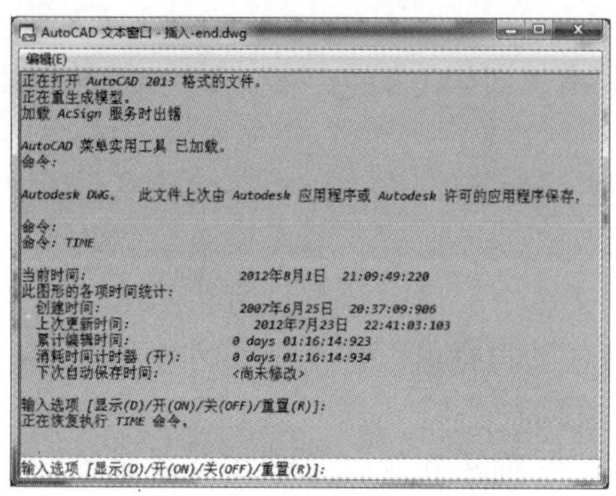

图 13-55

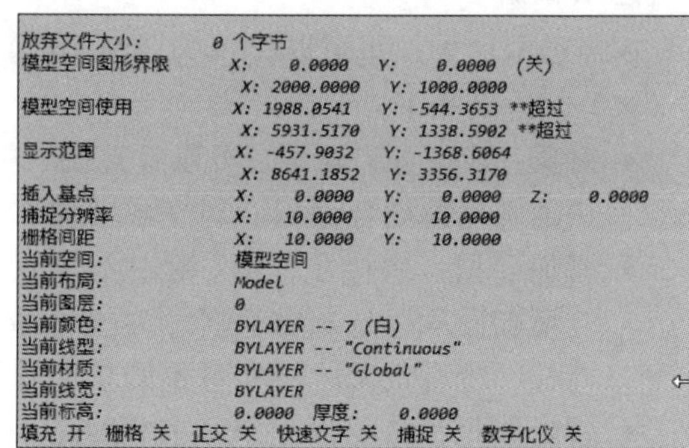

图 13-56

图形中包含的状态信息如下。

- 图形文件的名称、路径和对象数。
- 模型空间的图形界限和模型空间的使用情况及范围。
- 插入的基点、捕捉分辨率和栅格间距。
- 显示当前空间是处于模型空间还是图纸空间，以及当前图层、颜色、线型、材质、线宽、标高和厚度值。

第6天

二维图形到三维实体的转换

二维图形的绘制非常简单，常见的二维图形的绘制与编辑能满足常见的图形绘制，但是在很多设计中，也需要用到三维视图来进行查看，从而快速地观察设计的结果是否符合需求。

❶ 第14小时

熟悉模型的查看与三维基本实体的创建

14.1 认识三维空间
14.2 了解三维坐标系
14.3 认识三维导航
14.4 视觉样式
14.5 三维视图设置

❷ 第15小时

三维实体的绘制与编辑

15.1 绘制基本实体对象
15.2 从二维对象绘制三维对象
15.3 编辑实体边
15.4 编辑实体面
15.5 操作三维对象

❸ 第16小时

光栅图像、材质与渲染

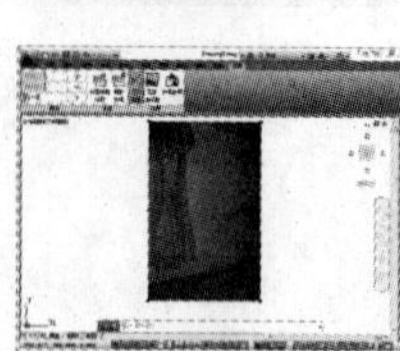

16.1 附着光栅图像
16.2 添加光源
16.3 为模型添加材质
16.4 渲染图形

第 14 小时 熟悉模型的查看与三维基本实体的创建

在生活中，见到的基本都是三维形状的物体，而在前面的绘制中，多是二维图形的绘制，那么如何把二维图形转变为三维图形呢，从本章开始来说明如何进行三维图形的创建。

14.1 认识三维空间

工作空间是由分组组织的菜单、工具栏、选项板和功能区控制面板组成的集合，使用户可以在专门的、面向任务的绘图环境中工作。

使用工作空间时，只会显示与任务相关的菜单、工具栏和选项板。此外，工作空间还可以自动显示功能区，即带有特定任务的控制面板的特殊选项板。

14.1.1 三维工作空间

用户可以轻松地切换工作空间。产品中已定义了以下4个基于任务的工作空间：

- 二维草图与注释
- 三维基础
- 三维建模
- AutoCAD 经典

在创建三维模型时，可以使用“三维建模”工作空间，其中仅包含与三维相关的工具栏、菜单和选项板。三维建模不需要的界面项会被隐藏，使得用户的工作屏幕区域最大化。

更改图形显示（例如移动、隐藏或显示工具栏或工具选项板组）并希望保留显示设置以备将来使用时，用户可以将当前设置保存到工作空间中。

案例14-1：创建三维图形

素材文件	Sample/CH14/01.dwg	结果文件	Sample/CH14/01-end.dwg

Step01 单击“快速启动工具栏”右侧的按钮，在弹出的工具栏中单击“工作空间”按钮列表，选择“三维建模”工作空间，如图14-1所示。

Step02 系统即启动“三维建模”工作空间，如图14-2所示。

提示 执行WSCURRENT命令，或者单击（切换工作空间）按钮，在弹出的列表中选择“三维建模”工作空间。

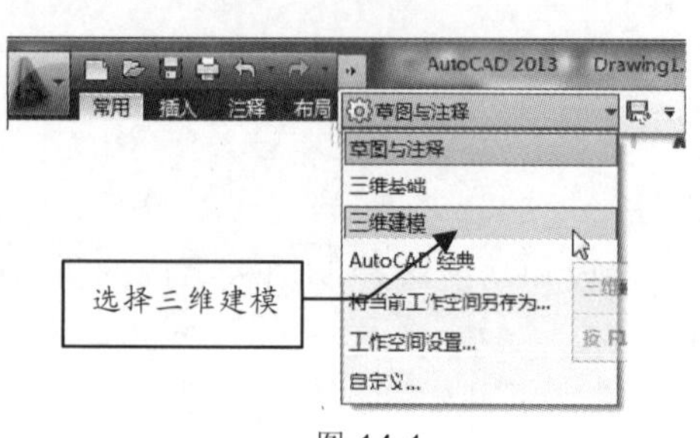

图 14-1

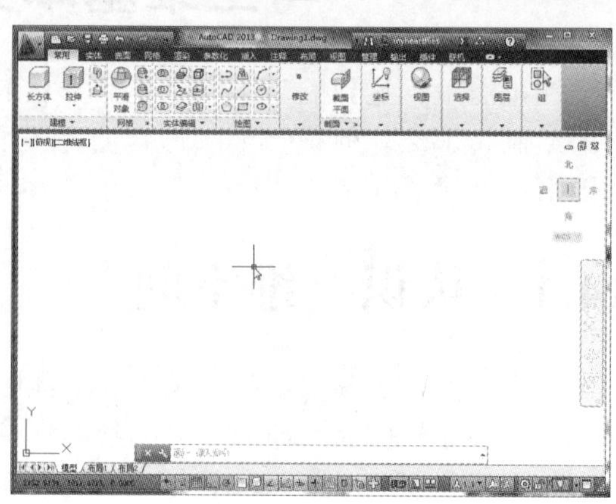

图 14-2

Step03 需要注意的是，三维绘图时一般其选择的样板也为三维界面。单击新建按钮，在“选择样板”对话框中选择acadiso3D.dwt模板，如图14-3所示。

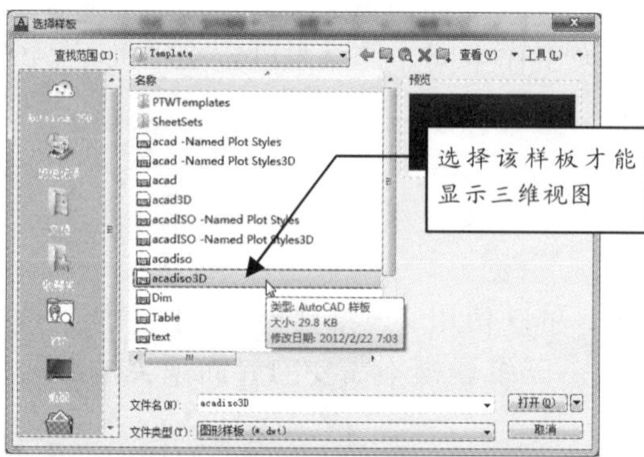

图 14-3

Step04 结果如图14-4所示。

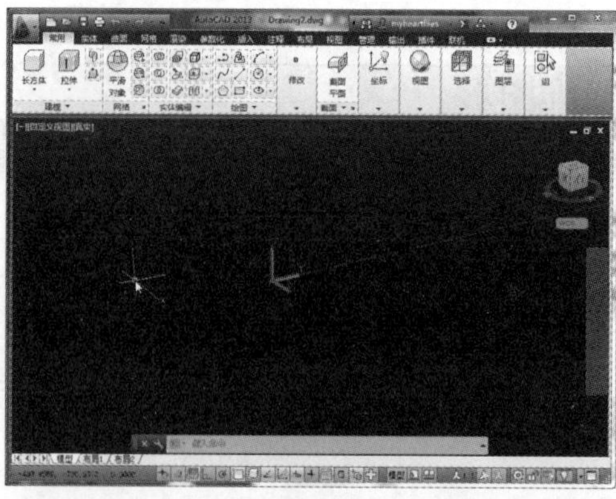

图 14-4

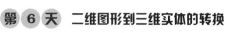

辨析 三维基础与三维建模

三维基础工作空间是 AutoCAD 公司为了简化三维建模工作空间中的太多工具栏而对其进行优化的一种界面，其较为简单且工具较少，适合简单的三维工作，如图 14-5 所示。

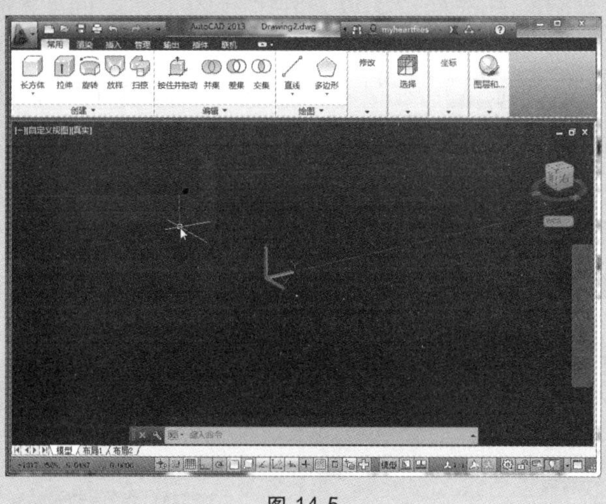

图 14-5

三维建模工作空间则是进行三维设计必不可少的一个工具,其包括了大量的三维工具，如建模、编辑和渲染等。

14.1.2 工作空间的设置要素

除了切换工作空间外，用户还可以在“工作空间设置”对话框中设置工作空间参数。输入WSSETTINGS命令，弹出“工作空间设置”对话框，如图14-6所示。

图 14-6

该对话框用于控制工作空间的显示、菜单顺序和保存设置，选项说明如下。

- 我的工作空间=：显示工作空间列表，从中可以选择当前工作空间以指定给“我的工作空间”工具栏按钮。
- 菜单显示及顺序：控制要显示在“工作空间”工具栏和菜单中的工作空间名称、顺序，以及是否在工作空间名称之间添加分隔线。无论如何设置显示，“工作空间”工具栏和菜单中显示的工作空间均包括当前工作空间（在工具栏和菜单中显示有复选标记）以及在“我的工作空间=”选项中定义的工作空间。
- 上移(U)/下移(D)：在显示顺序中上移/下移工作空间名称。
- 添加分隔符(A)：在工作空间名称之间添加分隔符，单击该按钮即可在空间之间添加分隔符，如图14-7所示。

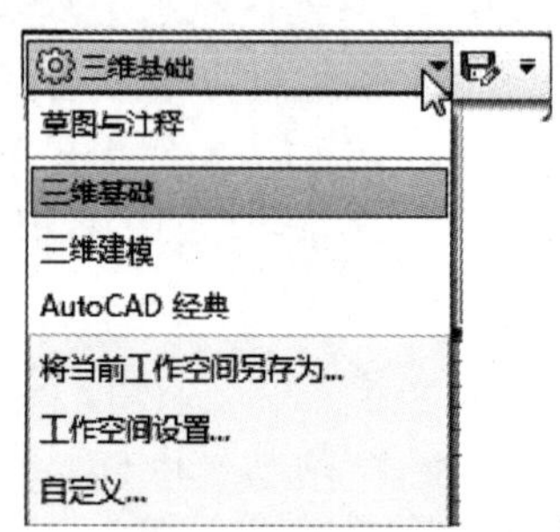

图 14-7

- 不保存工作空间修改：切换到另一个工作空间时，不保存对工作空间所做的更改。
- 自动保存工作空间修改：切换到另一工作空间时，将保存对工作空间所做的更改。

使用工作空间时，只会显示与任务相关的菜单、工具栏和选项板。此外，工作空间还会自动显示面板，一个带有特定任务的控制面板的特殊选项板。

14.2 了解三维坐标系

二维空间只能表示平面视图，而在三维空间中可以表示立体对象，三维造型就弥补了二维平面视图的不足，提供了很多二维绘图不具备的一些功能。

14.2.1 笛卡儿坐标系

三维空间中的所有几何物体，无论其形状多么复杂，都是许多空间点的集合。有了三维空间的坐标系统，三维绘图就成为可能，因此三维坐标系是确定三维对象位置的基本手段，也是三维绘图的基础。

三维坐标和二维坐标相比，多了一个Z轴，增加的Z轴给平面坐标增加了一个高度系数，这样就和原来的平面图形中的X、Y轴一起构成了三位坐标系统。三维笛卡儿坐标通过使用三个坐标值来指定精确的位置：X、Y 和 Z。

输入三维笛卡儿坐标值（X,Y,Z）类似于输入二维坐标值（X,Y）。除了指定X和Y值以外，还需要使用以下格式指定Z值：

X,Y,Z

三维笛卡儿坐标和二维坐标类似，也可以使用WCS和UCS系统。

1．WCS坐标系统

三维坐标系是在二维坐标的基础上增加一个Z轴构成的，同二维坐标一样，三维的WCS坐标系统不能重新定义，是其他坐标系的基础，如图14-8所示。

2．UCS坐标系统

用户坐标系是坐标输入，观察平面和操作平面都是可以变动的坐标系。和二维坐标类似，三维UCS也是定义一个坐标系原点，然后即可在三维空间中的任意位置定义和定向UCS，以及保存等各项操作，如图14-9所示。

图 14-8

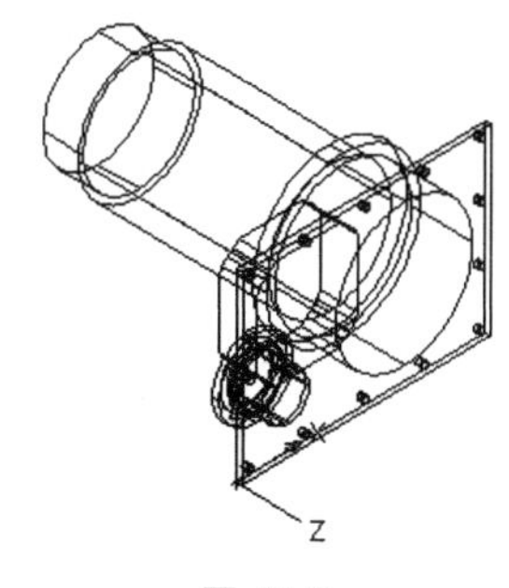

图 14-9

14.2.2 柱坐标系

柱坐标系和二维坐标类似，但增加从所要确定的点到XY平面的距离值，即三维点的圆柱坐标可分别通过该点与UCS原点连线、在XY平面上的投影长度、该投影与X轴夹角，以及该点使用XY平面的角和沿Z轴的距离来表示，如图14-10所示。

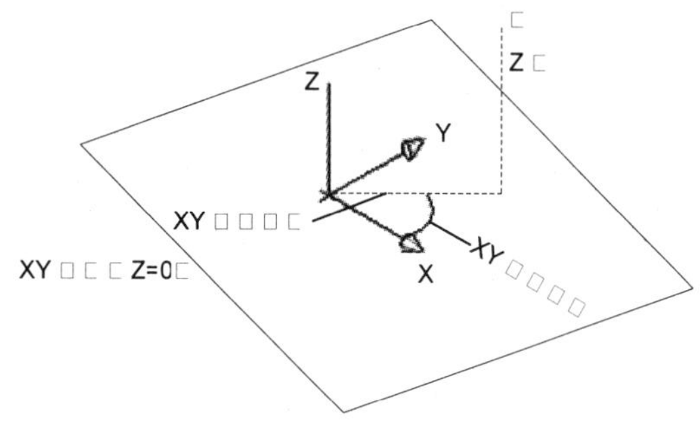

图 14-10

其格式如下。

- XY平面距离＜XY平面角度，Z坐标（绝对坐标）。
- @XY平面距离＜XY平面角度，Z坐标（相对坐标）。

14.2.3 球坐标系

球坐标系具有3个参数：点到原点的距离、在XY平面上的角度，以及与XY平面的夹角，如图14-11所示。

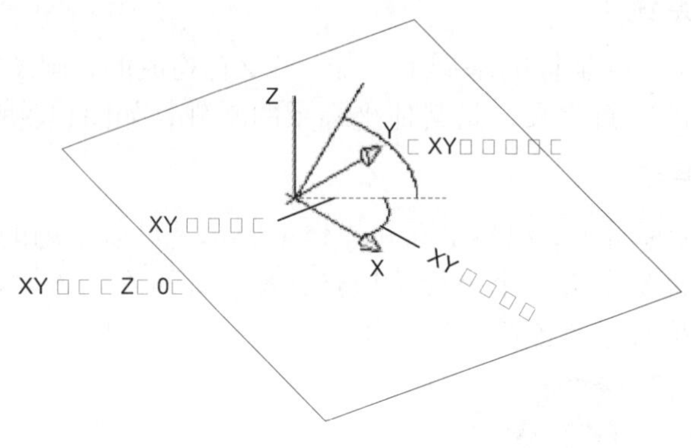

图 14-11

其格式如下。

- XYZ距离<XY平面角度<与XY平面的夹角（绝对坐标）。
- @XYZ距离<XY平面角度<与XY平面的夹角（相对坐标）。

14.3 认识三维导航

三维导航工具只有在三维工作空间下才能显示出来，利用各类三维导航工具可以将实体模型进行平移、缩放、旋转等操作。

14.3.1 ViewCube

VieWCube是启用三维图形时显示的三维导航工具，通过VieWCube用户可以在标注视图和等轴测图之间进行切换。

VieWCube显示后，将以不活动状态显示在其中一角。VieWCube处于不活动状态时，将显示基于当前UCS和通过模型的WCS定义方向的模型空间。将光标悬停在VieWCube上方时，VieWCube变为活动状态，如图14-12所示。用户可以切换至可用的预设视图之一，滚动当前视图或更改为模型的主视图，如图14-13所示。

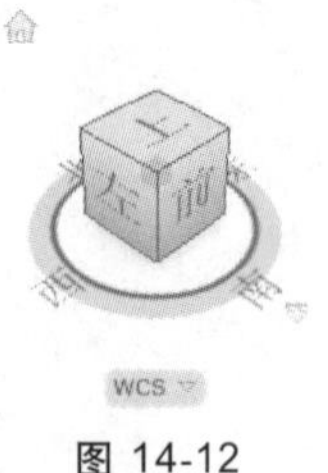

图 14-12

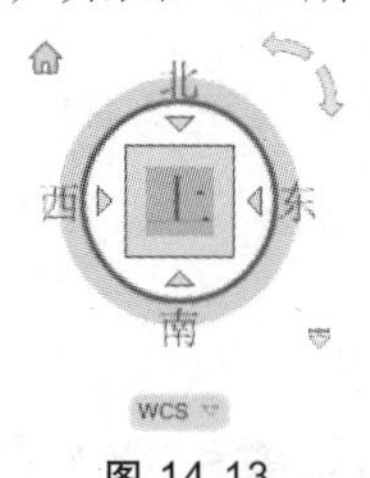

图 14-13

在VieWCube任意位置右击即可弹出VieWCube快捷菜单，如图14-14所示。VieWCube快捷菜单用于定义VieWCube的方向、切换平行模式和透视模式、为模型定义主视图以及控制VieWCube的外观。

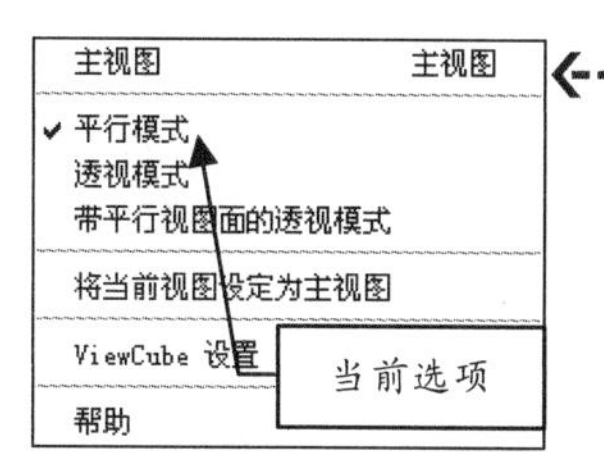

图 14-14

可以单击VieWCube上的预定义区域或是拖动VieWCube来更改模型的当前视图。VieWCube提供了26个预定义区域，可以单击这些区域来更改模型的当前视图，如图14-15所示。这26个预定义区域分为三组，即角、边、面。在这26个预定义区域中有6个代表模型的正交视图，即上、下、左、右、前、后。单击VieWCube上的任意一个面即可切换到正交视图，如图14-16所示。

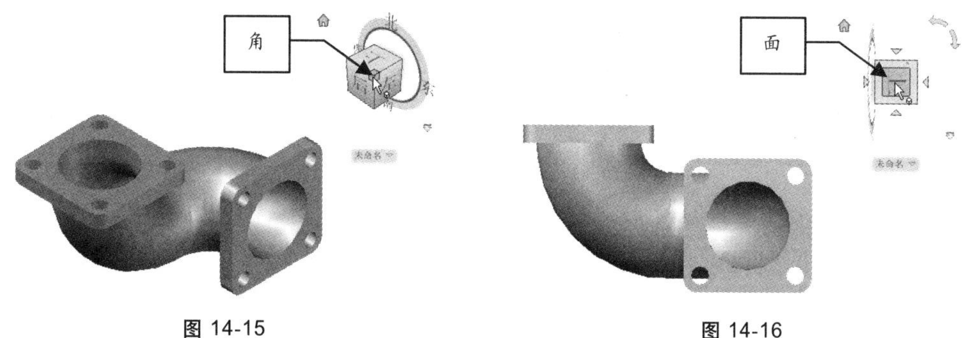

图 14-15　　图 14-16

VieWCube支持两种不同的视图投影，即平行模式和透视模式。平行模式是显示所投影的模型中平行于屏幕的所有点，如图14-17左所示。而透视模式则是基于理论相机与目标点之间的距离进行计算，相机与目标点之间的距离越短，透视效果表现得越明显，如图14-17右所示。

图 14-17

14.3.2　SteeringWheels

SteeringWheels也称为控制盘，SteeringWheels将多个常用导航工具结合到一个单一的界面上，从而方便用户操作。

SteeringWheels划分为不同部分的追踪菜单，控制盘上每个按钮代表一种导航工具，可以以不同的方式进行平移、缩放或操作模型的当前视图，如图14-18左所示。在SteeringWheels控制盘上右击可以弹出快捷菜单，如图14-18右所示。

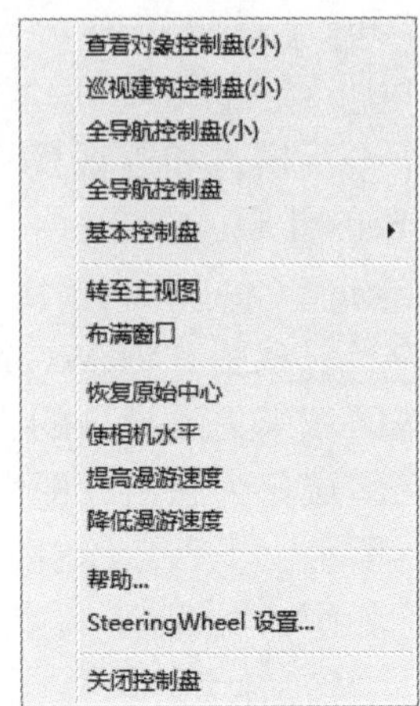

图 14-18

通过快捷菜单用户可以切换到查看对象控制盘和巡视建筑控制盘，同时也可以切换到小控制盘状态，图14-19左所示为查看对象控制盘，图14-19右所示为巡视建筑控制盘。

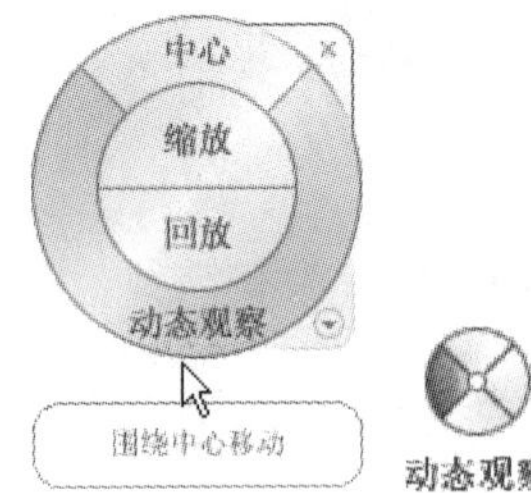

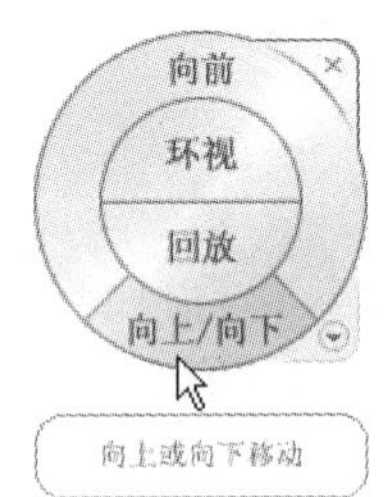

图 14-19

14.3.3 三维动态观察

三维导航工具允许用户从不同的角度、高度和距离查看图形中的对象。AutoCAD 2013提供了一个观察三维图形的便捷工具——三维动态观察器。

在AutoCAD 2013中除了使用VieWCube、SteeringWheels三维导航工具外用户还可以使用动态观察自由按照任意角度旋转三维模型。动态观察分为受约束的动态观察、自由动态观察、连续动态观察三种类型的样式。

1. 受约束的动态观察

受约束的动态观察程序将以Y轴为旋转轴进行旋转，如图14-20所示。显示三维动态观察光标图标。如果水平拖动光标，相机将平行于世界坐标系 (WCS) 的 XY 平面移动。如果垂直拖动光标，相机将沿 Z 轴移动。

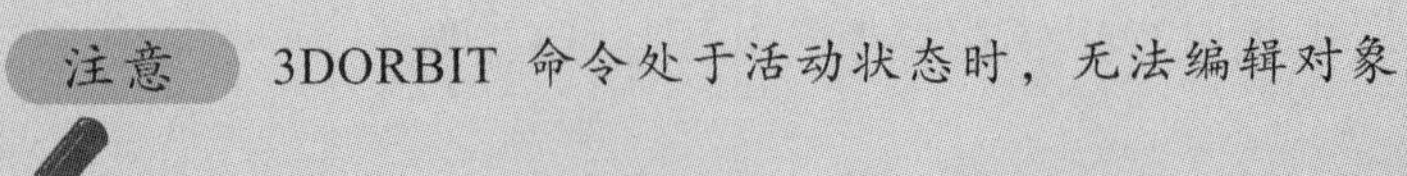

注意 3DORBIT 命令处于活动状态时，无法编辑对象。

2. 自由动态观察

自由动态观察会出现一个圆形的空间,用户可以在该圆形空间范围内自由旋转或移动模型，如图14-21所示。

自由动态观察器为一个弧球,该弧球用大圆表示,在圆的各象限点处有一个小圆,弧球的中心称为目标点。激活三维动态观察器后，被观察的目标保持静止不动，而视点（相当于照像机）可以绕目标点在三维空间转动。需要注意的是目标点不一定是所观察对象的中心。

光标处于弧球的不同位置。光标的样式也不一样，以表示三维动态观察器的不同功能，如表14-1所示。

表14-1 自由观察图标说明

图 标	说 明	功 能
	两条直线环绕的球状	在导航球中移动光标时,光标的形状变为外面环绕两条直线的小球状。如果在绘图区域中单击并拖动光标，则可围绕对象自由移动。就像光标抓住环绕对象的球体并围绕目标点对其进行拖动一样。用此方法可以在水平、垂直或对角方向上拖动
	圆形箭头	在导航球外部移动光标时，光标的形状变为圆形箭头。在导航球外部单击并围绕导航球拖动光标,将使视图围绕延长线通过导航球的中心并垂直于屏幕的轴旋转，这称为“卷动”
	水平椭圆	当光标在导航球左右两边的小圆上移动时,光标的形状变为水平椭圆。从这些点开始单击并拖动光标将使视图围绕通过导航球中心的垂直轴或 Y 轴旋转
	垂直椭圆	当光标在导航球上下两边的小圆上移动时,光标的形状变为垂直椭圆。从这些点开始单击并拖动光标将使视图围绕通过导航球中心的水平轴或 X 轴旋转

3. 连续动态观察

连续动态观察可以连续查看模型运动状态下的情况。使用该命令然后指定一个方向为旋转的方向，程序自动在自由状态下进行旋转，如图14-22所示。

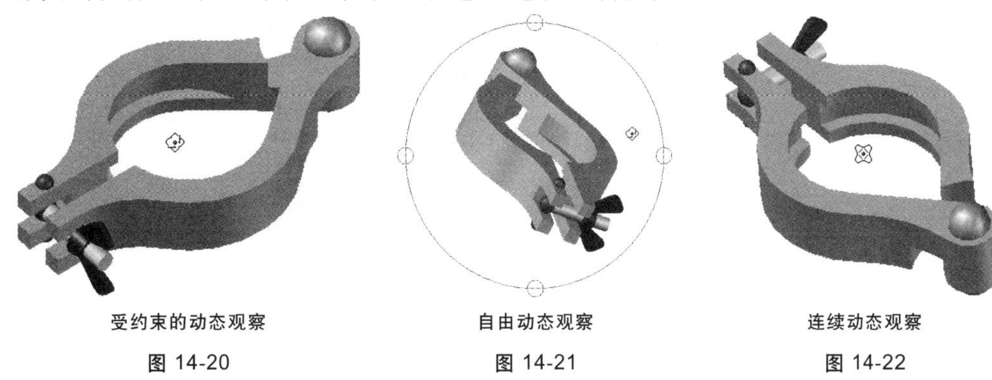

受约束的动态观察 自由动态观察 连续动态观察

图 14-20 图 14-21 图 14-22

在绘图区域中单击并沿任意方向拖动定点设备,来使对象沿正在拖动的方向开始移动。释放定点设备上的按钮，对象在指定的方向上继续进行它们的轨迹运动。为光标移动设置的速度决定了对象的旋转速度。

14.4 视觉样式

视觉样式是用于观察三维实体模型在不同视觉下的效果，在AutoCAD 2013中程序提供了5种视觉样式，用户可以切换到不同的视觉样式下观察模型。

14.4.1 视觉样式的分类

在AutoCAD 2013中的视觉样式有5种类型，二维线框、三维线框、三维隐藏、概念、真实，程序默认的视觉样式为二维线框。

1. 二维线框

二维线框视觉样式显示用直线和曲线表示边界的对象。光栅和OLE对象、线型和线宽均可见，如图14-23左所示。

2. 三维隐藏

三维隐藏显示用三维线框表示的对象，并隐藏表示不可见的直线，如图14-23右所示。

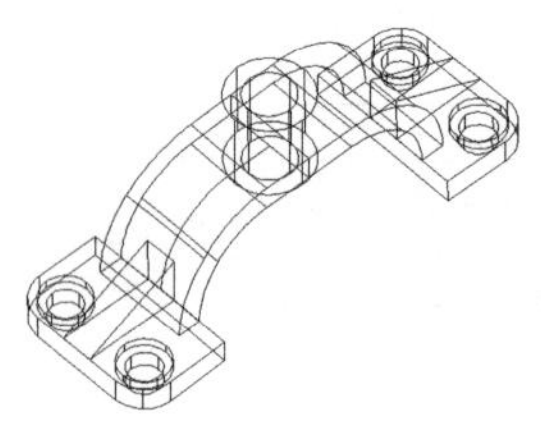

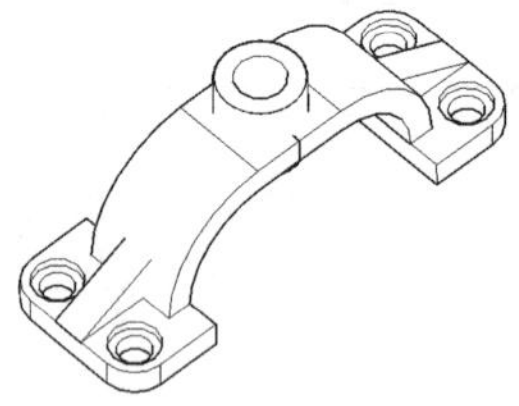

图 14-23

3. 三维线框

三维线框显示用直线和曲线表示边界的对象，如图14-24左所示。

4. 概念

概念着色是将多边形平面间的对象边缘平滑化。着色使用古氏面样式。一种冷色和暖色之间的过渡，而不是从深色到浅色的过渡。虽然缺乏真实感，但是可以更加方便地查看模型的细节，如图14-24右所示。

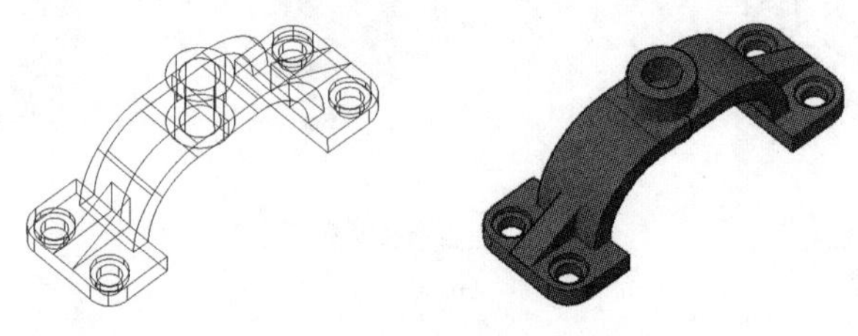

图 14-24

5. 真实

真实着色是将多边形平面间的对象边缘平滑化，将显示已附着到对象的材质。

- 真实：着色多边形平面间的对象，并使对象的边缘平滑化。将显示已附着到对象的材质，如图12-25所示。
- X射线模式：透过实体显示所有线条样式。使用该模式时，用户还可以设置不透明度，图12-26所示即为设置不透明度为45的效果。

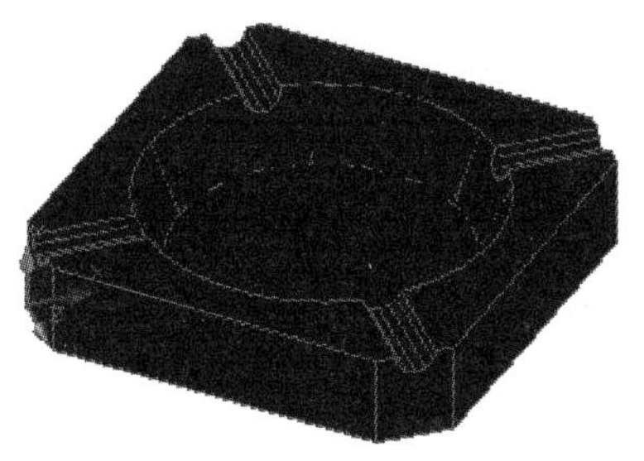
图 12-25

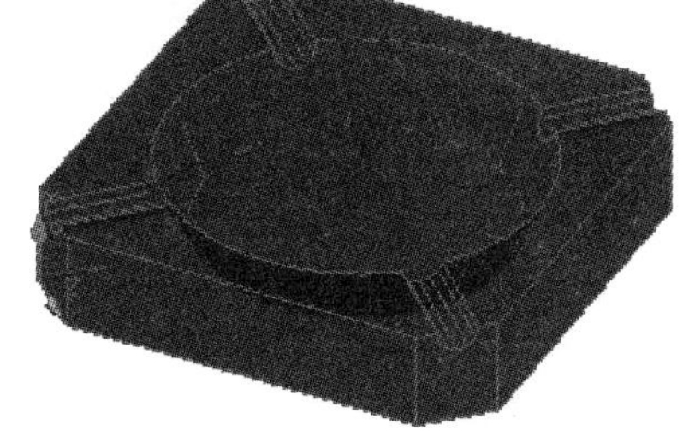
图 12-26

在着色视觉样式中来回移动模型时，跟随视点的两个平行光源将会照亮面。该默认光源被设计为照亮模型中的所有面，以便从视觉上可以辨别这些面。仅在其他光源（包括阳光）关闭时，才能使用默认光源。

> 注意　要显示从点光源、平行光、聚光灯或阳光发出的光线，请将视觉样式设置为真实、概念或带有着色对象的自定义视觉样式。

14.4.2　视觉样式管理器

视觉样式是一组设置，用来控制视口中边和着色的显示。更改视觉样式的特性，而不是使用命令和设置系统变量。一旦应用了视觉样式或更改了其设置，就可以在视口中查看效果（见图14-27）。

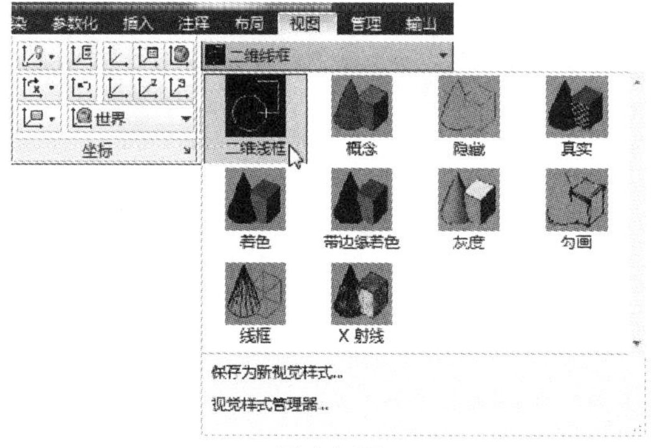

图 14-27

选择“视图”→“视觉样式”→“视觉样式管理器”菜单命令，程序将弹出“视觉样式管理器”选项板。视觉样式管理器显示图形中可用视觉样式的样例图像。在视觉样式管理器选项板中，当前的视觉样式用黄色边框显示，其可用的参数设置将显示在样例图像下方的面板中，如图14-28所示。

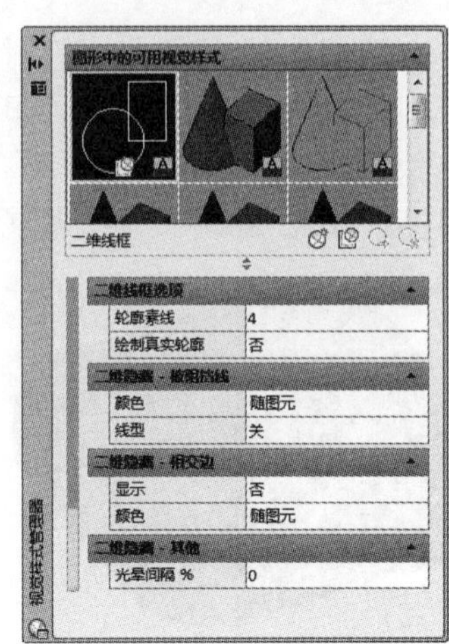

图 14-28

二维线框视觉样式与三维视觉样式的参数有明显的区别，下面就来介绍各类视觉样式参数的设置。

1. 面样式

面样式用于定义面上的着色情况，实时面样式用于生成真实的效果，如图14-29（a）所示。古氏面样式通过缓和加亮区域与阴影区域之间的对比，可以更好地显示细节，加亮区域使用暖色调，而阴影区域则使用冷色调，如图14-29（b）所示。

将面样式设置为“无”时，则不进行着色，如图14-29（c）所示。如果在“边设置”选项下将“边模式”设置为“镶嵌面边”或“素线”，则将仅显示边，如图14-29（d）所示。

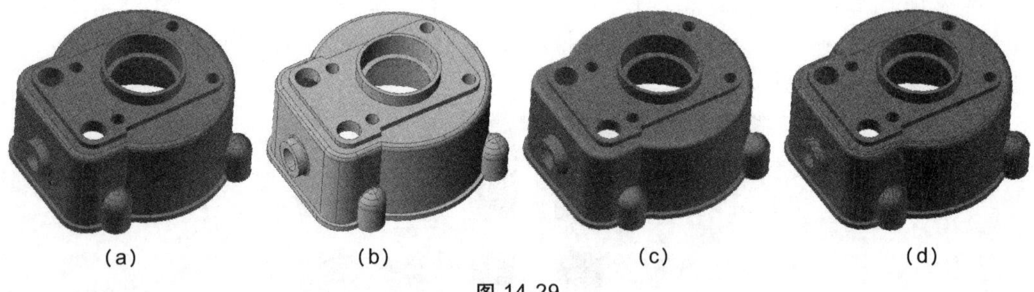

图 14-29

2. 光源质量

镶嵌面光源会为每个面计算一种颜色，对象将显示得更加平滑。平滑光源通过将多边形各面顶点之间的颜色计算为渐变色，可以使多边形各面之间的边变得平滑，从而使对象具有平滑的外观。

3. 亮显强度

对象上的亮显强度会影响到反光度的感觉。更小、更强烈的亮显会使对象看上去更亮，如图14-30（a）、（b）所示。在视觉样式中设置的亮显强度不能应用于附着材质的对象。

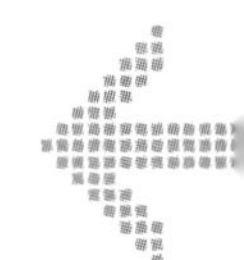

4. 不透明度

不透明度用于控制对象的透明显示程序，值越小就越透明，如图14-30（c）所示。反之值越大就越不透明，如图14-30d所示。

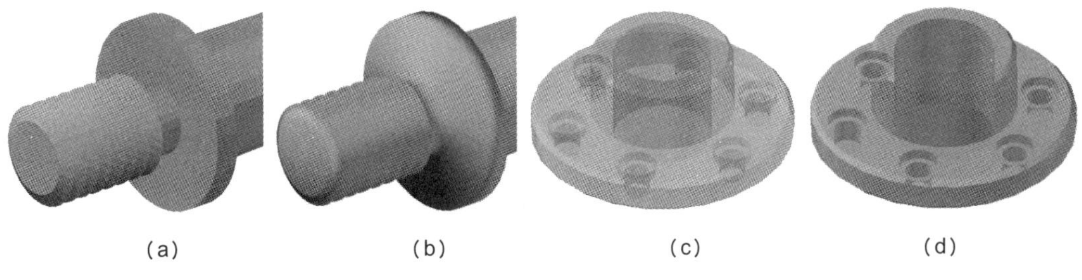

(a) (b) (c) (d)

图 14-30

5. 面颜色模式

面颜色模式是用于显示面的颜色，普通着色将以用户定义的图层颜色来显示模型，如图14-31（a）所示。单色将以用户定义的颜色和着色显示所有的面，如图14-31（b）所示。

明模式使用相同的颜色通过更改颜色的色调值和饱和度值来着色所有的面，如图14-31（c）所示。降饱和度模式可以缓和颜色的显示，如图14-31（d）所示。

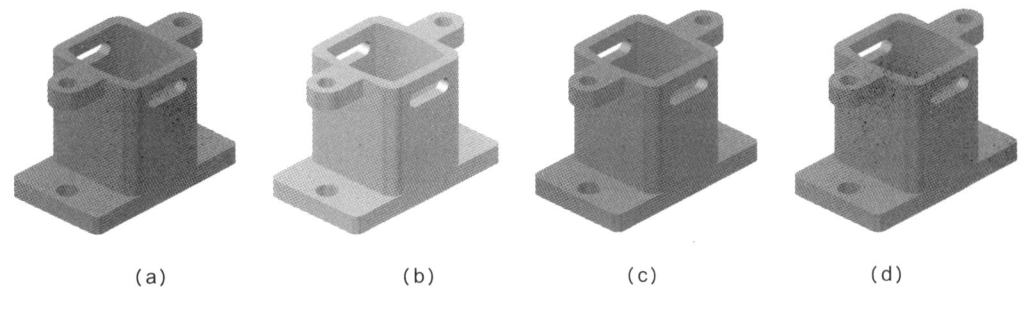

(a) (b) (c) (d)

图 14-31

6. 阴影显示

视图中的着色对象可以显示阴影，其中地面阴影是对象投射到地面上的阴影，全阴影是对象投射到其他对象上的阴影。视口中的光源必须来自用户创建的光源或者来自于要显示的全阴影的阳光。阴影重叠的地方，显示较深的颜色，如图14-32所示。

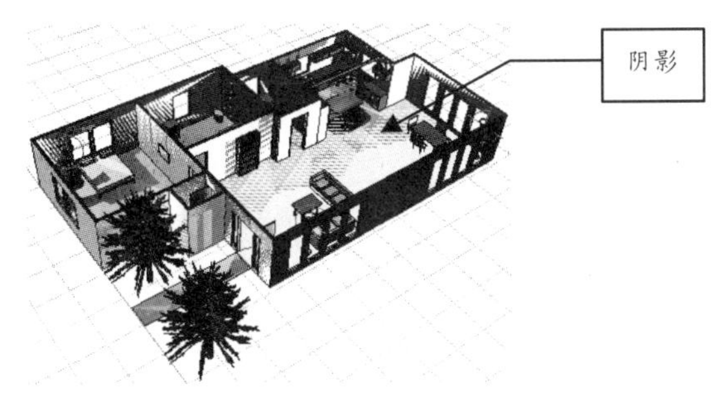

图 14-32

7. 边设置

用户可以指定模型的边缘轮廓线是否显示出来，在着色模型或线框模型中，将边模式设置为“素线”，边修改器将被激活，分别设置外伸的长度和抖动的程度后单击“外伸边”后“抖动边”按钮，将显示出相应的效果，如图14-33左所示。

外伸边是将模型的边沿四周外伸，抖动边将边进行抖动，看上去就像是用铅笔绘制的草图，如图14-33右所示。

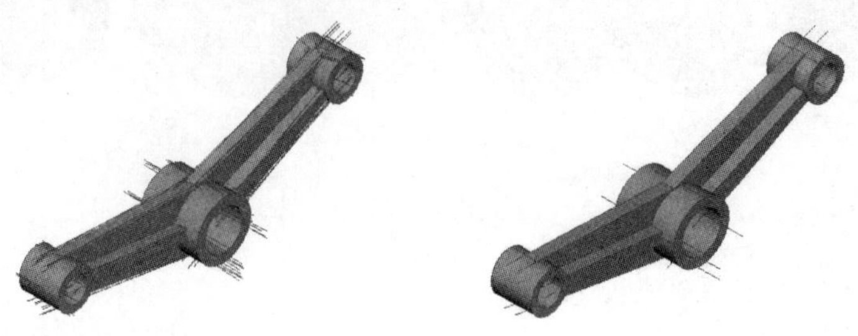

图 14-33

14.5 三维视图设置

可以在当前视口中创建图形的交互式视图。

使用三维观察和导航工具，可以在图形中导航、为指定视图设置相机以及创建动画以便与其他人共享设计。可以围绕三维模型进行动态观察、回旋、漫游和飞行，设置相机，创建预览动画以及录制运动路径动画，用户可以将这些分发给其他人以从视觉上传达设计意图。

14.5.1 视点预设

当绘制出图形后，可以使用不同的视点来观察绘制的图形是否符合要求。视点是指观察图形的方向，可以使用以下3种方法来进行设置。

1. 用VPOINT命令设置视点

在AutoCAD中，用户可以使用VPOINT命令设置观察视点。用VPOINT命令设置视点后得到的投影图为轴测投影图，而不是透视投影图。另外，视点只确定观察方向，没有距离含义。也就是说，在视点与原点连线及其延长线上选任意一点作为视点，其观察效果一样。

2. 利用对话框设置视点

选择“视图”→“三维视图”→“视点预设”命令，或在命令行输入DDVPOINT命令，系统将打开“视点预设”对话框，利用该对话框用户可以形象直观地设置视点，如图14-34所示。

该对话框中各选项的含义如下。

- 绝对于WCS：相对于 WCS 设置观察方向。

- 相对于UCS：相对于当前 UCS 设置观察方向。
- 自：指定查看角度。
- X 轴：指定与 X 轴的角度。
- XY 平面：指定与 XY 平面的角度。

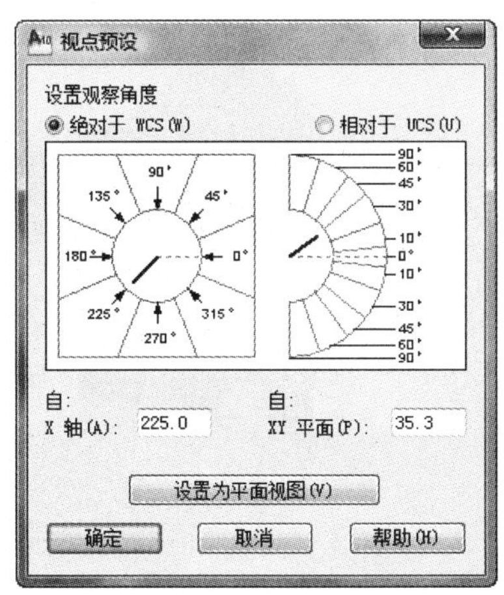

图 14-34

注意 也可以使用样例图像来指定查看角度。黑针指示新角度。灰针指示当前角度。通过选择圆或半圆的内部区域来指定一个角度。如果选择了边界外面的区域，那么就舍入到在该区域显示的角度值。如果选择了内弧或内弧中的区域，角度将不会舍入，结果可能是一个分数。

- 设置为平面视图：设置查看角度以相对于选定坐标系显示平面视图（XY 平面）。

3. 快速设置特殊视点

选择“视图”→“三维视图”菜单中位于第二、三栏中的各命令，可以快速地确定一些特殊视点，如“仰视”、“俯视”、“左视”、“西南等轴测”、“东南等轴测”以及“东北等轴测”等。

14.5.2 设置视点

在绘制二维图形时，所绘制的图形都是与XY平面平行的，在三维绘图中，为了能够观察模型的局部结构，或者调整模型的细节部分，则需要通过改变视点来进行工作。这时，AutoCAD 为用户提供了观察视图的工具：从三维空间的任何方向设置视点。

系统默认的观察方向是（0,0,1），即从（0,0,1）点向（0,0,0）点观察模型，亦即视图中的俯视方向。

若要重新设置视点，可以执行VPOINT命令，系统提示：

```
命令: vpoint
*** 切换至 WCS ***
当前视图方向:  VIEWDIR=-1.0000,-1.0000,1.0000
指定视点或 [旋转(R)] <显示指南针和三轴架>:
*** 返回 UCS ***
```

结果如图14-35所示。

图 14-35

第15小时 三维实体的绘制与编辑

三维实体是近年来非常实用的一项功能，无论是电影中的场景还是现实中的三维物体的展示，现在AutoCAD 2013版本也在三维功能中加强了这部分的功能。

15.1 绘制基本实体对象

AutoCAD 三维建模可让用户使用实体、曲面和网格对象创建图形。

实体、曲面和网格对象提供不同的功能，这些功能综合使用时可提供强大的三维建模工具套件。例如，可以将图元实体转换为网格，以使用网格锐化和平滑处理。然后，可以将模型转换为曲面，以使用关联性和 NURBS 建模。

实体模型是具有质量、体积、重心和惯性矩等特性的封闭三维体，如图15-1所示。

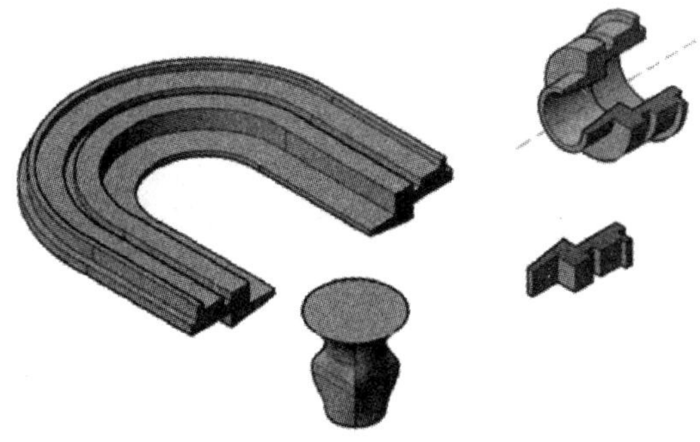

图 15-1

利用AutoCAD 2013，用户可以绘制各种形状的基本实体，如长方体、楔体、球体、圆柱体、圆环体或圆锥体等。

15.1.1 绘制长方体和楔体

绘制长方体和楔体，使用方法类似，下面我们简要讲解。

1. 创建长方体

创建实心长方体或实心立方体。始终将长方体的底面绘制为与当前 UCS 的 XY 平面（工作平面）平行。

案例15-1：创建长方体

结果文件	Sample/CH15/01.dwg	视频文件	视频演示/CH15/创建长方体.avi

Step01 新建一个三维图形文件，然后单击“常用”选项卡→“建模”面板→“长方体”按钮，如图15-2所示。

Step02 指定长方体的第一个角点，如图15-3所示。

> 小贴示 其他调用该命令的方法。
>
> 
>
> - 命令：BOX。
> - 菜单："绘图"→"建模"→"长方体"命令。
> - 工具栏："建模"→"▢（长方体）"按钮。

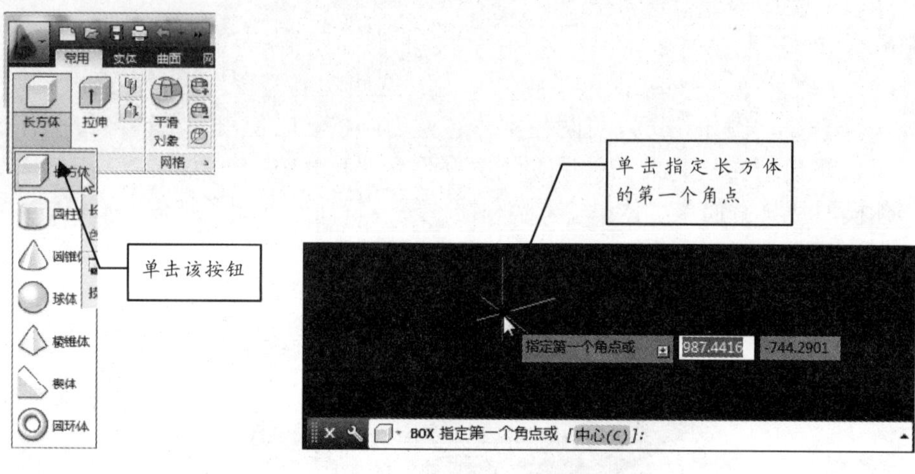

图 15-2　　图 15-3

Step03 指定第二个角点，该点与第一点形成的长方形作为长方体的底面，如图15-4所示。

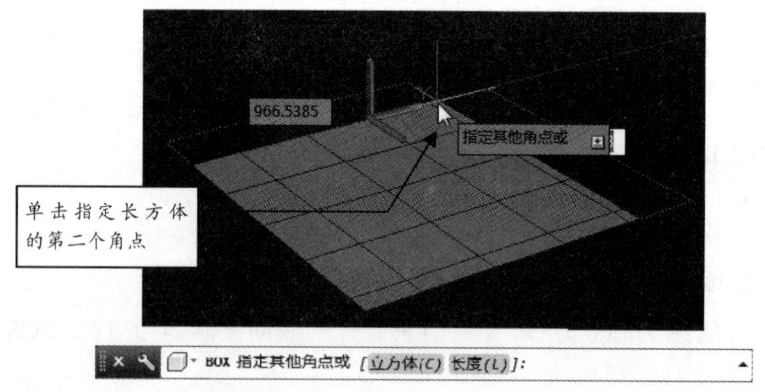

图 15-4

Step04 拖动鼠标来指定长方体的高度，如图15-5所示。

Step05 绘制完成后，结果如图15-6所示。

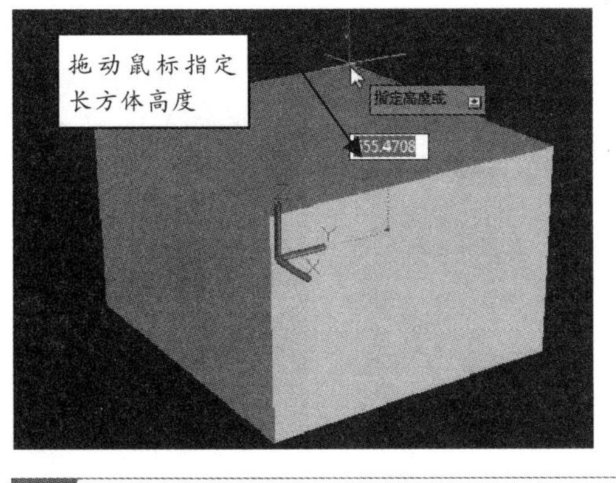

图 15-5

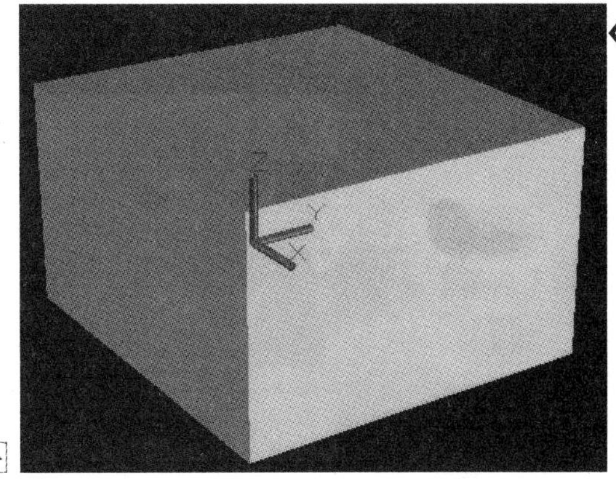

图 15-6

选项精解

可以使用以下选项来控制创建的长方体的大小和旋转。

- 创建立方体：可以使用 BOX 命令的“立方体”选项创建等边长方体。
- 指定旋转：如果要在 XY 平面内设定长方体的旋转，可以使用“立方体”或“长度”选项。
- 从中心点开始创建：可以使用“中心点”选项创建使用指定中心点的长方体。

需要注意的是，当按照指定长宽高创建长方体。长度与 X 轴对应，宽度与 Y 轴对应，高度与 Z 轴对应。输入正值将沿当前 UCS 的 Z 轴正方向绘制高度。输入负值将沿 Z 轴负方向绘制高度。始终将长方体的底面绘制为与当前 UCS 的 XY 平面（工作平面）平行。在 Z 轴方向上指定长方体的高度。可以为高度输入正值和负值。

注意 系统提示输入长度、宽度以及高度时，输入的值可正、可负。正值表示沿相应坐标轴的正方向绘制长方体，反之沿坐标轴的负方向绘制长方体。

2. 创建楔体

创建面为矩形或正方形的实体楔体。楔体是长方体沿对角线切成两半后所创建的实体，它的正表面总与当前的坐标系统平行，斜面正对第一个角点，楔体的高度与 Z 轴平行。这类实体通常用于填充物体的间隙，如图15-7所示。

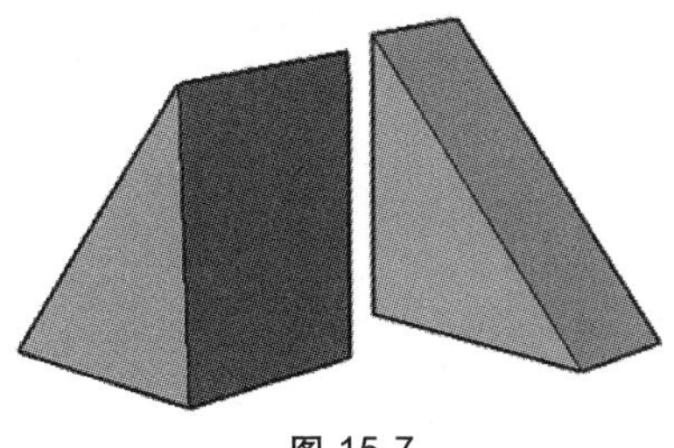

图 15-7

案例15-2：创建楔体图形

结果文件	Sample/CH15/02.dwg	视频文件	视频演示/CH15/创建楔体图形.avi

Step01 新建一个三维图形文件，然后单击“常用”选项卡→“建模”面板→“楔体”按钮，如图15-8所示。

Step02 指定楔体的第一个角点和其他角点，这两个角点组成的平面作为楔体的底平面，如图15-9所示。

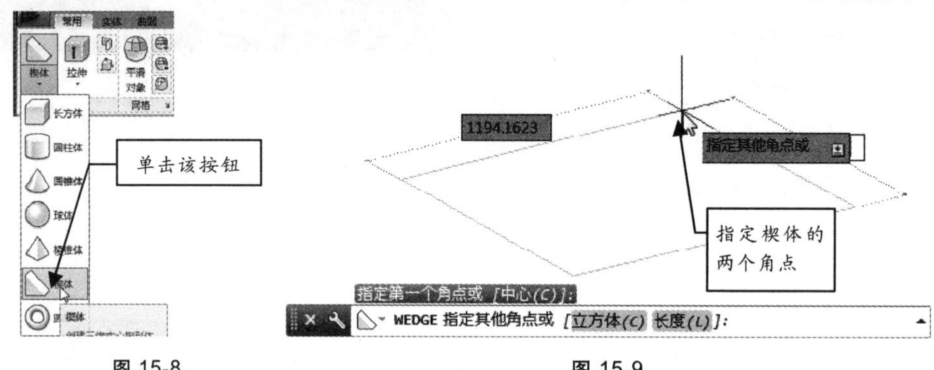

图 15-8　　图 15-9

> **小贴示** 其他调用该命令的方法。
> - 命令：WEDGE。
> - 菜单：“绘图”→“建模”→“楔体”命令。
> - 工具栏：“建模”→“（楔体）”按钮。

Step03 拖动鼠标来指定楔体高度，系统会根据鼠标的位置自动判断是向上还是向下进行绘制，如图15-10所示。

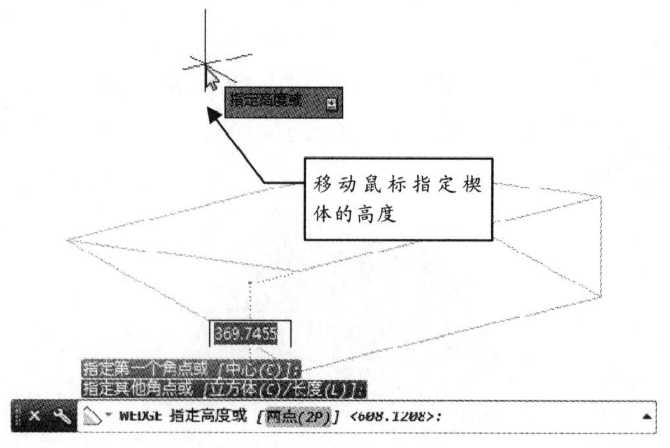

图 15-10

Step04 绘制完成后，结果如图15-11所示。

Step05 绘制完成后，结果如图15-12所示。

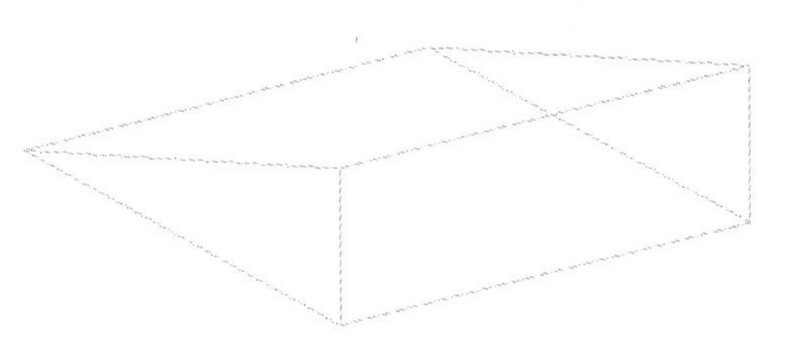

图 15-11

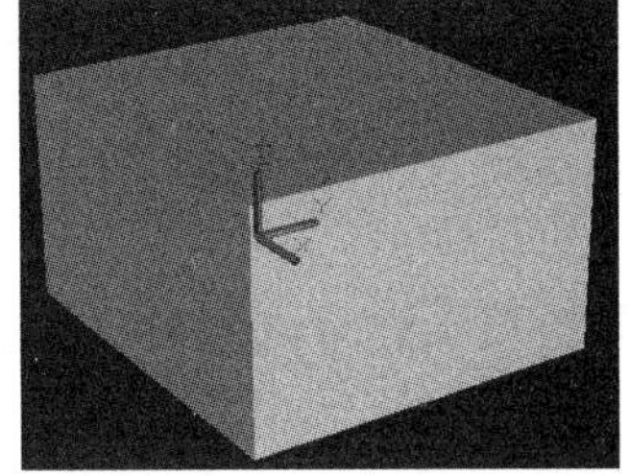

图 15-12

小贴示 楔体的高度边一般是放置在楔体的第一个角点上。

选项精解

可以使用以下选项来控制创建的楔体的大小和旋转。

- 创建等边楔体：使用 WEDGE 命令的“立方体”选项。
- 指定旋转：如果要在 XY 平面内设定楔体的旋转，可以使用“立方体”或“长度”选项。
- 从中心点开始创建：可以使用“中心点”选项创建使用指定中心点的楔体。

15.1.2 绘制圆柱、圆锥体

绘制圆柱体和圆锥体，使用方法类似，下面我们简要讲解。

1. 创建圆柱体

可以创建以圆或椭圆为底面的实体圆柱体。默认情况下，圆柱体的底面位于当前 UCS 的 XY 平面上。圆柱体的高度与 Z 轴平行，如图15-13所示。

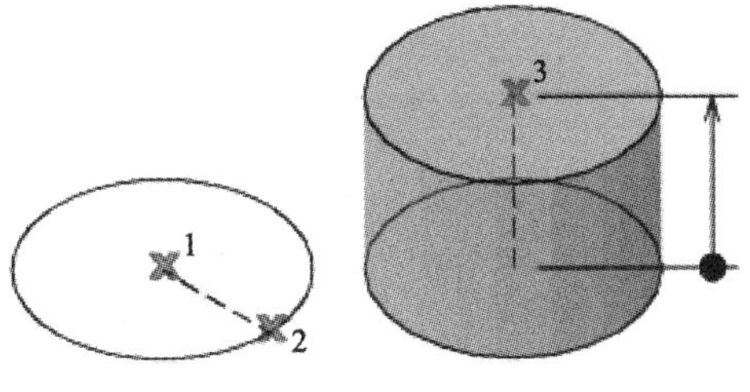

图 15-13

使用圆心、半径上的一点和表示高度的一点创建圆柱体。圆柱体的底面始终位于与工作平面平行的平面上。可以通过 FACETRES 系统变量控制着色或隐藏视觉样式的三维曲线式实体（如圆柱体）的平滑度。

案例15-3：创建圆柱体

结果文件 Sample/CH15/03.dwg

Step01 新建一个三维图形文件，然后单击“常用”选项卡→“建模”面板→“圆柱体”按钮，如图15-14所示。

Step02 指定圆柱体的中心点和底面半径，如图15-15所示。

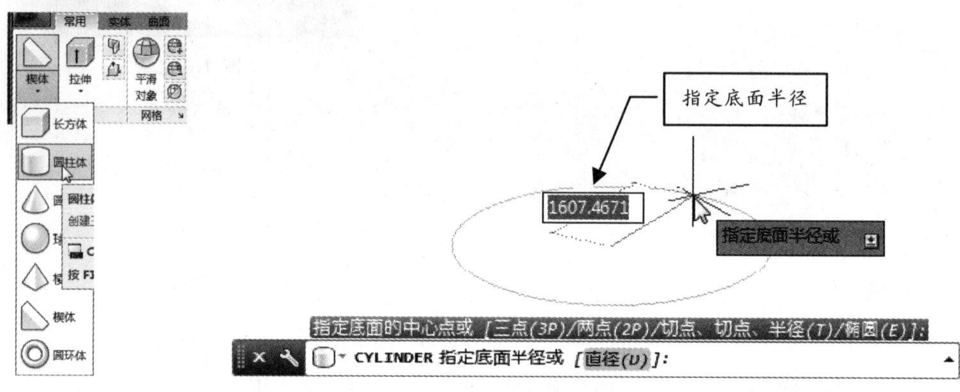

图 15-14　　　　图 15-15

小贴示 其他调用该命令的方法。

- 命令：CYLINDER。
- 菜单：“绘图”→“建模”→“圆柱体”命令。
- 工具栏：“建模”→“（圆柱体）”按钮。

Step03 指定圆柱体的高度，如图15-16所示。

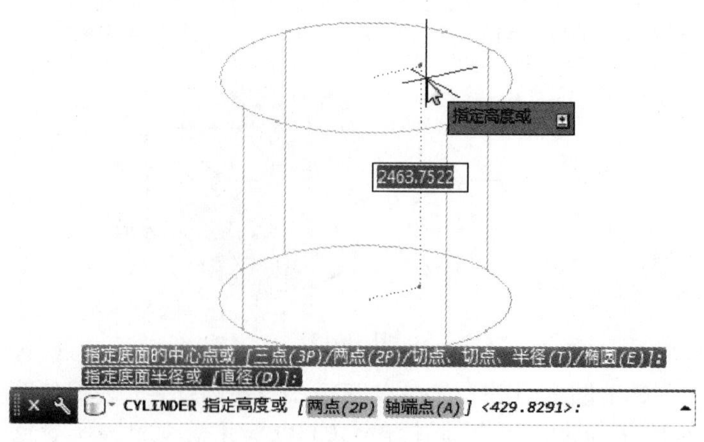

图 15-16

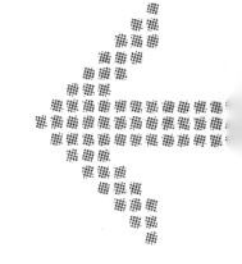

Step04 绘制完成后结果如图15-17所示。

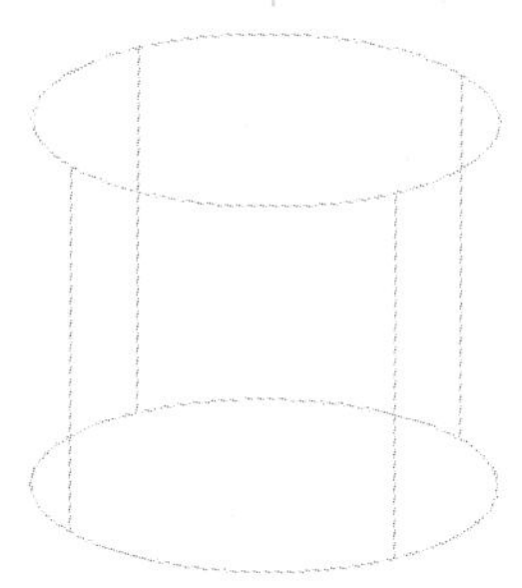

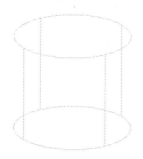

图 15-17

小贴示 圆柱体的棱线有多少？

ISOLINES 是用来显示三维实体的曲面上的等高线数量值，该值默认为 4，如图 15-17 所示。即创建三维图形时其显示为 4 个，如果用户修改该数值，即可增加或减少线条数，从而使其更接近/偏离真实的模型。图 15-18 所示为改变后绘制的图形，左图设置为 2，右图为 15，取值范围为 0～2 047。

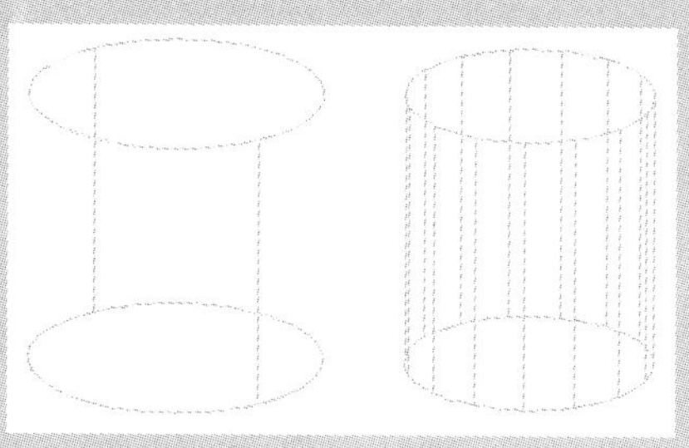

图 15-18

选项精解

可以使用以下选项来控制创建的长方体的大小和旋转。

- 三点(3P)：通过指定三个点来定义圆柱体的底面周长和底面。
- 两点(2P)：通过指定两个点来定义圆柱体的底面直径。
- 切点、切点、半径：定义具有指定半径，且与两个对象相切的圆柱体底面。有时会有多个底面符合指定的条件。程序将绘制具有指定半径的底面，其切点与选定点的距离最近。
- 椭圆：指定圆柱体的椭圆底面。
- 直径：指定圆柱体的底面直径。

2. 绘制倾斜圆柱

除了绘制一般的圆柱外，还可以使用命令来绘制倾斜圆柱体，绘制方法如下。在使用圆柱命令后，指定底面中心点时输入e，并指定轴的端点即可创建倾斜圆柱，结果如图15-19所示。

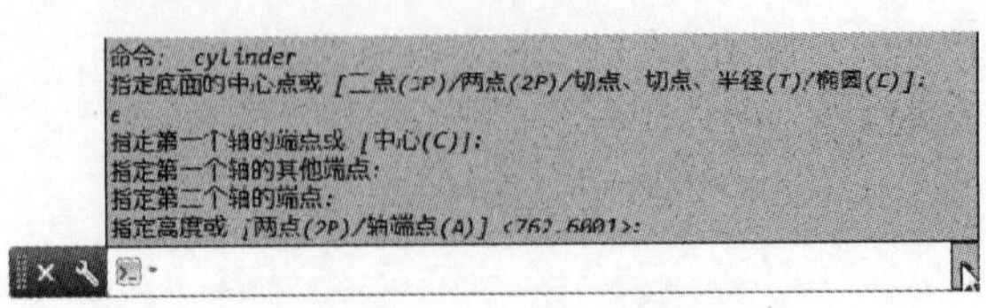

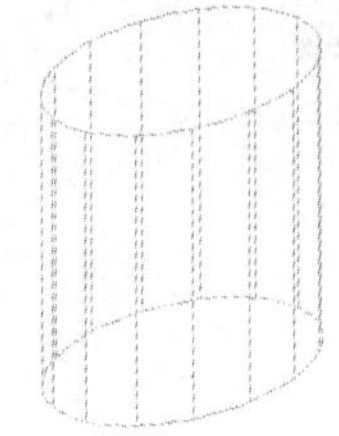

图 15-19

3. 创建圆锥体

创建底面为圆形或椭圆的尖头圆锥体或圆台，默认情况下，圆锥体的底面位于当前 UCS 的 XY 平面上。圆锥体的高度与 Z 轴平行。

此方式为系统默认方式，与创建圆柱体类似。圆锥体是以圆或椭圆为底面形状，沿其法线方向并按照一定锥度向上或向下拉伸形成的实体模型。

创建一个三维实体，该实体以圆或椭圆为底面，以对称方式形成锥体表面，最后交于一点，或交于一个圆或椭圆平面。可以通过 FACETRES 系统变量控制着色或隐藏视觉样式的三维曲线式实体（如圆锥体）的平滑度，如图15-20所示。

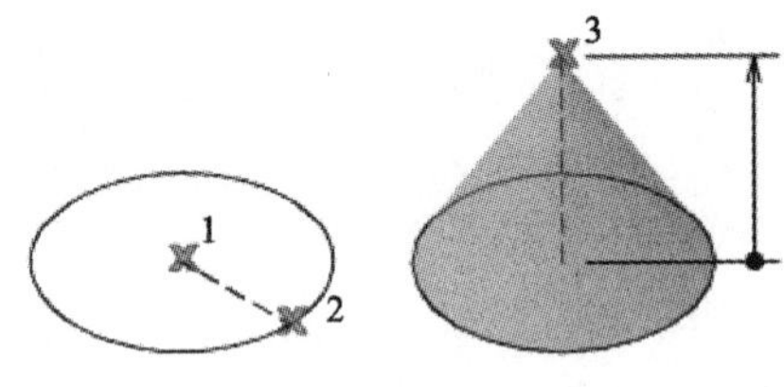

图 15-20

案例15-4：创建圆锥体

结果文件	Sample/CH15/04.dwg	视频文件	视频演示/CH15/创建圆锥体.avi

Step01 新建一个三维图形文件，然后单击“常用”选项卡→“建模”面板→“圆锥体”按钮，如图15-21所示。

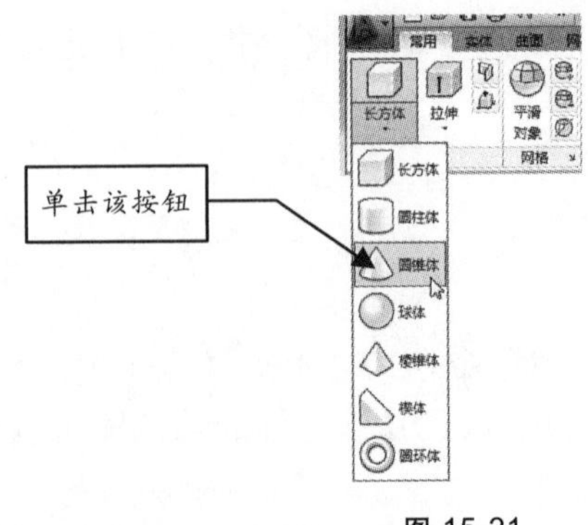

图 15-21

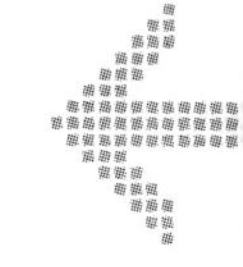

小贴示 其他调用该命令的方法。

- 命令：CONE。
- 菜单："绘图"→"建模"→"圆锥体"命令。
- 工具栏："建模"→"（圆锥体）"按钮。

Step02 指定圆柱体的中心点和底面半径，如图15-22所示。

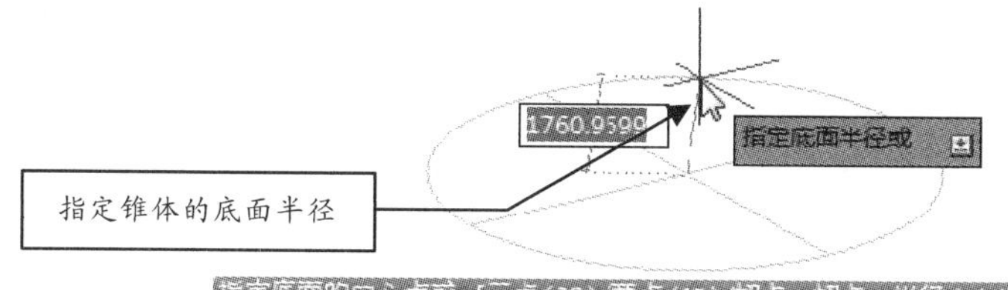

图 15-22

Step03 指定圆锥体的高度，如图15-23所示。

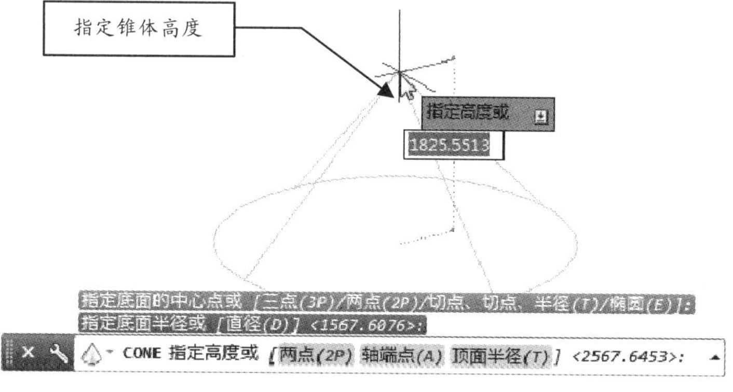

图 15-23

Step04 绘制完成后，结果如图15-24所示。

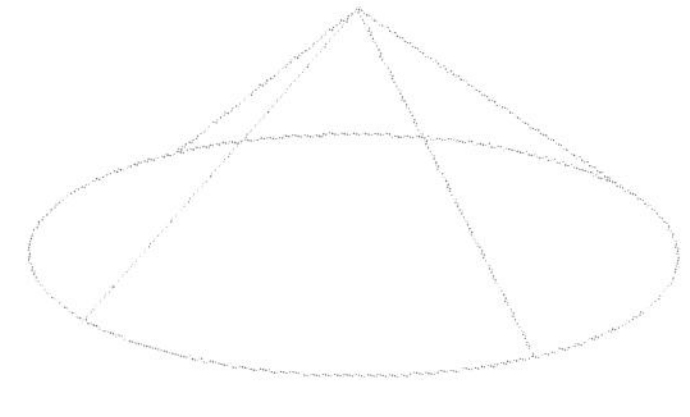

图 15-24

选项精解

- 底面的中心点：指定圆锥体底面的中心点。
- 三点(3P)：通过指定三个点来定义圆锥体的底面周长和底面。
- 两点(2P)：通过指定两个点来定义圆锥体的底面直径。

- 切点、切点、半径：定义具有指定半径，且与两个对象相切的圆锥体底面。有时会有多个底面符合指定的条件。程序将绘制具有指定半径的底面，其切点与选定点的距离最近。
- 椭圆：指定圆锥体的椭圆底面。

圆锥体与圆台体

圆台体又称为圆锥台，是由平行于圆锥底面，且与底面距离小于锥体高度的平面截面，截取该圆锥而得到的实体。圆台就是圆锥体减去上面头部的部分。

```
命令:CONE
指定底面的中心点或 [三点(3P)/两点(2P)/切点、切点、半径(T)/椭圆(E)]:
指定底面半径或 [直径(D)] <16.4635>: 20
指定高度或 [两点(2P)/轴端点(A)/顶面半径(T)] <25.1029>: t
指定顶面半径 <0.0000>: 9
指定高度或 [两点(2P)/轴端点(A)] <25.1029>: 20
```

结果如图15-25所示。

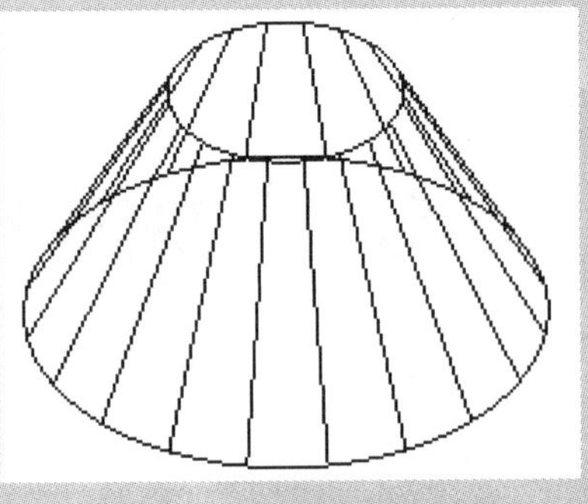

图 15-25

4. 创建指定倾斜角的圆锥体

可以指定一定的倾斜角来创建圆锥。首先绘制一个二维圆，然后使用“拉伸”命令来对其进行拉伸，指定倾斜角度即可创建圆锥体，命令行显示如图15-26所示。

```
命令: _extrude
当前线框密度:  ISOLINES=15, 闭合轮廓创建模式 = 实体
选择要拉伸的对象或 [模式(MO)]: _MO 闭合轮廓创建模式 [实体(SO)/曲面(SU)] <实体>: _SO
选择要拉伸的对象或 [模式(MO)]: 找到 1 个
选择要拉伸的对象或 [模式(MO)]:
指定拉伸的高度或 [方向(D)/路径(P)/倾斜角(T)/表达式(E)] <871.2128>:
t
指定拉伸的倾斜角度或 [表达式(E)] <0>:
指定拉伸的高度或 [方向(D)/路径(P)/倾斜角(T)/表达式(E)] <871.2128>:
```

图 15-26

结果如图15-27所示。

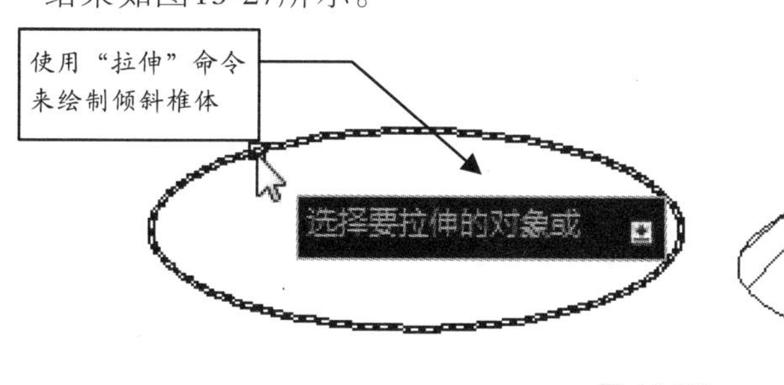

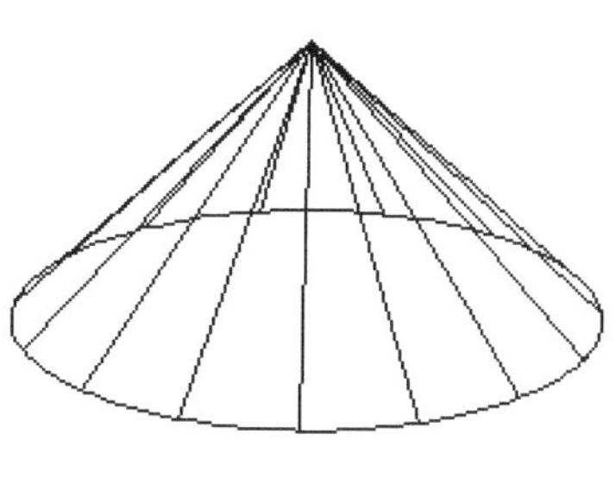

图 15-27

15.1.3 绘制球体

可以使用多种方法中的一种创建实体球体。球体是三维空间中到一个点的距离等于定值的所有点的集合特征。

案例15-5：创建球体

结果文件 Sample/CH15/05.dwg

Step01 新建一个三维图形文件，然后单击“常用”选项卡→“建模”面板→“球体”按钮，如图15-28所示。

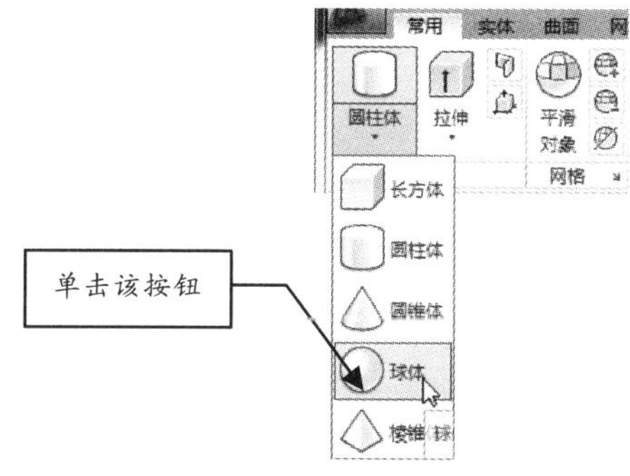

图 15-28

小贴示 其他调用该命令的方法。

- 命令：SPHERE。
- 菜单：“绘图”→“建模”→“球体”命令。
- 工具栏：“建模”→“（球体）”按钮。

Step02 指定球体的中心点和球体半径，如图15-29所示。

Step03 绘制完成后，结果如图15-30所示。

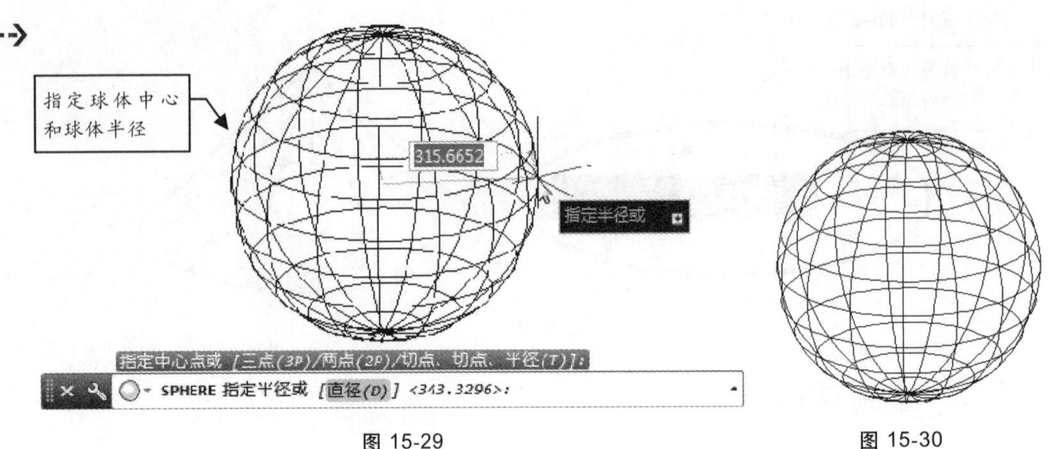

图 15-29　　　　图 15-30

选题精解

可以使用多种方式来创建球体。

- 三点：指定三个点以设置圆周或半径的大小和所在平面。使用“三点”选项在三维空间中的任意位置定义球体的大小。这三个点还可定义圆周所在平面。
- 两点：指定两个点以设置圆周或半径。使用“两点”选项在三维空间中的任意位置定义球体的大小。圆周所在平面与第一个点的 Z 值相符。
- 切点、切点、半径：基于其他对象设置球体的大小和位置。使用“相切、相切、半径”选项定义与两个圆、圆弧、直线和某些三维对象相切的球体。切点投影在当前UCS上。

15.1.4　绘制圆环体

创建类似于轮胎内胎的环形实体，可以看成是圆轮廓线绕与其共面的直线旋转所形成的实体特征。圆环体具有两个半径值：一个值定义圆管，另一个值定义从圆环体的圆心到圆管的圆心之间的距离。默认情况下，圆环体将绘制为与当前 UCS 的 XY 平面平行，且被该平面平分。

案例15-6：创建圆环体实体

结果文件 Sample/CH15/06.dwg

Step01 新建一个三维图形文件，然后单击“常用”选项卡→“建模”面板→“圆环体”按钮，如图15-31所示。

小贴示 其他调用该命令的方法。

- 命令行：TORUS。
- 菜单：“绘图”→“建模”→“圆环体”命令。
- 工具栏：“建模”→“◎（圆环体）”按钮。

Step02 指定圆环体的中心点和圆环体的半径，如图15-32所示。

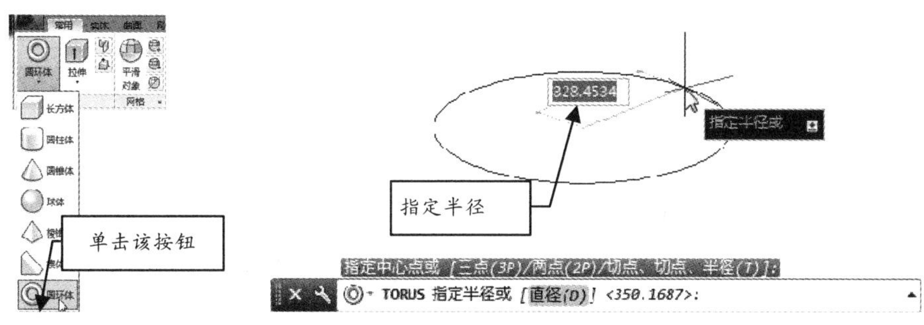

图 15-31　　　　图 15-32

Step03 指定圆管的半径，如图15-33所示。

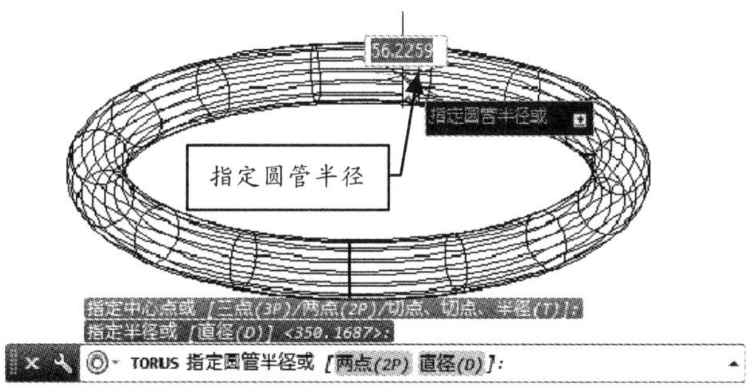

图 15-33

Step04 指定完成后，如图15-34所示。

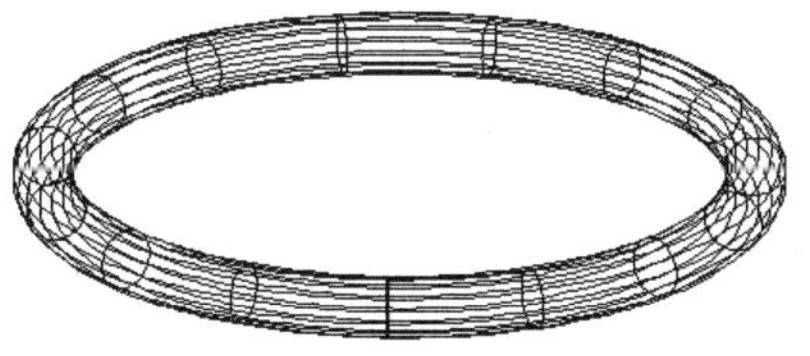

图 15-34

辨析 圆管半径比圆半径大怎么办

当圆管半径等于或大于圆半径时，系统就会显示较为怪异的图形结果，如图15-35左为两个值相等，右面的为圆管半径大于圆半径。

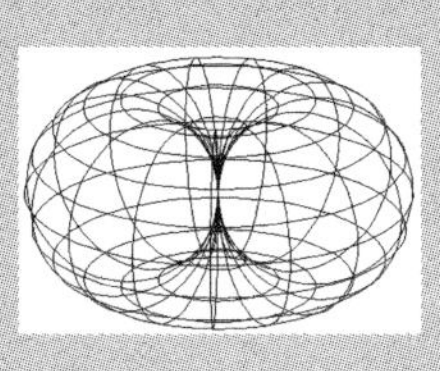
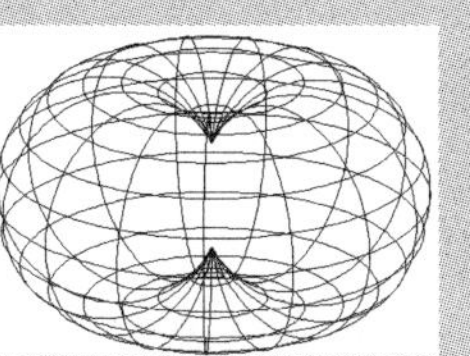

图 15-35

选项精解

以下选项来控制创建的圆环体的大小和旋转。

- 设置圆周或半径的大小和所在平面：使用“三点”选项在三维空间中的任意位置定义圆环体的大小。这三个点还可定义圆周所在平面。使用此选项可在创建圆环体时进行旋转。
- 设置圆周或半径：使用“两点”选项在三维空间中的任意位置定义圆环体的大小。圆周所在平面与第一个点的 Z 值相符。
- 基于其他对象设置圆环体的大小和位置：使用“相切、相切、半径”选项定义与两个圆、圆弧、直线和某些三维对象相切的圆环体。切点投影在当前UCS上。

圆环体可以自交。自交的圆环体没有中心孔，因为圆管半径大于圆环体半径。

15.2 从二维对象绘制三维对象

不但可以直接使用三维实体创建对象，还能使用二维对象经过拉伸或旋转来创建三维对象。

15.2.1 通过拉伸绘制三维实体或曲面

可以通过将对象拉伸到三维空间来创建实体和曲面。

EXTRUDE 命令可创建延伸对象的形状的实体或曲面。可以将闭合对象（如圆）转换为三维实体。可以将开放对象（如直线）转换为三维曲面。

如果拉伸具有一定宽度的多段线，则将忽略宽度并从多段线路径的中心拉伸多段线。如果拉伸具有一定厚度的对象，则将忽略厚度。

必须将独立对象（如多条直线或圆弧）转换为单个对象，才能从中创建拉伸实体。可以使用 PEDIT 命令的“合并”选项将对象合并形成多段线。也可以使用 REGION 命令将对象转换形成面域。

案例15-7：创建拉伸实体			
素材文件	Sample/CH15/07.dwg	结果文件	Sample/CH15/07-end.dwg
视频文件	视频演示/CH15/创建拉伸实体.avi		

Step01 打开图形文件，然后单击“常用”选项卡→“建模”面板→“拉伸”按钮，如图15-36所示。

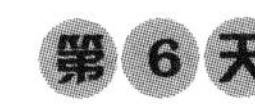

图 15-36

小贴示 其他调用该命令的方法。

- 命令行：EXTRUDE。
- 工具栏："建模"→"（拉伸）"按钮。

Step02 在绘图窗口中选择要拉升的对象"圆"，如图15-37所示。

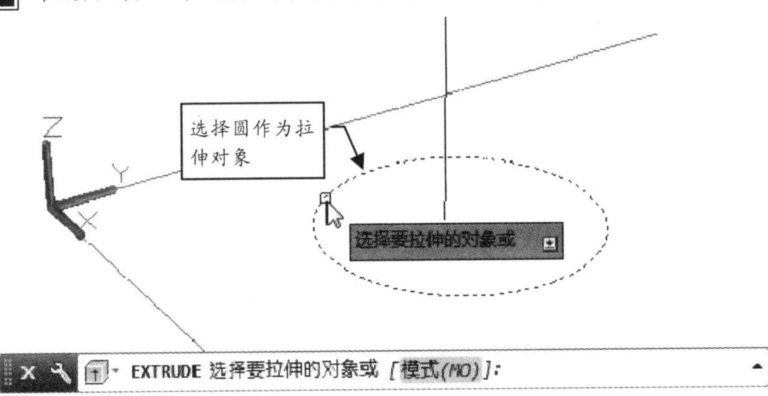

图 15-37

Step03 指定拉升的高度，如图15-38所示。

Step04 指定完成后，如图15-39所示。

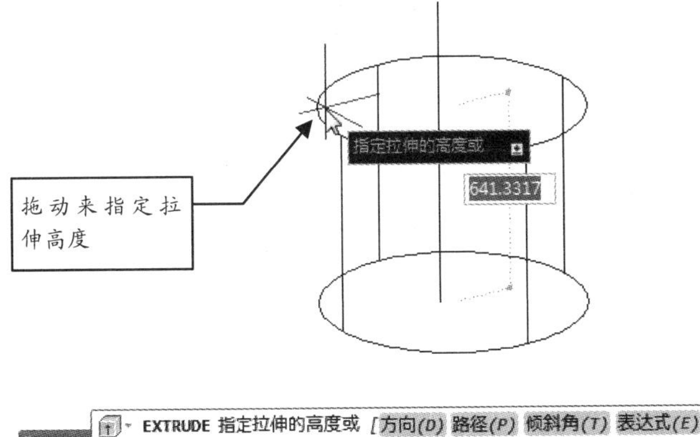

图 15-38

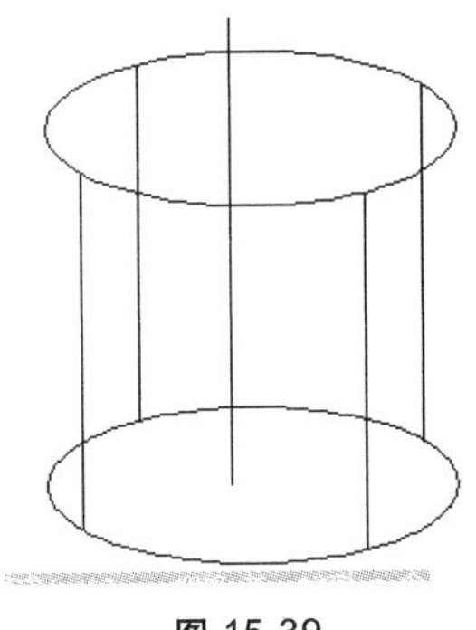

图 15-39

小贴示 拉升方向只能为向高度方向拉升，即通常所说的Z方向。

选项精解

- 模式：控制拉伸对象是实体还是曲面。
- 拉升高度：沿正或负Z 轴拉伸选定对象。
- 方向：用两个指定点指定拉伸的长度和方向。需要注意的是，拉伸方向不能与拉伸创建的扫掠曲线所在的平面平行。
- 路径：指定基于选定对象的拉伸路径。路径将移动到轮廓的质心，然后沿选定路径拉伸选定对象的轮廓以创建实体或曲面，如图15-40所示。

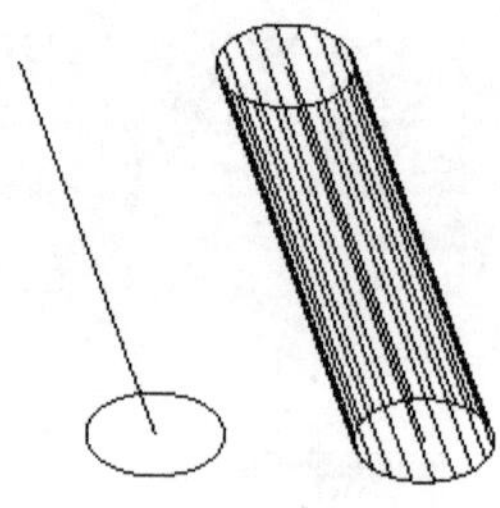

图 15-40

小贴示 按住<Ctrl>键的同时选择面和边的子对象。

如果路径包含不相切的线段，那么程序将沿每个线段拉伸对象，然后沿线段形成的角平分面斜接接头。如果路径是封闭的，对象应位于斜接面上。这允许实体的起点截面和端点截面相互匹配。如果对象不在斜接面上，将旋转对象拉伸到斜接面上。

- 倾斜角：指定拉伸的倾斜角，在-90° ~ +90° 之间。正角度表示从基准对象逐渐变细地拉伸，而负角度则表示从基准对象逐渐变粗地拉伸。默认角度 0 表示在与二维对象所在平面垂直的方向上进行拉伸。在定义要求成一定倾斜角的零件方面，倾斜拉伸非常有用，如铸造车间用来制造金属产品的铸模，结果如图15-41所示。

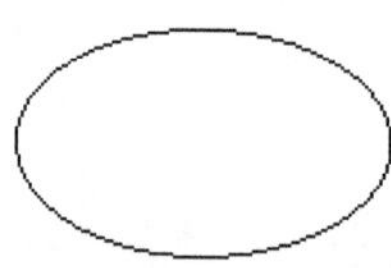
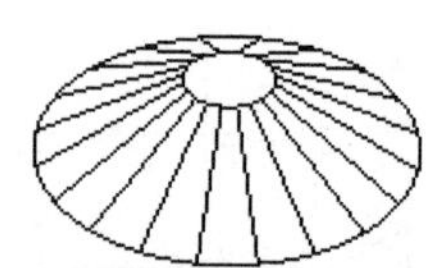

图 15-41

注意 避免使用过大的倾斜角度。如果角度过大，轮廓可能在达到所指定高度以前就倾斜为一个点。

- 表达式：输入公式或方程式以指定拉伸高度。

15.2.2 通过旋转绘制三维对象实体或曲面

通过绕轴旋转对象来创建三维对象。使用 REVOLVE 命令，可以绕轴旋转开放

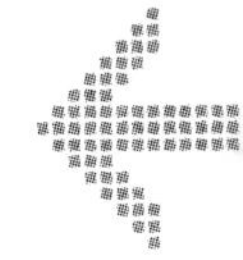

对象或闭合对象。旋转对象可定义新实体或曲面的轮廓。

如果旋转闭合对象，则生成实体。如果旋转开放对象，则生成曲面。

旋转路径和轮廓曲线可以是：

- 开放的或闭合的；
- 平面或非平面；
- 实体边和曲面边；
- 单个对象（为了拉伸多条线，使用 JOIN 命令将其转换为单个对象）；
- 单个面域（为了拉伸多个面域，使用 REGION 命令将其转换为单个对象）。

小贴示 若要自动删除轮廓，请使用 DELOBJ 系统变量。如果已启用关联性，则将忽略 DELOBJ 系统变量，且不会删除原始几何图形。

可旋转的对象有曲面、椭圆弧、二维实体、实体、二维和三维样条曲线、宽线、圆弧、二维和三维多段线、椭圆、圆和面域。

注意 按住<Ctrl>键的同时选择面和边的子对象。

旋转由与多段线相交的直线或圆弧组成的轮廓时，该轮廓会创建一个曲面对象。要转为创建三维实体对象，首先需要使用 PEDIT 命令的“合并”选项将轮廓对象转换为单条多段线。

案例15-8：创建旋转实体

素材文件 Sample/CH15/08.dwg **结果文件** Sample/CH15/08-end.dwg

Step01 打开图形文件，然后单击“常用”选项卡→“建模”面板→“旋转”按钮，如图15-42所示。

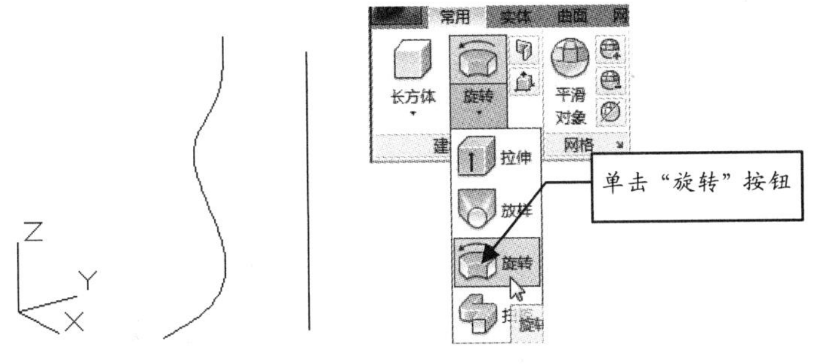

图 15-42

小贴示 其他调用该命令的方法。

- 命令行：REVOLVE。
- 工具栏："建模"→"（旋转）"按钮。

Step02 在绘图窗口中选择要旋转的对象"曲线"，如图15-43所示。

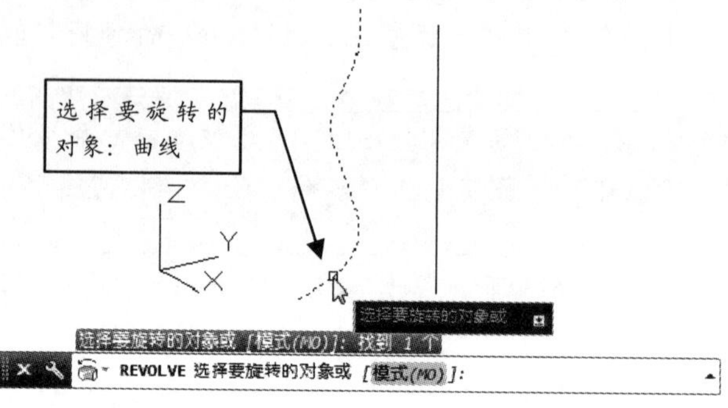

图 15-43

Step03 输入字母O使用对象作为旋转的轴，如图15-44所示。

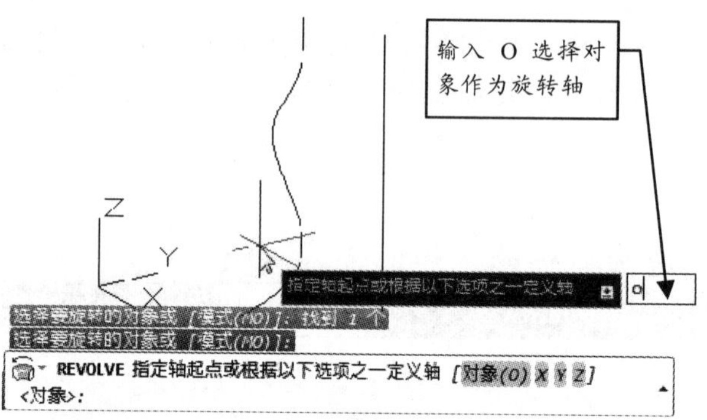

图 15-44

Step04 然后指定旋转轴，系统提示选择对象，如图15-45所示。

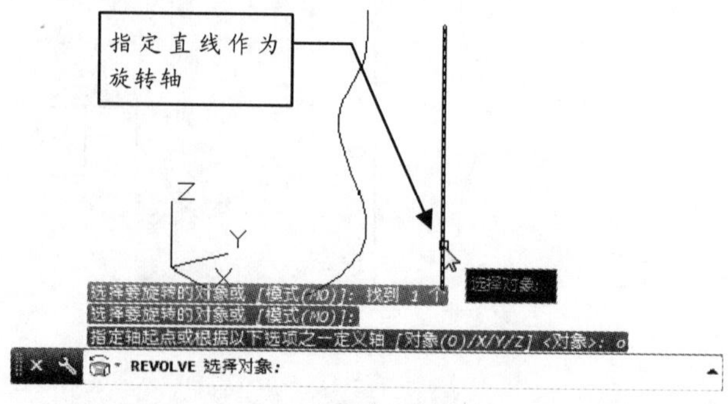

图 15-45

Step05 提示输入旋转角度，系统会根据指定的旋转角度绘制旋转的结果，如图15-46所示。

Step06 使用默认的360°即完全旋转的结果，如图15-47所示。

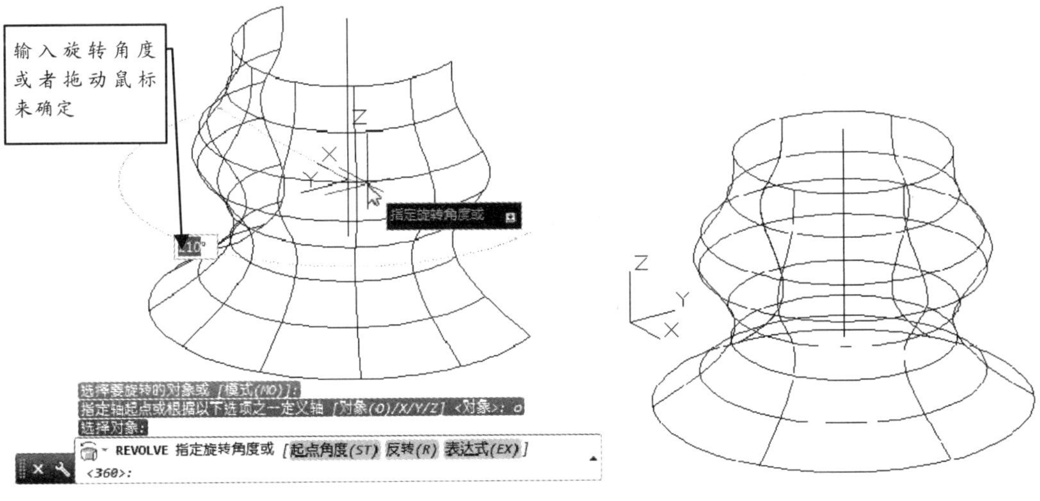

图 15-46　　图 15-47

选项精解

- 指定旋转的对象：直接选择或者使用模式方式指定需要旋转的对象。
- 模式：控制旋转动作是创建实体还是曲面。会将曲面延伸为 NURBS 曲面或程序曲面，具体取决于 SURFACEMODELINGMODE 系统变量。
- 指定旋转轴：使用轴起点、端点或其他方式指定旋转轴。
- 指定旋转角度：使用起点角度、旋转角度和轴起点、端点或其他方式指定旋转轴。
  - 起点角度：为从旋转对象所在平面开始的旋转指定偏移，如图15-48左所示。
  - 反转：更改旋转方向；类似于输入 -（负）角度值。右侧的旋转对象显示按照与左侧对象相同的角度旋转，但使用反转选项的样条曲线，如图15-48右所示。

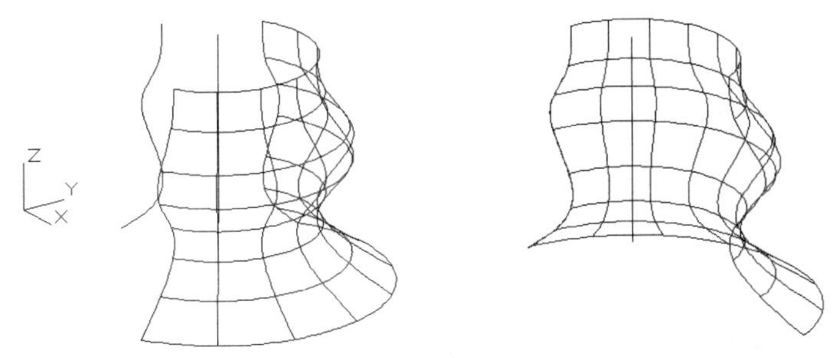

图 15-48

- 表达式：输入公式或方程式以指定旋转角度。请参见“通过公式和方程式约束设计”。

15.3　编辑实体边

可以选择和修改三维实体或曲面上的边，在三维绘图环境中，所有实体都是由最基本的面和边所组成的。

15.3.1　提取边

从三维实体、曲面、网格、面域或子对象的边创建线框几何图形。

在三维建模环境中执行提取边操作，可通过从实体或曲面中提取边来创建线框。可从任何有利位置查看模型结构特征，并且自动生成标准的正交视图，以及轻松的分解实体。

使用XEDGES命令，通过从以下对象中提取所有边，可以创建线框几何体。

- 三维实体、三维实体历史记录子对象。
- 网格、面域。
- 曲面、子对象（边和面）。

图15-49所示即为从实体中提取的边对象。

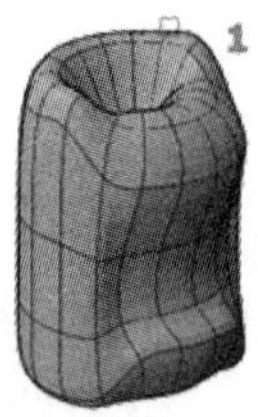
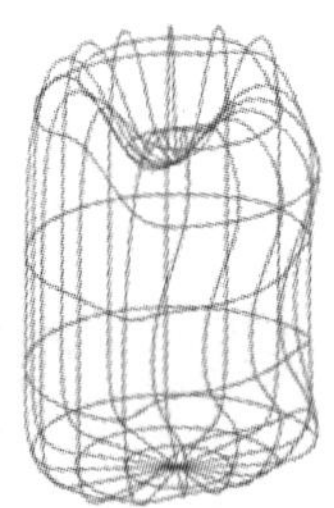

图 15-49

案例15-9：提取实体边操作			
素材文件	Sample/CH15/09.dwg	结果文件	Sample/CH15/09-end.dw
视频文件	视频演示/CH15/提取实体边.avi		

Step01　打开图形文件，然后单击“实体”选项卡→“实体编辑”面板→“提取边”按钮，如图15-50所示。

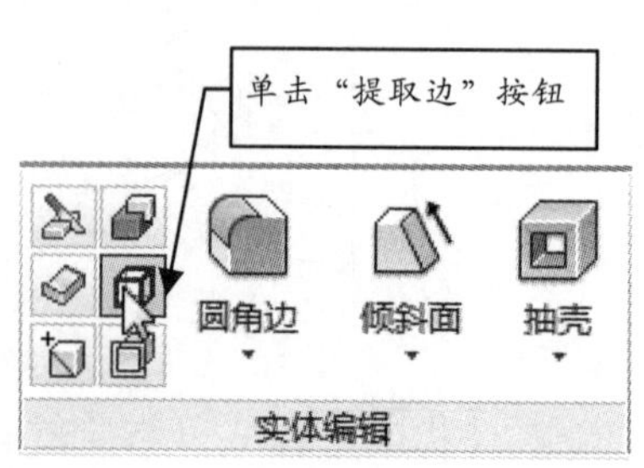

图 15-50

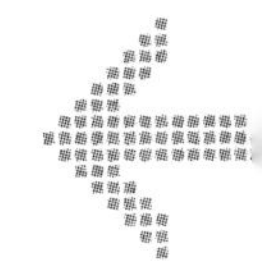

Step02 在绘图窗口中选择要提取边的对象“齿轮”，如图15-51所示。

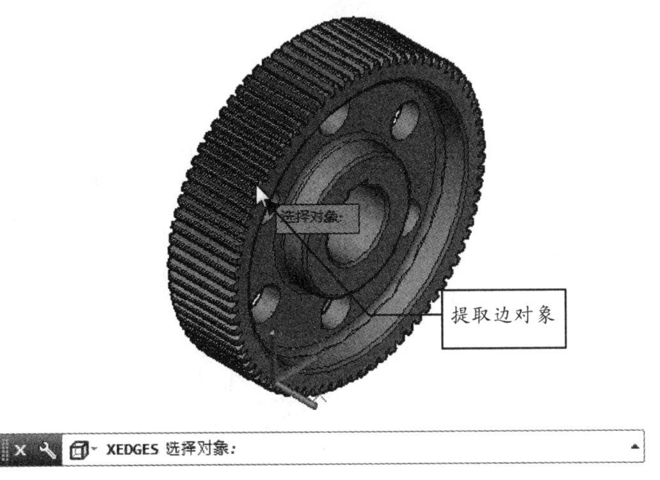

图 15-51

Step03 按<Enter>键完成对象的提取。然后单击“常用”选项卡→“修改”面板→“三维移动”按钮移动齿轮，如图15-52所示。

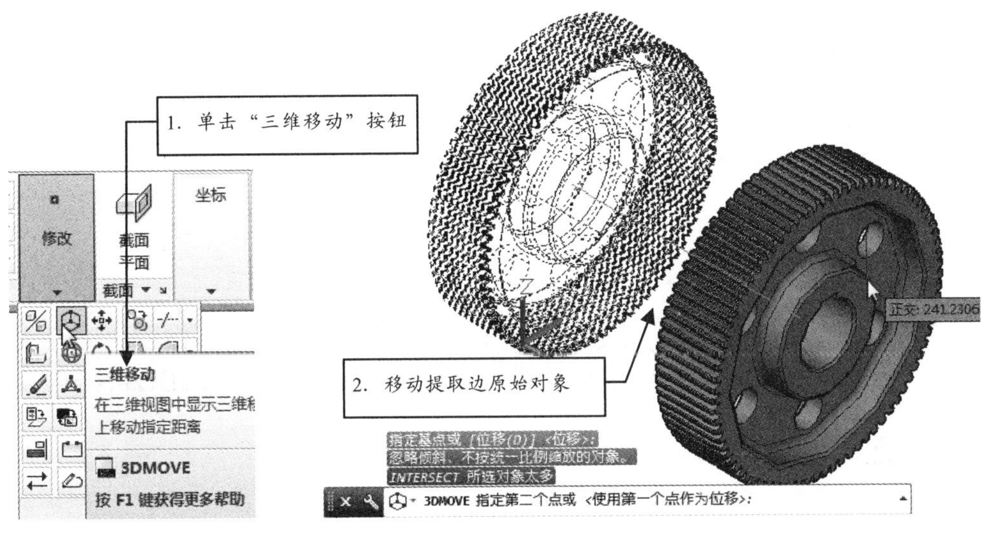

图 15-52

Step04 移动完成后，可以看到提取的边，如图15-53所示。

按住<Ctrl>键的同时选择面、边和部件对象，如果需要，可重复此操作。直线、圆弧、样条曲线或三维多段线等对象是沿选定的对象或子对象的边创建的。

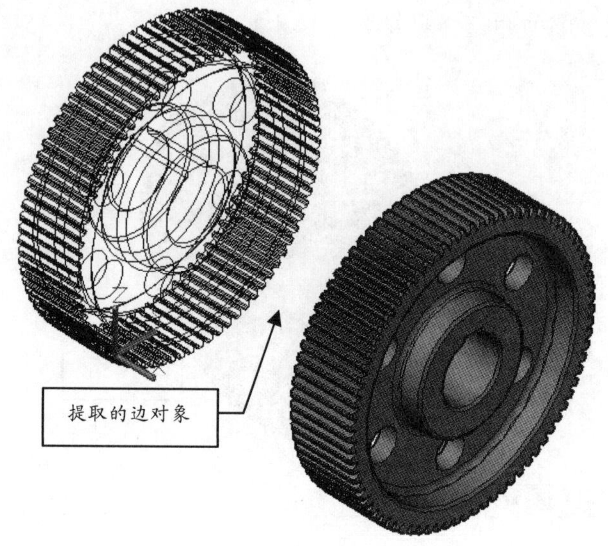

图 15-53

15.3.2 倒角与圆角边

倒角边和圆角边功能与在二维绘图中的倒角与圆角方法类似，只不过操作的对象从二维的边变成的三维的边。

1. 倒角边

为三维实体边进行倒角。

案例15-10：对图形进行倒角操作

素材文件	Sample/CH15/10.dwg	结果文件	Sample/CH15/10-end.dwg
视频文件	视频演示/CH15/对图形进行倒角操作.avi		

Step01 打开图形文件，然后单击“实体”选项卡→“实体编辑”面板→“倒角边”按钮，如图15-54所示。

图 15-54

小贴示 其他调用该命令的方法。

- 命令：CHAMFEREDGE。
- 菜单："修改"→"实体编辑"→"倒角边"命令。
- 工具栏："实体编辑"→"（倒角边）"按钮。

Step02 在绘图窗口中选择要倒角边的对象"齿轮"，如图15-55所示。

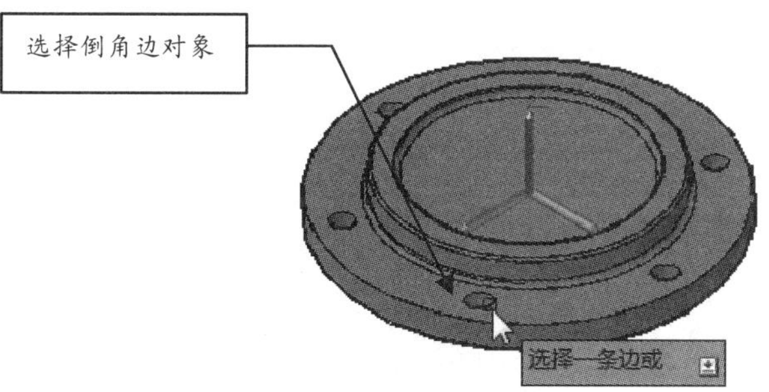

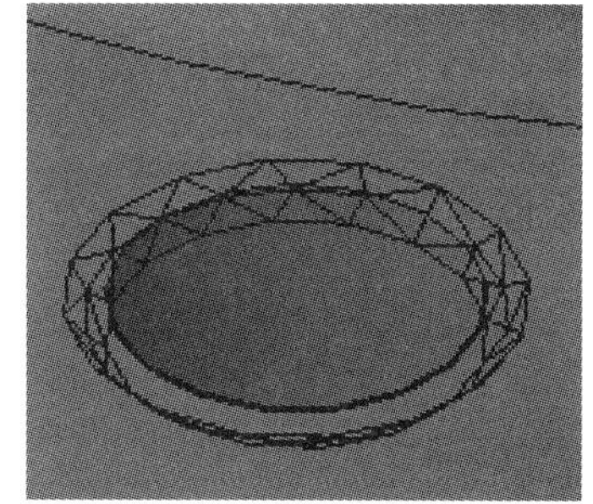

图 15-55

Step03 单击选择其他部分的圆，如图15-56所示。

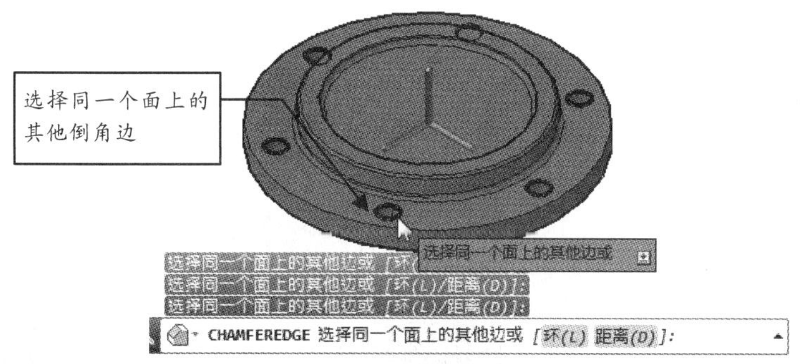

图 15-56

Step04 选择完成后，输入D，并指定倒角距离1为1.5，如图15-57所示。

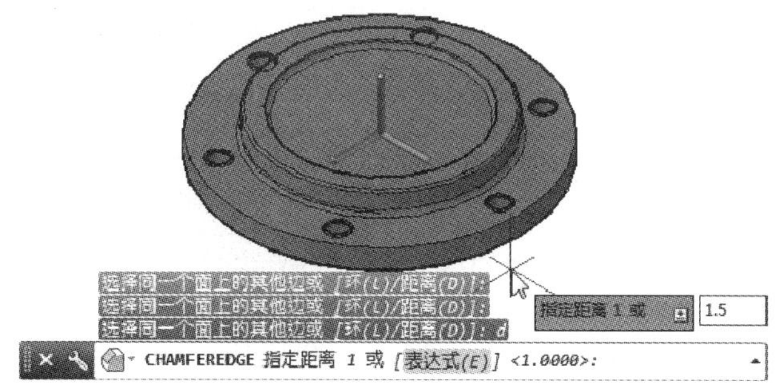

图 15-57

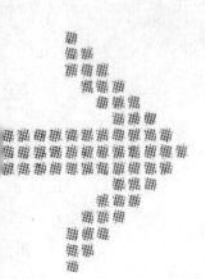

Step05 指定倒角距离2也为1.5，然后按两次<Enter>键，接受倒角，如图15-58所示。

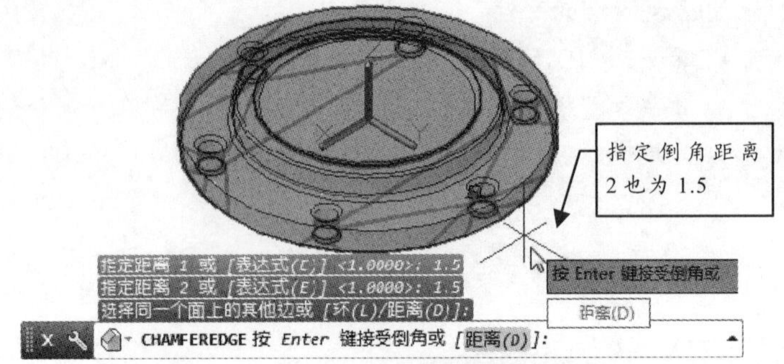

图 15-58

Step06 结果如图15-59所示。

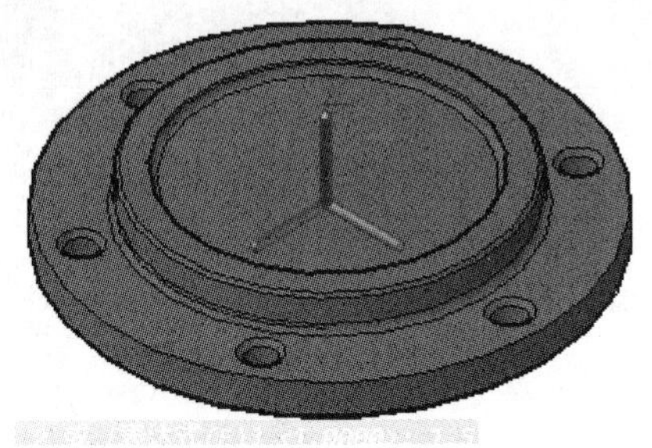

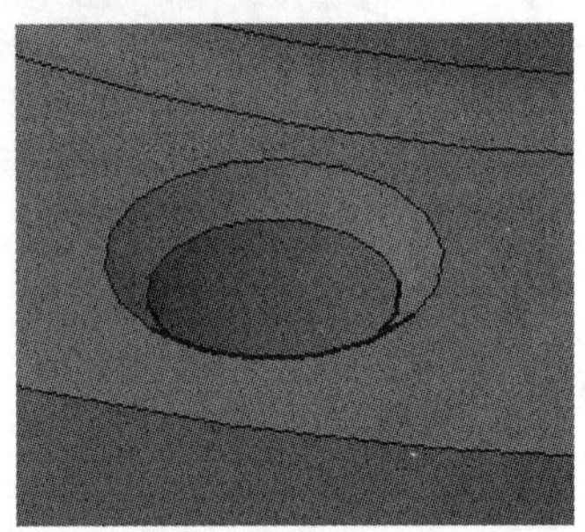

图 15-59

2. 圆角边

为实体对象边创建圆角。用户可以选择多条边，输入圆角半径值并拖动圆角夹点。

案例15-11：对实体进行倒圆角边

素材文件	Sample/CH15/11.dwg	结果文件	Sample/CH15/11-end.dwg
视频文件	视频演示/CH15/对实体进行倒圆角边.avi		

Step01 继续倒角结果，然后单击“实体”选项卡→“实体编辑”面板→“圆角边”按钮，如图15-60所示。

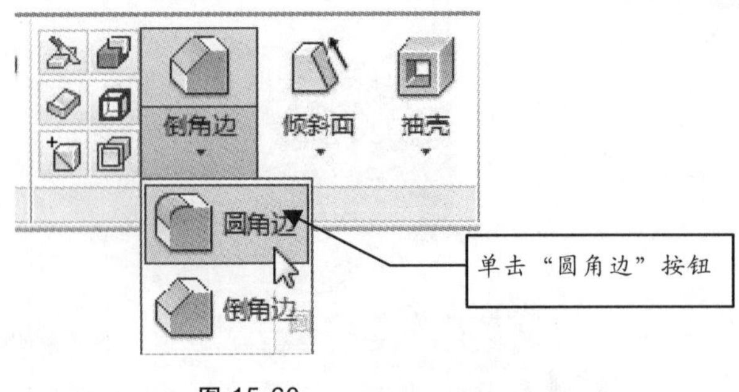

图 15-60

小贴示 其他调用该命令的方法。

- 命令：FILLETEDGE
- 菜单："修改"→"实体编辑"→"圆角边"命令。
- 工具栏："实体编辑"→"（圆角边）"按钮。

Step02 在绘图窗口中选择要提取边的对象"齿轮"，如图15-61所示。

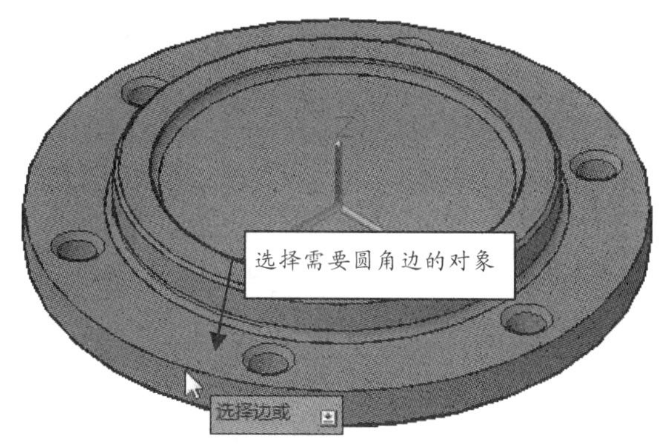

图 15-61

Step03 输入R指定圆角的半径值，如图15-62所示。

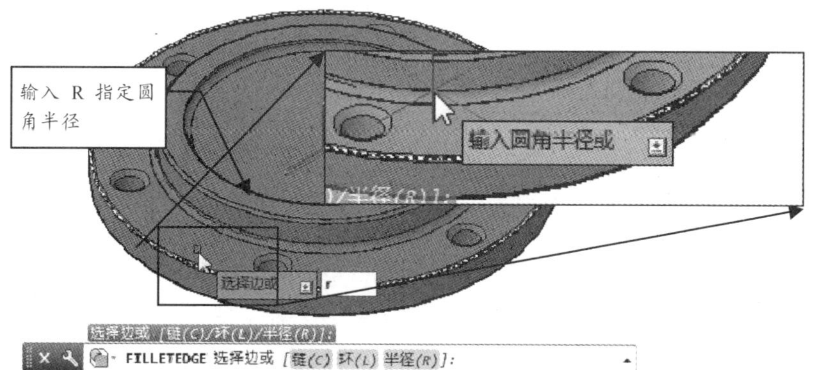

图 15-62

Step04 然后按两次<Enter>键，如图15-63所示。

Step05 结果如图15-64所示。

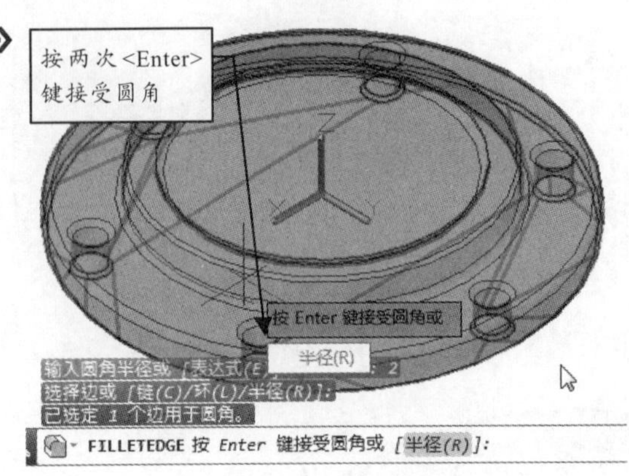

图 15-63

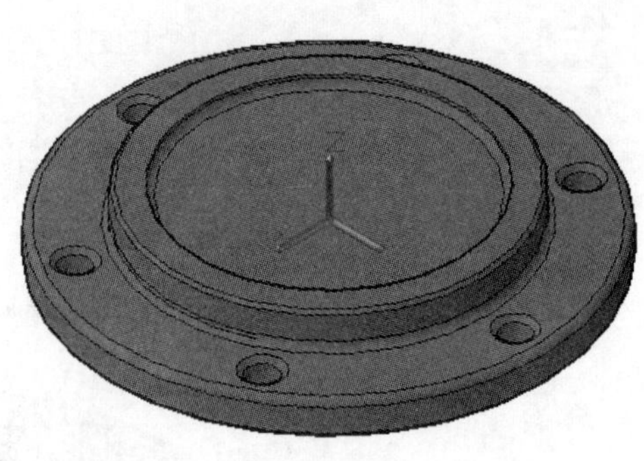

图 15-64

15.3.3 压印与复制边

压印和复制实体边对象非常简单，由于这几种三维操作方法和前面讲解的提取边方法类似，这儿不再详细说明。

1．压印边

压印三维实体或曲面上的二维几何图形，从而在平面上创建其他边。压印功能在产品模型上创建公司标记等图形对象非常有用。

位于某个面上的二维几何图形，或三维几何实体与某个面相交获得的形状，可以与这个面合并，从而创建其他边。这些边可以提供视觉效果，并可进行压缩或拉长以创建缩进和拉伸。

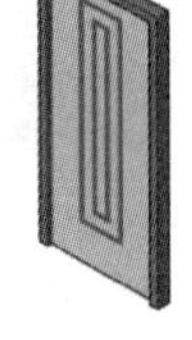

图 15-65

为了使压印操作成功，被压印的对象必须与选定对象的一个或多个面相交。"压印"选项仅限于以下对象执行：圆弧、圆、直线、二维和三维多段线、椭圆、样条曲线、面域、体和三维实体，结果如图15-65所示。

2．复制边

复制边对象可以将三维实体上的选定边复制为二维圆弧、圆、椭圆、直线或样条曲线。保留边的角度，并使用户可以执行修改、延伸操作以及基于提取的边创建新几何图形。

单击"复制边"按钮，然后选择需要进行复制的边，按回车键，依次指定基点和位移点，即可将选择的边复制到位移点处，如图15-66所示。

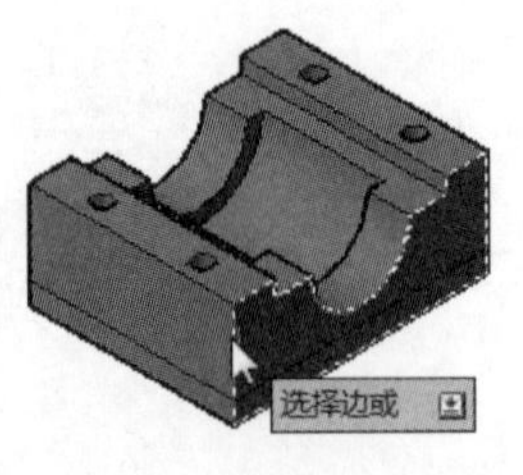

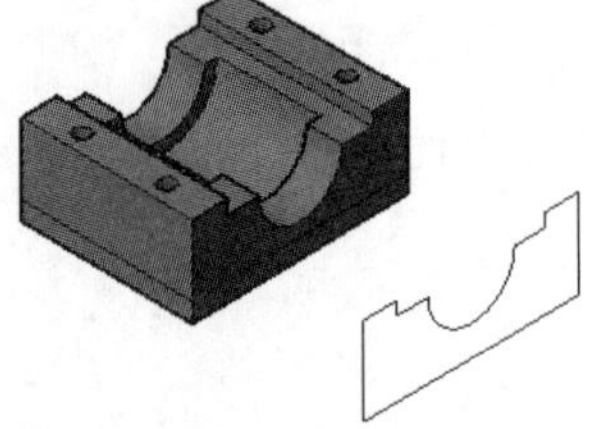

图 15-66

15.4 编辑实体面

编辑三维实体对象的面和边，可通过拉伸、移动、旋转、偏移、倾斜、删除、复制或更改颜色来编辑选定的三维实体面。

可以选择三维实体对象上单独的面，也可以使用以下选择方法之一。

- 边界集；
- 交叉窗口多边形；
- 交叉窗口；
- 栏选。

15.4.1 拉伸和偏移实体面

面的编辑方法也多种多样，这里主要介绍拉伸和偏移实体面。

1. 拉伸实体面

在X、Y或Z方向上延伸三维实体面。可以通过移动面来更改对象的形状。

沿一条路径拉伸平面，或者指定一个高度值和倾斜角。每个面都有一个正边，该边在面（正在处理的面）的法线上。输入一个正值可以沿正方向拉伸面（通常是向外）；输入一个负值可以沿负方向拉伸面（通常是向内）。

案例15-12：对实体进行拉伸面操作			
素材文件	Sample/CH15/12.dwg	结果文件	Sample/CH15/12-end.dwg
视频文件	视频演示/CH15/对实体进行拉伸面操作.avi		

Step01 打开图形文件，然后单击“实体”选项卡→“实体编辑”面板→“拉伸面”按钮，如图15-67所示。

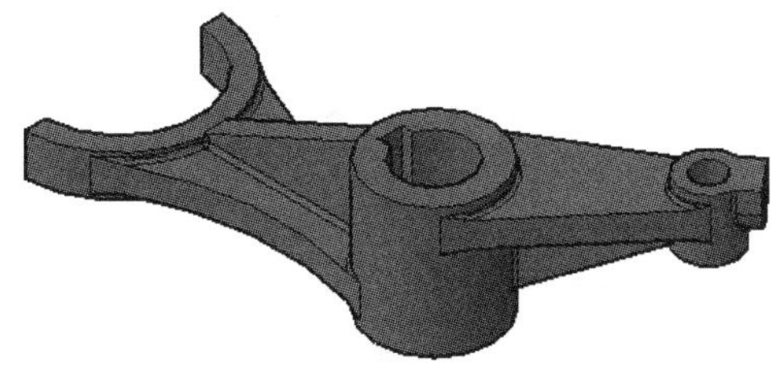

图 15-67

小贴示 其他调用该命令的方法。

- 命令：SOLIDEDIT。
- 菜单：“修改”→“实体编辑”→“拉伸面”命令。
- 工具栏：“实体编辑”→“（拉伸面）”按钮。

Step02 在绘图窗口中选择要提取边的对象“齿轮”，如图15-68所示。

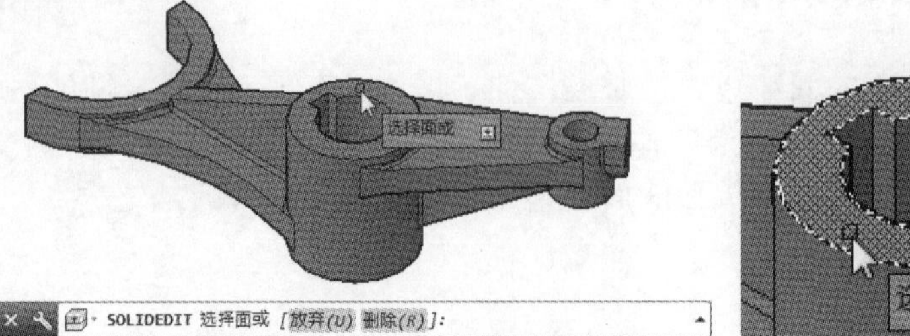

图 15-68

Step03 输入拉伸高度值为40，如图15-69所示。

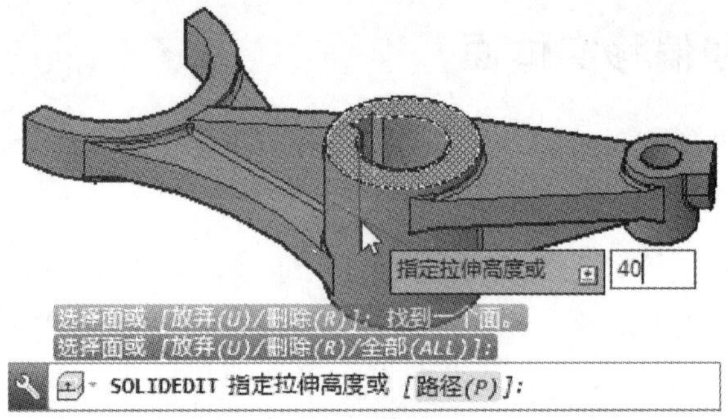

图 15-69

Step04 输入拉伸角度值为15，如图15-70所示。

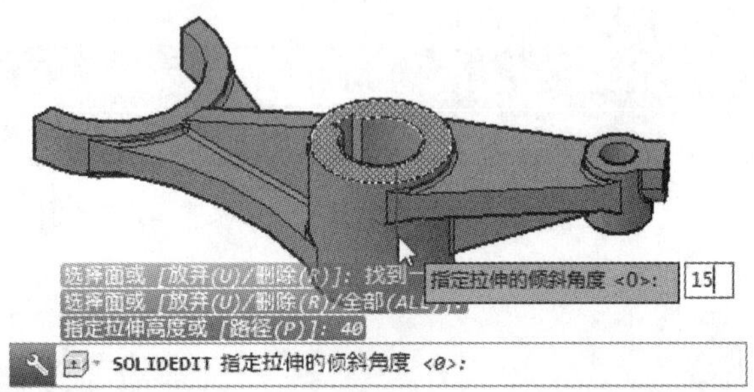

图 15-70

Step05 然后按两次<Enter>键退出，结果如图15-71所示。

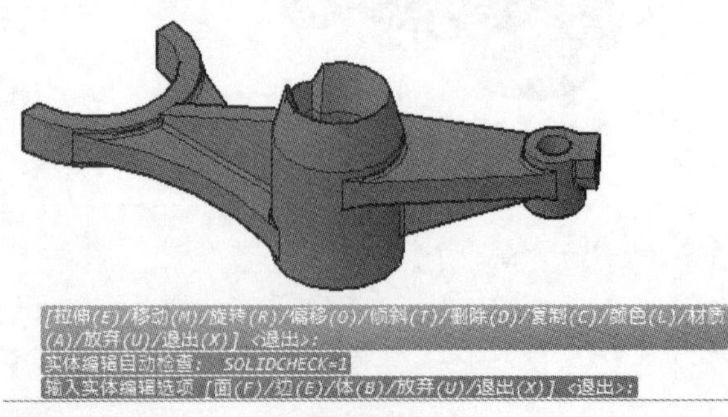

图 15-71

选项精解

各选项的含义如下。

- 选择面：指定要修改的面。
- 放弃：取消选择最近添加到选择集中的面后将重新显示提示。
- 添加：向选择集中添加选择的面。
- 拉伸高度：指定拉伸的高度。
- 路径：按指定的路径拉伸。
- 拉伸的倾斜角度：指定拉伸的倾斜角。如果拉伸的倾斜角度为正，则选定的面将向内倾斜面；如果为负值，选定的面将向外倾斜面。默认角度为 0，可以垂直于平面拉伸面。

2. 偏移实体面

在三维实体上，可以按指定的距离均匀地偏移面。通过将现有的面从原始位置向内或向外偏移指定的距离可以创建新的面（沿面的法线偏移，或向曲面或面的正侧偏移）。例如，可以偏移实体对象上较大的孔或较小的孔。指定正值将增大实体的尺寸或体积，指定负值将减小实体的尺寸或体积。也可以用一个通过的点来指定偏移距离。

案例15-13：对实体进行偏移面操作

素材文件	Sample/CH15/13.dwg	结果文件	Sample/CH15/13-end.dwg
视频文件	**视频演示**/CH15/**偏移面操作**.avi		

Step01 打开偏移图形文件，然后单击“实体”选项卡→“实体编辑”面板→“偏移面”按钮，如图15-72所示。

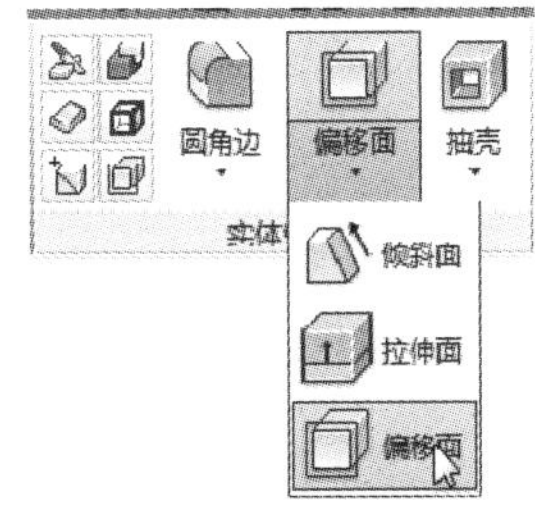

图 15-72

小贴示 其他调用该命令的方法。

- 命令：SOLIDEDIT。
- 菜单：“修改”→“实体编辑”→“倾斜面”命令。
- 工具栏：“实体编辑”→“（倾斜面）”按钮。

Step02 在绘图窗口中选择要进行偏移的面对象，如图15-73所示。

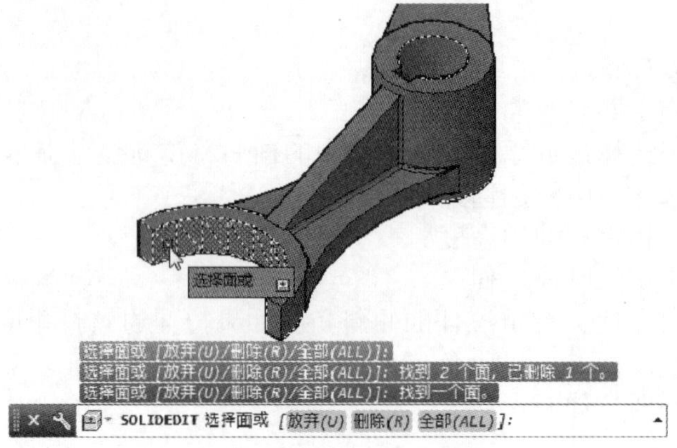

图 15-73

Step03 指定偏移距离为15，如图15-74所示。

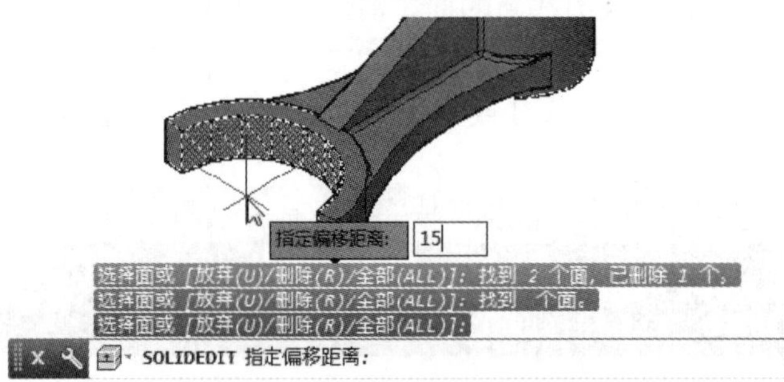

图 15-74

Step04 按<Enter>键退出偏移，结果如图15-75所示。

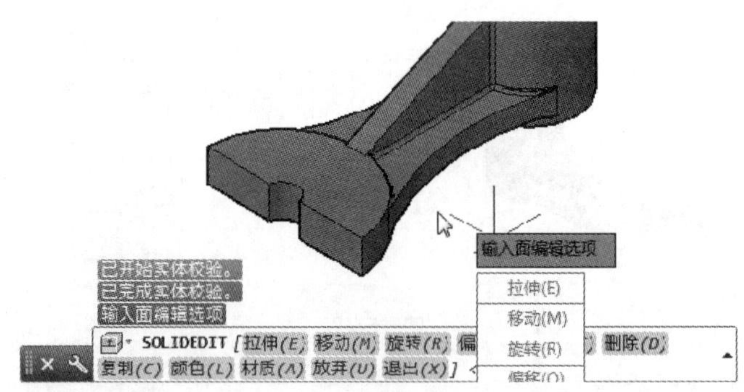

图 15-75

> **小贴示** AutoCAD 以偏移量的正负决定表面的偏移方向。偏移量为正时，表面向着实体体积增大的方向偏移；偏移量为负时，表面向着实体体积减小的方向偏移。实体的表面必须同时被偏移，否则 AutoCAD 会给出错误提示信息。

15.4.2 倾斜、旋转实体面

除了拉伸和偏移面外，还有旋转、移动、倾斜等多种编辑面的方式，由于它们的工作方式基本类似，这里简要说明如下。

1. 倾斜实体面

在三维实体上，可以指定的角度倾斜三维实体上的面。倾斜角的旋转方向由选择基点和第二点（沿选定矢量）的顺序决定。

单击“实体编辑”面板上的“倾斜面”按钮，指定倾斜轴和倾斜角度距离即可完成倾斜，如图15-76所示。

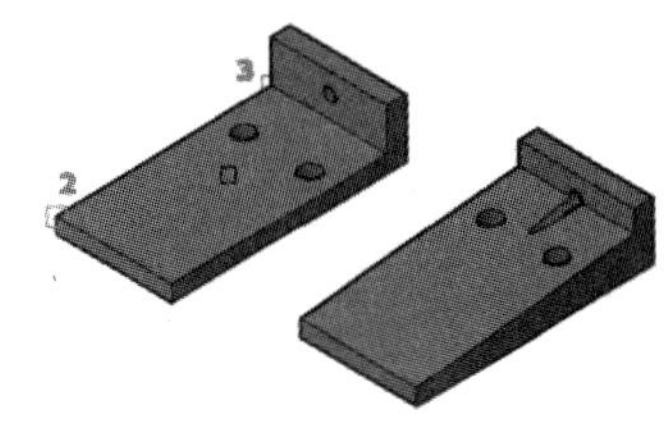

图 15-76

选项精解

各选项含义如下。

- 选择面：指定要倾斜的面，然后设置倾斜度。
- 指定基点：设置用于确定平面的第一个点。
- 指定沿倾斜轴的另一个点：设置用于确定倾斜方向的轴的方向。
- 倾斜角：指定-90° ～+90° 之间的角度以设置与轴之间的倾斜度。

> **注意** 正角度将向里倾斜面，负角度将向外倾斜面。默认角度为 0，可以垂直于平面拉伸面。选择集中所有选定的面将倾斜相同的角度。

2. 旋转实体面

通过选择基点和相对（或绝对）旋转角度，可以旋转实体上选定的面或特征集合，如孔。所有三维面都绕指定轴旋转。

旋转实体面时，单击“实体编辑”面板上的“旋转面”按钮，然后选中需要旋转的面即可，如图15-77所示。

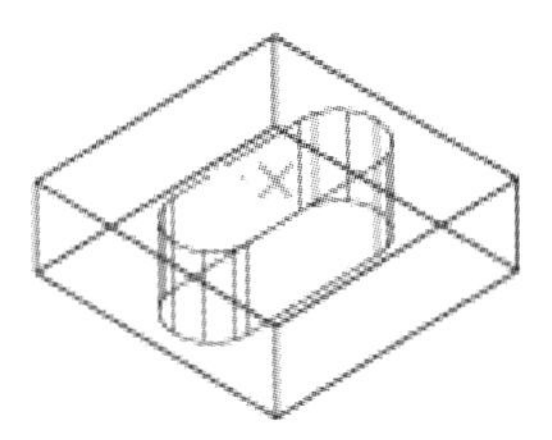
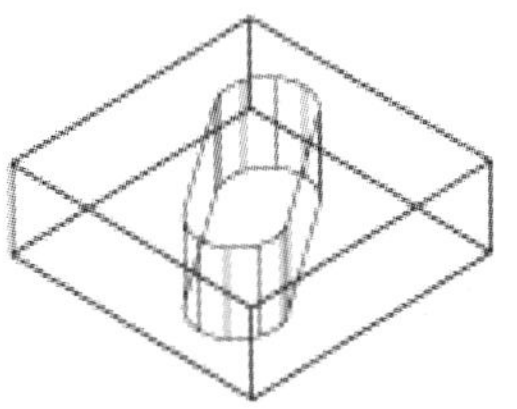

图 15-77

选项精解

各选项含义如下。

- 选择面：根据指定的角度和轴旋转面。
- 放弃：取消选择最近添加到选择集中的面后将重新显示提示。
- 删除：从选择集中删除以前选择的面。
- 全部：选择所有面并将它们添加到选择集中。
- 轴点（两点）：指定旋转轴第一点。
  - 在旋转轴上指定第一个点：设置旋转轴上的第一个点。
  - 在旋转轴上指定第二个点：设置轴上的第二个点。
- 经过对象的轴：将旋转轴与现有对象对齐。可选择下列对象。
  - 直线：将旋转轴与选定直线对齐。
  - 圆：将旋转轴与圆的三维轴（此轴垂直于圆所在的平面且通过圆心）对齐。
  - 圆弧：将旋转轴与圆弧的三维轴（此轴垂直于圆弧所在的平面且通过圆弧圆心）对齐。
  - 椭圆：将旋转轴与椭圆的三维轴（此轴垂直于椭圆所在的平面且通过椭圆中心）对齐。
  - 二维多段线：将旋转轴与由多段线的起点和端点构成的三维轴对齐。
  - 三维多段线：将旋转轴与由多段线的起点和端点构成的三维轴对齐。
  - 样条曲线：将旋转轴与由样条曲线的起点和端点构成的三维轴对齐。
- 视图：将旋转轴与当前通过选定点的视口的观察方向对齐。
- X轴、Y轴、Z轴：将旋转轴与通过选定点的轴（X、Y 或 Z 轴）对齐。
- 指定旋转原点：设置旋转点。
- 指定旋转角度：从当前位置起，使对象绕选定的轴旋转指定的角度。
- 参照：指定参照角度和新角度。

注意　当前 UCS 和 ANGDIR 系统变量的设置确定旋转的方向。可以根据两点指定旋转轴的方向、指定对象、X、Y 或 Z 轴或者当前视图的 Z 方向。只有实体的内表面才可以旋转，而实体外表面无法旋转，否则 AutoCAD 会给出相应的无效提示。

15.5　操作三维对象

除了进行三维实体编辑外，三维实体还能和二维图形一样进行旋转、移动、镜像和阵列等操作。

15.5.1　三维镜像

在创建镜像平面上选定三维对象的镜像副本。

案例15-14：对实体进行三维镜像操作

素材文件	Sample/CH15/14.dwg	结果文件	Sample/CH15/14-end.dwg
视频文件	视频演示/CH15/对实体进行三维镜像操作.avi		

Step01 打开图形文件，然后单击“实体”选项卡→“修改”面板→“三维镜像”按钮，如图15-78所示。

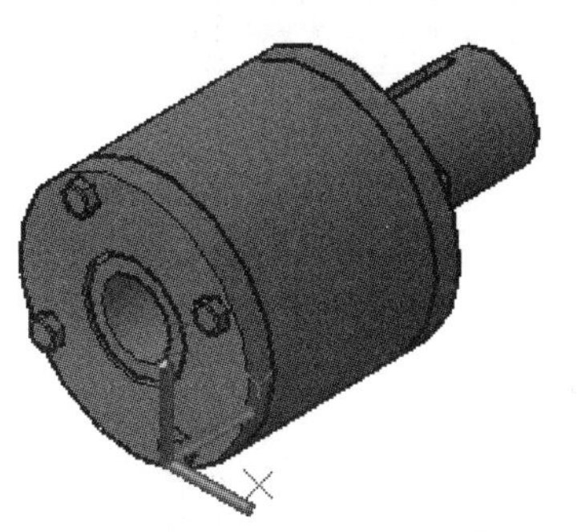
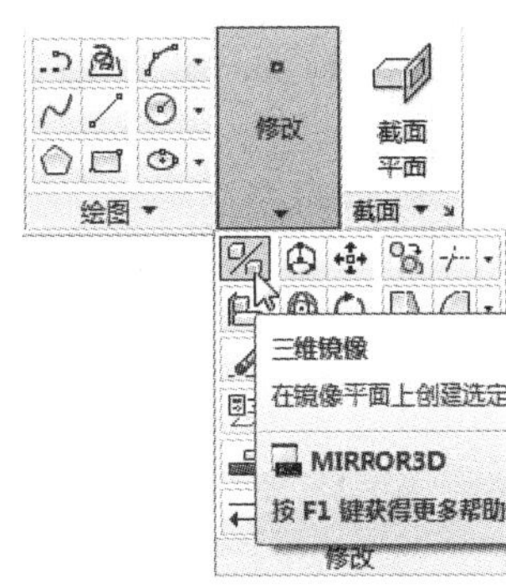

图 15-78

> 小贴示 其他调用该命令的方法。
> - 命令：MIRROR3D。
> - 菜单：“修改”→“三维操作”→“三维镜像”命令。

Step02 在绘图窗口中选择要镜像的对象，如图15-79所示。

Step03 在指定镜像平面过程中，指定镜像平面为ZX，如图15-80所示。

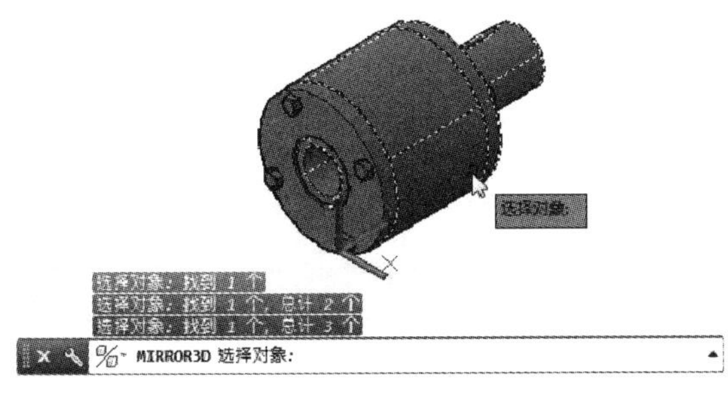

图 15-79

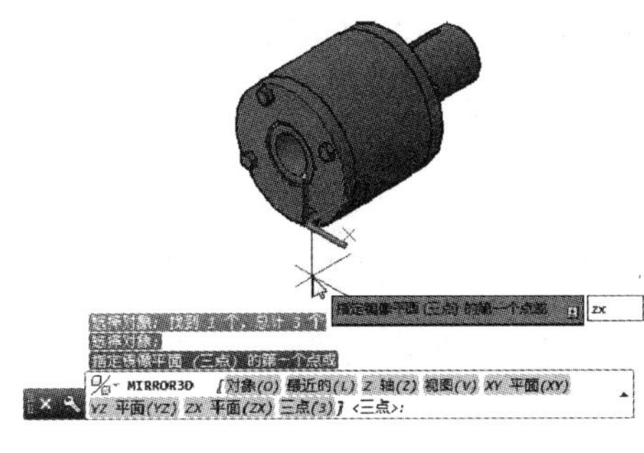

图 15-80

Step04 然后指定ZX平面上的点，并设定不删除对象，如图15-81所示。

Step05 镜像完成后，结果如图15-82所示。

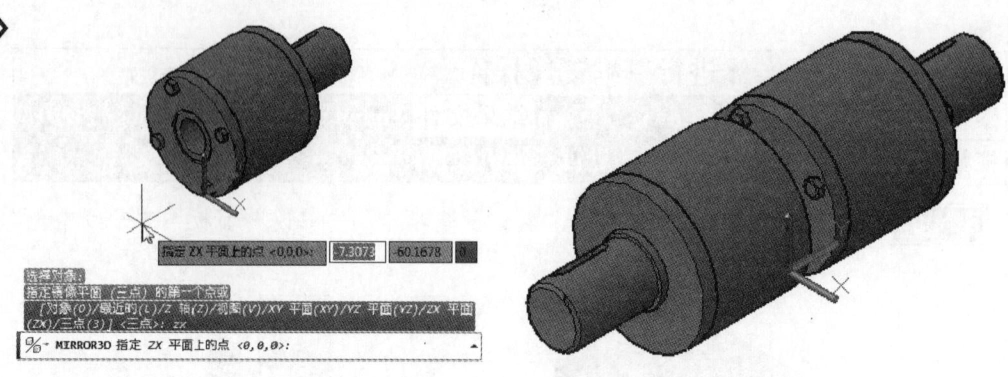

图 15-81　　图 15-82

Step06 单击右上角的视图观察按钮，切换到右视图查看，如图15-83所示。

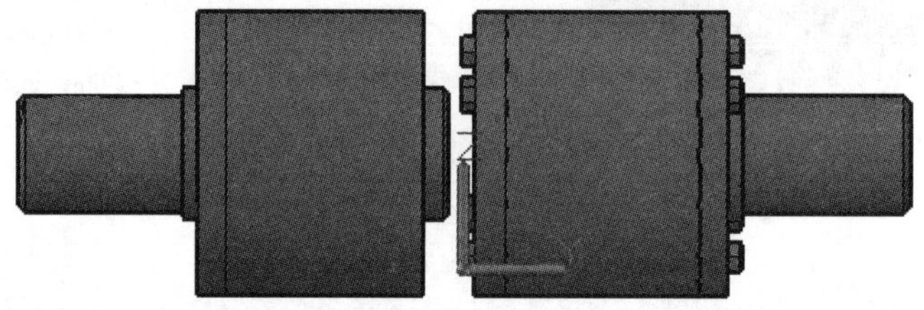

图 15-83

选项精解

- 选择对象：选择要镜像的对象，然后按<Enter>键。
- 旋转镜像平面：使用选定平面对象的平面作为镜像平面。
- 删除源对象：如果输入 y，反映的对象将置于图形中并删除原始对象。如果输入 n 或按<Enter>键，反映的对象将置于图形中并保留原始对象。

15.5.2 三维旋转

修改三维实体的位置。

案例15-15：对实体进行三维旋转操作

素材文件	Sample/CH15/15.dwg	结果文件	Sample/CH15/15-end.dwg

Step01 打开图形文件，然后单击“实体”选项卡→“修改”面板→“三维旋转”按钮，如图15-84所示。

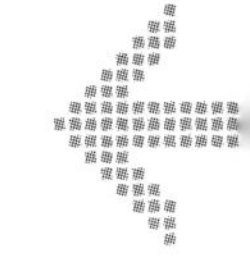

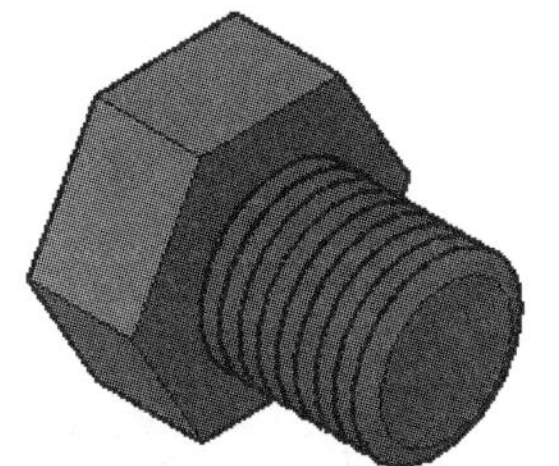

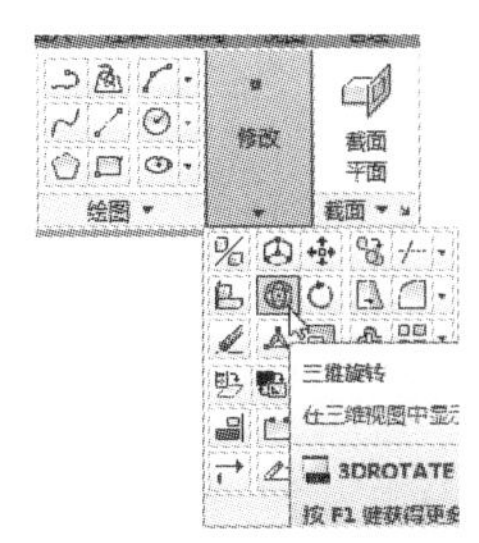

图 15-84

小贴示 其他调用该命令的方法。

- 命令：3DROTATE。
- 菜单：“修改”→“三维操作”→“(三维旋转)”命令。
- 工具栏：“建模”→“(三维旋转)”按钮。

Step02 在绘图窗口中选择要旋转的对象，如图15-85所示。

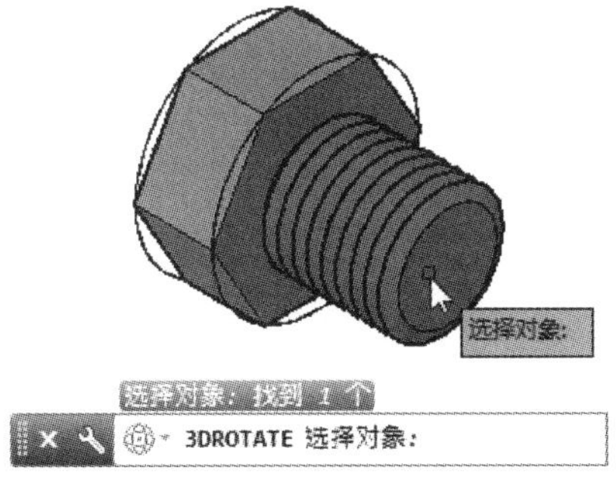

图 15-85

Step03 在指定旋转基点时，系统显示三维彩色球状坐标，并将中心显示在实体的质心处，如图15-86所示。

Step04 然后指定Y轴为旋转轴，如图15-87所示。

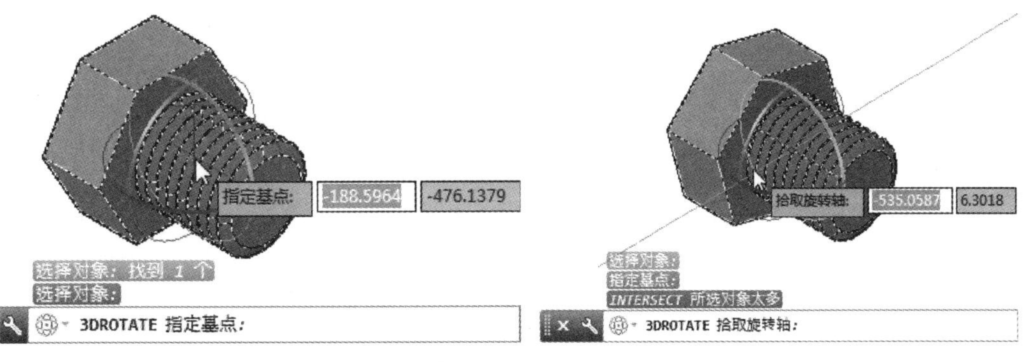

图 15-86

图 15-87

Step05 然后指定角度为45°，用户也可以指定角的起点，如图15-88所示。

Step06 旋转完成后，如图15-89所示。

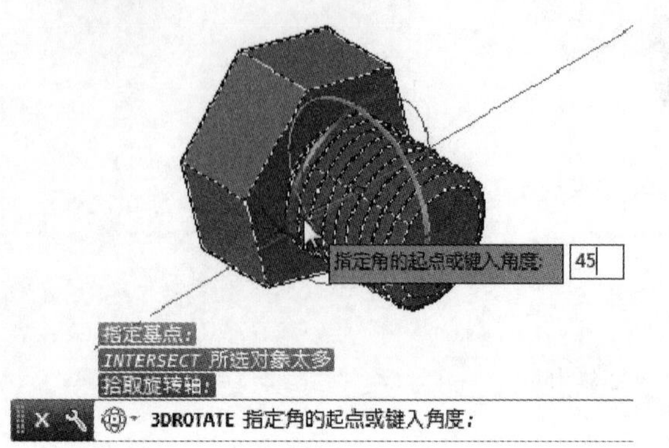

图 15-88

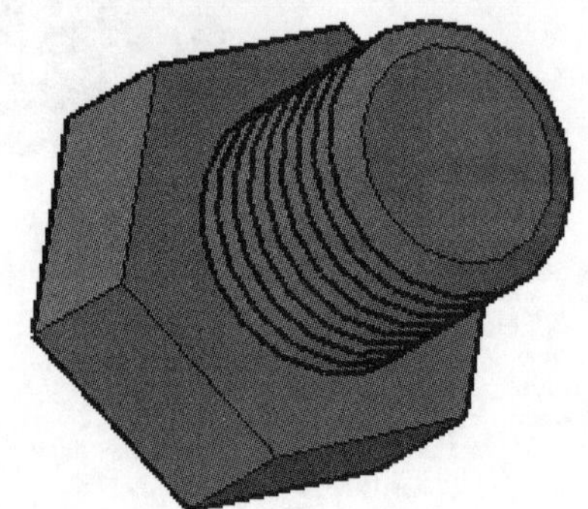

图 15-89

选项精解

- 选择对象：选择要镜像的对象，然后按<Enter>键。
- 旋转镜像平面：使用选定平面对象的平面作为镜像平面。
- 删除源对象：如果输入 y，反映的对象将置于图形中并删除原始对象。如果输入 n 或按<Enter>键，反映的对象将置于图形中并保留原始对象。

第16小时 光栅图像、材质与渲染

利用AutoCAD 2013，可以对图形对象进行管理或渲染。使用光栅图形可以扩充AutoCAD 的使用功能，渲染可使三维对象的表面显示出明暗色彩和光彩效果，从而形成逼真的图像。

16.1 附着光栅图像

可以在图形中查看和操作光栅图像及关联的文件路径。可以将光栅图像添加到基于矢量的图形中，然后查看和打印生成的文件。在许多情况下都需要将光栅图像与矢量文件结合起来。

向图形中添加光栅图像的能力扩充了AutoCAD的使用功能。例如，如果要将模型的渲染图像作为打印图形的一部分，则可以将渲染图像保存为光栅图像，并将渲染图像附着到图形中。

16.1.1 光栅图像

光栅图像由一些称为像素的小方块或点的矩形栅格组成。例如，房子的照片由一系列表示房间外观的着色像素组成。光栅图像参照了特有的栅格上的像素。

与其他许多图形对象一样，在添加光栅图像后，可以对其进行复制、移动或剪裁光栅图像。可以使用夹点模式修改图像、调整图像的对比度、使用矩形或多边形剪裁图像或将图像用作修剪操作的剪切边。

如果在功能区处于激活状态时选择图像，则将显示“图像”功能区上下文选项卡，如图16-1所示。

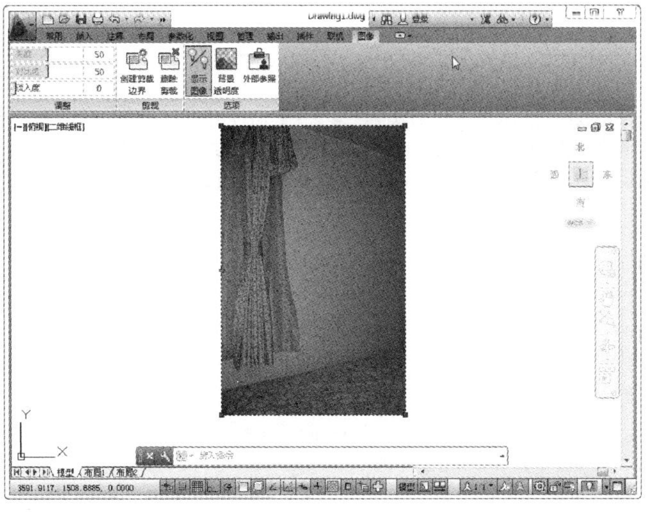

图 16-1

上下文相关选项卡包含用于调整、剪裁和显示图像的选项。功能区上下文选项卡在取消选择图像后自动关闭。

插入图形的文件格式有一定的规定，否则将不能正确插入，如表16-1所示。

表16-1　光栅图像支持的图像文件格式与说明

类　型	说明及版本	文件扩展名
BMP	WindoWs 和 OS/2 位图格式	.bmp、.dib、.rle
CALS-I	Mil-R-Raster I	.gp4、.mil、.rst、.cg4、.cal
FLIC	FLIC Autodesk Animator Animation	.flc、.fli
GeoSPOT	GeoSPOT（BIL 文件必须与带有相关数据的 HDR、PAL 文件放在同一个目录下）	.bil
IG4	Image Systems Group 4	.ig4
JFIF 或 JPEG	联合图像专家组	.jpg 或 .jpeg
PCX	PC Paintbrush 位图图像文件	.pcx
PICT	Macintosh 位图图像文件	.pct
PNG	便携网络图形	.png
RLC	行程压缩	.rlc
TARGA	基于真彩色光栅图像的数据格式	.tga
TIFF	标记图像文件格式	.tif 或 .tiff

16.1.2　附着光栅图像

可以使用链接图像路径将对光栅图像文件的参照附着到图像文件中。可以参照图像并将它们放在图形文件中，但与外部参照一样，它们不是图形文件的实际组成部分。图像通过路径名链接到图形文件。

附着光栅图像的步骤如下。

案例16-1：给图形添加光栅图像

素材文件	Sample/CH16/01.dwg	**结果文件**	Sample/CH16/01-end.dwg
视频文件	**视频演示**/CH16/**给图形添加光栅图像**.avi		

Step01　打开图形文件，单击“插入”选项卡→“参照”面板→“外部参照”选项，如图16-2所示。

小贴示　其他调用该命令的方法。

- 命令：IMAGEATTACH。
- 菜单：“插入”→“外部参照”命令。
- 工具栏：“插入”→“（外部图形参照）”按钮。

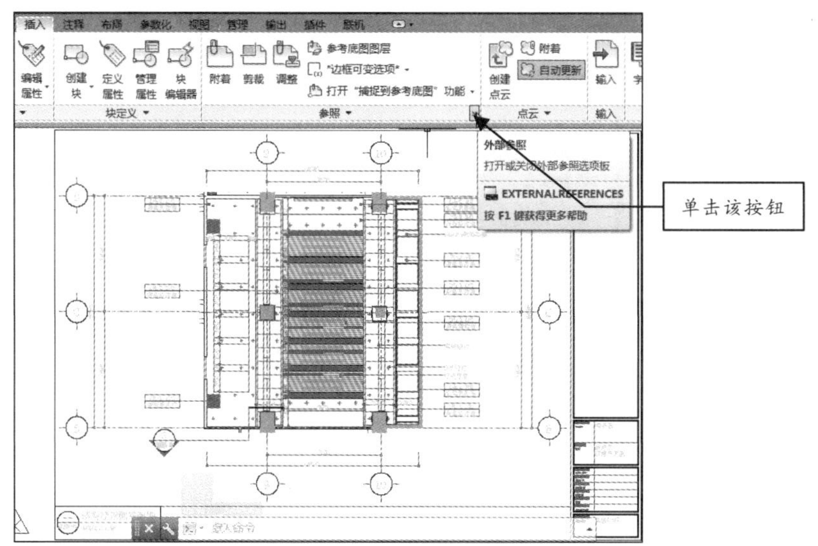

图 16-2

Step02 弹出“外部参照”选项板，单击“附着”下拉列表，选择“附着图像”选项，如图16-3所示。

Step03 在“选择参照文件”对话框中，选择相应的文件，单击“打开”按钮，如图16-4所示。

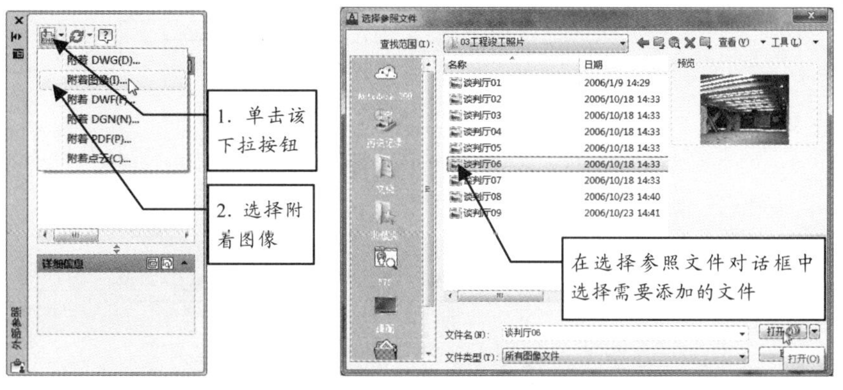

图 16-3　　图 16-4

Step04 在“附着图像”对话框中，显示当前插入图像的预览效果、用户可以指定插入点、缩放比例和旋转角度等，如图16-5所示。

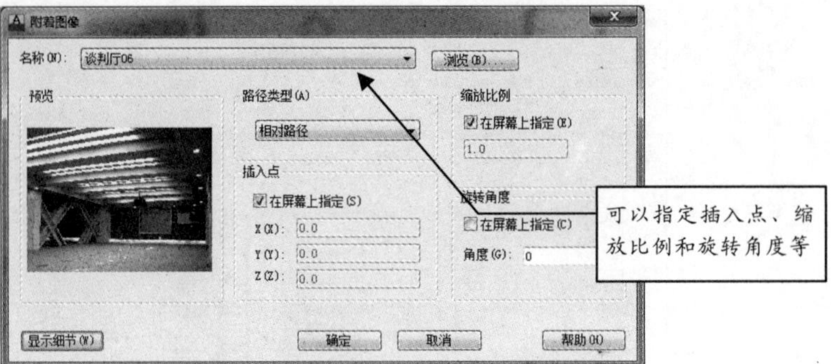

图 16-5

Step05 单击“确定”按钮返回到绘图窗口，指定插入基点，如图16-6所示。

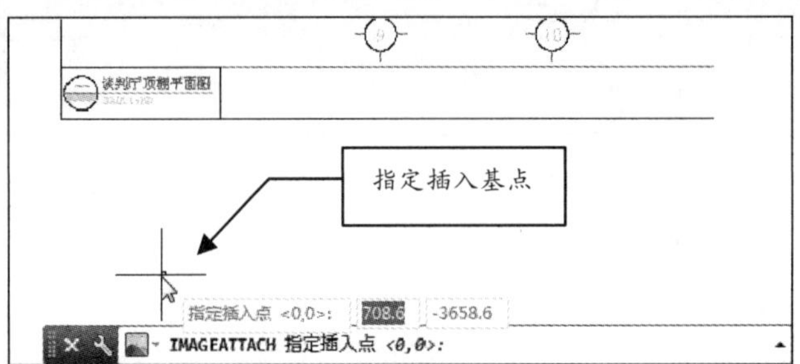

图 16-6

Step06 继续单击鼠标指定第二点也是指定图形的缩放比例因子，如图16-7所示。

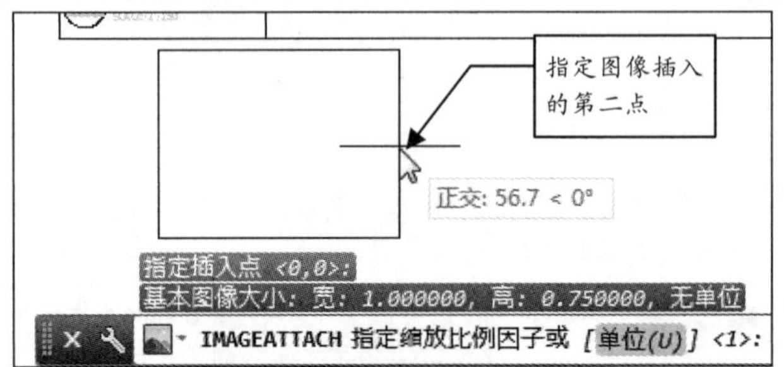

图 16-7

Step07 完成后，结果如图16-8所示。

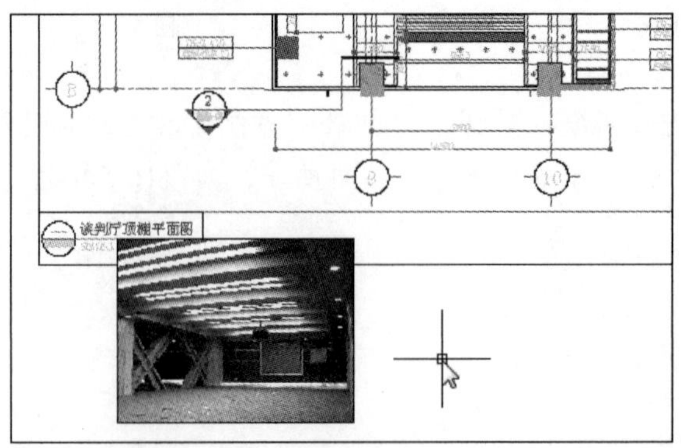

图 16-8

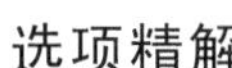

选项精解

“附着图像”对话框中各选项含义如下。

- 名称：标识已选定要附着的图像。
- 浏览：打开“选择参照文件”对话框。
- 预览：显示已选定要附着的图像。
- 路径类型：选择完整（绝对）路径、图像文件的相对路径或“无路径”、图像文件的名称（图像文件必须与当前图形文件位于同一个文件夹中）。
- 插入点：为选定图像文件指定插入点。默认设置是“在屏幕上指定”。默认插入点是（0,0,0）。
  - 在屏幕上指定：指定是通过命令提示输入还是通过定点设备输入。如果未选择“在屏幕上指定”，则需输入插入点的 X、Y 和 Z 坐标值。
  - X/Y/Z：设置 X、Y、Z 坐标值。
- 比例：指定选定图像的比例因子。

> **注意** 如果将 INSUNITS 设置为“无单位”，或图像中不包含分辨率信息，则比例因子将成为图像宽度（以 AutoCAD 单位计算）。如果 INSUNITS 具有值（如毫米、厘米、英寸或英尺），并且图像包含分辨率信息，则在确定真实图像宽度（以 AutoCAD 单位计算）之后应用比例因子。

  - 在屏幕上指定：允许用户在命令提示下或通过定点设备输入。如果没有选择“在屏幕上指定”，则请输入比例因子的值。默认比例因子是 1。
  - “比例因子”字段：为比例因子输入值。默认比例因子是 1。
- 旋转：指定选定图像的旋转角度。
  - 在屏幕上指定：如果选择了“在屏幕上指定”，则可以在退出该对话框后用定点设备旋转对象或在命令提示下输入旋转角度值。
  - 角度：如果未选择“在屏幕上指定”选项，则可以在对话框里输入旋转角度值。默认旋转角度是 0。
- 显示细节：显示图像路径和 DWG 文件路径，如图16-9所示。
- 位置：显示定位图像文件的路径。
- 保存路径：显示附着图像文件时与图形一起保存的路径。路径取决于“路径类型”设置。

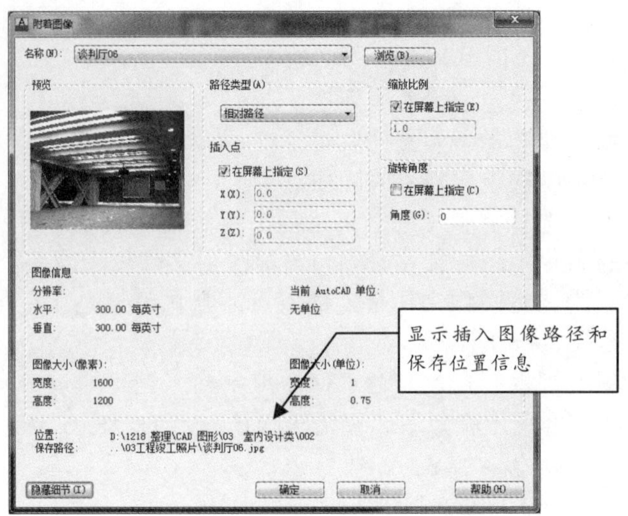

图 16-9

16.1.3 拆离光栅图像

当插入的光栅图形不再需要时，可以将其拆离。拆离图像时，将从图形中删除图像的所有实例，同时清除图像定义并删除到图像的链接。而图像文件本身不受影响。

案例16-2：将光栅图像拆离

素材文件	Sample/CH16/02.dwg	结果文件	Sample/CH16/02-end.dwg
视频文件	视频演示/CH16/将光栅图像拆离.avi		

Step01 继续使用以上图形，右击“外部参照”选项板上的图像，弹出快捷菜单，如图16-10所示。

Step02 可以看到该图像已经不存在，如图16-11所示。

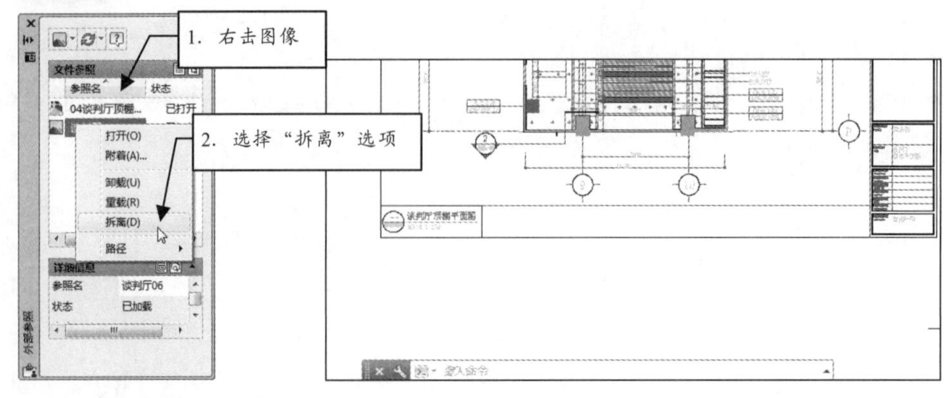

图 16-10　　图 16-11

辨析　拆离、删除和卸载图像操作的区别

- 拆离：在图中完全删除图像，并割断链接关系。从图形数据库中删除选定的图像定义，并且从图形和显示中删除全部相关联的图像对象。
- 删除：删除图像，但保持链接关系，以方便再次输入。图形数据库中保持相关图像定义和路径。
- 卸载：不删除图像，且保持链接关系，仅仅不显示，减小AutoCAD内存的开销，提高速度，图像不能打印。

16.2　添加光源

可以向场景中添加光源，以提供真实的外观，光源可增强场景的清晰度和三维性，光源完成对场景的最后处理。在AutoCAD 2013中，可以添加点光源、聚光灯和平行光，并设置每个光源的位置和光度控制特性。

16.2.1　添加点光源

点光源是从其所在位置向四周发射光线。点光源不以一个对象为目标。使用点光源以达到基本的照明效果。主要使用在场景中添加充足光照效果，或者模拟真实世界中的点光源照明效果（主要用作辅助光源）。

案例16-3：给房间添加电光源

Step01 打开图形文件，然后单击“渲染”选项卡→“光源”面板→“点”选项，如图16-12所示。

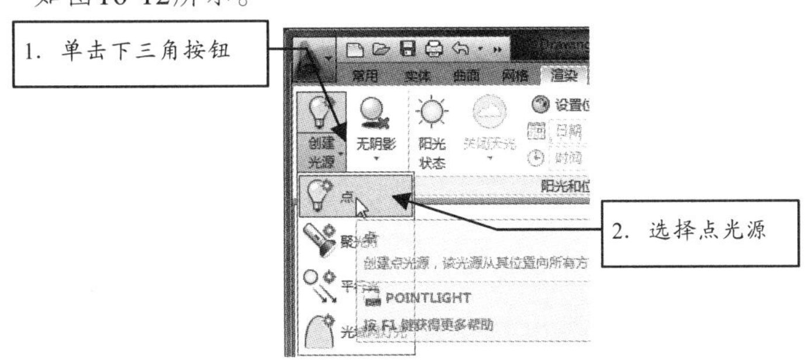

图 16-12

创建点光源有以下3种方式。

- 命令：POINTLIGHT。

- 菜单：“视图”→“渲染”→“光源”→“新建点光源”命令。
- 工具栏：“光源”→“（新建点光源）”按钮。

Step02 在绘图窗口中单击指定光源位置，如图16-13所示。

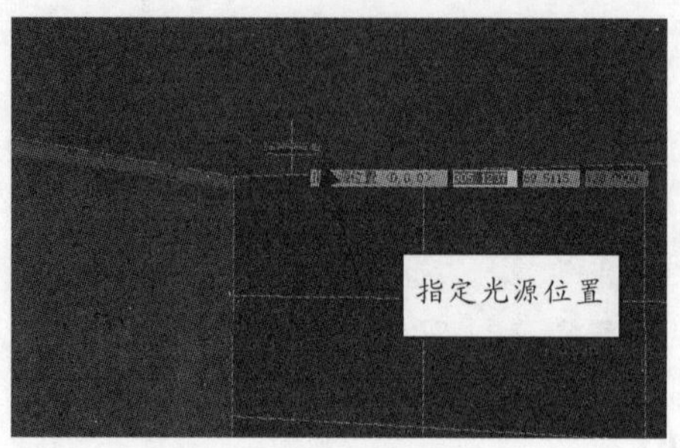

图 16-13

Step03 设置光源的强度为15，如图16-14所示。

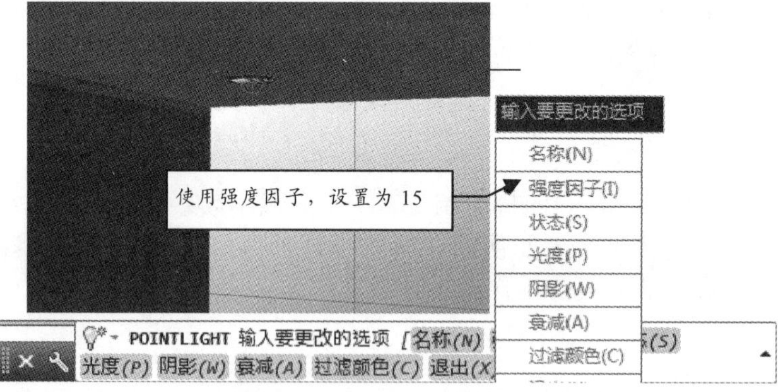

图 16-14

Step04 选择“格式”→“单位”命令，弹出“图形单位”对话框，设置光源强度的单位为“常规”时 。默认情况下，衰减设置为“无”。也可以手动设置点光源，使其强度随距离线性衰减（根据距离的平方反比），如图16-15所示。

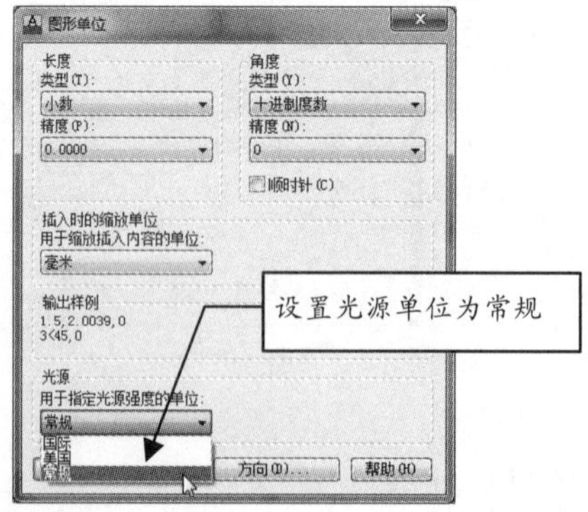

图 16-15

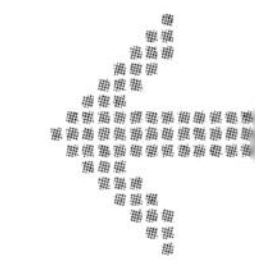

Step05 选择“修改”→“特性”命令，选择点光源，在“特性”选项板上，可以设置光源的名称、强度因子、过滤颜色和衰减类型等，如图16-16所示。

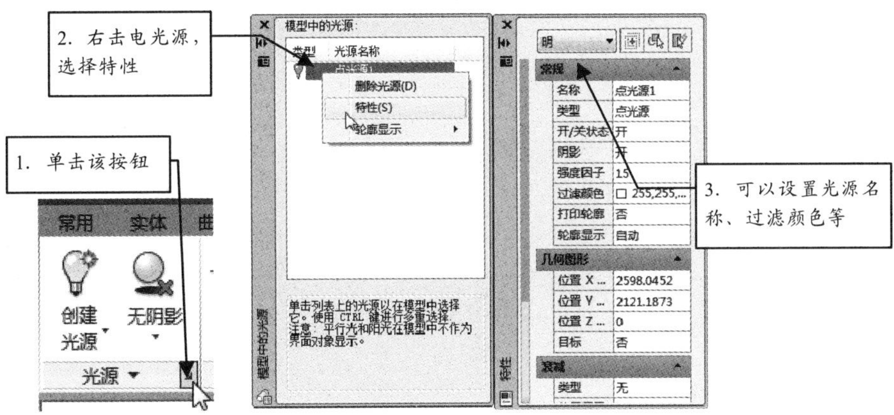

图 16-16

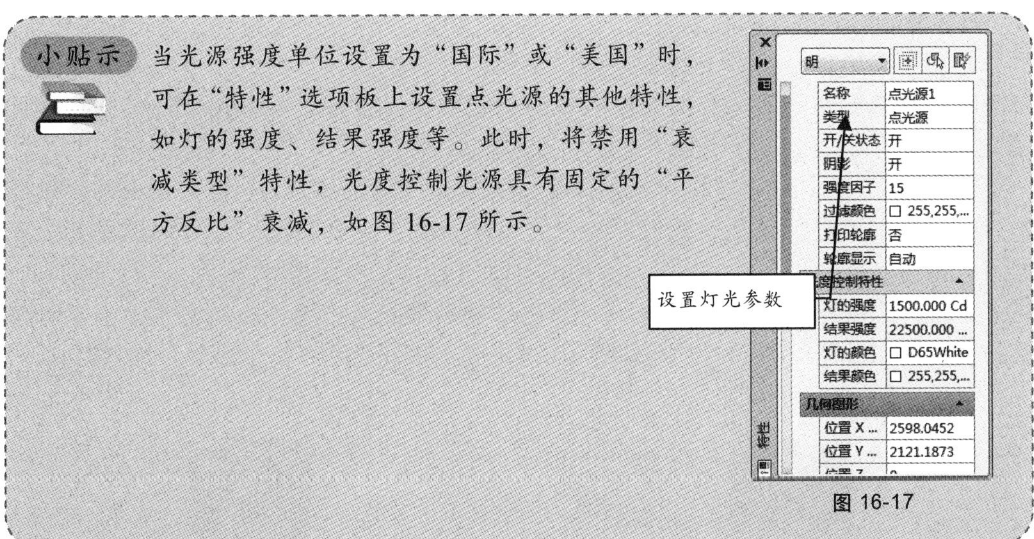

小贴示 当光源强度单位设置为“国际”或“美国”时，可在“特性”选项板上设置点光源的其他特性，如灯的强度、结果强度等。此时，将禁用“衰减类型”特性，光度控制光源具有固定的“平方反比”衰减，如图 16-17 所示。

图 16-17

选项精解

在标准光源流程中，点光源可以手动设置为强度随距离线性衰减（根据距离的平方反比）或者不衰减。默认情况下，衰减设置为“无”。

主要选项的含义如下。

- 名称：为新建光源设置名称，在名称中可使用大写字母和小写字母、数字、空格、连字符“-”和下画线“_”。最大长度为 256 个字符。
- 阴影：使光源投影。使用该选项会提示菜单“输入阴影设置 [关(O)/鲜明(S)/柔和(F)]:”，含义如下：OFF（关），就是关闭光源的阴影显示和阴影计算，关闭阴影将提高性能；强烈，就是显示带有强烈边界的阴影，使用此选项可以提高性能；柔和，就是显示带有柔和边界的真实阴影。

- 衰减：出现下级菜单，显示衰减界限、使用界限和衰减起始界限等。下面着重说明衰减到界限。衰减起始界限就是指定一个点，光线的亮度相对于光源中心的衰减于该点开始，默认值为0；衰减结束界限即是指定一个点，光线的亮度相对于光源中心的衰减于该点结束。在此点之后，将不会投射光线。

> 注意　仅对渲染操作支持衰减界限，在视口中不支持衰减界限。OpenGL驱动程序（wopengl9.hdi）不支持衰减起始界限和结束界限。要识别驱动程序，请输入3dconfig，然后单击“手动调节”。在“手动性能调节”对话框中查看选定的驱动程序名称。

16.2.2　添加聚光灯

创建聚光灯，该光源将发射出一个圆锥形光柱。聚光灯（如闪光灯、剧场中的跟踪聚光灯等）分布投射一个聚焦光束，聚光灯发射定向锥形光，可以控制光源的方向和圆锥体的尺寸。聚光灯的强度随着距离的增加而衰减，可以用聚光灯制作建筑模型中的壁灯、高射灯，来显示特定特征和区域。

与点光源一样，聚光灯也可以手动设置强度使之随距离衰减。但是聚光灯的强度始终还是根据相对于聚光灯的目标矢量的角度衰减，此衰减由聚光灯的聚光角角度和照射角角度控制。

执行“视图”→“渲染”→“光源”→“新建聚光灯”命令，在视图中指定聚光灯的源位置和目标位置，如图16-18所示。指定强度因子为10，创建的聚光灯如图16-19所示。

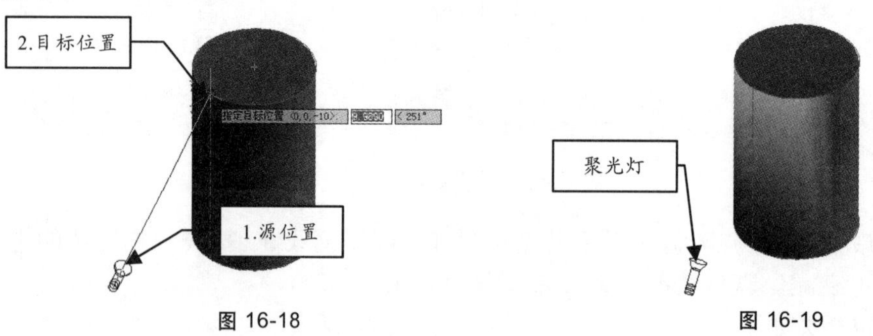

图 16-18　　　　图 16-19

创建点光源有以下4种方式。

- 命令：POINTLIGHT。
- 菜单：“视图”→“渲染”→“光源”→“新建聚光灯”命令。
- 工具栏：“光源”→“（新建聚光灯）”按钮。
- 面板：“光源”→“（新建聚光灯）”按钮。

16.2.3 添加平行光源

平行光是可以在一个方向上发射平行的光线，就像太阳光照射在地球表面上一样，平行光主要用于模拟太阳光的照射效果。对于每个照射的面，亮度都与其在光源处相同。

下面介绍向场景中添加平行光的方法。

案例16-4：给房间添加平行光

素材文件	Sample/CH16/04.dwg	结果文件	Sample/CH16/04-end.dwg

Step01 打开随书光盘中的原始文件，在绘图窗口中显示为房屋建筑模型，如图16-20所示。

Step02 执行“视图”→“渲染”→“光源”→“新建平行光”命令，在绘图窗口中单击指定光源来向，如图16-21所示。

图 16-20

图 16-21

Step03 在绘图窗口中单击指定光源去向，如图16-22所示。

Step04 在命令窗口中，输入i，按<Enter>键，然后输入强度3，如图16-23所示。

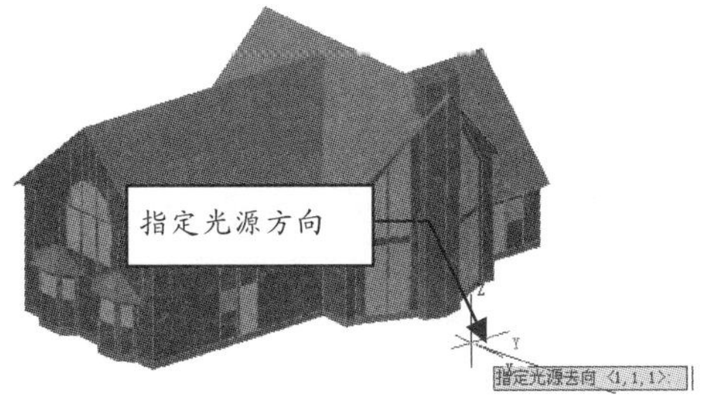

图 16-22

```
命令：_distantlight
指定光源来向 <0,0,0> 或 [矢量(V)]:
指定光源去向 <1,1,1>:
输入要更改的选项 [名称(N)/强度(I)/状
态(S)/阴影(W)/颜色(C)/退出(X)]<退出
>:i↙
输入强度(0.00-最大浮点数) <1.0000>:3
↙
```

图 16-23

Step05 按两次<Enter>键退出命令，平行光不显示光线轮廓，添加平行光后的效果如图16-24所示。

Step06 执行“视图”→“渲染”→“光源”→“光源列表”命令，弹出“模型中的光源”选项板，双击“平行光1”，如图16-25所示。

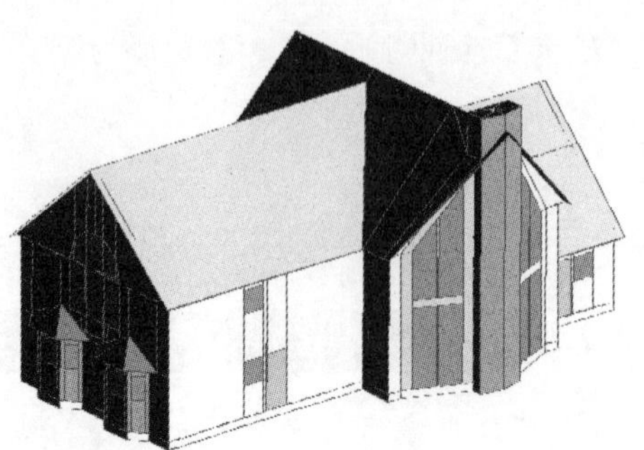

图 16-24

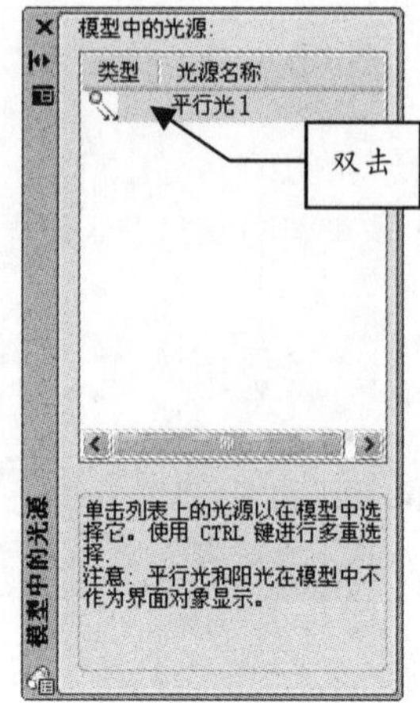

图 16-25

Step07 弹出"特性"选项板，可以修改平行光的特性，如图16-26所示。

Step08 在"特性"选项板中，设置强度因子为1.5000，过滤颜色为"黄"，如图16-27所示。

图 16-26

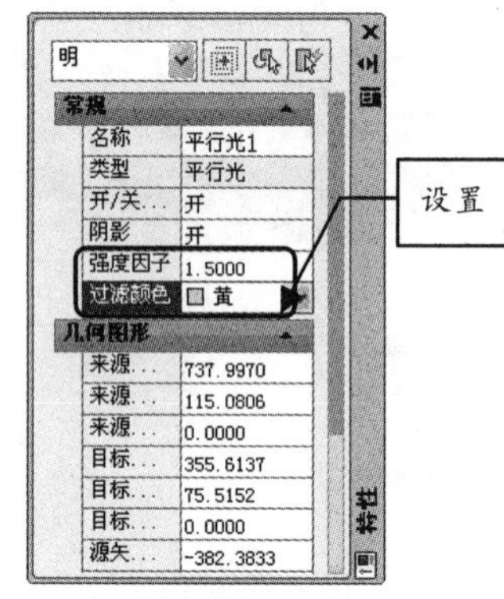

图 16-27

Step09 在绘图窗口中，查看修改平行光特性后场景的变化，如图16-28所示。

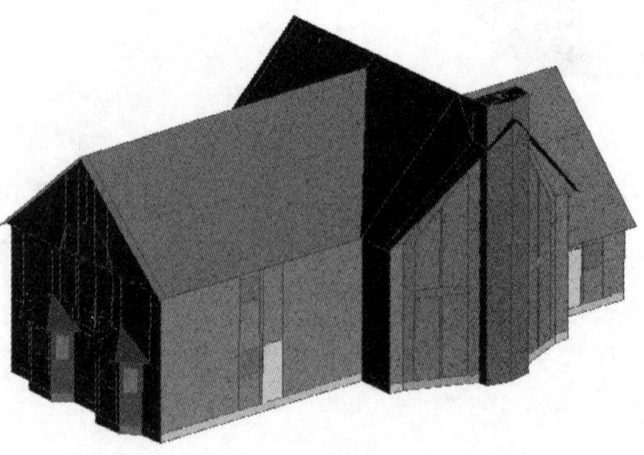

图 16-28

小贴示

和电光源、聚光灯不同的是，平行光在视图中并不显示轮廓。因此，要打开平行光的特性面板，必须在“光源”面板中单击 ↘（模型中的光源）按钮，在打开的“模型中的光源”选项板中选中平行光右击，在快捷菜单中选择“特性”选项，然后再修改其特性，如图 16-29 所示。

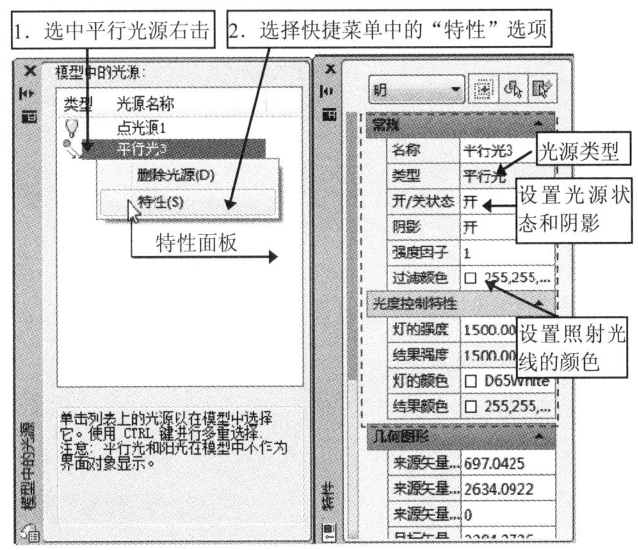

图 16-29

16.2.4 使用阳光和天光

太阳是模拟太阳光源效果的光源，可以用于显示结构投射的阴影如何影响周围区域。阳光的光线相互平行，并且在任何距离处都具有相同强度，也是 AutoCAD 中自然照明的主要来源。

下面以在场景中模拟阳光与天光为例，介绍如何在渲染图形之前对阳光与天光进行设置。

案例16–5：使用阳光和天光等光源

素材文件	Sample/CH16/05.dwg	结果文件	Sample/CH16/05-end.dwg

具体操作步骤如下：

Step01 打开随书光盘中的原始文件，在绘图窗口中显示的效果如图16-30所示。

Step02 执行“视图”→“命名视图”命令，弹出“视图管理器”对话框，单击“新建”按钮，如图16-31所示。

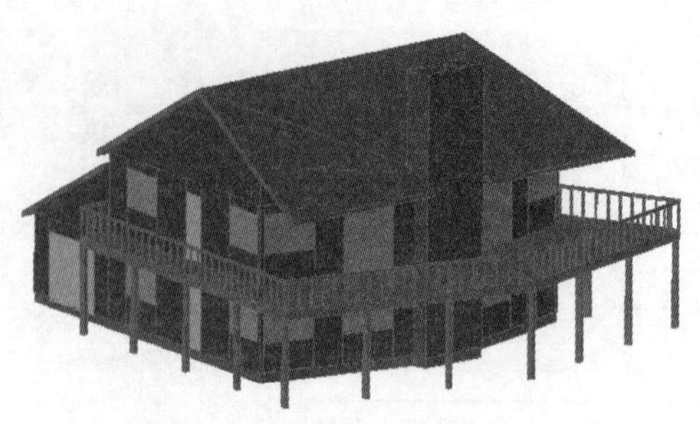

图 16-30

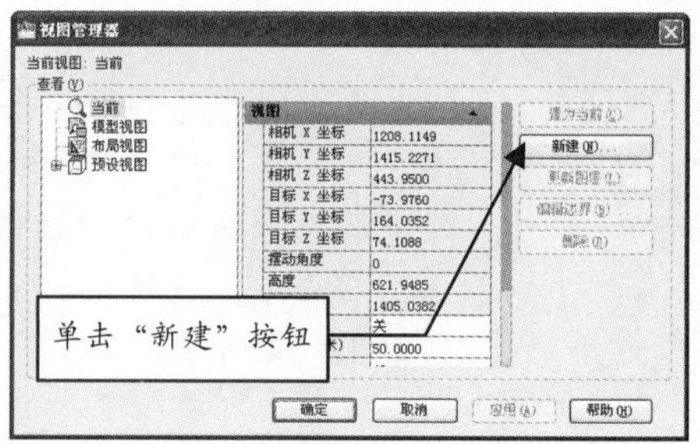

图 16-31

Step03 弹出“新建视图/快照特性”对话框，在“视图名称”文本框中输入视图名称，选择背景为“阳光与天光”，弹出“调整阳光与天光背景”对话框，单击“确定”按钮，返回“新建视图/快照特性”对话框，然后单击“确定”按钮，如图16-32所示。

Step04 返回“视图管理器”对话框，选择新建的视图，单击“置为当前”按钮，然后单击“确定”按钮，如图16-33所示。

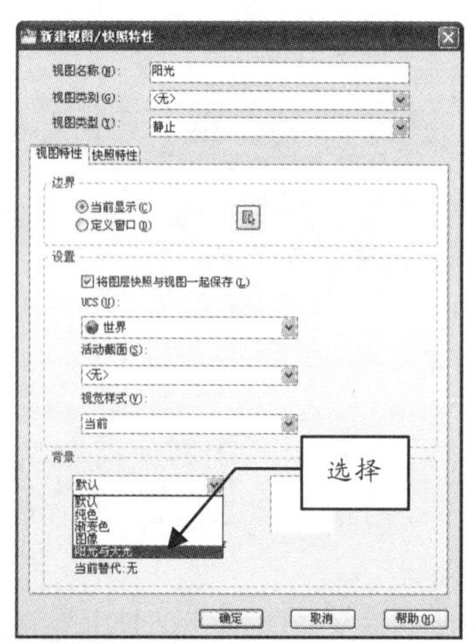

图 16-32

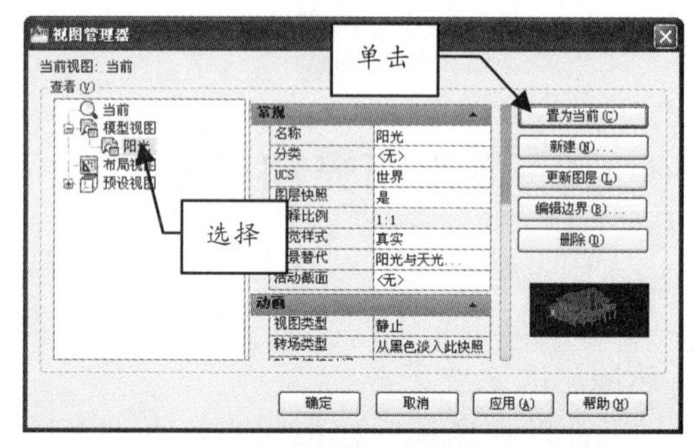

图 16-33

Step05 执行“视图”→“渲染”→“光源”→“阳光特性”命令，弹出“阳光特性”选项板，设置状态为“天光背景和照明”，然后单击“天光特性”按钮，如图16-34所示。

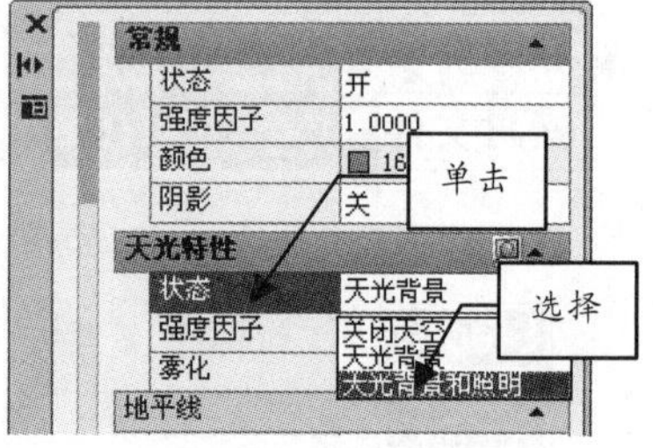

图 16-34

Step06 弹出“调整阳光与天光背景”对话框，设置“天光特性”卷展栏中的强度因子为1.5000，雾化为1.0000，如图16-35所示。

Step07 在“太阳角度计算器”卷展栏中，设置时间为17:30，然后单击“确定”按钮，如图16-36所示。

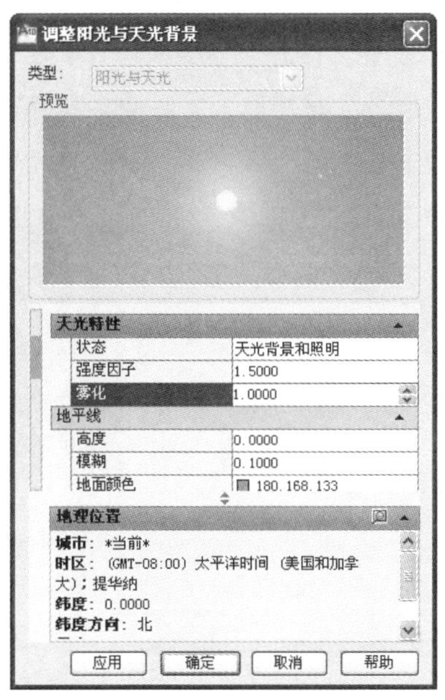

图 16-35

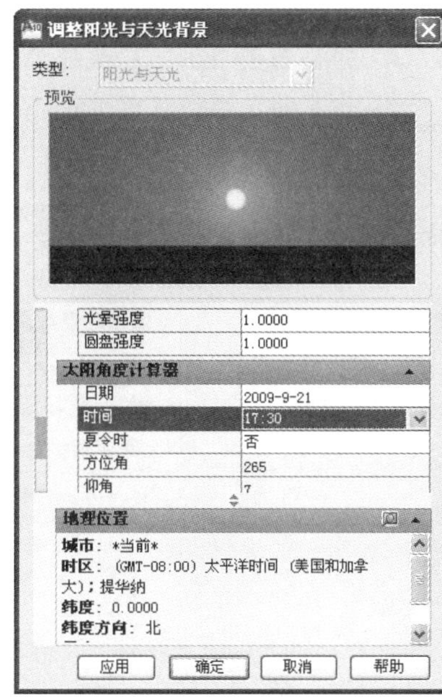

图 16-36

Step08 执行“视图”→“动态观察”→“自由动态观察”命令，然后滚动鼠标调整视图方位，如图16-37所示。

Step09 在视图中将天光背景显示在当前视图上，如图16-38所示。

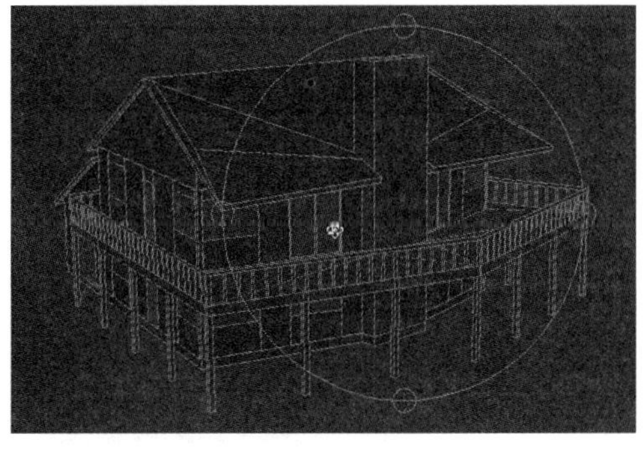

图 16-37

图 16-38

> **注意** 除地理位置以外，阳光的所有设置均由视口保存，而不是由图形保存。地理位置由图形保存。

小贴示 用户为模型指定的地理位置以及日期和当日时间控制阳光的角度。这些是阳光的特性，可以单击（编辑阳光）和（地理位置）按钮，在弹出的“阳光特性”选项板或“地理位置”对话框中更改，如图 16-39 所示。

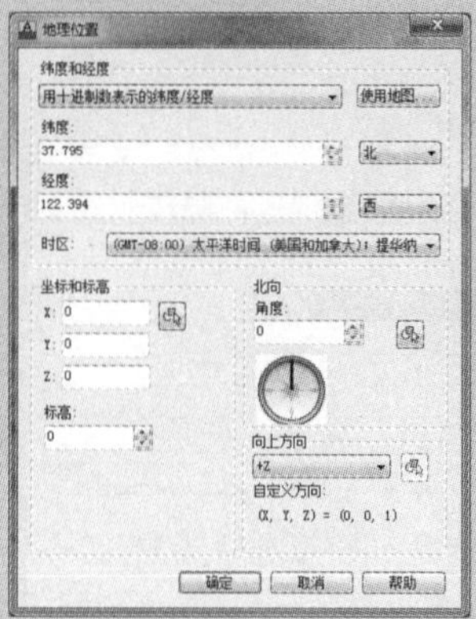

图 16-39

16.3 为模型添加材质

可以将材质添加到图形对象中，以提供真实的效果。AutoCAD 2013为用户提供了大量的材质，使用材质工具可以将材质应用到场景中的对象，还可以使用“材质”选项板创建和修改材质。

16.3.1 使用材质选项板调用材质

可以在“材质”选项板中修改材质的特性。执行“视图”→“渲染”→“材质”命令，弹出“材质”选项板。“材质”选项板由多个部分组成，包括图形中可用的材质、材质编辑器、贴图、高级光源替代、材质缩放与平铺和材质偏移与预览，如图16-40所示。

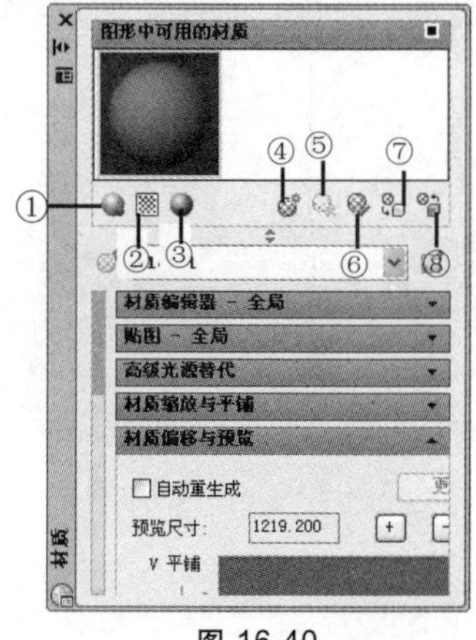

图 16-40

案例16-6：给沙发添加织物材质

素材文件	Sample/CH16/06.dwg	结果文件	Sample/CH16/06-end.dwg

下面以沙发实体创建材质为例，介绍创建材质及选择样板的方法，具体操作步骤如下：

Step01 打开随书光盘中的原始文件，在绘图窗口中显示为沙发三维实体，如图16-41所示。

Step02 单击“材质”面板上的材质按钮，弹出“材质”选项板，单击“创建新材质”按钮，如图16-42所示。

图 16-41

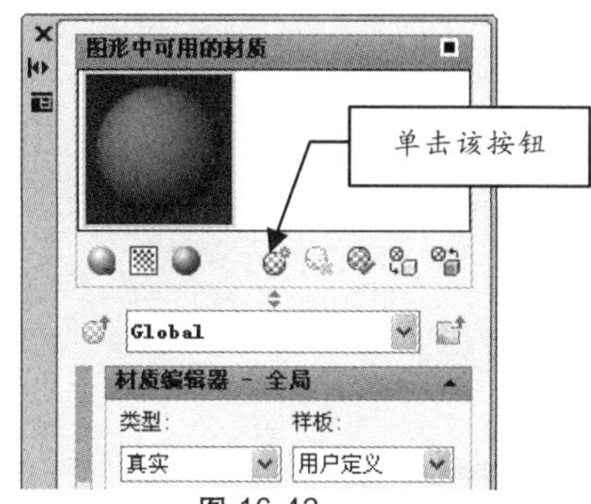

图 16-42

> 小贴示 使用材质有以下3种方法。
> - 命令：MATERIALS。
> - 菜单：“视图”→“渲染”→“材质”命令。
> - 工具栏：“渲染”→“(材质)”按钮。

Step03 弹出“创建新材质”对话框，输入材质的名称，然后单击“确定”按钮，如图16-43所示。

Step04 在“材质”选项板的“材质编辑器”卷展栏中，单击“样板”右下方的下拉按钮，在弹出下拉列表框中选择“织物”选项，如图16-44所示。

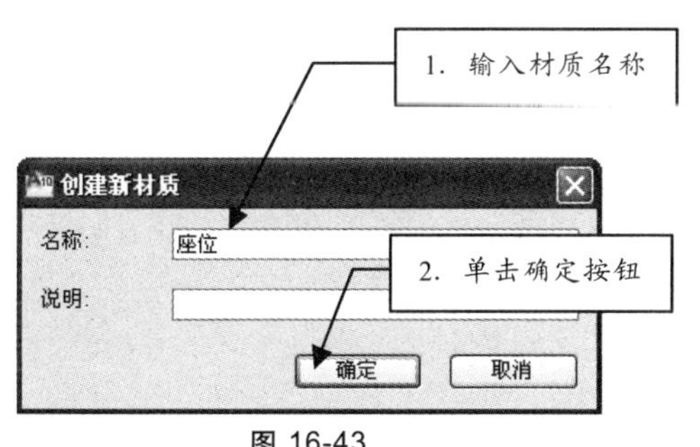

图 16-43

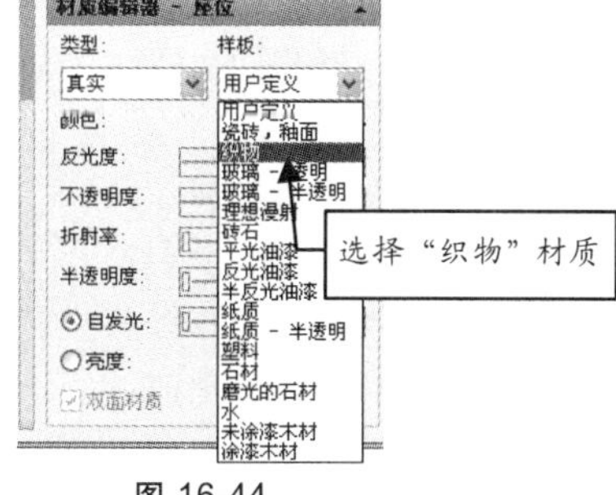

图 16-44

Step05 在“材质编辑器”卷展栏中，单击“颜色”右侧的“漫射颜色”按钮，如图16-45所示。

Step06 弹出“选择颜色”对话框，切换到“索引颜色”选项卡，选择颜色41，然后单击“确定”按钮，如图16-46所示。

图 16-45

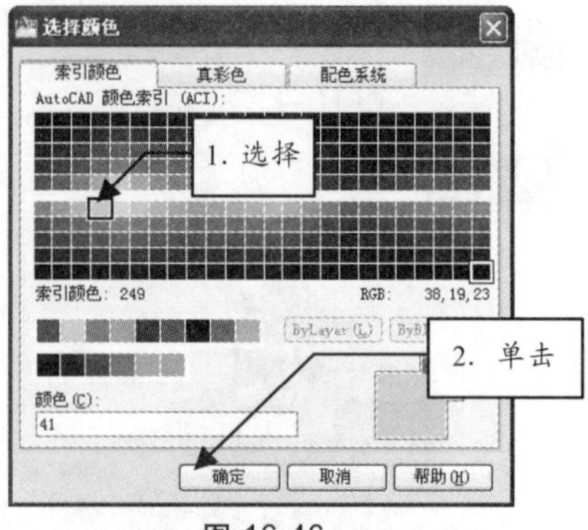

图 16-46

Step07 在“材质编辑器”卷展栏中，设置“反光度”为20，然后单击“将材质应用到对象”按钮，如图16-47所示。

Step08 在绘图窗口中单击沙发实体，应用材质后的效果如图16-48所示。

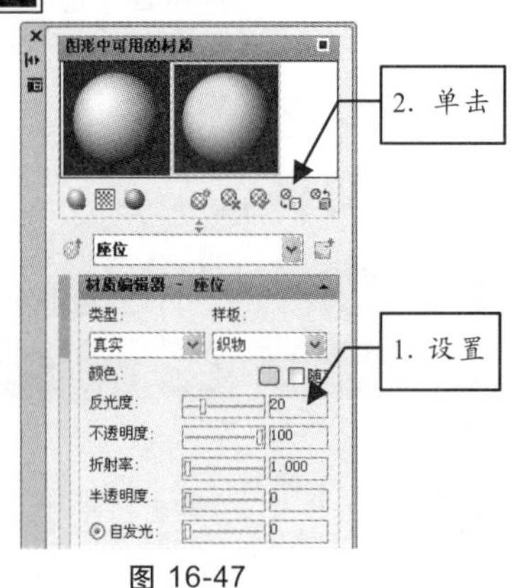

图 16-47

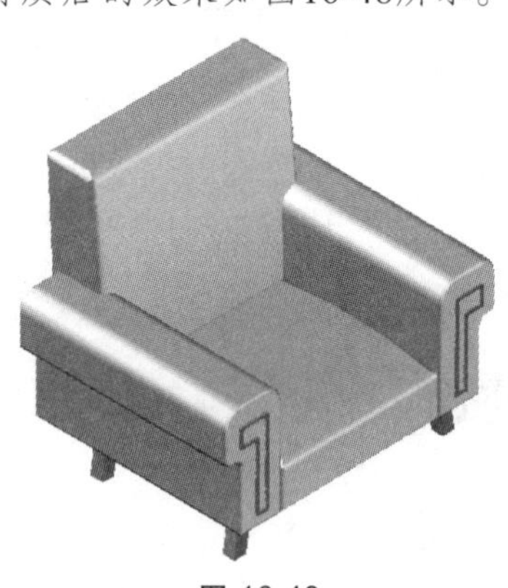

图 16-48

16.3.2 使用贴图

贴图类型包括“漫射贴图”、“反射贴图”、“不透明贴图”和“凹凸贴图”，可以在每个贴图类型中选择纹理贴图和程序贴图，以增加材质的复杂性，如图16-49所示。

- 漫射贴图：为材质提供多种颜色的图案。
- 反射贴图：模拟在有光泽对象的表面上反射的场景。
- 不透明贴图：可以创建不透明和透明的图案。
- 凹凸贴图：可以模拟起伏的或不规则的表面。

纹理贴图是使用图像作为贴图，包括漫射贴图、反射贴图、不透明贴图和凹凸贴图，可以使用任意一种纹理贴图，如要使一面墙看上去是由砖块砌成的，可以选择具有砖块图像的纹理贴图。

在“材质”选项板上的“贴图”卷展栏中，选择贴图类型为“纹理贴图”，然后单击“选择图像”按钮，如图16-50左所示，弹出“选择图像文件”对话框，在其中可以选择多种类型的图像文件来创建纹理贴图，如图16-50右所示。

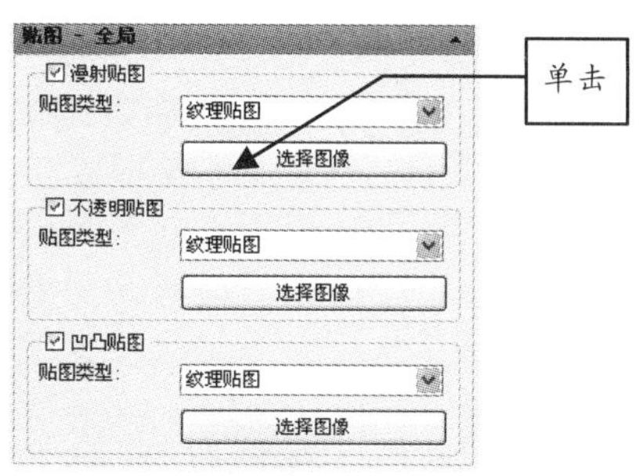

图 16-49

程序贴图进一步增加了材质的真实感。在“材质”选项板的“贴图”卷展栏中，单击“贴图类型”右侧的下拉按钮，可以在弹出的下拉列表框中选择样例，包括噪波、大理石、斑点、方格、木材、波、渐变延伸和瓷砖。

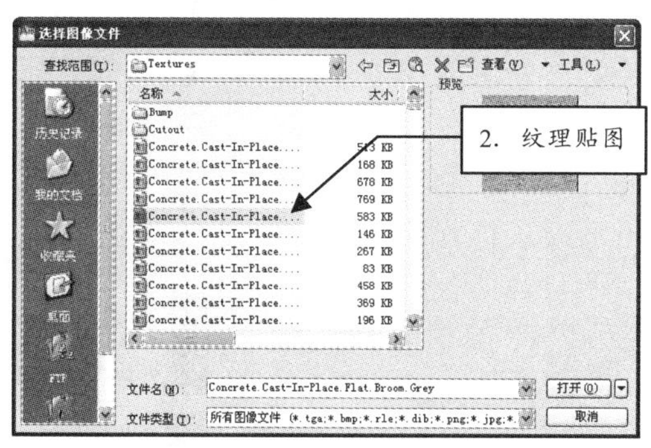

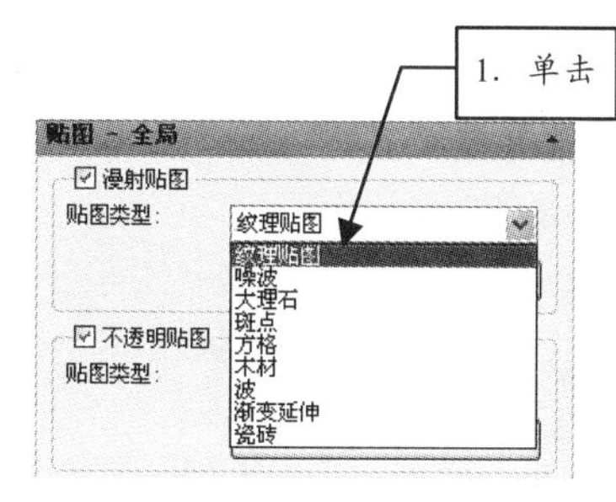

图 16-50

- 噪波：根据两种颜色、纹理贴图或两者组合的交互创建曲面的随机扰动，如图16-51左所示。
- 大理石：应用石质颜色和纹理颜色图案，如图16-51中所示。
- 斑点：生成带斑点的曲面图案，如图16-51右所示。

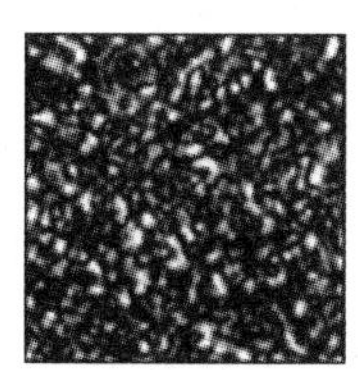
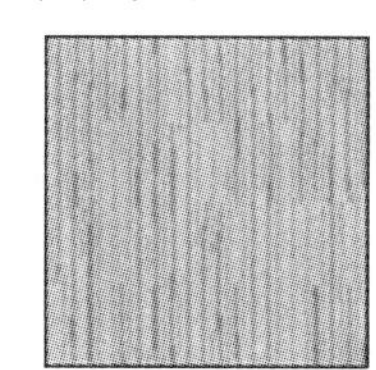
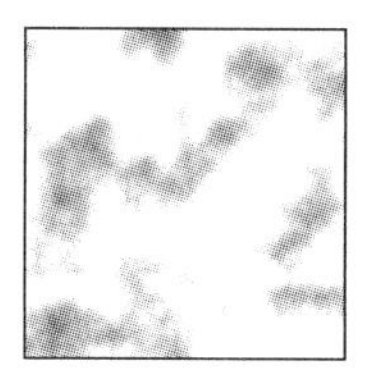

图 16-51

- 方格：应用黑白方块的图案，如图16-52左所示。
- 木材：使用木材贴图创建木材的真实颜色和颗粒特性，如图16-52中所示。
- 波：模拟水波或波状效果，如图16-52右所示。

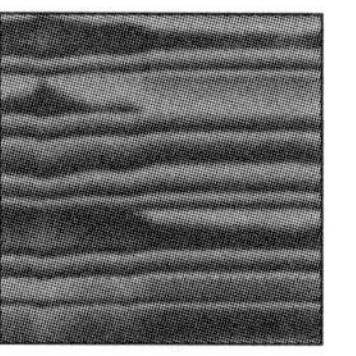

图 16-52

- 渐变延伸：使用颜色、贴图和光顺创建延伸，如图16-53左所示。
- 瓷砖：应用砖块、颜色的堆叠平铺或材质贴图的堆叠平铺，如图16-53右所示。

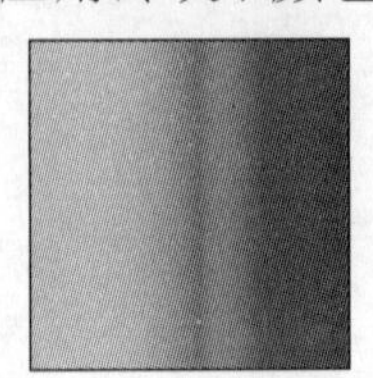

图 16-53

16.3.3 调用材质库

除了新建材质外，还可以使用AutoCAD附带的400多种材质。安装材质后，即可在工具选项板上使用这些材质。

创建三维模型后，再添加恰当的材质，便可以表现完美的模型效果。指定模型的颜色、材料、反光特性等，这些属性都依靠材质来实现。

AutoCAD提供了一个材质库，用户可以从材质库中输入和输出材质，以便在渲染图形中使用这些材质。

选择“管理工具”功能区下“自定义设置”面板上的“工具选项板”按钮，然后在打开的“工具选项板”上右击选择“工具选项板”选项，打开图16-54所示的“材质库”选项板。

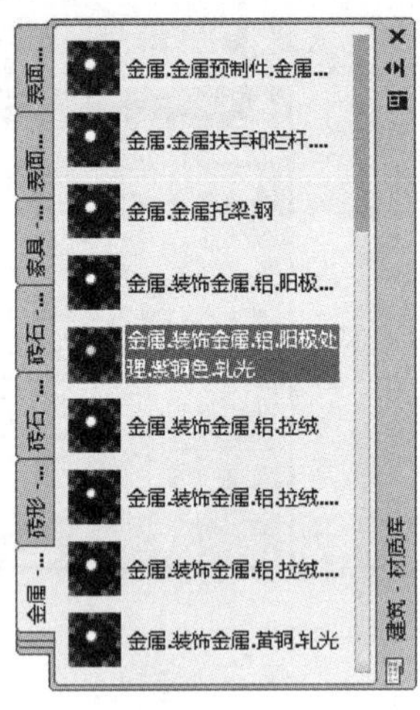

图 16-54

此选项板包括AutoCAD附带的400多种材质和纹理的库，并且所有材质都附带有一张交错参看底图供用户查看参考。

> 注意　在安装AutoCAD 软件时，材质库是作为组件被选择性安装的。当选择安装该组件时，将安装到默认位置。如果用户更改其默认路径，则新材质不会显示在工具选项板上，也不会参照纹理贴图。此时，需要将新安装的文件复制到所需的位置，或将路径重新更改为默认路径。

通过该选项板，用户可以直接选择相应的材质并拖动到合适的位置，即可为选择的对象添加材质，如图16-55所示。

添加完成后，单击“材质”面板上的“材质”选项板按钮，弹出“材质”选项板，如图16-56所示。

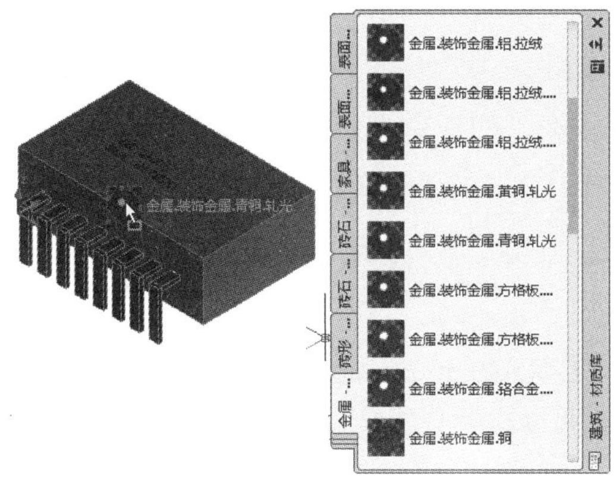

图 16-55

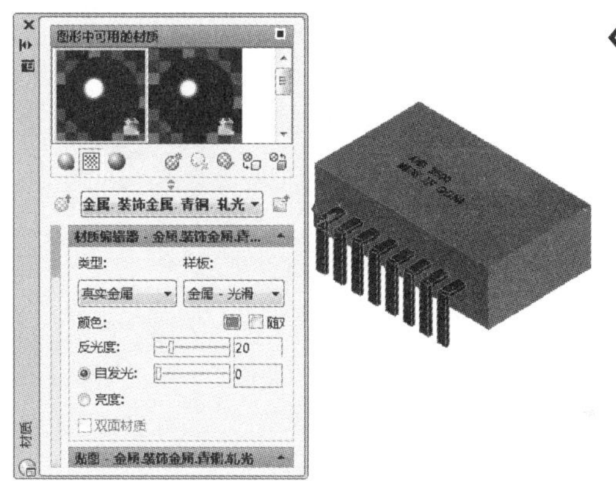

图 16-56

如果所指定的材质已经在对象中存在，则再次使用该材质时，则打开“材质-已经存在”对话框（见图16-57）。这时，如果单击“覆盖 材质”按钮，则覆盖原有的材质；如果单击“将此材质另存为副本”选项，则将创建该材质的副本显示在“材质”选项板中；如果单击“取消”按钮，则取消该材质选取或直接关闭对话框。

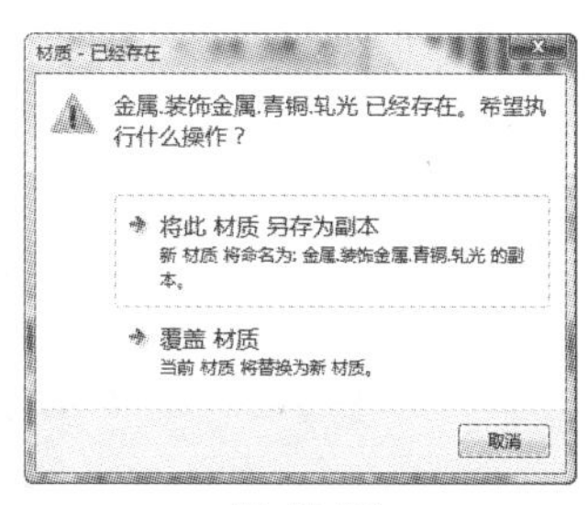

图 16-57

16.4 渲染图形

渲染基于三维场景来创建二维图像。渲染图形是使用已设置的光源、已应用的材质和环境设置（如背景和雾化），为场景的几何图形着色。

但有时也可能需要包含色彩和透视的更具有真实感的图像，如验证设计或提交最终设计的时候，如图16-58所示。

图 16-58

16.4.1 渲染简介

渲染器是一种通用渲染器，可以生成真实准确的模拟光照效果，包括光线跟踪反射、折射和全局照明。

渲染图形是使用已设置的渲染器对图形进行渲染，执行“视图”→“渲染”→“渲染”命令，将弹出“渲染”窗口，在“渲染”窗口中，可以查看渲染图形的过程，最终得到渲染图像，如图16-59左所示。

在菜单栏中执行“视图”→“渲染”→“高级渲染设置”命令，弹出“高级渲染设置”选项板，可以选择预定义的渲染设置，也可以进行自定义设置，如图16-59右所示。

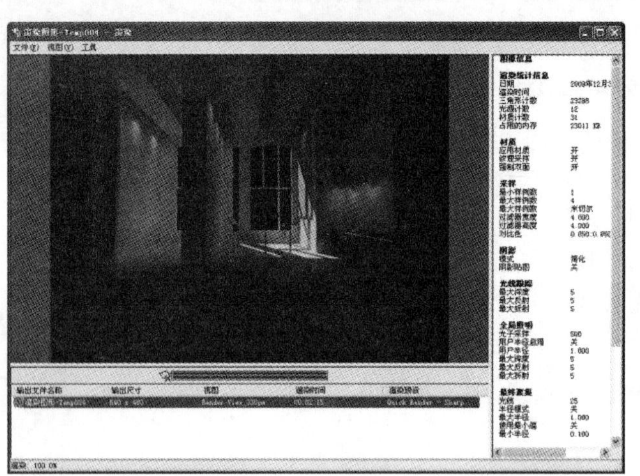

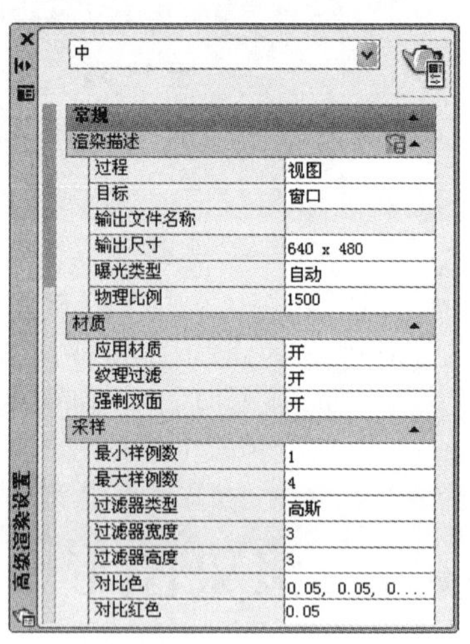

图 16-59

在“高级渲染设置”选项板中，单击上方的下拉按钮，在弹出的下拉列表框中可以选择标准渲染预设。选择“管理渲染预设”选项，如图16-60所示，将弹出“渲染预设管理器”对话框，单击“创建副本”按钮，可以创建自定义渲染预设，如图16-61所示。

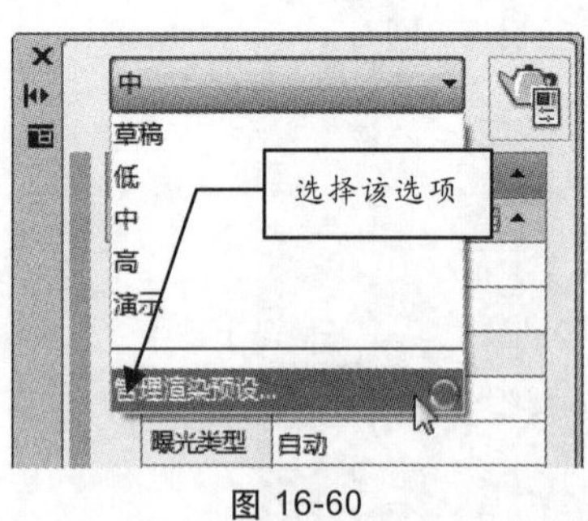

图 16-60

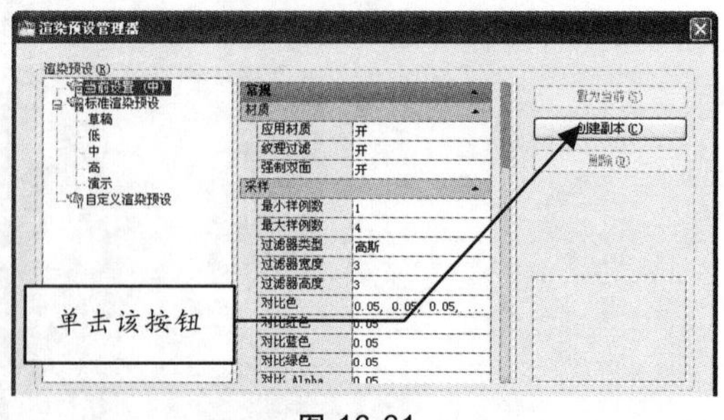

图 16-61

弹出“复制渲染预设”对话框，在“名称”文本框中输入名称，然后单击“确定”按钮，如图16-62所示。返回“渲染预设管理器”对话框，在“自定义渲染预设”下方将显示新建的渲染预设，如图16-63所示。

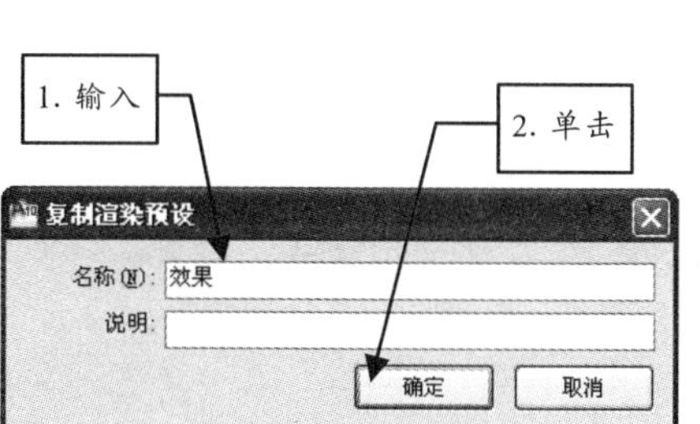

图 16-62

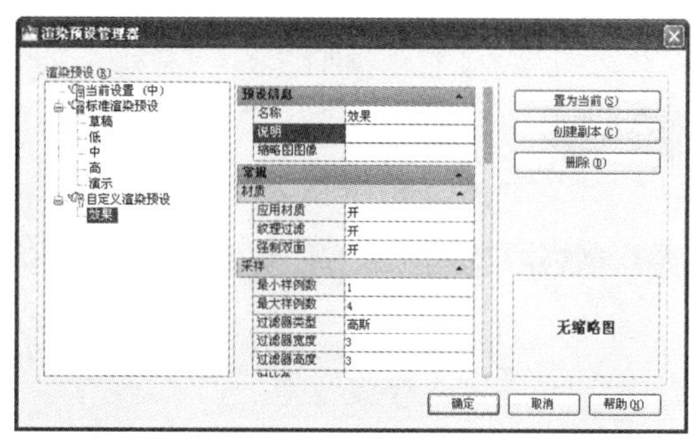

图 16-63

16.4.2 渲染图形

下面以渲染场景效果图为例，介绍在建筑模型中添加材质和光源的方法，最后渲染得到效果图。

案例16-7：渲染房间图形

素材文件	Sample/CH16/07.dwg	结果文件	Sample/CH16/07-end.dwg

Step01 打开随书光盘中的原始文件，在绘图窗口中显示为厨房建筑模型，建筑模型中未添加材质和光源，如图16-64所示。

Step02 执行“视图”→“渲染”→“材质”命令，弹出“材质”选项板，单击“创建新材质”按钮，弹出“创建新材质”对话框。在“名称”文本框中输入材质名称，然后单击“确定”按钮，如图16-65所示。

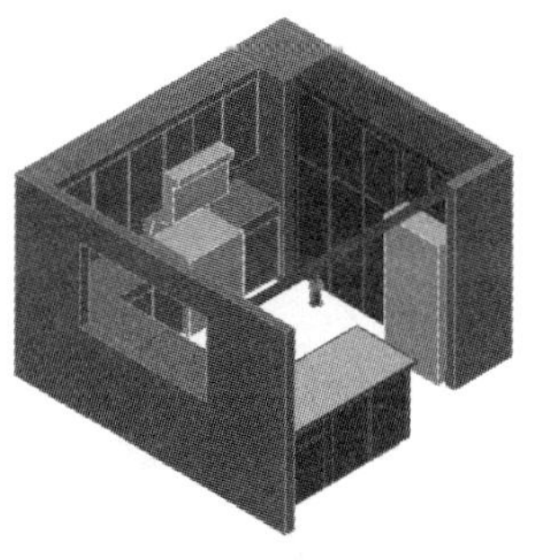

图 16-64

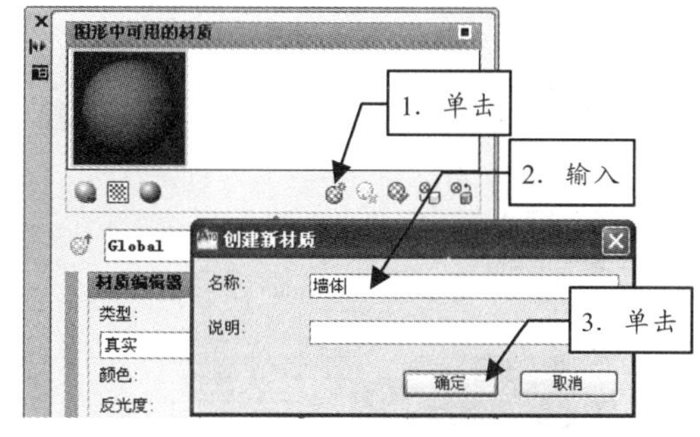

图 16-65

小贴示 创建渲染有以下3种方式。

- 命令：RENDER。
- 菜单：“视图”→“渲染”→“渲染”命令。
- 工具栏：“渲染”→“（渲染）”按钮。

Step03 在“材质”选项板的“贴图”卷展栏中，单击“漫射贴图”选项组中的“选择图像”按钮，如图16-66所示。

Step04 弹出“选择图像文件”对话框，选择“砖石”文件，然后单击“打开”按钮，如图16-67所示。

图 16-66

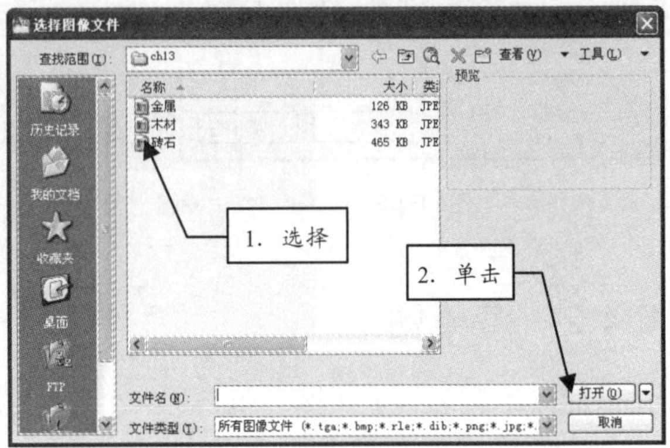

图 16-67

Step05 在“材质”选项板中，单击“将材质应用到对象”按钮，如图16-68所示。

Step06 在绘图窗口中单击墙体实体，将材质应用到墙体，如图16-69所示。

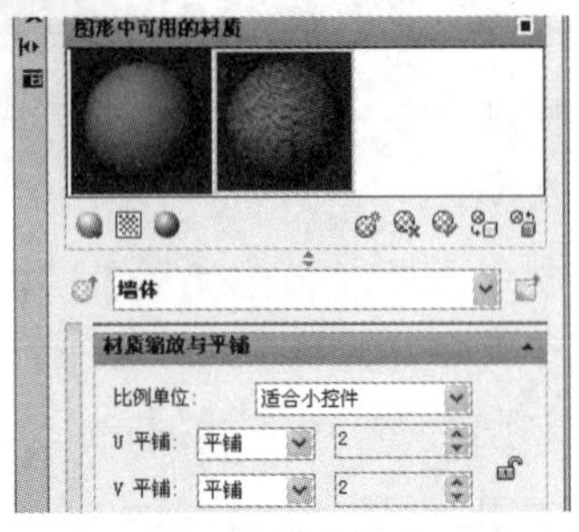

图 16-68

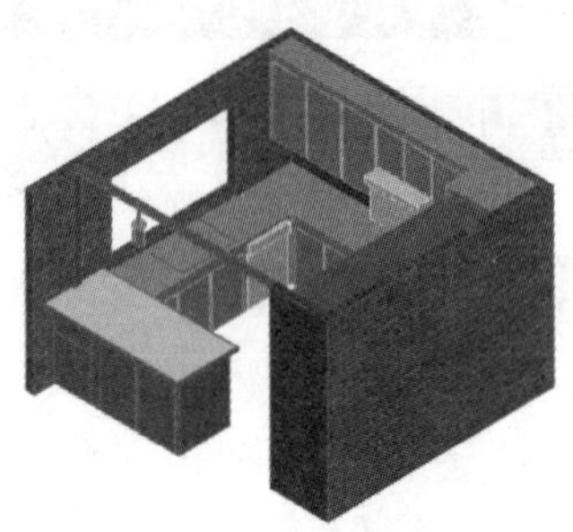

图 16-69

Step07 继续单击“创建新材质”按钮，弹出“创建新材质”对话框，在“名称”文本框中输入材质名称，然后单击“确定”按钮，如图16-70所示。

Step08 在“材质”选项板的“材质编辑器”卷展栏中，选择材质样板为“涂漆木材”，如图16-71所示。

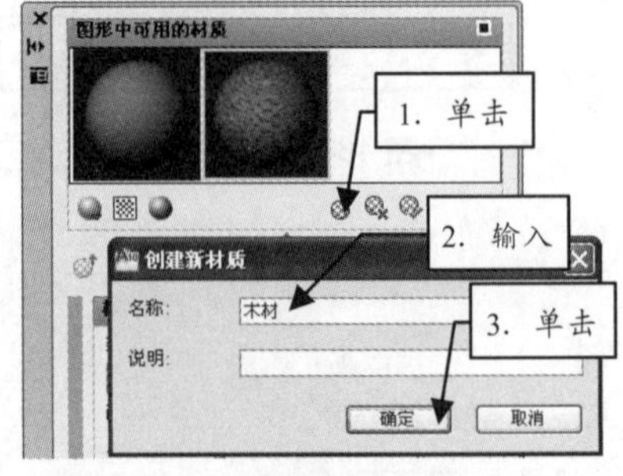

图 16-70

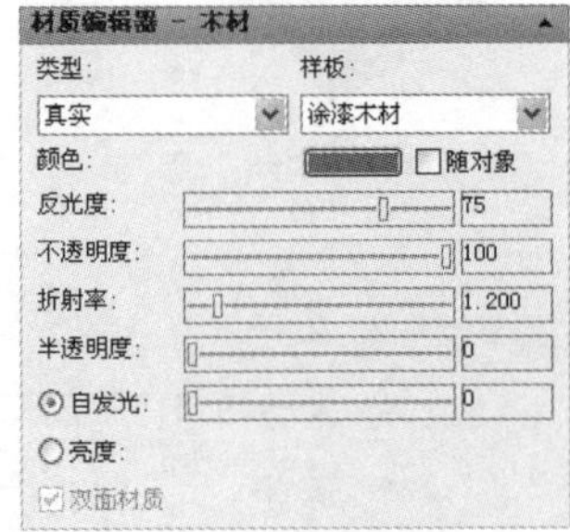

图 16-71

Step09 在“材质”选项板的“贴图”卷展栏中，单击“漫射贴图”选项组中的“选择图像”按钮，如图16-72所示。

Step10 弹出“选择图像文件”对话框，选择“木材”文件，然后单击“打开”按钮，如图16-73所示。

图 16-72

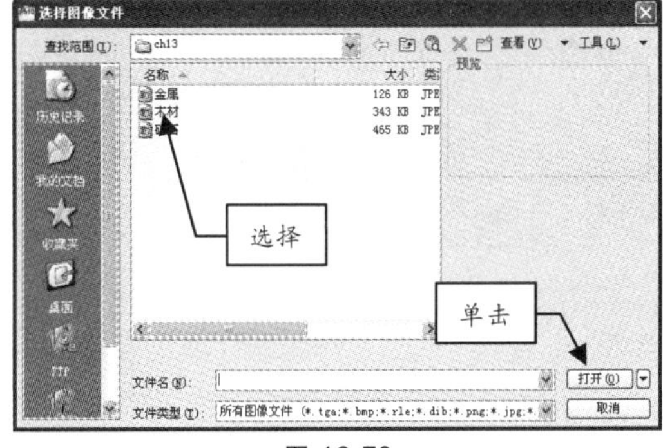

图 16-73

Step11 在“材质”选项板中，单击“将材质应用到对象”按钮，如图16-74所示。

Step12 在绘图窗口中，单击橱柜等实体应用材质，如图16-75所示。

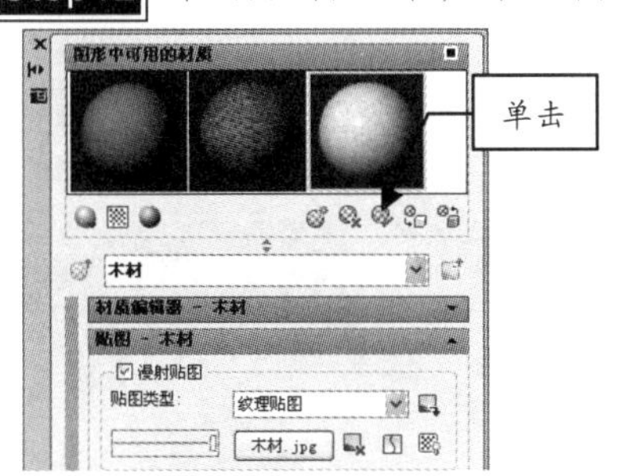

图 16-74

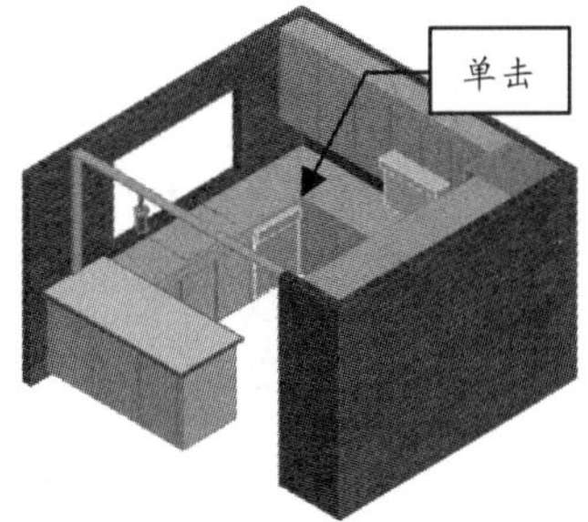

图 16-75

Step13 执行“视图”→“三维视图”→“西南等轴测”命令，调整模型方位。继续在“材质”选项板中单击“将材质应用到对象”按钮，在绘图窗口中单击实体应用材质，如图16-76所示。

Step14 在“材质”选项板中单击“创建新材质”按钮，弹出“创建新材质”对话框，在“名称”文本框中输入材质名称，然后单击“确定”按钮，如图16-77所示。

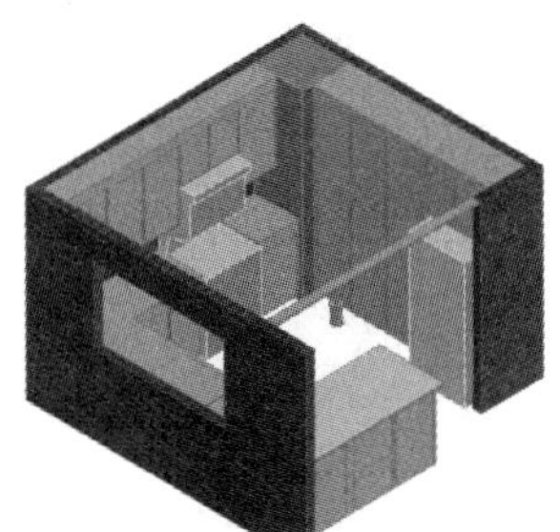

图 16-76

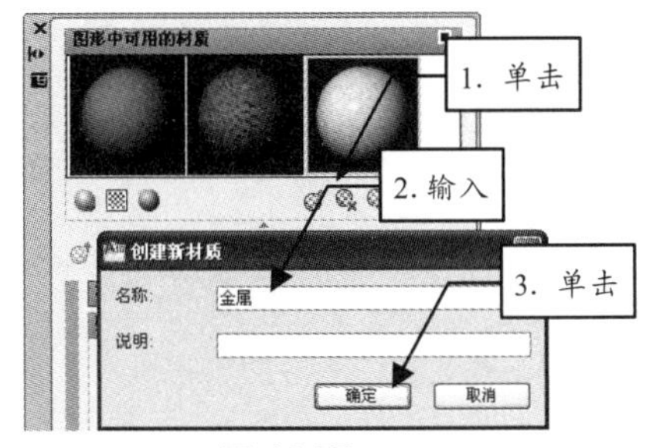

图 16-77

Step15 在“材质”选项板的“贴图”卷展栏中，单击“漫射贴图”选项组中的“选择图像”按钮，如图16-78所示。

Step16 弹出“选择图像文件”对话框，选择“金属”文件，然后单击“打开”按钮，如图16-79所示。

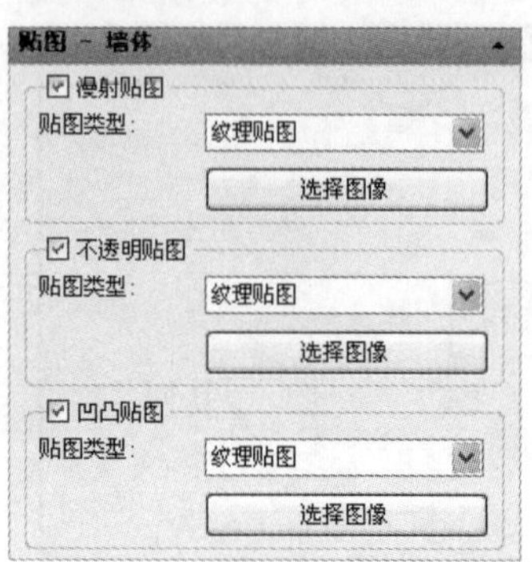

图 16-78

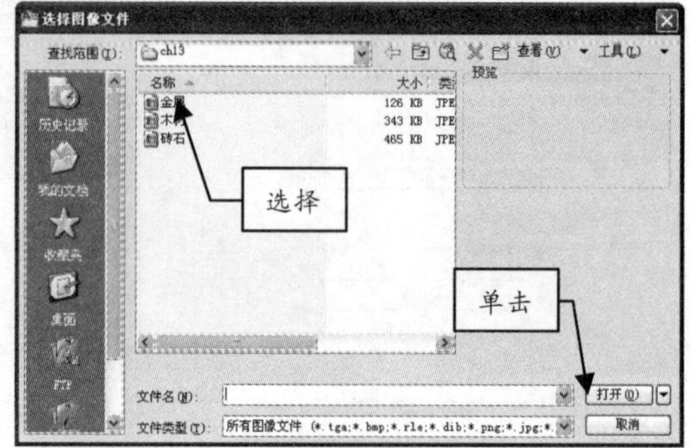

图 16-79

Step17 在“材质”选项板中单击“将材质应用到对象”按钮，在绘图窗口中单击实体应用材质，如图16-80所示。

Step18 执行“视图”→“三维视图”→“东南等轴测”命令，在绘图窗口中单击实体应用材质，如图16-81所示。

图 16-80

图 16-81

Step19 继续单击“创建新材质”按钮，弹出“创建新材质”对话框，在“名称”文本框中输入材质名称，单击“确定”按钮，在“材质编辑器-台面”卷展栏中，设置样板为“磨光的石材”，如图16-82所示。

Step20 在“贴图-台面”卷展栏中，单击“漫射贴图”右下方的下拉按钮，在弹出的下拉列表框中选择“大理石”选项，如图16-83所示。

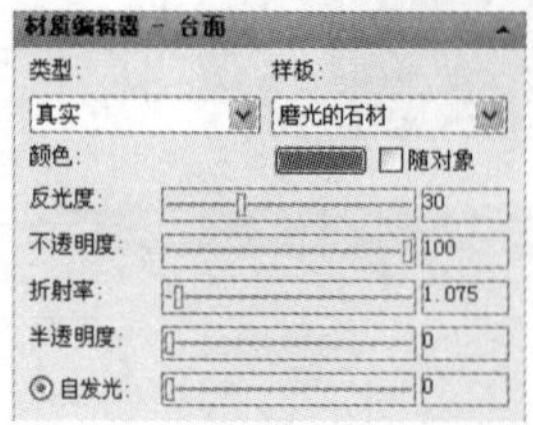

图 16-82

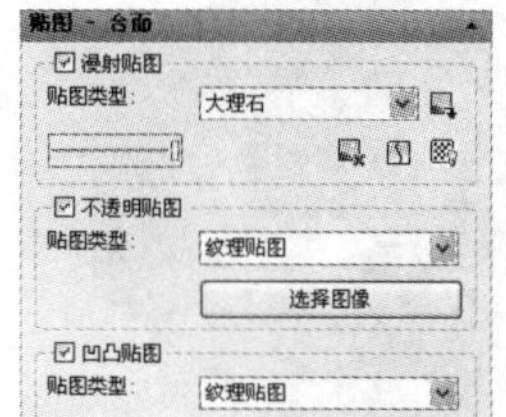

图 16-83

Step21 在“材质”选项板中单击“将材质应用到对象”按钮，在绘图窗口中单击实体应用材质，如图16-84所示。

Step22 执行“视图”→“视觉样式”→“二维线框”命令，将视图转换为线框形式。执行“视图”→“渲染”→“光源”→“新建聚光灯”命令，在绘图窗口中指定圆心为源位置，在下方指定目标位置，如图16-85所示。

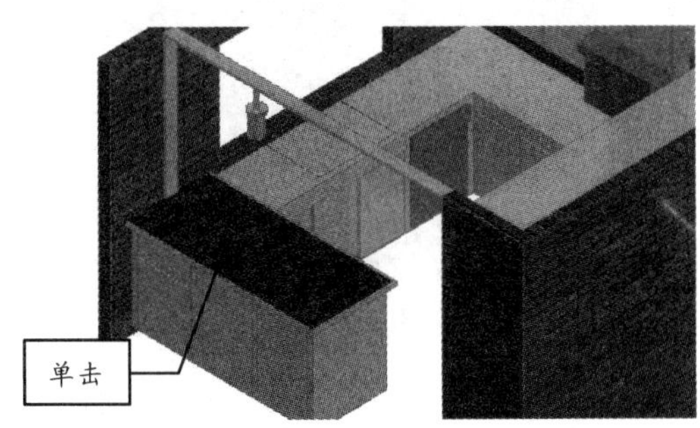

图 16-84

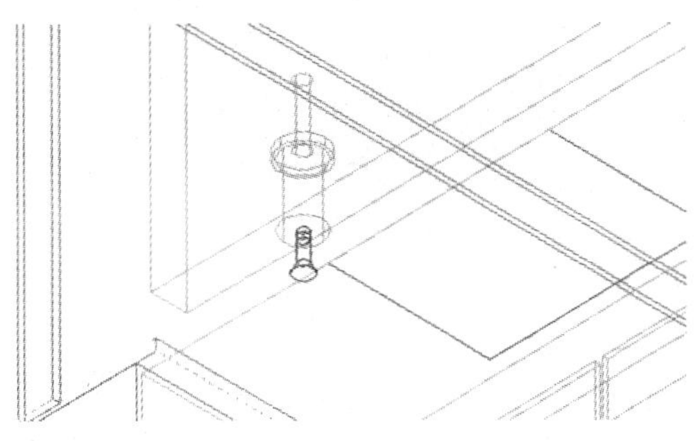

图 16-85

Step23 执行“修改”→“特性”命令，弹出“特性”选项板，选择聚光灯，在“特性”选项板上，设置聚光角角度为20，衰减角度为70，强度因子为5，过滤颜色为“青”，如图16-86所示。

Step24 执行“视图”→“三维视图”→ “西南等轴测”命令，调整模型方法。执行“视图”→“渲染”→“光源”→“新建平行光”命令，在绘图窗口中指定光源来向，如图16-87所示。

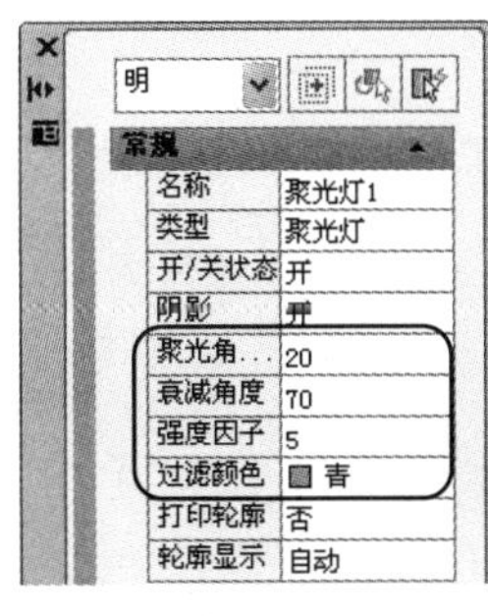

图 16-86

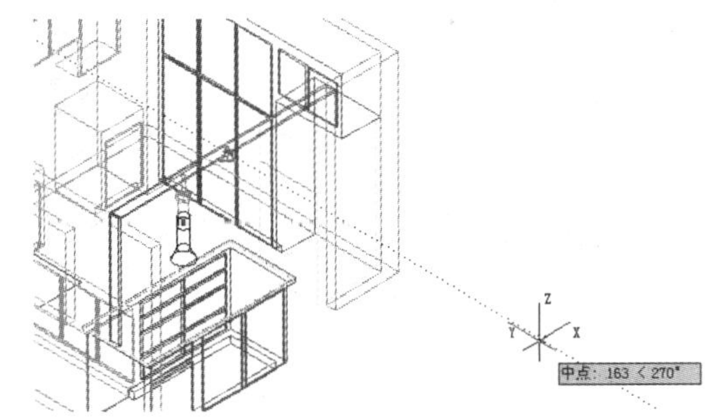

图 16-87

Step25 在模型中指定端点为光源去向，如图16-88所示。

Step26 在命令窗口中，设置强度因子为2，创建平行光后，执行“视图”→“视觉样式”→“真实”命令，查看添加光源后的模型，如图16-89所示。

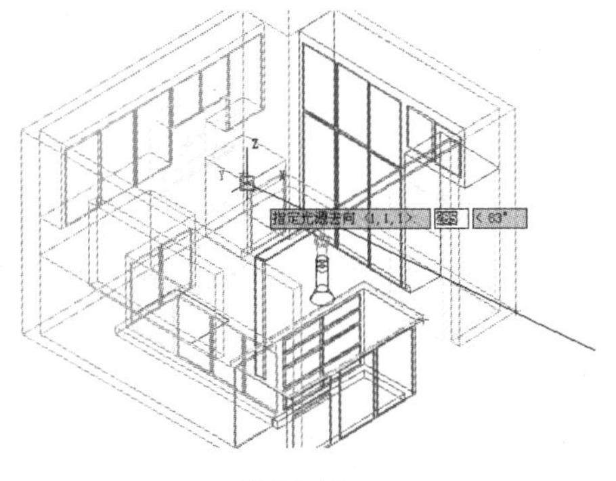

图 16-88

Step27 执行“视图”→“渲染”→“渲染”命令，在“渲染”窗口中，查看渲染后的图像效果，如图16-90所示。

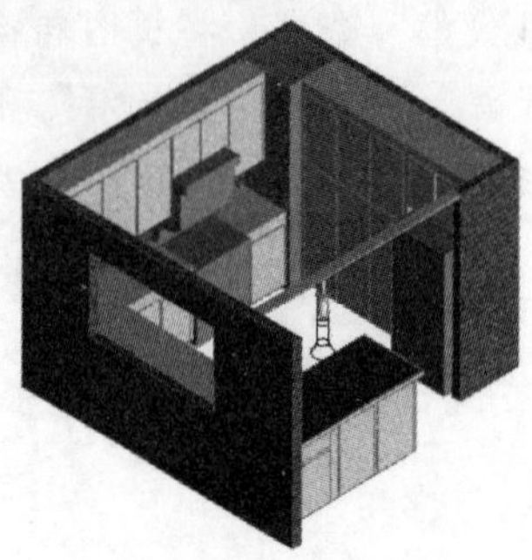

图 16-89

图 16-90

第7天 图形打印与共享

绘图从设计师手中绘制出来后，如何与后期的工作人员进行沟通，从而准确快捷地实现自己的设计就变得尤为重要。

无论是打印还是图形交换，都需要合理的设置才能正确地反映设计要点，比如打印时的比例设置，交换时的文件传输格式等。

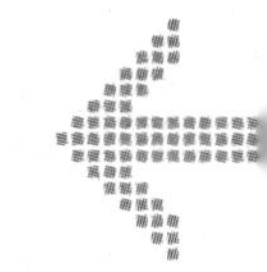

第 17 小时 打印出图

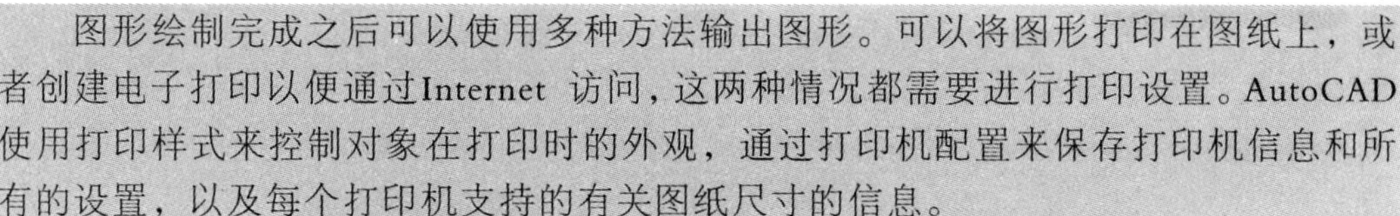

图形绘制完成之后可以使用多种方法输出图形。可以将图形打印在图纸上，或者创建电子打印以便通过Internet 访问，这两种情况都需要进行打印设置。AutoCAD使用打印样式来控制对象在打印时的外观，通过打印机配置来保存打印机信息和所有的设置，以及每个打印机支持的有关图纸尺寸的信息。

17.1 模型与图纸空间

在AutoCAD中绘图和编辑时，可以采用不同的工作空间，即模型空间和图纸空间。在不同的工作空间可以完成不同的操作，如绘图操作和编辑操作、安排、注释和显示控制等。

17.1.1 模型空间和图纸空间

在使用AutoCAD绘图时，多数的设计和绘图工作都是在模型空间完成二维或三维图形。模型空间和图纸空间的区别主要在于：模型空间是针对图形实体的空间，是放置几何模型的三维坐标空间；而图纸空间则是针对图纸布局而言的，是模拟图纸的平面空间，它的所有的坐标都是二维的。需要指出的是，两者采用的坐标系是一样的。

1．模型空间

通常在绘图工作中，无论是二维还是三维图形的绘制与编辑工作，都是在模型空间这个三维坐标空间下进行的。

模型空间就是创建工程模型的空间，它为用户提供了一个广阔的绘图区域。用户在模型空间中所需考虑的只是单个的图形是否绘出或正确与否，而不用担心绘图空间是否足够大，如图17-1所示。

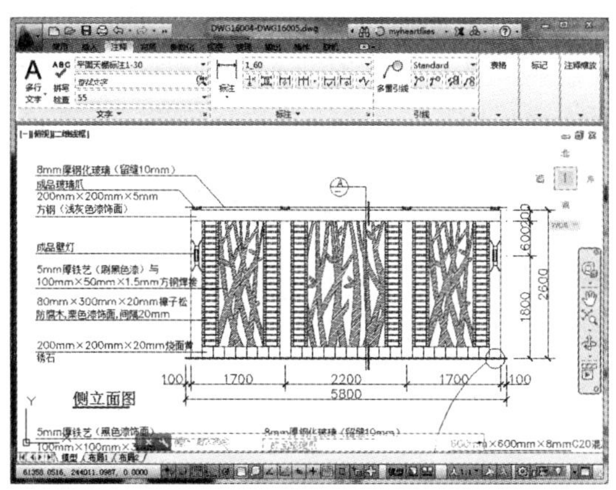

图 17-1

2. 图纸空间

图纸空间又称为布局空间，包含模型特定视图和注释的最终布局则位于图纸空间。也就是说，图纸空间用于创建最终的打印布局，而不用于绘图或设计工作。图纸空间侧重于图纸的布局工作，将模型空间的图形按照不同的比例搭配，再加以文字注释，最终构成一个完整的图形，如图17-2所示。

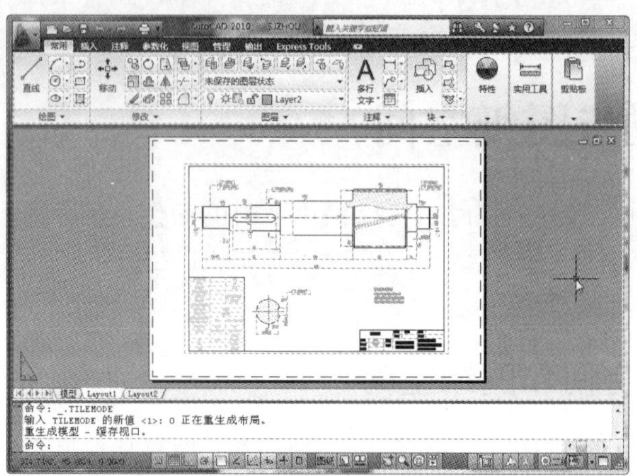

图 17-2

在这个空间里，用户几乎不需要再对任何图形进行修改编辑，所要考虑的只是图形在整张图纸中如何布局。因此建议用户在绘图时，应先在模型空间内进行绘制和编辑，在上述工作完成之后再进入图纸空间内进行布局调整，直到最终出图。

在模型空间和图纸空间中，AutoCAD都允许使用多个视图。但在两种绘图空间中多视图的性质与作用是不同的。在模型空间中，多视图只是为了图形的观察和绘图方便，因此其中的各个视图与原绘图窗口类似。

在图纸空间中，多视图的主要目的是便于进行图纸的合理布局，用户可对其中任何一个视图本身进行复制和移动等基本的编辑操作。

提示  模型空间与图纸空间的概念较为抽象，初学者只需简单了解即可。对于概念的深入掌握可在以后的使用中逐步体会。需要注意的是，在模型空间与图纸空间中，UCS图标是不同的，但均是三维图标。

17.1.2 模型空间和图纸空间的切换

在AutoCAD 2013中，模型空间与图纸空间的切换可通过绘图区下部的切换标签来实现。如单击“模型”标签即可进入模型空间，单击“布局1”标签即可进入图纸空间，如图17-3所示。

在默认状态下，AutoCAD 2013将引导用户进入模型空间。在实际操作时，用户需进行一些图纸布局方面的设置。

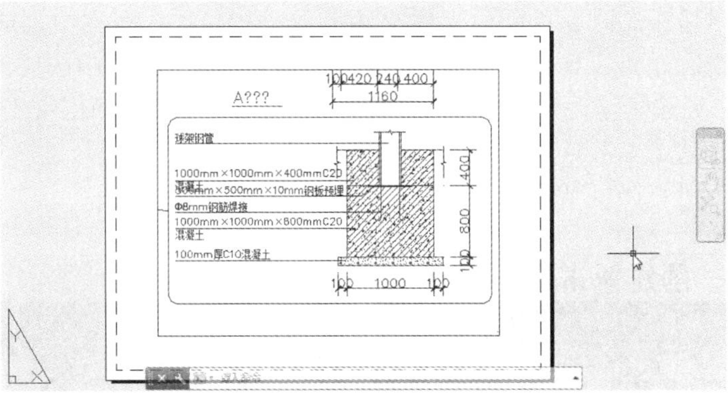

图 17-3

在图形绘制完成后，选择“布局”选项卡可以创建要打印的布局，即进入图纸空间模拟一张图纸并在上面放置图形。在图纸空间中可以创建多个布局，每个布局代表一张单独的打印输出图纸，即图形项目中的一张图纸。

17.2 布局空间与视图

在AutoCAD 2013中，系统新增了一个布局选项卡，该选项卡在绘图处于模型空间时，只有很少的几个选项处于可用状态，如图17-4所示。

处于布局空间时，则所有的选项均可使用，用户可以根据需要进行设置，如图17-5所示。

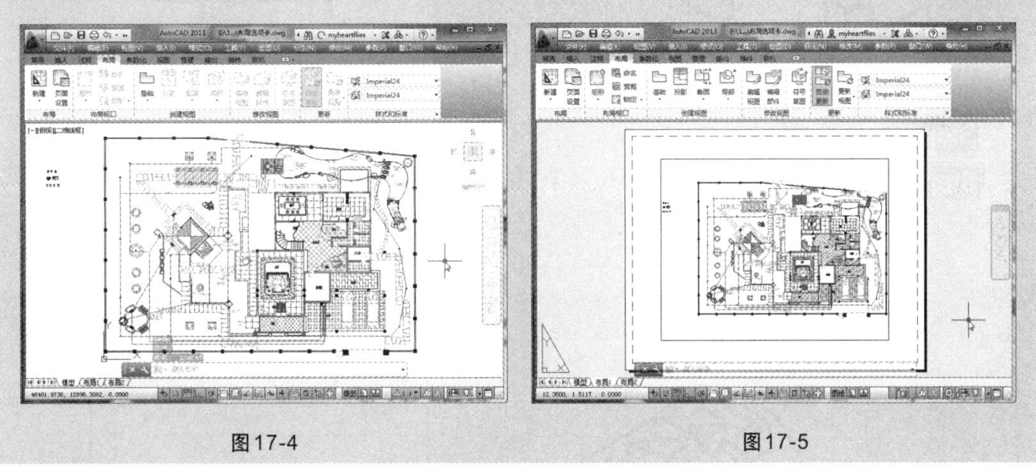

图17-4　　图17-5

17.2.1 创建新布局

在AutoCAD 中，布局空间占有极大的优势和地位，同时也为用户提供了多种用于创建布局的方式和不同管理布局的方法。无论是在布局空间还是在模型空间，都可以创建不同的布局。

新创建的每一个布局可以设置不同的打印样式，如打印的比例、方向和图纸大小等。另外在创建新布局时，可以添加要打印的浮动视口。在布局中创建浮动视口后，视口中的各个视图也可以使用不同的打印比例，并能控制视口中图层的可见性。

首次选择布局选项卡时，将显示“页面设置”对话框和进入相应的图纸空间环境。其中，矩形虚线边界将指示当前配置的打印设备所使用的图纸尺寸，图纸中显示的页边是纸张的不可打印区域。

案例17–1：创建新布局

素材文件	Sample/CH17/01.dwg	结果文件	Sample/CH17/01-end.dwg
视频文件	视频演示/CH17/创建新布局.avi		

Step01 打开图形文件，然后单击“布局”选项卡→“布局”面板→“新建布局”按钮，如图17-6所示。

Step02 系统提示输入新布局名，输入“左视图”，如图17-7所示。

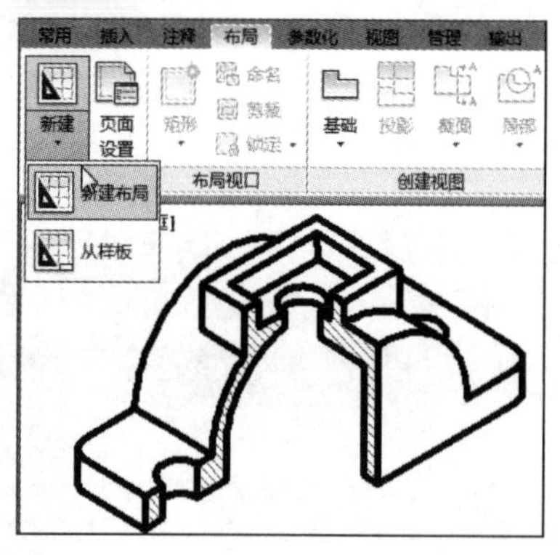

图 17-6

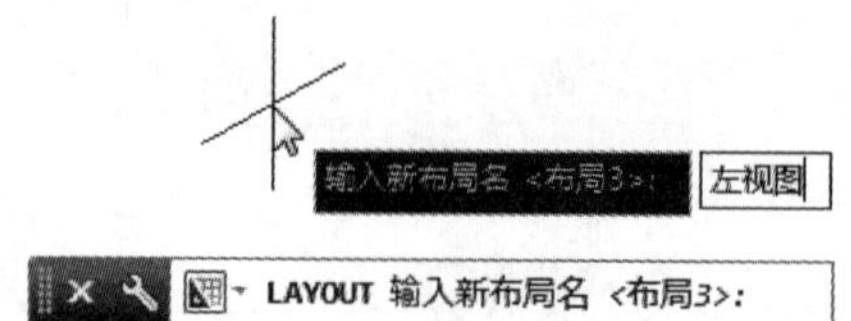

图 17-7

Step03 可以看到在“布局2”右侧显示一个新布局，如图17-8所示。

Step04 单击“左视图”布局切换到该布局，然后使用视口方式显示该视图，如图17-9所示。

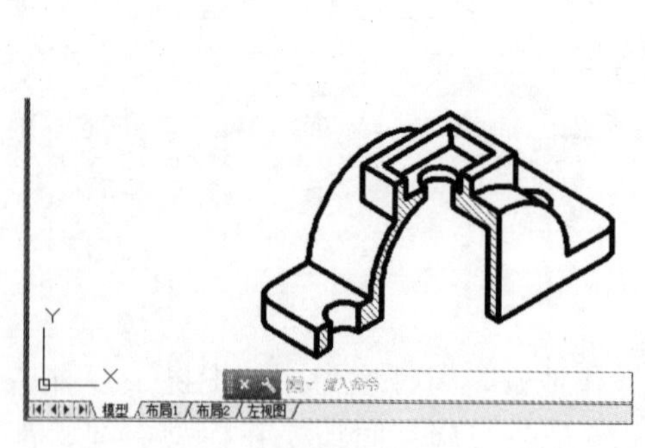

图 17-8

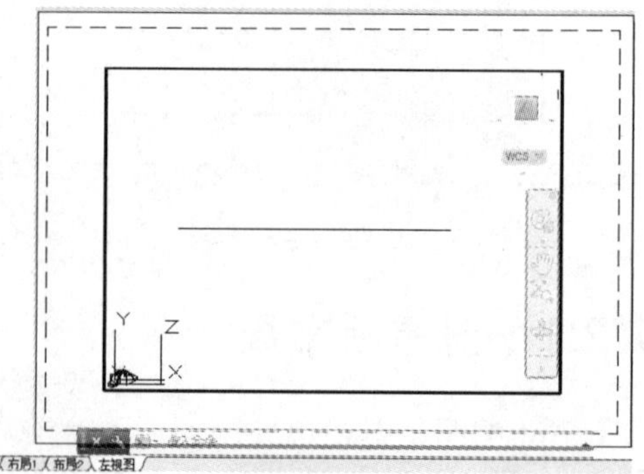

图 17-9

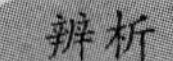

为什么显示的是一条线呢？

因为该图实际上是等轴测视图，而不是真正的三维图形，所以切换到不同的视角时，有视觉差异形成的三维立体图，但实际上仍旧是平面图，所以切换到左视图时，在布局上看到的是一条线。

17.2.2 使用样板布局进行创建

除了使用“新建布局”方式可以创建布局外，还可以使用样板布局方式进行创建布局。

案例17–2：使用样板布局进行创建

素材文件 Sample/CH17/02.dwg **结果文件** Sample/CH17/02-end.dwg

Step01 打开图形文件，然后单击“来自样板的布局”选项，如图17-10所示。

Step02 弹出“从文件选择样板”对话框，在该对话框中查找Civil Metric样板，如图17-11所示。

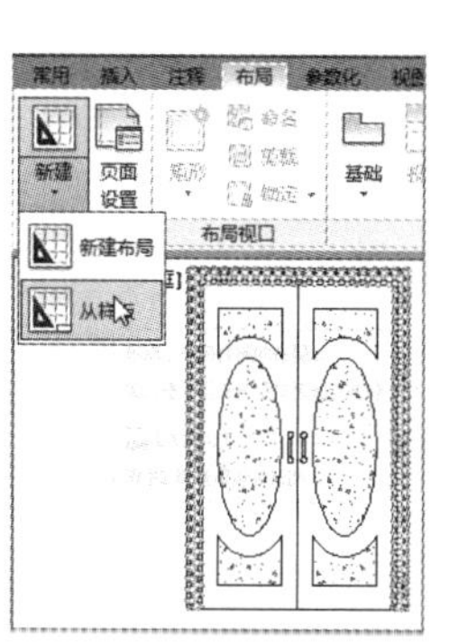

图 17-10

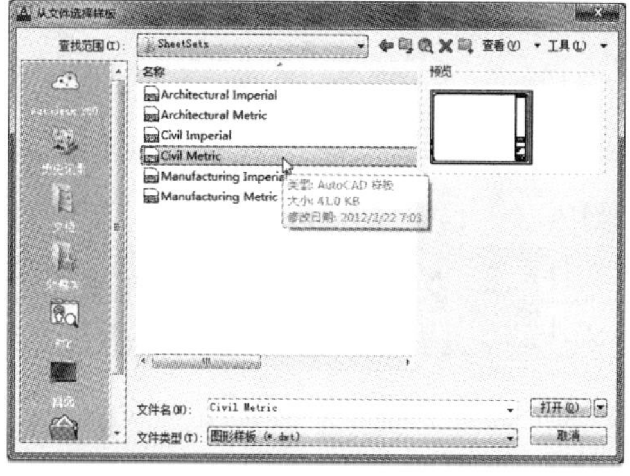

图 17-11

Step03 单击“打开”按钮，在“插入布局”对话框中单击“确定”按钮，“模型”选项卡右边会添加一个“D-Size Layout”页面，如图17-12所示。

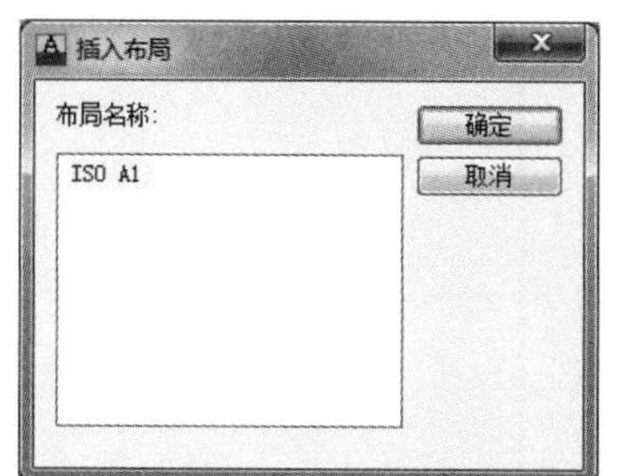

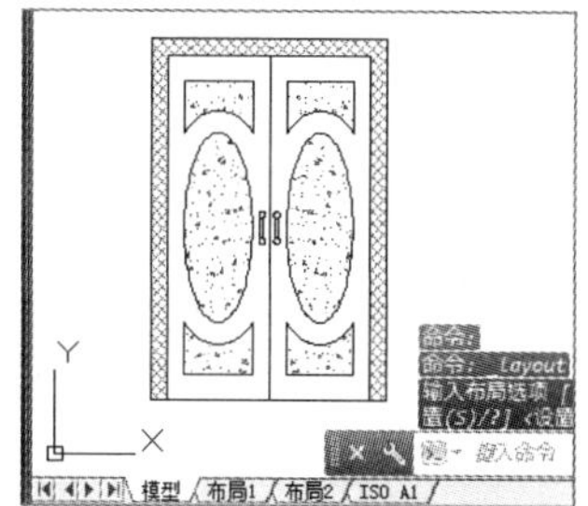

图 17-12

Step04 单击该布局，并适当设置视口，结果如图17-13所示。

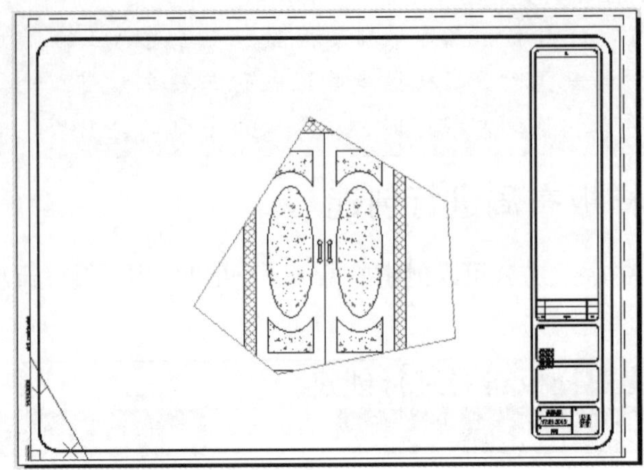

图 17-13

17.3 设置打印页面参数

准备打印图形前，用户可以根据打印需要来设置页面功能，设置好页面即设置好打印出图后的效果，如图17-1所示。

案例17–3：设置打印页面参数

素材文件	Sample/CH17/03.dwg	结果文件	Sample/CH17/03-end.dwg
视频文件	视频演示/CH17/设置打印页面参数.avi		

Step01 打开图形文件，切换到“布局1”中，如图17-14所示。

Step02 单击“布局”选项卡→“布局”面板→“页面设置”按钮，如图17-15所示。

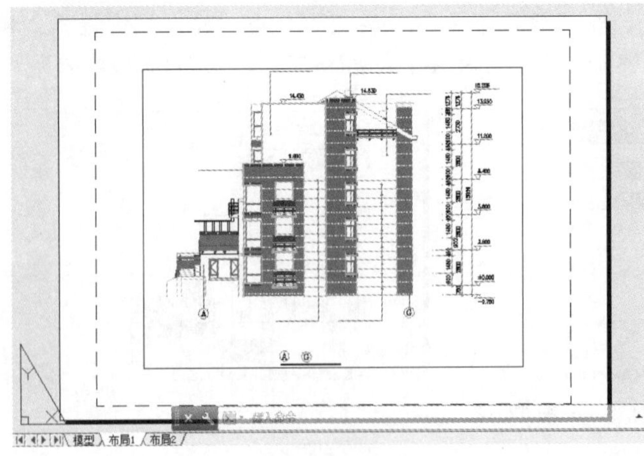

图 17-14

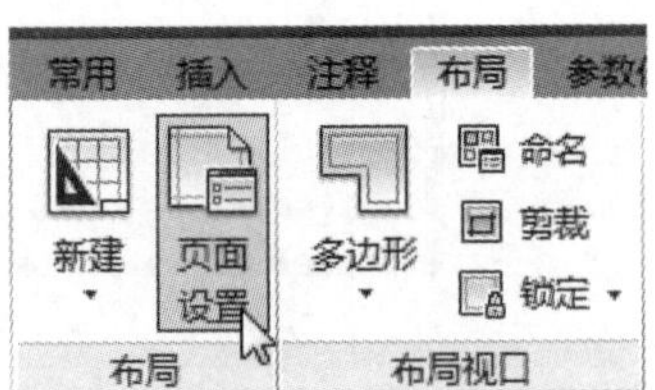

图 17-15

Step03 弹出“页面设置管理器”对话框，然后单击“新建”按钮，如图17-16所示。

Step04 在“新建页面设置”对话框中，设置“新页面设置名”为“布局模板”，单击“确定”按钮，如图17-17所示。

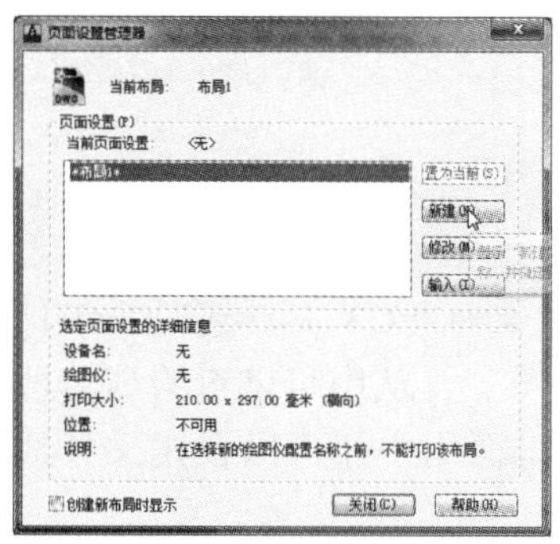

图 17-16

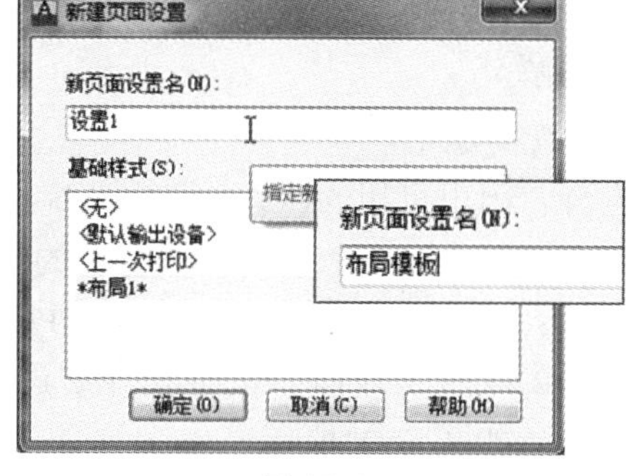

图 17-17

Step05 弹出“页面设置-布局1”对话框，如图17-18所示。

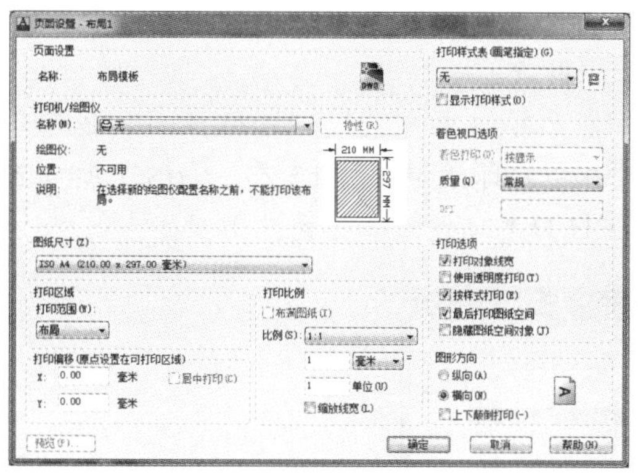

图 17-18

选项精解

- 页面设置：显示当前页面设置，将另一个不同的页面设置置为当前，创建新的页面设置，修改现有页面设置，以及从其他图纸中输入页面设置。
- 创建新布局时显示：指定当选中新的布局选项卡或创建新的布局时，显示“页面设置”对话框。

在该对话框中，除了可以设置打印设备和打印样式外，还可以设置布局参数。

17.3.1 选择打印设备

Step01 在页面设置中，除了指定打印或发布布局或图纸时使用的已配置的打印设备外，用户可以自定义打印设置，如图17-19所示。

Step02 在“打印机/绘图仪”选项区中，用户单击“名称”下拉列表选择“DFW6 ePlot.pc3”，如图17-20所示。

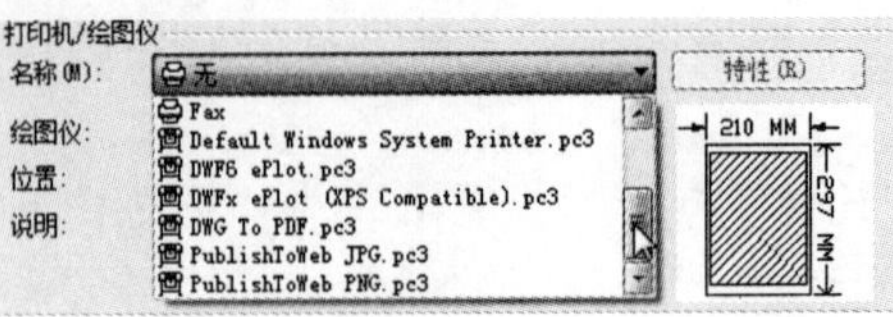

图 17-19

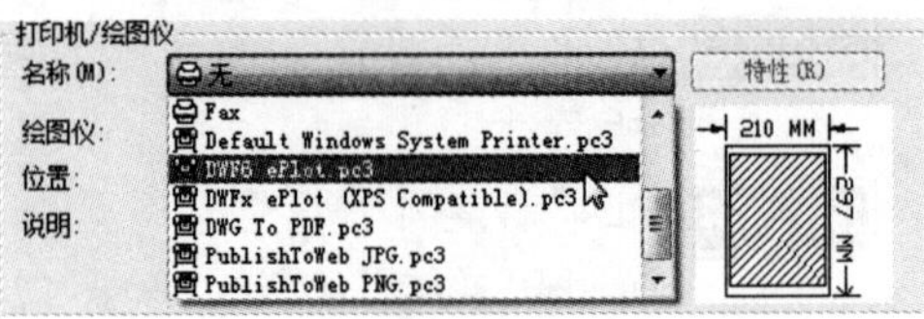

图 17-20

选项精解

各选项含义如下。

- 名称：列出可用的PC3文件或系统打印机，可以从中进行选择，以打印或发布当前布局或图纸。设备名称前面的图标识别其为 PC3 文件还是系统打印机。
- 特性：显示绘图仪配置编辑器（PC3 编辑器），从中可以查看或修改当前绘图仪的配置、端口、设备和介质设置，这里面用户还可以自定义介质的尺寸大小，如图17-21所示。
- 绘图仪：显示当前所选页面设置中指定的打印设备。
- 位置：显示当前所选页面设置中指定的输出设备的物理位置。
- 说明：显示当前所选页面设置中指定的输出设备的说明文字。可以在绘图仪配置编辑器中编辑此文字。
- 局部预览：精确显示相对于图纸尺寸和可打印区域的有效打印区域。工具提示显示图纸尺寸和可打印区域。图17-23左为ISO A4（210毫米×297毫米），图17-22右为ARCH D（36英寸×24英寸）

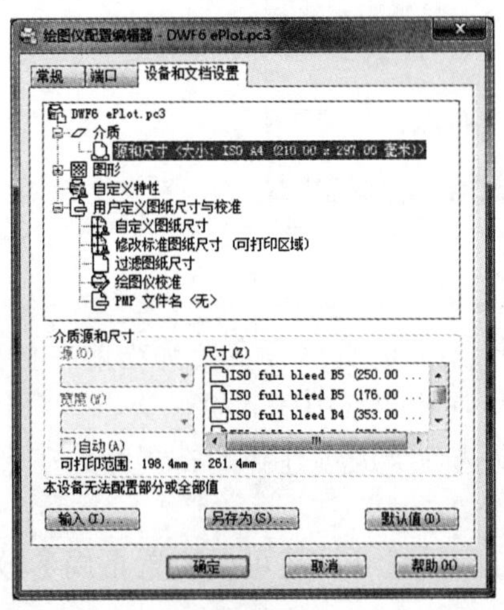

图 17-21

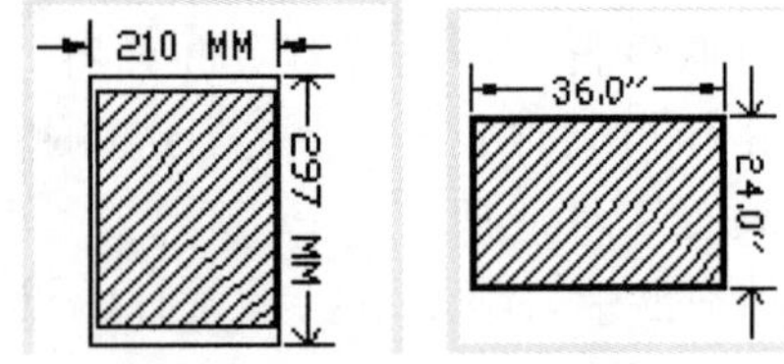

图 17-22

17.3.2 选择图纸尺寸、范围和比例

用户根据图形的实际需要来进行打印。

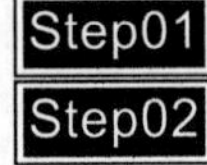

Step01 单击“图纸尺寸”下拉列表，选择“ISO A4”选项，如图17-23所示。

Step02 单击“打印范围”下拉列表，选择“窗口”打印方式，如图17-24所示。

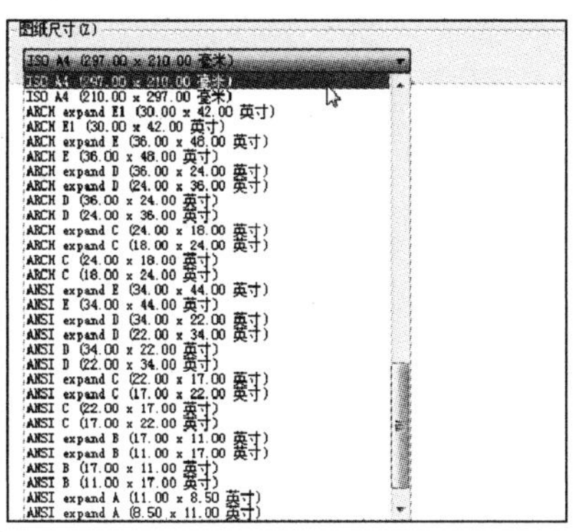

图 17-23

图 17-24

Step03 系统切换到布局中指定第一个角点作为打印窗口的第一点，如图17-25所示。

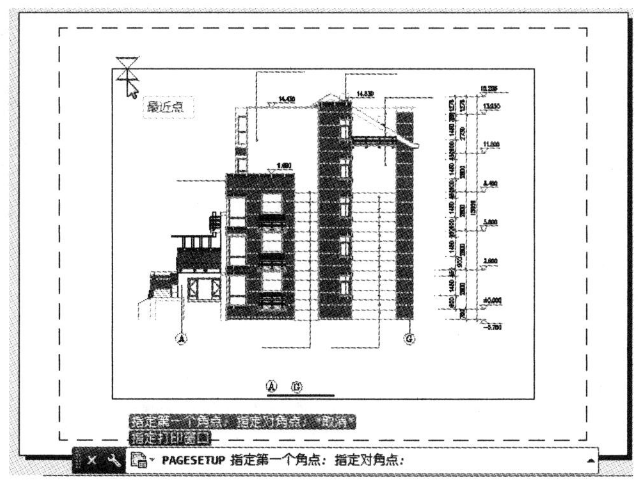

图 17-25

Step04 指定右下角为第二角点作为打印窗口的选择，如图17-26所示。

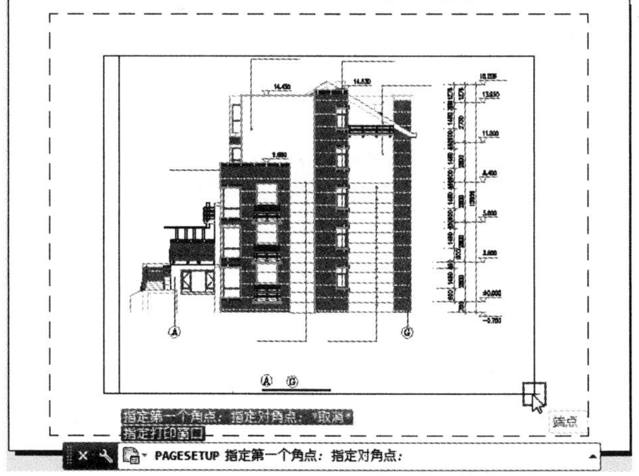

图 17-26

Step05 设置“打印偏移”和“打印比例”均为默认值，如图17-27所示。

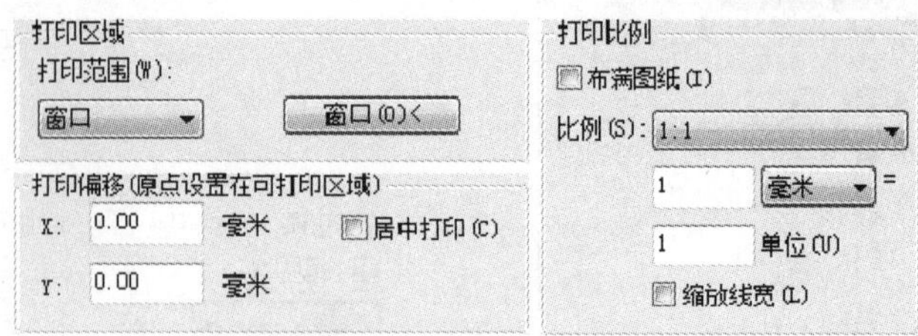

图 17-27

Step06 然后单击“预览”按钮，显示当前图形的打印预览结果，如图17-28所示。

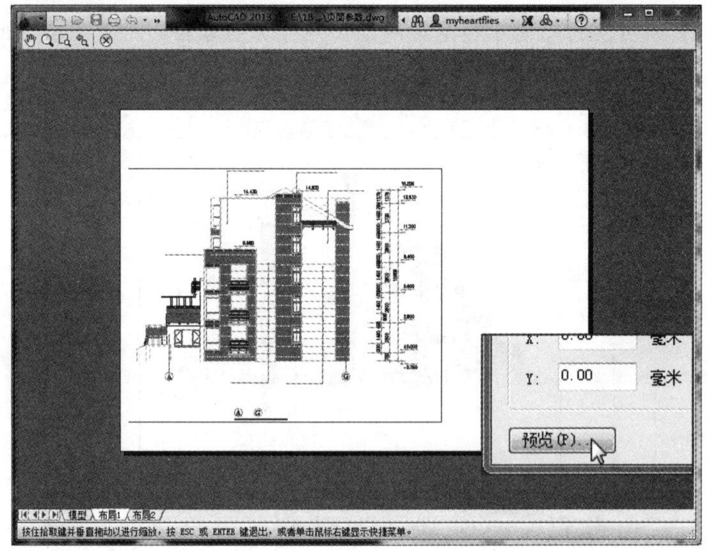

图 17-28

Step07 单击“关闭预览窗口”按钮，返回到“页面设置”对话框，勾选“居中打印”复选框和“布满图纸”复选框，如图17-29所示。

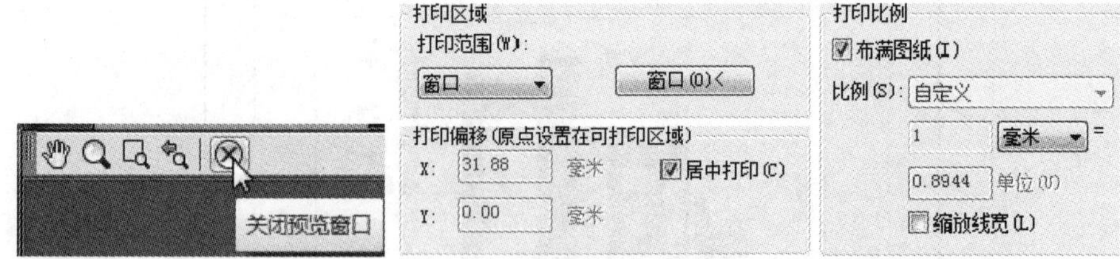

图 17-29

Step08 继续单击“预览”按钮，显示预览结果，结果符合需要，单击“关闭预览窗口”按钮返回到“页面设置”对话框中，如图17-30所示。

Step09 单击“确定”按钮，返回到“页面设置管理器”对话框中，然后单击“置为当前”按钮，如图17-31所示。

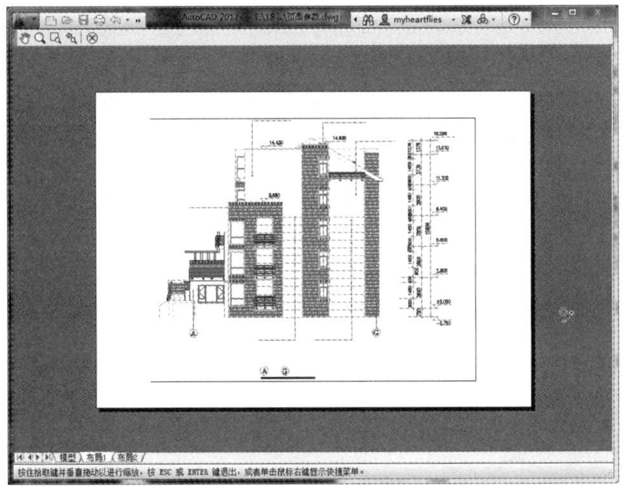

图 17-30

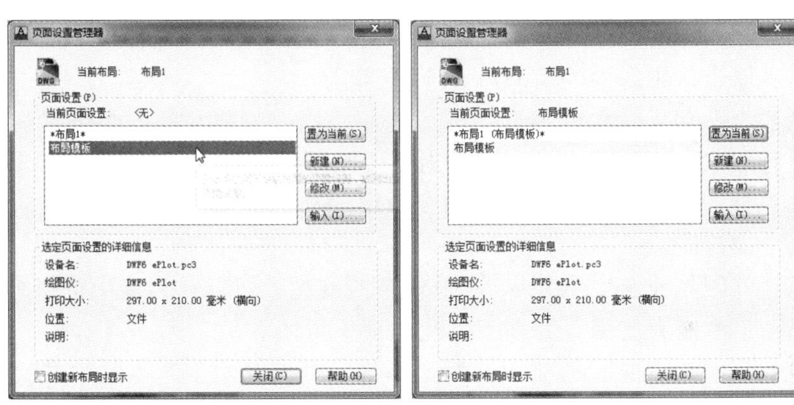

图 17-31

Step10 单击“关闭”按钮，即可看到设置的页面出现一个黑色的边框，如图17-32所示。

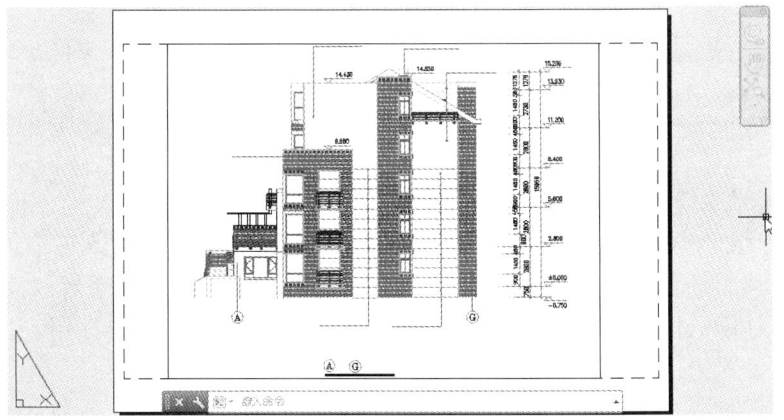

图 17-32

选项精解

当选择绘图仪时，图纸尺寸的列表会根据绘图仪来自动判断进行图纸尺寸的显示，“打印份数”会根据绘图仪来进行判断是否可以自行设置。如果未选择绘图仪，将显示全部标准图纸尺寸的列表以供选择。如果所选绘图仪不支持布局中选定的图纸尺寸，将显示警告，用户可以选择绘图仪的默认图纸尺寸或自定义图纸尺寸。

提示　如果打印的是光栅图像（如 BMP 或 TIFF 文件），打印区域大小的指定将以像素为单位而不是英寸或毫米。

1. 打印区域

指定要打印的图形区域。在“打印范围”下，可以选择要打印的图形区域，如图17-33所示。

各选项含义如下。

- 布局/图形界限：打印布局时，将打印指定图纸尺寸的可打印区域内的所有内容，其原点从布局中的（0,0）点计算得出。
- 范围：打印包含对象的图形的部分当前空间。当前空间内的所有几何图形都将被打印。打印之前，可能会重新生成图形以重新计算范围。
- 显示：打印“模型”选项卡当前视口中的视图或布局选项卡上当前图纸空间视图中的视图。
- 视图：打印先前通过 VIEW 命令保存的视图。可以从列表中选择命名视图。如果图形中没有已保存的视图，此选项不可用。
- 窗口：打印指定的图形部分。指定要打印区域的两个角点时，“窗口”按钮才可用。

2. 打印偏移

指定打印区域相对于可打印区域左下角或图纸边界的偏移，如图17-34所示。

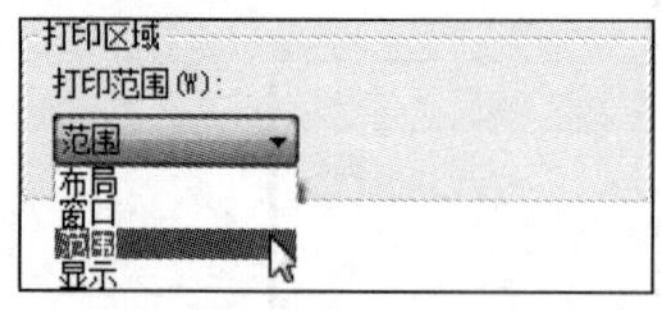

图 17-33

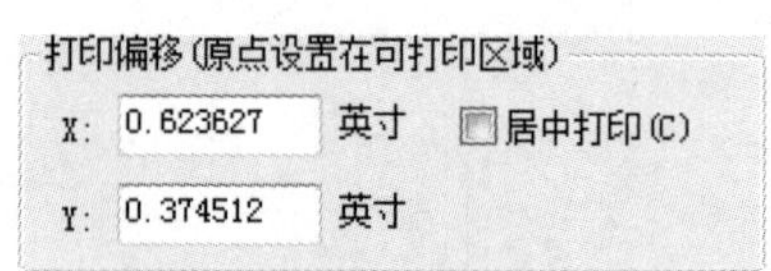

图 17-34

各选项含义如下。

- 布局/图形界限：通过在“X 偏移”和“Y 偏移”框中输入正值或负值，可以偏移图纸上的几何图形。图纸中的绘图仪单位为英寸或毫米。
- 居中打印：自动计算 X 偏移和 Y 偏移值，在图纸上居中打印。当“打印区域”设置为“布局”时，此选项不可用。
- X：相对于“打印偏移定义”选项中的设置指定 X 方向上的打印原点。
- Y：相对于“打印偏移定义”选项中的设置指定 Y 方向上的打印原点。

3. 打印比例

当指定输出图形的比例时，可以从实际比例列表中选择比例、输入所需比例或者选择“布满图纸”，以缩放图形将其调整到所选的图纸尺寸。

绘制对象时通常使用实际的尺寸。也就是说，用户决定使用何种单位（英寸、毫米或米）并按 1:1 的比例绘制图形。例如，如果测量单位为毫米，那么图形中的一个单位代表一毫米。打印图形时，可以指定精确比例，也可以根据图纸尺寸调整图像。

大多数最终图形以精确的比例打印。设置打印比例的方法取决于用户是从“模型”选项卡还是布局选项卡打印：

- 在“模型”选项卡上，可以在“打印”对话框中建立比例。此比例代表打印的单位与绘制模型所使用的实际单位之比。
- 在布局中，使用两个比例。第一个比例影响图形的整体布局，它通常基于图纸尺寸，比例为 1:1。第二个比例是模型本身的比例，它显示在布局视口中。各视口中的比例代表图纸尺寸与视口中的模型尺寸之比。

“打印比例”选项区中可以设置详细的打印比例，如图17-35所示。

各选项含义如下。

- 布局/图形界限：注意如果在“打印区域”中指定了“布局”选项，则无论在“比例”中指定了何种设置，都将以 1:1 的比例打印布局。
- 布满图纸：缩放打印图形以布满所选图纸尺寸，并在“比例”、“英寸 =”和“单位”框中显示自定义的缩放比例因子。
- 比例：定义打印的精确比例。“自定义”可定义用户定义的比例。可以通过输入与图形单位数等价的英寸（或毫米）数来创建自定义比例。
- 英寸 =/毫米 =/像素 = ：指定与指定的单位数等价的英寸数、毫米数或像素数。
- 英寸/毫米/像素：在“打印”对话框中指定要显示的单位是英寸还是毫米。默认设置为根据图纸尺寸，并会在每次选择新的图纸尺寸时更改。“像素”仅在选择了光栅输出时才可用。
- 单位：指定与指定的英寸数、毫米数或像素数等价的单位数。
- 缩放线宽：与打印比例成正比缩放线宽。线宽通常指定打印对象的线的宽度并按线宽尺寸打印，而不考虑打印比例。

4. 打印选项

指定线宽、打印样式、着色打印和对象的打印次序等选项，如图17-36所示。

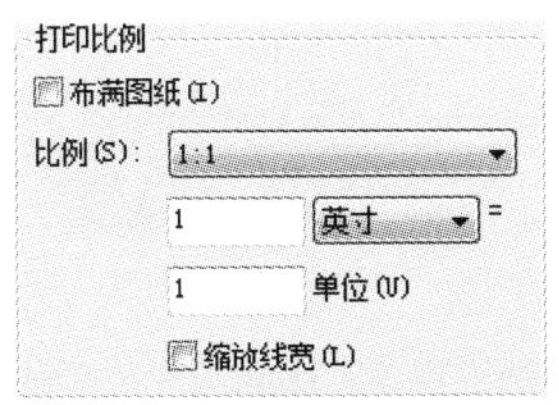

图 17-35

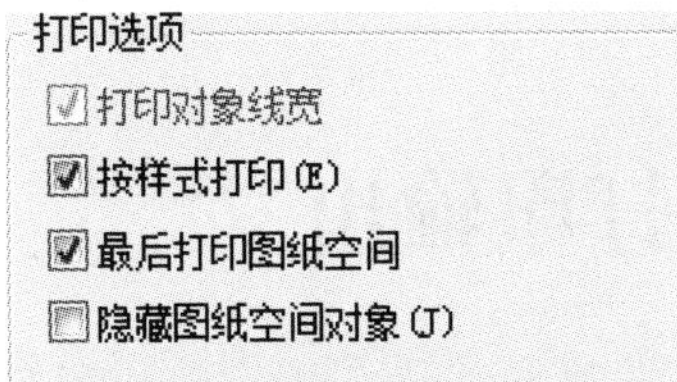

图 17-36

选项含义如下。

- 打印对象线宽：指定是否打印指定给对象和图层的线宽。如果选定“按样式打印”，则该选项不可用。
- 按样式打印：指定是否打印应用于对象和图层的打印样式。如果选择该选项，也将自动选择“打印对象线宽”。
- 最后打印图纸空间：首先打印模型空间几何图形。通常先打印图纸空间几何图形，然后再打印模型空间几何图形。
- 隐藏图纸空间对象：指定 HIDE 操作是否应用于图纸空间视口中的对象。此选项仅在布局选项卡中可用。此设置的效果反映在打印预览中，而不反映在布局中。

5. 图形方向

为支持纵向或横向的绘图仪指定图形在图纸上的打印方向，如图17-37所示。

各选项含义如下。

- 纵向：放置并打印图形，使图纸的短边位于图形页面的顶部。
- 横向：放置并打印图形，使图纸的长边位于图形页面的顶部。
- 上下颠倒打印：上下颠倒地放置并打印图形。
- 图标：指示选定图纸的介质方向并用图纸上的字母表示页面上的图形方向。

6. 打印预览

按执行 PREVIEW 命令时在图纸上打印的方式显示图形。要退出打印预览并返回“页面设置”对话框，请按<Esc>键，或单击⊗（关闭预览窗口）按钮，如图17-38所示。

图 17-37

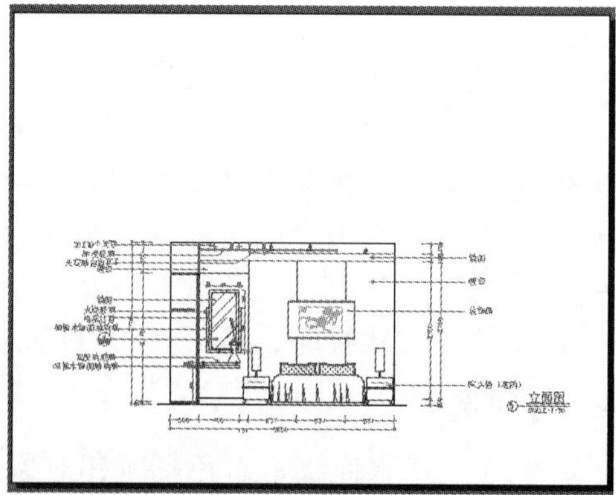

图 17-38

17.4 打印输出

在页面设置确定后，用户即可以按照当前的布局设置将图形文件打印出来。

案例17-3：打印输出

素材文件	Sample/CH17/03.dwg	结果文件	Sample/CH17/03-end.dwg
视频文件	视频演示/CH17/打印输出.avi		

Step01 打开前面的图形文件，单击“快速启动工具栏”上的“打印”按钮，如图17-39所示。

Step02 弹出“打印-布局1”对话框，可以看到系统默认的即为前面设置的“布局模板”，其下面的各项设置均根据各个页面设置的不同而改变，如图17-40所示。

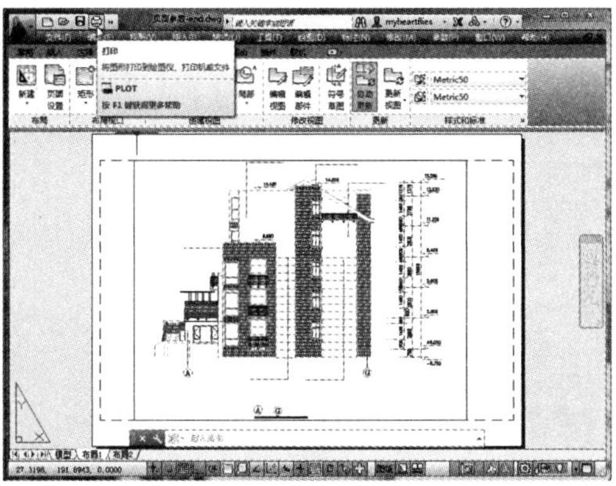

图 17-39

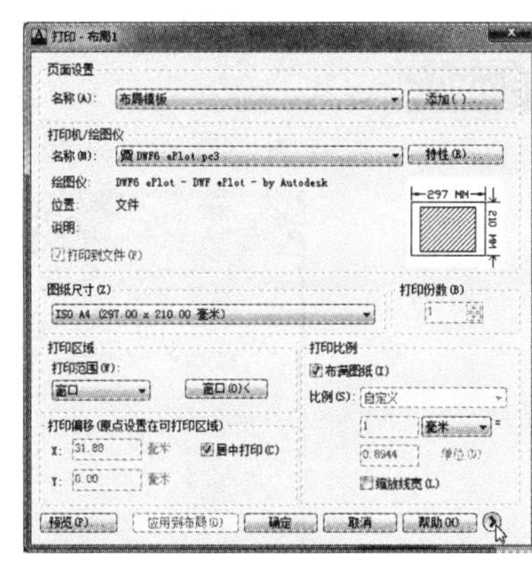

图 17-40

Step03 在展开的“打印”对话框中，可以看到“打印样式表”、“打印选项”等多个选项区，用户可以根据需要进行设置，如图17-41所示。

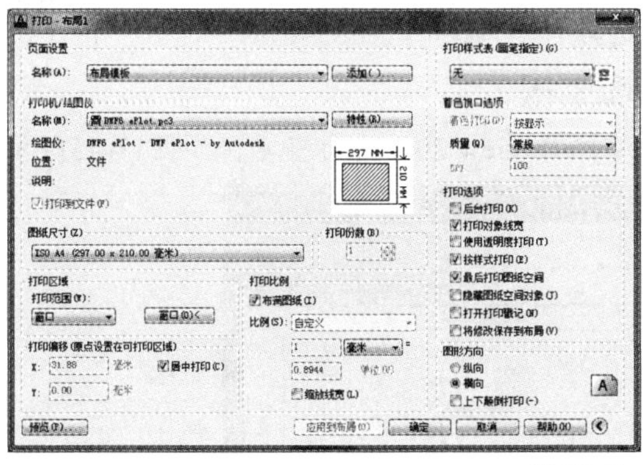

图 17-41

Step04 设置完成后，可以单击“预览”按钮预览需要打印图形的结果，如图17-42所示。

Step05 单击“打印”按钮，弹出“浏览打印文件”对话框，输入文件名，如图17-43所示。

第17小时 打印出图

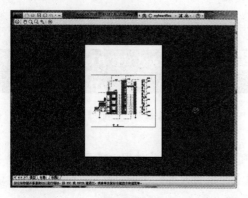

图 17-42　　　　　　　　　　图 17-43

Step06 单击“保存”按钮，返回到图形中，另外，用户可以找到保存的位置打开该图形查看打印效果，如图17-44所示。

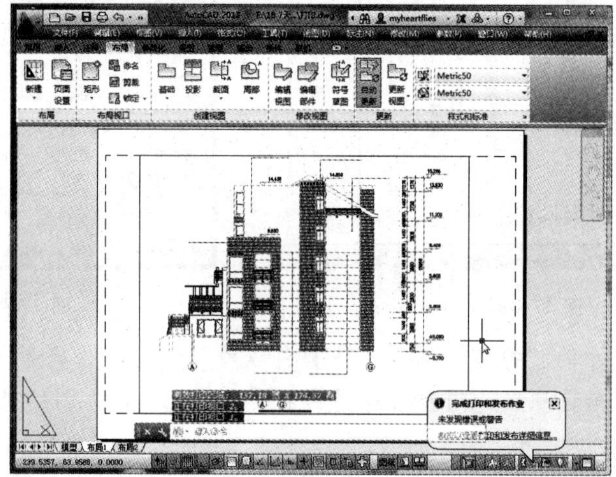

图 17-44

Step07 系统默认调用Autodesk Design Review 2013进行查看，如图17-45所示。

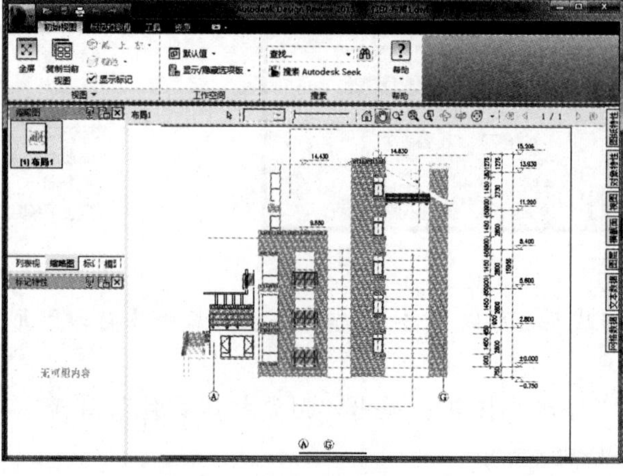

图 17-45

选项精解

其中大部分内容与前面介绍的“页面设置”的内容相同，部分选项含义如下。

- 打印到文件：该复选框用于设置是否将图形打印到一个文件。该功能对于网络用户，特别是共享一台打印设备时十分有用。如果选择将图形打印到文件，系统就会自动生成一个Plt格式的与图形文件同名的文件。此时，用户需要指定打印文件名称和文件存储的位置。
- 局部预览：单击该按钮，系统能快速并精确地相对于图纸尺寸和可打印区域的有效打印区域（见图17-46）。工具提示显示图纸尺寸和可打印区域。
- 打开打印戳记：在每个图形的指定角点处放置打印戳记并/或将戳记记录到文件中。
- 将修改保存到布局：将在“打印”对话框中所做的修改保存到布局。

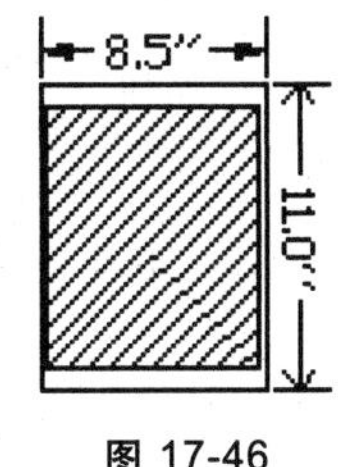

图 17-46

注意 用AutoCAD绘制完成的图形可以打印到图纸或文件上。文件的格式有Plt和Dwf两种，其中Dwf为电子打印，Plt为打印文件。Plt格式的文件可以脱离AutoCAD环境进行打印。AutoCAD可以分别在模型空间和图纸空间中进行打印。

17.5 认识打印样式表

为了在打印图纸时能够按照设计者的要求进行打印，可在AutoCAD 2013中创建和编辑打印样式表。根据对象的类型不同，设置线条的宽度也不同。例如，图形中的实线通常粗一些，而辅助线通常细一些。

打印样式表有两种类型，一种是颜色相关打印样式，一种是命名相关打印样式。

17.5.1 颜色相关打印样式

在“页面设置”对话框或者“打印”对话框中，在“打印样式表”列表中选择一种打印样式，然后单击其右侧的（编辑）按钮，弹出“打印样式表编辑器”对话框，在该对话框中可编辑打印样式，如图17-47所示。

颜色相关打印样式表以.ctb为文件扩展名保存。

AutoCAD早期版本中使用了笔指定，AutoCAD用物体颜色来控制笔号、线型和线宽。

这种使用物体颜色的方式限制了颜色在图形中的使用。把颜色关联到画笔就不能发挥线宽、线型与颜色不相关的灵活性，按照规定，AutoCAD 2013通过创建颜色相关打印样式表继续使用物体的颜色来控制输出效果。

图 17-47

17.5.2 命名相关打印样式

另一种是命名打印样式表，该样式表可以独立于物体的颜色使用。它可以给任意物体指定任意一种打印样式，而不论物体的颜色是什么。因为打印样式同色彩、图层等一样均是物体的属性，如图17-48所示。

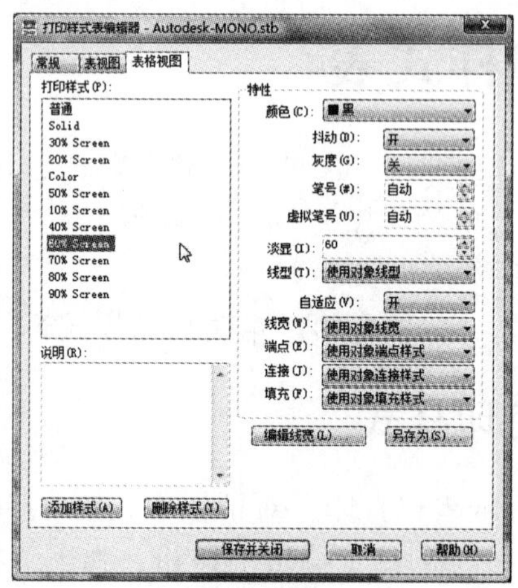

图 17-48

命名打印样式表以.stb为文件扩展名保存。

命名相关打印样式有以下特点：

- 每一个物体都可以单独设置打印样式，而不论其颜色、图层和图块等属性如何。如选中物体后，可以在物体特性栏目内修改“打印样式”。
- 针对图块可以设置打印样式，优先权低于图块内的单个线条的打印样式，方法同上。
- 针对图层可以设置打印样式，优先权低于单个线条和图块的打印样式。

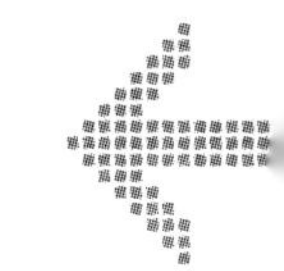

17.5.3 创建打印样式表

当“打印样式表”选项组中没有合适的打印样式时，可以进行打印样式的设置，创建新的打印样式，使其符合设计者的需要。

案例17–4：创建打印样式表

素材文件	Sample/CH17/04.dwg	结果文件	Sample/CH17/04-end.dwg

Step01 新建图形文件，单击“输出”选项卡→“打印”面板→“打印选项”按钮，如图17-49所示。

Step02 在弹出的“选项”对话框中选择“打印与发布”选项卡，单击其中的“打印样式表设置”按钮，弹出“打印样式表设置”对话框，如图17-50所示。

图 17-49

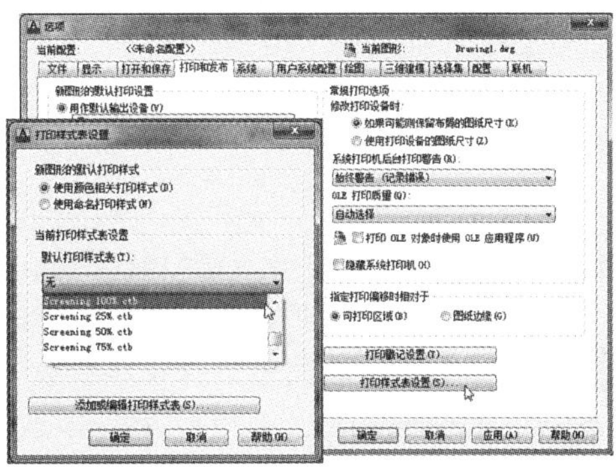

图 17-50

Step03 单击“添加或编辑打印样式表”按钮，可以看到当前所有存在的打印样式，双击“添加打印样式表向导”快捷方式，如图17-51所示。

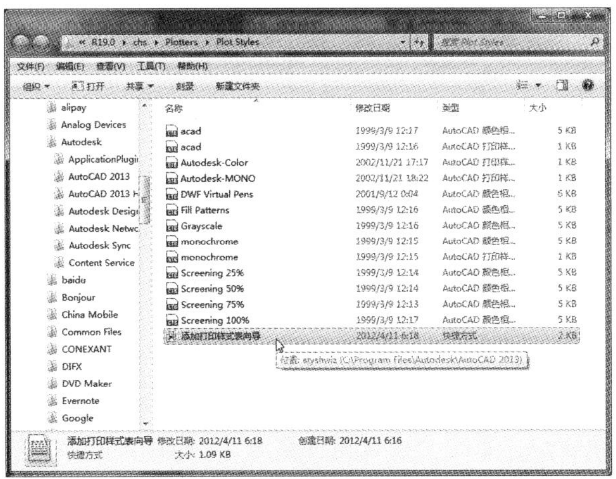

图 17-51

> **注意** 该文件夹中包括了AutoCAD 定义的所有打印样式，与颜色相关的打印样式表以.ctb扩展名保存，以命名相关的打印样式以.stb扩展名保存。

Step04 打开“添加打印样式表”对话框，显示向导的简要说明，单击“下一步”按钮，如图17-52所示。

Step05 打开“添加打印样式表-开始”对话框，如图17-53所示。

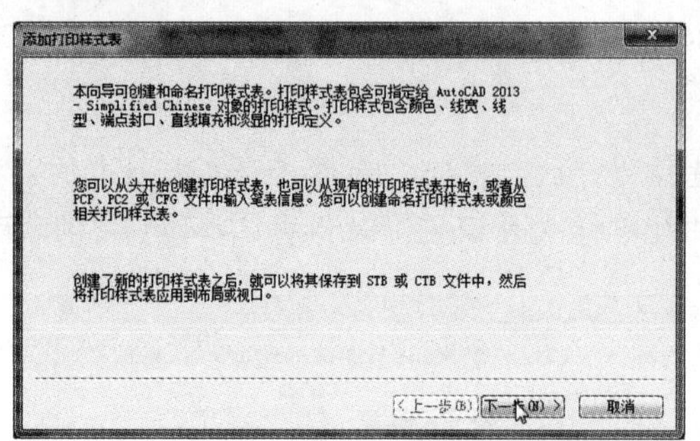

图 17-52

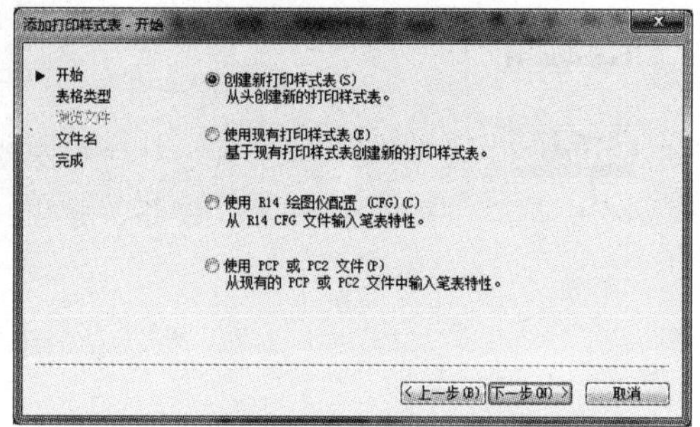

图 17-53

Step06 单击“下一步”按钮打开“添加打印样式表-表格类型”对话框，选择“颜色相关打印样式表”单选按钮，如图17-54所示。

Step07 在打开的“添加打印样式表-文件名”对话框中，输入文件名为“Color Patterns”，如图17-55所示。

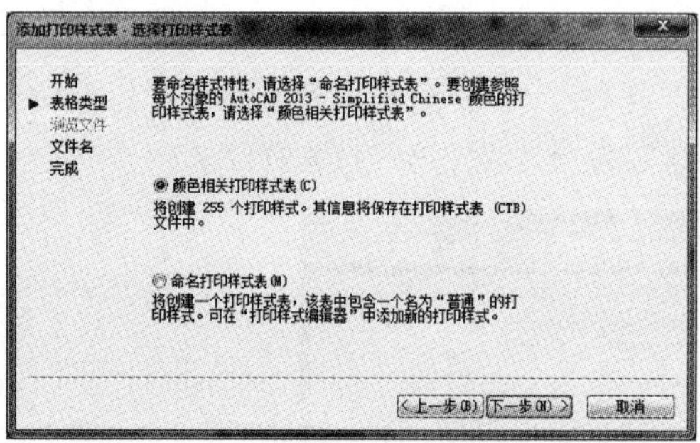

图 17-54

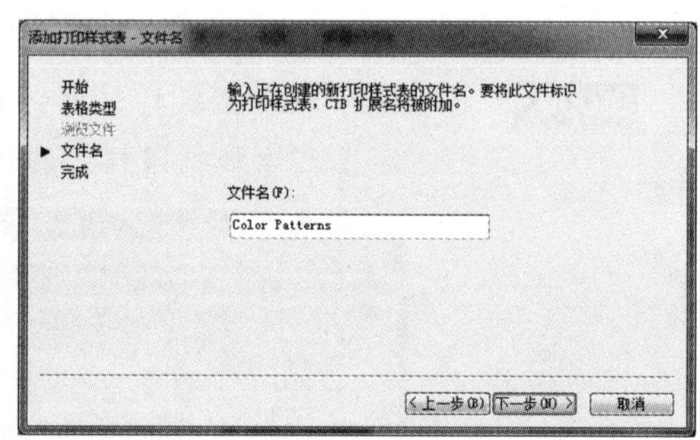

图 17-55

Step08 在打开的“添加打印样式表-完成”对话框中，看到提示已完成创建，如图17-56所示。

Step09 单击“打印样式表编辑器”按钮，可以编辑新创建的样式表中的各项设置，如图17-57所示。

Step10 设置完成后，单击“表视图”或者 “表格视图”中的“另存为”按钮可将打印样式表另存为其他文件。如果需要将编辑结果直接保存，单击“保存并关闭”按钮即可保存，如图17-58所示。

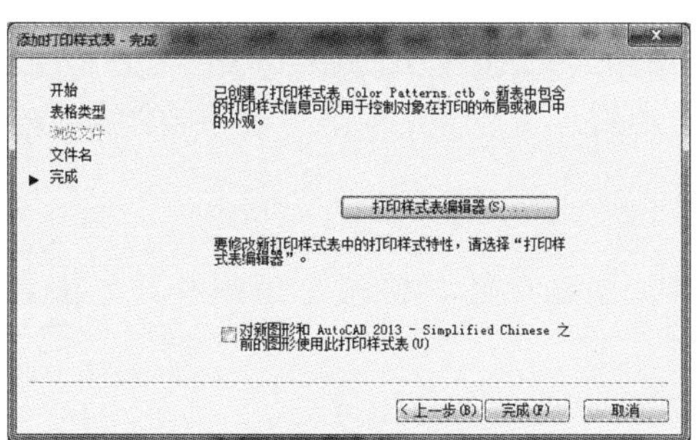

图 17-56

图 17-57

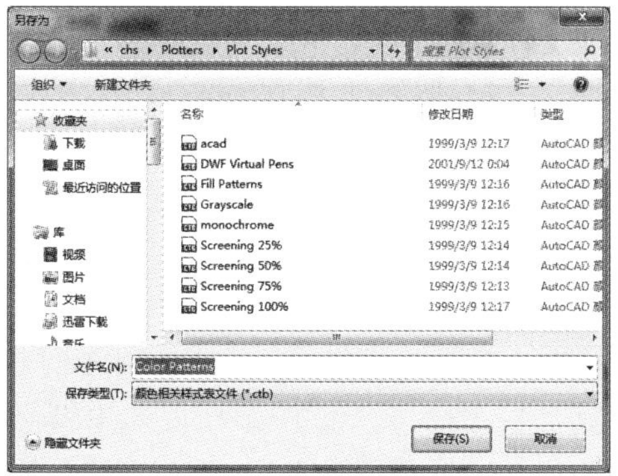

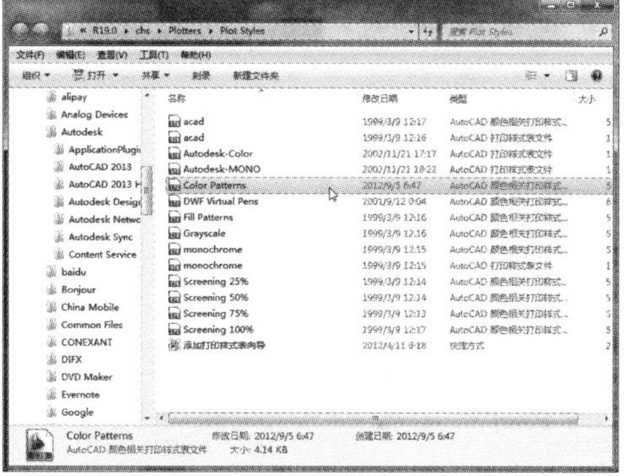

图 17-58

第 18 小时　图形交换与共享

除了打印出图外，用户还可使用晕存储功能保存图形，以方便自己随时访问，或者使用共享功能和团队共享自己的成果，以方便大家了解工程的整体进度。

18.1　云计算

Autodesk 360 是一组安全的联机服务器，用来存储、检索、组织和共享图形和其他文档。

创建 Autodesk 360 账户后，用户可以访问扩展的功能和特征。

- 安全图形备份：将图形保存到 Autodesk 360 账户与将它们存储在安全的、受到维护的网络驱动器中类似。
- 自动联机更新：在本地修改图形时，可以选择自动更新您的联机账户中的文件。该选项称为 Autodesk Sync，当用户在 AutoCAD 中保存图形时，它可确保自动更新您的 Autodesk 360 账户中的副本。
- 远程访问：如果您在办公室和家中或在远程机构中进行工作，可以访问您的 Autodesk 360 账户中的文件而不需要使用笔记本电脑或 USB 闪存驱动器复制或传送文件。
- 自定义应用程序设置同步：当您在不同的计算机上打开 AutoCAD 图形时，将自动使用您的自定义工作空间、工具选项板、图案填充、图形样板文件和设置。
- 移动设备：可以使用常用的电话和平板电脑设备来通过 AutoCAD WS 查看、编辑和共享您的 Autodesk 360 账户中的图形。
- 协作：通过使用您的 Cloud 账户，您可以单独或成组地授予与您一同工作的人员访问指定图形文件或文件夹的权限。您可以授予其查看或编辑的权限，而且他们可以使用 AutoCAD、AutoCAD LT 或 AutoCAD WS 来访问这些文件。
- 权限控制：您可以控制文件的访问，为单独的成员或组指定不同级别的访问权限。
- 软件和服务：您可以在 Autodesk 360 账户中而不是在本地计算机上运行渲染、分析和文档管理软件。

18.1.1　访问AutoCAD 360账户

使用该账户可以访问AutoCAD 360账户，下面介绍创建一种标注样式的方法。

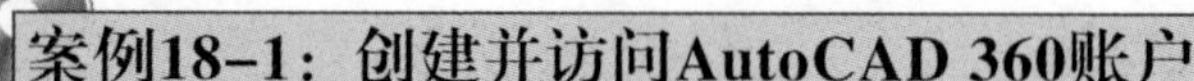

案例18-1：创建并访问AutoCAD 360账户

Step01 启动AutoCAD 2013软件，单击“联机”选项卡→“联机文档”面板→

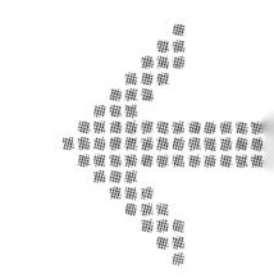

"AutoCAD360"按钮，如图18-1所示（或者单击标题上的"登录"下拉列表按钮）。

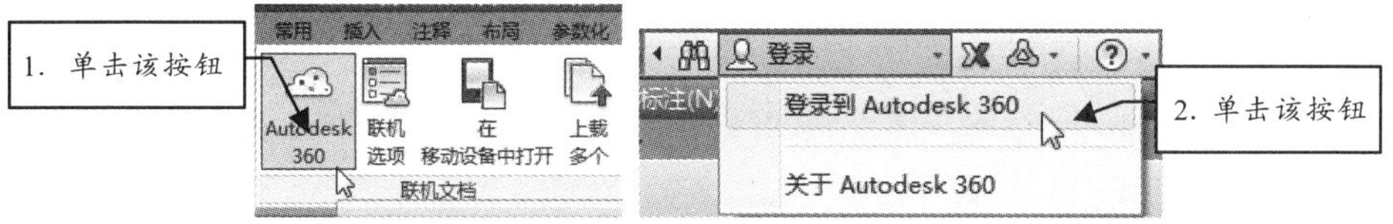

图 18-1

Step02 系统会弹出"Autodesk登录"对话框，提示用户输入Autodesk ID或电子邮件地址，以及密码，没有账户的用户直接单击"需要Autodesk ID？"链接进行注册，如图18-2所示。

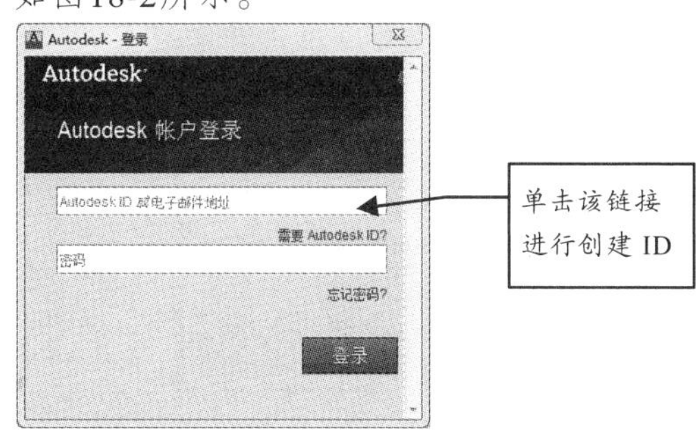

图 18-2

> 提示　此过程用户的电脑需联网。

Step03 系统弹出"Autodesk-创建账户"对话框，用户输入姓名、电子邮件地址、AutodeskID、密码，并勾选"我同意Autodesk 360服务条款…"复选框，然后单击"创建账户"按钮进行注册，如图18-3所示。

Step04 系统会弹出"Autodesk-登录"对话框，提示用户输入Autodesk ID或电子邮件地址，以及密码，如图18-4所示。

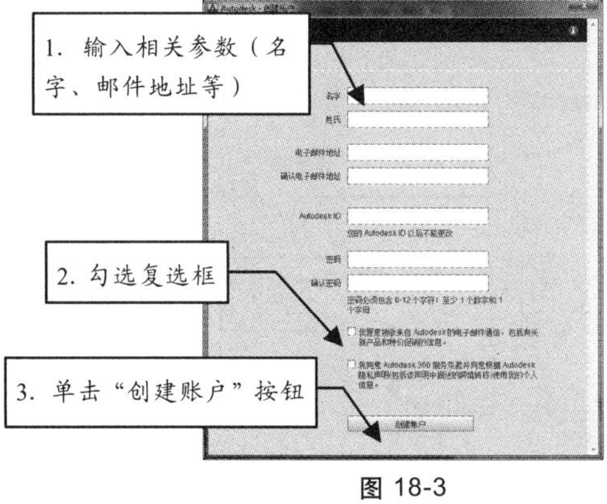

图 18-3

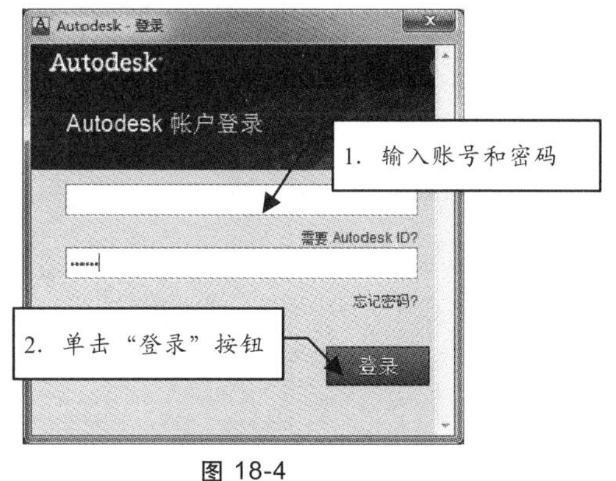

图 18-4

Step05 弹出“Autodesk-请求权限”对话框，勾选“我同意Autodesk 360服务条款”复选框，然后单击“继续”按钮，如图18-5所示。

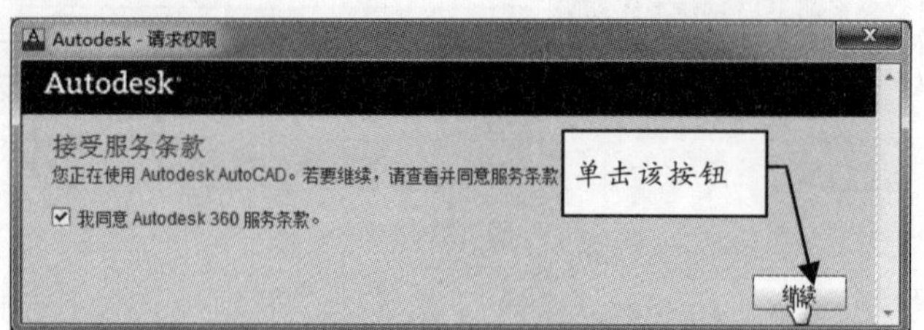

图 18-5

Step06 登录完成后，在标题栏会显示登录成功的用户名和提示，如图18-6所示。

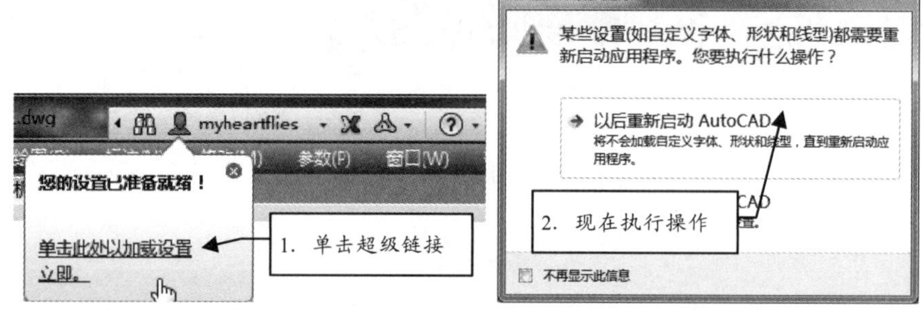

图 18-6

Step07 单击“单击此处以加载设置立即”链接，弹出“默认Cloud设置”对话框，如图18-7所示。

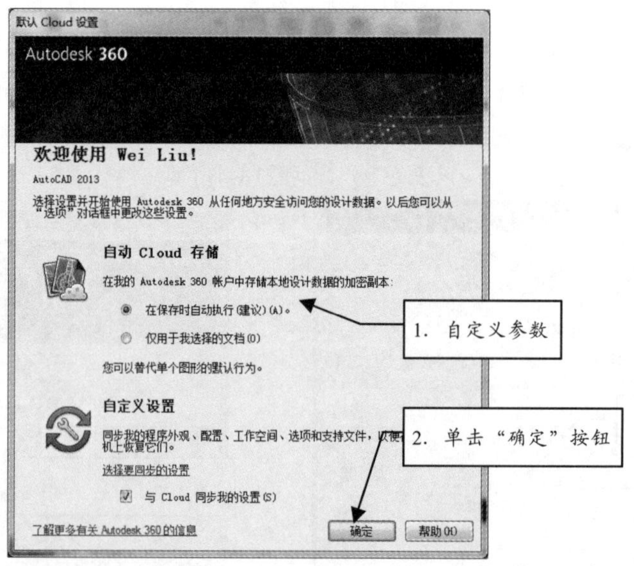

图 18-7

18.1.2 同步自定义设置

Autodesk 360设置完成后，用户即可自定义需要上传的文档以及设置。

案例18-2：同步自定义设置

Step01 单击“联机”选项卡→“联机文档”面板→“联机选项”按钮，如图18-8所示。

Step02 弹出“选项”对话框中的“联机”选项卡，显示当前登录的账户等信息，如图18-9所示。

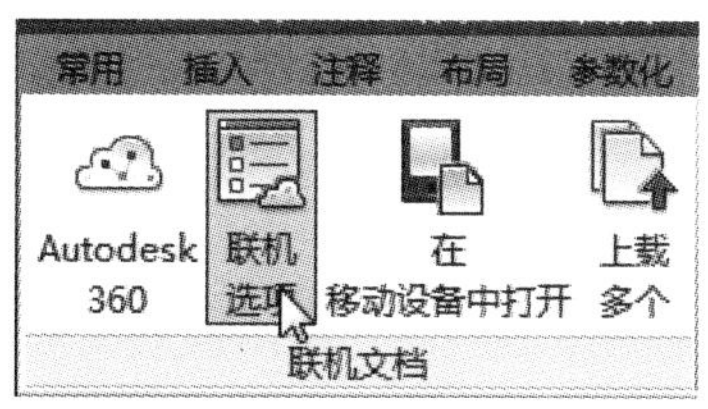

图 18-8

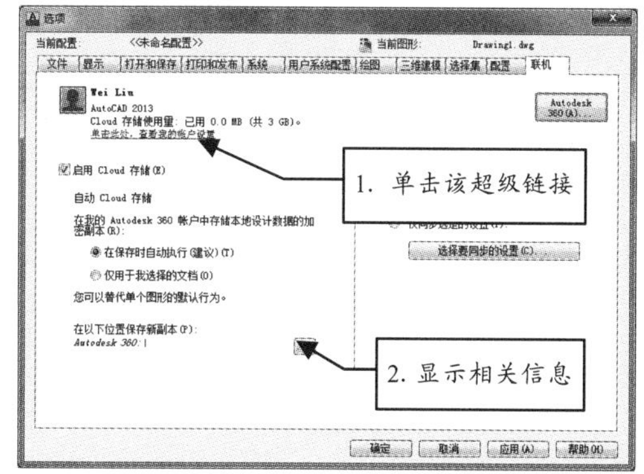

图 18-9

Step03 单击“单击此处，查看我的账户设置”超级链接，弹出“Autodesk 用户档案资料”窗口，显示用户的产品流量和使用情况等，如图18-10所示。

Step04 单击“选择要同步的设置”按钮，弹出“选择要同步的设置”对话框，显示可以同步的各个选项，用户可以根据需要进行同步，如图18-11所示。

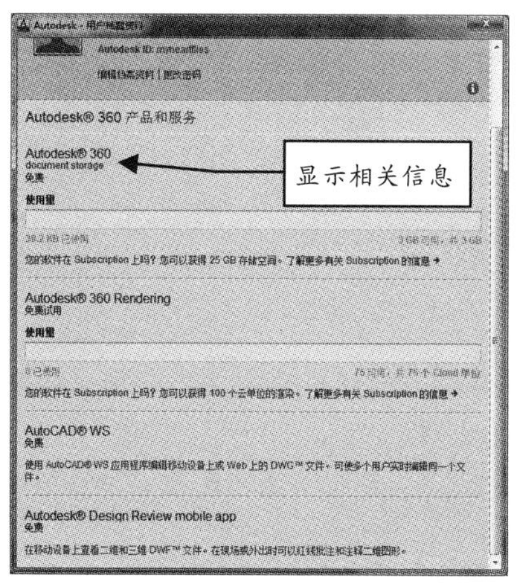

图 18-10

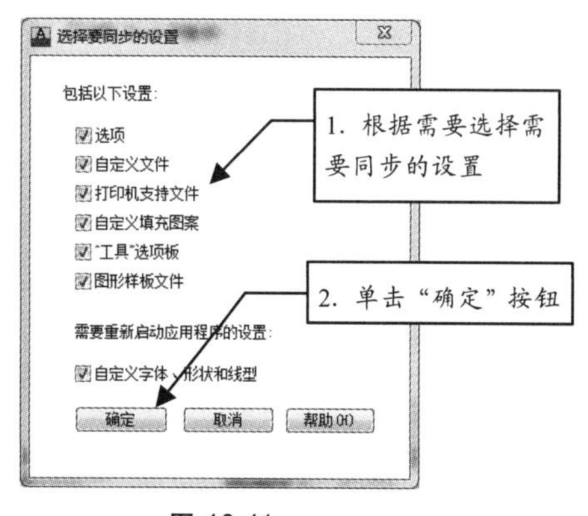

图 18-11

第18小时 图形交换与共享

Step05 单击“确定”按钮后，系统将自动进行同步，并在登录处显示当前账户，如图18-12所示。

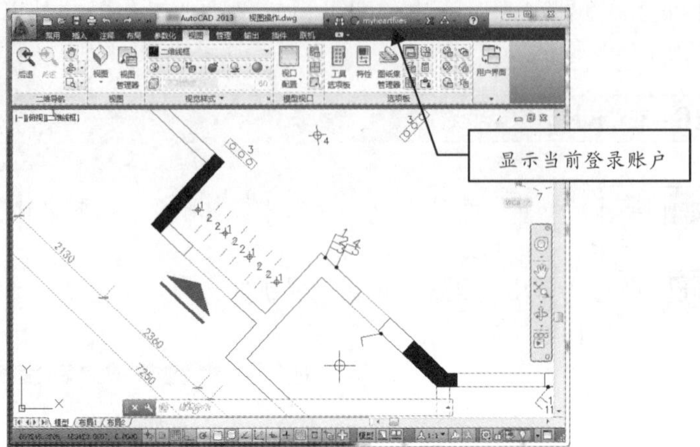

图 18-12

18.1.3 共享文件与通过其他设备访问

除了能使用电脑进行访问账户外，用户还可以通过手持设备（iOS和Android手机或平板电脑等）访问该账户进行查看与编辑。

案例18-3：共享文件与通过其他设备访问

素材文件	Sample/CH18/03.dwg	结果文件	Sample/CH18/03-end.dwg

Step01 启动AutoCAD 2013软件，打开图形文件，然后单击“联机”选项卡→“联机文档”面板→“在移动设备中打开”按钮，如图18-13所示。

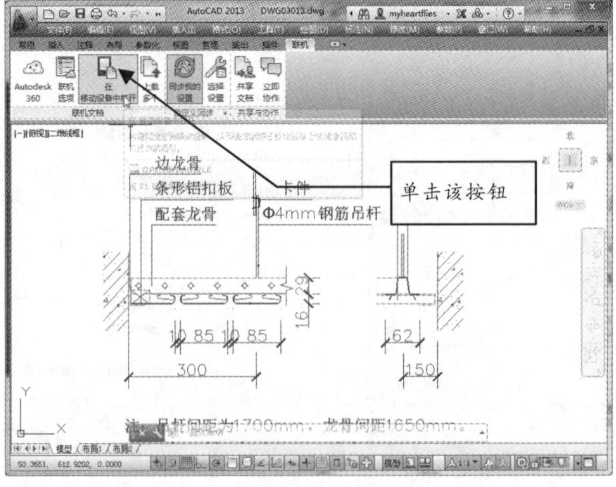

图 18-13

Step02 单击弹出“图形另存为”对话框，系统显示保存在“Autodesk 360”，即云端，如图18-14所示。

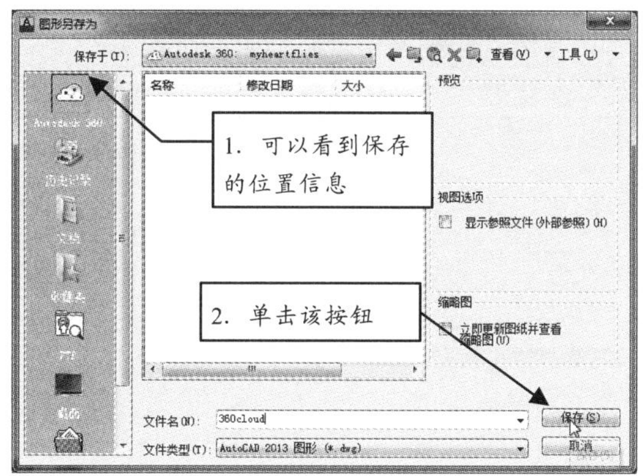

图 18-14

Step03 如果用户没有连接到移动设备，系统会弹出提示，如图18-15所示。

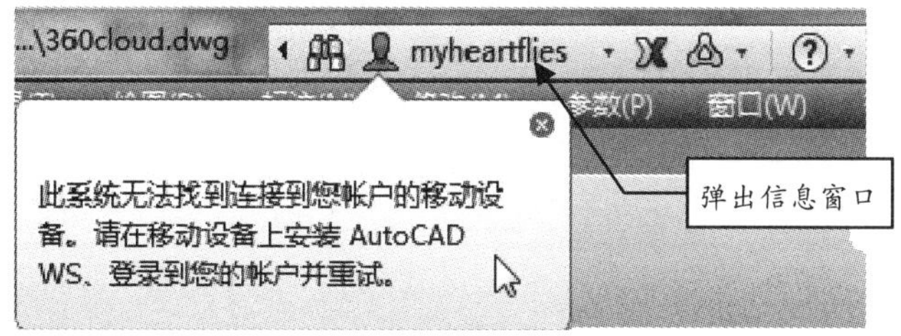

图 18-15

Step04 单击“上载多个”按钮，弹出“选择要上载到Cloud的文件”对话框，选中相应的文件，单击“上载”按钮，如图18-16所示。

图 18-16

Step05 登录到360 Cloud账户，可以看到相应的图形，用户还可以在这里进行上载图形，如图18-17所示。

Step06 单击“共享文档”按钮，弹出“Autodesk 360”对话框，在“联系人”里面输入电子邮件地址，然后单击“添加”按钮添加到共享人，如图18-18所示。

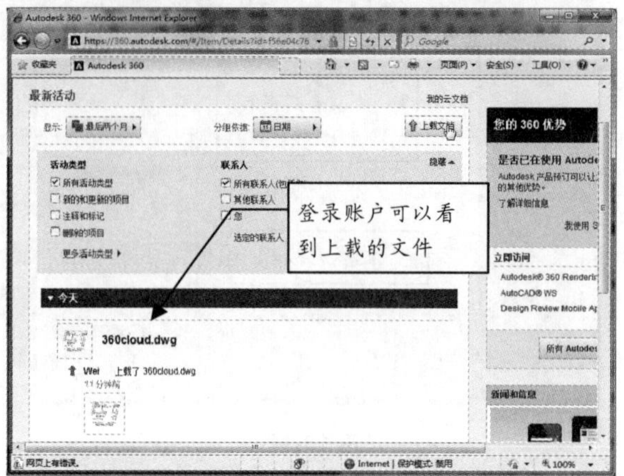

图 18-17

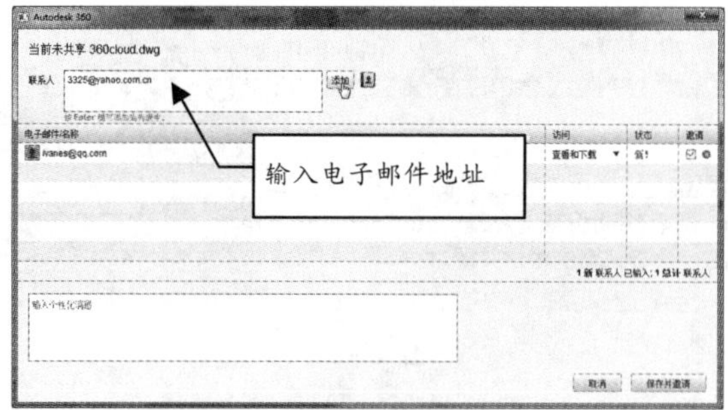

图 18-18

Step07 在“输入个性化消息”文本框中输入相应的文字，单击“保存并邀请”按钮，如图18-19所示。。

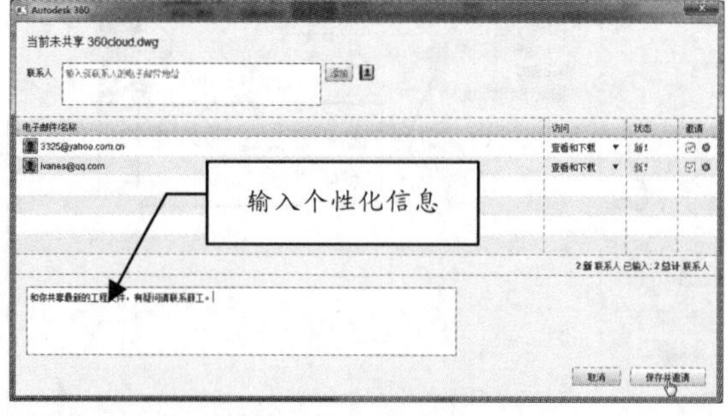

图 18-19

Step08 显示“邀请已发送”窗口，邀请的用户查看即可进行共享协作工作，如图18-20所示。

图 18-20

Step09 受邀的一方将能看到邮件，单击“查看…”超级链接将链接到Autodesk 360云服务供用户查看，如图18-21所示。

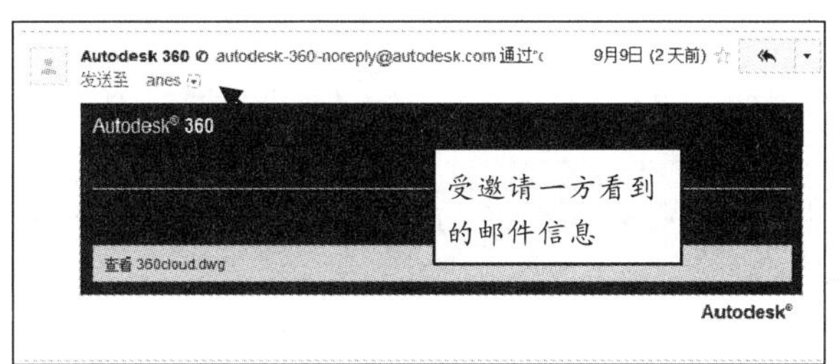

图 18-21

18.2 共享

除了能自己在网络进行多处同步与编辑外，用户还可以根据需要和其他用户共享，常见的方式除了前面提及的共享方法外，还可以使用网上发布、电子传递等方式。

发布提供了一种简单的方法来创建图纸图形集或电子图形集，电子图形集是打印的图形集的数字形式，用户可以通过将图形发布至 Design Web Format 文件来创建电子图形集。

可以从图纸集管理器中作为图纸图形集或单个电子多页 Design Web Format（DWF）文件轻松地发布整个图纸集。

18.2.1 网上发布

此向导提供了一个简化的界面，用于创建包含图形的 DWF、DWFx、JPEG 或 PNG 图像的格式化网页。创建 Web 页后，可以将其发布到 Internet 或 Intranet 位置。

“网上发布”向导提供了一个简化的界面，用于创建包含图形的 DWF、DWFx、JPEG 或 PNG 图像的格式化 Web 页。

- DWF 或 DWFx 格式不压缩图形文件。
- JPEG 格式采用有损压缩，即故意丢弃一些数据以显著减小压缩文件的大小。
- PNG（便携式网络图形）格式采用无损压缩，即不丢弃原始数据即可减小文件的大小。
- 使用“网上发布”，即使不熟悉 HTML 编码，也可以快速轻松创建精彩的格式化Web页。创建Web页后，可以将其发布到 Internet 或 Intranet 网址。

以下是一些可以用来使用“网上发布”向导创建 Web 页的方法样例。

- 样板。可以选择四个样板中的其中一个作为 Web 页的布局，也可以自定义自己的样板。
- 主题。可以将主题应用于已选择的样板。使用主题，可以修改 Web 页中的颜色和字体。
- i-drop。可以在 Web 页上激活拖放功能。访问页面的用户可以将图形文件拖放到程序的任务中。i-drop 文件非常适合于将图块库发布到 Internet。

案例18-4：创建网上发布

素材文件	Sample/CH18/04.dwg	结果文件	Sample/CH18/04-end.dwg
视频文件	视频演示/CH18/创建网上发布.avi		

Step01 启动AutoCAD 2013软件，打开图形文件，然后选择“文件”→“网上发布”菜单，如图18-22所示。

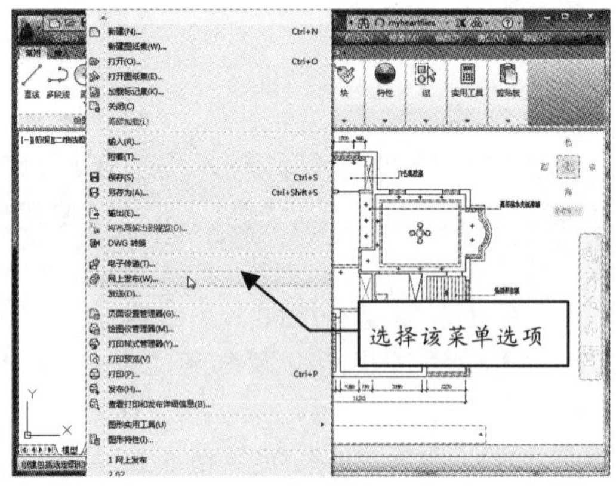

图 18-22

Step02 弹出“网上发布-开始”对话框，显示有关网上部分的一些简单说明，选择“创建新Web页”单选按钮，如图18-23所示。

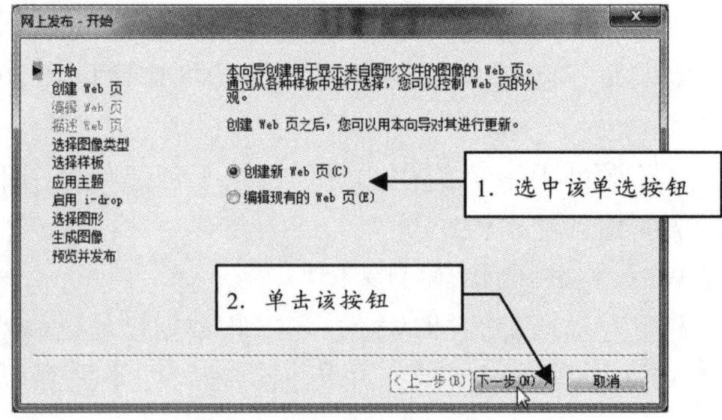

图 18-23

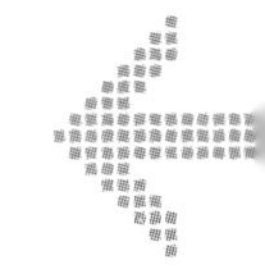

Step03 然后单击“下一步”按钮，出现“创建Web页”对话框，输入指定的web页名称和相关说明，如图18-24所示。

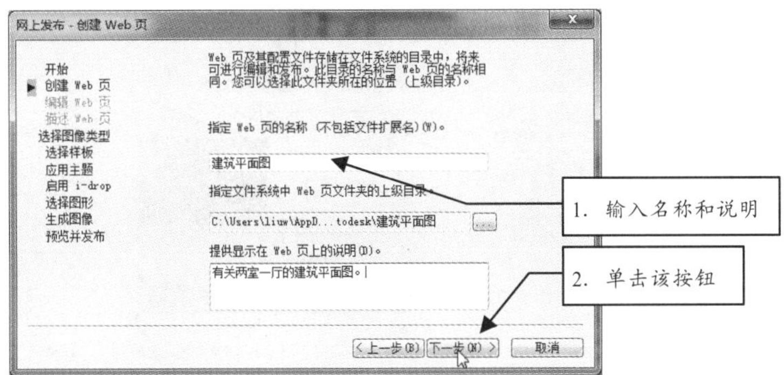

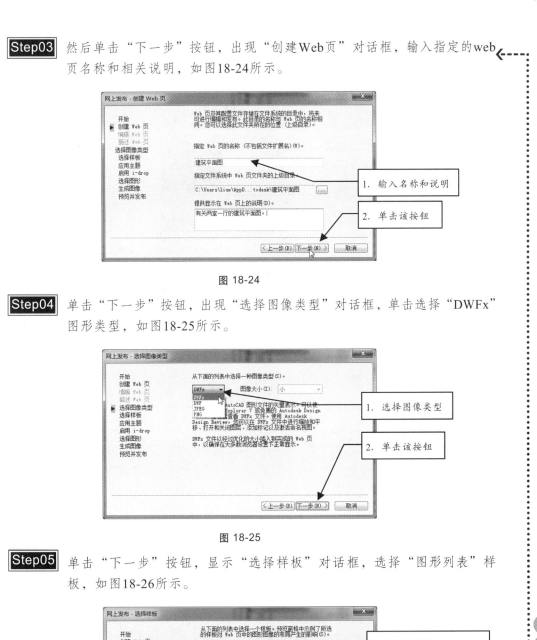

图 18-24

Step04 单击“下一步”按钮，出现“选择图像类型”对话框，单击选择“DWFx”图形类型，如图18-25所示。

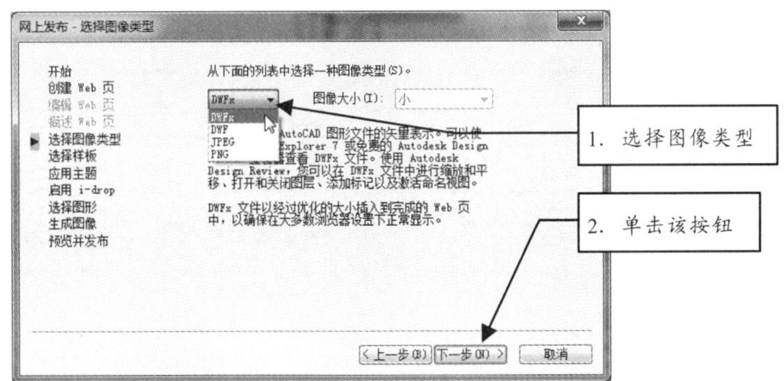

图 18-25

Step05 单击“下一步”按钮，显示“选择样板”对话框，选择“图形列表”样板，如图18-26所示。

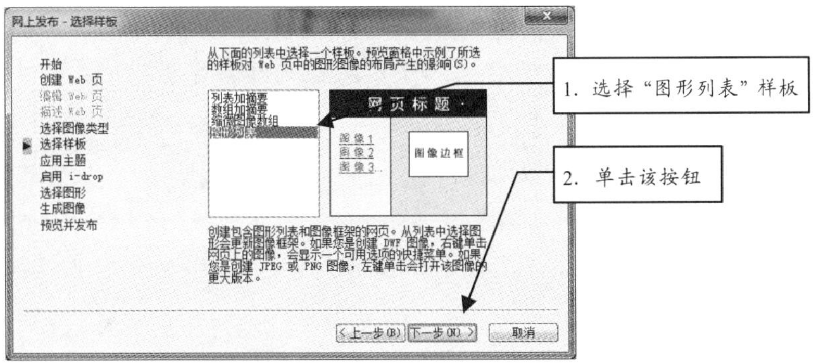

图 18-26

Step06 单击“下一步”按钮，弹出“应用主题”对话框，选择“海浪”作为应用主题，，如图18-27所示。

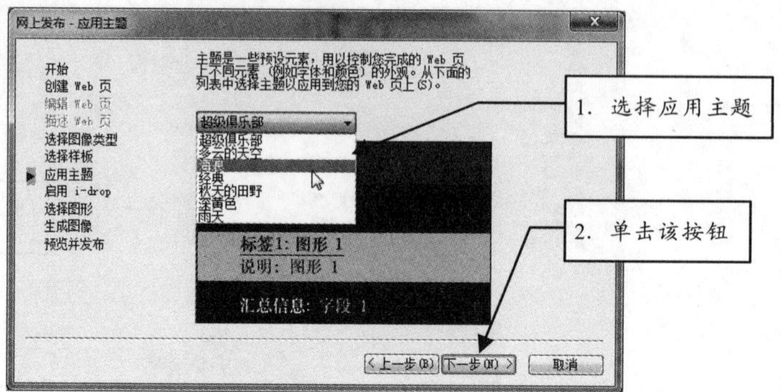

图 18-27

Step07 单击“下一步”按钮，显示“启用i-drop”对话框，勾选“启用i-drop”复选框，如图18-28所示。

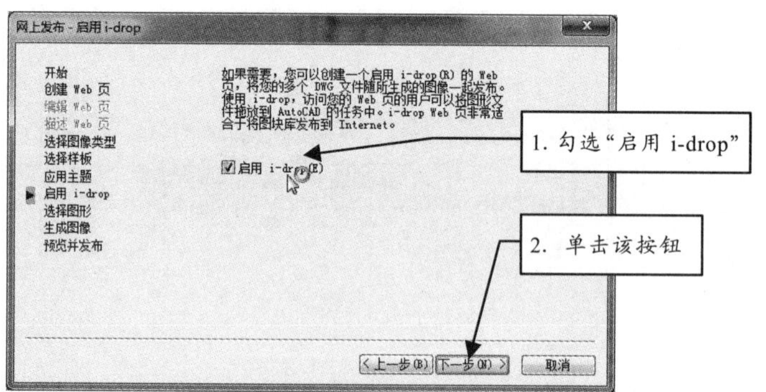

图 18-28

Step08 单击“下一步”按钮，并选择图形中的各种布局添加到图像列表中，如图18-29所示。

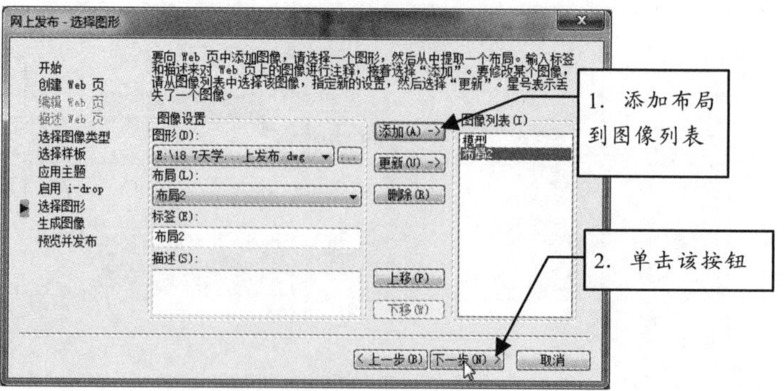

图 18-29

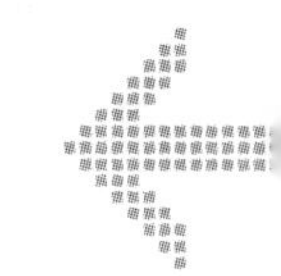

Step09 单击“下一步”按钮，在“生成图像”对话框中选择“重新生成所有图像”单选按钮，如图18-30所示。

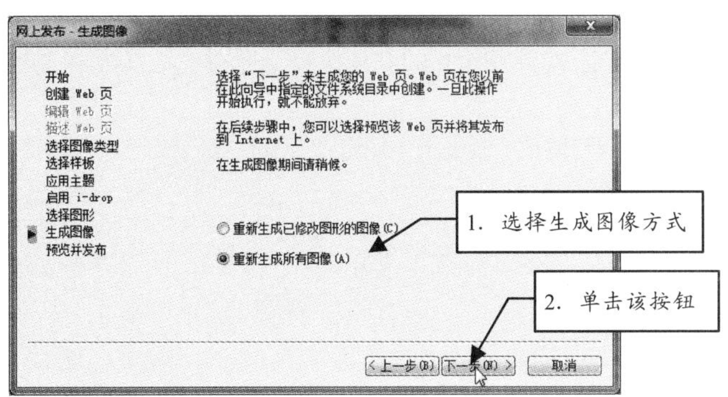

图 18-30

Step10 单击“下一步”按钮，系统即显示“打印作业进度”窗口进行重生成图纸，如图18-31所示。

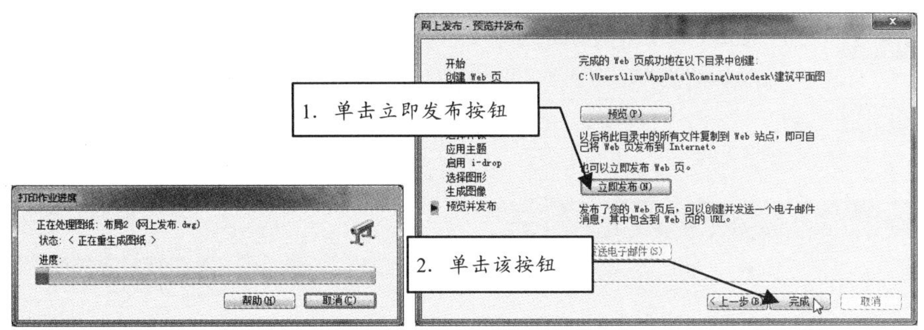

图 18-31

Step11 单击“立即发布”按钮，弹出“发布Web”对话框，用户选择保存位置，单击“保存”按钮即可保存发布的文件，如图18-32所示。

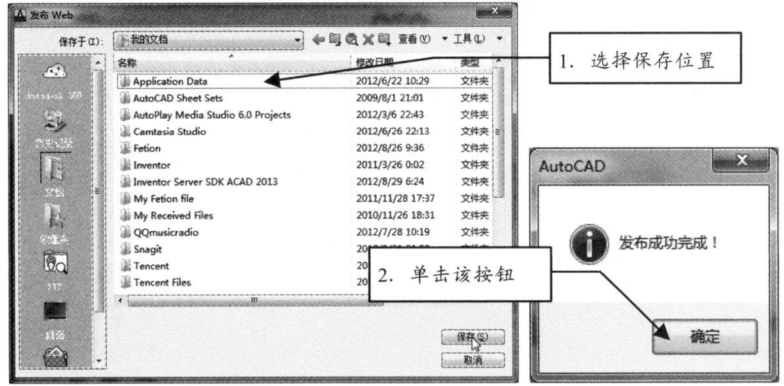

图 18-32

第18小时 图形交换与共享

18.2.2 输出与图形交换

AutoCAD软件不仅可以组合图形的集合，并将其输出为DWF或DWFx文件格式，还可以与其他大型设计软件进行图形的交换，使用双方或多方共同遵守的规则，来进行文件的共享。

可以交换的文件有FBX、WMF、STL、EPS、IGES等。

1. 图形输出

对于大多数设计组，图形集是主要的提交对象。创建要分发以供查看的图形集可能是项复杂而又费时的工作。电子图形集将另存为 DWF 或 DWFx 文件。可以使用 Autodesk Design RevieW 查看或打印 DWF 和 DWFx 文件。

案例18–5：输出为DWFx文件

素材文件	Sample/CH18/05.dwg	结果文件	Sample/CH18/05-end.dwg
视频文件	视频演示/CH18/输出为DWFx文件.avi		

Step01 启动AutoCAD 2013软件，打开图形文件，然后单击“输出”选项卡→“输出为DWF/PDF”面板→“输出DWFx”选项，如图18-33所示。

Step02 弹出“另存为DWFx”对话框，保存文件名称，当前设置等选项，如图18-34所示。

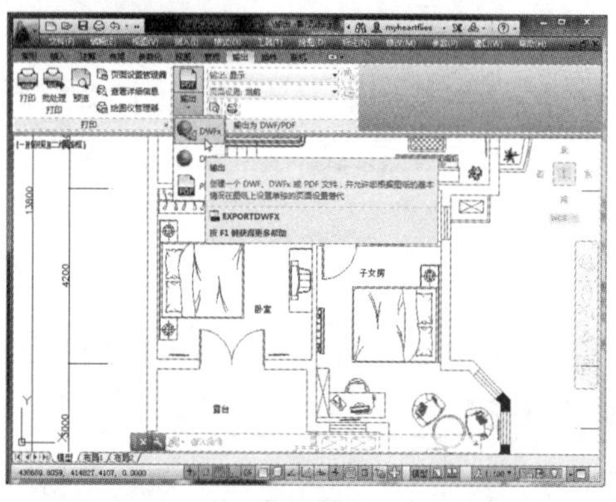

图 18-33

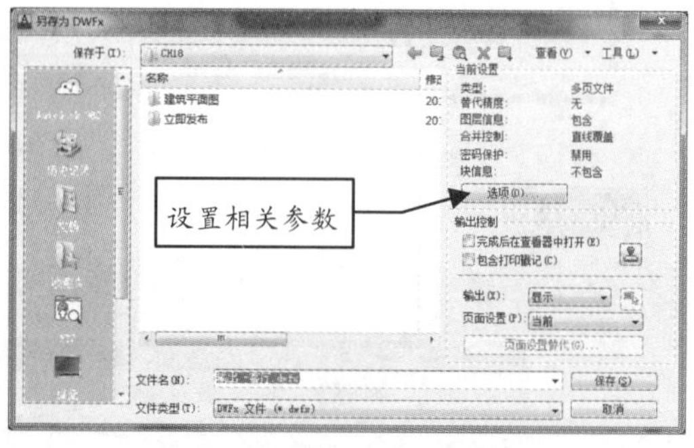

图 18-34

Step03 单击“选项”按钮，出现“输出为DWF/PDF选项”对话框，将“替代精度”设置为“适用于建筑”，勾选“输出控制”选项中的“完成后在查看器中打开”和“包含打印戳记”两个复选框，如图18-35所示。

Step04 单击“保存”按钮，系统即可以进行发布，并调用相关软件显示输出结果，如图18-36所示。

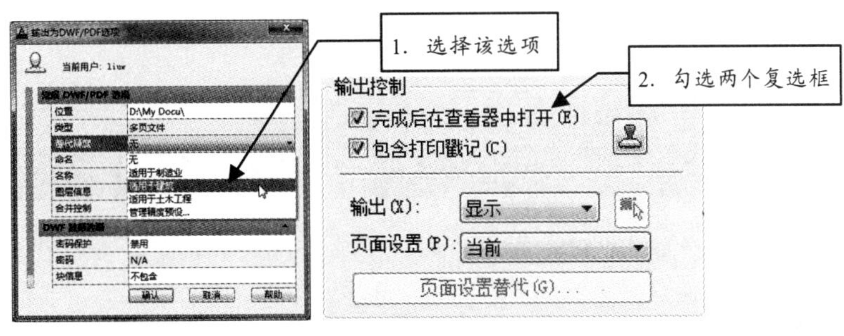

图 18-35

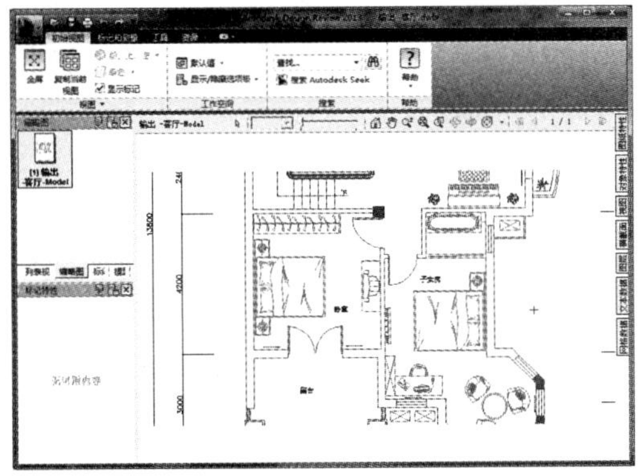

图 18-36

2. 文件交换

除了前面讲解的文件可以输出为 DWF 、DWFx和PDF格式的文件外，用户还可以利用输出功能来实现AutoCAD与其他软件的文件交换功能。常见的交换类型如表18-1所示。

表18-1 图形文件交换格式

格式	说明	相关命令	在 AutoCAD LT 中是否可用
三维 DWF (*.dWf) 3D DWFx (*.dWfx)	Autodesk Web 图形格式	3DDWF	否
ACIS (*.sat)	ACIS 实体对象文件	ACISOUT	否
位图 (*.bmp)	与设备无关的位图文件	BMPOUT	是
块 (*.dWg)	图形文件	WBLOCK	是
DXX 提取 (*.dxx)	属性提取 DXFTM文件	ATTEXT	否
封装的 PS (*.eps)	封装的 PostScript 文件	PSOUT	否
IGES (*.iges; *.igs)	IGES 文件	IGESEXPORT	否
FBX 文件 (*.fbx)	Autodesk® FBX 文件	FBXEXPORT	否
平版印刷 (*.stl)	实体对象光固化快速成型文件	STLOUT	否
图元文件 (*.Wmf)	Microsoft WindoWs® 图元文件	WMFOUT	是
V7 DGN (*.dgn)	MicroStation DGN 文件	DGNEXPORT	是
V8 DGN (*.dgn)	MicroStation DGN 文件	DGNEXPORT	是

下面以输入与输出IGES文件为例来讲解文件交换的步骤。

案例18-6：文件交换

素材文件 Sample/CH18/06.dwg　结果文件 Sample/CH18/06-end.dwg

Step01 启动AutoCAD 2013软件，打开图形文件，然后执行“文件”→“输出”命令，如图18-37所示。

Step02 弹出“输出数据”对话框，单击“文件类型”下拉列表选择“IGES”文件类型，如图18-38所示。

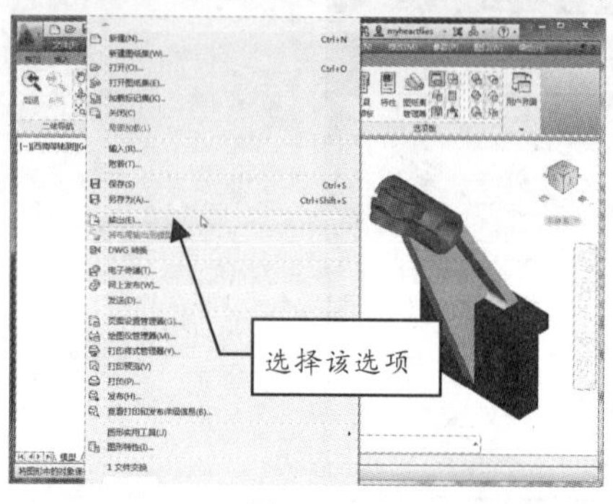

图 18-37

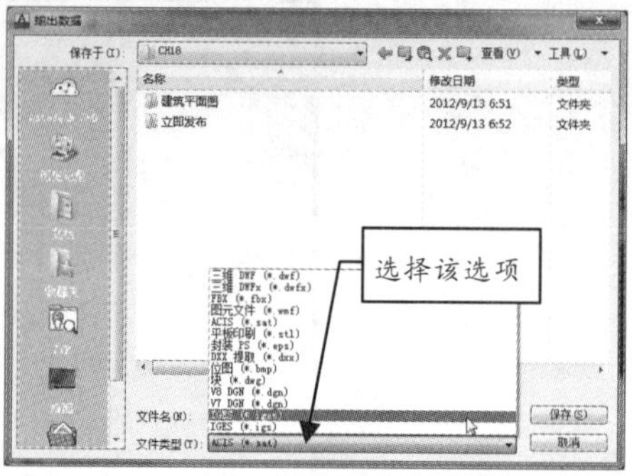

图 18-38

Step03 单击“保存”按钮，系统提示选择输出对象，用鼠标框选需要输出的对象，如图18-39所示。

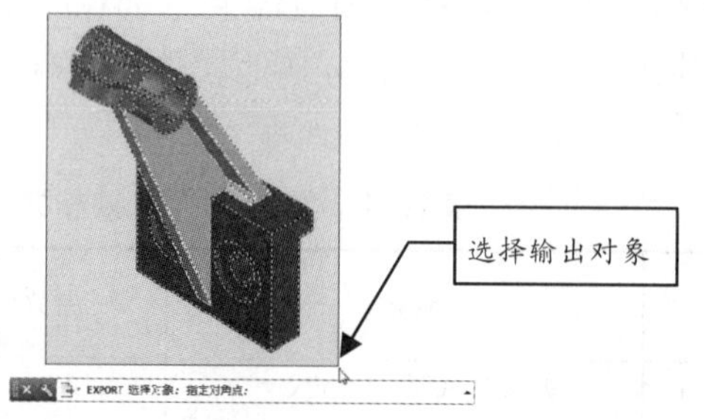

图 18-39

Step04 选择对象后，按<Enter>键结束系统即生成交换文件，使用相关的软件即可导入使用该文件，如图18-40所示。

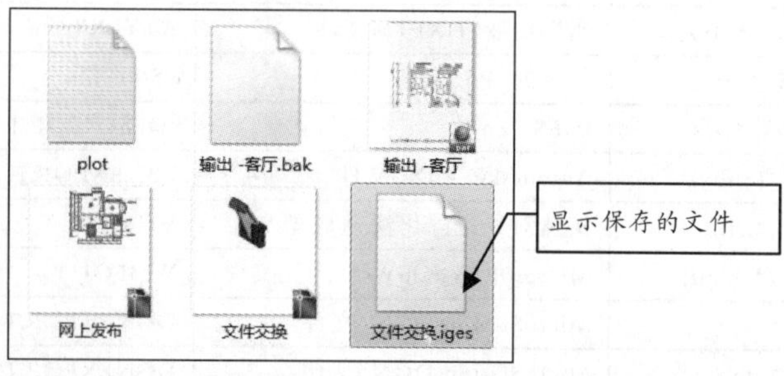

图 18-40

总结：实战部分

前面讲解 AutoCAD 的详细使用方法，这一天开始通过实战案例讲解前面的知识，本章内容见光盘。

实战部分通过使用 AutoCAD 最广泛的 3 个方向：机械设计、建筑设计和室内设计，来讲解各种知识的综合应用，包括各种平面图、立面图等的绘制、注释等。从而让各方面的读者迅速熟悉到实际的工作环境，快速上手。

❸ **第19小时**

绘制三维实体图

19.1　绘制方形接头

19.2　绘制通孔

19.3　绘制圆形接头

19.4　绘制分支接头

❹ **第20小时**

体检中心室内装饰图的绘制

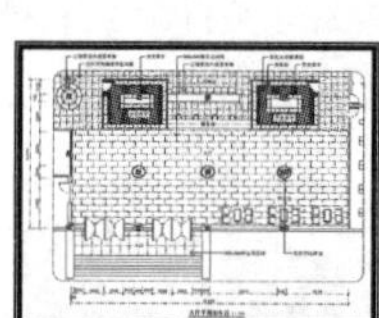

20.1　体检中心大厅平面布置图的绘制

20.2　体检中心大厅顶棚布置图的绘制

20.3　体检中心大厅A立面图的绘制

20.4　体检中心大厅其他装饰装修图

❺ **第21小时**

网吧室内装潢设计图的绘制

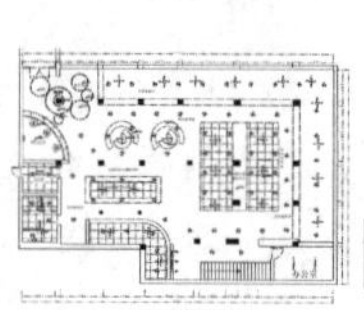

21.1　网吧平面布置图的绘制

21.2　网吧地面布置图的绘制

21.3　网吧天棚布置图的绘制

21.4　网吧吧台立面图的绘制

中国铁道出版社组织各行业一线工作者倾情打造，以最新国家标准为依据，以行业实操应用为主，使用最新的软件版本，现推荐如下：

读者意见反馈表

亲爱的读者：

感谢您对中国铁道出版社的支持，您的建议是我们不断改进工作的信息来源，您的需求是我们不断开拓创新的基础。为了更好地服务读者，出版更多的精品图书，希望您能在百忙之中抽出时间填写这份意见反馈表发给我们。随书纸制表格请在填好后剪下寄到：北京市西城区右安门西街8号中国铁道出版社综合编辑部 刘伟 收（邮编：100054）。或者采用传真（010-63549458）方式发送。此外，读者也可以直接通过电子邮件把意见反馈给我们，E-mail地址是：6v1206@gmail.com 我们将选出意见中肯的热心读者，赠送本社的其他图书作为奖励。同时，我们将充分考虑您的意见和建议，并尽可能地给您满意的答复。谢谢！

- -

所购书名：________________________________

个人资料：

姓名：__________性别：__________年龄：__________文化程度：__________

职业：__________电话：__________E-mail：__________

通信地址：________________________________邮编：__________

- -

您是如何得知本书的：

□书店宣传 □网络宣传 □展会促销 □出版社图书目录 □老师指定 □杂志、报纸等的介绍 □别人推荐

□其他（请指明）________________________________

您从何处得到本书的：

□书店 □邮购 □商场、超市等卖场 □图书销售的网站 □培训学校 □其他

影响您购买本书的因素（可多选）：

□内容实用 □价格合理 □装帧设计精美 □带多媒体教学光盘 □优惠促销 □书评广告 □出版社知名度

□作者名气 □工作、生活和学习的需要 □其他

您对本书封面设计的满意程度：

□很满意 □比较满意 □一般 □不满意 □改进建议

您对本书的总体满意程度：

从文字的角度 □很满意 □比较满意 □一般 □不满意

从技术的角度 □很满意 □比较满意 □一般 □不满意

您希望书中图的比例是多少：

□少量的图片辅以大量的文字 □图文比例相当 □大量的图片辅以少量的文字

您希望本书的定价是多少：

本书最令您满意的是：

1.

2.

您在使用本书时遇到哪些困难：

1.

2.

您希望本书在哪些方面进行改进：

1.

2.

您需要购买哪些方面的图书？对我社现有图书有什么好的建议？

您更喜欢阅读哪些类型和层次的计算机书籍（可多选）？

□入门类 □精通类 □综合类 □问答类 □图解类 □查询手册类 □实例教程类

您在学习计算机的过程中有什么困难？

您的其他要求：